中国电建集团西北勘测设计研究院有限公司

# 高寒复杂地质条件高拱坝运行关键技术及应用

石立 陆希 顾昊 白兴平 等 著

U0217422

中国水利水电出版社
www.waterpub.com.cn
·北京·

# 内 容 提 要

本书从理论介绍、机理研究、模型构建、案例分析等方面全面系统地介绍了高寒复杂地质条件高拱坝运行关键技术及应用，并列举了相应的应用实例。全书共 7 章，分别介绍了高寒复杂地质条件高拱坝运行性态影响机理，施工与监测技术，安全监控模型，健康诊断—预报—预警方法，基于性态演化及安全调控技术的高拱坝安全管控系统。

本书可为从事大坝安全相关专业的设计、施工、运行管理的科研工作者、工程技术人员提供参考，也可作为水工结构工程、安全工程或其他相关专业本科生和研究生的参考用书。

图书在版编目（CIP）数据

高寒复杂地质条件高拱坝运行关键技术及应用 / 石立等著. -- 北京 : 中国水利水电出版社，2024.2
ISBN 978-7-5226-2379-5

Ⅰ．①高… Ⅱ．①石… Ⅲ．①寒冷地区－复杂地层－高坝－拱坝－研究 Ⅳ．①TV642.4

中国国家版本馆CIP数据核字(2024)第035631号

| 书　　名 | 高寒复杂地质条件高拱坝运行关键技术及应用<br>GAOHAN FUZA DIZHI TIAOJIAN GAOGONGBA<br>YUNXING GUANJIAN JISHU JI YINGYONG |
| --- | --- |
| 作　　者 | 石　立　陆　希　顾　昊　白兴平　等著 |
| 出版发行 | 中国水利水电出版社<br>（北京市海淀区玉渊潭南路 1 号 D 座　100038）<br>网址：www.waterpub.com.cn<br>E-mail：sales@mwr.gov.cn<br>电话：(010) 68545888（营销中心） |
| 经　　售 | 北京科水图书销售有限公司<br>电话：(010) 68545874、63202643<br>全国各地新华书店和相关出版物销售网点 |
| 排　　版 | 中国水利水电出版社微机排版中心 |
| 印　　刷 | 天津嘉恒印务有限公司 |
| 规　　格 | 184mm×260mm　16 开本　27.5 印张　669 千字 |
| 版　　次 | 2024 年 2 月第 1 版　2024 年 2 月第 1 次印刷 |
| 印　　数 | 0001—1000 册 |
| 定　　价 | **188.00 元** |

审　稿　人：陈永福　陈树联　杨　柱

**本书参编单位：** 中国电建集团西北勘测设计研究院有限公司

河海大学

南瑞集团有限公司

随着区域能源优化和绿色低碳等国家战略发展目标推进，国家新能源建设贯彻"四个革命、一个合作"能源安全新战略，落实"碳达峰、碳中和"目标，并着力构建清洁低碳、安全高效的能源体系，预计 2030 年非化石能源占一次能源消费比重将达到 25％左右，水电资源因其可再生、成本低、环保安全等优点，成为优先开发利用的能源之一。

我国是当今拥有水利与水电工程数量最多的国家，混凝土坝作为水利与水电工程最主要的结构物，建设投资巨大，社会影响面广，其服役安全不仅直接影响到工程预期效益的发挥，且关系到人民群众的生命和财产安全，在经济建设和社会安定中起着举足轻重的作用。混凝土坝不仅要承受各种动、静循环荷载及各种突发性灾害的作用，还要承受来自恶劣环境的侵蚀与腐蚀、材料性能劣化等的组合影响，为此需突破仅从设计、施工质量等单一层面上去寻求工程安全性的传统理念，向工程结构物的可检性、可控性及可持续性的综合安全理念转变，以实现生命早期保障混凝土坝的"活力"，生命中期通过"保健"而增强"活力"，生命后期通过"医治"加强"活力"。随着小湾、拉西瓦、溪洛渡、锦屏水电站等一批大型水电工程的相继开发建设，我国水电工程建设进入前所未有的高潮，水电技术有了较大进展，达到了世界领先水平，在水工大坝混凝土原材料及其温控领域也积累了一些成功经验。水电作为一种清洁能源，将适时有序开发，目前已经开始对怒江上游等流域进行前期勘测设计工作，规划了多个超过 200m 级的高混凝土坝，但是由于西部地区地质条件复杂、工程规模大、气候条件恶劣等不良条件，对水工大坝混凝土材料及其温控提出了新的挑战。

黄河上游的龙羊峡、刘家峡和拉西瓦三个大型水电站工程拦河大坝均为混凝土高拱坝，最大坝高分别为 178m、155m 和 250m，均地处西北高原寒冷地区，具有年平均气温低、日温差大、年气温变幅大、冻融循环次数高、气温骤降频繁、气候干燥等不良气候条件，三个水电工程的成功建设，使我国在高寒地区高拱坝混凝土温控技术方面积累了许多成功的经验。有必要对已建的黄河上游龙羊峡重力拱坝、刘家峡双曲拱坝、拉西瓦双曲薄拱坝温控技术进行总结，结合大坝混凝土温控设计、施工期现场实际温控措施及其施工期、运行期监测资料，对高寒地区高拱坝混凝土温控技术进行全面研究，为怒江上游等流域其他高寒地区高拱坝温控设计及其混凝土防裂提供有力的技术支撑。近二十年来，我国大坝保持着高速建设势头，一大批世界级的高坝、特高坝相继建成。随着社会经济的快速发展和以人为本、和谐社会的工程开发理念不断深入，国家和社会对大坝安全提出了更高要求；与此同时，建设地域从中部、东部转向西部，地质条件复杂，环境因素多变，以高坝大库、新型坝型为建设热点，面临诸多技术和管理的难点，为我国大坝安全与管理提出了新课题。

本书针对高寒复杂地质条件对特高拱坝运行的影响，结合多个实际工程的勘测设计和建设经验，从安全监测角度出发，对高寒复杂地质条件下高拱坝运行性态影响机理、高拱坝监测技术、高拱坝安全监控模型、高拱坝健康诊断—预报—预警方法进行研究。

本书研究形成了高寒复杂地质条件环境与荷载激励下高拱坝结构性态演变分析方法，实现了高拱坝运行性态演化机理解译。基于寒冷地区变温作用基本理论研究，提出了寒潮冷击、冻融、越冬层对高拱坝结构性态的作用分析方法；探研了高寒地区高拱坝渗流场与应力场耦合作用机理，探明了高拱坝裂缝演变规律；提出了坝体—基础—库盘多尺度联合建模技术，构建了宽大库盘对高拱坝性态影响的正反分析方法，明晰了坝体—基础—库盘互馈影响机制和库盘对高拱坝性态影响。

本书介绍了近年来研发的高拱坝高精度自动化监测装备，为高寒复杂地质条件高拱坝高效监测提供了装备保障。并提出了监测系统稳定性、适用性优化方法及强震事件智能触发策略和高频动态采样方法。

本书阐述了全面表征高拱坝结构性态演变的点—线—面监控模型，介绍了高拱坝健康诊断—预报—预警方法，以及基于性态演化及安全调控技术的大坝安全管控系统，为高寒复杂地质条件下高拱坝的安全运行、高效管理提供技术支持。

本书高度践行了党的十九大提出的"壮大节能环保产业、清洁生产产业、清洁能源产业。推进能源生产和消费革命，构建清洁低碳、安全高效的能源体系"先进发展理念，继续发挥水电在绿色低碳循环发展经济体系的重要作用，继续服务于黄河上游等流域地质条件复杂河段上的高拱坝建设，继续促进社会经济高质量发展。

本书是集体智慧的结晶，由石立、陆希、顾昊、白兴平等编撰，中国电建集团西北勘测设计研究院有限公司、河海大学及南瑞集团有限公司（国网电力科学研究院）等众多专家、学者和工程技术人员共同参加了相关成果的研究，付出了辛勤劳动。中国电建集团西北勘测设计研究院有限公司副总工程师王明疆、南京南瑞水利水电科技有限公司总经理赵斌悉心指导了本书的编撰工作；中国电建集团西北勘测设计研究院有限公司姚栓喜、河海大学顾冲时、沈振中、甘磊作为本书的技术顾问，为本书的编撰工作提供了坚实的技术支撑；中国电建集团西北勘测设计研究院有限公司张群、高焕焕、魏鹏、王伟、李斌、姬阳等，河海大学邵晨飞、许焱鑫、王岩博、崔欣然等，南瑞集团有限公司崔刚为本书的编写积累了丰富的资料，并参编了部分内容，做出了卓越的贡献。中国电建集团西北勘测设计研究院有限公司陈永福、陈树联、杨柱对本书进行了审核，在此一并感谢。

谨以此书献给广大水利水电工程建设者。作者自忖学浅，拙作不足之处，希望读者提出宝贵意见。

作者

2023 年 12 月于西安

# 目 录

MULU

# 第1章

# 概　述

# 1.1　高寒复杂地质条件高拱坝国内外研究现状

## 1.1.1　设计现状及进展

我国近年来在西部寒冷和高寒地区在建或即将建设相当数量的高拱坝工程。黄河上游龙羊峡水电站拦河坝主坝为重力拱坝，最大坝高为178m，总库容 $276 \times 10^8 \text{m}^3$，电站地处青藏高原，海拔高，气候条件恶劣。1986年10月15日电站下闸蓄水，1989年4月4台机组全部投产发电，2001年7月12日顺利通过国家竣工验收。1998年龙羊峡大坝安检期间，经检查在主坝下游坝面发现了30多条浅表层裂缝，宽度0～2mm。综合分析认为，气温骤降，寒潮袭击，是产生裂缝的主要原因。龙羊峡地区受北方冷空气南侵，寒潮频繁，全年各月均有寒潮出现。二滩拱坝是我国20世纪末建成的第一座200m级高拱坝，为抛物线型双曲拱坝，最大坝高240m，运行期在坝后出现了一些裂缝。2000年12月首次在右岸坝后发现裂缝3条，2002年年底检查结果为6条，随后，进入裂缝数量增长较快的时期，2003年年底发现30条，2006年年底总条数为128条，2007年以后，发展较为缓慢，基本稳定，截至2010年年初发现裂缝共计138条。经分析，在运行期，水泥水化热、碱骨料反应等因素影响往往已比较明确，较大的气温日变化是引起混凝土拱坝表面拉应力的主要因素，尤其寒潮袭击导致气温骤变和大坝左右两岸日照条件不同而引起的左右岸温差，若无有效保温措施，会在坝体表面形成很陡的温度梯度，产生较大拉应力，往往会超过混凝土的抗拉强度，发生表面裂缝。这些工程气候条件具有以下特点：气候寒冷干燥，气温年变幅、日变幅均较大，寒潮迅猛，太阳辐射热强，寒潮频繁又伴随有大风，冬季施工期长等，对混凝土的温控及防裂极为不利。且高拱坝采用的混凝土强度等级较高，大坝通常采用通仓浇筑的施工方法，温控问题尤为突出。因此，要求工程具有更严格的温控措施和较强的混凝土生产浇筑能力，从而能有效地防止和控制大坝混凝土产生裂缝，确保工程质量。

## 1.1.2　运行性态分析现状

当前，大坝运行总体性态的研究越来越依赖于先进的实时监测技术。光纤传感器和无线传感器网络的应用，使得对大坝结构的变形、应力和裂缝的检测更加精准和及时。光纤传感器可以高精度地监测坝体的微小变形，而无线传感器网络则简化了数据传输过程，提升了监测的实时性和效率。此外，无人机监测和遥感技术的引入也显著提高了监测的全面性。无人机能够获取高分辨率影像，并生成三维模型，遥感技术则帮助监测大坝及其周边区域的变化，特别是在难以到达的地方。数值模拟和模型分析在大坝运行性态研究中扮演了重要角色。有限元分析技术能够精确模拟大坝在各种荷载条件下的应力分布和变形情况，帮助评估结构稳定性。同时，水—土耦合模型能够分析水库水位变化对坝体稳定性的影响，综合考虑水流和土壤渗透等因素。为了应对动态荷载的挑战，地震模拟和动态荷载分析被广泛应用，以评估大坝在地震和洪水等极端条件下的响应，确保大坝能够承受这些冲击。数据分析和风险评估是现代大坝安全管理的重要组成部分。利用机器学习技术，研究人员能够基于历史数据预测大坝的故障模式和运行趋势，通过自动识别异常数据提供早期预警。数据融合技术则将传感器数据、遥感数据和数值模拟结果结合，以进行更全面的风险预测和分析。风险评估模型帮助综合分析各种风险因素，如极端天气和地质变化，并制定相应的应急响应计划，确保在突发事件发生时能够迅速采取行动。

　　结合本书的研究内容，施工期高拱坝的横缝接缝灌浆及温度控制对大坝后期运行形态有着显著的影响，直接关系着大坝的运行安全。针对高拱坝横缝接缝灌浆时序对坝体工作性态的影响，国内外学者根据不同工程、不同条件开展了相关研究。中国水利水电科学研究院朱伯芳院士分析了横缝的初始间隙问题，认为现行规范对灌区混凝土龄期的规定过于严格，经过对混凝土强度、灌浆浆体强度、灌浆温度补偿、基础温差控制进行计算后，提出可将中间坝段适当超冷、两岸基础坝块适当提高混凝土温度，龄期可从 6 个月减少 1～2 个月。埃塞俄比亚泰克则拱坝工程由于工期原因，仅对灌区两侧坝块混凝土的温度有要求，但对混凝土龄期无要求，与我国接缝灌浆技术规范存在较多不同点。水库蓄水后大坝运行情况良好，无渗水情况。二滩水电站采用了全年灌浆技术，在高温季节进行的灌浆施工需要控制浆液的温度和黏滞度，同时对混凝土龄期 6 个月的限制有所突破，大部分灌区混凝土龄期为 4 个月。灌后质量检查及蓄水后大坝运行情况表明效果良好。但二滩工程所在地区气温及温差条件均比西北寒冷地区温度条件好。

　　上述研究对拱坝及横缝工作性态及类似问题提出了新的解决思路，但是未针对高海拔、寒冷地区这个特殊温度条件下，对拱坝灌区及其盖重区的混凝土温度以及拱坝工作性态提出定量要求。温度荷载是拱坝承受的主要荷载之一，也是最难以准确反映其作用规律及作用效果的荷载，结构温度分布图如图 1.1.1 所示。常规设计中将温度相对于坝体稳定温度的差值（温差荷载）对拱坝的作用简化为平均温度荷载和线性温差荷载，而实际上温差荷载沿拱坝厚度方向不是线性分布的，且常规计算的外界气温特征值温度是采用特征值的多年平均值，并不真实反映瞬时真实的温度过程。已有的研究成果表明，按常规假定来模拟拱坝温度荷载和拱坝内部的实际温度荷载分布会有较大的差异，非线性温差对拱坝的应力分布，特别是上、下游表面的控制性应力存在一定的影响。此外，短时间的快速温度变化对大坝上、下游表面附近的应力也将产生较大的影响。

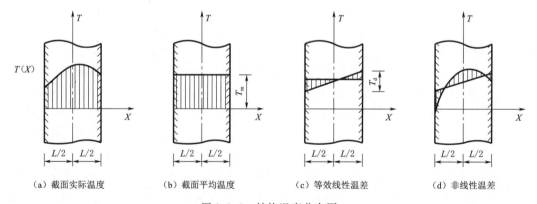

（a）截面实际温度　　（b）截面平均温度　　（c）等效线性温差　　（d）非线性温差

图 1.1.1　结构温度分布图

　　对于温度条件恶劣地区的高拱坝，非线性温差和温度骤降作用对大坝应力的控制部位及数值将产生明显的不利影响。常规假定温差对坝体应力的评价方法难以准确真实反映坝体在实际温度荷载下的真实工作性态和结构安全度。为准确反映大坝在运行期间实际的应力分布、控制应力部位和应力水平，更准确地掌握和评价拱坝的结构安全度，有必要考虑坝体实际温度场的非线性温差及温度骤变作用的大坝结构工作性态分析，研究提出提高特殊温度荷载作用下坝体结构安全的辅助结构工程措施。

### 1.1.3 安全监控研究现状

#### 1.1.3.1 大坝安全总体状况

（1）已建高坝大库总体是安全的。水库大坝通过三轮大规模集中除险加固，目前大中型水库的大坝已基本消除安全隐患；水电站大坝通过注册和定检，对存在的病害和隐患进行处理。总的来看，已建的高坝大库是安全的。

（2）建设水平一流，管理理念滞后。我国现代化的大坝建设以三峡工程、锦屏一级双曲拱坝、水布垭混凝土面板堆石坝和龙滩碾压混凝土重力坝为代表，标志着我国大坝建设在建设技术上由追赶世界水平到与世界水平同步，可以说我国大坝建设在数量、型式、规模、筑坝技术与经验方面已达世界一流水平。与建设水平对照，大坝的管理理念尚有待提高，如在大坝安全管理方面，我国基本上是以事故为中心、抢险为核心的事后被动管理体系，而现代大坝的安全管理趋势是以风险为中心、预防为核心的风险管理，即事前主动管理。

（3）新建大坝面临挑战。随着西部大开发和西电东输的大力开展，突破现行规范适用范围的高坝大库越来越多，这些重大水利水电工程大多具有"三高一强"的特点，即高坝、高地应力、高水头及强震，同时地形地质条件也十分复杂，保障这些重大水利水电工程的安全具有极大难度，因此相关重大科技课题多，技术含量高。

#### 1.1.3.2 大坝建设面临的工程安全问题

过去我国在西南、西北地区和西藏自治区等高海拔、高寒地区建设的高坝大库不多，未来我国的高坝大库将大多集中在这些高海拔、高寒地区，会遇到很多技术难题，对于这些技术难题，我国坝工界积累的经验不多，大坝设计和修建时，不能简单套用现行规程规范和中部、东部地区的经验。

（1）复杂地形地质条件问题。高海拔、高寒地区河流在形成和下切过程中，经历多次地质构造运动，河床及两岸存在构造发育、覆盖层深厚、基岩破碎、风化强烈、水文地质条件复杂、岸坡稳定性差等复杂地质问题。大坝勘察选址时，往往难以选择理想坝址，在这些河流上修建高坝大库时，无法避免恶劣的地质条件。受勘探手段的限制，有些重大地质缺陷的分布和性状在勘察设计阶段难以查清，对问题的复杂性也可能会认识不够，给大坝留下安全隐患。

（2）复杂地基稳定和承载能力问题。高坝对地基要求很高，地基稳定和承载能力是其安全的关键问题。在高海拔、高寒复杂地质条件下修建高坝大库，需要建立合适的地基稳定和承载能力分析计算模型，对安全标准认识还需进一步积累经验。为使复杂地基满足筑坝要求，还需对坝基及两岸需采取可靠的处理措施。

（3）深厚冰冻覆盖层与岩层防渗问题。在高海拔、高寒地区修建高土石坝，对坝基深厚冰冻覆盖层与破碎岩层一般难以全部挖除，修建混凝土坝（重力坝、拱坝等），冰冻岩层也难以挖除。大坝建成水库蓄水后，冰冻覆盖层与破碎岩层在液态水渗流场长期作用下，其物理力学性状和水文地质特性发生重大变化，如何控制冰冻覆盖层与破碎岩层在蓄水后的变形和渗流问题是高海拔、高寒地区筑坝重大难题之一，过去有些工程对这一问题重视不够，造成大坝建成后出现较大渗漏。

（4）筑坝材料抗冰冻和耐久性问题。由于缺乏建筑材料，过去在高海拔、高寒地区修建的多是当地材料坝，缺少建设高混凝土坝的经验。在高海拔、高寒地区修建高坝大库，其大体积混凝土结构和土石填筑体经过反复的冻融循环，力学性能的改变及其产生的安全性影响，需开展进一步的研究。

（5）缺氧、寒冷等恶劣条件下施工质量控制问题。高海拔、高寒地区修建大坝有效施工时段短，冬季是中部、东部地区大坝施工的黄金时段，而高海拔、高寒地区往往停止施工，夏季施工同样存在度汛和高温问题。在高海拔地区缺氧等恶劣条件下，施工人员和机械设备作业困难，大坝结构对质量要求很高，需进一步研究施工质量控制标准和控制措施。

（6）高海拔、高寒地区大坝运行管理和维修加固难题。高海拔、高寒地区大坝运行管理难度很大，由于缺少平时维护和环境恶劣等原因，结构和设备老化快，大坝设计时应考虑方便运行管理和后期维修加固的措施。

### 1.1.3.3 高拱坝安全监控模型

与一般高度拱坝相比，高坝坝的空间关联性表现更为明显，各测点变形序列之间具有非常强的形状相似性，同一时段内的变形规律基本一致。然而，目前大坝安全监控领域中数学监控模型、力学参数反演以及实时风险率等都主要集中在单测点分析，忽视了高拱坝的空间整体性，且未能将各种方法的结果融合起来共同分析大坝的真实工作性态。

混凝土坝的使用寿命以百年计，在此期间，混凝土坝承受各种静态、动态荷载，并受到来自水、地面和空气的长期腐蚀作用。因此，MILILLO P 等（2016）研究认为基于数学模型的大坝服役性态解释和预测对于混凝土坝的结构健康诊断至关重要。吴中如（2003）通过对大坝原位监测数据的全面深入分析，应用数学方法建立反映大坝效应集与荷载集关系的监控模型，据此模拟和预测大坝的动态行为和内在作用机理，是实现大坝安全性态监控与健康诊断的最常用手段和方法。在众多监测效应量中，变形是混凝土坝真实结构性态的综合反映，比如由于坝体混凝土的冻胀变形，卢正超等（2006）测得丰满混凝土重力坝的竖向和水平坝顶位移呈现出“一年双峰”的异常现象，以及 BARLA G 等（2010）研究的 Beauregard 拱坝谷幅收缩现象、HU J 等（2018）观测得出陈村拱坝的运行条件不合理、PAN J 等（2014）观测 Kariba 拱坝产生碱骨料反应和 CAMPOS（2016）研究的施工层湿胀的 Mequinenza 混凝土坝等，这些都将导致混凝土坝的异常变形性态和不可逆的时效位移。河海大学吴中如院士领衔的大坝安全监控团队先后建立了统计模型、混合模型和确定性模型等，其中最为经典的是水压—周期性温度—时效三因果关系建模因子的 HST（hydraulic，seasonal and time effect）模型，其在实际工程变形的变量分离和预测中应用较多，并取得了一定效果。

随着技术的进步和新工程问题的出现，HST 模型也不断被优化和改进。为定量解释部分混凝土坝监测发现的异常变形性态，新的影响因子被添加到 HST 模型中。PENOT

等（2005）考虑到气温相对于周期性谐波函数的每日偏差，通过加入校正项，提出了HSTT（hydraulic，seasonal，time effect and thermal）模型。卢正超等（2006）在HST统计模型中引入周期性函数表示的冻胀分量，较好地解释了丰满混凝土重力坝坝顶竖直向位移的历年"双峰"现象；王少伟等（2019）针对锦屏一级拱坝历年1880.00m高水位稳定期监测发现的坝体径向位移向下游持续增大的现象，建立了考虑变形滞后效应的HHST（hydraulic，hysteretic，seasonal and time effect）模型，定量解释了该异常性态是由黏弹性滞后水压变形和环境温降作用共同引起的，所占比例分别为30%和70%。

此外，随着筑坝高度的增加，LIU W等（2020）认为气温对拱坝温度变形的时滞效应受库水深的影响更大，库水深和水库调度方式对混凝土坝温度场的滞后影响也更加复杂，以及严寒地区保温措施的施加，KANG F等（2019）认为导致HST模型中的周期性谐波因子型温度分量难以精确反映高混凝土坝的温度变形效应。张国新等（2014）发现二滩和小湾两座高拱坝实测库水温的变温水深和中下部水温值远大于规范计算值，且封拱后有明显的长持时温升效应；刘毅等（2017）在拱坝关键热力学参数反演的基础上，通过数值模拟发现锦屏一级拱坝后期发热温升为5～6℃，按当前蓄水规划曲线，运行50年后才进入准稳定温度场状态。TATIN等（2018）利用坝体温度计测值建立了HST-Grad模型和HST-Layer模型，可同时考虑平均温度和温度梯度在不同高程的差异性；HE J P（2011）计算了每个高程层的平均温度和线性差，然后在模型中使用这些变量的时间序列；MATA J（2014）和PRAKASH G（2018）将从坝体多测点温度时间序列中提取的主成分作为温度变形因子；为充分利用实测温度序列的形状信息和滞后相位差，王少伟等（2019）提出了基于形状相似度的拱坝温度场空间分区方法，然后对同一分区内的温度时间序列提取主成分，并将其作为温度变形因子。

#### 1.1.3.4 高拱坝力学参数反演

WU S（2016）和胡江等（2017）研究认为，由于地质条件、设计参数、施工质量和计算模型、方法、荷载等与设计状况不完全一致，以及运行期间材料和结构层面的老化病害等影响，使得混凝土坝的真实工作性态与设计状况可能有明显的差异性。对此，魏博文等（2012）和SU H等（2019）认为需要利用监测资料进行反分析，以减少上述不确定性对混凝土坝真实服役性态评估的影响，其中基于监测位移对坝体混凝土变形参数的反演，在校核材料设计参数、反馈施工质量和结构性能评估中具有重要作用。

顾冲时等（2006）研究发现正常服役期混凝土坝的坝身及基岩材料多处于黏弹性工作状态，为厘清其内部力学性态及其物理参数演化规律，仅通过现场测试确定的力学参数往往有失代表性，难以满足其数值分析需求，故需对运行期不同时段的大坝实际参数进行反分析。对此，国内外学者进行了大量研究，并取得了非常有价值的成果。CAMPOS A（2016）通过仿真分析，发现Mequinenza混凝土坝的异常趋势性变形主要是由湿胀所导致的坝体施工层面开裂而引起；WU S（2016）和刘毅等（2017）对锦屏一级拱坝施工期和初次蓄水期的工作性态进行了仿真和反演分析，表明坝体后期温升发热5～6℃，坝体混凝土和坝基岩体的弹性模量约为设计值的1.65倍；FENG J等（2011）基于数值模拟和工程类比分析，提出了以坝踵开裂至帷幕轴线、坝体混凝土屈服体积突变和坝体位移突变作为拱坝安全性的评价因子，所得结论与Kölnbrein拱坝开裂现状相符；黄耀英等

（2007）基于黏弹性时变参数优化反演，定量解释了龙羊峡重力拱坝向上游侧的趋势性变形主要是因为坝体和基岩的黏滞系数较大，导致坝体自重引起的向上游侧时效变形需要较长时间才能收敛；王少伟等（2019）提出了基于 Drucker - Prager 屈服函数的坝基岩体蠕变分段准则，实现了对高混凝土坝固有时效变形的量化分析。

仅通过正分析无法充分研究混凝土坝的整体工作性态，需要结合相关力学理论与优化算法，对其相应时段内的坝体与基岩力学参数进行反分析，且正反分析的有效结合对混凝土坝的健康诊断和安全监控具有十分重要的意义。混凝土坝变形参数的反演方法可分为逆解法和优化法两种，均需要首先通过数学监控模型从各测点监测位移中分离出水压分量，再利用初步拟定的变形参数，基于有限元（FEM）计算单独水压荷载作用下的坝体位移，然后分别采用有限元水压分量系数比例调整法和非线性寻优法得到坝体混凝土的实际变形参数。在漆祖芳等（2013）和赵迪等（2012）的研究中，针对力学参数优化反演问题是极其复杂的非线性多峰函数求解问题，其反演过程中由于难以建立待反演力学参数与量测数据间的显式关系，加之单纯的常规反演算法易出现收敛速率低、精度不高、易陷入局部最优解等问题。对此，可对各测点分别建立统计模型来分离水压分量，再对多测点水压分量的模型分离值和有限元计算值进行线性拟合，得到整体的水压分量调整系数。优化法是高拱坝变形参数反演的另一种途径，对单测点和多测点反演均有较好的适用性，首先在参数取值范围内进行大量的有限元正分析，建立变形参数和效应量之间的数学关系，再以模型分离水压分量和有限元水压分量两者之间的均方误差最小为控制条件，通过数学优化方法搜索出满足此条件的最优参数。传统的显式型数学模型难以解决优化反演中的复杂非线性问题，而机器学习具有强大的数据挖掘能力，能较好地建立变形参数和效应量之间的非线性关系，并有效地提高计算效率，例如王少伟等（2019）运用支持向量机（support vector machine，SVM）、CHEN S 等（2018）运用神经网络、SONG W（2020）运用关联向量机，LIU X（2021）运用极限学习机等方法在实际工程应用中均取得了较好的效果。优化反演法的另一关键在于如何精准快速地搜索出满足目标函数的最优待反演参数，常用优化法如黄金分割法、梯度优化法等存在收敛速度慢、全局优化能力差等问题，而智能算法的发展为混凝土坝变形参数反演提供了新的解决方案。ZHU Y（2020）利用时空监控模型和量子遗传算法反演得到了高拱坝的分区变形模量；LIU C（2017）基于无约束拉格朗日支持向量机建立了拱坝弹性模量与位移之间的非线性关系，并利用文化遗传算法搜索得到最优参数组合。魏博文等（2012）针对碾压混凝土的层面影响带的力学性能，对坝体参数进行优化反演，并取得了较好的反演效果；顾冲时等（2010）针对混凝土坝的坝体与坝基材料参数，进行了不同优化算法反演，并将其运用于实际工程中，且工程效益显著。此外，目前主流的智能优化算法还包含：遗传算法、量子遗传算法、粒子群算法（PSO）、鱼群算法、鲸鱼算法、灰狼算法等。针对不同的优化问题，各类算法的表现也有一定差异性，其中粒子群算法易实现且参数少，因而得到广泛应用，但其局部搜索能力较差，搜索精度也尚需进一步提高。

### 1.1.3.5　高拱坝变形状态预警方法

从本质上讲，拱坝变形状态预警模型是在拱坝变形状态表征分析模型的基础上建立的。通过对大坝变形原型监测数据进行分析，构建相应的变形状态表征分析模型，对其变形规律及其发展趋势进行分析，进而实现对拱坝变形安全状况的同步跟踪与实时预警。对拱坝变形状态预警模型、方法的研究已取得了一些成果。

1. 大坝单测点变形状态预警方法

在大坝单测点变形状态预警方法方面，KAO C Y 等（2013）基于动态神经网络动态近似长期静态变形，从大坝长期静态变形数据中提取趋势，根据所提取结果设定预警阈值，从而实现了大坝变形预警；SU H（2012）将分形理论与重缩放范围分析（R/S 分析）相结合，提取了大坝变形监测序列的变化趋势项，由此建立了大坝变形的全局时效模型和预警准则，实现了大坝病害诊断和大坝安全预警；LOH C H 等（2011）采用自回归模型奇异谱分析和自联想神经网络非线性主成分分析方法，提取了台湾省飞嘴拱坝变形监测数据的特征，得到了估算值与实测值之间的残余变形量，据此确定了大坝变形的预警阈值；顾冲时等（2016）在对我国混凝土坝工程建设现状和事故进行阐述的基础上，评述了高混凝土坝长期变形安全监控与预警等的理论、方法研究现状；谷艳昌等（2017）在混凝土坝风险理论和结构计算方法研究的基础上，建立了考虑风险的混凝土坝变形预警方法；沈振中等（2007）依据失稳判据和坝体位移与强度折减系数之间的关系曲线，确定了大坝的结构性态，并提出了大坝弹性状态和承载极限状态的变形预警方法；熊芳金（2015）基于区间分析方法，建立了大坝变形预报模型，依据大坝稳定和强度安全准则和实测变形资料，运用区间分析方法建立的非概率模型，构建了大坝变形预警方法。

2. 大坝多测点变形状态预警方法

国内外学者基于多测点变形监测资料，开展了拱坝变形预警方法的研究，已取得了一些相关的研究成果。虞鸿等（2009）、王丹净等（2016）、CHEN X 等（2013）等基于主成分分析法，对具有多重共线性的混凝土坝变形多测点监测数据进行相关性分析和降维处理，构建了相应的大坝变形预警模型；CHENG L 等（2016）以环境激励下某混凝土坝为例，利用核主成分分析方法对多测点监测数据进行特征提取，并据此实现了对混凝土坝变形的预警；SU H 等（2012）将分形理论与 R/S 分析方法相结合，通过对多测点变形数据中变化趋势的挖掘，拟定了大坝变形全局时效预警准则，由此实现了对大坝变形的安全预警；LIU X 等（2012）提出了一种基于多源信息融合的高坝原型监测数据综合分析方法，并使用决策信息熵构建了高坝长期安全运行的预警模型；QIN X 等（2017）将综合块体位移法与多维置信域法相结合，提出了混凝土坝位移的多块组合预警方法；LEI P 等（2011）通过构建混凝土坝空间场整体变形熵表达式，描述了大坝整体有序性，并基于小概率法拟定了变形熵预警指标；赵二峰等（2021）针对传统单一测点预警指标拟定的局限性，通过分析碾压混凝土坝变形空间结构关联分布特性，提出了融合多测点变形信息的坝体变形场模型，基于投影寻踪方法确定了各测点权重，并运用超阈值峰值（POT）模型拟定变形预警指标；周兰庭等（2021）以某混凝土重力坝的多测点实测数据为依据，将分形理论应用于大坝变形性态分析中，由此提出了大坝变形预警方法。

本书从高寒复杂地质条件高拱坝运行性态影响机理揭示分析、监测技术方法研究、安全监控方法分析等方面探研高寒复杂地质条件高拱坝运行关键技术。

## 1.2 研究的内容和目标

中国电建集团西北勘测设计研究院有限公司（以下简称西北院）近几十年来于我国西北高寒复杂地质条件地区建成了一批高拱坝工程。本书是在西北院几十年来对高拱坝结构安全研究以及已建工程的施工、设计、运行经验的基础上，结合青海龙羊峡（最大坝高178m）、刘家峡（最大坝高155m）、拉西瓦（最大坝高250m）等高拱坝工程，针对高寒复杂地质条件高拱坝运行关键技术问题展开研究。

（1）高寒复杂地质条件下高拱坝运行性态影响机理。结合已建高拱坝工程，充分研究寒冷气候及复杂地质条件产生的多种特殊因素对工程运行的影响，以准确分析复杂条件下高拱坝运行性态。提出寒潮冷击对混凝土坝结构性态作用的分析方法，探究冻融作用下坝体混凝土主要物理力学参数指标的变化特征，剖析越冬层对混凝土坝结构性态的影响；结合原型监测资料分析和数值仿真分析，研究坝体裂缝演变规律及其危害性评价方法；考虑湿胀影响，构建高拱坝渗流场与应力场耦合的有效应力研究方法；运用多尺度模型方法，探究库盘变形对高拱坝变形性态影响的正反分析方法。

（2）高寒复杂地质条件下高拱坝监测技术。针对高寒地区复杂地质条件下的特殊环境和工程条件，研究相应的高拱坝监测技术优化方法。归纳高拱坝温度场分布特点，提出温度徐变应力计算公式，研究高寒地区高拱坝夏季封拱灌浆、冬季温控措施及混凝土配合比设计准则。针对高寒复杂的外部环境条件，研究高拱坝变形监测新方法，探究监测仪器和系统的性能优化方法。

（3）高寒复杂地质条件下高拱坝安全监控模型。提出高拱坝坝体与坝基分数阶流变力学元件模型，开展高拱坝变形变化的分数阶黏弹塑性分析。建立高寒复杂地质条件下高拱坝安全监测模型，优化高拱坝安全监控模型因子选择。基于混凝土坝原型监测资料，建立基于贝叶斯概率的混凝土坝变形行为表征模型；结合分数阶黏弹性数值分析，提出高拱坝变形性态时空评定准则及方法；依据变形相似性依据，提出混凝土高拱坝变形分区方法，建立混凝土高拱坝变形分区变截距面板分析模型。

（4）高寒复杂地质条件下高拱坝健康诊断—预报—预警方法。针对高寒复杂地质条件，提出一套高拱坝健康诊断—预报—预警方法。研究多种高拱坝结构性态演变分析模型，建立高寒地区的混凝土坝健康状态诊断方法。考虑严寒地区特殊气候特征，基于实测边界温度数据模拟坝体热变形，构建混凝土坝变形预测模型。将实测变形资料融入概率可靠度理论，提出以结构分析法为基础的高拱坝风险率动态预警方法；以测值分布概率转化为大坝运行实时风险率，提出以统计模型为基础的高拱坝风险率动态预警方法。

（5）基于性态演化及安全调控技术的高拱坝安全管控系统。为系统、直观地表征工程结构运行性态，确保工程全生命周期安全，开展高拱坝安全管控系统研发。提出高拱坝安全管控技术体系，并结合拉西瓦、龙羊峡、英古里水电站工程，总结高拱坝安全监测布置方式及高拱坝安全监测要点。结合二滩等水电站智慧化监测应用，探究高拱坝全生命周期智慧化监测技术。以模型构建与渲染、数据采集与信息提取、变形监测场绘制、场表征模型构建为主要功能，建立高拱坝可视化安全管控系统，为高寒复杂地质条件下高拱坝全生命周期安全保障提供有效的技术支持。

## 1.3 依托工程概况

### 1.3.1 龙羊峡水电站

龙羊峡水电站是黄河上游干流上的第一个梯级电站，其水库具有多年调节性能。工程的任务是以发电为主，兼顾防洪、灌溉等综合利用效益。水电站由主坝、两岸重力墩、两岸重力副坝、混凝土重力拱坝、泄水建筑物、引水建筑物和水电站厂房等组成，龙羊峡水电站布置总平面图如图1.3.1所示。挡水前缘总长度1226m，其中主坝396m，最大坝高178m，最大底宽80m，建基标高2432.00m，坝顶高程2610.00m。水库校核洪水位2607.00m，坝前正常高水位2600.00m，汛期限制水位2594.00m，死水位2560.00m，极限死水位2530.00m。正常高水位下库容$247 \times 10^8 \mathrm{m}^3$，有效库容$193.5 \times 10^8 \mathrm{m}^3$。电站装机容量1280MW，保证出力589.8MW，年发电量$59.42 \times 10^8 \mathrm{kW \cdot h}$。水电站于1979年12月截流，1982年6月河床混凝土开始浇筑，1986年10月15日下闸蓄水，1987年9月29日第一台机组正式并网发电、12月2日第二台机组投入运行，1989年6月4日第4台机组发电。

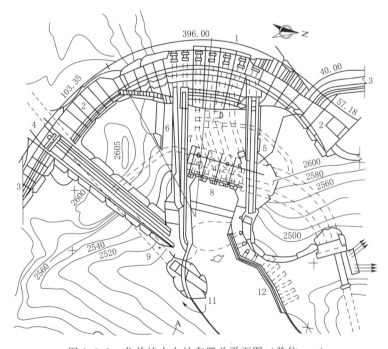

图1.3.1 龙羊峡水电站布置总平面图（单位：m）

1—重力拱坝；2—重力墩；3—副坝；4—溢洪道；5—中孔；6—深孔；7—底孔；8—电站厂房；
9—导流洞；10—Ⅰ号塌滑体；11—导流期间回流淘刷；12—北大山水沟（$F_7$）沟口防冲墙

坝基岩性为花岗闪长岩，岩性坚硬，经多次地质构造运行，坝肩断裂发育，被多条断裂切割，特别是大坝下游约300m的$F_7$（宽80～100m）横切河谷，形成南北大山沟，使两岸山脉特别是左岸比较单薄。断裂按产状可分为5组：NNW、NW、SN、NE和NWW，其中NNW向（主要有$F_{7-1}$、$F_{18}$、$F_{71}$、$F_{73}$、$F_{32}$、$F_{67}$、$F_{58}$等）为压扭性断裂，NE向（主要有$F_{120}$、$F_{57}$和$A_2$等）为张扭性断裂，这两组构成整个坝区的断裂骨架。断层、大裂隙和成组的节理多属于这两组。NE向断层大多充填较宽的石英岩脉并形成蚀变岩带,其中较大的是位于左岸的$F_{120}$、$F_6$断层和$A_2$岩脉,它们与河流呈锐角相交,贯通上下游岩体,且透水性相对较强。

### 1.3.2　李家峡水电站

　　李家峡水电站位于青海省尖扎县和化隆县交界处的黄河干流刘家峡河谷中段,上距黄河源头1796km,下距黄河入海口3668km,是黄河上游水电梯级开发中的第三级大型水电站。李家峡水电站布置总平面图如图1.3.2所示。大坝为三心圆双曲拱坝,坝长

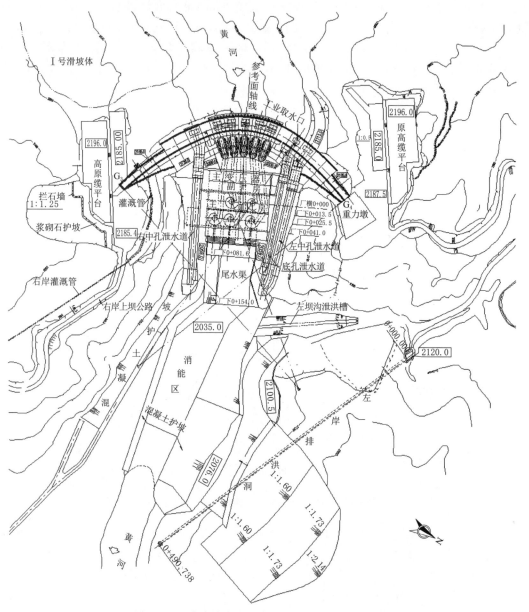

图1.3.2　李家峡水电站布置总平面图(单位:m)

414.39m，坝高 155m，坝顶宽 8m，坝底宽 45m，水库库容 $16.5 \times 10^8 m^3$，坝址控制流域面积 $13.6747 \times 10^4 km^2$。水电站以发电为主，兼有灌溉等综合效益，水电站与西北 30kV 电网联网，总装机容量为 $5 \times 400MW$，是西北第二大的水电站，主供陕、甘、宁、青四省，在系统中担任调峰、调频，汛期担负基荷。

坝址区河谷断面呈"V"形，两岸基本对称，右岸谷坡约 50°，左岸约 45°，河槽宽约 50m。坝址区基岩裸露，岩性为前震旦系变质岩，主要由较坚硬的条带状混合岩、

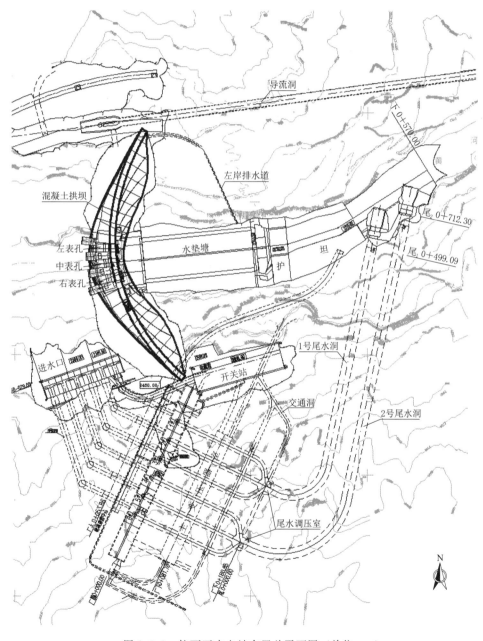

图 1.3.3　拉西瓦水电站布置总平面图（单位：m）

斜长片岩相间组成，并穿插有花岗岩脉。坝址左岸下游存在深切的左坝沟，上部2160.00m 高程以上岩体比较单薄，且受平缓断层 $F_{34}$（倾向上游偏岸里）的切割，上盘岩石较破碎。坝址区扭性、扭张性的高倾角的顺河断裂较为发育，其中河床 $F_{20}$、$F_{20-1}$、$F_{50}$，左岸上部的 $F_{26}$ 和右岸中部的 $F_{27}$ 贯穿河床及左、右两岸；其次为压性、压扭性的顺层挤压破碎带；再次为张性、张扭性高倾角断裂；近坝库区右岸存在 1 号滑坡，左岸存在 2 号滑坡。

### 1.3.3 拉西瓦水电站

拉西瓦水电站是黄河上游龙羊峡至青铜峡河段规划的大中型水电站中紧接龙羊峡水电站的第二个梯级电站，位于青海省贵德县与贵南县交界黄河干流上。电站距上游龙羊峡水电站 32.8km，距下游刘家峡水电站 73km，距青海省西宁市公路里程为 134km。

拉西瓦水电站属Ⅰ等大（1）型工程，枢纽主要建筑物由混凝土双曲拱坝、3 个坝身泄洪表孔 2 个深孔、1 个底孔、坝后反拱水垫塘和右岸岸边进水口地下引水发电系统组成。拉西瓦水电站布置总平面图如图 1.3.3 所示。挡水建筑物为对数螺旋线双曲薄拱坝，坝高 250m，底宽 49m。大坝建基面高程 2210.00m，坝顶高程 2460.00m。水电站装机容量 4200MW，水库正常蓄水位为 2452.00m，总库容 $10.79 \times 10^8 \mathrm{m}^3$。

坝址区为高山峡谷地貌，河谷狭窄，两岸岸坡陡峻，高差近 700m。泄洪建筑物及下游消能区位于坝体至下游 1km 范围内，该段河流前 300m 流向为 NE75°～80°，向下游转为 NE55°～60°。河谷基岩上的枢纽建筑物由双曲薄拱坝、坝身表、深、底孔和坝下消能防冲水垫塘组成。河床基岩岩性前 600m 为印支期花岗岩，后 400m 为三叠系变质岩；河床基岩顶板高程 2215.00～2225.00m，河床内出露断层约 10 条，最大破碎带宽 0.3～0.7m。左岸边坡岩石卸荷带深 10～20m，弱风化岩体入岸水平深 15～25m，右岸弱风化岩体埋藏深度浅于左岸，表部分布有第四纪松散堆积体。左坝肩下游 70～120m 范围内存在 Ⅱ# 变形体，其地面出露高程前缘 2400.00m，后缘 2650.00m。

## 1.4 研究成果

### 1.4.1 高寒复杂地质条件高拱坝运行性态影响机理

本书建立了高寒地区寒潮冷击、混凝土冻融、越冬层对高拱坝结构性态影响作用的分析方法。通过试验研究得到，混凝土宏观物理力学参数均随着冻融次数的增加而不断劣化；越冬层影响范围内易产生危害性裂缝，影响混凝土坝安全运行。针对高拱坝坝体裂缝演变问题，建立了混凝土高拱坝裂缝演变数值仿真方法，提出了裂缝安全性保障的临界荷载确定方法；构建了考虑湿胀影响的混凝土高拱坝渗流场与应力场耦合的有效应力研究方法；构建了宽大库盘变形及其对高拱坝性态影响的多尺度有限元正反分析方法，并以龙羊峡高拱坝工程为例开展了高拱坝的库盘变形影响研究，结果表明，库盘水体自重作用下，坝基向上游侧转动；谷幅测线呈现缩短现象；2597.62m 水位下，上游侧左右岸表面沉降量分别为 66.2mm 和 112.9mm。

### 1.4.2　高寒复杂地质条件高拱坝施工与监测技术

本书建立了高寒地区高拱坝温控仿真分析方法，以拉西瓦水电站为例，研究了夏季封拱灌浆措施，结果表明，加强表面保温，保证灌浆冷却过程中表层混凝土的冷却效果，加强表层混凝土的灌浆水冷有利于降低表面最大拉应力。针对高寒地区气候特点，提出了高寒地区高拱坝混凝土配合比设计准则及温控标准，开展了施工期温度应力仿真计算，提出了高寒地区高拱坝冬季温控措施。结果表明，河床坝段大坝混凝土最大温度应力主要分布在基础三角区以上 $0.2L$ 高度范围内；适当延长间歇时间可有效降低混凝土最高温度；岸坡坝段离边坡一侧越近位置的应力越大。研发了高水头、高应力、低气温环境下高拱坝内外部变形高精度自动化监测装备和监测方法，提出了基于多信道混合通信数据传输体系的监测系统稳定性、适用性优化方法；建立了强震事件智能触发策略和大坝高频采样的动态监测方法。

### 1.4.3　高寒复杂地质条件高拱坝安全监控模型

本书建立了高拱坝坝体和坝基分数阶流变力学元件模型，构建了高拱坝变形变化的分数阶黏弹塑性分析方法。通过充分分析混凝土性能劣化因素，选择高拱坝安全监控模型因子，构建了多因素激励作用下高拱坝的安全监控模型。考虑变形监测数据噪声和模型参数取值的影响，基于混凝土坝原型监测资料，建立了基于贝叶斯概率框架下的混凝土坝变形行为表征模型。以高拱坝变形时空变化特征相似区域为基本建模单位，结合分数阶黏弹性数值分析结果，提出了高拱坝变形性态时空评定准则及方法。依据变形的相似性判据，提出了混凝土高拱坝变形分区方法，给出了影响变形性态主要因素的量化表达式，建立了混凝土高拱坝变形分区变截距面板分析模型。

### 1.4.4　高寒复杂地质条件高拱坝健康诊断—预报—预警方法

本书构建了混凝土坝状态转异面板数据分析模型以确定最不利工况，进而确定健康状态变化阈值，由此提出了混凝土坝健康状态诊断方法；基于德姆斯特-沙弗（D-S）证据理论，建立了大坝服役状态判别方法；基于高拱坝服役性能劣化分析模型，构建了高拱坝性能劣化定量分析方法；运用混凝土坝服役性态面板数据模型，提出了混凝土坝性态转异时刻及转异位置识别方法；构建了采用实测边界温度模拟热变形的混凝土坝变形预测模型；引入孪生支持向量回归机（TSVR）机器学习算法，提出了一种有效挖掘高拱坝变形非线性信息的变形预测建模方法。结合所建模型剖析了某混凝土坝坝顶异常水平变形行为的成因，结果表明，坝顶变形受环境温度变化影响显著，异常变形行为系结构型式特点导致。将实测变形融入概率可靠度理论，提出了数据物理双驱动的高拱坝风险率动态预警方法；实现了高拱坝变形监测资料对运行风险率的实时转化和警情动态监控。某高拱坝实时风险率分析结果表明，坝顶拱冠部附近多个测点的实时风险率相对较大，但均不超过风险率预警指标，区域测点测值处于可靠状态。

### 1.4.5　高拱坝安全管控系统

本书总结了高拱坝建造和运行主要特点、高拱坝安全监测设计及工程案例、安全监测成果分析和评价技术、全生命周期大坝智慧化监测技术等方面的内容，提出了大坝安全管控系统技术路线。本书结合国内外著名高拱坝安全监测布置案例，总结了高拱坝安全监测的要点，提出了高拱坝自动化安全监测系统设计方案；结合国内多座高拱坝智慧化监测系统建设情况，介绍了高拱坝智慧化监测技术的应用现状；以高拱坝全生命周期多要素信息为基础，基于可视化平台技术，提出了基于性态演化及安全调控技术的大坝安全管控系统构建方法。

# 第2章

# 高寒复杂地质条件
# 高拱坝运行性态
# 影响机理

　　高寒地区具有平均气温低、气温年变幅大、昼夜温差大、寒潮作用剧烈等极端恶劣的气候条件，极易引起高拱坝施工期和运行期内的材料性能劣化，威胁结构的长效安全运行；同时，复杂地质条件对高拱坝运行性态的影响也因高坝大库引起的库盘和基础变形问题而得到凸显。因此，科学地分析高寒复杂地质条件高拱坝运行性态，不仅需考虑常规荷载作用，还需对高寒气候条件、高坝大库带来的特殊影响因素开展机理研究，这对保障高寒复杂地质条件高拱坝长期安全运行具有重要意义。

## 2.1 寒冷条件作用下高寒地区高拱坝性态演化分析

寒冷条件对高拱坝的影响一般包含寒潮冷击、冻融、越冬层作用对高拱坝性态的影响。

基于寒冷地区变温作用基本理论研究，提出寒潮冷击对混凝土坝结构性态的作用分析方法，探究受冻融作用后坝体混凝土主要物理力学参数指标的变化特征，剖析越冬层对混凝土坝结构性态的影响。

### 2.1.1 寒潮冷击对混凝土坝结构性态的影响

寒冷地区冬季易受寒潮袭击，寒潮来临时降温幅度大，寒潮冷击对混凝土坝结构性态影响较大，本节针对寒冷地区的寒潮冷击作用进行探究。寒潮是指一定强度冷空气流的冷却作用，呈现的短时降温变化。混凝土坝表面温度由于寒潮而迅速降低，并在混凝土坝结构中形成内高外低的温度分布，对混凝土坝结构性态产生较大影响。本节所述寒潮冷击工况为寒冷冬季遭遇气温骤降工况，为分析寒潮冷击对大坝性态的影响，需解决寒潮冷击工况的确定问题。

设寒冷地区混凝土坝坝址区 $i$ 时刻的气温实测值为 $T_i$，某一时期内共有 $n+1$ 组气温监测数据 $[T_1, T_2, \cdots, T_i, \cdots, T_n]$，气温变化梯度的样本空间为

$$\boldsymbol{y} = [\dot{T}_1, \dot{T}_2, \cdots, \dot{T}_i, \cdots, \dot{T}_n] \tag{2.1.1}$$

其中

$$\dot{T}_i = \frac{T_i - T_{i-1}}{t_i - t_{i-1}}$$

相应地，气温变化梯度的特征值表示为

$$\begin{cases} \mu_y = \dfrac{1}{n} \sum (\dot{T}_i)^2 \\ \sigma_y = \sqrt{\dfrac{1}{n} \left[ \sum (\dot{T}_i)^2 - n\mu_y^2 \right]} \end{cases} \tag{2.1.2}$$

式中 $\mu_y$、$\sigma_y$——样本序列的均值和标准差。

寒潮冷击工况的确定，往往基于各年的坝址气温资料。传统的方法假设坝址气温变化梯度样本服从某种分布类型（如正态分布、对数正态分布等），然后按照如 A-D 法、K-S 法等方法检验，得到气温变化梯度的概率密度函数 $f(y)$。而事实上，寒冷地区坝址气温变化梯度概率密度分布不一定符合人为假定的分布。为此，本节应用信息论研究中的最大熵原理，研究事先未假设随机变量 $\boldsymbol{y}$ 分布类型时，直接基于其数字特征，构建精度较高的最大熵概率密度函数 $f(y)$ 的方法。

样本 $\boldsymbol{y}$ 最小偏差的概率分布是根据样本信息求得的熵 $H(y)$ 在一定约束条件下的最大值分布，即

$$\max H(y) = -\int_R f(y) \ln(y) \mathrm{d}y \tag{2.1.3}$$

$$\mathrm{s.t.} \int_R y^i f(y) \mathrm{d}y = \mu_i, \quad i = 1, 2, \cdots, n \tag{2.1.4}$$

其中

$$\mu_i = \frac{1}{n}\sum_{i=1}^{n} y_i^2$$

式中　$H(y)$——$y$ 的信息熵；

　　　　$R$——积分空间；

　　　　$\mu_i$——变量 $y$ 的第 $i$ 阶原点矩。

通过不断调整 $f(y)$ 以使熵 $H(y)$ 达到最大值，此时采用拉格朗日乘子法，建立拉格朗日函数为

$$L = H(y) + (\lambda_0 + 1)\left[\int_R f(y)\mathrm{d}y - 1\right] + \sum_{i=1}^{n}\lambda_i\left[\iint_R y^i f(y)\mathrm{d}y - \mu_i\right] \qquad (2.1.5)$$

式中　$\lambda_i$——拉格朗日乘子。

令 $\dfrac{\partial L}{\partial f(y)} = 0$，则有

$$-\int_R \left[\ln f(y) + 1\right]\mathrm{d}y + (\lambda_0 + 1)\int_R \mathrm{d}y + \sum_{i=1}^{n}\lambda_i\int_R y^i\mathrm{d}y = 0 \qquad (2.1.6)$$

进一步求得最大熵概率密度函数 $f(y)$ 的解析式为

$$f(y) = \exp\left(\lambda_0 + \sum_{i=1}^{n}\lambda_i y^i\right) \qquad (2.1.7)$$

式（2.1.7）中存在未知的拉格朗日乘子 $\lambda_i$ 的求解，将其转换为求解 $n+1$ 个非线性方程组，即

$$G_i(\lambda) = \int_R y^i \exp\left(\lambda_0 + \sum_{i=1}^{n}\lambda_i y^i\right)\mathrm{d}y = \mu_i \qquad (2.1.8)$$

该非线性方程组难以用精确的解析法求出，需通过牛顿迭代法求解，借助数值积分法求解上式的积分过程，采用"截尾"法处理概率密度函数 $f(y)$ 的积分域，即用有限域 $[a, b]$ 内的积分值近似代替无线域 $(-\infty, +\infty)$ 内的积分值，有限域 $[a, b]$ 取为 $[\mu-5\sigma, \mu+5\sigma]$，近似处理的误差满足工程精度要求。

求得概率密度函数 $f(y)$ 后，令 $y_m$ 为气温变化梯度的临界指标，基于小概率方法，当气温变化梯度 $T > y_m$，且该时刻处于冬季时，确定该时间段为寒潮工况。

结合寒冷地区混凝土坝变温场的模拟方法，开展寒潮冷击工况下混凝土坝温度场的分析，以此为基础，利用坝体混凝土的弹塑性本构模型，基于有限元方法，探究寒潮冷击对混凝土坝结构性态的影响，分析流程如图2.1.1所示，具体步骤如下：

（1）根据混凝土坝坝址区气温实测资料，建立气温变化梯度值的样本空间，运用基于最大熵原理的寒潮冷击工况判别方法，确定寒潮冷击工况的时段，并提取寒潮冷击工况的初始温度、降温幅度、降温历时等特征。

（2）结合混凝土坝温度场的构建方法，建立混凝土坝结构温度场有限元分析模型，考虑初始温度与边界条件等因素，基于坝体内部实测温度，反演得到热学参数，建立混凝土坝受变温作用而形成的冬季多年某月准稳定温度场，将其作为寒潮来临前的混凝土坝温度场的初始条件。

（3）依据坝体混凝土的弹塑性本构模型，根据寒潮冷击工况与非寒潮冷击工况期间的

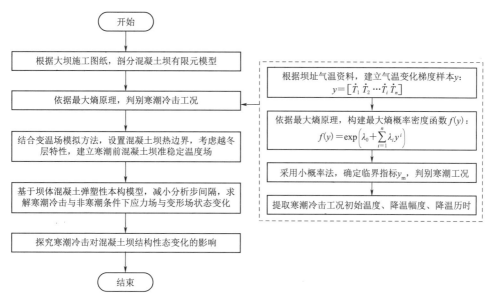

图 2.1.1　寒潮冷击对混凝土结构性态影响的分析流程

实测气温资料，分析寒潮冷击作用对混凝土坝结构性态的影响。

在计算分析中，寒潮是短时间内的急剧降温过程（一般为 2～4 日），准稳定温度场是由大坝长期的温度边界变化作用的结果，在有限元计算时，准稳定温度场计算与寒潮冷击计算过程的分析步时间间隔存在很大差异，寒潮冷击计算时需减小分析步的时间间隔。

## 2.1.2　冻融对混凝土坝结构性态的影响

从宏观角度来说，冻融对混凝土坝结构性态的影响主要是引起其材料性能劣化，主要包括内因与外因两个部分。内因主要包括混凝土自身组成（如含气量、水灰比、骨料）、抗拉强度、孔隙特征与含水状态等；外因主要包括冻结温度、冻融次数、冻融降温速率等冻融特征。

冻融对混凝土坝影响分析主要以室内试验和理论分析结合为主，通过设置不同冻融温度、冻融循环次数、混凝土级配与含气量、冻融时间等试验条件开展对比分析，借助扫描电镜、射线分析仪等设备，研究冻融作用下混凝土坝力学参数演化特征与性能劣化特性。

冻融对运行期混凝土坝的影响，是指满足设计强度要求的大坝运行期表层混凝土局部区域遭受循环往复的冻融作用，造成内部孔隙水结冰而引起的冻融破坏，本节主要分析冻融作用下运行期混凝土坝结构性态变化特征。

运行期混凝土坝受冻主要分为表面剥落与内部裂纹扩展两种类型。混凝土表面剥落主要是指冻融作用下表面砂浆或细骨料的缺失，极端情况下会导致内部粗骨料的松动与混凝土强度的降低；混凝土内部裂纹扩展会导致内部裂缝发育贯通，最终引起混凝土的性能退化。冻融作用试验表明，混凝土力学性能会随着冻融作用次数增加而发生显著的变化。下面从相对动弹性模量、质量损失、强度、弹性模量与孔径分布等方面，探究冻融作用下混凝土坝物理力学参数与指标的演化规律。

冻融作用使混凝土表层水在温度降低至冰点后，在其表面结成冰晶体，而混凝土和冰的热膨胀系数不同，两者界面处将随着温度的继续降低而产生应变，薄冰层与混凝土界面间将产生应力，当应变或应力超过混凝土临界值时，可能产生微裂纹，如此循环往复，内部微裂纹或者剥落程度愈发严重，逐步造成混凝土性能劣化。混凝土抗冻等级通常以相对动弹性模量下降至不低于 60%，或者质量损失率不超过 5% 的最大冻融循环次数来确定。由于弹性波对于混凝土内部的裂纹和缺陷敏感，测试一定冻融作用次数后混凝土基体的共振频率，共振频率和弹性波的波速成比例，由此计算得到动弹性模量。冻融影响下混凝土相对动弹性模量与质量损失率变化规律如图 2.1.2 所示。冻融试验表明：①混凝土相对动弹性模量随着冻融作用次数的增加而降低，表明混凝土内部由于冻融作用的影响而出现了越来越多的裂纹和缺陷；②经过约 25 次冻融后，混凝土质量略有增大，这是由于部分试验中混凝土试件在刚开始遭受冻融作用时产生了微裂纹，吸水率增大，增大了冻融初期混凝土质量，随着冻融作用次数的增加，混凝土的表面微裂纹进一步扩展，混凝土表面剥落，质量损失率增加，质量损失率一般在 5% 以内。

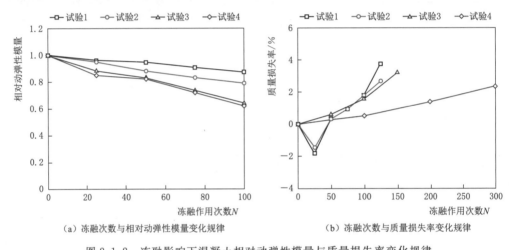

图 2.1.2　冻融影响下混凝土相对动弹性模量与质量损失变化规律

图 2.1.3 为冻融混凝土相对抗拉强度和相对弹性模量随冻融作用次数的变化规律，由

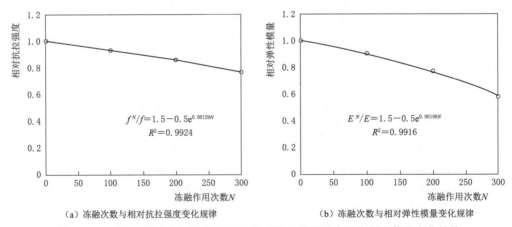

图 2.1.3　冻融混凝土相对抗拉强度和相对弹性模量随冻融作用次数的变化规律

图 2.1.3 可看出，随着冻融作用次数的增加，冻融混凝土抗拉强度、相对弹性模量均与冻融作用次数近似呈自然指数衰减关系，影响混凝土坝结构性态。

冻融作用导致的混凝土内部孔隙结构（如孔隙率和孔径）的变化，是造成混凝土力学性能下降的主要原因，根据压汞试验得到的冻融混凝土孔径分布规律如图 2.1.4 所示。从图中看出，随着冻融作用次数的增加，无害孔（＜20nm）的比例减小，有害孔（＞200nm）的比例不断增加，说明混凝土内部孔径随着冻融作用次数的增加而增大，混凝土内部损伤愈发严重。

混凝土内部裂纹的萌生与扩展，将会对混凝土内部的孔隙结构与力学性能劣化产生较大影响，有学者通过平板扫描法对平均每个孔隙生成的裂纹数量、平均裂纹长度、单位孔隙面积以及孔隙圆形度等参数进行了试验分析。由图 2.1.5 可看出：冻融作用次数的增加会导致平均每个孔隙生成的裂纹数量不断增多，平均裂纹长度随着冻融的进行而扩展；混凝土内单位孔隙面积在经过一定冻融作用次数后，开始明显增大，即裂纹与孔隙均逐渐扩张；随着冻融作用次数的增加，孔隙形状逐渐偏离正圆（$R=1$ 表示正圆，$R$ 值越大于 1，表示形状越偏离正

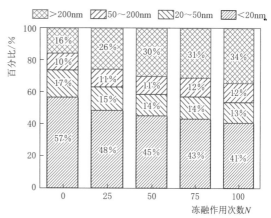

图 2.1.4 冻融混凝土孔径分布规律

圆），这是由于孔隙内壁剥蚀导致孔隙沿着裂纹方向扩张，形状越来越扁。因此，混凝土内部的孔隙结构随着冻融作用次数的增加而不断劣化，冻融是导致混凝土性能劣化的内因。

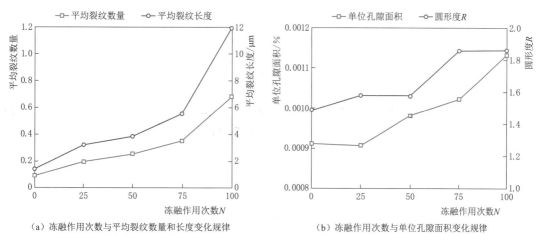

（a）冻融作用次数与平均裂纹数量和长度变化规律 （b）冻融作用次数与单位孔隙面积变化规律

图 2.1.5 冻融混凝土孔径分布规律

综上所述，从相对动弹性模量、质量损失、强度、弹性模量与孔径分布等方面的试验结果可知，运行期坝体冻融混凝土宏观物理力学参数与指标均随着冻融作用次数的增加而不断劣化，表明冻融作用次数能宏观反映对混凝土坝结构性能受冻融作用的影响。

### 2.1.3　越冬层对混凝土坝结构性态的影响

与一般温和地区不同，寒冷地区混凝土坝修建过程中，寒冷冬季（约为每年的 11 月至翌年 3 月）由于气温太低不满足施工条件而暂缓浇筑混凝土，即存在长达 5 个月的冬歇期，等来年气温回暖后继续施工，在冬歇期来临前浇筑的混凝土顶面即为越冬层，越冬层的存在对寒冷地区混凝土坝结构性态产生较大影响。

越冬层影响范围的混凝土，其内外温差导致越冬层混凝土拉应力较大，冬歇期结束后恢复混凝土浇筑时，越冬层影响范围内存在较大的残余拉应力。同时，与越冬层上新浇混凝土间温差大，上部新浇筑混凝土受越冬层的约束强，在新老混凝土结合部分易产生较大的拉应力。上述因素的叠加作用下，越冬层影响范围内易产生危害性裂缝，对混凝土坝安全运行产生较大影响。

国内已建的众多混凝土坝中，出现了一些越冬层形成水平裂缝的实例，如大凌河干流的辽宁阎王鼻子水库，在其溢流坝段越冬层上游新老混凝土结合部位出现了水平裂缝，影响了工程的安全运行；吉林满台城大坝在越冬层水平面上出现贯穿上下游的水平裂缝，导致坝后坡面形成大面积渗水，降低了大坝抗渗能力和整体性；新丰满大坝在 2015—2017 年越冬层分别发现了 15 条、26 条、8 条宽为 0.2～1.3mm 间的横河向裂缝，裂缝深度为0.6～3.9m；新疆维吾尔自治区某大坝越冬层出现开裂，造成下游面渗水、冬季坡面挂冰

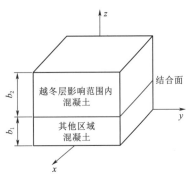

图 2.1.6　越冬层影响范围内
混凝土与其他区域混凝土
单元分析模型

等现象。上述实例表明寒冷地区混凝土坝越冬层若保护不力，成为大坝安全运行的隐患，将严重影响大坝的安全服役。

实测资料及试验成果表明，越冬层影响范围内的混凝土热膨胀系数与其他部位的混凝土存在差异，在变温荷载作用下，引起越冬层影响范围内的混凝土与其附近的混凝土变形不协调，产生附加应力。为说明上述现象，下面视坝体混凝土为弹性体作一分析，图 2.1.6 为越冬层影响范围内混凝土与其他区域混凝土单元分析模型，假定其他部位混凝土弹性模量为 $E_1$，热膨胀系数为 $\alpha_1$，厚度为 $b_1$；越冬层影响范围混凝土弹性模量为 $E_2$，热膨胀系数为 $\alpha_2$，厚度为 $b_2$；单元体 $x$，$y$ 方向取为单位长度，温度变化为 $\Delta T$。

同样温度变化下，其他区域混凝土自由膨胀产生的应变为 $\alpha_1 \Delta T$，越冬层影响范围混凝土自由膨胀产生的应变为 $\alpha_2 \Delta T$，两者并不相等，而由于两者融为一体，结合处各点的应变相同，则在越冬层附近产生附加应力。

由此可知混凝土热膨胀系数的确定是探究越冬层对大坝结构性态的影响的关键，其可通过附近的无应力计测值求得，即无应力计应变 $\varepsilon(t)$ 为

$$\varepsilon(t) = \alpha \Delta T + G(t) + \varepsilon_{w} \tag{2.1.9}$$

式中　　$\alpha$——混凝土热膨胀系数；

$\Delta T$——温度变化值；

$\alpha \Delta T$——温度应变；

$G(t)$、$\varepsilon_w$——自生体积变形与湿度变形；

$t$——监测时间。

在无应力计过程线上选取后期自生体积变形较稳定的降温段或其他温度梯度较大的时段，忽略自生体积变化，即 $G(t)=c$，描述 $\varepsilon$ - $T$ 的关系，如图 2.1.7 所示，取近似直线的斜率，得到热膨胀系数 $\alpha$，即

$$\alpha = \frac{\sum \left[ \varepsilon(t) - \overline{\varepsilon} \right] \left[ \Delta T(t) - \overline{\Delta T} \right]}{\sum \left[ \Delta T(t) - \overline{\Delta T} \right]^2} \quad (2.1.10)$$

式中 $\overline{\varepsilon}$——无应力计实测应变的平均值；

$\overline{\Delta T}$——无应力计温度增量的平均值。

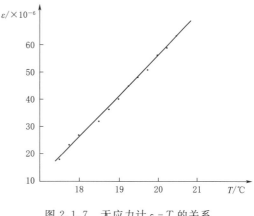

图 2.1.7 无应力计 $\varepsilon$ - $T$ 的关系

考虑到混凝土的不均匀性，最好利用应变计组附近相同温度与湿度条件下，在同一混凝土中的无应力计测值求解热膨胀系数 $\alpha$。

综上可知，越冬层影响范围内混凝土与其他区域混凝土存在热膨胀系数的差异，同时，越冬层抗拉强度低于其他区域混凝土抗拉强度。因此，需进一步结合坝体混凝土的本构模型，采用有限元方法探究越冬层引起的混凝土坝结构性态的变化。

为了提高计算精度，在越冬层附近剖分更精细的网格，利用 Python 语言对有限元软件进行二次开发，应用于混凝土坝结构性态分析。基于上述方法，探究寒冷地区混凝土坝越冬层影响范围内混凝土与其他位置混凝土的差异，并结合变温作用效应的模拟，构建混凝土坝准稳定温度场作为初始温度场，在有限元分析模型中施加自重、水压、变温等荷载，由此实现考虑越冬层对混凝土坝结构性态影响的模拟分析，具体分析步骤如下：

（1）构建混凝土坝有限元计算模型，依据大坝施工资料，确定越冬层所在位置。

（2）依据实测气温资料，结合混凝土坝变温场的模拟计算分析，设置混凝土坝的不同热边界条件，确定混凝土坝寒冷冬季对应月份的准稳定温度场，作为下一步应力计算的初始温度场。

（3）确定越冬层影响区域，利用混凝土坝内部无应力计反演得到不同区域的坝体混凝土热膨胀系数，进而确定混凝土坝有限元计算模型中的越冬层影响区域的热膨胀系数。

（4）依据坝体混凝土弹塑性本构模型，在有限元分析模型中施加各项荷载，如自重、库水压力、变温荷载，求解考虑越冬层影响下的大坝应力场。

（5）对比考虑与不考虑越冬层情况下混凝土坝应力场的变化，由此分析越冬层的存在对混凝土坝结构性态的影响。

## 2.2 高拱坝裂缝演变规律及数值仿真分析方法

裂缝较普遍存在于混凝土坝等水工混凝土建筑物中，其种类繁多、成因复杂。多数裂缝对大坝安全具有影响，应结合原型监测资料分析和数值仿真分析等，分析其演变规律、评价其危害性，并及时采取必要的除控措施。

已有研究表明，混凝土裂缝的演变是一个微观裂缝萌生、扩展、贯通，直到产生宏观裂缝的过程（图 2.2.1）。在外荷载作用下，在骨料和砂浆的结合面出现结合裂缝；在外荷载继续作用下，这些微裂缝扩展、分叉，开始从内表面向砂浆区域偏转和扩展，在砂浆中产生新的裂缝和孔隙；随着外荷载的继续作用，不同类型的微观裂缝相互贯穿汇合，形成宏观裂缝，混凝土出现应变软化，承载能力降低，直至破坏。上述混凝土裂缝的演变过程，始终与外界的物质和能量交换相伴，其变形破坏是能量耗散与能量释放的综合结果。能量耗散使混凝土结构产生损伤，致使其性能劣化和强度丧失；能量释放则是引发裂缝失稳扩展的内在原因。能量作为一个能够贯穿不同层次的通用物理量，应用于分析混凝土坝裂缝的发展演变过程，可综合考虑应力场和位移场的变化情况，比仅考虑单个因素更为全面。

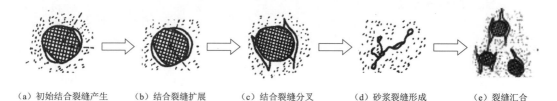

（a）初始结合裂缝产生　　（b）结合裂缝扩展　　（c）结合裂缝分叉　　（d）砂浆裂缝形成　　（e）裂缝汇合

图 2.2.1　混凝土微观裂缝演变过程

　　混凝土高拱坝作为一种大体积混凝土结构，当其所受外荷载在不断变化时，其裂缝的发展有着自身的变化规律。裂缝开度表现为可逆变形和不可逆变形两个部分，其中不可逆变形 $\delta_{ir}$ 的变化规律决定了裂缝的稳定状态。混凝土坝裂缝发展演变的常见表现形式如图 2.2.2 所示，$\delta_{ir}$ 表示混凝土坝裂缝相应的能量解析如下：①如图 2.2.2（a）所示，$\mathrm{d}\delta_{ir}/\mathrm{d}t=0$，缝端区域释放的应变能小于形成自由表面所需的表面能及缝端区域产生不可逆变形所需的塑性功，裂缝整体上处于稳定状态；②如图 2.2.2（b）所示，$\delta_{ir}$ 逐渐增大，其变化率 $\mathrm{d}\delta_{ir}/\mathrm{d}t>0$，但 $\mathrm{d}^2\delta_{ir}/\mathrm{d}t^2\leqslant0$，缝端区域释放的应变能等于形成自由表面所需的表面能及缝端区域产生不可逆变形所需的塑性功，裂缝处于亚临界扩展状态；③如图 2.2.2（c）所示，$\delta_{ir}$ 以不断增大的速率发展，其变化率 $\mathrm{d}\delta_{ir}/\mathrm{d}t>0$，并且 $\mathrm{d}^2\delta_{ir}/\mathrm{d}t^2>0$，缝端区域释放的应变能大于形成自由表面所需的表面能及缝端区域产生不可逆变形所需的塑性功，裂缝会发生失稳扩展；④如图 2.2.2（d）所示，$\delta_{ir}$ 迅速增大，其变化率 $\mathrm{d}\delta_{ir}/\mathrm{d}t>0$，$\mathrm{d}^2\delta_{ir}/\mathrm{d}t^2>0$ 且 $\mathrm{d}^3\delta_{ir}/\mathrm{d}t^3>0$，缝端区域释放的应变能远大于形成自由表面所需的表面能及缝端区域产生不可逆变形所需的塑性功，结构发生断裂破坏，此种情况在混凝土坝中一般不会出现。对于裂缝的发展演变过程，除用裂缝开度表征以外，一般还可采用应力

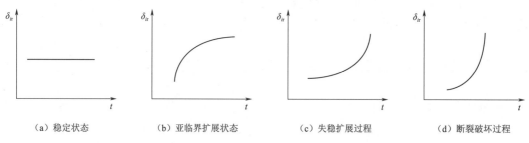

（a）稳定状态　　　　（b）亚临界扩展状态　　　（c）失稳扩展过程　　　（d）断裂破坏过程

图 2.2.2　混凝土坝裂缝发展演变的常见表现形式

强度因子 $K$ 来刻画裂缝稳定性的演变过程，以临界应变能释放率或临界应力强度因子为控制值，判别和诊断裂缝稳定性的转异特征。

### 2.2.1　高拱坝裂缝演变数值仿真方法

混凝土高拱坝裂缝产生、扩展等演变过程极其复杂，本质上为一边界条件高度非线性的复杂接触问题，可借助接触模型进行模拟，准确追踪结构体接触前后的相互作用，正确刻画接触面之间的摩擦行为，合理分析荷载作用下裂缝的演变规律。为了求解接触问题，需解决物理模型、几何运动规律、本构规律，以及合适的方程与求解方法等四方面问题。

1. 接触问题的描述

如图 2.2.3 所示，$\Omega_1$ 和 $\Omega_2$ 分别是接触体系中的两个接触体，用 $S_p$ 和 $S_u$ 分别表示给定外荷载和位移边界。在可能接触公共面上定义局部坐标 $n$、$a$、$b$，$n$ 表示可能接触面的法方向，由接触体 $\Omega_2$ 指向 $\Omega_1$；$a$ 和 $b$ 为可能接触面内两个任意垂直的方向。

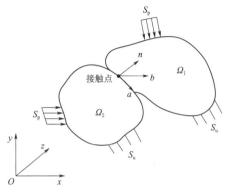

图 2.2.3　接触体

两个接触体可能接触面的相对间距 $\Delta u_i$ 及其增量 $\mathrm{d}\Delta u_i$ 可以定义为

$$\Delta u_i = u_i^{(1)} - u_i^{(2)} + \Delta u_i^{(0)}, \quad \Delta \mathrm{d}u_i = \mathrm{d}u_i^{(1)} - \mathrm{d}u_i^{(2)} \quad (i=x,y,z \text{ 或 } i=n,a,b) \quad (2.2.1)$$

式中　$\Delta u_i^{(0)}$——可能接触面之间的初始间隙；

（1）、（2）——接触体 $\Omega_1$ 和 $\Omega_2$。

2. 法向接触条件

法向接触条件是衡量两个接触体是否进入接触的重要依据。一般可用 $\Omega_1$ 体上的接触应力表示接触面的接触应力，其分别用 $\sigma_n$、$\sigma_a$、$\sigma_b$（由法向定义可知，$\sigma_n$ 受压为正，下标 $n$、$a$、$b$ 分别表示变量在局部坐标系中的分量）。则接触体法向接触为压应力和不可侵入条件可表示为

接触体脱开状态

$$\sigma_n = 0, \quad \Delta u_n \geqslant 0 \quad (2.2.2)$$

接触体黏着和滑动状态

$$\sigma_n \geqslant 0, \quad \Delta u_n = 0 \quad (2.2.3)$$

式中　$\sigma_n$——接触面法向压应力；

$\Delta u_n$——接触面的法向相对间距。

3. 切向接触条件

当两个接触体已经接触时，可用切向接触条件判断接触面的具体接触状态和各自需满足的限定条件。对于接触面间的摩擦问题，其库仑摩擦模型为

黏着状态

$$\sigma_\tau \leqslant f\sigma_n, \quad \Delta \mathrm{d}u_\tau = 0 \quad (2.2.4)$$

滑动状态

$$\sigma_\tau > f\sigma_n, \quad \Delta du_\tau \geqslant 0, \quad \theta_c = \theta_d + \pi \tag{2.2.5}$$

其中，

$$\sigma_\tau = \sqrt{\sigma_a^2 + \sigma_b^2}$$

$$\Delta du_\tau = \sqrt{\Delta du_a^2 + \Delta du_b^2} \tag{2.2.6}$$

式中　$f$——摩擦系数；

$\theta_c$、$\theta_d$——接触面的切向接触应力方向和切向相对位移增量方向与图 2.2.3 中轴的夹角。

4. 有摩擦接触问题的势能泛函

由上述假定可得描述空间系统摩擦接触问题的基本方程为

平衡方程

$$\sigma_{ij,j}^{(\alpha)} + \overline{F_i^{(\alpha)}} = 0 \quad 在 \ \Omega = \Omega_1 + \Omega_2 \ 内 \tag{2.2.7}$$

几何方程

$$\varepsilon_{ij,j}^{(\alpha)} = \frac{1}{2} \left[ u_{i,j}^{(\alpha)} + u_{j,i}^{(\alpha)} \right] \tag{2.2.8}$$

物理方程

$$\sigma_{ij}^{(\alpha)} = D_{ijkl}^{(\alpha)} \varepsilon_{kl}^{(\alpha)} \quad 在 \ \Omega = \Omega_1 + \Omega_2 \ 内 \tag{2.2.9}$$

已知外力和已知位移的边界

$$\begin{cases} n_i \sigma_{ij}^{(\alpha)} = \overline{p}_i^{(\alpha)}, 在 \ S_p^{(\alpha)} \ 上 \\ u_i^{(\alpha)} = \overline{u}_i^{(\alpha)}, 在 \ S_u^{(\alpha)} \ 上 \end{cases} \tag{2.2.10}$$

式中　　　　$n_i$——外法线方向的方向余弦；

$\alpha$——接触体，取值 1 表示 $\Omega_1$，取值 2 表示 $\Omega_2$；

$i$、$j$——取值 1、2、3 分别代表 $x$、$y$、$z$ 方向；

$\sigma_{ij}^{(\alpha)}$、$\varepsilon_{kl}^{(\alpha)}$ 和 $\overline{F_i^{(\alpha)}}$——应力张量分量、应变张量分量和指定的体力分量；

$D_{ijkl}^{(\alpha)}$——弹性常数；

$\overline{p}_i^{(\alpha)}$——$S_p^{(\alpha)}$ 边界上指定的面力；

$\overline{u}_i^{(\alpha)}$——边界 $S_u^{(\alpha)}$ 上指定位移值。

在外力及接触压力相平衡的内力场中，有摩擦接触问题的势能泛函的算子可表示为

$$\Pi = \sum_{\alpha=1,2} \int_{\Omega^{(\alpha)}} \{ W[\varepsilon_{ij}^{(\alpha)}] - \overline{F}_i^{(\alpha)} u^{(\alpha)} \} d\Omega \int_{S^{(\alpha)}} \overline{p}_i^{(\alpha)} u_i^{(\alpha)} dS \tag{2.2.11}$$

其中

$$W = \sigma_{ij}^{(\alpha)} \varepsilon_{ij}^{(\alpha)} / 2$$

式中　$W$——应变能密度；

$\sigma_{ij}^{(\alpha)}$——应力张量分量；

$\varepsilon_{ij}^{(\alpha)}$——位移 $u_i^{(\alpha)}$ 的函数，可由 $u_i^{(\alpha)}$ 得到。

## 2.2.2　三维接触问题有限元离散

将上述 $\Omega$ 分割为 $n$ 个有限单元，并设相邻单元间界面上的位移 $u_i$ 连续。设 $m$ 号单元中的位移 $u_i$，记作 $u_i^{(m)}$，则势能泛函可表示为

$$\boldsymbol{\varPi}_p^* = \sum_{m=1}^{n} \left\{ \int_{\Omega_n} \left[ W^{(am)}(\boldsymbol{\varepsilon}) - \overline{F}_i u_i^{(am)} \right] \mathrm{d}\Omega - \int_{S_j^{(m)}} \overline{p}_i u_i^{(am)} \mathrm{d}S \right\} \tag{2.2.12}$$

设有限单元 $\Omega_m$ 中的位移矢量和结点位移矢量分别为 $\boldsymbol{u}^{(m)}$ 和 $\boldsymbol{q}^{(m)}$，并设插值函数矩阵为 $\boldsymbol{N}^{(m)}$，则有

$$\boldsymbol{u}^{(m)} = \boldsymbol{N}^{(m)} \boldsymbol{q}^{(m)} \tag{2.2.13}$$

记应变—位移变换矩阵为 $\boldsymbol{B}$，于是

$$\boldsymbol{\varepsilon}^{(m)} = \boldsymbol{B}^{(m)} \boldsymbol{q}^{(m)} \tag{2.2.14}$$

依据应力应变关系，则有

$$\boldsymbol{\sigma}^{(m)} = \boldsymbol{D}^{(m)} \boldsymbol{\varepsilon}^{(m)} = \boldsymbol{D} \boldsymbol{B}^{(m)} \boldsymbol{q}^{(m)} \tag{2.2.15}$$

将以上各式代入泛函式（2.2.12），并省略式中的 $\alpha$，得

$$\boldsymbol{\varPi}_p^* = \sum_{m=1}^{n} \left[ \int_{\Omega_n} \frac{1}{2} \boldsymbol{q}^{(m)\mathrm{T}} \boldsymbol{B}^{(m)\mathrm{T}} \boldsymbol{D} \boldsymbol{B}^{(m)} \boldsymbol{q}^{(m)} \mathrm{d}\Omega - \right.$$
$$\left. \int_{\Omega_m} \boldsymbol{q}^{(m)\mathrm{T}} \boldsymbol{N}^{(m)\mathrm{T}} \overline{\boldsymbol{F}} \mathrm{d}\Omega - \int_{S_p^{(m)}} \boldsymbol{q}^{(m)\mathrm{T}} \boldsymbol{N}^{(m)\mathrm{T}} \overline{\boldsymbol{p}} \mathrm{d}S \right] \tag{2.2.16}$$

记

$$\int_{\Omega_m} \boldsymbol{B}^{(m)\mathrm{T}} \boldsymbol{D} \boldsymbol{B}^{(m)} \mathrm{d}\Omega = \boldsymbol{K}_{\mathrm{L}}^{(m)} + \boldsymbol{K}_{\mathrm{NL}}^{(m)} \tag{2.2.17}$$

$$\int_{\Omega_m} \boldsymbol{N}^{(m)\mathrm{T}} \overline{\boldsymbol{F}} \mathrm{d}\Omega + \int_{S_p^{(m)}} \boldsymbol{N}^{(m)\mathrm{T}} \overline{\boldsymbol{p}} \mathrm{d}S = \boldsymbol{R}^{(m)} \tag{2.2.18}$$

式中 $\boldsymbol{K}_{\mathrm{L}}^{(m)}$、$\boldsymbol{K}_{\mathrm{NL}}^{(m)}$——接触体的线性和非线性应变刚度阵；

$\boldsymbol{R}^{(m)}$——广义结点力向量。

按通常有限元方法将式（2.2.16）组装成整体方程为

$$\boldsymbol{\varPi}_p^* = \frac{1}{2} \boldsymbol{q}^{\mathrm{T}} (\boldsymbol{K}_{\mathrm{L}} + \boldsymbol{K}_{\mathrm{NL}}) \boldsymbol{q} - \boldsymbol{q}^{\mathrm{T}} \boldsymbol{R} \tag{2.2.19}$$

### 2.2.2.1 接触问题有限元求解方法

在运用有限元法求解接触问题时，一般采用接触约束算法。根据上述有限元离散，由变分极值条件可得出如下有限元平衡方程

$$\boldsymbol{K} \boldsymbol{q} = \boldsymbol{R} \tag{2.2.20}$$

其中 $$\boldsymbol{K} = \boldsymbol{K}_{\mathrm{L}} + \boldsymbol{K}_{\mathrm{NL}}$$

式中 $\boldsymbol{K}$——刚度矩阵；

$\boldsymbol{R}$——响应的荷载向量。

接触问题可描述为求解域内位移场 $\boldsymbol{q}$，使得式（2.2.20）在接触边界的约束下达到最小，即

$$\begin{cases} \min \boldsymbol{\varPi}_p^* = \dfrac{1}{2} \boldsymbol{q}^{\mathrm{T}} (\boldsymbol{K}_{\mathrm{L}} + \boldsymbol{K}_{\mathrm{NL}}) \boldsymbol{q} - \boldsymbol{q}^{\mathrm{T}} \boldsymbol{R} \\ \mathrm{s.\,t.} \quad \boldsymbol{g} \geqslant 0 \end{cases} \tag{2.2.21}$$

接触约束算法即是通过对接触边界约束条件的适当处理，将式（2.2.21）所描述的约束优化问题转化为无条件优化问题进行求解。根据无约束优化方法的不同，主要可分为拉格朗日乘子法和罚函数法，以及二者的结合。

1. 拉格朗日乘子法

拉格朗日乘子法通过引入拉格朗日乘子 $\lambda$，定义接触势能

$$\boldsymbol{\Pi}_\lambda = \boldsymbol{g}^\mathrm{T} \boldsymbol{\lambda} \tag{2.2.22}$$

将式（2.2.22）的约束最小化问题转化为无约束最小化问题，即

$$\min \boldsymbol{\Pi}_\mathrm{p}^* = \frac{1}{2} \boldsymbol{q}^\mathrm{T} (\boldsymbol{K}_\mathrm{L} + \boldsymbol{K}_\mathrm{ML}) \boldsymbol{q}^\mathrm{T} \boldsymbol{R} + \boldsymbol{g}^\mathrm{T} \boldsymbol{\lambda} \tag{2.2.23}$$

通常，可将 $g(\boldsymbol{q})$ 对位移场 $\boldsymbol{q}$ 进行泰勒展开，取一次项为 $g(\boldsymbol{q}) \approx \boldsymbol{g}_0 + \dfrac{\partial g}{\partial q} \boldsymbol{q} = \boldsymbol{g}_0 + G\boldsymbol{q}$。

将此式代入式（2.2.23），可以得到以位移 $\boldsymbol{q}$ 和乘子 $\boldsymbol{\lambda}$ 为基本未知量的系统控制方程，即

$$\begin{bmatrix} \boldsymbol{K} & \boldsymbol{G}^\mathrm{T} \\ \boldsymbol{G} & 0 \end{bmatrix} \begin{bmatrix} \boldsymbol{q} \\ \boldsymbol{\lambda} \end{bmatrix} = \begin{bmatrix} \boldsymbol{R} \\ -\boldsymbol{g}_0 \end{bmatrix} \tag{2.2.24}$$

用拉格朗日乘子引入接触界面约束条件可以使约束条件得到精确满足。不足之处是增加了方程的自由度数，求解方程的系数矩阵中包含零对角元素。因此必须采取适当的方法，以保证方程的顺利求解。

2. 罚函数法

罚函数法是将接触区域的不可侵入条件以及其他条件作为惩罚项引入接触系统的势能泛函之中，在原势能泛函中增加一项惩罚势能，即

$$\boldsymbol{\Pi}_\mathrm{v} = \frac{1}{2} \boldsymbol{v}^\mathrm{T} \boldsymbol{E}_\mathrm{v} \boldsymbol{v} \tag{2.2.25}$$

式中　$\boldsymbol{E}_\mathrm{v}$——惩罚因子；

$v$——嵌入深度，是结点位移 $\boldsymbol{q}$ 的函数。

接触问题就转化为无约束优化问题，即

$$\min \boldsymbol{\Pi}_\mathrm{p}^* = \frac{1}{2} \boldsymbol{q}^\mathrm{T} (\boldsymbol{K}_\mathrm{L} + \boldsymbol{K}_\mathrm{NL}) \boldsymbol{q} - \boldsymbol{q}^\mathrm{T} \boldsymbol{R} + \frac{1}{2} \boldsymbol{v}^\mathrm{T} \boldsymbol{E}_\mathrm{v} \boldsymbol{v} \tag{2.2.26}$$

以位移 $\boldsymbol{q}$ 为未知量，系统的控制方程为

$$(\boldsymbol{K} + \boldsymbol{K}_\mathrm{v}) \boldsymbol{q} = \boldsymbol{R} - \boldsymbol{R}_\mathrm{v} \tag{2.2.27}$$

其中

$$\boldsymbol{K}_\mathrm{v} = \left(\frac{\partial \boldsymbol{v}}{\partial \boldsymbol{q}}\right)^\mathrm{T} \boldsymbol{E}_\mathrm{v} \left(\frac{\partial \boldsymbol{v}}{\partial \boldsymbol{q}}\right)$$

$$\boldsymbol{R}_\mathrm{v} = \left(\frac{\partial \boldsymbol{v}}{\partial \boldsymbol{q}}\right)^\mathrm{T} \boldsymbol{E}_\mathrm{v} v_0$$

式中　$v_0$——初始嵌入深度。

与拉格朗日乘子法相比，罚函数法的优点是不增加求解问题的自由度，而且使求解方程的系数矩阵为正定矩阵，避免了在静力接触问题求解时由于系数矩阵非正定性可能出现的麻烦。但人为假设的罚因子必须适当，否则将引起方程的病态。

3. 扩展的拉格朗日法

将罚函数法和拉格朗日乘子法联合使用，形成了扩展拉格朗日乘子法。构造修正的势能泛函为

$$\boldsymbol{\Pi}^* = \boldsymbol{\Pi} + \boldsymbol{\Pi}_\mathrm{v} + \boldsymbol{\Pi}_\lambda \tag{2.2.28}$$

式中　$\boldsymbol{\Pi}^*$——修正的势能泛函；

$\boldsymbol{\Pi}$——势能泛函；

$\boldsymbol{\Pi}_v$——惩罚势能；

$\boldsymbol{\Pi}_\lambda$——接触势能。

随着接触状态的变化，式（2.2.27）取变分及驻值，得相应的控制方程为

$$\begin{bmatrix} \boldsymbol{K}+\boldsymbol{K}_v & \boldsymbol{G}^{\mathrm{T}} \\ \boldsymbol{G} & 0 \end{bmatrix} \begin{bmatrix} \boldsymbol{q} \\ \boldsymbol{\lambda} \end{bmatrix} = \begin{bmatrix} \boldsymbol{R}-\boldsymbol{R}_v \\ -\boldsymbol{g}_0 \end{bmatrix} \tag{2.2.29}$$

由拉格朗日乘子的物理意义，可将其用接触点对的接触力代替，通过迭代计算得到问题的正确解，在迭代过程中，接触应力作为已知力出现，这样既吸收了罚函数和拉格朗日乘子法的优点，又不会增加系统的求解规模，而且有较快的收敛速度。

#### 2.2.2.2 混凝土高拱坝开裂病险除控效能的修正 $J$ 积分评估方法

根据前述关于混凝土高拱坝裂缝成因和演变规律分析可知，影响裂缝稳定性的因素很多，裂缝修复、防控措施的实施目的之一即为削减各因素的不利影响，以抑制裂缝的进一步发展，增强裂缝的稳定性。传统多借助断裂力学理论，采用应力强度因子来刻画裂缝稳定性的演变过程，以临界应变能释放率或临界应力强度因子为控制值，判别和诊断裂缝稳定性的转异特征。本节在已有研究成果的基础上，充分考虑混凝土高拱坝开裂病险除控措施对原裂缝尖端区受力特点、应力场和应变场等的影响，视应力强度因子为裂缝除控措施与荷载因素等的组合作用结果，研究建立可用于混凝土高拱坝开裂病险除控效能评估的修正 $J$ 积分模型，进而引入相互作用积分方法，解决应力强度因子的计算问题，提出混凝土高拱坝开裂病险除控效能预测模型。

考虑除控措施的应力强度因子计算方法如下：在对基于应力强度因子的裂缝安全表征原理阐述基础上，探研混凝土高拱坝开裂病险除控措施对缝端应力强度因子的影响。混凝土高拱坝在荷载作用下的平面裂缝扩展基本类型可分为张开型（第Ⅰ类）和滑开型（第Ⅱ类），如图 2.2.4 所示。

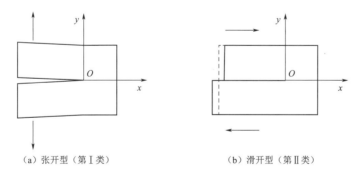

（a）张开型（第Ⅰ类）　　　　　　（b）滑开型（第Ⅱ类）

图 2.2.4　平面裂缝扩展的基本类型

裂缝尖端附近的应力和位移可表示为

$$\begin{cases} \sigma_{ij} = \dfrac{K}{\sqrt{r}} f_{ij}(\theta) \\ U_i = K\sqrt{r} f_i(\theta) \end{cases} \tag{2.2.30}$$

式中　$\sigma_{ij}$、$U_i$——裂缝尖端附近的应力场和位移场；

$K$——裂缝应力强度因子；

$r$、$\theta$——以裂缝顶点为原点的极坐标；

$f_{ij}(\theta)$、$f_i(\theta)$——一个确定函数。

由 Williams 位移展开式可推出二维应力强度因子的计算公式为

$$\begin{cases} K_{\mathrm{I}} = \lim_{r\to 0}\left[\dfrac{\sqrt{2\pi}E}{4(1-\mu^2)}\cdot\dfrac{v_i'}{\sqrt{r_i}}\right] \\[3mm] K_{\mathrm{II}} = \lim_{r\to 0}\left[\dfrac{\sqrt{2\pi}E}{4(1-\mu^2)}\cdot\dfrac{u_i'}{\sqrt{r_i}}\right] \end{cases} \tag{2.2.31}$$

式中　$K_{\mathrm{I}}$、$K_{\mathrm{II}}$——第 I 类、第 II 类裂缝的应力强度因子；

　　　　$E$、$\mu$——材料的弹性模量和泊松比；

　　　　$v_i'$、$u_i'$——裂缝缝岸上 $i$ 点裂缝面垂直方向、滑开方向的位移；

　　　　$r_i$——$i$ 点离裂缝尖端的距离。

上述缝岸上 $i$ 点的位移 $\begin{bmatrix} v' & u' \end{bmatrix}_i^{\mathrm{T}}$ 并不是 $i$ 点在整体坐标下的位移分量 $\begin{bmatrix} v & u \end{bmatrix}_i^{\mathrm{T}}$，因此，需要在裂缝尖端处建立缝岸局部坐标 $x'$、$y'$，其转化关系式为

$$\begin{bmatrix} x' \\ y' \end{bmatrix} = \begin{bmatrix} l_1 & m_1 \\ l_2 & m_2 \end{bmatrix}\begin{bmatrix} x \\ y \end{bmatrix} \tag{2.2.32}$$

$$\begin{bmatrix} v' \\ u' \end{bmatrix} = \begin{bmatrix} l_1 & m_1 \\ l_2 & m_2 \end{bmatrix}\begin{bmatrix} v \\ u \end{bmatrix} \tag{2.2.33}$$

式中　$l_j$、$m_j$（$j=1$，2）——$x$、$y$ 与 $x'$、$y'$ 之间的方向余弦。

以平面应变张开型裂缝问题为例，平面裂缝尖端区坐标示意图如图 2.2.5 所示，将原点设在裂缝尖端，其裂缝附近的位移分量可表示为

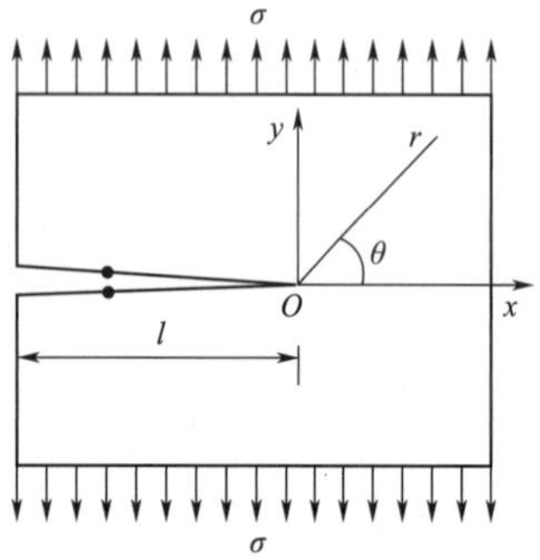

$$u(r,\theta) = \frac{(1+\mu)K_{\mathrm{I}}}{2E}\sqrt{\frac{r}{2\pi}}\left[(2S-1)\cos\frac{\theta}{2}-\cos\frac{3\theta}{2}\right] \tag{2.2.34}$$

$$\nu(r,\theta) = \frac{(1+\mu)K_{\mathrm{I}}}{2E}\sqrt{\frac{r}{2\pi}}\left[(2S+1)\sin\frac{\theta}{2}-\sin\frac{3\theta}{2}\right] \tag{2.2.35}$$

图 2.2.5　平面裂缝尖端区坐标示意图

其中　　　　　　　　　　$S = 3-4\mu$

式中　$u(r,\theta)$、$\nu(r,\theta)$——水平位移和垂直位移；

　　　　$r$——距缝端的距离。

当 $\theta=\pi$ 时，式（2.2.35）变为

$$\begin{cases} u = 0 \\[2mm] v = \dfrac{4(1-\mu^2)K_{\mathrm{I}}}{E\sqrt{2\pi}}\sqrt{r} \end{cases} \tag{2.2.36}$$

若式（2.2.36）中包含 $r$ 的高次项，进行整理可得到

$$\frac{\sqrt{2\pi}Ev}{4(1-\mu^2)\sqrt{r}} = K_{\mathrm{I}}\left(1+\frac{a_1 r}{l}+\cdots\right) \tag{2.2.37}$$

对式 （2.2.37）取极限 $r \to 0$，可得到计算应力强度因子的表达式为

$$K_I = \lim_{r \to 0} \frac{\sqrt{2\pi} E v^*}{4(1-\mu^2)\sqrt{r}} \qquad (2.2.38)$$

由于有限元计算得到的为两个结点的相对位移，用 $v_{22}^*$ 表示缝岸上两个对应结点的相对位移，则可进一步得到

$$K_I^* = \frac{\sqrt{2\pi} E v_{22}^*}{8(1-\mu^2)\sqrt{r}} \qquad (2.2.39)$$

由式 （2.2.37）可知，当 $l/r$ 较小时，$K_I^*$ 与 $r$ 的关系可近似看成线性。因而，可以建立纵坐标为 $K_I^*$ 和横坐标为 $r$ 的关系散点图，用最小二乘方法回归得到 $K_I^*$ 与 $r$ 之间的最佳拟合直线 $K_I^* = b_0 + b_1 r$，并用外推法将其延长与纵坐标轴相交，交点 $b_0$ 即为应力强度因子 $K_I$ 的估值。此外，亦可以直接采用最小二乘法线性插值求得缝端处的 $K_I$，即

$$K_I = \frac{\sqrt{2\pi} E}{4n(1-\mu^2)} \left[ \sum_{j=1}^{n} \frac{v_j' - v_0'}{\sqrt{r_j}} - \frac{n \sum_{j=1}^{n} (v_j' - v_0) \sqrt{r_j} - \sum_{i=1}^{n} r_j \sum_{j=i}^{n} \frac{v_j' - v_0'}{\sqrt{r_i}}}{n \sum_{j=0}^{n} r_j^2 - \left( \sum_{i=1}^{n} r_j \right)^2} \sum_{j=1}^{n} r_j \right] \qquad (2.2.40)$$

式中　　　　　　　　$n$——插值点个数；

$r_j (j=1, 2, \cdots, n)$——各插值点至缝端的距离；

$v_j' (j=0, 1, 2, \cdots, n)$——裂缝缝岸上 $j$ 结点垂直裂缝面的位移。

同理可得滑开型裂缝的应力强度因子 $K_{II}$ 为

$$K_{II} = \frac{\sqrt{2\pi} E}{4n(1-\mu^2)} \left[ \sum_{j=1}^{n} \frac{u_j' - u_0'}{\sqrt{r_j}} - \frac{n \sum_{j=1}^{n} (u_j' - u_0') \sqrt{r_j} - \sum_{j=1}^{n} r_j \sum_{j=1}^{n} \frac{u_j' - u_0'}{\sqrt{r_j}}}{n \sum_{j=1}^{n} r_j^2 - \left( \sum_{j=1}^{n} r_j \right)^2} \sum_{j=1}^{n} r_j \right] \qquad (2.2.41)$$

式中　　$u_j' (j=1, 2, \cdots, n)$——裂缝缝岸上 $j$ 结点沿着滑开方向的位移。

裂缝尖端附近的应力和应变由 $K$ 值唯一确定。$K$ 值越大，裂缝尖端附近的应力和应变就越大，反之亦然。裂缝修复、防控措施的实施，将改变原结构裂缝尖端区的受力特点、应力场和应变场，会导致结构承载能力计算、裂缝扩展判别变得更加复杂。下面以混凝土高拱坝坝踵开裂为例，探研修复防控措施实施对坝踵裂缝应力强度因子的影响。

假定在坝踵部位有一条初始裂缝，从已有的初始裂缝开始，分析裂缝的扩展条件和稳定性。如图 2.2.6 所示，混凝土高拱坝坝踵是两条直线的交点，其内角 （$\alpha > \pi$）是一个奇点。在荷载作用下，该处应力将出现奇异性，其应力状态为拉应力 （或压应力）与剪应力的复合状态。

混凝土高坝坝踵裂缝的扩展主要由裂缝内的渗透水压力以及坝踵部位的竖向应力决

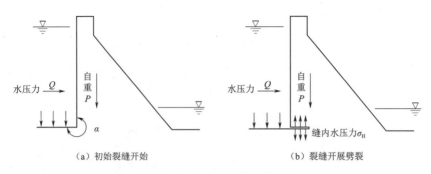

（a）初始裂缝开始　　　　　　（b）裂缝开展劈裂

图 2.2.6　坝踵水力劈裂示意图

定。当受水力劈裂作用较为严重时，$K$ 值一般较大，若当裂缝扩展破坏灌浆帷幕之后，坝基扬压力将剧增，会加速混凝土高坝失稳破坏进程，因此需对坝踵裂缝采取一定的补强加固处理。结合上述坝踵裂缝破坏机理，一般可采取预应力锚索措施使坝踵处于承压状态，以及坝基防渗排水方法也能有效减小裂缝内水压力，以此来抑制裂缝的扩展（图 2.2.7）。

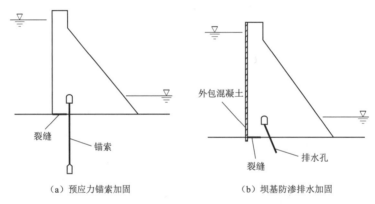

（a）预应力锚索加固　　　　　　（b）坝基防渗排水加固

图 2.2.7　坝踵裂缝加固与控制示意图

### 2.2.2.3　基于修正 $J$ 积分的混凝土高拱坝开裂病险除控效能评估实现方法

上述用于求解应力强度因子的方法，需要烦琐的推导和计算，尤其对于缝面和缝端应力场复杂的情况，基于缝端应力场和位移场结果获得的应力强度因子常常不够精确。为此，学者们陆续提出了一些依据裂缝尖端远场结果即能计算应力强度因子的方法，如基于 Betti 互等定理的围线积分法、基于能量释放率的 $J$ 积分法和基于能量守恒定律的相互作用积分法。其中 $J$ 积分法的路径无关性，使得其在求解弹塑性断裂问题时，避免分析缝端附近塑性区的复杂性质。但传统 $J$ 积分法应用于非均匀材料以及复杂荷载（如温度荷载）作用情况下的问题求解时，为满足积分路径无关性要求，需对其进行一定的修正；另外，为了解决该方法中 I 型和 II 型应力强度因子的分离问题，书中将相互作用积分法与修正后的 $J$ 积分法进行了组合使用。

#### 2.2.2.3.1　$J$ 积分法的基本原理

$J$ 积分是一种回路积分，由围绕裂缝尖端周围区域的应力、应变和位移场所组成的围线积分形式给出，因此 $J$ 积分具有场强度的性质。以图 2.2.8 所示的二维裂缝为例，围绕裂缝尖端取任意光滑闭合回路 $\Gamma$，回路围线始于裂缝下表面任意一点 $b$，回路 $\Gamma$ 按逆时针方向绕裂缝尖端旋转，止于上表面任意一点 $c$，$\Gamma_1$ 为另一闭合回路，始于裂缝上表面任意一点 $d$，回路 $\Gamma_1$ 按顺时针方向绕裂缝尖端旋转，止于下表面任意一点 $a$，$S$ 为围绕裂纹尖端闭合路径的封闭区域，闭合的边界 $\Gamma^* = \Gamma_1 + ab + cd - \Gamma$。其中回路 $\Gamma$ 的 $J$ 积分公式可表示为

$$J = \int_{\Gamma} W \mathrm{d}y - \int_{\Gamma} \left( t_x \frac{\partial u_x}{\partial x} + t_y \frac{\partial u_y}{\partial y} \right) \mathrm{d}\Gamma \tag{2.2.42}$$

其中

$$W = \sigma_{ij} \varepsilon_{ij} / 2$$

$$\sigma_{ij} = \partial W / \partial \varepsilon_{ij}$$

式中　$W$——回路 $\Gamma$ 上任一点处的应变能密度；

　　　$\sigma_{ij}$——材料的本构关系；

　$t_x$、$t_y$——曲线 $\Gamma$ 上的力；

　$u_x$、$u_y$——曲线下、上的位移。

**2.2.2.3.2　平面 $J$ 积分与能量释放率的关系**

在二维无限域弹性平面中，如图 2.2.9 所示的向右扩展的平面裂隙，控制域 $A$ 是围线 $\Gamma$ 围绕裂缝尖点所构成的区域，$t$ 为围线曲面上的力，且无体力作用，那么由 $A$ 域所确定范围的总势能 $\Pi$ 为

$$\Pi = \int_A W \mathrm{d}A - \int_{\Gamma} tu \mathrm{d}\Gamma \tag{2.2.43}$$

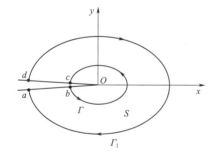

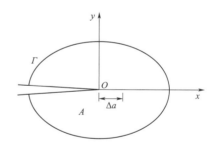

图 2.2.8　二维裂缝尖端积分闭合回路　　　　图 2.2.9　向右扩展的平面裂缝

假定裂缝扩展距离为 $\Delta a$，分别用 $\Pi_1$ 和 $\Pi_2$，表示裂缝扩展前和扩展后的总势能，则能量释放率 $G$ 可表示为

$$-\frac{\partial \Pi}{\partial a} = -\lim_{\Delta a \to 0} \left( \frac{\Pi_2 - \Pi_1}{\Delta a} \right) \tag{2.2.44}$$

计算势能 $\Pi_1$ 和 $\Pi_2$ 时所使用的范围分别用如图 2.2.10 所示的实线区域 $A_1$ 和虚线区域 $A_2$ 来表示。$A_1$ 区域其实就是图 2.2.9 所示的 $A$ 区域；$A_2$ 区域是通过固定裂缝长度，将坐标原点向左移动 $\Delta a$ 距离所得，对于无限域裂缝问题而言，其等同于将裂缝沿着扩展方向向右扩展 $\Delta a$ 的距离。用能量密度可将能量释放率 $G$ 表达为

$$-\frac{\partial \Pi}{\partial a} = -\lim_{\Delta a \to 0} \frac{1}{\Delta a} \left( \int_{A_1 - A_2} W \mathrm{d}A - \int_{\Gamma_1} tu \mathrm{d}\Gamma + \int_{\Gamma_2} tu \mathrm{d}\Gamma \right) \tag{2.2.45}$$

式 (2.2.45) 中,当 $\Delta a$ 趋近于零时,则可认为两个瞬态位移场呈线性变化。因此,由位移导数所定义的应力和应变场不变,式 (2.2.45) 中包含 $t$ 的第二项和第三项能够被合并,即式 (2.2.45) 可改写成

$$-\frac{\partial \Pi}{\partial a}=-\lim_{\Delta a \to 0}\frac{1}{\Delta a}\left\{\iint_{A_1-A_2}W\,\mathrm{d}A-\int_{\Gamma_1}t\cdot\left[u^{(1)}-u^{(2)}\right]\mathrm{d}\Gamma\right\} \tag{2.2.46}$$

式中　$u^{(1)}$、$u^{(2)}$——曲线 $\Gamma_1$、$\Gamma_2$ 上的位移。

$u^{(1)}$ 和 $u^{(2)}$ 的关系为

$$u^{(1)}=u^{(2)}+\frac{\partial u}{\partial x}\Delta a \tag{2.2.47}$$

将式 (2.2.47) 代入式 (2.2.46) 可得

$$-\frac{\partial \Pi}{\partial a}=-\lim_{\Delta a \to 0}\frac{1}{\Delta a}\left(\iint_{A_1-A_2}W\,\mathrm{d}A-\int_{\Gamma_1}t\,\frac{\partial u}{\partial x}\Delta a\,\mathrm{d}\Gamma\right) \tag{2.2.48}$$

从图 2.2.11 中可以看出,两边界的面积之差为 $\mathrm{d}A=\Delta a\,\mathrm{d}y$,代入式 (2.2.48) 可得

$$-\frac{\partial \Pi}{\partial a}=-\lim_{\Delta a \to 0}\frac{1}{\Delta a}\left(\int_{\Gamma_1}W\Delta a\,\mathrm{d}y-\int_{\Gamma_1}t\,\frac{\partial u}{\partial x}\Delta a\,\mathrm{d}\Gamma\right) \tag{2.2.49}$$

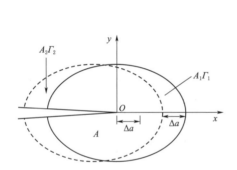 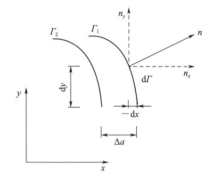

图 2.2.10　势能计算区域向左移动的面积　　图 2.2.11　水平距离 $\Delta a$ 的两个水平边界

由于 $\mathrm{d}y=n_x\mathrm{d}\Gamma$,$n_x$ 是曲线 $\Gamma$ 外法向量沿着 $x$ 方向的参量,因此能量释放率 $G$ 可以写成

$$-\frac{\partial \Pi}{\partial a}=\int_{\Gamma_1}\left(W\cdot n_x-t\,\frac{\partial u}{\partial x}\right)\mathrm{d}\Gamma=\int_{\Gamma_1}W\,\mathrm{d}y-\int_{\Gamma_1}t\,\frac{\partial u}{\partial x}\mathrm{d}\Gamma \tag{2.2.50}$$

从而可得 $J$ 积分与能量释放率 $G$ 的等价关系式为

$$J=G=-\frac{\mathrm{d}\Pi}{\mathrm{d}a} \tag{2.2.51}$$

从上可知,$J$ 积分是一个可以表征裂缝尖端能量释放率 $G$ 的参量,是一个可替代 Griffith 理论的等效方法。

**2.2.2.3.3　$J$ 积分与应力强度因子的关系模型**

在线弹性情况下,可以方便地建立应力强度因子和 $J$ 积分之间的关系模型,即

$$J=\frac{1}{E^*}(K_{\mathrm{I}}^2+K_{\mathrm{II}}^2) \tag{2.2.52}$$

$$E^* = \begin{cases} E\,(\text{平面应力}) \\ \dfrac{E}{1-\mu^2}\,(\text{平面应变}) \end{cases} \qquad (2.2.53)$$

式中　$K_{\mathrm{I}}$、$K_{\mathrm{II}}$——第Ⅰ类和第Ⅱ类裂缝的应力强度因子；

　　　　$E$、$\mu$——弹性核量和泊松比。

基于式（2.2.53）所示 $J$ 积分与应力强度因子关系模型，下文中引入相互作用积分法用于 $K_{\mathrm{I}}$ 和 $K_{\mathrm{II}}$ 的分离。

1. 修正 $J$ 积分计算方法

传统 $J$ 积分法在实际应用中由于材料的非均匀或复杂荷载作用的影响，可能导致标准 $J$ 积分失去与路径无关的特性。下面重点针对坝踵裂缝受温度应力和裂缝面水压力作用，给出 $J$ 积分的修正方法，以保证其积分路径无关性要求。以下公式推导中将坐标 $x$、$y$ 表示为 $x_i(i=1,2)$。

在混凝土结构中，温度变化对裂缝的扩展影响较大。当温度变化时，缝端应力具有一定的奇异性。下面推导平面稳定温度场作用下的修正 $J$ 积分表达式。对于闭合边界 $\Gamma^* = \Gamma_1 + \Gamma_{ab} + \Gamma_{cd} - \Gamma$，其 $J$ 积分可表示为

$$J_{\Gamma^*} = \int_{\Gamma^*} (W\delta_{ij} - \sigma_{ij}u_{i,1})n_j \mathrm{d}\Gamma \qquad (2.2.54)$$

其中　　　　$W = \dfrac{1}{2}\sigma_{ij}\varepsilon_{ij} = \dfrac{1}{2}\varepsilon_{ij}E_{ij\mathrm{kl}}\varepsilon_{\mathrm{kl}}$

$$\varepsilon_{ij} = \varepsilon_{ij}^{m} = \varepsilon_{ij}^{t} - \varepsilon_{ij}^{th} = \varepsilon_{ij}^{t} - \alpha(T - T_0)\delta_{ij}$$

式中　$W$——应变能密度；

　　　$\sigma_{ij}$——积分区域内的单元应力；

　　　$\delta_{ij}$——Kronecker 函数，当 $i = j$ 时，$\delta_{ij} = 1$，当 $i \neq j$ 时，$\delta_{ij} = 0$；

　　　$\varepsilon_{ij}^{m}$——不考虑温度变化的应变；

　$\varepsilon_{ij}^{t}$、$\varepsilon_{ij}^{th}$——总应变和温度应变；

　$T$、$T_0$——裂缝计算时温度和初始温度；

　　　$E_{ij\mathrm{kl}}$——弹性常数。

根据高斯散度定理可得

$$J_{\mathrm{s}} = \int_A \left[\frac{\partial W}{\partial x_1} - \left(\sigma_i \frac{\partial u_i}{\partial x_1}\right)_j\right]\mathrm{d}A \qquad (2.2.55)$$

其中　　　$\dfrac{\partial W}{\partial x_1} = \dfrac{\partial}{\partial x_1}\left(\dfrac{1}{2}\varepsilon_{ij}^{m}E_{ij\mathrm{kl}}\varepsilon_{\mathrm{kl}}^{m}\right) = \sigma_{ij}\dfrac{\partial \varepsilon_{ij}^{m}}{\partial x_1} + \dfrac{1}{2}\varepsilon_{ij}^{m}\dfrac{\partial E_{ij\mathrm{kl}}}{\partial x_1}\varepsilon_{\mathrm{kl}}^{m}$

式中　$A$ 为 $\Gamma^*$ 所包围的区域。

$$\frac{\partial \varepsilon_{ij}^{m}}{\partial x_1} = \frac{\partial}{\partial x_i}(\varepsilon_{ij}^{t} - \varepsilon_{ij}^{th}) = \frac{\partial \varepsilon_{ij}^{t}}{\partial x_1} - \frac{\partial \alpha}{\partial x_1}\delta_{ij}(T - T_0) - \alpha\delta_{ij}\frac{\partial T}{\partial x_1} \qquad (2.2.56)$$

由无体力平衡方程 $\sigma_{ij,j} = 0$ 和几何方程公式 $\varepsilon_{ij}^{t} = \dfrac{1}{2}(u_{i,j} + u_{j,i})$ 可得

$$\left(\sigma_{ij}\frac{\partial u_i}{\partial x_1}\right)_j = \frac{\partial}{\partial x_j}\left(\sigma_{ij}\frac{\partial u_i}{\partial x_1}\right) = 0 + \sigma_{ij}\frac{\partial \varepsilon_{ij}}{\partial x_1} = \sigma_{ij}\frac{\partial \varepsilon_{ij}^{t}}{\partial x_1} \qquad (2.2.57)$$

由此 $J$ 积分为

$$J_S = \int_A \left[ \frac{1}{2} \varepsilon_{ij}^m \frac{\partial E_{ijkl}}{\partial x_1} \varepsilon_{kl}^m - \sigma_{ii} \frac{\partial \alpha}{\partial x_1} (T - T_0) - \sigma_{ii} \alpha \frac{\partial T}{\partial x_1} \right] dA \qquad (2.2.58)$$

由于在裂缝面上有 $dx_2 = 0$ 以及水压力为零，所以

$$J_{\Gamma_{ab}} = J_{\Gamma_{cd}} \qquad (2.2.59)$$

即

$$J = J_{\Gamma_1} - J_{\Gamma} \qquad (2.2.60)$$

对于均匀混凝土材料，$\dfrac{\partial E_{ijkl}}{\partial x_1} = 0$，$\dfrac{\partial \alpha}{\partial x_1} = 0$。而当 $\dfrac{\partial T}{\partial x_1} \neq 0$，加载温度荷线的 $J$ 积分会多出现一项，需要做如下修正：

$$J^* = \int_{\Gamma} (W\delta_{ij} - \sigma_{ij} u_{i,1}) n_j d\Gamma - J_S$$
$$= \int_{\Gamma} (W\delta_{ij} - \sigma_{ij} u_{i,1}) n_j d\Gamma + \int_A \sigma_{ii} \alpha \frac{\partial T}{\partial x_1} dA \qquad (2.2.61)$$

若考虑裂缝面水压力、体力和温度荷载的影响，则式（2.2.61）的修正 $J$ 积分表达式为

$$J^* = \int_{\Gamma} (W\delta_{ij} - \sigma_{ij} u_{i,1}) n_j d\Gamma - \int_{\Gamma_{ab}+\Gamma_{cd}} \sigma_{ij} u_{i,1} n_j d\Gamma$$
$$- \int_A \sigma_{ij} u_{i,1} n_j dA + \int_A \sigma_{ii} \alpha \frac{\partial T}{\partial x_1} dA \qquad (2.2.62)$$

**2. 基于修正 $J$ 积分法与相互作用积分法的应力强度因子计算**

根据式（2.2.62）给出的应力强度因子和 $J$ 积分关系模型，引入相互作用积分法，解决基于修正 $J$ 积分的第Ⅰ类、第Ⅱ类裂缝的应力强度因子求解问题。该法利用功能互等定理，通过建立缝端辅助场来分离并获取真实场中的第Ⅰ类、第Ⅱ类裂缝的应力强度因子。缝端辅助场是满足平衡条件、物理方程和几何关系的任一可能位移场和应力场，而缝端真实场则是待研究对象实际荷载下的缝端真实位移场和应力场。

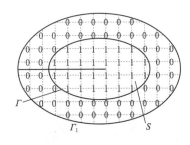

图 2.2.12　权函数的定义

讨论二维裂缝，在封闭积分路径 $\Gamma^*$ 中选取一个足够光滑的权函数 $q$，权函数的定义如图 2.2.12 所示，其在 $\Gamma_1$ 上取值为 0，在 $\Gamma$ 上为 1。在不考虑裂缝面水压力的情况下，此时的 $J$ 积分可变为

$$J = \lim_{\Gamma \to 0} \int_{\Gamma^*} (\sigma_{ij} u_{i,1} - W\delta_{ij}) m_j q \, d\Gamma \qquad (2.2.63)$$

式中　$m_j$——$\Gamma$ 上的单位外法线向量。

根据散度定理，将线积分转化为面积分，得

$$J = \int_A (\sigma_j u_{i,1} - W\delta_{i,j}) q_{,j} dA + \int_A (\sigma_j u_{i,1} - W\delta_{1j})_{,j} q \, dA \qquad (2.2.64)$$

引入辅助场（$\sigma_{ij}^{aux}$、$\varepsilon_{ij}^{aux}$、$u_i^{aux}$），若辅助场与通过实际边界条件和加载情况求出的真实场（$\sigma_{ij}$、$\varepsilon_{ij}$、$u_i$）同时存在，则 $J$ 积分可表示为

$$J^s = \int_A \left\{ \left[ (\sigma_{ij} + \sigma_{ij}^{aux})(u_{i,1} + u_{i,1}^{aux}) - \frac{1}{2}(\sigma_{ij} + \sigma_{ij}^{aux})(\varepsilon_{ij} + \varepsilon_{ij}^{aux})\delta_{ij} \right] q \right\}_j \mathrm{d}A$$
$$+ \int_A \left[ (\sigma_{ij} + \sigma_{ij}^{aux})(u_{i,1} + u_{i,1}^{aux}) - \frac{1}{2}(\sigma_{ij} + \sigma_{ij}^{aux})(\varepsilon_{ij} + \varepsilon_{ij}^{aux})\delta_{ij} \right]_j q \mathrm{d}A$$

$$(2.2.65)$$

式中  $J^s$——真实场与辅助场同时存在时的 $J$ 积分形式；

$\sigma_{ij}^{aux}$、$\varepsilon_{ij}^{aux}$、$u_i^{aux}$——辅助应力分量、辅助应变分量、辅助位移分量。

式（2.2.65）可写为

$$J^s = J + J^{aux} + I$$

其中

$$J^{aux} = \int_A \left[ (\sigma_{ij}^{aux} u_{i,1}^{aux} - W^{aux}\delta_{ij})q \right]_j \mathrm{d}A + \int_A \left\{ \sigma_{ij}^{aux} u_{i,1}^{aux} - \frac{1}{2}\sigma_{ij}^{aux}\varepsilon_{ij}^{aux}\delta_{ij} \right\}_j q \mathrm{d}A \quad (2.2.66)$$

$$I = \int_A \left\{ \left[ \sigma_{ij}^{aux} u_{i,1} + \sigma_{ij} u_{i,1}^{aux} - \frac{1}{2}(\sigma_{ij}^{aux}\varepsilon_{ij} + \sigma_{ij}\varepsilon_{ij}^{aux})\delta_{ij} \right] q \right\}_j \mathrm{d}A$$
$$+ \int_A \left[ \sigma_{ij}^{aux} u_{i,1} + \sigma_{ij} u_{i,1}^{aux} - \frac{1}{2}(\sigma_{ij}^{aux}\varepsilon_{ij} + \sigma_{ij}\varepsilon_{ij}^{aux})\delta_{ij} \right]_j q \mathrm{d}A \quad (2.2.67)$$

式中  $J^{aux}$——辅助 $J$ 积分；

$I$——相互作用积分；

$u_{i,1}$——位移场对 $x_1$ 方向（即缝端前沿切线方向）求导。

根据功能互等定理可得

$$\sigma_{ij}\varepsilon_{ij}^{aux} = \sigma_{ij}^{aux}\varepsilon_{ij}$$

$$(2.2.68)$$

将式（2.2.68）代入式（2.2.67）可以得到

$$I = \int_A \left[ (\sigma_{ij}^{aux} u_{i,1} + \sigma_{ij} u_{i,1}^{aux} - \sigma_{ij}^{aux}\varepsilon_{ij}\delta_{ij})q \right]_j \mathrm{d}A + \int_A \left[ (\sigma_{ij}^{aux} u_{i,1} + \sigma_{ij} u_{i,1}^{aux} - \sigma_{ij}^{aux}\varepsilon_{ij}\delta_{ij}) \right]_j q \mathrm{d}A$$

$$(2.2.69)$$

上述相互作用积分可以分为两部分

$$I = I_1 + I_2$$

$$(2.2.70)$$

其中 $I_1$ 的各个项均为已知，而对于第二部分 $I_2$，有

$$I_2 = \int_A (\sigma_{ij}^{aux} u_{i,1} + \sigma_{ij} u_{i,1}^{aux} - \sigma_{ij}^{aux}\varepsilon_{ij}\delta_{ij})_j q \mathrm{d}A$$
$$= \int_A (\sigma_{ij,j}^{aux} u_{i,1} + \sigma_{ij}^{aux} u_{i,j1} + \sigma_{ij,j} u_{i,1}^{aux} + \sigma_{ij} u_{i,j1}^{aux} - \sigma_{ij,1}^{aux}\varepsilon_{ij} - \sigma_{ij}^{aux}\varepsilon_{ij,1})q \mathrm{d}A$$

$$(2.2.71)$$

由无体力的平衡方程可知式（2.2.71）中 $\sigma_{ij,j} = 0$，所以式中 $\sigma_{ij,j}^{aux} u_{i,j1} = 0$，$\sigma_{ij,j} u_{i,1}^{aux} = 0$，由此可得

$$I_2 = \int_A (\sigma_{ij}^{aux} u_{i,j1} + \sigma_{ij} u_{i,j1}^{aux} - \sigma_{ij,1}^{aux}\varepsilon_{ij} - \sigma_{ij}^{aux}\varepsilon_{ij,1})q \mathrm{d}A$$

$$(2.2.72)$$

根据位移与应变的关系，可得

$$\sigma_{ij} u_{i,j1} = \frac{1}{2}(\sigma_{ij} u_{i,j1} + \sigma_{ji} u_{j,i1}) = \frac{1}{2}(u_{i,j1} + u_{j,i1})\sigma_{ij} = \sigma_{ij}\varepsilon_{ij,1}$$

$$(2.2.73)$$

同理可得

$$\sigma_{ij}^{aux} u_{i,j1} = \sigma_{ij}^{aux} \varepsilon_{ij,1} \qquad (2.2.74)$$

因为 $\sigma_{ij,1} \varepsilon_{ij}^{aux} = \sigma_{ij}^{aux} \varepsilon_{ij}$，得

$$\sigma_{ij} u_{i,j1}^{aux} = \sigma_{ij} \varepsilon_{ij,1}^{aux} = \sigma_{ij,1}^{aux} \varepsilon_{ij} \qquad (2.2.75)$$

所以在不考虑温度荷载时

$$I_2 = 0 \qquad (2.2.76)$$

最后可得

$$I = I_1 = \int_A [(\sigma_{ij}^{aux} u_{i,1} + \sigma_{ij} u_{i,1}^{aux} - \sigma_{ij}^{aux} \varepsilon_{ij} \delta_{ij}) q]_{,j} \mathrm{d}A \qquad (2.2.77)$$

下面对考虑温度荷载以及存在界面的相互作用积分形式进行推导，使其在上述情况下仍然满足积分区域的无关性。在温度荷载作用下，式（2.2.75）中的 $\varepsilon_{ij} = \varepsilon_{ij}^m = \varepsilon_{ij}^t - \varepsilon_{ij}^{th}$（其中 $\varepsilon_{ij}^m$ 为不考虑温度变化的应变，$\varepsilon_{ij}^t$ 为总应变，$\varepsilon_{ij}^{th}$ 为温度应变），可得在温度荷载作用下的相互积分为

$$I^t = \int_A [(\sigma_{ij}^{aux} u_{i,1} + \sigma_{ij} u_{i,1}^{aux} - \sigma_{ij}^{aux} \varepsilon_{ij}^m \delta_{ij}) q]_{,j} \mathrm{d}A + \int_A (\sigma_{ij}^{aux} u_{i,1} + \sigma_{ij} u_{i,1}^{aux} - \sigma_{ij}^{aux} \varepsilon_{ij}^m \delta_{ij})_{,j} q \mathrm{d}A \qquad (2.2.78)$$

上述相互作用积分可以分为两部分，即

$$I^t = I_1^t + I_2^t \qquad (2.2.79)$$

其中 $I_1^t$ 各个项均为已知，可以直接进行计算；对于第二部分 $I_2^t$，可得

$$\begin{aligned}
I_2^t &= \int_A (\sigma_{ij}^{aux} u_{i,1} + \sigma_{ij} u_{i,1}^{aux} - \sigma_{ij}^{aux} \varepsilon_{ij}^m \delta_{ij})_{,j} q \mathrm{d}A \\
&= \int_A (\sigma_{ij,j}^{aux} u_{i,1} + \sigma_{ij}^{aux} u_{i,j1} + \sigma_{ij,j} u_{i,1}^{aux} - \sigma_{ij,1}^{aux} \varepsilon_{ij}^m - \sigma_{ij}^{aux} \varepsilon_{ij,1}^m) q \mathrm{d}A \qquad (2.2.80)
\end{aligned}$$

根据位移与应变的关系，可得

$$\sigma_{ij} u_{i,j1} = \frac{1}{2}(\sigma_{ij} u_{i,j1} + \sigma_{ji} u_{j,i1}) = \frac{1}{2}(u_{i,j1} + u_{j,i1})\sigma_{ij} = \sigma_{ij} \varepsilon_{ij,1}^t \qquad (2.2.81)$$

同理可得

$$\sigma_{ij}^{aux} u_{i,j1} = \sigma_{ij}^{aux} \varepsilon_{ij,1}^t = \sigma_{ij}^{aux} \varepsilon_{ij,1}^m + \sigma^{aux} \varepsilon_{ij,1}^{th} \qquad (2.2.82)$$

因此在考虑温度荷载时，有

$$I_2^t = \int_A \sigma_{ij}^{aux} \varepsilon_{ij,1}^{th} q \mathrm{d}A \qquad (2.2.83)$$

从而可得

$$\begin{aligned}
I^t &= \int_A [(\sigma_{ij}^{aux} u_{i,1} + \sigma_{ij} u_{i,1}^{aux} - \sigma_{ij}^{aux} \varepsilon_{ij}^m \delta_{1j}) q]_{,j} \mathrm{d}A + \int_A \sigma_{ij}^{aux} \varepsilon_{ij,1}^{th} q \mathrm{d}A \\
&= \int_A (\sigma_{ij}^{aux} u_{i,1} + \sigma_{ij} u_{i,1}^{aux} - \sigma_{ij}^{aux} \varepsilon_{ij}^m \delta_{1j}) q_{,j} \mathrm{d}A + \alpha \int_A \sigma_{ii}^{aux} T_{,1} q \mathrm{d}A \qquad (2.2.84)
\end{aligned}$$

考虑体力、裂缝面水压力和温度荷载的影响时，其相互作用积分为

$$\begin{aligned}
I^* &= \int_A [(\sigma_{ij}^{aux} u_{i,1} + \sigma_{ij} u_{i,1}^{aux} - \sigma_{ij}^{aux} \varepsilon_{ij}^m \delta_{ij}) q]_{,j} \mathrm{d}A - \int_A (\sigma_{ij}^{aux} u_{i,1} + \sigma_{ij} u_{i,1}^{aux} - \sigma_{ij}^{aux} \varepsilon_{ij}^m \delta_{ij}) q n_j \mathrm{d}A \\
&\quad - \int_{\Gamma_{ab}+\Gamma_{cd}} (\sigma_{ij}^{aux} u_{i,1} + \sigma_{ij} u_{i,1}^{aux} - \sigma_{ij}^{aux} \varepsilon_{ij}^m \delta_{1j}) q n_j \mathrm{d}\Gamma + \alpha \int_A T_{,1} \sigma_{ii}^{aux} q \mathrm{d}A \qquad (2.2.85)
\end{aligned}$$

由上述方法得到混凝土高拱坝裂缝的相互作用积分后，即可利用其分离出应力强度因子，具体如下：

对于两个相容场均存在的状态，可得

$$J^s = \frac{1}{E^*}\left[(K_I + K_I^{aux})^2 + (K_{II} + K_{II}^{uax})^2\right] = J + J^{aux} + I^* \qquad (2.2.86)$$

其中

$$J^{aux} = \frac{1}{E^*}\left[(K_I^{aux})^2 + (K_{II}^{aux})^2\right] \qquad (2.2.87)$$

$$I^* = \frac{2}{E^*}(K_I K_I^{aux} + K_{II} K_{II}^{aux}) \qquad (2.2.88)$$

式中　$K_I^{aux}$、$K_{II}^{aux}$——第 I 类、第 II 类裂缝的辅助应力强度因子。

适当选择辅助解场，比如选择 $K_I^{aux} = 1$ 的纯第 I 类裂缝的应力强度因子的辅助解，那么纯第 I 类裂缝的应力强度因子可表达为

$$K_I = \frac{E^*}{2}I^* \qquad (K_I^{aux}=1.0, K_{II}^{aux}=0) \qquad (2.2.89)$$

同理可得

$$K_{II} = \frac{E^*}{2}I^* \qquad (K_I^{aux}=0, K_{II}^{aux}=1.0) \qquad (2.2.90)$$

将前述应力强度因子计算方法应用到有限元数值分析中，实现混凝土高拱坝开裂病险除控效能评估的基本步骤如下：

（1）根据混凝土高拱坝开裂位置，建立开裂病险除控前的混凝土高拱坝有限元分析模型。

（2）利用所建立的混凝土高拱坝数值模型，计算单元应变能和应变能密度。

（3）定义混凝土高拱坝裂缝积分路径的具体位置，确定路径上各插值点积分微段的方向向量，然后按式（2.2.86）计算出 $J$ 积分值。

（4）考虑温度变化和裂缝面水压力等的影响，利用前文所述方法，修正步骤（3）中所得 $J$ 积分值。

（5）基于修正 $J$ 积分与相互作用积分组合方法，通过辅助应力场和辅助位移场的引入，借助真实场和辅助场叠加、分离等，实现混凝土高拱坝裂缝尖端应力强度因子的计算。

（6）考虑预应力锚索和坝踵防渗等开裂病险除控措施，分别建立考虑这些措施的混凝土高拱坝有限元分析模型，并重复（2）～（5），计算各种措施下的裂缝尖端应力强度因子。

（7）对比分析未除控、不同除控措施等情况下裂缝尖端应力强度因子的变化规律，并结合其影响因素的深入分析，评估不同除控措施的实施效能。

## 2.2.3　高拱坝开裂安全保障临界荷载确定方法

综合应用修正 $J$ 积分法与相互作用积分法，结合有限元数值仿真，计算分析混凝土高拱坝裂缝应力强度因子 $K_I$ 和 $K_{II}$ 及其变化特性的基础上，构建应力强度因子的演化模

型，进而从保障混凝土高拱坝裂缝安全性的目标出发，以应力强度因子作为控制指标，研究相应的临界荷载组合确定方法，分析和预测开裂病险除控措施对临界荷载组合的影响。

### 2.2.3.1　基于修正 J 积分的应力强度因子演化模型

已有研究表明，裂缝尖端附近区域内各基本型蠕变断裂问题，其应力分量与线弹性基本型断裂问题的应力分量一致，其位移分量则为线弹性基本型断裂问题位移分量与式（2.2.91）所示时间因子的乘积。

$$f(t)=[1+EC(1-\mathrm{e}^{-\lambda t})] \tag{2.2.91}$$

式中　$E$——材料瞬时弹性模量；

$C$、$\lambda$——常数。

基于黏弹性对应原理可得黏弹性情况下持续荷载至 $t$ 时刻 $m$ 型裂缝的能量释放率 $G_m(t)$ 为

$$G_m(t)=G_m(0)f_{mg}(t)=G_{mc} \quad (m=\mathrm{I},\mathrm{II}) \tag{2.2.92}$$

式中　$G_m(0)$——线弹性情况下 $m$ 型裂缝的能量释放率；

$f_{mg}(t)$——与边界条件、材料性能等有关的 $m$ 型裂缝时间因子；

$G_{mc}$——断裂韧度。

考虑裂缝失稳前所存在的亚临界扩展阶段，引入蠕变断裂应力强度因子。裂缝在亚临界扩展阶段内，持荷时间为 $t$ 时刻裂缝长度 $a(t)$ 所对应的瞬时线弹性应力强度因子，即 $K_m(t)=K_m(a(t))$，从而可以得到

$$G_m(t)=G_m(a(t))=G_m(a(0))\frac{K_m^2(a(t))}{K_m^2(a(0))} \tag{2.2.93}$$

由式（2.2.93）可得蠕变断裂应力强度因子为

$$K_m(t)=K_m(a(t))=K_m(a(0))\sqrt{f_{mg}(t)} \tag{2.2.94}$$

当裂缝在原裂缝面内扩展时有

$$G(t)=\frac{1}{E^*}[K_{\mathrm{I}}^2(t)+K_{\mathrm{II}}^2(t)] \tag{2.2.95}$$

由式（2.2.94）所给定的蠕变断裂应力强度因子 $K_m(t)$ 与持荷至 $t$ 时刻黏弹性裂缝的能量释放率 $G(t)$ 间，具有类似于线弹性断裂力学中的 $K$—$G$ 关系。因此，在 $K_m(a(0))$ 已知的前提下，可由式（2.2.94）获得 $K_m(t)$。

工程实践中常用如图 2.2.13 所示的 Burgers 模型来描述混凝土，假设 Maxwell 体中黏性元件的黏滞系数 $\eta_1(t)=\eta_0\mathrm{e}^{\lambda_1 t}$ 为时间 $t$ 的递增函数。因此，当泊松比 $\mu$ 为常数时，混凝土的本构方程可表示为

$$e_{ij}(t)=\frac{S_{ij}(t)}{2G}+(1+\mu)\left[C_1\lambda_1\int_{\tau_l}^t S_{ij}(\tau)\mathrm{e}^{-\lambda_1(t-\tau)}\mathrm{d}\tau+C_2\lambda_2\int_{\tau_1}^t S_{ij}(\sigma)\mathrm{e}^{-\lambda_2(t-\tau)}\mathrm{d}t\right]$$

$$\varepsilon_{kk}(t)=\frac{\sigma_{kk}(t)}{3K}+(1-2\mu)\left[C_1\lambda_1\int_{\tau_i}^t \sigma_{kk}(\tau)\mathrm{e}^{-\lambda_1(t-\tau)}\mathrm{d}\tau+C_2\lambda_2\int_{\tau_1}^t \sigma_{kk}(\tau)\mathrm{e}^{-\lambda_2(t-\tau)}\mathrm{d}\tau\right]$$

$$\tag{2.2.96}$$

其中
$$C_1=1/\eta_0\lambda_1$$
$$C_2=1/E_2$$

$$\lambda_2 = E_2 / \eta_2$$

式中   $e_{ij}(t)$、$S_{ij}(t)$——应变偏量和应力偏量；

$\quad\quad\quad\sigma_{kk}(t)$、$\varepsilon_{kk}(t)$——应力和应变张量的第一不变量；

$\quad\quad\quad G$、$K$——剪切模量和体变模量；

$\quad\quad\quad \tau_1$——开始加载的时间；

$\quad\quad\quad E_1$、$\eta_0$、$\lambda_1$——Maxwell 体的元件常数；

$\quad\quad\quad E_2$、$\eta_2$——Kelvin 体的元件常数。

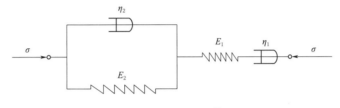

图 2.2.13   Burgers 模型

根据黏弹性对应原理，对于上述荷载作用下的混凝土坝 $m$ 型裂缝，相应的时间因子为

$$f_{mg}(t) = f_m^2(t) + \lambda_1 E_1 C_1 f_m(t) \int_0^t f_m(\tau) e^{-\lambda_1(t-\tau)} d\tau + \lambda_2 E_1 C_2 f_m(t) \int_0^t f_m(\tau) e^{-\lambda_2(t-\tau)} d\tau$$

$$(2.2.97)$$

式（2.2.97）中当已知裂缝的类型及荷载情况时，式（2.2.94）中的 $K_m[a(0)]$ 可借助上节所述方法计算获得；故将式（2.2.97）代入式（2.2.94）中，则可求得 $K_m(t)$；从而可应用于混凝土高拱坝开裂病险除控措施实施后裂缝性态的分析，预测除控措施的长期效力。

### 2.2.3.2  保障裂缝安全性的混凝土高拱坝临界荷载确定方法

在荷载作用下裂缝是否稳定，尤其是大坝安全重点控制部位的裂缝性态，关乎整个大坝的服役安危，科学估计其安全临界荷载，进而分析除控措施实施前后的变化情况，可更加全面地评估除控措施的实施效能。为此，以应力强度因子作为裂缝安全性的控制指标，重点考虑水压、温度等荷载组合作用，通过引入最小二乘支持向量机（least square support vector machine，LS-SVM）这一机器学习方法，在对应力强度因子与典型荷载组合间复杂函数关系学习的基础上，预估保障裂缝安全的混凝土高拱坝临界荷载组合，分析和预测除控措施影响下临界荷载的变化情况。

1. 应力强度因子与荷载组合函数关系模型

混凝土高拱坝服役过程中承受有自重、水压、温度、扬压力、渗透压力、泥沙压力、浪压力、冰压力、地震等荷载作用。在实际分析时，着重考虑水压力和温度等可变荷载间的各种不利组合。假设所考虑的混凝土高拱坝主要可变荷载组成一荷载集 $P = \{P_1, P_2, \cdots, P_m\}$，其描述的区域记为 $\Omega(P)$；与荷载集 $P$ 相对应的混凝土高坝开裂部位应力强度因子构成一效应集 $R = \{R_1, R_2, \cdots, R_n\}$。根据相应的控制标准 $x$，确定临界值 $x_C$ 后，可将荷载集分成如下所示三个区域：

$$安全区 \quad \Omega_i^{R_i}(P)=\{P:f_i(P)<x_C\}(i=1,2,\cdots,n)$$

$$临界安全区 \quad \Omega_i^{R_i}(P)=\{P:f_i(P)=x_C\}(i=1,2,\cdots,n) \tag{2.2.98}$$

$$危险区 \quad \Omega_i^{R_i}(P)=\{P:f_i(P)>x_C\}(i=1,2,\cdots,n)$$

式中　$f_i(P)$——荷载集与效应集间的函数关系，其组成一函数集 $f=\{f_1,f_2,\cdots,f_n\}$，则有 $R=f(P)$。若已知混凝土高拱坝效应量 $R$ 和函数 $f$，则可逆向求解得到相应的荷载，即 $P=f^{-1}(R)$。因此，确定保障裂缝安全性的混凝土高拱坝临界荷载组合问题关键是函数 $f$ 的合理拟合。

$R=f(P)$ 表示为

$$\{R_1,R_2,\cdots,R_n\}=\{f_1(P_1,P_2,\cdots,P_m),f_2(P_1,P_2,\cdots,P_m),\cdots,f_n(P_1,P_j,\cdots,P_m)\} \tag{2.2.99}$$

对任意一个效应量 $R_i(i=1,2,\cdots,n)$，有

$$R_i=f_i(P_1,P_2,\cdots,P_m) \tag{2.2.100}$$

式（2.2.99）和式（2.2.100）通常为复杂的非线性函数关系式，书中应用最小二乘支持向量机方法，通过学习，回归确定上述函数关系。

**2. 函数关系模型的最小二乘支持向量机回归学习**

最小二乘支持向量机是一种较新颖的数据分类和回归分析方法，其为标准支持向量机的一个变形，它将支持向量机求解二次规划问题转换成求解线性方程组，用等式约束代替不等式约束，避免了不敏感损失函数，可显著降低计算的复杂性。

已知一组训练样本集 $(x_1,y_1),(x_2,y_2),\cdots,(x_i,y_i),\cdots,(x_l,y_l)$，其中 $x_i\in R^n$，$y_i\in R(i=1,2,\cdots,l)$。$x_i$ 为自变量，$y_i$ 为因变量。支持向量机回归需要解决的问题是通过训练学习，找到如下函数来拟合自变量和应变量之间的依赖关系：

$$f(x)=\boldsymbol{w}\varphi(x)+\boldsymbol{b} \tag{2.2.101}$$

式中　$\boldsymbol{w}$——权矢量；

$\varphi(x)$——输入空间到高维特征空间的非线性映射函数；

$\boldsymbol{b}$——偏置量。

最小二乘支持向量机利用结构风险最小化（structure risk minimization，SRM）原则构造了如下最小化目标函数

$$\min_{\boldsymbol{w},\boldsymbol{b},\boldsymbol{e}}\frac{1}{2}\|\boldsymbol{w}\|^2+\frac{1}{2}\gamma\sum_{i=1}^{l}e_i^2 \tag{2.2.102}$$

式中　$\gamma$——正则化参数；

$e_i$——松弛变量，$\boldsymbol{e}=\begin{bmatrix}e_1 & e_2 & \cdots & e_l\end{bmatrix}^T$。

寻找式（2.2.102）所示的最优回归函数即是在如下式所给约束条件下最小化目标函数。

$$y_i=\boldsymbol{w}\varphi(x_i)+\boldsymbol{b}+\boldsymbol{e}_i \quad(i=1,2,\cdots,l) \tag{2.2.103}$$

为解决式（2.2.102）和式（2.2.103）组成的凸二次优化问题，引入拉格朗日函数，即

$$L(\boldsymbol{w},\boldsymbol{b},\boldsymbol{e},\boldsymbol{\alpha})=\frac{1}{2}\parallel\boldsymbol{w}\parallel^{2}+\frac{1}{2}\boldsymbol{\gamma}\sum_{i=1}^{l}e_{i}^{2}-\sum_{i=1}^{l}\alpha_{i}[\boldsymbol{w}\varphi(x_{i})+\boldsymbol{b}+e_{i}-y_{i}]$$

$$(2.2.104)$$

式中 $\alpha_i$——拉格朗日乘子。$\boldsymbol{\alpha}=[\alpha_1 \quad \alpha_2 \quad \cdots \quad \alpha_l]^{\mathrm{T}}$。

分别求 $L(\boldsymbol{w},\boldsymbol{b},\boldsymbol{e},\boldsymbol{\alpha})$ 对 $\boldsymbol{w}$，$\boldsymbol{b}$，$\boldsymbol{e}$，$\boldsymbol{\alpha}$ 的偏微分，可得式（2.2.104）的最优条件为

$$\begin{cases} \dfrac{\partial L}{\partial \boldsymbol{w}}=0 \Rightarrow \boldsymbol{w}=\sum_{i=1}^{L}\alpha_i\varphi(x_i) \\[2mm] \dfrac{\partial L}{\partial \boldsymbol{b}}=0 \Rightarrow \sum_{i=1}^{L}\alpha_i=0 \\[2mm] \dfrac{\partial L}{\partial e_i}=0 \Rightarrow \alpha_i=\gamma e_i \\[2mm] \dfrac{\partial L}{\partial \alpha_i}=0 \Rightarrow \boldsymbol{w}\varphi(x_i)+\boldsymbol{b}+e_i-y_i=0 \end{cases} \qquad (2.2.105)$$

消去式（2.2.105）的 $\boldsymbol{w}$ 和 $\boldsymbol{e}$，得到

$$\begin{bmatrix} \boldsymbol{0} & \boldsymbol{1} \\ \boldsymbol{1} & \boldsymbol{ZZ}^{\mathrm{T}}+\boldsymbol{\gamma}^{-1}\boldsymbol{I} \end{bmatrix}\begin{bmatrix} \boldsymbol{b} \\ \boldsymbol{\alpha} \end{bmatrix}=\begin{bmatrix} \boldsymbol{0} \\ \boldsymbol{y} \end{bmatrix} \qquad (2.2.106)$$

其中
$$\boldsymbol{y}=[y_1 \quad y_2 \quad \cdots \quad y_l]^{\mathrm{T}}$$
$$\boldsymbol{I}=[1 \quad \cdots \quad 1]^{\mathrm{T}}$$
$$\boldsymbol{\alpha}=[\alpha_1 \quad \alpha_2 \quad \cdots \quad \alpha_l]^{\mathrm{T}}$$
$$\boldsymbol{Z}=[\varphi(x_1) \quad \varphi(x_2) \quad \cdots \quad \varphi(x_l)]^{\mathrm{T}}$$

式中 $\boldsymbol{I}$——$l$ 阶单位矩阵。

其中
$$Z_{ij}=\boldsymbol{\varphi}(x_i)^{\mathrm{T}}\boldsymbol{\varphi}(x_j)=k(x_i,x_j),(i,j=1,2,\cdots,l)$$

式中 $k(x_i,x_j)$——核函数。

解上述方程组求得 $b$ 和 $\alpha$，可以进一步得到最小二乘支持向量回归机函数为

$$f(x)=\sum_{i=1}^{l}\alpha_i[\varphi(x)\cdot\varphi(x_i)]+b \qquad (2.2.107)$$

用输入空间的一个核函数 $k(x_i,x_j)$ 等效高维空间的内积形式，可解决"维数灾难问题"。因此，所求的回归函数为

$$f(x)=\sum_{i=1}^{l}\alpha_i k(x_i,x_i)+b \qquad (2.2.108)$$

任意满足 Mercer 核条件的对称函数均可作为核函数。常用的核函数有：

1）多项式核：

$$k(x_i,x_j)=(x_i\cdot x_j+1)^d$$

2）径向基核函数（RBF）：

$$k(x_i,x_j)=\exp\left(\frac{-\mid x_i-x_j\mid^2}{2\sigma^2}\right)$$

3）Sigmoid 核函数：

$$k(x_i,x_j)=\tan[b(x_i\cdot x_j)+c]$$

RBF 函数因其优良的局部逼近特性应用最为广泛，选择此作为核函数。其主要参数是正则化参数 $\gamma$ 和核函数宽度 $\sigma$，这两个参数在很大程度上决定了最小二乘支持向量机的学习和泛化能力，常用网格搜索法来确定这两个参数。

3. 基于裂缝安全性的混凝土高拱坝临界荷载组合确定流程

利用最小二乘支持向量机方法，回归学习应力强度因子与荷载组合间的函数关系模型，结合裂缝安全判据，确定混凝土高拱坝临界荷载组合的实现步骤如下：

（1）根据混凝土高拱坝的开裂情况和除控措施特征，建立裂缝除控措施实施前后的混凝土高拱坝有限元数值分析模型。

（2）结合混凝土高拱坝服役期间的荷载状况，确定与裂缝安全密切的荷载集，在此基础上，利用所建立的混凝土高拱坝数值模型以及修正 $J$ 积分与相互作用积分组合方法，计算荷载集所对应的裂缝尖端应力强度因子，组成效应集 $K = \{K_1, K_2, \cdots, K_n\}$。

（3）以可变荷载作为最小二乘支持向量机的输入变量，裂缝尖端应力强度因子作为向量机的输出变量，利用前述确定的荷载集及计算得到的裂缝尖端应力强度因子组成最小二乘支持向量机的训练样本，通过学习训练，获得应力强度因子与荷载组合间的函数关系模型。

（4）根据前文划分标准，当应力强度因子为 $K_{\mathrm{IC}}^*$ 时，裂缝安全处于临界稳定状态，即有

$$K_{\mathrm{IC}}^* = f(P) \tag{2.2.109}$$

基于上述训练所得最小二乘支持向量机，应用向量机的数据内插功能，即可得到临界荷载图

$$\varOmega_\Gamma(P) = \{P : f(P) = K_{\mathrm{C}}^*\} \tag{2.2.110}$$

显然式（2.2.110）所给临界荷载图将整个荷载域分成了 3 个区间，即安全区 $\varOmega_1(P)$、临界安全区 $\varOmega_\Gamma(P)$ 和危险区 $\varOmega_2(P)$，其可作为保障坝体开裂部位不发生恶化的控制荷载。

（5）利用 2.2.2.3 节所述方法构建应力强度因子演化模型，执行上述操作，即可获知裂缝安全临界荷载的变化情况，进而分析预测除控措施的长期效力。

## 2.3　考虑湿胀影响的高拱坝渗流场与应力场耦合分析模型

混凝土高拱坝渗流场与应力场相互作用机理如图 2.3.1 所示，可以看出，过程Ⅰ和过程Ⅱ直接通过坝体混凝土和坝基岩体孔隙体积的改变来实现两场的耦合作用，又称直接耦合；过程Ⅲ和过程Ⅳ通过改变坝体混凝土和坝基岩体孔隙度来反映渗透系数变化实现两场的耦合作用，被称为间接耦合。采用间接耦合来分析混凝土高拱坝渗流场与应力场之间的相互作用。

### 2.3.1　基本假定

为便于分析混凝土高拱坝渗流场与应力场耦合作用机理，首先做如下假定：

（1）坝体混凝土与坝基岩体均为等效多孔连续介质，且是各向同性的。

（2）坝体混凝土与坝基岩体中流体的渗流规律服从广义 Darcy 定律。

（3）坝体混凝土与坝基岩体的变形为小变形。

在混凝土坝渗流场与应力场耦合分析中，从细观结构的角度，可将坝体混凝土和坝基

岩体表示为由骨架颗粒（$s$）、水（$w$）和空气（$a$）构成的三相多孔连续介质。当孔隙中充满水时，坝体混凝土和坝基岩体表征单元体如图 2.3.2 所示，其中，坝体混凝土和坝基岩体的表征单元体的质量 $dm$ 和体积 $dv$ 可表示为

$$\begin{cases} dm = dm^s + dm^w + dm^a \\ dv = dv^s + dv^w + dv^a \end{cases} \tag{2.3.1}$$

式中 $dm^l$、$dv^l$——坝体混凝土和坝基岩体 $l$ 相（$l=s,w,a$）的质量和体积。

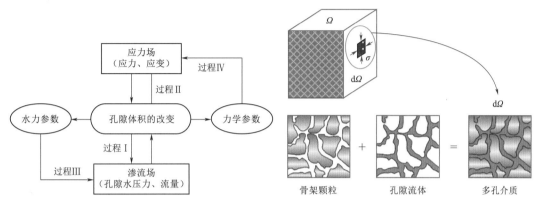

图 2.3.1　混凝土高拱坝渗流场与应力场相互作用机理　　图 2.3.2　坝体混凝土和坝基岩体表征单元体

坝体混凝土和坝基岩体 $l$ 相的本征密度 $\rho_l$ 和体积分数 $n^l$ 定义为

$$\begin{cases} \rho_l = \dfrac{dm^l}{dv^l} \\ n^l = \dfrac{dv^l}{dv} \end{cases} \quad (l=s,w,a) \tag{2.3.2}$$

同时，为了与实际工程中的坝体混凝土和坝基岩体材料的物理性质的定义保持一致，由式（2.3.2）可得

坝体混凝土和坝基岩体的孔隙率 $\phi$ 为

$$\phi = n^w + n^a \tag{2.3.3}$$

坝体混凝土和坝基岩体各相的表观密度 $\rho^l$ 为

$$\rho^l = \frac{dm^l}{dv} = \frac{dm^l}{dv^l}\frac{dv^l}{dv} = \rho_1 n^l \tag{2.3.4}$$

坝体混凝土和坝基岩体的饱和度 $S_w$ 为

$$S_w = \frac{n^w}{n^w + n^a} \tag{2.3.5}$$

综上所述，在坝体混凝土和坝基岩体有限控制体 $\Omega$ 中，各相的质量可以表示为

$$m^l = \int_\Omega n^l \rho_1 d\Omega \Rightarrow \begin{cases} m^s = \int_\Omega (1-\phi)\rho_s d\Omega \\ m^w = \int_\Omega \phi S_w \rho_w d\Omega \\ m^a = \int_\Omega \phi (1-S_w)\rho_a d\Omega \end{cases} \tag{2.3.6}$$

## 2.3.2　渗流场与应力场耦合的有效应力分析方法

将坝体混凝土和坝基岩体材料视为固体骨架和相互连通的孔隙以及存储于孔隙中的水和气体组成的多孔介质。坝体混凝土和坝基岩体材料中的水能承担或传递压力，将其定义为孔隙水压力，通过坝体混凝土和坝基岩体颗粒间的接触面积传递的应力为有效应力。基于广义 Biot 有效应力的原理，有效应力表示为（规定应力以拉为正，而孔隙压力规定以压为正）

$$\sigma''_{ij} = \sigma_{ij} + \alpha \delta_{ij} \overline{p} \tag{2.3.7}$$

$$\alpha = 1 - \frac{K_t}{K_s} \tag{2.3.8}$$

其中
$$\overline{p} = \chi p_w + (1-\chi) p_a \tag{2.3.9}$$

式中　$\sigma''_{ij}$——有效应力；

　　　$\sigma_{ij}$——总应力；

　　　$\delta_{ij}$——Kronecker 符号；

　　　$\alpha$——Biot 系数；

$K_t$、$K_s$——坝体混凝土和坝基岩体的体积压缩模量和固体颗粒的体积压缩模量；

　　　$\overline{p}$——孔隙中水和气体的平均压力；

$p_w$、$p_a$——孔隙水压力和孔隙气压力；

　　　$\chi$——与饱和度和表面张力有关的参数，通过试验比较难获得，工程中常假定 $\chi = S_w$。

$X = S_w$ 时，式（2.3.9）可表示为

$$\overline{p} = S_w p_w + (1-S_w) p_a \tag{2.3.10}$$

## 2.3.3　高拱坝渗流场与应力场耦合的质量守恒方程

基于流体力学物质导数的概论，坝体混凝土和坝基岩体中 $\pi$ 相参量 $\zeta^\pi$ 相对于 $\pi$ 相运动的物质导数为

$$\frac{\partial^\pi \zeta^\pi}{\partial t} = \frac{\partial \zeta^\pi}{\partial t} + (\nabla \zeta^\pi) \cdot \upsilon^\pi \tag{2.3.11}$$

式中　$\nabla$——梯度算子；

　　　$\upsilon^\pi$——$\pi$ 相的速度（绝对速度）。

$\pi$ 相参量 $\zeta^\pi$ 相对于 $l$ 相运动的物质导数为

$$\frac{\partial^l \zeta^\pi}{\partial t} = \frac{\partial \zeta^\pi}{\partial t} + (\nabla \zeta^\pi) \cdot \upsilon^l \tag{2.3.12}$$

将式（2.3.11）代入式（2.3.12）可得

$$\frac{\partial^l \zeta^\pi}{\partial t} = \frac{\partial^\pi \zeta^\pi}{\partial t} + (\nabla \zeta^\pi) \cdot \upsilon^{l\pi} \tag{2.3.13}$$

其中
$$\upsilon^{l\pi} = \upsilon^l - \upsilon^\pi$$

式中　$\upsilon$——$l$ 相对于 $\pi$ 相的速度（相对速度）。

对于坝体混凝土和坝基岩体中 π 相参量 $\zeta^{\pi}$ 在有限控制体 $\Omega$ 的物质导数为

$$\frac{\partial}{\partial t}\int_{\Omega}\zeta^{\pi}\mathrm{d}\Omega=\int_{\Omega}\left[\frac{\partial\zeta^{\pi}}{\partial t}+\nabla(\zeta^{\pi}\upsilon^{\pi})\right]\mathrm{d}\Omega=\int_{\Omega}\left[\frac{\partial\zeta^{\pi}}{\partial t}+\zeta^{\pi}(\nabla\upsilon^{\pi})\right]\mathrm{d}\Omega \qquad (2.3.14)$$

在有限控制体 $\Omega$ 上，坝体混凝土和坝基岩体的固相、液相和气相三者的质量是守恒的，因而各相在有限控制体的物质导数为 0，则

$$\frac{\partial^{l}}{\partial t}\int_{\Omega}\rho_{1}n^{l}\mathrm{d}\Omega=0\Leftrightarrow\frac{\partial^{l}}{\partial t}(\rho_{1}n^{l})+\rho_{1}n^{l}(\nabla\upsilon^{l})=0 \qquad (2.3.15)$$

（1）坝体混凝土和坝基岩体固相质量守恒方程为

$$\frac{\partial^{s}}{\partial t}\left[\rho_{s}(1-\phi)\right]+\rho_{s}(1-\phi)(\nabla\upsilon^{s})=0 \qquad (2.3.16)$$

由于

$$\frac{\partial^{s}}{\partial t}\left[\rho_{s}(1-\phi)\right]=(1-\phi)\frac{\partial^{s}\rho_{s}}{\partial t}-\rho_{s}\frac{\partial^{s}\phi}{\partial t} \qquad (2.3.17)$$

因此，将式（2.3.17）代入式（2.3.16）可得

$$\frac{1}{\rho_{s}}\frac{\partial^{s}\rho_{s}}{\partial t}-\frac{1}{(1-\phi)}\frac{D^{s}\phi}{Dt}+\nabla\upsilon^{s}=0 \qquad (2.3.18)$$

对于有限控制体 $\Omega$ 内任一微元，质量守恒定律成立，考虑液相孔隙水压力和体积变形对固相密度的影响，则

$$\frac{1}{\rho_{s}}\frac{\partial^{s}\rho_{s}}{\partial t}=\frac{1}{K_{s}}\frac{\partial^{s}\overline{p}}{\partial t}-\frac{\dot{\sigma}_{ii}^{'}}{3(1-\phi)K_{s}} \qquad (2.3.19)$$

式中 $\dot{\sigma}_{ii}^{'}$——有效应力第一不变量的变化率。

由于

$$\dot{\sigma}_{ii}^{'}=3K_{t}\left(\nabla\upsilon^{s}+\frac{1}{K_{s}}\frac{\partial^{s}\overline{p}}{\partial t}\right) \qquad (2.3.20)$$

将式（2.3.20）代入式（2.3.19）以及基于有效应力的原理可得

$$\frac{1}{\rho_{s}}\frac{\partial^{s}\rho_{s}}{\partial t}=\left[(\alpha-\phi)\frac{1}{K_{s}}\frac{\partial^{s}\overline{p}}{\partial t}-(1-\alpha)\nabla\upsilon^{s}\right]\frac{1}{(1-\phi)} \qquad (2.3.21)$$

将式（2.3.21）代入式（2.3.18）可得

$$\frac{\partial^{s}\phi}{\partial t}=(\alpha-\phi)\left(\frac{1}{K_{s}}\frac{\partial^{s}\overline{p}}{\partial t}+\nabla\upsilon^{s}\right) \qquad (2.3.22)$$

（2）坝体混凝土和坝基岩体液相质量守恒方程为

$$\frac{\partial^{w}}{\partial t}(\rho_{w}\phi S_{w})+\rho_{w}\phi S_{w}(\nabla\upsilon^{w})=0 \qquad (2.3.23)$$

利用式（2.3.13），可将式（2.3.23）改写为以固相骨架为参考的守恒方程，即

$$\frac{\partial^{s}}{\partial t}(\rho_{w}\phi S_{w})+\nabla(\rho_{w}\phi S_{w}\upsilon^{ws})+\rho_{w}\phi S_{w}\nabla\upsilon^{s}=0 \qquad (2.3.24)$$

其中
$$\upsilon^{ws}=\upsilon^{w}-\upsilon^{s}$$

式中 $\upsilon^{ws}$——参考于固相的液态水相对运动速度；

坝体混凝土和坝基岩体中液态水流动通常满足广义 Darcy 定律，即

$$\tilde{v}^{ws} = \phi S_w v^{ws} = \phi S_w (v^w - v^s) = -\frac{kk_{rw}}{\mu_w}(\nabla p_w - \rho_w g) \tag{2.3.25}$$

式中　$\tilde{v}^{ws}$——水运动的 Darcy 流速；

　　　$g$——重力加速度；

　　　$k$——坝体混凝土和坝基岩体的固有渗透率；

　　　$\mu_w$——水的黏滞系数；

　　　$k_{rw}$——水的相对渗透率，与水的饱和度 $S_w$ 有关。

将式 (2.3.25) 代入式 (2.3.24) 可得

$$(\phi S_w)\frac{\partial^s \rho_w}{\partial t} + (\phi \rho_w)\frac{\partial^s S_w}{\partial t} + (\rho_w S_w)\frac{\partial^s \phi}{\partial t}$$

$$+ \nabla\left[-\frac{\rho_w kk_{rw}}{\mu_w}(\nabla p_w - \rho_w g)\right] + \rho_w \phi S_w \nabla v^s = 0 \tag{2.3.26}$$

不考虑温度变化的影响，基于微元的质量守恒定律，水的密度与孔隙水压力之间的关系可表示为

$$\frac{1}{\rho_w}\frac{\partial^s \rho_w}{\partial t} = \frac{1}{K_w}\frac{\partial^s p_w}{\partial t} \tag{2.3.27}$$

式中　$K_w$——水的体积压缩模量。

将式 (2.3.22) 和式 (2.3.27) 代入式 (2.3.26) 可得

$$(\phi S_w)\frac{\rho_w}{K_w}\frac{\partial^s \rho_w}{\partial t} + (\phi \rho_w)\frac{\partial^s S_w}{\partial t} + (\rho_w S_w)\frac{(\alpha - \phi)}{K_s}\frac{\partial^s \overline{p}}{\partial t}$$

$$+ \nabla\left[-\frac{\rho_w kk_{rw}}{\mu_w}(\nabla p_w - \rho_w g)\right] + \alpha \rho_w S_w \nabla v^s = 0 \tag{2.3.28}$$

（3）坝体混凝土和坝基岩体气相质量守恒方程为

$$\frac{\partial^a}{\partial t}[\rho_a \phi(1 - S_w)] + \rho_a \phi(1 - S_w)\nabla v^a = 0 \tag{2.3.29}$$

利用式 (2.3.13)，将式 (2.3.29) 改写为以固相骨架为参考的守恒方程，则

$$\frac{\partial^s}{\partial t}[\rho_a \phi(1 - S_w)] + \nabla[\rho_a \phi(1 - S_w)v^{as}] + \rho_a \phi(1 - S_w)\nabla v^s = 0 \tag{2.3.30}$$

其中　　　　　　　　　　　　　　$v^{as} = v^a - v^s$

式中　$v^{as}$——参考与固相的气体相对运动速度。

坝体混凝土和坝基岩体中气体运移过程也假定满足广义 Darcy 定律，即

$$\tilde{v}^{as} = \phi(1 - S_w)v^{as} = \phi(1 - S_w)(v^a - v^s) = -\frac{kk_{ra}}{\mu_a}(\nabla p_a - \rho_a g) \tag{2.3.31}$$

式中　$\tilde{v}^{as}$——气体运动的 Darcy 流速；

　　　$\mu_a$——气体的黏滞系数；

　　　$k_{ra}$——气体的相对渗透率，与水的饱和度 $S_w$ 有关。

基于微元的质量守恒定律，不考虑温度变化的影响，气体的密度与气体压力之间的关系可表示为

$$\frac{1}{\rho_a}\frac{\partial^s \rho_a}{\partial t} = \frac{1}{K_a}\frac{\partial^s p_a}{\partial t} \tag{2.3.32}$$

式中 $K_a$——气体的体积压缩模量。

同理可得

$$\frac{\rho_a \phi(1-S_w)}{K_a}\frac{\partial^s p_a}{\partial t} - \rho_a \phi \frac{\partial^s S_w}{\partial t} + \rho_a(1-S_w)\frac{(\alpha-\phi)}{K_s}\frac{\partial^s \overline{p}}{\partial t}$$

$$+ \nabla \cdot \left[ -\frac{\rho_a k k_{ra}}{\mu_a}(\nabla p_a - \rho_a g) \right] + \alpha \rho_a(1-S_w)\nabla v^s = 0 \tag{2.3.33}$$

### 2.3.4 高拱坝渗流场与应力场耦合的应力平衡方程

由于坝体混凝土和坝基岩体可视为复杂荷载服役下具有多孔结构的复杂介质，在水压作用下会产生渗透现象，对于多孔介质的饱和状态，渗流场的改变会引起内部应力场与内部渗流场的持续变化；对于多孔介质的非饱和状态，由于毛细水的存在，使得混凝土在水压作用下产生湿胀。大量试验研究表明，坝体混凝土和坝基岩体在复杂持续荷载作用下往往会产生流变效应，且表现出不同的流变特性，需要采用不同的流变模型来描述。因此，坝体混凝土和坝基岩体这两类多孔介质的固相不能仅仅考虑弹性应变，还要考虑湿胀、流变等作用的影响。下面针对坝体混凝土和坝基岩体两类多孔介质所选本构模型的不同，分别对这两类介质在渗流场与应力场耦合状态下的本构关系进行研究。

在坝体混凝土和坝基岩体中有效应力与变形的本构关系可以以增量的形式表示为

$$d\boldsymbol{\sigma}' = \boldsymbol{D}_T(d\boldsymbol{\varepsilon} - d\boldsymbol{\varepsilon}_w - d\boldsymbol{\varepsilon}_c - d\boldsymbol{\varepsilon}_s) \tag{2.3.34}$$

其中

$$d\boldsymbol{\varepsilon}_w = \boldsymbol{I}\eta_w dw = \boldsymbol{I}\eta_w \frac{d\theta_v}{G_s(1-\phi)} = \boldsymbol{I}\lambda d\theta_v$$

$$d\boldsymbol{\varepsilon}_s = -\boldsymbol{I}\frac{d\overline{p}}{3K_s} \tag{2.3.35}$$

$$\boldsymbol{I} = \begin{bmatrix} 1 & 1 & 1 & 0 & 0 & 0 \end{bmatrix}^T$$

式中 $d\boldsymbol{\sigma}'$——没有考虑坝体混凝土和坝基岩体固体颗粒的压缩的有效应力增量；

$\boldsymbol{D}_T$——坝体混凝土和坝基岩体弹性矩阵；

$d\boldsymbol{\varepsilon}$——坝体混凝土和坝基岩体固相的总应变增量；

$d\boldsymbol{\varepsilon}_w$——坝体混凝土体积含水率变化 $d\theta_v$ 引起的湿胀应变增量；

$d\boldsymbol{\varepsilon}_c$——坝体混凝土和坝基岩体固相流变变形增量，且假定体积应变不会引起流变变形；

$d\boldsymbol{\varepsilon}_s$——孔隙水压力引起的坝体混凝土和坝基岩体固相颗粒变形增量。

考虑坝体混凝土和坝基岩体固体颗粒压缩改进的有效应力可表示为

$$\begin{aligned} d\boldsymbol{\sigma} &= d\boldsymbol{\sigma}' - \boldsymbol{I}d\overline{p} \\ &= \boldsymbol{D}_T(d\boldsymbol{\varepsilon} - d\boldsymbol{\varepsilon}_w - d\boldsymbol{\varepsilon}_c - d\boldsymbol{\varepsilon}_s) - \boldsymbol{I}d\overline{p} \\ &= \boldsymbol{D}_T(d\boldsymbol{\varepsilon} - d\boldsymbol{\varepsilon}_w - d\boldsymbol{\varepsilon}_c) - \boldsymbol{D}_T d\boldsymbol{\varepsilon}_s - \boldsymbol{I}d\overline{p} \\ &= d\boldsymbol{\sigma}'' - \left( \boldsymbol{I} - \boldsymbol{D}_T \boldsymbol{I}\frac{1}{3K_s} \right)\boldsymbol{I}d\overline{p} \end{aligned} \tag{2.3.36}$$

对于各向同性情况，式（2.3.36）可表示为

$$d\boldsymbol{\sigma} = d\boldsymbol{\sigma}'' - \frac{1}{3}\left(\boldsymbol{I}^{\mathrm{T}}\boldsymbol{I} - \boldsymbol{I}^{\mathrm{T}}\boldsymbol{D}_{\mathrm{T}}\boldsymbol{I}\,\frac{1}{3K_{\mathrm{s}}}\right)\boldsymbol{I}\,d\overline{p}$$

$$= d\boldsymbol{\sigma}'' - \left(1 - \frac{\boldsymbol{I}^{\mathrm{T}}\boldsymbol{D}_{\mathrm{T}}\boldsymbol{I}}{9K_{\mathrm{s}}}\right)\boldsymbol{I}\,d\overline{p}$$

$$= d\boldsymbol{\sigma}'' - \left(1 - \frac{K_{\mathrm{t}}}{K_{\mathrm{s}}}\right)\boldsymbol{I}\,d\overline{p}$$

$$= d\boldsymbol{\sigma}'' - \alpha\boldsymbol{I}\,d\overline{p} \qquad (2.3.37)$$

坝体混凝土和坝基岩体的应力平衡方程，根据虚功原理，在整个有限域上积分得到平衡方程的增量形式为

$$\int_{\Omega}\delta\boldsymbol{\varepsilon}^{\mathrm{T}}d\boldsymbol{\sigma}\,d\Omega - \int_{\Omega}\delta\boldsymbol{u}^{\mathrm{T}}d\boldsymbol{f}\,d\Omega - \int_{\Gamma}\delta\boldsymbol{u}^{\mathrm{T}}d\boldsymbol{S}\,d\Gamma = 0 \qquad (2.3.38)$$

式中　$d\boldsymbol{\sigma}$——总应力增量；

　　　$d\boldsymbol{f}$——体力增量；

　　　$d\boldsymbol{S}$——面力增量；

　　　$\delta\boldsymbol{\varepsilon}^{\mathrm{T}}$——虚应变；

　　　$\delta\boldsymbol{u}^{\mathrm{T}}$——虚位移。

将式（2.3.37）代入式（2.3.38）可得

$$\int_{\Omega}\delta\boldsymbol{\varepsilon}^{\mathrm{T}}d\boldsymbol{\sigma}''d\Omega - \int_{\Omega}\delta\boldsymbol{\varepsilon}^{\mathrm{T}}\alpha\boldsymbol{I}\,d\overline{p}\,d\Omega - \int_{\Omega}\delta\boldsymbol{u}^{\mathrm{T}}d\boldsymbol{f}\,d\Omega - \int_{\Gamma}\delta\boldsymbol{u}^{\mathrm{T}}d\boldsymbol{S}\,d\Gamma = 0 \qquad (2.3.39)$$

由于坝体混凝土和坝基岩体中水的饱和度 $S_{\mathrm{w}}$ 与毛细压力 $p_{\mathrm{c}}(p_{\mathrm{c}} = p_{\mathrm{a}} - p_{\mathrm{w}})$ 有关，在实际工程中，通常假定气相的压力恒为标准大气压，即 $p_{\mathrm{a}} = 0.1\mathrm{MPa}$。

则

$$\frac{\partial S_{\mathrm{w}}}{\partial t} = \frac{\partial S_{\mathrm{w}}}{\partial p_{\mathrm{c}}}\frac{\partial p_{\mathrm{c}}}{\partial t} = -\frac{\partial S_{\mathrm{w}}}{\partial p_{\mathrm{c}}}\frac{\partial p_{\mathrm{w}}}{\partial t} = -\eta\,\frac{\partial p_{\mathrm{w}}}{\partial t} \qquad (2.3.40)$$

$$\frac{\partial\theta_{\mathrm{v}}}{\partial t} = \frac{\partial(\phi S_{\mathrm{w}})}{\partial t} \approx \phi\,\frac{\partial S_{\mathrm{w}}}{\partial t} = -\phi\eta\,\frac{\partial p_{\mathrm{w}}}{\partial t} \qquad (2.3.41)$$

$$\frac{\partial\overline{p}}{\partial t} = \frac{\partial[S_{\mathrm{w}}\rho_{\mathrm{w}} + (1 - S_{\mathrm{w}})p_{\mathrm{a}}]}{\partial t} = S_{\mathrm{w}}\frac{\partial p_{\mathrm{w}}}{\partial t} + p_{\mathrm{w}}\frac{\partial S_{\mathrm{w}}}{\partial t} = (S_{\mathrm{w}} - p_{\mathrm{w}}\eta)\frac{\partial p_{\mathrm{w}}}{\partial t} \qquad (2.3.42)$$

式中　$\eta$——孔隙毛细压力与饱和度之间的吸湿曲线。

结合式（2.3.40）～式（2.3.42），由式（2.3.39）可得

$$\int_{\Omega}\delta\boldsymbol{\varepsilon}^{\mathrm{T}}\boldsymbol{D}_{\mathrm{T}}\frac{\partial\boldsymbol{\varepsilon}}{\partial t}d\Omega - \int_{\Omega}\delta\boldsymbol{\varepsilon}^{\mathrm{T}}\boldsymbol{D}_{\mathrm{T}}\frac{\partial\boldsymbol{\varepsilon}_{\mathrm{c}}}{\partial t}d\Omega + \int_{\Omega}\delta\boldsymbol{\varepsilon}^{\mathrm{T}}\boldsymbol{D}_{\mathrm{T}}\left(\boldsymbol{I}\lambda\phi\eta\,\frac{\partial p_{\mathrm{w}}}{\partial t}\right)d\Omega$$

$$-\alpha\int_{\Omega}\delta\boldsymbol{\varepsilon}^{\mathrm{T}}\boldsymbol{I}(S_{\mathrm{w}} - p_{\mathrm{w}}\eta)\frac{\partial p_{\mathrm{w}}}{\partial t}d\Omega - \int_{\Omega}\delta\boldsymbol{u}^{\mathrm{T}}\frac{d\boldsymbol{f}}{dt}d\Omega - \int_{\Gamma}\delta\boldsymbol{u}^{\mathrm{T}}\frac{d\boldsymbol{S}}{dt}d\Gamma \qquad (2.3.43)$$

### 2.3.4.1　高拱坝坝体混凝土本构方程

对于混凝土高拱坝而言，其在服役过程中一般处于黏弹性工作状态，采用考虑参数随龄期变化的 Kelvin 体可描述其徐变特性。当坝体混凝土浇筑完成进行初次蓄水时，混凝

土的龄期已比较长，其力学参数的发展基本已经处于稳定。因此，在进行坝体混凝土渗流场与应力场耦合分析中，采用不考虑参数随龄期变化的 2 个 Kelvin 体串联而成的广义开尔文模型来描述坝体混凝土的徐变特性，该模型不但能满足工程实际的要求，而且参数相对较少，如图 2.3.3 所示。

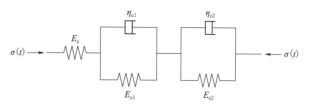

图 2.3.3　坝体混凝土的黏弹性本构模型

在常应力 $\sigma$ 作用下坝体混凝土的黏弹性应变方程为

$$\varepsilon(t) = \frac{\sigma}{E_c} + \frac{\sigma}{E_{c1}}\left[1 - \exp\left(-\frac{E_{c1}}{\eta_{c1}}t\right)\right] + \frac{\sigma}{E_{c2}}\left[1 - \exp\left(-\frac{E_{c2}}{\eta_{c2}}t\right)\right] \tag{2.3.44}$$

将式（2.3.44）推广到三维应力状态下的应变方程为

$$\varepsilon_{ij} = \frac{\sigma_m}{3K}\delta_{ij} + \frac{S_{ij}}{2G_c} + \frac{S_{ij}}{2G_{c1}}\left[1 - \exp\left(-\frac{E_{c1}}{\eta_{c1}}\right)t\right] + \frac{S_{ij}}{2G_{c2}}\left[1 - \exp\left(-\frac{E_{c2}}{\eta_{c2}}\right)t\right] \tag{2.3.45}$$

在 $\Delta t_n = t_n - t_{n-1}$ 时段内，假定应力 $\sigma(t_{n-1})$ 保持不变，则坝体混凝土在连续应力 $\sigma(t)$ 作用下，其应变方程的增量形式可表示为

$$\Delta \boldsymbol{\varepsilon}_n^{ve} = \sum_{i=1}^{2}\left[1 - \exp\left(-\frac{G_{ci}}{\eta_{ci}}\Delta t\right)\right]\left(\frac{1}{G_{ci}}\boldsymbol{C}\boldsymbol{S}_{n-1} - \boldsymbol{\varepsilon}_{i,n-1}^{ve}\right) \tag{2.3.46}$$

其中

$$\boldsymbol{C} = \begin{bmatrix} 1 & -\mu & -\mu & 0 & 0 & 0 \\ -\mu & 1 & -\mu & 0 & 0 & 0 \\ -\mu & -\mu & 1 & 0 & 0 & 0 \\ 0 & 0 & 0 & 2(1+\mu) & 0 & 0 \\ 0 & 0 & 0 & 0 & 2(1+\mu) & 0 \\ 0 & 0 & 0 & 0 & 0 & 2(1+\mu) \end{bmatrix} \tag{2.3.47}$$

式中　$\boldsymbol{S}_{n-1}$、$\boldsymbol{\varepsilon}_{i,n-1}^{ve}$——在 $t_{n-1}$ 时刻的偏应力张量和第 $i$ 个开尔文体的黏性应变；

$\boldsymbol{C}$——泊松比矩阵。

### 2.3.4.2　高拱坝坝基岩体本构方程

由于坝基岩体中存在裂隙、节理及断层等软弱结构面，通常力学性能较差，岩体及结构面的蠕变规律比较复杂，在不同持续荷载作用下可表现为衰减蠕变、稳定蠕变以及加速蠕变。各阶段蠕变是否出现以及相应应力阈值的大小，均受岩体岩性、应力水平等因素的影响较明显。结合坝基岩体的蠕变特性，采用 Kelvin 体和

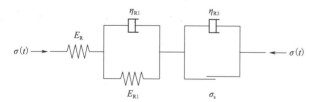

图 2.3.4　坝基岩体的黏弹塑性本构模型

Bingham 体串联的流变模型来描述混凝土高拱坝坝基岩体本构方程，如图 2.3.4 所示。

在常应力 $\sigma$ 作用下坝基岩体的黏弹塑性应变方程为

$$\varepsilon(t) = \frac{\sigma}{E_R} + \frac{\sigma}{E_{R1}}\left[1 - \exp\left(-\frac{E_{R1}}{\eta_{R1}}t\right)\right] + \frac{H(\sigma - \sigma_s)}{\eta_{R3}}t \tag{2.3.48}$$

上述构成的蠕变模型，可以较好地描述坝基岩体的衰减蠕变和稳态蠕变阶段，但在高应力作用下坝基岩体及结构面可能出现的加速蠕变阶段则无法体现。为了能对坝基岩体的蠕变过程进行完整的模拟，通常将线性的黏塑性元件改成非线性黏塑性元件，保持其模型结构不变，而将其中的黏滞系数或屈服应力改为时间和应力水平的函数。参考已有的研究成果，采用黏滞系数随时间的幂函数变化来描述加速蠕变过程，即

$$\varepsilon_{vp} = \frac{H(\sigma - \sigma_s)}{\eta_{R3}} t^n \quad (n \geqslant 1) \tag{2.3.49}$$

其中，当 $\sigma > \sigma_s$ 时，$H(\sigma - \sigma_s) = \sigma - \sigma_s$，否则为 0。

则当前时刻的黏滞系数为

$$\eta_{R3}(t) = \frac{n_{R3}^{t_s}}{(t - t_s)^{n-1}} \tag{2.3.50}$$

式中　$n_{R3}^{t_s}$——非线性黏塑性体重外荷载达到阈值应力时（$t_s$）的黏滞系数。

从坝基岩体蠕变试验可知，稳定蠕变阶段和加速蠕变阶段之间存在较明显的过渡段，为了对这一过渡点进行判别，可采用蠕变时间或累计黏塑性应变等作为判别准则，本书采用累计黏塑性应变达到某一值作为黏滞系数随时间衰减的起点，以达到描述加速蠕变的目的。因此，黏塑性体中的黏滞系数定义为

$$\eta_{R3} = \begin{cases} n_{R3}^{t_s} & , \varepsilon_{vp} < \overline{\varepsilon}_{vp} \\ \dfrac{n_{R3}^{t_s}}{n(t - t_s)^{n-1}} & , \varepsilon_{vp} \geqslant \overline{\varepsilon}_{vp} \end{cases} \tag{2.3.51}$$

则黏塑性体的应变可表示为

$$\varepsilon_{vp} = \begin{cases} \dfrac{H(\sigma - \sigma_s)}{\eta_{R3}^{t_s}} t & , \varepsilon_{vp} < \overline{\varepsilon}_{vp} \\ \overline{\varepsilon}_{vp} + \dfrac{H(\sigma - \sigma_s)}{\eta_{R3}^{t_s}} (t - t_s)^n & , \varepsilon_{vp} \geqslant \overline{\varepsilon}_{vp} \end{cases} \tag{2.3.52}$$

式中　$n_{R3}^{t_s}$——黏塑性体在稳态蠕变阶段的黏滞系数；

　　　$n$——流变指数，且 $n > 1$；

　　　$\overline{\varepsilon}_{vp}$——稳态蠕变阶段黏塑性应变的累计值，根据蠕变试验确定。

推广到三维应力状态时，可表示为

$$\dot{\varepsilon}_{ij}^{vp} = \frac{1}{\eta_{R3}} \left\langle \Phi\left(\frac{F}{F_0}\right) \right\rangle \frac{\partial Q}{\partial \sigma_{ij}} \tag{2.3.53}$$

其中，当 $F \geqslant 0$ 时，$\left\langle \Phi\left(\dfrac{F}{F_0}\right) \right\rangle = \Phi\left(\dfrac{F}{F_0}\right)$，否则为 0。

式中　$F$——针对坝基岩体所选用的屈服准则，采用 D-P 准则；

　　　$F_0$——初始屈服函数的参考值；

　　　$Q$——塑性势函数，当采用关联流动法则时，$Q = F$；

$\Phi$——反应屈服之后材料黏塑性蠕变速率发展状况的流动函数。

采用关联流动法则和幂函数流动函数时，三维应力状态下的黏塑性应变率为

$$\dot{\varepsilon}_{ij}^{vp} = \begin{cases} 0 & ,F < 0 \\ \dfrac{1}{\eta_{R3}}\left(\dfrac{F}{F_0}\right)^m \dfrac{\partial F}{\partial \sigma_{ij}} & ,F \geqslant 0 \end{cases} \tag{2.3.54}$$

因此，三维应力状态下坝基岩体的流变本构模型为

（1）当坝基岩体在低应力水平作用下时，岩体处于黏弹性状态，岩体主要是衰减蠕变，即 $F < 0$，则

$$\varepsilon_{ij} = \frac{\sigma_m}{3K}\delta_{ij} + \frac{S_{ij}}{2G_R} + \frac{S_{ij}}{2G_{R1}}\left[1 - \exp\left(-\frac{E_{R1}}{\eta_{R1}}t\right)\right] \tag{2.3.55}$$

（2）当坝基岩体在较高应力水平作用下时，岩体处于黏塑性状态，但累计等效黏塑性应变尚未达到临界值，岩体出现稳定蠕变，即 $F \geqslant 0$，$\varepsilon_{vp}^{equ} < \bar{\varepsilon}_{vp}^{equ}$，则

$$\varepsilon_{ij} = \frac{\sigma_m}{3K}\delta_{ij} + \frac{S_{ij}}{2G_R} + \frac{S_{ij}}{2G_{R1}}\left[1 - \exp\left(-\frac{E_{R1}}{\eta_{R1}}t\right)\right] + \frac{1}{\eta_{R3}}\left\langle \Phi\left(\frac{F}{F_0}\right)\right\rangle \frac{\partial Q}{\partial \sigma_{ij}}t \tag{2.3.56}$$

（3）当坝基岩体在较高应力水平作用下，岩体累计等效黏塑性应变超过临界值后，岩体出现加速蠕变，即 $F \geqslant 0$，$\varepsilon_{vp}^{equ} \geqslant \bar{\varepsilon}_{vp}^{equ}$，则

$$\varepsilon_{ij} = \frac{\sigma_m}{3K}\delta_{ij} + \frac{S_{ij}}{2G_R} + \frac{S_{ij}}{2G_{R1}}\left[1 - \exp\left(-\frac{E_{R1}}{\eta_{R1}}t\right)\right] + \frac{1}{\eta_{R3}}\left\langle \Phi\left(\frac{F}{F_0}\right)\right\rangle \frac{\partial Q}{\partial \sigma_{ij}}\left[t_s + (t - t_s)^n\right]$$

$$\tag{2.3.57}$$

其中

$$\varepsilon_{vp}^{equ} = \sqrt{\frac{2}{3}\varepsilon_{ij}^{vp}\varepsilon_{ij}^{vp}} \tag{2.3.58}$$

式中 $\bar{\varepsilon}_{vp}^{equ}$——加速蠕变出现的是累计等效黏塑性应变，等效黏塑性应变为

在 $\Delta t_n = t_n - t_{n-1}$ 时段内，坝基岩体在低应力水平作用下，岩体只产生黏弹性应变，可由式（2.3.55）计算；坝基岩体在较高应力水平作用下，岩体产生黏塑性应变，其黏塑性应变增量可表示为

$$\Delta \varepsilon_n^{vp} = \int_{t_{n-1}}^{t_n} \dot{\varepsilon}^{vp}(\tau)\mathrm{d}\tau = \left[(1-a)\dot{\varepsilon}^{vp}(t_{n-1}) + a\dot{\varepsilon}^{vp}(t_n)\right]\Delta t_n \tag{2.3.59}$$

其中，若取 $a = 0$，即为向前差分法，应变增量完全取决于时段开始 $t = t_{n-1}$ 时的状态，因而是显式解法；若取 $a = 1$，为向后差分法，应变增量与时段末 $t = t_n$ 时的状态有关，因而是隐式解法；若取 $a = 1/2$，为中点差分法。

实践表明，若 $s < 1/2$，只要对时段 $\Delta t_n$ 作适当限制，收敛是有保证的。因此，可采用向前差分法，则塑性应变增量可表示为

$$\Delta \boldsymbol{\varepsilon}_n^{vp} = \dot{\boldsymbol{\varepsilon}}^{vp}(t_{n-1})\Delta t_n = \frac{1}{\eta_{R3}}\left\langle \Phi\left[\frac{F(t_{n-1})}{F_0(t_{n-1})}\right]\right\rangle \frac{\partial F(t_{n-1})}{\partial \sigma(t_{n-1})}\Delta t_n \tag{2.3.60}$$

## 2.3.5 高拱坝渗流场与应力场的渗流控制方程

坝体混凝土和坝基岩体类多孔介质中固相的体积变形包括固体骨架的体积变形与有效

应力引起的固相颗粒产生的体积变形两部分，因此有

$$\nabla \boldsymbol{v}^{s} = \frac{\partial \boldsymbol{\varepsilon}_{\mathrm{w}}}{\partial t} - \frac{1}{3K_{\mathrm{s}}} \frac{\partial \sigma'_{ii}}{\partial t} \tag{2.3.61}$$

将式（2.3.34）代入式（2.3.61）可得

$$\nabla \boldsymbol{v}^{s} = \boldsymbol{I}^{\mathrm{T}} \frac{\partial \boldsymbol{\varepsilon}}{\partial t} - \frac{1}{3K_{\mathrm{s}}} \boldsymbol{I}^{\mathrm{T}} \boldsymbol{D}_{\mathrm{T}} \left( \frac{\partial \boldsymbol{\varepsilon}}{\partial t} - \boldsymbol{I}\lambda \frac{\partial \theta_{\mathrm{v}}}{\partial t} + \frac{\boldsymbol{I}}{3K_{\mathrm{s}}} \frac{\partial \overline{p}}{\partial t} \right) \tag{2.3.62}$$

由于坝体混凝土和坝基岩体固相颗粒的移动速度很慢，忽略对水密度的贡献，在小变形条件下，即

$$\frac{D^{s}}{Dt}(\cdot) \approx \frac{\partial}{\partial t}(\cdot) \tag{2.3.63}$$

结合式（2.3.40）～式（2.3.42）、式（2.3.62）和式（2.3.63），代入式（2.3.28）可得

$$\alpha S_{\mathrm{w}} \left( \boldsymbol{I}^{\mathrm{T}} - \frac{1}{3K_{\mathrm{s}}} \boldsymbol{I}^{\mathrm{T}} \boldsymbol{D}_{\mathrm{T}} \right) \frac{\partial \boldsymbol{\varepsilon}}{\partial t} - \nabla \left[ \frac{kk_{\mathrm{rw}}}{\mu_{\mathrm{w}}} (\nabla p_{\mathrm{w}} - \rho_{\mathrm{w}} \boldsymbol{g}) \right] +$$

$$\left\{ \frac{\phi S_{\mathrm{w}}}{K_{\mathrm{w}}} - \phi\eta + S_{\mathrm{w}} \left[ \frac{\alpha - \phi}{K_{\mathrm{s}}} - \frac{\alpha \boldsymbol{I}^{\mathrm{T}} \boldsymbol{D}_{\mathrm{T}} \boldsymbol{I}}{(3K_{\mathrm{s}})^{2}} \right] (S_{\mathrm{w}} - p_{\mathrm{w}}\eta) - \frac{\alpha S_{\mathrm{w}} \boldsymbol{I}^{\mathrm{T}} \boldsymbol{D}_{\mathrm{T}} \boldsymbol{I}}{3K_{\mathrm{s}}} \lambda\phi\eta \right\} \frac{\partial p_{\mathrm{w}}}{\partial t} = 0 \tag{2.3.64}$$

式（2.3.64）便是坝体混凝土和坝基岩体非饱和—饱和渗流连续性方程。

除此之外，根据质量守恒方程，得到水和气相在坝体混凝土和坝基岩体中流动的控制方程。在实际工程中，当假定孔隙中的气压恒等于大气压力时，气相的控制方程就自动满足，通过简化，可得到一些常用的渗流控制方程。

当忽略应力对坝体混凝土和坝基岩体固体颗粒的影响时，即

$$\nabla \upsilon^{s} \approx \frac{\partial \varepsilon_{\mathrm{v}}}{\partial t} \tag{2.3.65}$$

对于饱和情况（$S_{\mathrm{w}}=1$），当不考虑水密度空间的变化时，式（2.3.28）可以简化为饱和坝体混凝土和坝基岩体渗流连续性方程，即

$$\left( \frac{\alpha - \phi}{K_{\mathrm{s}}} + \frac{\phi}{K_{\mathrm{w}}} \right) \frac{\partial p_{\mathrm{w}}}{\partial t} + \nabla \left[ -\frac{k}{\mu_{\mathrm{w}}} (\nabla p_{\mathrm{w}} - \rho_{\mathrm{w}} g) \right] + \alpha \frac{\partial \varepsilon_{\mathrm{v}}}{\partial t} = 0 \tag{2.3.66}$$

当不考虑坝体混凝土和坝基岩体固体颗粒和水的压缩性时，$1/K_{\mathrm{s}}=0$，$1/K_{\mathrm{w}}=0$，$\alpha=1$，式（2.3.66）可进一步简化为

$$\nabla \left[ \frac{k}{\mu_{\mathrm{w}}} (\nabla p_{\mathrm{w}} - \rho_{\mathrm{w}} g) \right] = \frac{\partial \varepsilon_{\mathrm{v}}}{\partial t} \tag{2.3.67}$$

对于非饱和情况，当不考虑水密度空间的变化时，同时忽略应力—变形过程，由式（2.3.67）可得坝体混凝土和坝基岩体饱和—非饱和渗流控制方程（也称 Richards 方程）为

$$\nabla \left[ -\frac{kk_{\mathrm{rw}}}{\mu_{\mathrm{w}}} (\nabla p_{\mathrm{w}} - \rho_{\mathrm{w}} g) \right] = -\phi \frac{\partial S_{\mathrm{w}}}{\partial t} \tag{2.3.68}$$

由上述的假定可知，坝体混凝土和坝基岩体的孔隙率 $\phi$ 为定值，由于坝体混凝土和坝基岩体的体积含水量 $\theta_{\mathrm{v}}$ 可表示为孔隙率和饱和度的乘积（$\theta_{\mathrm{v}} = \phi S_{\mathrm{w}}$），于是式（2.3.68）可以改写成

$$\nabla\left[-\frac{kk_{rw}}{\mu_w}(\nabla p_w - \rho_w g)\right] = -\frac{\partial \theta_v}{\partial t} \tag{2.3.69}$$

其中

$$h_c = \frac{p_w}{\rho_w g}$$

$$k_{ws} = \frac{k}{\mu_w}\rho_w g$$

$$\frac{\partial \theta_v}{\partial t} = \frac{\partial \theta_v}{\partial h_c}\frac{\partial h_c}{\partial t} = C(h_c)\frac{\partial h_c}{\partial t}$$

式中  $h_c$——孔隙压力水头；

$k_{ws}$——多孔介质饱和渗透系数张量；

$C$——容水度。

进一步可将式（2.3.69）改写成以孔隙压力水头 $h_c$ 为基本未知量的方程，即

$$C(h_c)\frac{\partial h_c}{\partial t} - \frac{\partial}{\partial x_i}\left[k_{rw}(h_c)k_{ij}^{ws}\nabla h_c + k_{rw}(h_c)k_{i3}^{ws}\right] = 0 \tag{2.3.70}$$

### 2.3.6 高拱坝渗流场与应力场耦合的初始条件和边界条件

对于渗流场和应力场的耦合求解问题是在有限空间域 $\Omega$ 及时间域内寻找一组以位移 $u(t)$、孔隙水压力 $p_w(t)$ 为基本未知量的解答，使之满足渗流控制方程和应力平衡方程。这需要借助一些初始条件和应力边界条件才能进行求解。下面给出各类初始条件和边界条件。

（1）变形初始条件为

$$u(x,y,z,0) = u_0 \quad \forall x,y,z \in \Omega \tag{2.3.71}$$

式中  $u_0$——变形初始值，在实际工程中，通常取零。

（2）水压力分布初始条件为

$$p_w(x,y,z,0) = p_{w0} \quad \forall x,y,z \in \Omega \tag{2.3.72}$$

式中  $p_{w0}$——水压初始值。

（3）位移边界条件为

$$u(x,y,z,t) = \overline{u} \quad \forall x,y,z \in S_u \tag{2.3.73}$$

式中  $\overline{u}$——已知边界位移。

（4）面力边界条件为

$$\sigma n = \overline{\sigma} \quad \forall x,y,z \in S_\sigma \tag{2.3.74}$$

式中  $n$——边界面外法线方向余弦；$\overline{\sigma}$ 为已知边界面力。

（5）第一类渗流边界条件为

$$p_w(x,y,z,t) = \overline{p}_w \quad \forall x,y,z \in \Gamma_1 \tag{2.3.75}$$

式中  $\overline{p}_w$——已知边界水压力。

（6）第二类渗流边界条件为

$$n^T\left[-\frac{kk_{rw}}{\mu_w}(\nabla p_w - \rho_w g)\right] = \overline{q}_w \quad \forall x,y,z \in \Gamma_2 \tag{2.3.76}$$

式中  $\overline{q}_w$——单位时间内流过边界的流量。

对于有自由面的非稳定饱和渗流问题，还要满足流量补给关系，其边界条件为

$$\boldsymbol{n}^{\mathrm{T}}\left[-\frac{kk_{\mathrm{rw}}}{\mu_{\mathrm{w}}}(\nabla p_{\mathrm{w}}-\rho_{\mathrm{w}}\boldsymbol{g})\right]=\mu\,\frac{\partial p_{\mathrm{w}}}{\partial t}\cos\varphi \quad \text{且}\; p_{\mathrm{w}}=0 \quad \forall\, x,y,z\in\Gamma_{3} \qquad (2.3.77)$$

式中　$\mu$——自由面变动范围内的给水度；

　　　$\varphi$——自由面外法线与垂线的夹角。

## 2.4　高寒复杂地质条件宽大库盘对高拱坝性态影响分析

重点研究位移模式、单元形态和基础边界条件对库盘变形计算成果的影响，通过研究，提出了适合高拱坝库盘变形的位移模式，得到了不同单元型式、单元尺寸大小、棱边的曲折、棱边的夹角以及棱边上的结点间距等对计算成果的影响，为建立合适的库盘有限元反演分析模型提供理论基础。

### 2.4.1　高拱坝坝体—基础—库盘系统超大范围数值仿真及计算关键技术

#### 2.4.1.1　库盘变形有限元模型分析方法

库盘变形有限元计算成果的主要影响因素包括计算的边界条件、荷载的模拟、参数的选择、分析成果优化及综合分析和评价等方面，其中位移模式与真实位移形态的差别是影响计算成果的主要因素，且单元形态对计算成果影响很大，此外，有限元法求解坝体和岩基位移和应力时，主要关键是整体劲度矩阵，考虑基础范围越大，则边界条件约束性质变化对坝体及岩基应力和位移影响越小，故需要研究不同边界条件对坝体应力和位移的影响。因此，下面首先重点研究位移模式、单元形态和基础边界条件对库盘变形计算成果的影响，通过研究，提出适合高拱坝库盘变形的位移模式，得到不同单元型式、单元尺寸大小、棱边的曲折、棱边的夹角以及棱边上的结点间距等对计算成果的影响，为建立合适的库盘有限元反演分析模型提供理论基础。

采用有限元法分析坝体及岩基的结构性态时，将大坝及岩基这个连续的空间结构离散成为有限个单元结构，通过结点连接组成整个体系，并设法确定各单元的劲度矩阵，由此组合成整体劲度矩阵 $\boldsymbol{K}$，最终建立结点位移 $\boldsymbol{\delta}$ 和结点荷载 $\boldsymbol{R}$ 之间的平衡方程，即

$$\boldsymbol{K}\boldsymbol{\delta}=\boldsymbol{R} \qquad (2.4.1)$$

由式 (2.4.1) 求出结点位移，从而求出应力。式 (2.4.1) 中，$\boldsymbol{K}$ 为整体劲度矩阵，即

$$\boldsymbol{K}=\sum_{e_{j}\in\Omega_{1}}\boldsymbol{C}_{e_{j}}^{\mathrm{T}}\boldsymbol{K}_{e_{j}}\boldsymbol{C}_{e_{j}}+\sum_{e_{j}\in\Omega_{2}}\boldsymbol{C}_{e_{j}}^{\mathrm{T}}\boldsymbol{K}_{e_{j}}\boldsymbol{C}_{e_{j}}+\sum_{e_{j}\in\Omega_{3}}\boldsymbol{C}_{e_{j}}^{\mathrm{T}}\boldsymbol{K}_{e_{j}}\boldsymbol{C}_{e_{j}} \qquad (2.4.2)$$

式中　$\Omega_{1}$、$\Omega_{2}$、$\Omega_{3}$——坝体、坝基以及库区岩基的计算域；

　　　$\boldsymbol{C}_{ej}$、$\boldsymbol{K}_{ej}$——单元 $e_{j}$ 的劲度变换矩阵和劲度矩阵。

$$\boldsymbol{K}_{e_{j}}=\iiint_{\Omega_{j}}\boldsymbol{B}^{\mathrm{T}}\boldsymbol{D}\boldsymbol{B}\,\mathrm{d}\Omega \qquad (2.4.3)$$

式中　$\boldsymbol{D}$——弹性矩阵，与坝体及岩基的变形模量 $E$ 和泊松比 $K=\gamma_{超}/\gamma_{水}$ 有关；

　　　$\boldsymbol{B}$——单元几何特性矩阵，与单元的尺寸、形状等有关。

如果用 $n$ 个结点等参单元来求解结点位移和单元应力，并令位移模式及坐标变换为

$$\begin{cases} u = \sum_{i=1}^{n} N_i u_i \\[2mm] v = \sum_{i=1}^{n} N_i v_i \\[2mm] w = \sum_{i=1}^{n} N_i w_i \end{cases} \tag{2.4.4}$$

$$\begin{cases} x = \sum_{i=1}^{n} N_i x_i \\[2mm] y = \sum_{i=1}^{n} N_i y_i \\[2mm] z = \sum_{i=1}^{n} N_i z_i \end{cases} \tag{2.4.5}$$

式中  $N_i$——位移的形函数，它是局部坐标 $\xi$、$\eta$、$\zeta$ 的显函数，在不同形式的单元中取不同的形式；

$u$、$v$、$w$——$x$、$y$、$z$ 方向的位移。

式 (2.4.3) 用局部坐标表示为

$$\boldsymbol{K}_{e_j} = \int_{-1}^{1} \int_{-1}^{1} \int_{-1}^{1} \boldsymbol{B}^{\mathrm{T}} \boldsymbol{DBJ} \, \mathrm{d}\xi \mathrm{d}\eta \mathrm{d}\zeta \tag{2.4.6}$$

其中

$$\boldsymbol{J} = \begin{bmatrix} \dfrac{\partial x}{\partial \xi} & \dfrac{\partial y}{\partial \xi} & \dfrac{\partial z}{\partial \xi} \\[2mm] \dfrac{\partial x}{\partial \eta} & \dfrac{\partial y}{\partial \eta} & \dfrac{\partial z}{\partial \eta} \\[2mm] \dfrac{\partial x}{\partial \zeta} & \dfrac{\partial y}{\partial \zeta} & \dfrac{\partial z}{\partial \zeta} \end{bmatrix} = \begin{bmatrix} \sum_{i=1}^{n} \dfrac{\partial N_i}{\partial \xi} x_i & \sum_{i=1}^{n} \dfrac{\partial N_i}{\partial \xi} y_i & \sum_{i=1}^{n} \dfrac{\partial N_i}{\partial \xi} z_i \\[2mm] \sum_{i=1}^{n} \dfrac{\partial N_i}{\partial \eta} x_i & \sum_{i=1}^{n} \dfrac{\partial N_i}{\partial \eta} y_i & \sum_{i=1}^{n} \dfrac{\partial N_i}{\partial \eta} z_i \\[2mm] \sum_{i=1}^{n} \dfrac{\partial N_i}{\partial \zeta} x_i & \sum_{i=1}^{n} \dfrac{\partial N_i}{\partial \zeta} y_i & \sum_{i=1}^{n} \dfrac{\partial N_i}{\partial \zeta} z_i \end{bmatrix} \tag{2.4.7}$$

由式 (2.4.1)～式 (2.4.7) 可得到，每个单元上的结点位移 $\boldsymbol{\delta}_{e_j}$ 为

$$\boldsymbol{\delta}_{e_j} = \begin{bmatrix} u_1 & v_1 & w_1 & u_2 & v_2 & w_2 & \cdots & u_n & v_n & w_n \end{bmatrix}^{\mathrm{T}} \tag{2.4.8}$$

则单元内的应力 $\boldsymbol{\sigma}_{e_j}$ 为

$$\boldsymbol{\sigma}_{e_j} = \boldsymbol{DB}\boldsymbol{\delta}_{e_j} = \boldsymbol{D} \begin{bmatrix} \boldsymbol{B}_1 & \boldsymbol{B}_2 & \cdots & \boldsymbol{B}_i & \cdots & \boldsymbol{B}_n \end{bmatrix} \boldsymbol{\delta}_{e_j} \tag{2.4.9}$$

其中

$$\boldsymbol{B}_i = \begin{bmatrix} \dfrac{\partial N_i}{\partial x} & 0 & 0 \\[2mm] 0 & \dfrac{\partial N_i}{\partial y} & 0 \\[2mm] 0 & 0 & \dfrac{\partial N_i}{\partial z} \\[2mm] \dfrac{\partial N_i}{\partial y} & \dfrac{\partial N_i}{\partial x} & 0 \\[2mm] 0 & \dfrac{\partial N_i}{\partial z} & \dfrac{\partial N_i}{\partial y} \\[2mm] \dfrac{\partial N_i}{\partial z} & 0 & \dfrac{\partial N_i}{\partial x} \end{bmatrix} \quad (i = 1, 2, \cdots, n)$$

除物理力学参数外，影响单元结点位移及单元内应力计算成果的因素有：位移的模式（即形函数）、单元的形态（包括单元的各向长度相对大小，棱边的曲折，棱边的夹角和棱边上结点的间距等）、基础边界条件等。

1. 位移模式对位移的影响

位移模式与真实位移形态的差别是影响计算成果的主要因素。真实位移的函数可以展开为 Taylor 级数，如果把构造的位移模式看作是忽略高次项的 Taylor 级数，则略去项便是误差项。下面分析几种典型单元。

（1）常应变单元。位移模式 $u=a_1+a_2x+b_3y$（三角形单元）和 $u=a_1+a_2x+a_3y+a_4z$（四面体单元），与真实位移函数展开的 Taylor 级数相比，舍去了二次及其以上的各项，其误差估计写为 $\Delta u=O(h^2)$（$h$ 为三角形或四面体最大的边长）。由于常应变单元的应变（应力）是常数，因此其误差 $\Delta\varepsilon=O(h)$，这比位移模式的误差大一个数量级，因此常应变单元的应力精度较低，即使在结点位移达到完全精确的数值时，求得的单元应力仍然精度不高，相邻单元面的应力依然存在突变现象。

（2）平面四边形单元。其形函数为

$$N_i=\frac{1}{4}\left(1+\xi_t\frac{x}{a}\right)\left(1+\eta_t\frac{y}{b}\right) \tag{2.4.10}$$

其中

$$\xi_t=\frac{x_t}{|x_t|},\quad \eta_t=\frac{y_t}{|y_t|}\quad(t=i,j,m,p)$$

则其位移模式为

$$P=\sum_{i,j,m,p}N_iP_i\quad(P_i=u,v) \tag{2.4.11}$$

上述位移模式形式上包含了二次项 $xy$，它与真实位移函数 Taylor 多项式相比，缺少了 $x^2$、$y^2$ 的二次项及其以上的多项式。因此，其位移误差可粗略估计，其形式与常应变单元的精度一样。但实际上它的精度比常应变单元（三角形单元）要高。这一点可从平面四边形单元得到证明，由应力矩阵 $S$ 可得

$$S=[S_i\quad S_j\quad S_m\quad S_p] \tag{2.4.12}$$

$$S_t=DB_t=D\begin{bmatrix}\dfrac{\partial N_t}{\partial x} & 0\\[2mm] 0 & \dfrac{\partial N_t}{\partial y}\\[2mm] \dfrac{\partial N_t}{\partial y} & \dfrac{\partial N_t}{\partial x}\end{bmatrix}=\lambda\begin{bmatrix}\xi_t(b+\eta_ty) & \mu\eta_t(a+\xi_tx)\\[2mm] \mu\xi_t(b+\eta_ty) & \eta_t(a+\xi_tx)\\[2mm] \dfrac{1-\mu}{2}\eta_t(a+\xi_tx) & \dfrac{1-\mu}{2}\xi_t(b+\eta_ty)\end{bmatrix}\quad(t=i,j,m,p) \tag{2.4.13}$$

式中　$\lambda$——常量，与 $E$、$\mu$ 有关；

$a$、$b$——常量。

由应力公式 $\boldsymbol{\sigma}=\boldsymbol{S}_i\boldsymbol{\delta}^e$ 可看出：四边形单元中的应力分量不是常量，正应力 $\sigma_x$、$\sigma_y$ 的主要项（即不含 $\mu$ 相乘的项）沿其法线方向呈线性变化，而它的次要项（即与 $\mu$ 相乘的项）沿切线按线性变化。至于剪应力分量 $\tau_{xy}$，则沿 $x$、$y$ 两个方向都按线性变化。因此，在弹性体中采用同样数目的结点时，矩形单元的精度高于简单的三角形单元。

（3）等参单元。尽管位移模式是局部坐标的简单幂函数，却很难分析位移和应力在单元中的变化规律。为分析方便，假设有一个边长为 $2L$ 的立方体等参单元，结点在其棱边上均匀分布，并且将整体坐标的 $x$、$y$、$z$ 轴取在局部坐标的 $\xi$、$\eta$、$\zeta$ 轴上，则不难得到

$$\begin{cases} x = L\xi \\ y = L\eta \\ z = L\zeta \end{cases} \tag{2.4.14}$$

下面以 20 结点等参单元为例，分析位移和应力在单元中的变化规律。

由式（2.4.14），并考虑结点为 20 的情况，其位移模式为

$$\begin{cases} u = \sum_{i=1}^{20} N_i u_i \\ v = \sum_{i=1}^{20} N_i v_i \\ w = \sum_{i=1}^{20} N_i w_i \end{cases} \tag{2.4.15}$$

其中

$$N_i = \frac{1}{8}(1+\xi_0)(1+\eta_0)(1+\zeta_0)(\xi+\eta+\zeta-2) \quad (i=1,2,\cdots,8)$$

$$N_i = \frac{1}{4}(1-\xi^2)(1+\eta_0)(1+\zeta_0) \quad (i=9,10,11,12)$$

$$N_i = \frac{1}{4}(1-\eta^2)(1+\xi_0)(1+\zeta_0) \quad (i=13,14,15,16)$$

$$N_i = \frac{1}{4}(1-\zeta^2)(1+\eta_0)(1+\xi_0) \quad (i=17,18,19,20)$$

$$\xi_0 = \xi_i\xi, \eta_0 = \eta_i\eta, \zeta_0 = \zeta_i\zeta \quad (i=1,2,\cdots,20)$$

将式（2.4.14）代入式（2.4.15）可见，位移分量沿坐标方向是按二次变化，由空间问题的几何方程得正应变 $\varepsilon_x$（或 $\varepsilon_y$、$\varepsilon_z$）及剪应变 $\gamma_{xy}$（或 $\gamma_{yz}$、$\gamma_{zx}$）为

$$\begin{cases} \varepsilon_x = \dfrac{\partial u}{\partial x} = \sum_{i=1}^{20} \dfrac{\partial N_i}{\partial x} u_i \\ \gamma_{xy} = \dfrac{\partial u}{\partial y} + \dfrac{\partial v}{\partial x} = \sum_{i=1}^{20} \dfrac{\partial N_i}{\partial y} u_i + \sum_{i=1}^{20} \dfrac{\partial N_i}{\partial x} v_i \end{cases} \tag{2.4.16}$$

由物理方程得正应力 $\sigma_x$（或 $\sigma_y$、$\sigma_z$）为

$$\sigma_x = \lambda\left(\varepsilon_x + \frac{\mu}{1-\mu}\varepsilon_y + \frac{\mu}{1-\mu}\varepsilon_x\right) \tag{2.4.17}$$

至于剪应力 $\tau_{xy}$（$\tau_{yz}$，$\tau_{zx}$）则与剪应力变 $\gamma_{xy}$（$\gamma_{yz}$，$\gamma_{zx}$）成正比，即

$$\tau_{xy} = G\gamma_{xy} \tag{2.4.18}$$

式中 $G$——剪切模量。

这里要指出的是：$\varepsilon_y$、$\varepsilon_z$ 和 $\gamma_{yz}$、$\gamma_{zx}$ 以及 $\sigma_y$、$\sigma_z$ 和 $\tau_{yz}$、$\tau_{zx}$ 的计算公式用相应式后括号内的符号轮换，公式简略。

由式（2.4.15）~式（2.4.18）可见，任一坐标方向的正应力分量共分三项，第一项

与 $\mu$ 无关，第二项、第三项与 $\dfrac{\mu}{1-\mu}$ 有关。又 $0<\mu<0.5$，则 $0<\dfrac{\mu}{1-\mu}<1$，而通常三个正应变一般是同等重要。因此，式（2.4.17）中，第一项是主要部分，第二项、第三项是次要部分；其主要部分沿坐标方向呈线性变化，沿其余方向呈二次式变化。至于式（2.4.18）中的剪应力，则沿各个坐标方向呈二次式变化。

根据上述分析，可得结论：若用 20 结点单元计算高拱坝和岩基的位移和应力时，如假设沿径向布置一层单元，则梁向正应力的主要部分沿梁向呈线性变化，沿切向（拱向）及径向近似于按二次变化；切向正应力的主要部分沿切向近似于线性变化，沿梁向和径向近于二次式变化；径向正应力的主要部分沿径向近于线性变化，沿切向及梁向近于二次变化。因此，在划分有限元网格时，应注意：在切向正应力较大变化的区域，则切向的网格间距应取小一点；在梁向正应力变化较大的地方，梁向的网格间距应取小一点。至于径向正应力，对高拱坝来说是次要的应力，此外，沿梁向及拱向都已近于按二次变化，所以在划分网格时不必细化。

由上特例分析可知，20 结点的等参单元，其位移模式中包含了三次项 $xyz$，它与真实的位移函数 Taylor 多项式相比，缺少了 $x^3$、$y^3$、$y^3$ 以及三次以上的多项式，故其位移模式也带有一定的近似性，但与常应变单元相比，精度要高。

从上面各种不同单元性态及对应的位移模式分析可见，对于不同的位移模式，其计算精度不同，因此像高拱坝及岩基等这种空间结构，在条件许可的情况下，建议选用空间等参单元来分析计算，其所得成果精度较高。

2. 单元形态对位移的影响

单元形态对计算成果影响很大，因此，在划分单元时必须充分注意。下面以等参单元为例作分析。等参单元的形态好坏，直接影响计算成果精度。影响形态的主要因素有：各向长度的相对大小，棱边的曲折，棱边的夹角以及棱边上的结点间距等。

由理论可证明，若棱边的曲折、棱边间的夹角以及棱边上的结点布置比较合理，即使单元各向长度相差较大，则该单元的 $|J|$ 不会出现奇异现象。因而也不会由于进行多次的运算而引起很大的误差。相反，若单元具有曲面或曲线棱边，则整体坐标对局部坐标 $\left(\dfrac{\partial x}{\partial s}、\dfrac{\partial y}{\partial s}、\dfrac{\partial z}{\partial s}, s=\xi,\ \eta,\ \zeta\right)$ 的导数在单元中不是常量，而且 $\dfrac{\partial x}{\partial s}$、$\dfrac{\partial y}{\partial s}$、$\dfrac{\partial z}{\partial s}$ 在相同点的数值可能相差很大，若再加上各向长度间的差别，则更进一步扩大导数间的差别，从而使 $J$ 很不精确。经多次参加计算后，可能引起很大误差。由算例分析表明，当曲率半径远大于单元的边长时，各向边长的差别对精度的影响不大；当曲率半径与单元的边长同阶时，边长相差过大就有可能引起很大的误差。

由于等参单元可以贴合曲边，因而可提高计算精度，但是每一种等参单元所能贴合的曲边界是有限制的，如果边界的曲率超过这种单元所能反映曲率的界限，则计算成果误差就较大。例如，20 结点的形函数对应于局部坐标来说都是二次式，因而它的棱边都是二次曲线，若要模拟一段具有反向曲率的边界（如 S 型边界），则由于与原结构物的边界相差较远，从而引起该处附近的位移和应力误差很大。因此，在模拟棱边的曲折时，应根据边界棱边的曲折，选用单元的形式，尽可能地选用比较符合边界条件的单元形态。

可以证明，当所有的棱边夹角均为直角，而且每一棱边上的结点为均匀分布时，即使棱边稍有曲率，$J$ 值在整个单元上不会成为非常大或非常小的数值。但当某一夹角 $\alpha$ 远小于直角时，$J$ 在该夹角顶点附近的数值将远大于其他处的数值，因而可能由于 $J$ 多次参加运算而引起较大的误差。此外，棱边上的结点间距是否均匀也是非常重要的，当任意二结点互相趋近时，$J$ 在该二结点附近的数值也将迅速减小，可能引起很大的误差。因此，在划分单元时，应避免使结点间距相差很大，尽可能使结点分布均匀。

3. 基础边界条件对位移的影响

由有限元求解坝体和岩基位移时，主要关键是整体劲度矩阵 $K$。$K$ 由坝体、坝基及库盘岩基等单元劲度矩阵组成，即

$$K = K_1 + K_2 + K_3 \tag{2.4.19}$$

式中：$K_1$——坝体单元合成的劲度矩阵；

$K_2$——坝基单元合成的劲度矩阵；

$K_3$——库盘岩基单元合成的劲度矩阵。

其中 $K_1$ 一方面受坝体自身刚度的影响，另一方面受基础约束的影响；而 $K_2$ 和 $K_3$ 主要取决于所考虑的范围大小及边界约束条件；$K$ 受制于 $K_1$、$K_2$ 和 $K_3$。根据圣维南原理可知，若考虑基础（坝基和库盘）范围越大，则边界条件约束性质变化对坝体及岩基位移影响越小，当达到一定范围后，坝体和岩基位移几乎不受范围再扩大的影响，对高坝大库应这样模拟，才能满足实际工程的要求。

## 2.4.1.2 库盘及大坝计算参数反演分析模型和方法

通过研究高拱坝库盘有限元位移模式、单元形态及边界条件等对高拱坝库盘变形的影响等分析方法，将拱坝、坝基和库盘有机结合，形成能综合分析大坝工作性态的大范围有限元模型，然后应用场论和力学分析，结合实测资料，针对库盘基岩的分区分层的复杂问题，建立库盘变形参数反演分析模型。但是，坝基及库区对大坝安全影响较大，而这些区域地质构造复杂，库盘变形参数的反演往往不仅要反演变形综合参数，而且要反演断裂构造等薄弱部位的参数，即应进行分区分层反演。

众所周知，大坝与基岩中存在着诸多不确定因素，以往通常用单测点模型进行正反分析，这种模型和方法在监控和评价大坝及岩基的工作性态方面取得了一定的实效。但是，单测点模型主要反映局部变化规律，用于反映整体性态效应还有一定差异，难以掌握由于某些因素使其偏离真实位移场的情况，由此反演的结果也只能反映局部影响，故应结合坝体及岩基的监测资料，建立坝体和岩基整体的反演分析模型。

下面考虑监测误差、时效和库盘变形的影响，校准高拱坝坝体变形监测值与有限元计算的基准值等因素，以空间位移场来反演坝体混凝土弹性模量 $E_c$、坝基岩体变形模量 $E_r$ 以及库盘岩基变形模量 $E_{b\alpha}$ 为例，利用单测点、水平拱、垂直梁和坝体空间位移场分离结果，从点、线、面三个方面提出建立库盘及大坝反演分析模型的基本原理，推导相应的物理力学参数反演公式，并研究基于神经网络、遗传算法等的反演理论和方法。

建立大坝、坝基及库盘空间位移场的数学模型，在库盘变形影响因素分析的基础上，利用单测点、水平拱、垂直梁和坝体空间位移场计算结果，重点研究分离主要影响因素的方法，包括利用单测点模型、梁模型和空间场模型分离各主要影响因素的方法。

在水压和温度等荷载作用下，考虑坝体混凝土的徐变和岩基的流变等因素，大坝和坝基将产生位移场（或应力场），用直角坐标表示时，即为

$$\delta = f(H,T,\theta,x,y,z) \tag{2.4.20}$$

式中　$H$——大坝作用水头；

　　　$T$——大坝变温值；

　　　$\theta$——时间效应量。

对正常运行的大坝，在外荷载作用下，$f(H,T,\theta,x,y,z)$ 在定义域 $\Omega$ 内（大坝或坝基）内应该是连续函数。现证明如下：令 $\delta = f(P) = f(H,T,\theta,x,y,z)$，则 $f(P)$ 在 $\Omega$ 内；设 $P_0(H^0,T^0,\theta^0,x,y,z)$ 为 $\Omega$ 内一点，若对任意小的 $\varepsilon>0$，都存在对应的位移和应力，即 $\delta=\delta(\varepsilon,P_0)$，其绝对值大于 0，使得 $P\in\Omega$ 以及 $0<\rho(P,P_0)<\delta$（或 $\sigma$），其中 $\rho(P,P_0)$ 为 $P$ 和 $P_0$ 两点间的位移（或应力），则有

$$|f(P)-A|<\varepsilon \tag{2.4.21}$$

则 $A$ 为函数 $f(P)$ 在 $P_0$ 点的极限（即 $P_0$）点的位移（或应力），记为

$$\lim_{P\to P_0}f(P)=A(\delta_{P_0}\text{ 或 }\sigma_{P_0}) \tag{2.4.22}$$

由于大坝及岩基在任一荷载（水压和温度等）作用下，各点都有对应的位移（或应力），所以式（2.4.21）在 $\Omega$ 域内是连续函数。

大坝及岩基在荷载作用下产生的位移场（或应力场）是矢量场，将其分解为三个分量：水平位移 $\delta_x$，侧向水平位移 $\delta_y$ 和铅垂位移 $\delta_z$（图 2.4.1），即

$$\boldsymbol{\delta}(H,T,\theta,x,y,z)=\delta_x(H,T,\theta,x,y,z)\boldsymbol{i}+\delta_y(H,T,\theta,x,y,z)\boldsymbol{j}$$
$$+\delta_z(H,T,\theta,x,y,z)\boldsymbol{k} \tag{2.4.23}$$

由式（2.4.23）可以看出：任一点的位移及其分量按成因可分为三个部分：水压力作用下的位移分量 $f_1(H,x,y,z)$（以下简称水压分量），变温作用下的位移分量 $f_2(T,x,y,z)$（以下简称温度分量），时效作用下的位移分量 $f_3(\theta,x,y,z)$（以下简称时效分量），即

$$\boldsymbol{\delta}(\text{或 }\delta_x,\delta_y,\delta_z)=f_1(H,x,y,z)+f_2(T,x,y,z)+f_3(\theta,x,y,z) \tag{2.4.24}$$

式中，$\delta_x$、$\delta_y$、$\delta_z$ 具有相同因子。因此，下面重点讨论 $\delta_x$ 各个位移分量的计算。

在线弹性范围内，可将式（2.4.20）的位移按其成因分为三个部分：水压分量 $f_1(H,x,y,z)$、温度分量 $f_2(T,x,y,z)$ 和时效分量 $f_3(\theta,x,y,z)$，即

$$\delta = f(H,T,\theta,x,y,z)$$
$$= f_1(H,x,y,z)+f_2(T,x,y,z)+f_3(\theta,x,y,z)$$
$$= f_1[f(H),f(x,y,z)]+f_2[f(T),f(x,y,z)]+f_3[f(\theta),f(x,y,z)]$$
$$\tag{2.4.25}$$

**1. 水压引起位移分量**

在水压力作用下，大坝或岩基位移场的表达式为

$$f_1(H,x,y,z)=f_1[f(H),f(x,y,z)] \tag{2.4.26}$$

其中

$$f(H)=\sum_{i=0}^{m_1}a_iH^i \tag{2.4.27}$$

式中　$f(H)$——坝体或岩基某一固定点的水压分量（图 2.4.2）；

$m_1$——水头的指数，拱坝 $m_1 = 4$；

$f(x, y, z)$——某一水位时因水压力和扬压力作用坝体或岩基产生的位移场〔图 2.4.3（a）〕。

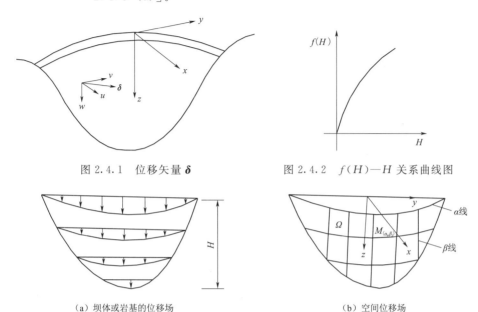

图 2.4.1　位移矢量 $\pmb{\delta}$　　　　　图 2.4.2　$f(H)$—$H$ 关系曲线图

（a）坝体或岩基的位移场　　　　　（b）空间位移场

图 2.4.3　空间位移场图〔$f(x, y, z)$ 形状图〕

$f(x, y, z)$ 的形状为一般曲面，其矢量式表示为

$$\gamma = \gamma(\alpha, \beta) = x(\alpha, \beta)\pmb{i} + y(\alpha, \beta)\pmb{j} + z(\alpha, \beta)\pmb{k} \tag{2.4.28}$$

当 $\alpha$ 取一列数值 $\alpha_1$，$\alpha_2$，…时，让 $\beta$ 连续变动，得到满足 $\gamma(\alpha_i, \beta)(i = 1, 2, \cdots)$ 的一簇曲线，称为 $\beta$ 线，诸如大坝的挠曲线。同样，如果 $\beta$ 取一列数值 $\beta_1$，$\beta_2$，…时，让 $\alpha$ 连续变动，得到满足 $\gamma(\alpha, \beta_i)(i = 1, 2, \cdots)$ 的一簇曲线，称为 $\alpha$ 线，此线即为水平拱变形曲线（或水平梁向的变形曲线）。$\alpha$ 线与 $\beta$ 线在曲面构成曲线网，如图 2.4.3（b）所示，当 $\alpha = \alpha_i$、$\beta = \beta_i$ 时，就对应曲面上的一点 $M$。

根据上面的连续性证明，$f(x, y, z)$ 在区域 $\Omega$ 内连续，因此可用多元幂级数展开，并参照工程力学推得的梁挠曲线和水平拱向变形曲线方程（一般取三项式），得到

$$f(x, y, z) = \sum_{l=0}^{3} \sum_{m=0}^{3} \sum_{n=0}^{3} a_{lmn} x^l y^m z^n = \sum_{l,m,n=0}^{3} a_{lmn} x^l y^m z^n \tag{2.4.29}$$

得到

$$f_1(H, x, y, z) = f\left[\sum_{i=0}^{m_1} a_i H^i, \sum_{l=0}^{3} \sum_{m=0}^{3} \sum_{n=0}^{3} a_{lmn} x^l y^m z^n\right] \tag{2.4.30}$$

同样，在定义域 $\Omega$（大坝或坝基）内连续，用多元幂级数展开，略去高次项，归并同类项，得到

$$f_1(H, x, y, z) = \sum_{k=0}^{m_1} \sum_{l,m,n=0}^{3} A_{klmn} H^k x^l y^m z^n \tag{2.4.31}$$

65

**2. 温度引起位移分量**

在变温场作用下，大坝或岩基的位移场为

$$f_2(T,x,y,z)=f_2[f(T),f(x,y,z)] \tag{2.4.32}$$

式中　$f(x,y,z)$——某一固定变温场作用下坝体或岩基位移场；

　　$f(T)$——某一固定区域（或测点）的温度分量，$f(T)$ 可用两种表达式表示。

（1）$f(T)$ 用实测等效平均温度 $\overline{T}_i$ 和等效温度梯度 $\beta_i$ 作为因子，即

$$f(T)=\sum_{i=1}^{m_2}[b_i^{(1)}\overline{T}_i+b_i^{(2)}\beta_i] \tag{2.4.33}$$

式中　$m_2$——温度计的层数；

$b_i^{(1)}$、$b_i^{(2)}$——单位等效温度作用下的温度荷载常数。

（2）$f(T)$ 用复合型的周期项作为因子，即

$$f(T)=\sum_{i=1}^{m_3}b_{1i}\sin\frac{2\pi it}{365}+\sum_{i=1}^{m_3}b_{2i}\cos\frac{2\pi it}{365} \tag{2.4.34}$$

式中，$m_3=1,2,\cdots$，一般取年周期，即 $m_3=1$。

对 $f_2(T,x,y,z)$ 进行数学处理时，按 $f(T)$ 的不同表达式，有下列两种情况。

（1）$f(T)$ 按照式（2.4.33）的情况，则式（2.4.32）可表示为

$$f_2(T,x,y,z)=f_2\left\{\left[\sum_{i=1}^{m_2}b_i^{(1)}\overline{T}_i+\sum_{i=1}^{m_2}b_i^{(2)}\beta_i\right],\sum_{l,m,n=0}^{3}a_{lmn}x^ly^mz^n\right\} \tag{2.4.35}$$

将上式用多元幂级数展开，略去高次项并考虑工程力学概念，归并同类项得到

$$f_2(T,x,y,z)=\sum_{j,k=1}^{m_2}\sum_{l,m,n=0}^{3}B_{jklmn}\overline{T}_j\beta_kx^ly^mz^n \tag{2.4.36}$$

（2）$f(T)$ 用式（2.4.34）的情况，则式（2.4.32）为

$$f_2(T,x,y,z)=\sum_{j,k=1}^{1}\sum_{l,m,n=0}^{3}B_{jklmn}\sin\frac{2\pi jt}{365}\cos\frac{2\pi kt}{365}x^ly^mz^n \tag{2.4.37}$$

**3. 时效引起位移分量**

时效分量的表达式为

$$f_3(\theta,x,y,z)=f_3[f(\theta),f(x,y,z)] \tag{2.4.38}$$

其中
$$f(\theta)=C_1\theta+C_2\ln\theta \tag{2.4.39}$$

式中　$f(\theta)$——坝体某一固定点的时效分量；

　　$f(x,y,z)$——坝体或岩基（包括库盘）在某一时刻的时效分量。

同样用上述水压和温度分量的处理方法，得到

$$f_3(\theta,x,y,z)=\sum_{j,k=1}^{1}\sum_{l,m,n=0}^{3}C_{jklmn}\theta_j\ln\theta_kx^ly^mz^n \tag{2.4.40}$$

由上述分析得到水压分量 $f_1(H,x,y,z)$、温度分量 $f_2(T,x,y,z)$ 和时效分量 $f_3(\theta,x,y,z)$ 各分量表达式，则空间位移场为

$$\delta=f(H,T,\theta,x,y,z)=f_1(H,x,y,z)+f_2(T,x,y,z)+f_3(\theta,x,y,z)$$

$$=\sum_{k=0}^{m_1}\sum_{l,m,n=0}^{3}A_{klmn}H^kx^ly^mz^n+\sum_{j,k=1}^{m_2}\sum_{l,m,n=0}^{3}B_{jklmn}\overline{T}_j\beta_kx^ly^mz^n$$

或

$$\sum_{j,k=1}^{1} \sum_{l}^{3} \sum_{m,n=0}^{} B_{jklmn} \sin\frac{2\pi jt}{365}\cos\frac{2\pi kt}{365} x^{l}y^{m}z^{n} +$$
$$\sum_{j,k=1}^{1} \sum_{l}^{3} \sum_{m,n=0}^{} C_{jklmn}\theta_{j}\ln\theta_{k} x^{l}y^{m}z^{n} \tag{2.4.41}$$

式中 $A_{klmn}$、$B_{jklmn}$、$C_{jklmn}$——拟合系数,由实测资料结合大坝和岩基数值计算经优化处理得到。

对于运行期的大坝和岩基的实际综合力学参数与设计及试验值相差较大,库区岩基的力学参数也变化较大,这些因素对坝体和岩基变形有较大的影响。因此,需要用实测资料,并结合数值分析计算,对坝体弹性模量 $E_{c}$、坝基岩基变形模量 $E_{r}$ 和库盘岩基变形模量 $E_{b}$ 进行反演分析,由此推得实际的变形模量。若用有限元数值分析方法分析时,式(2.4.41)中的位移是在假定 $E_{c_0}$、$E_{r_0}$、$E_{b_0}$ 下得到的位移,因此要对其位移进行修正,才能得到实际在水压荷载作用下的位移 $f_1'(H,x,y,z)$,即

$$f_1'(H,x,y,z) = Xf_1(H,x,y,z) \tag{2.4.42}$$

由于 $f_1'(H,x,y,z)$ 为坝体、坝基和库盘三个区域的组合位移。因此,在调整 $f_1(H,x,y,z)$ 时,通常不是简单地用一个 $X$ 参数调整能得到,而是对上述 3 个区域分别调整才能得出 $f_1'(H,x,y,z)$,并推得真实的 $E_{c}$、$E_{r}$、$E_{b}$。下面详细论述反演 $E_{c}$、$E_{r}$、$E_{b}$ 及 $f_1'(H,x,y,z)$ 分析过程。为分析方便,以线弹性工况为例作分析,推导过程如下:

在线弹性范围内,大坝和岩基的平衡方程中其整体劲度矩阵为

$$\boldsymbol{K} = \sum_{e_j \in \Omega_1} \boldsymbol{C}_{e_j}^{\mathrm{T}} \boldsymbol{K}_{e_j} \boldsymbol{C}_{e_j} + \sum_{e_j \in \Omega_2} \boldsymbol{C}_{e_j}^{\mathrm{T}} \boldsymbol{K}_{e_j} \boldsymbol{C}_{e_j}$$
$$+ \sum_{e_j \in \Omega_3} \boldsymbol{C}_{e_j}^{\mathrm{T}} \boldsymbol{K}_{e_j} \boldsymbol{C}_{e_j} \tag{2.4.43}$$

其中

$$\boldsymbol{K}_{e_j} = \iiint_{\Omega_j} \boldsymbol{B}^{\mathrm{T}} \boldsymbol{D} \boldsymbol{B} \,\mathrm{d}\Omega = E \iiint_{\Omega_j} \boldsymbol{B}^{\mathrm{T}} f(\mu) \boldsymbol{B} \,\mathrm{d}\Omega = E \overline{\boldsymbol{K}}_{e_j}$$

若假定 $\Omega_1$、$\Omega_2$、$\Omega_3$ 分别为坝体、坝基及库盘所在区域,则有

$$E = \begin{cases} E_{c} & ,e_j \in \Omega_1 \\ E_{r} & ,e_j \in \Omega_2 \\ E_{b} & ,e_j \in \Omega_3 \end{cases} \tag{2.4.44}$$

若令 $R_1 = E_{r}/E_{c}$,$X_i$,则有

$$\boldsymbol{K} = E_{c} \sum_{e_j \in \Omega_1} \boldsymbol{C}_{e_j}^{\mathrm{T}} \boldsymbol{K}_{e_j} \boldsymbol{C}_{e_j} + R_1 \sum_{e_j \in \Omega_2} \boldsymbol{C}_{e_j}^{\mathrm{T}} \boldsymbol{K}_{e_j} \boldsymbol{C}_{e_j} + R_2 \sum_{e_j \in \Omega_3} \boldsymbol{C}_{e_j}^{\mathrm{T}} \boldsymbol{K}_{e_j} \boldsymbol{C}_{e_j}$$
$$= F[E_{c}, E_{r}/E_{c}, E_{b}/E_{c}, f(\mu_{c}), f(\mu_{r}), f(\mu_{b}), L, S] \tag{2.4.45}$$

式中 $E_{c}$、$E_{r}$、$E_{b}$——坝体的弹性模量、坝基和库盘的变形模量;

$\mu_{c}$、$\mu_{r}$、$\mu_{b}$——坝体、坝基及库盘岩基的泊松比;

$f(\mu_{c})$、$f(\mu_{r})$、$f(\mu_{b})$——与坝体、坝基及库盘的泊松比有关的变量;

$L$、$S$——反映计算区域单元尺寸及所受约束的影响。

劲度矩阵 $\boldsymbol{K}$ 受 $E_{c}$、$E_{r}/E_{c}$、$E_{b}/E_{c}$ 以及 $f(\mu_{c})$、$f(\mu_{r})$、$f(\mu_{b})$ 和 $L$、$S$ 的影响。对

于已知的结构，$L$、$S$ 已确定，泊松比 $\mu$ 对 $K$ 和位移 $\delta$ 影响小，因此 $K$ 主要受 $E_c$、$E_r/E_c$、$E_b/E_c$ 的影响，由此推得坝体和岩基位移也主要受 $E_c$、$E_r/E_c$、$E_b/E_c$ 的影响。

由上分析，在反演 $E_c$、$E_r$、$E_b$ 时，应对 $f_1(H,x,y,z)$ 分为三部分进行逐步分析，即分为由于坝体变形、坝基变形及库盘变形三部分考虑。下面以坝体内任一点 $A$ 的变形为例作一详细分析。

在水压荷载作用下，假设 $E_c$、$E_r/E_c$、$E_b/E_c$，用有限元等数值分析法得到坝内任一点 $A$ 产生的位移为 $\delta'_H=f'_1(H,x,y,z)$，其中坝体自身变形引起 $A$ 点位移 $\delta'_{1H}=F[f(H),f(x,y,z)]$；坝基引起 $A$ 点的位移 $\delta'_{2H}=G[f(H),f(x,y,z)]$；库盘变形引起 $A$ 点的位移 $\delta'_{3H}=W[f(H),f(x,y,z)]$，则

$$\delta'_H=f'_1[f(H),f(x,y,z)]=\delta'_{1H}+\delta'_{2H}+\delta'_{3H}$$
$$=F[f(H),f(x,y,z)]+G[f(H),f(x,y,z)]+W[f(H),f(x,y,z)] \quad (2.4.46)$$

式中，$\delta'_{1H}$、$\delta'_{2H}$、$\delta'_{3H}$ 的含义及其用数值分析模拟过程，如图 2.4.4 所示，由于空间难以表示 $A$ 点位移受三个区域变形影响，所以图中所示的是一根梁剖面在库水作用下顺河向位移所受坝体、坝基和库盘变形的影响示意图。图 2.4.4 中 $\delta'_{2H}$ 为假定 $E_c$、$E_r/E_c$ 值，而且 $E_b/E_c=\infty$ 的 $A$ 点位移。

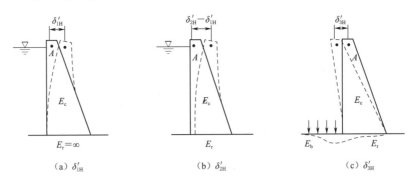

图 2.4.4　$\delta'_{1H}$、$\delta'_{2H}$、$\delta'_{3H}$ 示意图

(1) $\delta_{1H}$ 的求解。假设 $E_c=E_{c_0}$、$E_r/E_c=\infty$、$E_b/E_c=\infty$，由有限元（或其他工程力学计算方法）求得在多组水压 $H_i(i=1,2,3,\cdots,m)$ 作用下，大坝内任一点 $A$ 的位移 $\delta'_{1H}$ 为

$$\delta'_{1H}=F[f(H),f(x,y,z)] \quad (2.4.47)$$

因 $\delta'_{1H}$ 的求解是在假设坝体的弹性模量下进行的，因而 $\delta'_{1H}$ 不能代表实际的坝体本身位移 $\delta_{1H}$，需进行修正，即

$$\delta_{1H}=X\delta'_{1H} \quad (2.4.48)$$

不难证明，水压分量 $\delta_{1H}$ 与坝体弹性模量 $E_c$ 成反比，由此可推得

$$\delta_{1H}\propto\frac{1}{E_c},\quad \delta'_{1H}\propto\frac{1}{E_{c0}} \quad (2.4.49)$$

因此，$X=E_{c_0}/E_c$。

(2) $\delta_{2H}$ 的求解。假设 $R_0=E_{r_0}/E_{c_0}$ 为实际值，则在水压荷载作用下，大坝任一点 $A$ 的位移为 $\delta'_{2H}$，令 $\delta''_{2H}=\delta'_{2H}-\delta'_{1H}$，类似于求解 $\delta_{1H}$ 可得

$$\delta''_{2H}=G[f(H),f(x,y,z)] \quad (2.4.50)$$

由于 $\delta_{2H}''$ 是在假设 $R_0$ 为实际值下求得的，因此 $\delta_{2H}''$ 并不等于实际的位移 $\delta_{2H}$，需进行修正，即

$$\delta_{2H} = Y\delta_{2H}'' \tag{2.4.51}$$

其中

$$\begin{cases} Y = \dfrac{R_0}{R} \\[2mm] R_0 = \dfrac{E_{r_0}}{E_{c_0}} \\[2mm] R = \dfrac{E_r}{E_c} \end{cases}$$

（3）$\delta_{3H}$ 的求解。假定 $S_0 = E_{b_0}/E_{c_0}$，在水压荷载作用下，库盘变形引起的大坝任一点 $A$ 的位移为 $\delta_{3H}'$，类同 $\delta_{1H}'$、$\delta_{2H}'$ 的推导，求得

$$\delta_{3H}' = W[f(H), f(x,y,z)] \tag{2.4.52}$$

由于假设了 $S_0$，故需对 $\delta_{3H}'$ 进行修正，才能得出实际库盘变形引起的坝体位移 $\delta_{3H}$，即

$$\delta_{3H} = Z\delta_{3H}' \tag{2.4.53}$$

其中

$$\begin{cases} Z = \dfrac{S_0}{S} \\[2mm] S_0 = \dfrac{E_{b_0}}{E_{c_0}} \\[2mm] S = \dfrac{E_b}{E_c} \end{cases}$$

可得到在水压荷载作用下 $A$ 点位移 $\delta_H$ 为

$$\begin{aligned} \delta_H &= f_1(H,x,y,z) \\ &= XF[f(H), f(x,y,z)] + YG[f(H), f(x,y,z)] + ZW[f(H), f(x,y,z)] \\ &= X\sum_{i=0}^{m_1}\sum_{l,m,n=0}^{m_3} A_{1ilmn}H^i x^l y^m z^n + Y\sum_{i=0}^{m_1}\sum_{l,m,n=0}^{m_3} A_{2ilmn}H^i x^l y^m z^n + Z\sum_{i=0}^{m_1}\sum_{l,m,n=0}^{m_3} A_{3ilmn}H^i x^l y^m z^n \end{aligned} \tag{2.4.54}$$

式中 $A_{1ilmn}$、$A_{2ilmn}$、$A_{3ilmn}$——利用有限元计算结果，采用最小二乘法得到。

由上分析可知，大坝和岩基在水压和温度等荷载作用下产生弹性变形 $\delta_e$（包括水压分量 $f_1(H,x,y,z)$、温度分量 $f_2(T,x,y,z)$ 和不可逆位移 $\delta_f$［即时效分量 $f_3(\theta,x,y,z)$］。前文已证明，在线弹性范围内，$f_1(H,x,y,z)$ 与坝体弹性模量、坝基和库盘岩基变形模量有关。$f_2(T,x,y,z)$ 与线膨胀系数 $\alpha_c$ 有关。因而，$E_c$、$E_r$ 可以用水压分量来反演。

反演坝基岩基变形模量 $E_r$ 的公式为

$$\delta - f_2(T,x,y,z) - \varepsilon - f_3(\theta,x,y,z) - \delta_{3H} = X\delta_{2H}' \tag{2.4.55}$$

其中 $\qquad\qquad\qquad X = E_{c_0}/E_c$（或 $E_{r_0}/E_r$）

反演坝体混凝土弹性模量 $E_c$ 的公式为

$$\delta - f_2(T,x,y,z) - \varepsilon - f_3(\theta,x,y,z) - \delta_{2H} = X\delta_{1H}' \tag{2.4.56}$$

式中 $\qquad$ $\delta$——坝体或坝基的位移实测值；

$f_2(T,x,y,z)$——温度分量，根据大量试验结果表明：混凝土 $\alpha_c$ 变化很小，因此 $f_2(T,x,y,z)$ 可用有限元计算得到；

$f_3(\theta,x,y,z)$——时效分量；

$\delta_{2H}$——在水压力作用下，坝基和库盘变形所引起测点处的位移；

$\delta_{3H}$——在水压力作用下，库盘变形引起的测点位移；

$\delta'_{2H}$——用三维有限元计算水压作用下坝基变形引起的测点位移；

$\delta'_{1H}$——用三维有限元计算水压作用产生的坝体自身变形引起的位移；

$X$——调整参数。

由于 $f_2(T,x,y,z)$ 仅与 $\alpha_c$ 有关，因此可通过结构计算将其独立分离；残差 $\varepsilon$ 可用数学模型求得；$\delta_{3H}$ 可用反演的库盘分区变形模量值（见库盘岩基变形模量 $E_b$ 的反演），经有限元计算得到。进行迭代计算直至 $(X_i-X_{i-1})/X_i \leqslant 5\%$（$X_i$ 为第 $i$ 次迭代得到的调整参数），一般迭代 2~3 次可满足要求。由式（2.4.56）求得 $X$ 后，可求得坝基岩基变形模量的反演值 $E_r$；由反演得到的 $E_r$ 和库盘岩基分区变形模量 $E_n$［$n=1$，2，…，$M$（区域数）］，用有限元计算出 $\delta'_{2H}$，进行迭代计算，直至 $(X_i-X_{i-1})/X_i \leqslant 5\%$，由此求得坝体弹性模量的反演值 $E_c$。

库盘变形按其成因可分为两部分：在近坝区库盘除了在水压力作用下的自身变形外，还受坝区应力的影响；而在远坝区（指受坝体的应力影响以外），则主要是由水压力作用产生的变形。因此，反演库盘的变形模量的基本原理是：①利用远坝区的库区沉降资料，反演库区岩基的分区变形模量；②利用坝基的转角来反演库盘的综合变形模量。下面推导反演分析的基本公式。

远坝区的库盘变形主要来自于库区水压荷载的作用，因此，其平衡方程为

$$K\delta = R_H \tag{2.4.57}$$

式中 $K$——库盘整体劲度矩阵；

$\delta$——结点位移列阵；

$R_H$——水压荷载矩阵。

其中

$$
\begin{aligned}
K &= \sum_{n=1}^{M} \sum_{e_j} C_{e_j}^T K_{e_j} C_{e_j} \\
&= \sum_{n=1}^{M} \sum_{e_j} C_{e_j}^T E_n \iiint_{S_n} B^T f(\mu_n) B\,\mathrm{d}S C_{e_j} \\
&= \sum_{n=1}^{M} E_n \sum_{e_j \in S_n} C_{e_j}^T \iiint_{S_n} B^T f(\mu_n) B\,\mathrm{d}S C_{e_j} \\
&= \sum_{n=1}^{M} E_n K_n
\end{aligned}
\tag{2.4.58}
$$

式中 $C_{ej}$、$K_{ej}$——单元 $e_j$ 的劲度变换矩阵和劲度矩阵；

$S_n$——库盘第 $n$ 个计算域，$n=1$，2，…，$M$；

$M$——库盘被划分的区域数；

$B$——单元几何特性矩阵；

$f(\mu_n)$——泊松比影响效应量。

由式（2.4.58）可得

$$\boldsymbol{\delta} = \boldsymbol{K}^{-1} \boldsymbol{R}_{\mathrm{H}} \qquad (2.4.59)$$

将式（2.4.59）代入式（2.4.58）有

$$\boldsymbol{\delta} = \left(\sum_{n=1}^{M} E_n \boldsymbol{K}_n\right)^{-1} \boldsymbol{R}_{\mathrm{H}} \qquad (2.4.60)$$

由式（2.4.60）看出，在一定的水压荷载 $\boldsymbol{R}_{\mathrm{H}}$ 作用下，由于对一定的结构，$\boldsymbol{K}_n$ 已知，故结点位移 $\boldsymbol{\delta}$ 主要受 $E_n$ 的影响，因此

$$\boldsymbol{\delta} = \boldsymbol{F}(E_1, E_2, \cdots, E_M, H) \qquad (2.4.61)$$

由于已知实测位移 $\boldsymbol{\delta}_i$ 的测点数与计算 $\boldsymbol{\delta}$ 一般不同。因此，在比较实测值与计算值时，要找其对应点的位移。为分析方便，设实测值 $\boldsymbol{\delta}_i$ 所对应的计算值为 $\overline{\boldsymbol{\delta}}_i$。

由上分析可知，库区变形主要取决于 $E_n$ 和水压荷载 $\boldsymbol{R}_{\mathrm{H}}$（是库水深 $H$ 的函数）。对于已知实测位移值，反演变形模量的关键是：寻找实测位移值与计算位移值间的关系，使各测点计算位移值逼近实测位移值。这就是最佳拟合问题，即使实测位移值 $\boldsymbol{\delta}_i$ 与计算位移值 $\overline{\boldsymbol{\delta}}_i$ 之差平方和最小作为目标函数，建立 $\boldsymbol{\delta}_i$ 与 $\overline{\boldsymbol{\delta}}_i$ 的关系，即

$$\begin{aligned}
Q &= (\boldsymbol{\delta}_i - \overline{\boldsymbol{\delta}}_i)^{\mathrm{T}}(\boldsymbol{\delta}_i - \overline{\boldsymbol{\delta}}_i) \\
&= [\overline{\boldsymbol{\delta}}_i - \boldsymbol{F}(E_1, E_2, \cdots, E_M, H)]^{\mathrm{T}}[\boldsymbol{\delta}_i - \boldsymbol{F}(E_1, E_2, \cdots, E_M, H)]
\end{aligned} \qquad (2.4.62)$$

由于 $\boldsymbol{\delta}_i$、$H$ 为已知值，因此若 $Q$ 存在最小值，则

$$\frac{\partial Q}{\partial E_n} = 0 \quad (n = 1, 2, 3, \cdots, M) \qquad (2.4.63)$$

可得到库区岩基分区变形模量的反演值 $E_n(n = 1, 2, \cdots, M)$。

为了综合评价库盘变形的影响，用综合等效变形模量代替分区变形模量，则计算方法为：用坝基倾斜或坝趾、坝踵的垂直位移求得转角 $\alpha_1$；利用上述反演的库盘分区变形模量 $E_n(n = 1, 2, \cdots, M)$，由有限元推求坝基变形引起的倾角 $\alpha_2$，并在 $\alpha_1$ 中扣除。假设库盘的综合变形模量为 $\overline{E}_{\mathrm{b}}$，用有限元计算 $\alpha_2'$，即

$$\alpha_2' = \alpha_1 - \alpha_2 = f(\overline{E}_{\mathrm{b}}) \qquad (2.4.64)$$

由 $\alpha_1$、$\alpha_2$ 及 $\alpha_2'$ 可求得 $\overline{E}_{\mathrm{b}}$。

### 2.4.1.3 基于 BP 神经网络的高寒高拱坝变形参数反演方法

目前已有多种神经网络模型，按学习方式分为有导师（指导）和无导师（自组织学习）学习。在有导师学习方式中，训练数据集是成对的输入输出 $\{I_i, O_i\}$，其含义是当输入为 $I_i$ 时网络的输出应是 $O_i$，而且 $\{I_i, O_i\}$ 能代表应用问题的输入输出关系。训练的过程是：对每个例子 $\{I_i, O_i\}$，将 $I_i$ 输入到网络上，于是产生输出 $O_i'$；根据 $O_i$ 与 $O_i'$ 之间的正误关系来调整权矩阵。BP 网络是利用目标激活值与所得的激活值之差进行学习，其学习算法实际上是对简单的 $\delta$ 学习规则（LMS 最小方差法）的推广。

设 BP 网络每层有 $n$ 个处理单元，作用函数为

$$f(x) = \frac{1}{1 + \mathrm{e}^{-x}} \qquad (2.4.65)$$

训练集有 $m$ 个样本模式对 $(x_k, y_k)$。对于第 $p$ 个训练样本（$p = 1, 2, \cdots, m$），单

元 $j$ 的输入总和记为 $I_{pj}$，输出记为 $O_{pj}$，则有

$$I_{pj} = \sum_{j=0}^{n} \omega_{ji} O_{pj}, \quad O_{pj} = f(I_{pj}) = \frac{1}{1 + \mathrm{e}^{-I_{pj}}} \tag{2.4.66}$$

若任意设置网络的初始权值，则对每个输入模式 $p$，网络的实际输出与期望输出一般总有误差，定义网络的误差为

$$E = \sum_{p} E_P, \quad E_p = \frac{1}{2} \sum_{j} (d_{pj} - O_{pj})^2 \tag{2.4.67}$$

从而有

$$\Delta_p \omega_{ji} = \eta \delta_{pj} O_{pi}, \quad \eta > 0 \tag{2.4.68}$$

这就是通常所说的 $\delta$ 学习规则。

用 BP 网络求解应用问题的 BP 学习算法描述的一般步骤如下：

（1）初始化网络及学习参数，包括设置网络的初始权矩阵、学习因子 $G$、势态因子 $A$ 等参数。

（2）提供训练模式，训练网络，直到使网络满足学习要求。

（3）前向传播过程，对给定的输入训练模式计算网络的输出模式，并与期望模式比较，若有误差则执行步骤（4），否则返回步骤（2）。

（4）后向传播过程，计算同一层单元的误差 $\delta_{pj}$，修正权值和阈值为

$$\omega_{ji}(t+1) = \omega_{ji}(t) + \eta \delta_{pj} O_{pi} + \alpha [\omega_{ji}(t) - \omega_{ji}(t-1)]$$

这里阈值即 $i = 0$ 时的连接权值。

（5）返回步骤（2）。

坝体和坝基的弹性模量 $E_c$、$E_r$ 与大坝位移矢量之间的关系可视为某种非线性映射关系，即

$$\delta = f(E_c, E_r) \tag{2.4.69}$$

这个映射可以用人工神经网络来近似实现。如果这个映射已经建立，则令输入为实测位移 $\delta^*$ 时，其网络输出就是所求的实际弹性模量 $E_c$、$E_r$。基于人工神经网络的弹性模量反演方法的具体实现步骤如下：

（1）组织网络的训练样本，结合相关实验资料，给出坝基岩体和坝体混凝土弹性模量的大致范围（样本取值区间），依据正交设计的方法，选取坝体、坝基弹性模量。

（2）将上述的坝体、坝基弹性模量，用线弹性有限元计算各测点在某水位工况下的位移值，并作为网络的输入矢量，对应的坝体及岩体的弹性模量为输出矢量。

（3）对该网络进行训练，满足一定精度后则停止训练。

（4）选取在上述水位下实测变位值，将其输入训练好的网络，网络输出即为待求的力学参数。

#### 2.4.1.4 基于遗传算法的拱坝变形参数反演方法

遗传算法属于启发式算法，通过模仿生物学中进化论的观点，基于自然选择和群体遗传机理，模拟了自然选择和遗传过程中发生的繁殖、杂交、变异现象，具有很强的逼近全局最优解的性质，是一种通过求解优化问题的适应性搜索方法，能够以很大概率收敛到最优解或满意解且具有较好的全局最优化解求解能力。遗传算法处理对象不是直接针对设计变量的本

身，而是设计变量的编码，在很多领域中可用遗传算法来统一地解决离散变量优化等问题。遗传计算开始时，$N$ 个个体随机地初始化，并计算每一个个体的适应值，如不满足优化准则，则开始产生新一代的计算。为了保证所产生下一代的有效性，父代要求基因重组而产生子代，所有的子代按照一定的概率变异。然后子代的适应度又被重新计算，子代被插入到种群中将父代取而代之，构成新的一代。这一过程循环执行，直到满足优化准则为止。

1. 遗传算法的运算构成

（1）编码。根据约束条件确定解空间，通过编码把解空间变量表示成遗传空间的基因型串的结构数据，变量 $x$ 作为实数，可以视为遗传算法的表现形式。编码的形式有多种，编码的选择，通常采用二进制编码形式，将某个变量值代表的个体表示为一个 $\{0,1\}$ 二进制基因串，基因串的长度取决于所求解的精度。

1）基因串长度确定。设所求变量 $x_c$ 精确到 $t$ 位小数，则把 $x_c$ 表示成二进制子串的串长 $l_c$ 必须满足以下要求：令 $x_c^u$、$x_c^l$ 分别是为变量 $x_c$ 的上界和下界，则 $x_c$ 的值域至少要分成 $(x_c^l - x_c^u) \times 10^t$ 份，则有

$$2^{l_c - 1} < (x_c^l - x_c^u) \times 10^t < 2^{l_c} - 1 \tag{2.4.70}$$

2）编码转换原则。将 $x_c$ 由二进制转换成十进制法则，即

$$x_c = x_c^u + decimal(substring_c) \times \frac{x_c^l - x_c^u}{2^{l_c} - 1} \tag{2.4.71}$$

式中 $decimal(substring_c)$——变量 $x_c$ 的子串 $substring_c$ 的十进制值。

将二进制串转换成区间 $[x_c^u, x_c^l]$ 内对应的十进制实数值原则，设二进制串 $(b_{21} b_{20} \cdots b_0)$，则

$$(b_{21} b_{20} \cdots b_0)_2 = \left(\sum_{i=0}^{2^{l_c} - 1} b_i \times 2^i\right)_{10} = x' \tag{2.4.72}$$

$x'$ 为对应的区间 $[x_c^u, x_c^l]$ 内的实数，即有

$$x = x_c^u + x' \times \frac{x_c^l - x_c^u}{2^{l_c} - 1} \tag{2.4.73}$$

（2）初始种群形成。采用随机生成的方法或用以一些启发性算法在可行域内确定出初始群体。种群的规模 $N$ 的大小就是指种群中的基因个体数目。

（3）适应度计算、基因个体优劣评价。遗传算法是通过个体适应度的大小来确定该个体被遗传到下一代群体中的概率。个体的适应度越大，该个体被遗传到下一代的概率越大；反之个体适应度越小，该个体被遗传到下一代的概率就越小。当基本遗传算法使用比例选择算子来确定不同情况下各个个体的遗传概率时，要求所有个体的适应度必须为正数或零，不能为负。对于求目标函数最小值的优化问题，理论上对其增加一个负号就可将其转化为求目标函数最大值的优化问题，即

$$\min f(X) = \max[-f(X)] \tag{2.4.74}$$

（4）种群选择。选择是遗传算法的推动力，选择压力是一个内含准则，压力过大搜索会过早终止；压力过小会造成搜索缓慢。通常算法的初始阶段采用较低的选择压力，利于扩展搜索空间。在终止阶段采用较高的选择压力，有利于找到最好的解域，使选择将遗传

算法搜索引向最优解。选择有3个方面：①采样空间选择过程基于全部或部分后代来产生下一代的新种群；②采样机理即关于怎样从采样空间中选择染色体的理论，选择染色体的方法有随机采样、确定采样、混合采样等；③选择策略从父代中选出样本作为下一代遗传的依据，常用的方法有比例选择法、确定式采样选择、无回放随机选择、无回放余数随机选择、排序选择、轮盘赌选择、随机联赛选择等。

（5）交叉运算。交叉运算是遗传算法中区别于其他进化算法的重要特征，在遗传算法中起着关键作用，是产生新个体的主要方法。在生物的自然进化过程中，两个同源染色体通过交配而重组，形成新的染色体，从而产生出新的个体或物种。交配重组是生物遗传和进化过程中的一个主要环节，模仿这个过程，在遗传算法中使用交叉算子来产生新个体，遗传算法中的交叉运算是指两个相互配对的染色体按照某种方式相互交换部分基因，形成新个体。交叉运算的方法有单点交叉、双点交叉及多点交叉、算术交叉等。

1）单点交叉。单点交叉也称简单交叉，在个体编码串中只随机设置一个交叉点，两个配对体只在该点进行染色体的互换，该方法对个体性状和个体适应值破坏性较小。单点交叉操作如下：

$$A: x x x x x x x x x x x \quad\longrightarrow\quad A: x x x x x x x x y x x x$$
$$B: y y y y y y y y y y y \qquad\qquad\qquad B: y y y y y y y y x y y y$$

2）双点交叉及多点交叉。在交叉过程中随机设置两个或多个交叉点，在交叉点处进行染色体的互换，由于多点交叉中随着交叉点数的增多，个体的结构被破坏的可能性逐渐增大，较好的模式难以保持，对遗传算法的性能影响较大。

双点交叉操作如下：

$$A: x x x x x x x x x x x \qquad\qquad A: x x x x x y x y x x x$$
$$\longrightarrow$$
$$B: y y y y y y y y y y y \qquad\qquad B: y y y y y x y x y y y$$

多点交叉（交叉个数及位置由实际而定）操作如下：

$$A: x x x x x x x x x x x \qquad\qquad A: x x y x y x x y x y x$$
$$\longrightarrow$$
$$B: y y y y y y y y y y y \qquad\qquad B: y y x y x y y x y x y$$

3）算术交叉。该方法主要针对是浮点数编码的个体，将两个个体通过线性组合产生的个体作为运算新个体。设两个个体为 $X_A^t$、$X_B^t$，交叉后产生的新个体为

$$\begin{cases} X_A^{t+1} = \alpha X_B^t + (1-\alpha) X_A^t \\ X_B^{t+1} = \alpha X_A^t + (1-\alpha) X_B^t \end{cases} \tag{2.4.75}$$

式中　$\alpha$——参数，$\alpha \in (0, 1)$。

（6）变异运算。遗传算法中交叉运算是产生新个体的主要方法，决定遗传算法的全局搜索能力，变异运算是产生新个体的辅助方法，是一个不可缺少的运算步骤。

生物遗传进化过程中，细胞分裂复制环节有可能因为某些偶然因素的影响产生复制差错，导致生物的某些基因发生变异，产生新的染色体，表现出新的性状。在遗传算法中，变异是指将个体中的染色体编码串中的某些基因座上的基因值用该基因座上的其他等位基因替换，形成一个新的个体。进行变异算子的主要目的是调节算法的局部搜索能力。

变异常见的方法有：基本位变异、均匀变异、边界变异、非均匀变异、高斯变异等。

（7）通过选择、杂交、变异生成新一代群体，然后再转向计算新的个体适应值，评价个体的优劣……如此迭代下去，各群体的优良基因逐渐积累，群体平均适应值和最优个体的适应值不断增加，直到收敛于最优解。

2. 遗传算法进行参数反演的步骤

（1）确定待反演参数。一般待反演的参数是结构的一些物理力学参数。一次反演的参数不宜过多，否则无法保证反演结果收敛到正确值，加之有些参数的确定相对来说比较容易，完全可以满足工程计算的需要，所以应该反演不易准确测定又对结果的影响难以估计的参数。

（2）确定目标函数。在优化反演中，一般把一些实测值（如位移、应力等）与相应的数值分析计算值之差的平方和作为目标函数 $F$，即

$$F(P) = \sum_{i=1}^{m} \left[ D_i(P) - D_i^*(P) \right]^2 \qquad (2.4.76)$$

式中　$P$——模型参数；

　　　$m$——实测值总数；

　　　$D_i^*$——第 $i$ 点实测值，如位移、应力等；

　　　$D_i$——相应的数值分析计算值。

式中 $D_i$ 随着介质的力学参数 $(P)_n$ 的不同而变化，$n$ 为独立变化的需要通过反演确定的参数总数，可以认为 $D_i$ 是参数 $(P)_n$ 的函数，则目标函数 $F$ 亦为参数 $(P)_n$ 的函数。这样，分析计算就转化为求一目标函数的极小值问题了。当目标函数 $F$ 得到极小值时，其所对应的参数 $(P)_n$ 就是反演所需要得到的最优参数 $(P)_{opt}$，即

$$(P_i)_{opt} = P_i，\quad 当 F[(P)_{opt}] = \min[F(P)] 时 \qquad (2.4.77)$$

为了平衡大小值之间作用和消除不同物理量的量纲，目标函数为

$$F(P) = \sum_{i=1}^{m} \left[ \frac{D_i(P)}{D_i^*(P)} - 1 \right]^2 \qquad (2.4.78)$$

（3）利用遗传算法对上述目标函数进行优化求解。

## 2.4.2　高拱坝坝体—基础—库盘系统超大范围工程实例及研究

### 2.4.2.1　龙羊峡工程

结合龙羊峡混凝土高拱坝工程，充分模拟工程真实服役环境，基于参数分区方法实现分区分层和综合参数反演的基础上，开展了混凝土高拱坝坝体—基础—库盘系统超大范围数值仿真计算分析，深入揭示了坝体—基础—库盘间的相互影响。

龙羊峡水电站是黄河上游干流上的第一个梯级电站，其水库具有多年调节性能。工程的任务是以发电为主，兼顾防洪、灌溉等综合利用效益。枢纽由主坝、两岸重力墩、两岸重力副坝、混凝土重力拱坝、泄水建筑物、引水建筑物和水电站厂房等组成。挡水前缘总长度 1226m，其中主坝 396m，最大坝高 178m，最大底宽 80m，建基标高 2432.00m，坝顶高程 2610.00m。水库校核洪水位 2607.00m，坝前正常高水位 2600.00m，汛期限制水位 2594.00m，死水位 2560.00m，极限死水位 2530.00m。正常高水位下库容 247×$10^8$m³，有效库容 193.5×$10^8$m³。电站装机容量 1280MW，保证出力 589.8MW，年发电量

$59.42\times10^8\,\mathrm{kW\cdot h}$。水电站于 1979 年 12 月截流，1982 年 6 月河床混凝土开始浇筑，1986 年 10 月 15 日下闸蓄水，1987 年 9 月 29 日第一台机组正式并网发电、12 月 2 日第二台机组投入运行，1989 年 6 月 4 日第 4 台机组发电。

坝基岩性为花岗闪长岩，岩性坚硬，经多次地质构造运行，坝肩断裂发育，被多条断裂切割，特别是大坝下游约 300m 的 $F_7$（宽 $80\sim100\mathrm{m}$）横切河谷，形成南北大山沟，使两岸山脉特别是左岸比较单薄。坝区主要断裂分布如图 2.4.5 所示。断裂按产状可分为 5 组：NNW、NW、SN、NE 和 NWW。其中：NNW 向（主要有 $F_{7-1}$、$F_{18}$、$F_{71}$、$F_{73}$、$F_{32}$、$F_{67}$、$F_{58}$ 等）为压扭性断裂，NE 向（主要有 $F_{120}$、$F_{57}$ 和 $A_2$ 等）为张扭断裂，这两组构成整个坝区的断裂骨架。断层、大裂隙和成组的节理多属于这两组。NE 向断层大多充填较宽的石英岩脉并形成蚀变岩带，其中较大的是位于左岸的 $F_{120}$、$F_6$ 断层和 $A_2$ 岩脉，它们与河流呈锐角相交，贯通上下游岩体，且透水性相对较强。

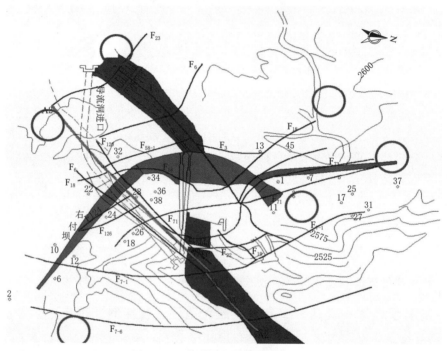

图 2.4.5　龙羊峡坝区主要断层分布

龙羊峡水电站自 1986 年蓄水以来，从未达到设计正常蓄水位 2600.00m 高程，期间，2005 年黄河上游来水较大，库水位自 2005 年 5 月开始持续抬升，至 2005 年 11 月 19 日水库水位达蓄水以来最高水位 2597.62m，如图 2.4.6 所示。

龙羊峡水电站沉陷观测水准网是为研究大坝、坝基垂直位移而设立的，它将坝址下游区地形水准网和研究水库诱发地震而布设的库区水准网联系在一起。坝址下游区地形观测水准网和库区水准网均为一等水准网。

坝址下游区地形观测水准网和库区水准网共设置了龙羊峡主点、虎丘山主点、小山水沟主点共 3 个永久水准基点。其中龙羊峡主点位于大坝左岸库区斜上方，高程 2040.11m，距大坝坝头直线距离 1.32km，为一组埋深 20m 的双金属管标，并为龙羊峡水电站所有精

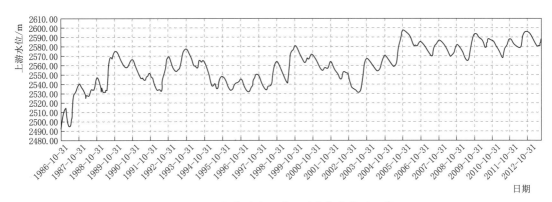

图 2.4.6 龙羊峡水电站上游水位变化过程线

密水准路线的起测基点，该点高程是新大沽高程系，与国家 1956 年黄海高程系的差数为 1.500m；虎丘山主点位于大坝右下方 2635.00m 高程处，距右副坝端头 400 余 m，埋设一组深 20m 的双金属管标及一组（3 个）岩层基本水准点标志；小山水沟主点位于大坝左岸进厂公路处，高程 2507.00m，距大坝直线距离 1km，埋设 1 组深 20m 的双金属管标。上述 3 个永久水准基点位于不同地理部位，建立在不同基础岩层上，通过精密水准测量，来精确测定它们之间的变化量，进而分析研究大坝沉陷基准值，这是龙羊峡水电站沉陷水准网布设的特点。

根据设计要求，实施的坝址下游区地形变观测水准网和库区水准网共有 4 条一等水准线路，分别为坝址区水准线路（共 27 点）、龙多线（坝址下游左岸，32 点）、龙曲线（库区左岸，8 点）和虎峡线（坝址下游右岸 19 点）。

一等水准网首期监测开始于 1979 年，当时 3 个永久水准基点均未建成（龙羊峡主点 1981 年 6 月安装、虎丘山主点 1981 年 11 月安装、小山水沟主点 1985 年 11 月安装），所以首期观测平差计算以 $F_{74}$ 点为水准监测起始点，该点所在区域在 1983 年发现其附近有裂缝，为不稳定区域，因此 1983 年及下闸蓄水前的 1986 年两期观测结果平差均以龙羊峡主点、虎丘山主点为高程起算点。蓄水后，龙羊峡电厂分别在 1988 年、1990 年和 1991 年各进行了一次水准网监测，中国水利水电第四工程局有限公司在 1991 年、1992 年各进行了一次水准网监测。由于怀疑龙羊峡主点有变动，1988—1992 年水准网各期计算均以虎丘山主点钢标作为高程起算点；由于虎丘山主点钢标 2003 年遭破坏，因此 2003 年及以后使用龙羊峡主点钢标及虎丘山主点铜标点作为高程起算点至今。该网的高程系统采用新大沽高程系。

龙羊峡水电站水准路线庞杂，测线较多，测量过程中也几经变化。由于各测点投入监测时间均较长，最长已超过 30 年，测点在测量的过程中经历了损坏、建设、补建等过程，同时各个测点的起测时间和起测工作基准点也不完全一致，测量过程中测量仪器和测量路线也经过更换，各种测量误差也不同。因此，水准测量数据在一定程度上存在误差偏大、规律性较差、基准不统一、数据衔接处理复杂等诸多问题。

（1）1997 年高程基准值为 1993 年虎丘山主点钢标高程，但未加温度修正，因此，龙羊峡主点钢标高程中含有监测误差。1999 年高程基准值为 1993 年龙羊峡主点铜标高程，由此推得虎丘山主点钢标高程中含有观测误差。2000 年以后高程基准值使用了 1993 年虎丘山主点钢标高程、龙羊峡主点钢标高程、小山水沟钢标高程，但没有强约束，造成主点高程中均有监测误差。由于以上原因，自 1997—2003 年期间虎丘山主点与龙羊峡主点高程变化量超出温度影响范围。

（2）虽然水准网建立了虎丘山主点、龙羊峡主点、小山水沟主点等双金属标基准点，但这些点之间没以网的形式构成整体基准网，加之点位屡遭破坏，因此在 1997—2003 年期间基准点取用的高程值不统一、不连续，影响量值均大于 1mm，与基准点作用不相符。

针对以上问题，2013 年 12 月，黄河上游水电开发有限责任公司大坝管理中心提供了根据下游水准测点龙多 11 和虎峡 8 为基准点的换算成果，对该换算成果进行分析。根据龙羊峡水库形状及与大坝的相对位置关系，将各测点分为 4 条近似上下游方向的分析路线，分别为龙多 18 至龙多 13、虎主钢至虎峡 6、龙多 10 至龙曲 8，以及虎主钢至虎峡 8。龙羊峡库盘水准实测资料见表 2.4.1～表 2.4.4。

应判断各测点测值的合理性，由于龙羊峡各测点投入监测时间较长，在测量期间，水位有升有降，主要存在两类不准确测点：①测值变幅不符合水位变化或测值变化规律与水位规律不一致的测点应视为不准确测点；②沉降变形规律为上游大、下游小，库盘水准沉降测值不符合该规律的应视为不准确测点。上述两类测点主要受局部地质构造以及监测误差的影响，造成沉降不满足一般规律。

表 2.4.1　　　　　　　　　龙羊峡库盘龙多 18 至龙多 13 水准实测值　　　　　　单位：mm

| 年份 | 龙多 18 | 龙多 17 | 龙多 16 | 龙多 15 | 龙多 14 | 龙多 13 |
|---|---|---|---|---|---|---|
| 1979 | 0.00 | 0.00 | 0.00 | 0.00 | 0.00 | 0.00 |
| 1988 | −4.15 | | 10.35 | 8.85 | | 0.19 |
| 1990 | 0.95 | −34.93 | −20.01 | −20.53 | −19.93 | −31.19 |
| 1993 | | −2.58 | | | 10.05 | |
| 1997 | 0.95 | −1.31 | −1.59 | −20.53 | | −66.52 |
| 1999 | 0.95 | −1.69 | 2.57 | 165.24 | 10.05 | −47.54 |
| 2000 | −14.13 | −18.43 | −22.50 | 138.66 | −17.03 | −75.72 |
| 2004 | −5.87 | −9.54 | −4.35 | 158.51 | 3.84 | −51.13 |
| 2005 | 0.78 | −2.59 | 1.40 | 162.66 | 7.24 | −50.53 |
| 2006 | −9.57 | −12.74 | −10.15 | 151.86 | −3.16 | −58.78 |
| 2009 | −10.62 | −14.59 | −12.80 | 150.11 | −5.16 | −61.68 |
| 2010 | −12.52 | −16.54 | −15.55 | 147.36 | −7.61 | −65.23 |

注　正值表示抬升，负值表示下沉。

表 2.4.2　　　　　　　　　龙羊峡库盘虎主钢至虎峡 6 水准实测值　　　　　　单位：mm

| 年份 | 虎主钢 | 虎峡 1 | 虎峡 2 | 虎峡 3 | 虎峡 4 | 虎峡 5 | 虎峡 6 |
|---|---|---|---|---|---|---|---|
| 1979 | 0.00 | 0.00 | 0.00 | 0.00 | 0.00 | 0.00 | 0.00 |
| 1983 | | | | | | | |
| 1986 | −2.08 | 13.07 | | | | | |
| 1988 | −4.56 | 10.46 | | | | | |
| 1990 | −11.14 | 3.38 | 1.42 | −1.98 | −3.24 | −4.13 | −6.63 |
| 1993 | −12.21 | | 2.85 | 0.37 | −1.05 | −2.12 | −3.48 |

注　正值表示抬升，负值表示下沉。

表 2.4.3　龙羊峡库盘龙多 10 至龙曲 8 水准实测值

单位：mm

| 年份 | 龙多10 | 龙多9 | 龙多8 | 龙多7 | 龙多6 | 龙多5 | 龙多4 | 龙多3 | 龙多2 | 龙多1 | JD1 | 龙羊 | 龙曲1 | 龙曲2 | 龙曲3 | 龙曲4 | 龙曲5 | 龙曲6 | 龙曲7 | 龙曲8 |
|---|---|---|---|---|---|---|---|---|---|---|---|---|---|---|---|---|---|---|---|---|
| 1979 | 0.00 | 0.00 | 0.00 | 0.00 | 0.00 | 0.00 | 0.00 | 0.00 | 0.00 | 0.00 | 0.00 | 0.00 | 0.00 | 0.00 | 0.00 | 0.00 | 0.00 | 0.00 | 0.00 | 0.00 |
| 1988 | -3.43 | -3.85 | -3.32 | -2.25 | -4.03 | -4.89 | -8.98 | -8.20 | -8.65 | -11.35 | -10.17 | -11.58 | -20.66 | -21.32 | -22.93 | -22.18 | -89.93 | -23.83 | -20.07 | -17.81 |
| 1990 | -1.61 | -1.44 | 0.30 | 1.15 | 1.29 | -0.05 | -1.46 | -0.25 | -0.34 | -1.42 | 0.14 | -5.00 | -16.34 | -14.21 | -13.90 | -15.58 | -82.27 | -15.51 | -12.09 | -8.00 |
| 1993 | -1.51 | -2.29 | 0.45 | 1.48 | 0.55 | -0.55 | -2.44 | -1.84 | -0.89 | -2.55 | -0.47 | -6.24 | -20.27 | -19.36 | -19.17 | -18.40 | -58.67 | -16.80 | -15.36 |  |
| 1997 | -1.65 | -1.12 | -0.32 | 0.64 | 1.78 | 1.30 | 2.35 | 4.27 | 4.27 | 4.58 | 6.56 | 5.14 | -5.28 | -6.90 | -59.39 | -7.12 | -74.97 | -7.37 | -5.92 |  |
| 1999 | -2.00 | -2.36 | -0.47 | -0.25 | -0.27 | -1.56 | -3.23 | -1.42 | -0.28 |  | 1.33 | -4.75 | -14.81 | -16.61 | -59.39 | -15.98 |  | -16.38 | -15.06 | -8.00 |
| 2000 | -5.36 | -8.40 | -9.55 | -9.65 | -11.67 | -12.35 | -23.49 | -25.06 | -28.47 |  | -29.38 | -36.02 | -48.41 | -45.95 | -88.21 | -44.80 |  | -42.68 | -36.76 | -36.37 |
| 2004 | -2.06 | -5.02 | -2.95 | -0.97 | -1.46 | -3.02 | -6.18 | -5.61 | -8.01 | -10.50 | -6.75 | -12.55 | -22.03 | -19.88 |  | -20.58 |  | -16.64 | -8.02 | -2.37 |
| 2005 | -0.31 | -0.72 | 0.45 | -0.42 | -1.36 | -3.17 | -6.43 | -5.91 | -6.46 | -7.60 | -4.80 | -13.00 | -23.48 | -20.98 |  | -18.28 |  | -15.14 | -7.97 | -4.78 |
| 2006 | -3.36 | -8.32 | -8.85 | -9.07 | -10.76 | -15.72 | -20.93 | -21.36 | -22.56 | -25.05 | -23.35 | -32.11 | -44.59 | -40.99 |  | -35.99 |  | -30.10 | -16.33 | 20.57 |
| 2009 | -3.96 | -7.87 | -6.80 | -7.02 | -7.51 | -10.37 | -15.78 | -13.56 | -15.41 | -16.60 | -13.50 | -19.36 | -29.69 | -27.69 |  | -21.14 |  | -15.65 | 0.87 | 40.36 |
| 2010 | -4.21 | -10.27 | -10.10 | -9.97 | -14.41 | -18.22 | -24.03 | -26.31 | -28.81 | -32.10 | -30.10 | -40.06 | -53.54 | -51.39 |  | -49.09 |  | -44.70 | -28.33 | 15.47 |

注　正值表示抬升，负值表示下沉。

表 2.4.4　　　　　　　　　　龙羊峡库盘虎主钢至虎峡 8 水准实测值　　　　　　单位：mm

| 年份 | 虎主钢 | BX2 | 虎峡 2 | BX4 | BX6 | 虎峡 4 | BX8 | BX10 | 虎峡 5 | 虎峡 6 | BX12 | 虎峡 8 |
|------|--------|-----|--------|-----|-----|--------|-----|------|--------|--------|------|--------|
| 1997 | 0.00 | 0.00 | 0.00 | 0.00 | 0.00 | 0.00 | 0.00 | 0.00 | 0.00 | 0.00 | 0.00 | 0.00 |
| 1999 | −3.85 | −2.96 | −1.08 | 0.00 | 0.00 | 3.88 | 0.00 | 0.00 | 10.72 | 13.41 | 0.00 | 12.29 |
| 2000 | −34.99 | −35.56 | −35.11 | −35.07 | −35.66 | −33.28 | −40.35 | −44.66 | −33.98 | −32.24 | −44.80 | −32.74 |
| 2004 | −34.99 | −14.72 | −14.07 | −13.46 | −13.43 | −9.22 | −15.07 | −18.44 | −9.12 | −9.42 | −22.37 | −9.14 |
| 2005 | −33.04 | −14.27 | −15.26 | −18.34 | −15.32 | −22.38 | −26.10 | −16.27 | −16.17 | −28.63 | −17.09 |
| 2006 | −33.04 | −27.17 | −25.62 | −24.36 | −22.78 | −19.37 | −25.12 | −24.39 | −14.22 | −12.02 | −24.27 | −10.59 |
| 2009 | −36.74 | −32.32 | −31.42 | −29.71 | −29.99 | −26.17 | −31.58 | −33.80 | −23.87 | −21.27 | −33.18 | −19.74 |
| 2010 | −39.04 | −35.27 | −33.77 | −32.81 | −33.83 | −30.42 | −36.32 | −36.89 | −26.97 | −24.17 | −35.52 | −22.39 |

注　正值表示抬升，负值表示下沉。

　　根据以上原则，并考虑龙羊峡坝前库水位的变化规律，龙多 10 至龙曲 8 测线和龙多 18 至龙多 13 测线分别以 1993 年和 1999 年龙羊峡库盘水准实测资料为基础，计算 2004 年、2006 年、2009 年和 2010 年对应水准点沉降，各水准点实测资料如图 2.4.7～图 2.4.14 所示，其中龙曲 3 和龙曲 5 测点无对应年份监测值，龙曲 6 和龙曲 7 测点在水位上升过程中测点反而抬升，龙多 1、龙多 8、JD1、龙曲 2 和龙曲 8 测点实测数据明显存在较大误差，故以上测点在本次分析中均不予考虑。同时，虎主钢至虎峡 6 等测点测值序列较短且连续性较差，虎主钢至虎峡 8 等测点实测值变化规律与理论变化规律相反，故上述两条测线在本次分析中不予考虑。其余测点在剔除错误测值后，变形规律与水位变化规律及计算规律相符，可用于进行库盘变形参数反演。

### 2.4.2.2　龙羊峡库盘模型

　　结合龙羊峡重力拱坝地形资料、库区与坝基岩体特性、坝址主要断层等地质资料，通过对龙羊峡重力拱坝库盘地形、地质条件以及大坝的结构分析，模拟上下游库区地形条件以及地质断层分布和走向。有限元模型网格的剖分以坝区较密、其他区域略疏为原则，基岩部分根据岩性不同进行分区分层，建立了龙羊峡重力拱坝库盘变形有限元分析模型，如图 2.4.15～图 2.4.18 所示。

　　模型范围向下游扩展至距坝轴线约 17km，向上游扩展至距坝轴线约 70km，水库左右岸扩展至平均 10km，坝基基础深度 10km，其中坝体上游 10km，左右岸 2～3km 范围内网格划分较密，单元水平方向尺寸为 50m×50m，该范围之外山体单元水平方向尺寸逐渐扩大至 800m×800m 以减少单元数量，提高计算效率。龙羊峡库盘模型以 8 结点六面体等参单元为主，细部和近坝区边界部位以 6 结点五面体等参单元过渡。模型中坐标系的选取为：$x$ 方向以向下游为正；$y$ 方向以指向左岸为正；$z$ 方向为高程方向，以向上为正。

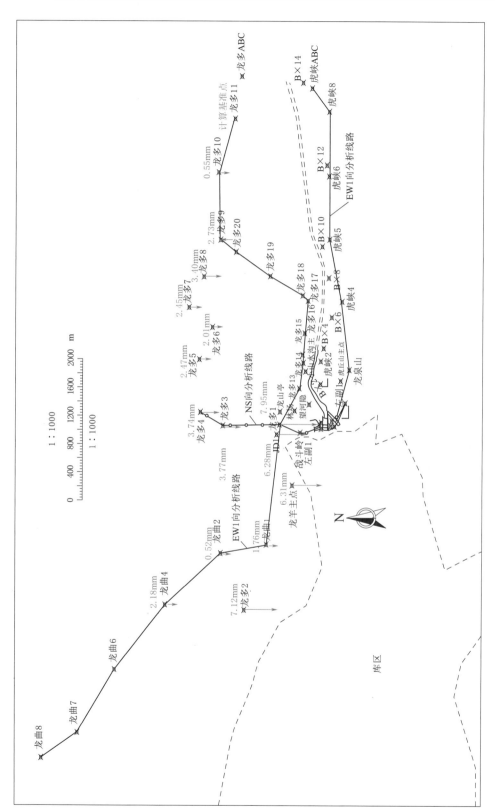

图 2.4.7　龙多 10 至龙曲 8 测点 2004(2565.81m 水位)—1993(2564.20m 水位)年高程变化量实测值

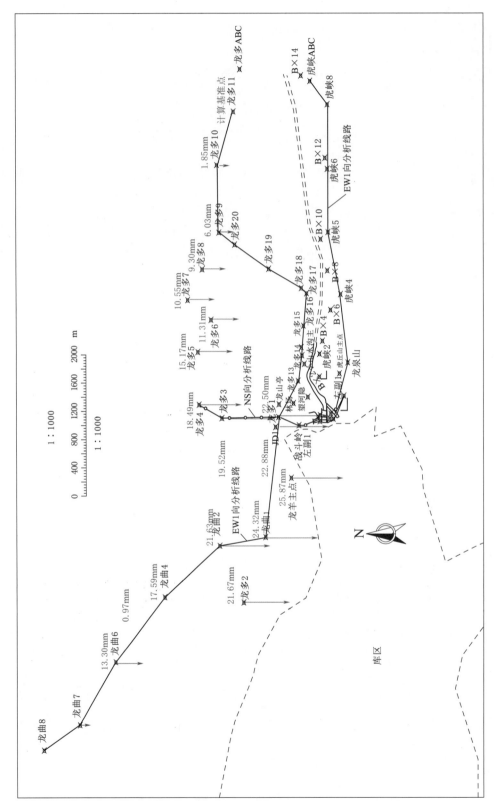

图 2.4.8　龙多 10 至龙曲 8 测点 2006〈2582.04m 水位〉—1993〈2564.20m 水位〉年高程变化量实测值

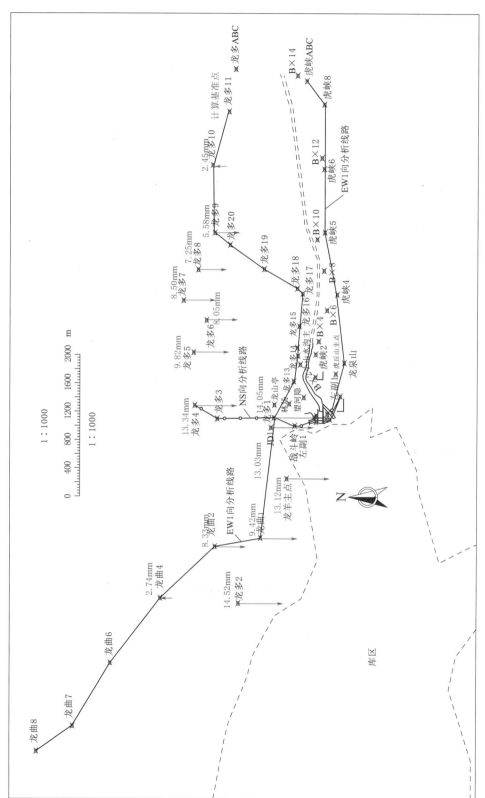

图 2.4.9 龙多 10 至龙曲 8 测点 2009(2591.53m 水位)—1993(2564.20m 水位)年高程变化量实测值

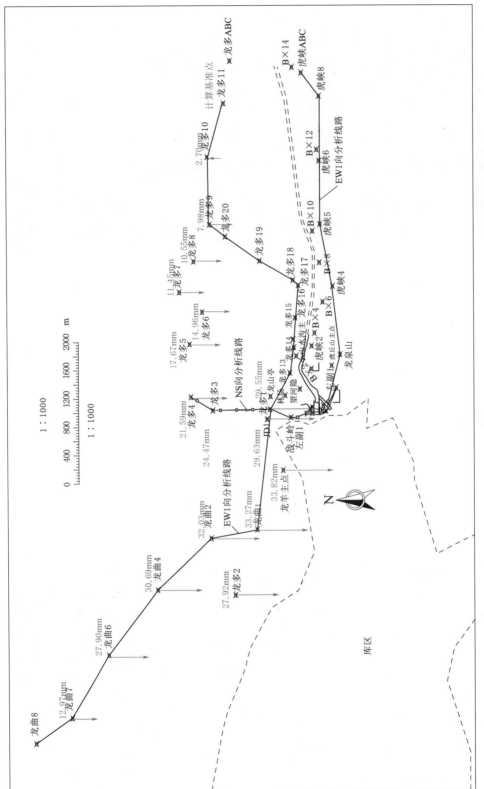

图 2.4.10　龙多 10 至龙曲 8 测点 2010(2587.51m 水位)—1993(2564.20m 水位)年高程变化量实测值

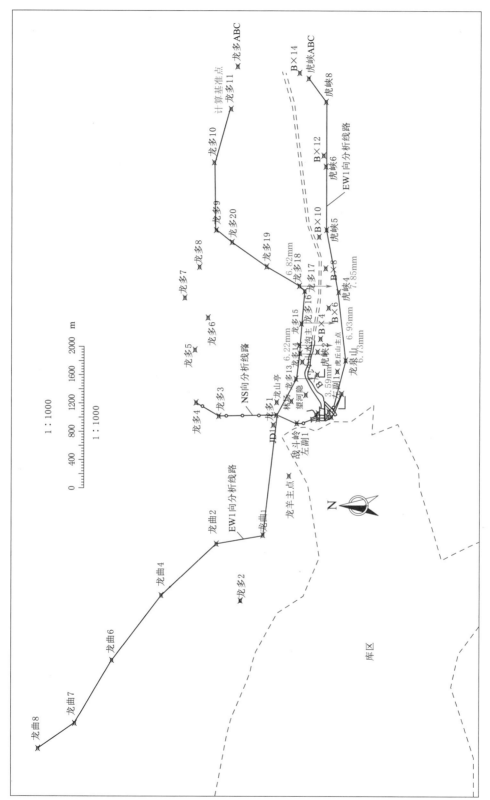

图 2.4.11 龙多 18 至龙多 13 测点 2004(2565.81m 水位)—1999(2560.12m 水位)年高程变化量实测值

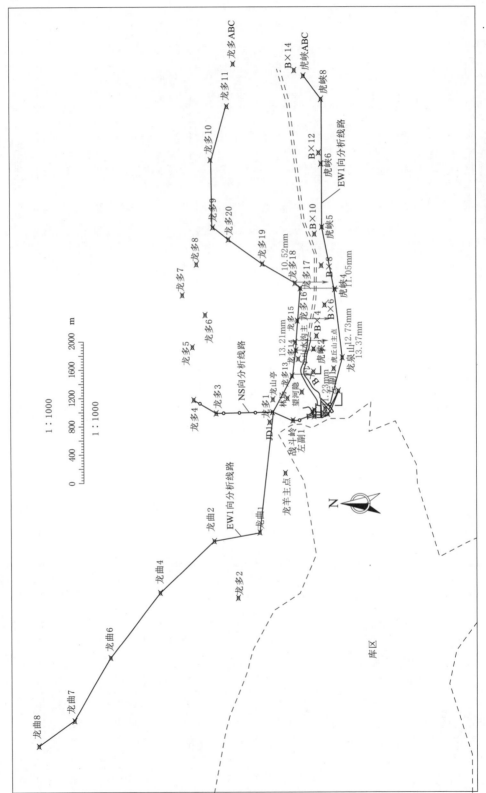

图 2.4.12　龙多 18 至龙多 13 测点 2006（2582.04m 水位）—1999（2560.12m 水位）年高程变化量实测值

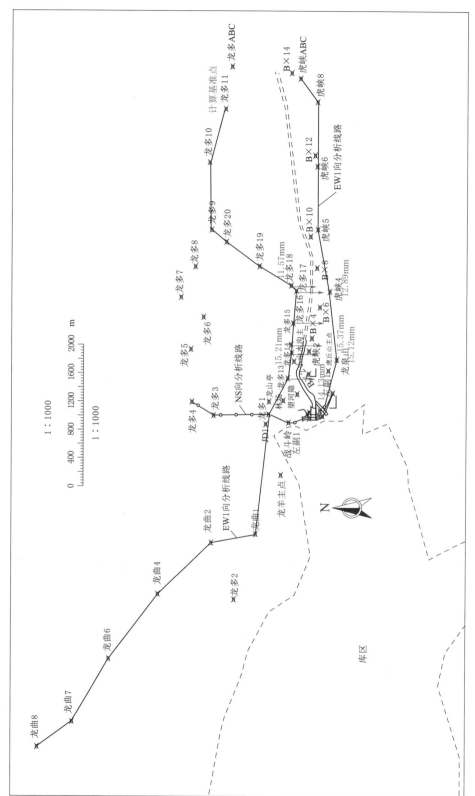

图 2.4.13　龙多 18 至龙多 13 测点 2009(2591.53m 水位)—1999(2560.12m 水位)年高程变化量实测值

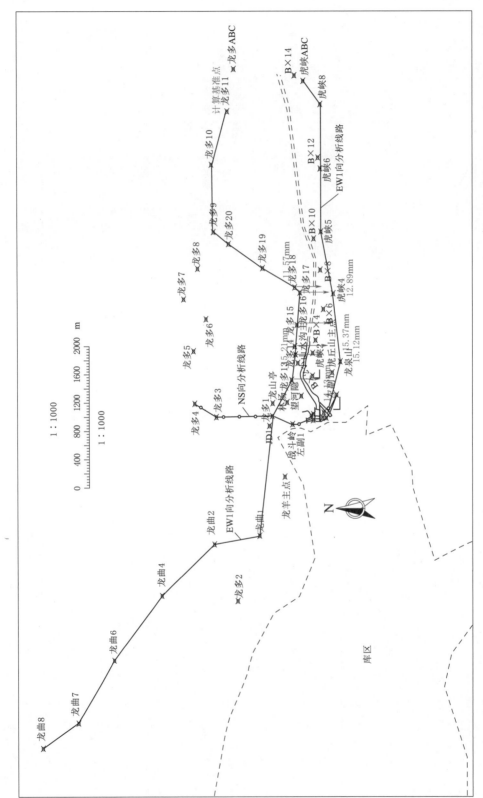

图 2.4.14　龙多 18 至龙多 13 测点 2010(2587.51m 水位)—1999(2560.12m 水位)年高程变化量实测值

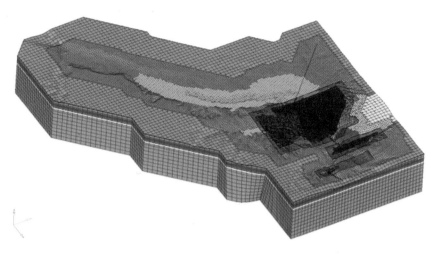

图 2.4.15 龙羊峡库盘有限元模型

图 2.4.16 龙羊峡 2600.00m 水位下水库淹没区域示意图

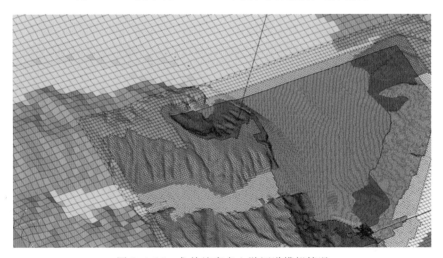

图 2.4.17 龙羊峡库盘上游河道模拟情况

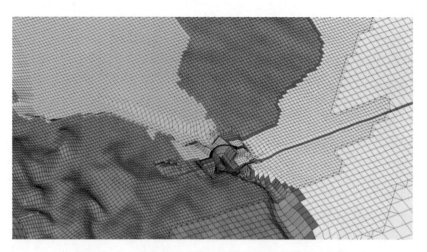

图 2.4.18　龙羊峡库盘模型坝前河道突变宽型示意图

在库盘模型中，坝体部分沿厚度方向分为 7 层单元，坝顶厚度平均 2.5m，坝底厚度 5～17m，沿高程方向分为 13 层单元，高度介于 9～18m。库盘模型共有结点 1415876 个，单元 1387223 个，龙羊峡重力拱坝模型如图 2.4.19 所示。

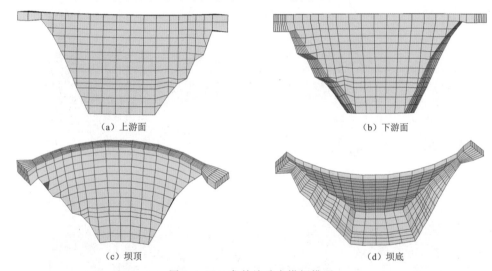

（a）上游面　　　　　　　　　　　　　　　　（b）下游面

（c）坝顶　　　　　　　　　　　　　　　　　（d）坝底

图 2.4.19　龙羊峡重力拱坝模型

龙羊峡库盘模型模拟了概化地质分层以及断层 $F_6$、$F_7$、$F_8$、$F_{10}$，近坝区断裂模拟如图 2.4.20 所示。

龙羊峡库盘模型分为 3 区，具体各分区位置及计算参数见表 2.4.5，各分区如图 2.4.21～图 2.4.23 所示。

### 2.4.2.3　龙羊峡库盘模型计算成果

选取与近坝区模型对应的上、下游边界结点作为特征点，如图 2.4.24 所示，特征点均为模型表层结点。各工况下特征点 1～4 的沉降（沿 z 轴向上为正）、顺河向位移（往下游为正）、横河向位移（往左岸为正）的计算结果见表 2.4.6，特征点 1～4 的位移量随水位变化情况如图 2.4.25～图 2.4.27 所示。

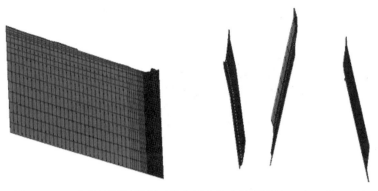

图 2.4.20 龙羊峡断层模拟（从左至右依次是断层 $F_{10}$、$F_8$、$F_7$、$F_6$）

表 2.4.5 各分区位置及计算参数表

| 分区 | 位　　置 | 容重 $\gamma$ /$(t/m^3)$ | 变形模量 $E_0$/GPa | 泊松比 $\mu$ | 岩性描述 |
|---|---|---|---|---|---|
| Ⅰ | Ⅰ—1：两岸山体地表以下 30m | 2.67 | 5.0 | 0.25 | 变质砂岩、砂板岩、泥岩等 |
| | Ⅰ—2：两岸山体地表以下 30～100m | 2.70 | 10.0 | 0.25 | |
| | Ⅰ—3：两岸山体地表 100m 以下、河床高程以下 | 2.70 | 20 | 0.25 | |
| Ⅱ | Ⅱ—1：两岸山体地表以下 30m | 2.67 | 8.0 | 0.23 | 花岗岩（含部分变质砂岩） |
| | Ⅱ—2：两岸山体地表以下 30～100m | 2.70 | 14 | 0.23 | |
| | Ⅱ—3：两岸山体地表 100m 以下、河床坝基以下 | 2.70 | 20 | 0.23 | |
| Ⅲ | Ⅲ—1：河床以上 300～500m | 2.0 | 1.0 | 0.32 | 湖相沉积半黏土岩 |
| | Ⅲ—2：河床以下 1000～1500m | 2.5 | 1.5 | 0.25 | 红砂岩 |
| | Ⅲ—3：河床以下 1500～2000m | 2.67 | 14 | 0.25 | 变质砂岩、砂板岩、泥岩等 |
| | Ⅲ—4：河床 2000m 以下 | 2.70 | 20 | 0.25 | |

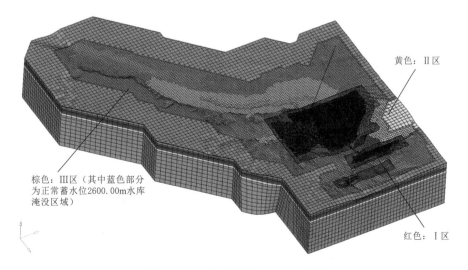

图 2.4.21 龙羊峡库盘分区示意图

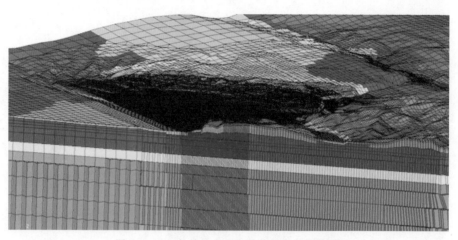

图 2.4.22　龙羊峡库盘上游侧岩基分层模拟

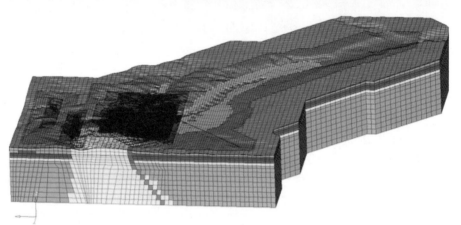

图 2.4.23　龙羊峡库盘下游侧模型分层模拟

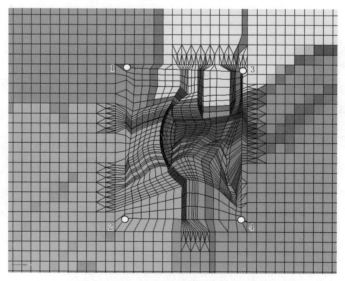

图 2.4.24　龙羊峡库盘特征点分布图

| 表 2.4.6 | | 龙羊峡库盘各工况下特征点位移 | | | | | 单位：mm |
|---|---|---|---|---|---|---|---|
| 项目 | 水位/m 位置 | 2564.20 | 2565.81 | 2567.57 | 2582.04 | 2591.53 | 2597.62 |
| 顺河向 | 特征点 1 | −20.328 | −20.761 | −21.238 | −25.389 | −28.360 | −30.329 |
| | 特征点 2 | −26.874 | −27.128 | −27.407 | −29.687 | −31.272 | −32.321 |
| | 特征点 3 | −15.321 | −15.633 | −15.973 | −18.920 | −21.015 | −22.345 |
| | 特征点 4 | −20.278 | −20.651 | −21.059 | −24.609 | −27.162 | −28.793 |
| 横河向 | 特征点 1 | −9.365 | −9.476 | −9.599 | −10.651 | −11.370 | −11.846 |
| | 特征点 2 | −1.201 | −1.247 | −1.307 | −1.953 | −2.457 | −2.865 |
| | 特征点 3 | −5.260 | −5.346 | −5.441 | −6.280 | −6.872 | −7.256 |
| | 特征点 4 | −1.003 | −1.019 | −1.039 | −1.190 | −1.243 | −1.405 |
| 沉降 | 特征点 1 | −44.067 | −44.997 | −46.024 | −55.141 | −61.805 | −66.209 |
| | 特征点 2 | −69.947 | −71.539 | −73.295 | −90.815 | −104.082 | −112.917 |
| | 特征点 3 | −29.800 | −30.430 | −31.123 | −37.223 | −41.631 | −44.442 |
| | 特征点 4 | −34.425 | −35.144 | −35.933 | −43.019 | −48.276 | −51.658 |

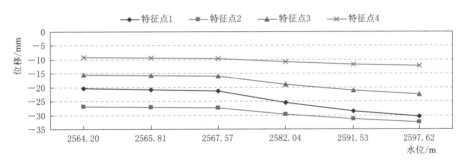

图 2.4.25 龙羊峡库盘模型特征点顺河向位移

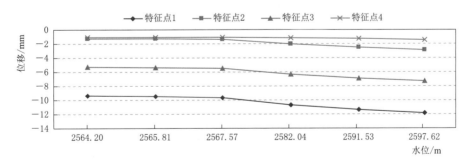

图 2.4.26 龙羊峡库盘模型特征点横河向位移

（1）龙羊峡库盘各特征点位移量随水位上升呈增大趋势，上游侧特征点的沉降均大于下游侧，地表特征点顺河向位移均大于底部，在库盘水体自重作用下，龙羊峡近坝区基础有向上游侧的转动。

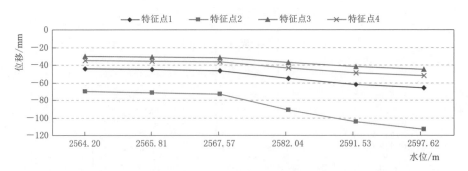

图 2.4.27　龙羊峡库盘模型特征点沉降量

（2）左岸和右岸特征点均出现了向右岸的位移，且左岸产生的横河向位移较右岸大。

（3）在蓄水位 2597.62m 作用下，上游侧左右岸表面沉降量分别为 66.209mm 和 112.917mm，下游侧左右岸表面沉降量分别为 44.442mm 和 51.658mm。

以 2597.62m 水位作用下龙羊峡库盘模型计算结果为例进行分析，库盘沉降如图 2.4.28～图 2.5.34 所示，可以看出：在库盘水体自重作用下，龙羊峡主河道的沉降量较大，并向两岸逐渐减小，在接近于水库重心的区域达到最大值，河道表面（即湖相沉积层点）的最大沉降量为 454.9mm，沉积层下部基岩最大沉降量为 232.8mm。由于断层 $F_6$、$F_7$、$F_9$ 均位于大坝下游侧，对库盘沉降量的影响较小；同时，位于上游侧的 $F_{10}$ 断层由于宽度较小，且龙羊峡库盘基础岩性对应模量较小湾的小，因此 $F_{10}$ 断层对龙羊峡库盘沉降变化的影响不明显。

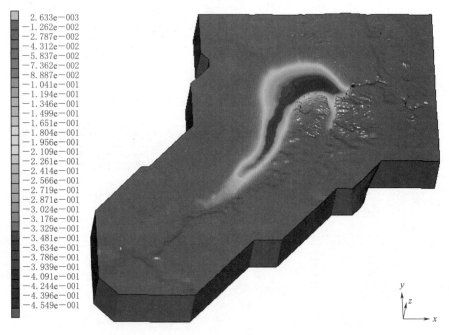

图 2.4.28　龙羊峡库盘 2597.62m 水位作用下的沉降云图——整体

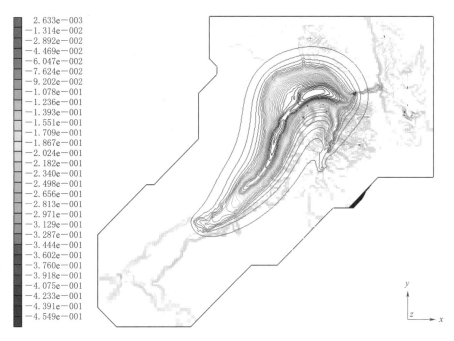

图 2.4.29 龙羊峡库盘 2597.62m 水位作用下的沉降等值线图——整体

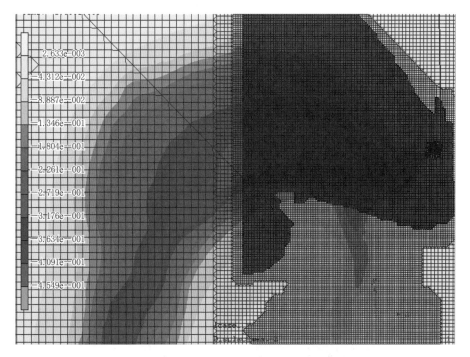

图 2.4.30 龙羊峡库盘 2597.62m 水位作用下的沉降云图——近坝

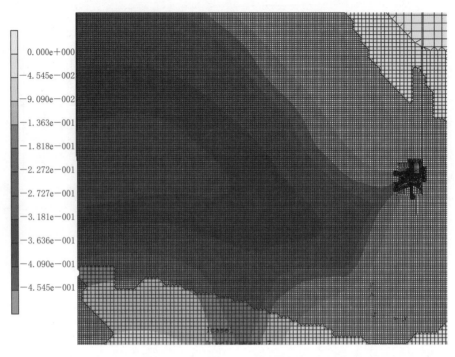

图 2.4.31　龙羊峡库盘 2597.62m 水位作用下的沉降云图——近坝 1

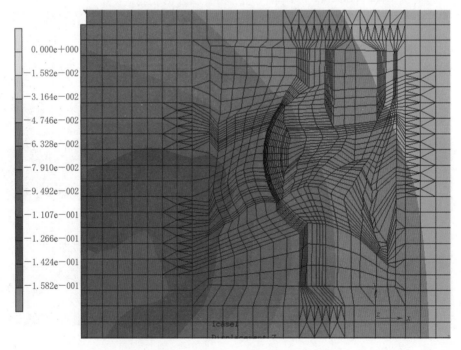

图 2.4.32　龙羊峡库盘 2597.62m 水位作用下的沉降云图——近坝 2

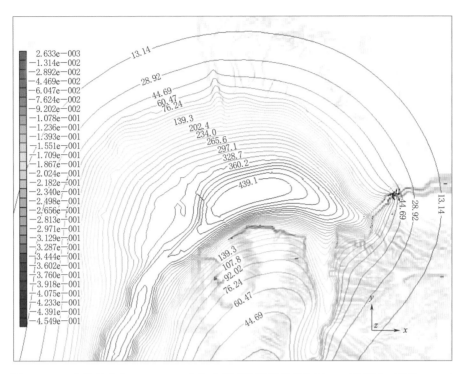

图 2.4.33　龙羊峡库盘 2597.62m 水位作用下的沉降等值线图——近坝区（单位：mm）

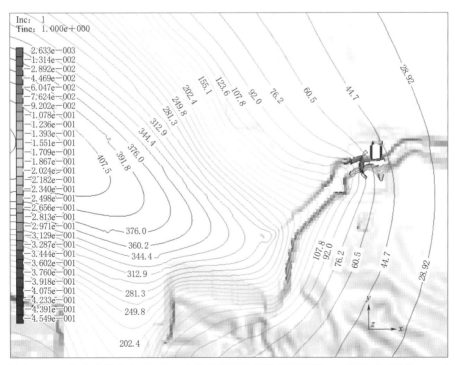

图 2.4.34　龙羊峡库盘 2597.62m 水位作用下的沉降等值线图——近坝区（单位：mm）

选取龙羊峡坝址往上游 40km、下游 1.2km 范围内主河道河床中部 96 个特征点，如图 2.4.35 所示，其沉降分布如图 2.4.36 和图 2.4.37 所示。

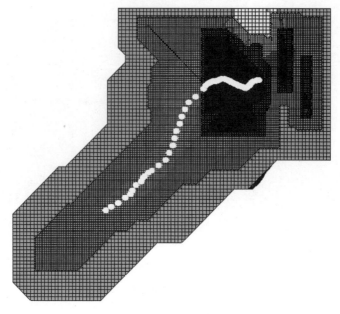

图 2.4.35　龙羊峡上下游河道沉降特征点示意图

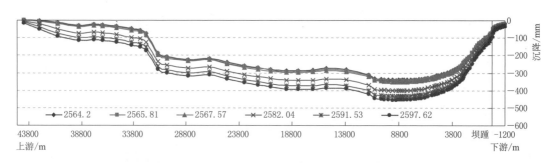

图 2.4.36　特征水位下龙羊峡主河道沉降分布图

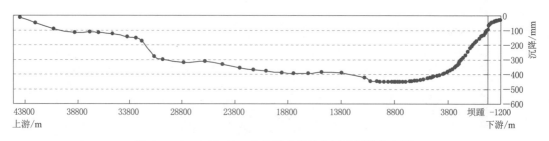

图 2.4.37　2597.62m 水位下龙羊峡主河道沉降分布图

此外，选取龙羊峡主河道上游最大沉降量位置所在横剖面，距离坝址 9.3km，如图 2.4.38 所示。提取对应界面的龙羊峡主河道横断面沉降云图，如图 2.4.39 所示，龙羊峡库盘沉降量沿基础深度方向逐渐减小。

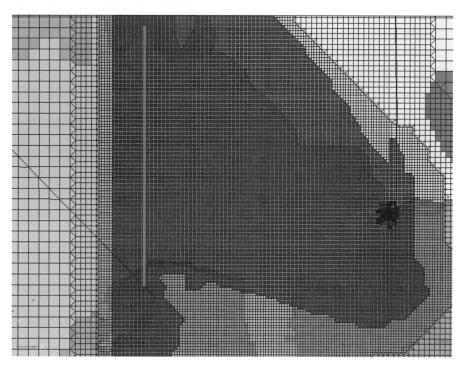

图 2.4.38　龙羊峡主河道沉降横剖面示意图

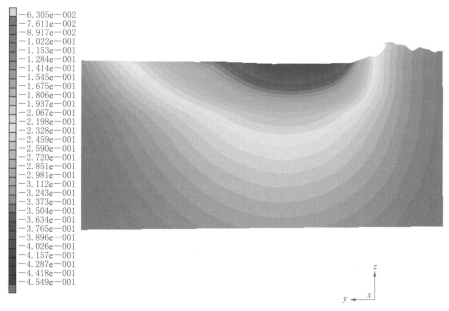

图 2.4.39　龙羊峡主河道横断面沉降云图

截取龙羊峡拱坝上游 80m 和下游 80m 处河道横断面，其位移分布如图 2.4.40 所示，在 2597.62m 水位下，上下游典型断面横河向位移分布分别如图 2.4.41～图 2.4.42 所示，可以看出：在库盘水荷载作用下，龙羊峡上游在左岸 2534.00m 高程以下向左岸方向变形，左岸 2534.00m 高程以上以及右岸均向右岸变形。龙羊峡下游岸坡均向右岸变形。

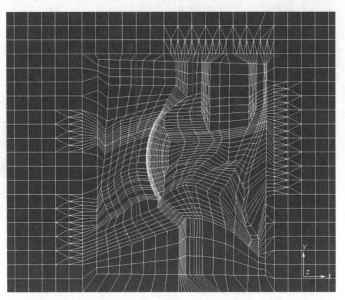

图 2.4.40 龙羊峡重力拱坝横河向位移分布截面示意图

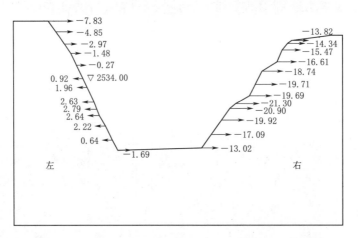

图 2.4.41 2597.62m 水位下龙羊峡上游典型断面横河
向位移分布图（单位：mm）

为监测左、右岸坝肩岩体的相对变形，建立了大坝上、下游的谷幅测线。两岸谷幅测线布置图如图 2.4.43 所示。谷幅测线增量为正，表示谷幅测线伸长；谷幅测线增量为负，表示谷幅测线缩短。选取 2559.98m（2004 年）、2562.04m（2005 年）和 2592.57m（2006 年）水位上升阶段对龙羊峡谷幅变化进行分析，计算结果见表 2.4.7～表 2.4.8，其中计算值向左岸为正。可以看出：

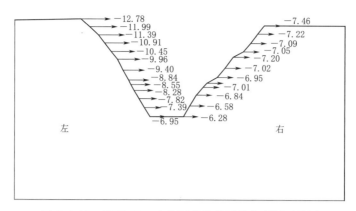

图 2.4.42　2597.62m 水位下龙羊峡下游典型断面横河
向位移分布图（单位：mm）

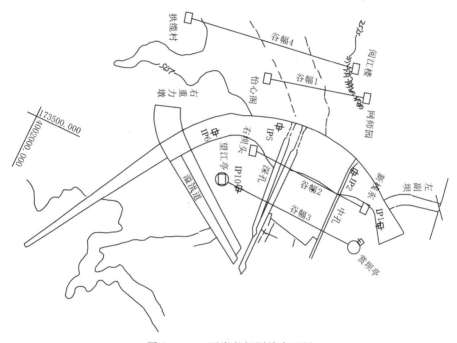

图 2.4.43　两岸谷幅测线布置图

| 表 2.4.7 | | | 龙羊峡大坝谷幅变形 | | 单位：mm |
|---|---|---|---|---|---|
| 谷幅序号 | 位置 | 测点 | 水　位 | | |
| | | | 2559.98m | 2562.04m | 2592.57m |
| 1 | 上游左岸 | 网师园 | −28.07 | −27.25 | −27.08 |
| | 上游右岸 | 怡心阁 | −22.78 | −21.23 | −19.69 |
| 2 | 下游左岸 | 新栈东 | −20.43 | −19.96 | −14.87 |
| | 下游右岸 | 右坝头 | −18.39 | −17.40 | −11.53 |
| 3 | 下游左岸 | 赏坝亭 | −18.24 | −17.84 | −13.25 |
| | 下游右岸 | 望江亭 | −15.79 | −15.07 | −10.26 |

**表 2.4.8**　　　　　　　　　　龙羊峡大坝谷幅左岸相对右岸变形值　　　　　　　　单位：mm

| 谷幅序号 | 位置 | 测点 | 水位 | | |
| --- | --- | --- | --- | --- | --- |
| | | | 2559.98m | 2562.04m | 2592.57m |
| 1 | 上游左岸 | 网师园 | −5.29 | −6.02 | −7.39 |
| | 上游右岸 | 怡心阁 | | | |
| 2 | 下游左岸 | 新栈东 | −2.04 | −2.56 | −3.34 |
| | 下游右岸 | 右坝头 | | | |
| 3 | 下游左岸 | 赏坝亭 | −2.45 | −2.77 | −2.99 |
| | 下游右岸 | 望江亭 | | | |

（1）龙羊峡谷幅变形呈压缩状态，2559.98m 水位下左岸网师园相对于右岸怡心阁的压缩量为−5.29mm、左岸新栈东相对于右岸右坝头的压缩量为−2.04mm、左岸赏坝亭相对于右岸望江亭压缩量为−2.45mm；2562.04m 水位下左岸网师园相对于右岸怡心阁的压缩量为−6.02mm、左岸新栈东相对于右岸右坝头的压缩量为−2.56mm、左岸赏坝亭相对于右岸望江亭压缩量为−2.77mm；2592.57m 水位下左岸网师园相对于右岸怡心阁的压缩量为−7.39mm、左岸新栈东相对于右岸右坝头的压缩量为−3.34mm、左岸赏坝亭相对于右岸望江亭的压缩量为−2.99mm。

（2）谷幅实测资料表明：随着库水位的抬升以及高水位运行时间的增长，谷幅测线呈现缩短现象；根据计算结果，2559.98m、2562.04m、2592.57m 水位作用下，谷幅压缩变化规律与实测规律一致。

龙羊峡谷幅1（网师园—怡心阁）和谷幅3（赏坝亭—望江亭）库盘变形引起谷幅测线均呈压缩状态，压缩量随库水位抬升有呈增大的趋势，其中在 2556.29m、2566.61m 水位时相对 2547.16m 水位计算值与实测值对比，谷幅变形性质不变，均呈压缩状态，且量级基本相当。说明龙羊峡谷幅测线受到库盘作用影响，呈现缩短现象。

## 2.5　小结

本章考虑多种影响因素作用，开展高寒复杂地质条件下高拱坝运行性态影响机理分析方法的研究，得到以下结论：

（1）基于寒冷地区变温作用基本理论，科学分析了寒冷地区混凝土坝结构性态变化。充分考虑了寒冷气候及复杂地质条件产生的特殊环境作用对工程运行带来的影响，提出了寒潮冷击对混凝土坝结构性态的作用分析方法；探究了冻融作用后坝体混凝土主要物理力学参数指标的变化特征；剖析了越冬层对混凝土坝结构性态的影响。结果表明，坝体混凝土宏观物理力学参数，如相对动弹性模量、质量、强度等指标均随着冻融次数的增加而不断劣化；越冬层影响范围内易产生危害性裂缝，对混凝土坝安全运行产生较大影响。

（2）针对高拱坝坝体裂缝演变问题，提出了混凝土高拱坝裂缝演变数值仿真方法；基于三维接触问题的有限元离散，建立了高拱坝开裂病险除控效能评估方法；基于应力强度因子演化模型，提出了裂缝安全性保障的临界荷载确定方法。

（3）深入分析了高寒地区混凝土高拱坝渗流场与应力场耦合作用机理，通过改变坝体混凝土和坝基岩体孔隙度来反映渗透系数变化，构建了考虑湿胀影响的混凝土高拱坝渗流场与应力场耦合的有效应力研究方法。

（4）通过建立库盘、坝体多尺度有限元模型，深入研究了宽大库盘变形及其对高拱坝性态影响的有限元正反分析方法，并以龙羊峡高拱坝工程为例开展了高拱坝的库盘变形影响研究。结果表明，在龙羊峡库盘水体自重作用下，上游侧沉降大于下游侧，龙羊峡近坝区基础有向上游侧的转动，库盘各特征点位移量随水位上升呈增大变化趋势；谷幅测线受到库盘作用影响，呈现缩短现象；在蓄水位 2597.62m 作用下，上游侧左右岸表面沉降量分别为 66.209mm 和 112.917mm，下游侧左右岸表面沉降量分别为 44.442mm 和 51.658mm。

# 第3章

# 高寒复杂地质条件高拱坝施工与监测技术

　　在我国高拱坝建设经验中,高寒气候、复杂地质条件往往引起一系列的施工技术难题,如高地应力带来地基开挖卸荷损伤问题、高寒气候带来的高拱坝封拱和温控难题,此类问题的有效解决对于保证工程质量具有重要意义。此外,安全监测是贯穿高拱坝施工和运行期的关键安全举措,然而受高寒环境和复杂地质条件影响,监测系统长期工作的稳定性和适应性受到挑战。因此,针对高寒和复杂地质条件带来的高质量施工和安全监测难题,本章开展相应理论方法和工程技术手段的研究,提出高寒复杂地质条件高拱坝施工与监测技术的优化方法。

# 3.1　高寒地区高拱坝接缝灌浆关键技术研究

## 3.1.1　高拱坝接缝灌浆技术研究方法及原理

### 3.1.1.1　有热源混凝土不稳定温度场分析

在混凝土坝施工期，由于水泥水化热的作用，混凝土的温度将随时间延伸而变化。这个问题为具有内部热源的热传导问题。如图 3.1.1 所示，由热传导理论，这种不稳定温度场 $T(x,y,z,\tau)$ 在区域 $R$ 内应满足

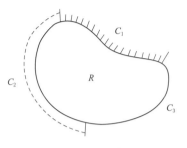

图 3.1.1　区域 $R$

$$\frac{\partial T}{\partial \tau}=a\left(\frac{\partial^2 T}{\partial x^2}+\frac{\partial^2 T}{\partial y^2}+\frac{\partial^2 T}{\partial z^2}\right)+\frac{\partial \theta}{\partial \tau} \tag{3.1.1}$$

及边值条件

$$当 \tau=0 时，\quad T=T_0(x,y,z) \tag{3.1.2}$$

在边界 $C_1$ 上，满足第一类边界条件

$$T=T_b \tag{3.1.3}$$

在边界 $C_2$ 上，满足第三类边界条件

$$\lambda\frac{\partial T}{\partial x}l_x+\lambda\frac{\partial T}{\partial y}l_y+\lambda\frac{\partial T}{\partial z}l_z+\beta(T-T_a)=0 \tag{3.1.4}$$

在边界 $C_3$ 上，满足绝热条件

$$\frac{\partial T}{\partial n}=0 \tag{3.1.5}$$

式中　$\theta$——混凝土的绝热温升。

适当选择 $\beta$ 值后，式（3.1.3）、式（3.1.5）均可由式（3.1.4）代替。于是由变分原理，上述热传导问题等价于下列泛函的极值问题，即

$$I(T)=\iiint_R\left\{\frac{1}{2}\left[\left(\frac{\partial T}{\partial x}\right)^2+\left(\frac{\partial T}{\partial y}\right)^2+\left(\frac{\partial T}{\partial z}\right)^2\right]+\frac{1}{a}\left(\frac{\partial T}{\partial \tau}-\frac{\partial \theta}{\partial \tau}\right)T\right\}\mathrm{d}x\mathrm{d}y\mathrm{d}z+\iint_C\left(\frac{\bar\beta}{2}T^2-\bar\beta T_a T\right)\mathrm{d}s \tag{3.1.6}$$

其中　　　　　　　　　　　　$$\bar\beta=\frac{\beta}{\lambda}$$

泛函 $I(T)$ 的极值问题可用有限单元法解决。

为避免显式解法的稳定性条件对时间步长的限制，计算程序采用隐式直接解法计算温度场。

### 3.1.1.2　混凝土温度徐变应力分析

在温度荷载作用下，混凝土不仅产生弹性变形，而且随时间的增长产生徐变变形。混凝土的徐变变形不仅取决于其应力状态及其历时、持荷时间、加荷龄期，而且受温度及其历时的影响。根据大量试验研究可知，温度变化除了影响混凝土的基本徐变 $C_{tt}(t,\tau)$ 外，当温度第一次升温至某一值时，还将产生瞬态徐变 $C_{ttc}(T,t,\tau)$。根据虚功原理，不难导

出计算混凝土结构在热、力作用下单元的温度徐变应力为

$$K_n \Delta \delta_n = \Delta P_{bn}^{ttc} + \Delta P_{bn}^{c} + \Delta P_{n}^{T} + \Delta P_{n}^{o} + \Delta F_{n} \tag{3.1.7}$$

求出 $\Delta \delta_n$ 后，结构应力易于求得。

（1）不考虑温度作用的基本徐变变形。当不考虑温度作用时，徐变度 $C_b(t,\tau)$ 可以表示为

$$C_b(t,\tau) = \sum_{j=1}^{\gamma} C_j(\tau)\left[1 - e^{-kj(t-\tau)}\right] \tag{3.1.8}$$

所以徐变增量可以写成递推公式，即

$$\Delta \epsilon_{b,n}^{c} = \sum_{j=1}^{\gamma} \left[\omega_n^{(j)}(1 - e^{-kj\Delta\tau_n}) + Q\Delta\sigma_n C_{j,n}(1 - f_n^{(j)} e^{-kj\Delta\tau_n})\right] \tag{3.1.9}$$

（2）考虑温度作用的基本徐变变形。目前一般的结构温度应力分析，多不考虑温度对混凝土徐变的影响，但实际研究成果表明，温度作用不仅产生瞬态徐变，即使对基本徐变也有相当大的影响。养护温度不同，基本徐变也不同，如

$$\begin{cases} K_T = \dfrac{C(t,T)}{C(t,T=20°)} \\ K_T = 0.56 + 0.022T \end{cases} \tag{3.1.10}$$

一般实验室混凝土养护温度为 20℃，当 $T=30℃$ 时，$K_T=1.22$，即将养护温度提高 10℃，徐变度增大 22%。若养护温度 $T=40℃$，$K=1.44$，徐变度增大 44%。另据 Hani M. Fahmi 的研究，对长龄期混凝土的 $C_b(t,T)$，可表示为

$$C_b(t,T) = 106.9\left[1 - e^{-0.025t\varphi(T)}\right] + 121.5\left[1 - e^{-0.25t\varphi(T)}\right] + 362.2\left[1 - e^{-0.00025t\varphi(T)}\right] \tag{3.1.11}$$

其中

$$\varphi(T) = 19.55 - 39.51\left(\frac{T}{68}\right) + 25.74\left(\frac{T}{68}\right)^2 - 4.78\left(\frac{T}{68}\right)^3 \tag{3.1.12}$$

式中　$T$——开氏温度，也表明温度对基本徐变有影响。

硬化过程中的混凝土，其徐变不仅与加荷龄期、持荷时间、养护温度等有关，还与加荷时混凝土的水化程度有关，而后者取决于龄期和其温度变化过程。在龄期为 $t$、$\tau$ 时加荷，其温度为 $T$（保持不变），其徐变度可表为

其中

$$\begin{cases} C_b(t,\tau,T) = A(T)\sum_{j=1}^{\gamma} B_j(\tau^*)\left[1 - e^{-kj(t-\tau)}\right] \\ A(T) = A_0 + A_1 T + A_2 T^2 \\ B_j(\tau^*) = B_0 + \dfrac{B_{j1}}{\tau^*} + \dfrac{B_{j2}}{\tau^{*2}} \end{cases} \tag{3.1.13}$$

式（3.1.13）中的 $\tau^*$ 为与加荷龄期 $\tau$ 相应的等效加荷龄期，综合反映加荷龄期及加荷前温度变化过程的影响，确定为

$$\tau^* = \sum \exp\left[\frac{u}{R}\left(\frac{1}{273} - \frac{1}{273+T}\right)\right]\Delta t \tag{3.1.14}$$

式中　$R$——气体常数，$R$ 取 0.008314kJ/(K·mol)；

$T$——$\Delta t$ 时段内的平均温度；

$u$——混凝土的活化能，当 $T>20℃$，$u=33.5\text{kJ}/(\text{K} \cdot \text{mol})$，

对于温度不断变化时，参考已有研究成果，建议采用

$$C_b(t,\tau,T)=\sum_{j=1}^{n}\left[C_b(t_j,\tau,T_{j-1})-C_b(t_{j-1},\tau,T_{j-1})\right] \tag{3.1.15}$$

于是在复杂应力状态下，徐变变形增量为

$$\Delta\varepsilon_{b,n+1}^{c}=\sum_{i=0}^{n}Q\Delta\sigma_i\left[C_b(t_{i+1},\tau_i,T_i)-C_b(t_i,\tau_i,T_i)\right] \tag{3.1.16}$$

（3）混凝土的瞬态徐变变形。当混凝土的温度第一次升到某一温度时，混凝土产生瞬态徐变，并有以下特征：

1）瞬态徐变是温度 $T$ 的非线性函数，但与应力基本上为线性关系。

2）瞬态徐变的增长率随温度 $T$ 的升高而略有增大，但随温度的升高，水化程度的增大，瞬态徐变随之减小。

3）只有当混凝土第一次升温或升温至以前未达到的数值时，才产生瞬态徐变，降温及第二次升温至前已达到的数值时，不产生瞬态徐变。

所以瞬态徐变变形增量 $\Delta\varepsilon^{ttc}$ 与应力大小、温升、持荷时间、加荷和升温时龄期及加温、加荷的先后次序有关，可表示为

$$\varepsilon^{ttc}=\varepsilon^{ttc}(\sigma,T,\tau,t) \tag{3.1.17}$$

其极限瞬态徐变变形增量 $\Delta\varepsilon^{ttc}$ 可写为

$$\Delta\varepsilon^{ttc}=\Delta T(\gamma_1\sigma_{kk}\delta_{ij}+\gamma_2\sigma_{ij}) \tag{3.1.18}$$

式中　$\gamma_1$、$\gamma_2$——常数；

　　　　$\sigma_{kk}$——平均应力；

　　　　$\sigma_{ij}$——应力偏量的张量；

　　　　$\Delta T$——产生瞬态徐变的温度增量；

　　　　$\delta_{ij}$——克罗内克尔符号，当 $i=j$ 时，$\delta_{ij}=1$，当 $i\neq j$ 时，$\delta_{ij}=0$。

$\gamma_1$、$\gamma_2$ 应由试验确定，在无试验资料时，近似地可取为

$$\begin{cases}\gamma_1=-\dfrac{2}{3}\dfrac{a}{f_c'}\\[3mm]\gamma_2=3.0\dfrac{a}{f_c'}\end{cases} \tag{3.1.19}$$

式中　　　$a$——热膨胀系数；

　　　　　$f_c'$——28 天龄期时混凝土的抗压强度。

### 3.1.1.3　拱坝横缝工作性态

拱坝坝轴线方向间隔一定距离会设置横缝。留横缝的目的是为了控制施工期混凝土浇筑后水化热造成的过大的温度应力。拱坝横缝的结构及的施工应力状态复杂。施工初期，由于混凝土升温及自重影响，横缝面上承受压应力；之后温度下降，这种压应力逐渐减少、压应力为零，直至两侧受拉横缝面张开；灌浆蓄水后，横缝面可能重新被挤压，但近上游面部分可能会脱开。四季温度变化也会影响缝面的开合。所以在施工运行过程中，横缝的工作状态是很复杂的。考虑到灌浆前横缝面抗拉强度较低，灌浆后抗拉强度较高，且

横缝面受压时两个面相互不侵入，在计算中采用带强度的接缝单元模拟横缝，灌浆前后分别设置不同抗拉强度。

当模拟横缝的带强度的接缝单元的法向应力大于其法向抗拉强度时，接缝单元破坏，成为一条实际的缝。实际缝用接触单元模拟，即不断计算缝两侧的距离，当两侧距离大于 0 时，认为缝张开，缝两侧可以独立变形；当距离小于 0 时，缝闭合，两侧压紧，不能有贯入。接触单元可以传压，压紧之后可以传剪，但不能传拉。计算中，用于模拟实际缝的接触单元采用非线性迭代方法求解，接缝单元和接触单元的数学模型可参考相关文献。

#### 3.1.1.4　水管冷却的有限元近似分析原理

在薄层浇筑的情况下，混凝土浇筑块内的热量除了通过层面散发外，还可以通过埋设冷却水管进行一期水管冷却降温。本书提出一个近似方法，用有限元法进行分析，可以比较方便地算出水管冷却和表面散热的综合冷却效果。

以往人们为求计算方便，将混凝土的绝热温升表示为

$$\theta = \theta_0 (1 - e^{-m\tau}) \tag{3.1.20}$$

式中　$\theta_0$——最终绝热温升；

　　　$m$——常数。

也有将混凝土绝热温升表示为

$$\theta = \frac{\theta_0 \tau}{n + \tau} \tag{3.1.21}$$

式中　$n$——常数。

一般说来式（3.1.21）能较好地符合试验值。因此由式（3.1.20）、式（3.1.21）可得

$$m = \frac{1}{\tau} \ln \frac{n + \tau}{n} \tag{3.1.22}$$

可见 $m$ 并非常数，由式（3.1.20）导出的公式有较大误差。可以不用公式拟合试验值，而直接引用试验资料以减小误差。

设水管冷却等效圆柱体的外半径为 $b$，内半径为 $c$。则二期冷却混凝土的平均温升为

$$\psi = T_w + X_1 (T_0 - T_\omega) - T_p \tag{3.1.23}$$

式中　$T_w$——水管进口水温；

　　　$X_1$——系数，可由相关文献查出；

　　　$T_0$——冷却开始时的混凝土初温；

　　　$T_p$——浇筑温度。

因为现在要处理的是一期水管冷却，近似地可将计算时段的水化热绝热温升在 $T_0$ 中考虑。例如，一期水管冷却在浇筑时开始，则第一时段时有

$$T_{01} = T_p + \Delta \theta_1 \tag{3.1.24}$$

式中　$\Delta \theta_1$——第一时段时的绝热温升。

第一时段结束时混凝土的平均温升为

$$\psi_1 = T_\omega + X_{11}(T_{01} - T_\omega) - T_p \qquad (3.1.25)$$

第二时段时有

$$T_{02} = \psi_1 + \Delta\theta_2 \qquad (3.1.26)$$

第二时段结束时混凝土的平均温升为

$$\psi_2 = T_\omega + X_{12}(T_{02} - T_\omega) \qquad (3.1.27)$$

其他时段类推，其中第 $i$ 时段时为

$$\psi_i = T_\omega + X_{1i}(T_{0i} - T_\omega) \qquad (3.1.28)$$

其中

$$T_{0i} = \psi_{i-1} + \Delta\theta_i \qquad (3.1.29)$$

式中 $\Delta\theta_i$——第 $i$ 时段时的绝热温升值。

以上算得的 $\psi(\tau)$ 曲线，考虑了水化热和一期水管冷却的综合作用，但未考虑层面散热。用有限元法考虑这种作用是十分方便的。此时可将 $\psi(\tau)$ 近似地看成是内热源，则热传导方程为

$$\frac{\partial T}{\partial \tau} = a\left(\frac{\partial^2 T}{\partial x^2} + \frac{\partial^2 T}{\partial y^2} + \frac{\partial^2 T}{\partial z^2}\right) + \frac{\partial \psi}{\partial \tau} \qquad (3.1.30)$$

式中 $a$——导温系数。

初始条件为

$$\tau = 0, \quad T = T_0 \qquad (3.1.31)$$

边界条件为

$$\tau > 0, \text{在边界 } \Gamma_i \text{ 上}, (i = 1, \cdots, n) \qquad (3.1.32)$$

以上算得的温度场在平均的意义上考虑了水管的降温作用。

## 3.1.2 工程实例

### 3.1.2.1 工程概况

本节依托拉西瓦水电站拱坝工程开展研究。拉西瓦水电站是黄河上游龙羊峡至青铜峡河段规划的大中型水电站中紧接龙羊峡水电站的第二个梯级电站，位于青海省贵德县与贵南县交界处的黄河干流上。电站距上游龙羊峡水电站 32.8km，距下游刘家峡水电站 73km，距青海省西宁市公路里程为 134km。

拉西瓦水电站属 I 等大（1）型工程，枢纽主要建筑物由混凝土双曲拱坝、3 个坝身泄洪表孔（2 个深孔、1 个底孔）、坝后反拱水垫塘和右岸岸边进水口地下引水发电系统组成。电站装机容量 4200MW，水库正常蓄水位为 2452.00m，总库容 $10.79 \times 10^8 \text{m}^3$。

挡水建筑物为对数螺旋线双曲薄拱坝，坝高 250m，底宽 49m。大坝建基面高程 2210.00m，坝顶高程 2460.00m。主坝共分 22 个坝段，除 $10^\#\sim13^\#$ 坝段横缝间距较大（平均为 23～25m）外，其余 18 个坝段横缝间距平均为 21m。

### 3.1.2.2 夏季封拱灌浆措施研究

夏季灌浆区混凝土在冬季表面高应力甚至应力超标可能引起的坝表面开裂是困扰夏季灌浆的主要因素。采取表面保温措施降低温度梯度和坝体混凝土表面温度，是解决夏季封

拱灌浆区表面高应力的主要途径。本节采用仿真计算的方法，通过降低灌浆水冷温度、降低夏季封拱灌浆区的封拱温度、采取坝表面保温措施等几种不同工况研究了不同温控参数对夏季灌浆区温度应力的影响，得到了不同温控方案对夏季灌浆区温度应力影响的基本规律，基于此规律，推荐合理可行的工程措施。

**1. 降低灌浆水冷温度对夏季灌浆区温度应力的影响**

在对拉西瓦水电站拱坝河床坝段的仿真计算中研究了降低灌浆水冷温度对夏季灌浆区温度应力的影响，工况 6 - 1 冷水水温为 6℃，而工况 6 - 2 的灌浆水冷水温为 4℃。

图 3.1.2 和图 3.1.3 分别是 2351.00m 高程拱冠梁坝中面点和坝下游面点工况 6 - 1 和工况 6 - 2 的温度和最大应力过程线对比。从图中可以看出，降低灌浆水冷温度加速了灌浆冷却时混凝土温度的下降，灌浆前，表面混凝土温度略有下降，但幅度非常小。说明在当前的保温及温控措施条件下，夏季封拱灌浆时，如果将坝内混凝土和坝表面混凝土同等强度冷却，当同高程平均温度达到封拱目标温度时，坝面 11℃ 的温度已经是水管冷却与外界气温热量倒灌的临界点，因此，对坝内和坝表面同等强度冷却时降低灌浆水冷温度是解决夏季灌浆表面高应力的可行措施。

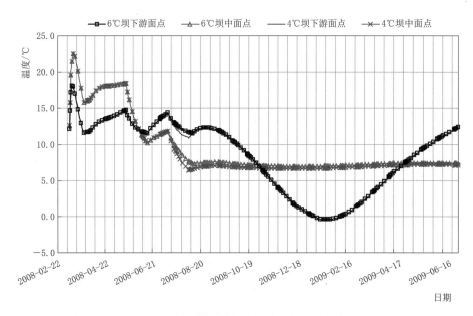

图 3.1.2　2351.00m 高程拱冠梁坝中面点和坝下游面点工况 6 - 1 和
工况 6 - 2 的温度过程线

**2. 夏季封拱灌浆区进行超冷对表面应力的影响**

在保持坝体表面与内部同等冷却强度的条件下，降低夏季封拱灌浆区的封拱温度，当同高程混凝土的平均温度低于设计封拱温度 1℃ 时停止冷却，以此来考察坝体内外同等强度超冷对夏季封拱灌浆区表面超标应力的影响。

图 3.1.4 是分别考虑设计封拱和局部降低 1℃ 两种工况封拱时温度和冬季最冷时温度，以及冬季最大应力沿坝厚的分布。

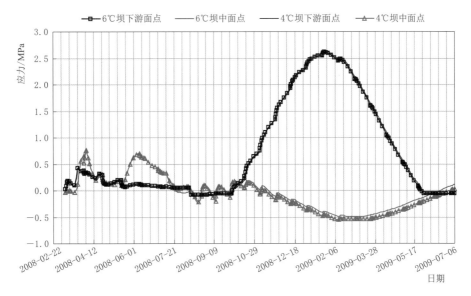

图 3.1.3　2351.00m 高程拱冠梁坝中面点和坝下游面点工况 6－1 和
工况 6－2 的最大主应力过程线

从温度沿坝厚的分布来看，由于整体封拱目标温度降低 1℃，因此，封拱前坝内温度普遍比设计封拱温度低 1℃，而沿坝厚方向的温度梯度变化不大，过冬时两种工况表面混凝土温度趋于一致，坝体内部仍基本维持在封拱时的水平，两种工况温度相差 1℃。

从应力结果来看，夏季封拱区整体封拱温度降低减小了坝表面最低温度与封拱时温度之差，表面高应力略有降低，但是由于在保持坝内外同等冷却强度的条件下，沿坝厚方向温差梯度基本保持不变，因此，表面高应力降低幅度较小，仅为 0.1MPa，坝体内部混凝土温度越低，拉应力越大，压应力越小。

综上所述，在保持坝内外同等冷却强度的条件下，依靠降低封拱目标温度来减小夏季封拱灌浆区表面高应力作用不明显。

3. 采用坝表面保温措施对夏季灌浆区温度应力的影响

进一步加强表面保温，降低坝面等效放热系数，能有效减小坝面混凝土的温度年变幅，提高冬季坝面混凝土的温度，减小内外温差，降低温度应力。

选取河床坝段四种计算工况，表层混凝土采取与坝内混凝土同样的冷却方式，而坝面保温板厚度分别为 8cm、6.5cm、5cm、3cm，即混凝土等效放热系数分别为 2kJ/(m² · h · ℃)、2.44kJ/(m² · h · ℃)、3kJ/(m² · h · ℃)、4.186kJ/(m² · h · ℃) 的情况。图 3.1.5 为坝表层混凝土采取普通冷却方式时不同等效放热系数的影响。

保温效果提高可以减小坝体表面温差，这一减小是由两方面构成：一是通过加强保温降低了夏季外界热量向坝内的传递强度，从而降低了封拱时的坝面温度；二是加强保温后降低了冬季坝内热量向外界的传递强度，从而提高了冬季坝面最低温度。

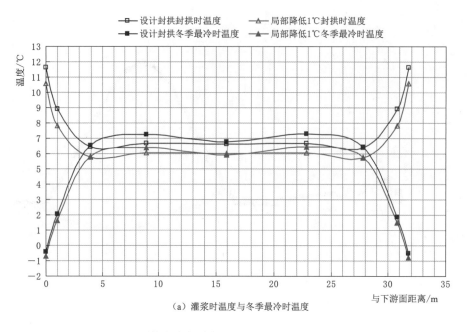

（a）灌浆时温度与冬季最冷时温度

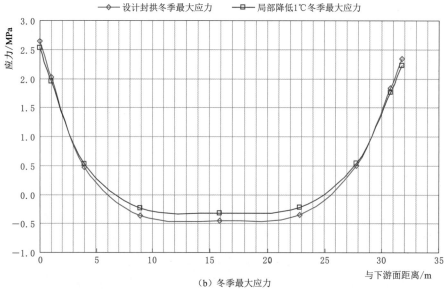

（b）冬季最大应力

图 3.1.4　夏季封拱灌浆区目标温度降低 1℃ 的影响

　　图 3.1.5（a）为不同保温措施条件下封拱前温度与封拱后最低温度沿坝厚的分布，以保温板厚度 3cm 和 8cm 两种工况为例进行比较，灌浆冷却结束时，坝面混凝土最低温度从 11.3℃ 降至 9.6℃ 左右，距离坝面 1m 处的混凝土最低温度从 8.8℃ 降低至 8.1℃；坝表面冬季最低温度有较大提高，坝面最低温度从 −0.46℃ 提高到 2.17℃，距离坝面 1m 处的最低温度从 1.62℃ 提高到 3.5℃。这样，加强保温后，灌浆后最低温度与封拱灌浆温度之差大大减小了，其中，坝表面由 −11.8℃ 减小为 −7.4℃，距离坝面 1m 处由 −7.2℃ 减小为 −4.56℃。

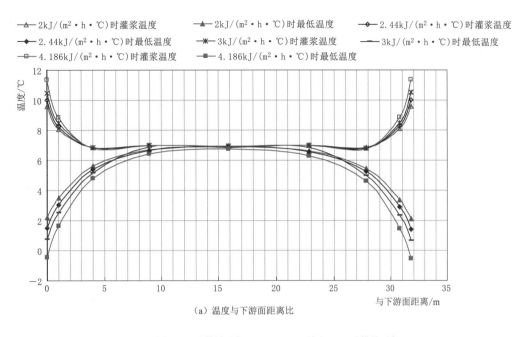

（a）温度与下游面距离比

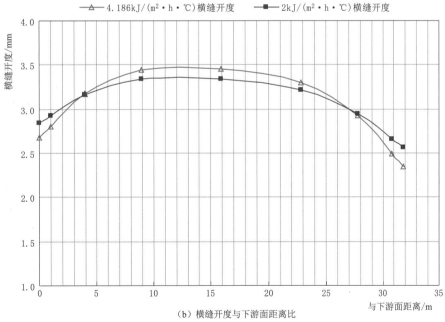

（b）横缝开度与下游面距离比

图 3.1.5（一）　坝表层混凝土采取普通冷却方式时不同等效放热系数的影响

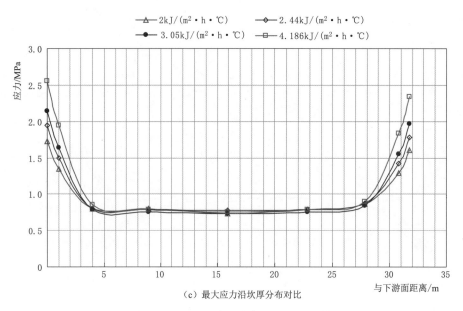

（c）最大应力沿坝厚分布对比

图 3.1.5（二）　坝表层混凝土采取普通冷却方式时不同等效放热系数的影响

如图 3.1.5（b）所示，加强表面保温后，坝表面横缝开度增加，坝横缝开度更加均匀。以保温板厚度 3cm 和 8cm 两种工况进行比较，下游坝面横缝开度由 2.67mm 增加到 2.85mm，增幅为 0.18mm，距离坝面 1m 处横缝开度由 2.8mm 增加到 2.9mm，增幅为 0.1mm，而距离坝面 3.97m 处的横缝开度基本不变，维持在 3.17mm。就缝开度沿坝厚的分布而言，进一步加强表面保温减小了表面与坝内部横缝开度的差距，其中坝表面与坝内部的横缝开度差值由 1.1mm 减小到 0.77mm。

由沿坝厚方向应力对比可以看出，加强保温后，表面混凝土应力大大降低，以保温板厚度 3cm 和 8cm 两种工况进行比较，其中下游面应力由 2.6MPa 降低为 1.7MPa，上游面应力由 2.33MPa 降低为 1.6MPa。

综上所述，进一步加强表面保温是降低坝表面拉应力的有效措施。

如果对坝内混凝土和坝表面混凝土采取同等强度的冷却措施，当坝面混凝土保温板厚度为 5cm 时，坝表面最大拉应力为 2.1MPa 左右，达到 180 天龄期的混凝土的允许拉应力，而当混凝土保温板厚度为 3cm 时，温度应力达到 2.6MPa，超过混凝土的允许拉应力，因此，应该保证坝表面的保温效果。

**4. 坝表面混凝土有无水管对温度应力的影响**

在仿真数值模拟中，对冷却水管的模拟都是采用等效算法，等效算法在平均意义上已被证明能模拟实际情况。

实际上，由于结构布置等方面的原因，在坝表面一段距离内并不能布置冷却水管。前面的研究表明，灌浆水冷时表面混凝土温度未能降低到设计封拱温度是引起夏季灌浆后坝面混凝土高应力的主要因素。因此，有必要详细分析坝表面未设置冷却水管对夏季灌浆区混凝土温度应力的影响。

工程上，最外侧一层冷却水管距离坝表面一般为 0.8～2m。河床坝段一层网格的厚度为 0.5～1.5m，坝段越厚，网格厚度越大，2350.00m 高程表层单元厚度为 1m。在上下游坝面 1 层单元未设置冷却水管，以此来对比研究表层混凝土是否设置冷却水管对夏季灌浆区混凝土温度应力的影响。考虑表面保温等效放热系数分别为 2kJ/(m²·h·℃) 和 4.186kJ/(m²·h·℃) 时的情况。

（1）当保温板厚度为 8cm 时，在河床坝段进行坝表面一层网格是否设置水管冷却的计算比较，表面保温板厚度为 8cm。图 3.1.6 为当保温板厚度为 8cm 时，坝表层混凝土有无水管的影响。

从沿坝厚方向温度对比图可以看出，表面无水管对灌浆冷却效果影响显著，坝面温度由 9.57℃ 上升到 11.77℃，距坝面超过 4m 后温度无变化，坝面灌浆前温度与灌浆后最低温度之差由 -7.4℃ 下降为 -9.4℃。

从沿坝厚方向横缝开度对比可以看出，表面无水管对坝内部横缝开度基本无影响，而对表面横缝开度有影响，下游坝面横缝开度由 2.85mm 减小到 2.74mm，坝中与上游坝面横缝开度之差由 0.77mm 增加到 0.78mm，坝中与下游坝面横缝开度之差由 0.49mm 增加到 0.59mm。

从沿坝厚方向应力对比可以看出，表面无水管对坝内部应力基本无影响，而对表面应力有影响，下游坝面应力由 1.7MPa 增加到 2.2MPa，距离坝面 1m 处的应力由 1.3MPa 增加到 1.7MPa 左右。

（2）当保温板厚度为 3cm 时，河床坝段进行坝表面一层网格是否设置水管冷却进行比较，但表面保温板厚度为 3cm。图 3.1.7 为当保温板厚度为 3cm 时，坝表层混凝土有无水管的影响。

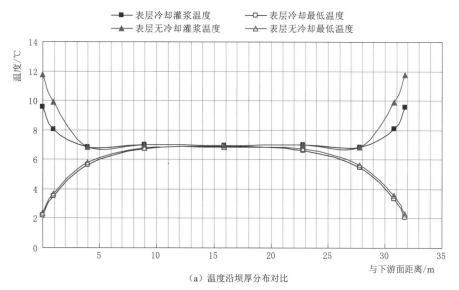

（a）温度沿坝厚分布对比

图 3.1.6（一） 当保温板厚度为 8cm 时，坝表层混凝土有无水管的影响

［等效放热系数为 2kJ/(m²·h·℃)］

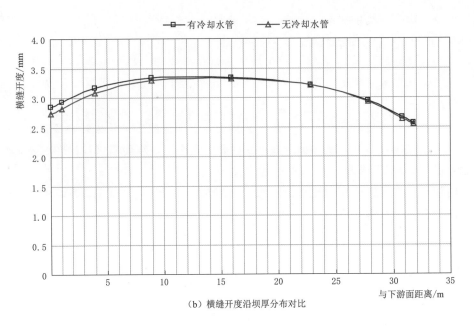

（b）横缝开度沿坝厚分布对比

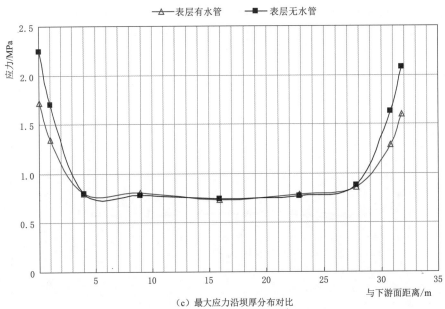

（c）最大应力沿坝厚分布对比

图 3.1.6（二）　当保温板厚度为 8cm 时，坝表层混凝土有无水管的影响

［等效放热系数为 2kJ/（m² · h · ℃）］

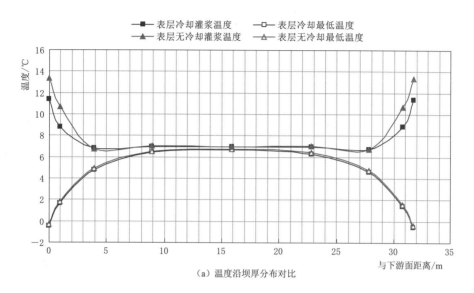

（a）温度沿坝厚分布对比

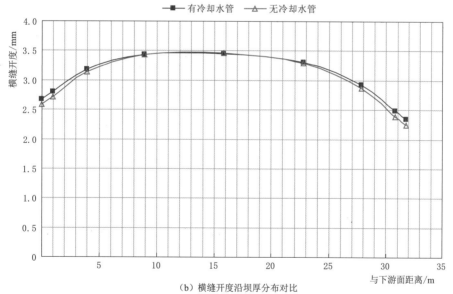

（b）横缝开度沿坝厚分布对比

图 3.1.7（一） 当保温板厚度为 3cm 时，坝表层混凝土有无水管的影响
[等效放热系数为 2kJ/（m² · h · ℃）]

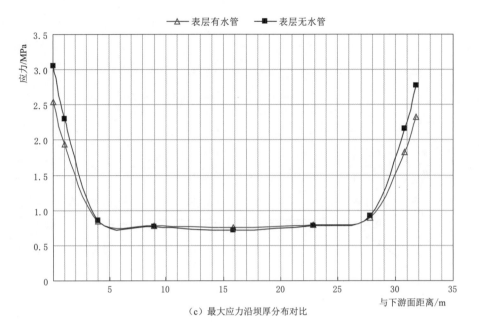

（c）最大应力沿坝厚分布对比

图 3.1.7（二）    当保温板厚度为 3cm 时，坝表层混凝土有无水管的影响

[等效放热系数为 $2kJ/(m^2 \cdot h \cdot \text{℃})$]

从沿坝厚方向温度对比图可以看出，表面无水管对灌浆冷却效果影响显著，坝面温度由 11.3℃上升到 13.3℃，距坝面超过 4m 后温度无变化，坝面灌浆前温度与灌浆后最低温度之差由 -11.8℃下降为 -13.7℃。

从沿坝厚方向横缝开度对比可以看出，表面无水管对坝内部横缝开度基本无影响，而对表面横缝开度有影响，下游坝面横缝开度由 2.67mm 减小到 2.58mm，坝中与上游坝面横缝开度之差由 1.1mm 增加到 1.2mm，坝中与下游坝面横缝开度之差由 0.78mm 增加到 0.88mm。

从沿坝厚方向应力对比可以看出，表面无水管对坝内部应力基本无影响，而对表面应力有影响，下游坝面应力由 2.6MPa 增加到 3.1MPa，距离坝面 1m 处的应力由 1.9MPa 增加到 2.3MPa 左右。

综上所述，表层混凝土的冷却效果直接关系到坝表面温度应力，其中表面保温板厚度分别为 8cm、3cm 时，表面最大主应力均增加 0.5MPa 左右，因此，应该加强灌浆冷却时表层混凝土的温度监测，保证灌浆冷却过程中表层混凝土的冷却效果。

**5. 加强表面混凝土灌浆冷却对夏季灌浆区温度应力的影响**

制约夏天灌浆的关键因素在于表面混凝土的灌浆冷却效果，因此，本书中设计了一组工况，对表面混凝土进行超强灌浆水冷，采用 1.5m×0.75m 的冷却水管，通水流量为 1.5m³/h，水管长度取为 150m。

（1）当保温板厚度为 8cm 时，如图 3.1.8 所示。由沿坝厚温度对比可以看出，对表面混凝土进行超强灌浆水冷有利于降低灌浆冷却时坝面混凝土的温度，坝面温度由

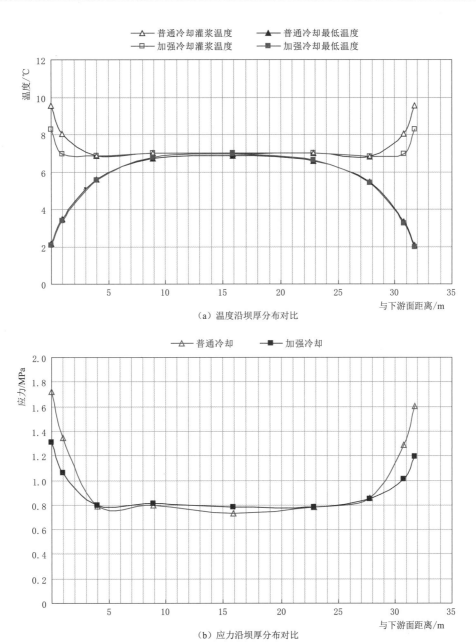

图 3.1.8  当保温板厚度为 8cm 时，加强表层灌浆冷却对夏季灌浆区的影响
[等效放热系数为 2kJ/(m² · h · ℃)]

9.57℃降低为 8.3℃，坝面灌浆前温度与灌浆后最低温度之差由－7.4℃降低为－6.22℃。

由沿坝厚应力对比可以看出，对表面混凝土进行超强灌浆水冷有利于降低坝表层混凝土的应力，下游坝面应力由 1.72MPa 降低为 1.31MPa。

（2）当保温板厚度为 3cm 时，如图 3.1.9 所示。由沿坝厚温度对比可以看出，对表面混凝土进行超强灌浆水冷能有效降低灌浆冷却时坝面混凝土的温度，坝面温度由

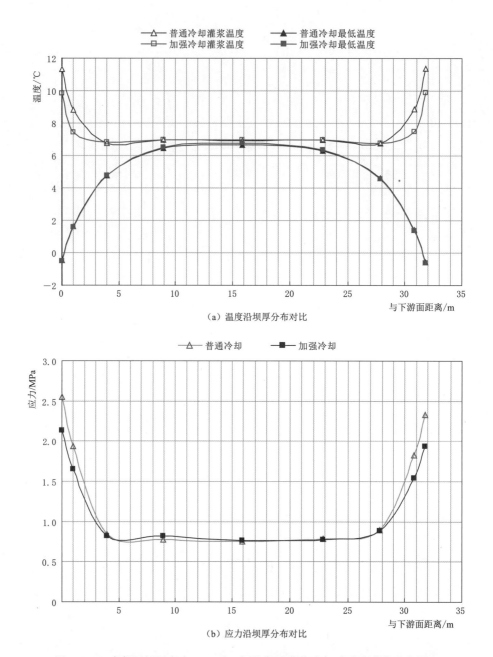

图 3.1.9　当保温板厚度为 3cm 时，加强表层灌浆冷却对夏季灌浆区的影响

11.34℃降低为 9.86℃，坝面灌浆前温度与灌浆后最低温度之差由－11.8℃降低为 －10.37℃。对表面混凝土进行超强水冷对灌浆时坝内温度以及灌浆后最低温度均无影响。

由沿坝厚应力对比可以看出，对表面混凝土进行超强灌浆水冷能有效降低坝表层混凝土的应力，下游面应力由 2.6MPa 降低为 2.1MPa。

综上所述，加强表层混凝土的灌浆水冷有利于降低表层混凝土的温差，进而降低表面最大拉应力，保温板厚度分别为 8cm、3cm 时，表面最大拉应力降幅为 0.4～0.5MPa。

## 3.2 高寒地区高拱坝混凝土温控技术研究

对影响混凝土温度应力的主要温控措施进行了敏感性分析，并结合高寒地区气候特点，对高寒地区混凝土冬季施工方法选择、混凝土早期受冻损害机理及其允许受冻强度、混凝土表面温度应力计算、混凝土保温标准选择及其保温措施等进行了全面系统的理论计算和研究，提出了一整套符合高寒地区高拱坝工程实际的温控防裂措施。

### 3.2.1 高寒地区高拱坝混凝土原材料选择及配合比设计原则

#### 3.2.1.1 高寒地区高拱坝混凝土温控特点及设计要求

通过分析总结龙羊峡、刘家峡、拉西瓦工程气象资料，对高寒地区气象特点和高拱坝混凝土温控特点总结如下：

（1）工程地处青藏高原寒冷地区，海拔均大于 2000.00m，气候条件恶劣，具有年平均气温低（5.8～7.2℃），年气温变幅大（12.35℃）。相同条件下其基础温差应力和表面应力更大，大坝混凝土温控更难、更严格。

（2）气温日变幅大。全年平均有 190 天日温差大于 15℃，这给混凝土表面保温带来困难，要求表面保温标准高，历时长。

（3）气温骤降频繁。全年平均出现 10～13 次气温骤降，且各月均有出现；三日型最大降温幅度达 14.5℃（出现在 2—5 月），寒潮往往伴随着大风，大风又加剧了气温骤降的冷击作用。全年八级以上大风有 17.3 天，最大风速达 18m/s。频繁的寒潮、大风增加了混凝土表面保温防裂难度，须特别重视混凝土表面保护工作。

（4）正负气温交替频繁，年冻融循环次数达 117 次，比上游已建的龙羊峡工程还多41.4 次。因此，对混凝土的抗冻等耐久性要求较高。

（5）每年 10 月下旬混凝土进入冬季施工，到翌年 3 月中旬结束，长达 5 个月。冬季施工工序多，难度大，混凝土表面极易受冻开裂，必须重视混凝土冬季施工方法选择，要有较严格的表面保温措施。

（6）气候比较干燥，年降雨量仅 175mm，而年蒸发量却达 1950mm，平均相对湿度仅 52％，太阳辐射热强，全年日照时数高达 2884.1h。混凝土表面极易出现干缩裂缝，需特别注意加强混凝土表面的养护工作。

（7）由于拱坝坝体较薄，坝体受外界气温变化影响更为敏感，因此应特别重视高拱坝混凝土上下游面永久保温工作。

综上所述，高寒地区气候条件恶劣，具有年平均气温低、气温日变幅大、气温骤降频繁，年冻融循环次数高、冬季施工时间长、日照强烈、气候干燥等特点，对大坝混凝土强度等级、抗渗、抗冻等耐久性指标要求高，对混凝土表面保温防裂要求高；同时高拱坝基础浇筑块尺寸大，基岩弹性模量高，基岩约束应力和水化热温升应力大，大坝温控要求更严格，难度更大。拉西瓦水电站拱坝混凝土设计要求见表 3.2.1。

表 3.2.1　　　　　　　　　　拉西瓦水电站拱坝混凝土设计要求

| 混凝土分区 | 强度等级 | 级配 | 最大水灰比 | 强度保证率/% | 龄期/天 | 粉煤灰/% | | 极限拉伸值/10⁻⁴ | | 工程部位 |
| | | | | | | 约束区 | 非约束区 | 28d | 90d | |
|---|---|---|---|---|---|---|---|---|---|---|
| Ⅰ | C32F300W10 | 四 | ≤0.5 | ≥85% | 180 | ≤30 | ≤35 | ≥0.85 | ≥1.0 | 大坝基础 |
| | C32F300W10 | 三 | ≤0.5 | ≥85% | 180 | ≤30 | ≤35 | ≥0.85 | ≥1.0 | 基础2m范围 |
| Ⅱ | C25F300W10 | 四 | ≤0.5 | ≥85% | 180 | ≤30 | ≤35 | ≥0.85 | ≥1.0 | 大坝中部 |
| Ⅲ | C35F300W10 | 四 | ≤0.50 | ≥85% | 180 | ≤30 | ≤35 | ≥0.85 | ≥1.0 | 大坝上部 |

### 3.2.1.2　高寒地区高拱坝混凝土原材料选择

1. 混凝土骨料

可研阶段经过技术经济比较，选择拉西瓦坝址区红柳滩料场的天然砂砾石骨作为混凝土骨料，其料储量丰富，开采运输条件好，交通方便；同时石质坚硬，砾石磨圆度较好，颗粒形状较好，质量较好，除天然骨料级配稍差外，即粗骨料中大石和特大石含量较少，小石含量多，细骨料中细砂少，细度模数偏大（2.8～3.0），属偏粗的中砂，其他物理力学性能均满足规范要求。尤其是粗骨料压碎指标（仅3.5）和坚固性指标（1.39）均较小，远远小于规范要求，表明骨料强度和抗冻性能较好。

按照《水工混凝土砂石骨料试验规程》（DL/T 5151—2014），分别采用砂浆棒快速法和棱柱体法对红柳滩料场的各级骨料进行了碱活性检测试验。试验结果见表 3.2.2～表 3.2.3 和图 3.2.1～图 3.2.2。

表 3.2.2　　　　　　骨料碱—硅酸反应活性检验试验结果（砂浆棒快速法）

| 骨料品种 | 膨胀率/% | | | | | | |
| | 3 天 | 7 天 | 14 天 | 21 天 | 28 天 | 42 天 | 56 天 |
|---|---|---|---|---|---|---|---|
| 砂 | 0.021 | 0.109 | 0.251 | 0.347 | 0.409 | 0.492 | 0.580 |
| 小石 | 0.021 | 0.094 | 0.206 | 0.286 | 0.344 | 0.423 | 0.485 |
| 中石 | 0.016 | 0.079 | 0.184 | 0.260 | 0.319 | 0.382 | 0.449 |
| 大石 | 0.014 | 0.062 | 0.179 | 0.267 | 0.331 | 0.412 | 0.481 |
| 特大石 | 0.020 | 0.114 | 0.241 | 0.336 | 0.407 | 0.516 | 0.604 |
| 蛮石 | 0.016 | 0.066 | 0.174 | 0.268 | 0.334 | 0.426 | 0.497 |

表 3.2.3　　　　　　骨料碱—硅酸反应活性检验试验结果（棱柱体法）

| 骨料品种 | 膨胀率/% | | | | | | | | | | |
| | 0 | 1 周 | 2 周 | 4 周 | 8 周 | 13 周 | 18 周 | 26 周 | 31 周 | 39 周 | 52 周 |
|---|---|---|---|---|---|---|---|---|---|---|---|
| 砂 | 0 | 0.001 | 0.002 | 0.003 | 0.005 | 0.007 | 0.008 | 0.013 | 0.019 | 0.03 | 0.044 |
| 小石 | 0 | 0.001 | 0.002 | 0.003 | 0.005 | 0.006 | 0.005 | 0.009 | 0.011 | 0.018 | 0.027 |
| 中石 | 0 | 0.001 | 0.002 | 0.006 | 0.007 | 0.008 | 0.008 | 0.011 | 0.015 | 0.022 | 0.031 |
| 大石 | 0 | 0.001 | 0.004 | 0.005 | 0.008 | 0.009 | 0.009 | 0.017 | 0.024 | 0.033 | 0.046 |

续表

| 骨料品种 | 膨胀率/% | | | | | | | | | | |
|---|---|---|---|---|---|---|---|---|---|---|---|
| | 0 | 1周 | 2周 | 4周 | 8周 | 13周 | 18周 | 26周 | 31周 | 39周 | 52周 |
| 特大石 | 0 | 0.001 | 0.001 | 0.003 | 0.006 | 0.005 | 0.006 | 0.013 | 0.019 | 0.029 | 0.035 |
| 蛮石 | 0 | 0.001 | 0.003 | 0.005 | 0.007 | 0.007 | 0.008 | 0.012 | 0.021 | 0.035 | 0.043 |

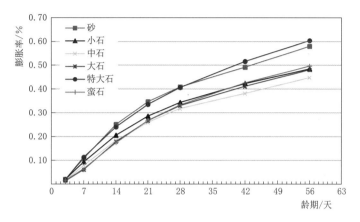

图 3.2.1　骨料碱—硅酸反应活性检验试验结果（砂浆棒快速法）

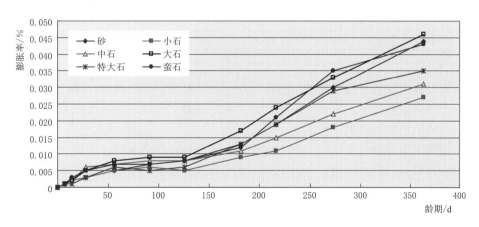

图 3.2.2　骨料碱—硅酸反应活性检验试验结果（棱柱体法）

## 2. 水泥

根据黄河上游已建工程水泥使用经验，拉西瓦主体工程选用甘肃省祁连山水泥有限公司和青海大通水泥股份有限公司生产的中热 42.5 硅酸盐水泥（分别称永登 4.25 水泥和大通 42.5 水泥）进行原材料比选试验。试验表明，拟选用的两种水泥质量良好，均满足《中热硅酸盐水泥　低热硅酸盐水泥低热矿渣硅酸盐水泥》（GB 200—2003）对中热硅酸盐水泥的要求，基本满足拉西瓦水泥指标要求。相比较而言，永登 42.5 水泥早期强度较高，大通 42.5 水泥后期强度较高；但是永登 42.5 水泥比表面积稍大，大通 42.5 水泥的碱含量稍偏高，应与厂家进行协商，并加强对水泥中碱含量的控制。两种水泥的化学成分、矿物成分、物理性能、力学及热学性能检测结果见表 3.2.4～表 3.2.6。

**表 3.2.4**　　　　　　　拉西瓦水泥水泥化学成分、矿物成分检测结果

| 品种 | 化学成分/% | | | | | | | | 矿物成分/% | | | |
|---|---|---|---|---|---|---|---|---|---|---|---|---|
| | $SiO_2$ | $Al_2O_3$ | $Fe_2O_3$ | CaO | MgO | CaO | $SO_3$ | $R_2O$ | $C_3S$ | $C_2S$ | $C_3A$ | $C_4AF$ |
| GB 200—2003 | | | | | ≤5.0 | ≤1.0 | ≤3.5 | | ≤55 | | ≤6 | |
| 拉西瓦水泥要求 | | | | | 3.5～5.0 | ≤1.0 | ≤3.5 | ≤0.6 | ≤55 | | ≤6 | ≥16 |
| 大通42.5水泥 | 21.55 | 4.56 | 5.64 | 60.74 | 4.02 | 0.46 | 1.76 | 0.62 | 48.6 | 21.4 | 1.64 | 18.82 |
| 永登42.5水泥 | 20.80 | 4.17 | 5.19 | 61.64 | 4.00 | 0.15 | 1.90 | 0.53 | 50.3 | 21.8 | 2.25 | 15.78 |

**表 3.2.5**　　　　　　　　　　水泥物理性能试验结果

| 水泥品种 | 比重 /(g/cm³) | 比表面积 /(m²/kg) | 标准稠度 用水量/% | 烧失量 /% | 安定性 （试饼法） | 凝结时间/(时：分) | |
|---|---|---|---|---|---|---|---|
| | | | | | | 初凝 | 终凝 |
| GB 200—2003 要求 | — | ≥250 | — | ≤3.0 | 合格 | ≥1：00 | ≤12：00 |
| 大通42.5水泥 | 3.25 | 297 | 24.0 | 0.49 | 合格 | 3：25 | 4：26 |
| 永登42.5水泥 | 3.23 | 322 | 23.8 | 0.50 | 合格 | 2：23 | 3：22 |

**表 3.2.6**　　　　　　　　　水泥力学及热学性能检测结果

| 水泥品种 | 水化热/(kJ/kg) | | 抗压强度/MPa | | | 抗折强度/MPa | | |
|---|---|---|---|---|---|---|---|---|
| | 3 天 | 7 天 | 3 天 | 7 天 | 28 天 | 3 天 | 7 天 | 28 天 |
| GB 200—2003 要求 | ≤251 | ≤293 | 12.0 | 22.0 | 42.5 | 3.0 | 4.5 | 6.5 |
| 大通42.5水泥 | 220 | 249 | 17.1 | 26.0 | 51.1 | 3.7 | 5.1 | 7.9 |
| 永登42.5水泥 | 217 | 249 | 15.4 | 28.1 | 55.9 | 3.4 | 5.8 | 8.7 |

3. 粉煤灰

为了充分利用混凝土后期强度，提高混凝土强度等级，节约水泥，降低混凝土水泥水化热温升，简化温控措施，改善混凝土性能，抑制混凝土骨料碱活性反应等，必须在坝体混凝土中掺入一定比例的优质粉煤灰。

为了确保工程质量，曾经对大唐甘肃发电有限公司西固热电厂、大唐宝鸡热电厂、大唐陕西发电有限公司渭河热电厂、国电靖远发电有限公司靖远电厂（以下简称靖远电厂）、华能国际电力股份有限公司平凉电厂（以下简称平凉电厂）等原状粉煤灰质量、产量、供货等情况进行实地考察，并进行了对比试验研究，根据粉煤灰质量、年产量、运距及综合单价，最终确定了靖远电厂Ⅰ级粉煤灰、平凉电厂Ⅱ级粉煤灰作为拉西瓦水电站工程混凝土专供粉煤灰供应厂家。

试验结果表明，靖远电厂Ⅰ级粉煤灰和平凉电厂Ⅱ级粉煤灰均能满足工程要求。且靖远电厂粉煤灰质量较好，属于Ⅰ级灰；平凉电厂粉煤灰除细度外，其他指标均能满足Ⅰ级灰的要求，相当于准Ⅰ级灰。化学成分分析检测结果表明，平凉粉煤灰碱含量偏高，需要与厂家协商解决。确定的拉西瓦主体工程使用粉煤灰品质指标要求、两种粉煤灰品质鉴定结果和化学成分检测结果分别见表3.2.7和表3.2.8。

4. 外加剂

为了改善混凝土性能，提高混凝土耐久性，减少单位水泥用量，大体积混凝土中均须掺入高效缓凝型的优质减水剂和引气剂。要求减水剂的减水率大于20%，引气剂的掺气量控制在4%～6%。

表 3.2.7 拉西瓦粉煤灰品质指标要求和鉴定结果

| 指　标 | | 粉煤灰等级 | | 拉西瓦粉煤灰标准 | 鉴定结果 | |
|---|---|---|---|---|---|---|
| | | Ⅰ | Ⅱ | | 靖远电厂 | 平凉电厂 |
| 细度 0.045mm 方孔筛筛余量/% | | ≤12 | ≤20 | ≤20 | 7.0 | 19.4 |
| 烧失量/% | | ≤5 | ≤8 | ≤5 | 2.92 | 0.27 |
| SO₃/% | | ≤3 | ≤3 | ≤3 | 1.05 | 0.5 |
| 需水量比/% | 永登 42.5 水泥 | ≤95 | ≤105 | ≤95 | 91 | 90 |
| | 大通 42.5 水泥 | | | | 89 | 84 |
| 碱含量（以 Na₂O 当量计） | | ≤1.5 | ≤1.5 | ≤2.0 | 1.39 | 2.59 |

表 3.2.8 粉煤灰化学成分检测结果

| 品　种 | 化学成分/% | | | | | | | 碱含量 | 比表面积/(m²/kg) |
|---|---|---|---|---|---|---|---|---|---|
| | $SiO_2$ | $Al_2O_3$ | $Fe_2O_3$ | CaO | MgO | $Na_2O$ | $K_2O$ | | |
| 靖远电厂Ⅰ级粉煤灰 | 48.70 | 25.00 | 9.10 | 7.60 | 2.97 | 1.44 | 0.44 | 1.39 | 509 |
| 平凉电厂Ⅱ级粉煤灰 | 53.40 | 26.55 | 6.60 | 6.10 | 2.80 | 1.53 | 1.58 | 2.59 | 395 |

在混凝土配合比试验研究阶段，曾对浙江龙游五强混凝土外加剂有限责任公司生产的 ZB 系列、石家庄中伟建材有限公司生产的 DH 系列、江苏建筑科学研究院建筑材料研究所生产的 JM 系列等 7 种外加剂和石家庄中伟建材有限公司生产的 DH9 引气剂、浙江龙游五强混凝土外加剂有限责任公司生产的粉状引气剂、上海麦斯特建工高科技建筑化工有限公司生产的 202 引气剂等 4 种引气剂进行了试验研究。

减水剂试验结果表明，在推荐掺量下除 JG-3 的减水剂减水率略小于 21% 外，其余减水剂的减水率均大于 21%，各种减水剂均具有一定的引气性能，均属于高效缓凝型减水剂。其中浙江龙游有限责任公司生产的 ZB-1A 各项性能均较优，江苏建筑科学研究院建筑材料研究所生产的 JM-Ⅱ除 30min 后的坍落度损失偏大外，其他性能稳定良好。

引气剂比选试验表明，石家庄中伟建材有限公司生产的 DH9 引气剂除 3 天强度略偏低外，其他性能均满足标准要求，具有引气气量大、缓凝等作用，且性能稳定。

类比国内工程经验，经综合分析，建议采用浙江龙游有限责任公司生产的 ZB-1A 和江苏建筑科学研究院建筑材料研究所生产的 JM-Ⅱ减水剂作为拉西瓦主体工程混凝土的减水剂；河北石家庄中伟建材有限公司生产的 DH9 引气剂作为拉西瓦水电站主体工程混凝土引气剂。

### 3.2.1.3 高寒地区高拱坝混凝土配合比设计原则

高寒地区高拱坝要求混凝土具有较高的抗压、抗裂强度及抗冻等级。配合比设计的核心是提高混凝土的抗冻及抗裂性能，选择优质的水泥、粉煤灰和骨料，配合比设计采用"两低三掺"的原则，两低为低水胶比、低用水量，三掺为高掺粉煤灰、高效减水剂、优质引气剂（破乳剂、稳气剂）。

结合高寒地区气候特点，不仅要求大坝混凝土具有较高的抗压、抗冻等级，同时要求提高混凝土自身的抗裂能力。一般要求 28 天的极限拉伸值不小于 $0.85 \times 10^{-4}$，90 天极限拉伸值不小于 $1.0 \times 10^{-4}$。因此在配合比设计中应遵循下列原则：

（1）设计龄期。根据高拱坝工程规模和施工期长、承受荷载晚的特点，为了充分发挥粉煤灰混凝土后期强度，节约胶凝材料用量，大坝混凝土一般采用 180 天设计龄期，采用更长龄期或 360 天设计龄期时，需要经过论证。如国内一些坝高超过 200m 的高拱坝如拉西瓦、小湾、锦屏、溪洛渡等均采用 180 天的设计龄期，与 90 天龄期相比，180 天设计龄期可节约 10% 的胶材用量，降低混凝土绝热温升 2~4℃，经济效益显著。但是对于高寒地区高拱坝，对混凝土早期抗裂强度要求较高，不宜使用 360 天的设计龄期。

（2）掺合料。高寒地区高拱坝对混凝土早期抗裂要求高，粉煤灰掺量不宜过大，最大掺量可提高到 35%。

（3）外加剂。为提高混凝土的抗冻性，应掺入适量的高效减水剂和引气剂。为避免高频振捣过程中混凝土气泡损失过大，可掺入适量的稳气剂，以确保混凝土含气量在 5%~6% 范围内。若大气泡较多，可掺入适量的破乳剂。

（4）强度保证率。《混凝土拱坝设计规范》（DL/T 5346—2006）规定，坝体混凝土强度用混凝土抗压强度的标准值表示，混凝土抗压强度标准值指按标准方法制作养护的边长为 150mm 的立方体试件，在设计龄期下用标准试验方法测得的具有 80% 保证率的抗压强度。由于粉煤灰掺量较大，对混凝土早期强度有一定影响，因此为提高混凝土早期强度，高寒地区高拱坝混凝土强度保证率要求不低于 85%。

（5）优化混凝土配合比。在满足混凝土设计强度等级、抗渗、抗冻、极限拉伸等各项指标的前提下，选择较小的单位用水量和胶材用量，以便节约水泥用量，降低水化热温升；为了提高混凝土的抗冻性能等耐久性要求，应适当减小水灰比，宜控制高强度等级（>C25）混凝土最大水胶比小于 0.45。大坝混凝土允许最大水灰比见表 3.2.9。

表 3.2.9　　　　　　　　　　　大坝混凝土允许最大水灰比

| 气候分区 | 混凝土部位 | | | | |
|---|---|---|---|---|---|
| | 水上 | 水位变化区 | 水下 | 基础 | 抗冲磨 |
| 严寒和寒冷地区 | 0.50 | 0.45 | 0.50 | 0.50 | 0.45 |
| 温和地区 | 0.55 | 0.50 | 0.50 | 0.50 | 0.50 |

表 3.2.10 是国内部分高拱坝混凝土强度等级及水灰比要求。相比较而言，拉西瓦地处高原寒冷地区，抗冻等级较高为 F300，其强度等级虽不是最高的，但其水胶比相对较小，对提高混凝土耐久性有利。

表 3.2.10　　　　　　　　国内部分高拱坝混凝土强度等级及水灰比要求

| 工程名称 | 气候条件 | 最大坝高/m | 强度等级 | | | 抗冻等级 | | | 水灰比 | | |
|---|---|---|---|---|---|---|---|---|---|---|---|
| | | | 下 | 中 | 上 | 下 | 中 | 上 | 下 | 中 | 上 |
| 拉西瓦 | 寒冷地区 | 250 | C32 | C25 | C20 | F300 | F300 | F300 | 0.4 | 0.45 | 0.5 |
| 小湾 | 温和地区 | 292 | C40 | C35 | C30 | F250 | F250 | F250 | 0.42 | 0.46 | 0.5 |
| 溪洛渡 | 温和地区 | 278 | C40 | C35 | C30 | F300 | F300 | F300 | 0.42 | 0.46 | 0.5 |
| 锦屏 | 温和地区 | 305 | C36 | C30 | C25 | F200 | F200 | F200 | 0.43 | 0.48 | 0.53 |

（6）提高混凝土的抗冻性等耐久性指标。《混凝土拱坝设计规范》（DL/T 5346—2006）规定，要求寒冷地区大体积混凝土抗冻等级达到 F200，严寒地区的大体积混凝土

抗冻等级达到 F300。但是由于水工混凝土工作条件的复杂性、长期性和重要性，目前对水工混凝土的抗冻指标的认识已提高到一个新的高度和水平。因此国内一些温和地区的高拱坝如小湾、锦屏、溪洛渡等大坝混凝土抗冻等级已突破规范，抗冻等级采用 F250、F300 等。

混凝土的抗冻等级是评价水工混凝土耐久性的重要指标，如何提高大坝混凝土的抗冻指标是大坝混凝土配合比设计的重要内容。混凝土受冻破坏的根本原因是混凝土中的水冻胀破坏。影响混凝土的抗冻指标的因素很多，包括水胶比、含气量、气泡间距及孔径大小、水泥、掺合料、外加剂品种及掺量、骨料粒径等，同时施工工艺、养护条件、环境等也会影响混凝土的抗冻性能。提高混凝土的抗冻性能主要从以下几方面入手：

1）降低水胶比：即在水泥用量一定的条件下，减少单位用水量，从而减少混凝土中的孔隙水，可使混凝土致密，渗透性小，孔隙率降低，从而提高混凝土的抗冻性。

2）含气量及引气剂：混凝土中掺入了优质高效减水剂和引气剂，可使混凝土引入大量互不贯通、密闭均匀的孔径为 0.05～0.2mm 的微小气泡，隔断了毛细管渗水通路，改变了混凝土的孔隙结构，不仅提高了混凝土的抗冻性，而且提高了混凝土的抗渗性。大量试验证明，混凝土含气量在 5%～6% 时，可有效提高混凝土的抗冻性；但当含气量超过一定量时，含气量每增加 1%，混凝土强度相应降低 3%～5%，所以含气量不宜过高，应通过试验确定最佳含量。

3）气泡间距及孔径大小：在含气量一定条件下，对混凝土抗冻性起决定作用是气泡间的距离和气泡孔径，也就是单位体积气泡数的多少。间距越小，单位体积气泡数越多，则有利于混凝土抗冻性的提高；当气泡直径大于 $450\mu m$ 时，对混凝土抗冻性能是不利的，因此为减小萘系减水剂所产生的大气泡，宜掺入一定量的破乳剂 SP169。

4）混凝土强度等级越高，其抗冻等级相应提高，因此可适当提高混凝土强度等级，但是仅靠提高强度等级又是不经济的。

5）施工工艺对混凝土抗冻性能的影响：在混凝土搅拌、运输、浇筑过程中，由于外界气候环境和施工条件的因素，混凝土的坍落度和含气量损失是不可避免的。现场试验资料表明，混凝土的含气量随着坍落度的损失而损失，随骨料级配的增大、浇筑时间的延长而降低，特别是在高频振捣外力的作用下，混凝土的含气量损失就更大，过振可造成混凝土分层离析，气泡损失更大，从而降低混凝土强度，严重影响混凝土的抗冻性能。为了避免不适当的高频振捣引起的混凝土抗冻性能的降低，混凝土中宜掺入一定稳气剂，来保持混凝土的含气量和稳定性，提高混凝土的抗冻性能。

### 3.2.2 大坝混凝土温控标准

高拱坝混凝土温控标准应按"双控"标准控制，即既要满足温差标准，又要满足应力标准。考虑拉西瓦水电站地处青海高原寒冷地区，坝高库大，对混凝土防裂要求较高，必须严格进行混凝土温控。大坝基础混凝土允许温差按照《混凝土拱坝设计规范》（DL/T 5346—2006）规定的下限控制，其控制标准见表 3.2.11。

根据表 3.2.11 确定的混凝土允许温差和各个灌区封拱灌浆温度，确定的拉西瓦大坝混凝土允许最高温控标准见表 3.2.12，非约束区混凝土最高温度按允许内外差 15～17℃控制。

表 3.2.11　　　　　　　　　　大坝基础混凝土允许温差控制标准　　　　　　　　单位：℃

| 距基岩面高度 $H$ | 浇筑块边长 $L$ | | | | |
|---|---|---|---|---|---|
| | ≤16m | 17～20m | 21～30m | 31～40m | 通仓浇筑 |
| $0\sim0.2L$ | 25 | 22 | 19 | 16 | 14 |
| $0.2L\sim0.4L$ | 27 | 25 | 22 | 19 | 17 |

表 3.2.12　　　　　　　　　　大坝混凝土允许最高温控标准　　　　　　　　　　单位：℃

| 坝　段 | 区　域 | 月　份 | | | |
|---|---|---|---|---|---|
| | | 11—3月 | 4、10月 | 5、9月 | 6—8月 |
| $10^{\#}\sim13^{\#}$ 坝段 | $0\sim0.2L$ | 23 | 23 | 23 | 23 |
| | $0.2L\sim0.4L$ | 26 | 26 | 26 | 26 |
| | $>0.4L$ | 26 | 28 | 30 | 32 |
| $14^{\#}\sim19^{\#}$ 坝段 $9^{\#}\sim4^{\#}$ 坝段 | $0\sim0.2L$ | 23 | 23 | 23 | 23 |
| | $0.2L\sim0.4L$ | 25 | 25 | 25 | 25 |
| | $>0.4L$ | 26 | 28 | 30 | 32 |
| $3^{\#}$、$20^{\#}$ 坝段 | $0\sim0.2L$ | 25 | 25 | 25 | 25 |
| | $0.2L\sim0.4L$ | 26 | 27 | 27 | 27 |
| | $>0.4L$ | 26 | 28 | 30 | 32 |
| $1^{\#}\sim2^{\#}$ 坝段、 $21^{\#}\sim22^{\#}$ 坝 | $0\sim0.2L$ | 26 | 26 | 26 | 26 |
| | $0.2L\sim0.4L$ | 26 | 28 | 29 | 29 |
| | $>0.4L$ | 26 | 28 | 30 | 32 |

　　当下层混凝土龄期超过 28 天时，其上层混凝土浇筑时应控制上下层温差。《混凝土拱坝设计规范》（DL/T 5346—2006）规定：上下层温差系指在老混凝土面（龄期超过 28 天）上下各 $L/4$ 范围内，上层混凝土最高平均温度与新混凝土开始浇筑时下层实际平均温度之差。当下层混凝土短间歇连续均匀上升的浇筑块高度 $h>0.5L$ 时，其允许值为 17℃。浇筑块侧面长期暴露时，或下层混凝土高度 $h<0.5L$ 或非连续上升时，宜按下限 15℃ 从严控制。

　　混凝土允许抗裂应力可按极限拉伸值法或者轴拉强度法确定。但采用极限拉伸值法计算的允许应力一般较轴拉强度计算值大，考虑拉西瓦水电站工程地处高原寒冷地区，坝高库大，必须采用高标准严要求，应特别重视加强大坝混凝土温控及其防裂，为确保工程质量，经综合分析，采用抗拉强度控制法确定拉西瓦大坝混凝土允许抗裂应力。采用抗拉强度控制法确定的拉西瓦大坝基础混凝土允许抗裂应力见表 3.2.13。

表 3.2.13　　　　　　大坝基础混凝土允许抗裂应力（抗拉强度控制法）

| 龄　期 | 7 天 | 28 天 | 90 天 | 180 天 |
|---|---|---|---|---|
| 轴拉强度 $R$/MPa | 2.1 | 2.9 | 3.6 | 3.8 |
| 抗裂安全系数 $K_f$ | 1.8 | 1.8 | 1.8 | 1.8 |
| 混凝土允许抗裂应力/MPa | 1.17 | 1.61 | 2.0 | 2.1 |

影响混凝土表温度拉应力的主要因素有：气温变化、水化热温升等。其中气温变化主要有气温年变化、气温骤降、日温差等。由于气温骤降和日温差作用时间较短，属于短龄期荷载，对于短龄期（7 天和 28 天）混凝土，其抗裂安全系数宜取 1.65，而气温年变化作用时间较长，危害更大，因此对于长龄期（90 天和 180 天）的混凝土，其抗裂安全系数按 1.8 考虑，允许抗裂应力仍按抗拉强度控制法计算。各种强度等级混凝土施工期允许抗裂应力控制标准见表 3.2.14。

表 3.2.14　　　　　　　　　　　混凝土施工期允许抗裂应力控制标准

| 强 度 等 级 | | 龄　　　期 | | | |
|---|---|---|---|---|---|
| | | 7 天 | 28 天 | 90 天 | 180 天 |
| C32 | 轴拉强度 $R$/MPa | 2.1 | 2.9 | 3.6 | 3.8 |
| | 抗裂安全系数 $K_f$ | 1.65 | 1.65 | 1.8 | 1.8 |
| | 混凝土允许抗裂应力/MPa | 1.27 | 1.76 | 2.00 | 2.11 |
| C25 | 轴拉强度 $R$/MPa | 2.00 | 2.60 | 3.30 | 3.50 |
| | 抗裂安全系数 $K_f$ | 1.65 | 1.65 | 1.80 | 1.80 |
| | 混凝土允许抗裂应力/MPa | 1.21 | 1.58 | 1.83 | 1.94 |
| C20 | 轴拉强度 $R$/MPa | 1.80 | 2.40 | 3.00 | 3.20 |
| | 抗裂安全系数 $K_f$ | 1.65 | 1.65 | 1.80 | 1.80 |
| | 混凝土允许抗裂应力/MPa | 1.09 | 1.45 | 1.67 | 1.78 |

## 3.2.3　河床坝段混凝土施工期温度应力及其温控措施

本节以河床坝段为计算模型，仿真计算共分两个阶段。

（1）第一阶段。主要根据发包设计阶段试验确定的拉西瓦大坝混凝土参数，对影响拉西瓦拱坝施工期混凝土温度应力的主要温控措施进行了大量的敏感性仿真计算研究，包括浇筑层厚、层间间歇时间、浇筑温度、一期冷却措施（通水时间、水管间排距、水管材质及直径等）、中期通水时间及降温标准、冬季保温措施及保温标准等进行了敏感性分析研究，初步确定拉西瓦大坝混凝土主要温控措施。

（2）第二阶段。根据施工详图阶段大坝混凝土配合比优化试验成果确定的混凝土参数，并结合拉西瓦大坝混凝土温控措施敏感性研究成果和现场实际施工进度计划，对拉西瓦河床坝段混凝土施工期温度场及温度应力进行了全过程仿真计算，进一步对拉西瓦大坝混凝土温控措施进行深入研究。

### 3.2.3.1　计算模型及主要温控参数

取 12# 典型拱冠坝段作为研究对象。计算高程范围取 2210.00～2274.00m。共剖分 20 个结点，等参单元 4488 个，22345 个计算结点。拱冠坝段三维有限元计算局部网格示意图（略去地基部分）如图 3.2.3 所示。

### 3.2.3.2　计算工况及方案拟订

（1）第一阶段。主要以制约拉西瓦大坝混凝土温控措施的 7 月开始浇筑工况为主，同时为了进行敏感性分析，又分别计算了 4 月、9 月、10 月、11 月、12 月等工况，共拟定

图 3.2.3　拱冠坝段三维
有限元计算局部网格示意图
（略去地基部分）

23 个方案。

（2）第二阶段。根据拉西瓦水电站工程施工总进度安排，大坝混凝土计划于 2006 年 4 月 15 日开始浇筑，因此将春季 4 月工况作为主要的计算工况，以夏季 7 月份工况作为主要的控制工况，同时增加 1 个冬季 12 月浇筑方案，共拟定了 42 个温控方案。考虑固结灌浆的影响，每个计算方案基础约束区混凝土浇筑 4.5～6m 后考虑长间歇 45 天，同时要求上下游坝面采用全年保温，并根据下列温控措施进行方案组合。

计算中考虑的温控措施如下：

1）基础约束区不同层厚（1.0m、1.5m、2m、3m）。

2）不同间歇时间（7 天、5 天）。

3）不同的浇筑温度（$T_p = 12℃$、$T_p = 13℃$、$T_p = 14℃$）。

4）同冷却水管间距（2m×1.5m、1.5m×1.5m、1m×1.5m）。

5）不同一期冷却通水天数（10 天、15 天、20 天、25 天、连续冷却等）。

6）不同一期冷却通水水温（6℃人工制冷水和天然河水）。

7）5—9 月份采用表面流水冷却措施。

8）中期冷却措施：每年 9 月开始时 4—8 月浇筑的混凝土、10 月开始对 9 月浇筑的混凝土进行中期冷却。

9）表面保温措施：大坝混凝土上下游面等永久暴露面采用全年保温方式，每年 9 月底开始对浇筑层面等临时暴露面进行保温，至翌年 4 月底方可揭开。

10）考虑徐变和混凝土自生体积变形的影响。

### 3.2.3.3　拉西瓦大坝混凝土温控措施敏感性仿真计算成果

通过分析拉西瓦大坝混凝土温控措施敏感性仿真研究成果，可得出如下基本结论：

（1）浇筑层厚。减小浇筑层厚可有效降低混凝土最高温度及最大应力（图 3.2.4）。基础混凝土浇筑层厚每减小 0.5m，混凝土最高温度平均降低 0.8℃，最大应力减小 0.1MPa。

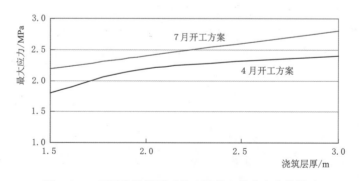

图 3.2.4　不同浇筑层厚对基础混凝土最大应力的影响

（2）浇筑温度。降低浇筑温度可有效降低混凝土温度及应力（图 3.2.5）。基础混凝土最高温度及最大应力越小。混凝土浇筑温度每降低1℃，其混凝土最高温度降低0.5℃，最大应力减小0.05MPa。

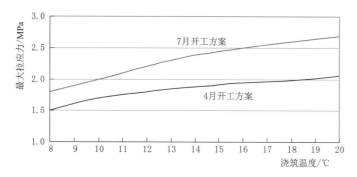

图3.2.5 不同浇筑温度对基础混凝土最大应力的影响

（3）间歇时间。适当延长混凝土间歇时间，可有效降低混凝土最高温度和最大基础温差应力。间歇时间由5天延长至7天，浇筑层厚分别为1.5m和3.0m时，基础混凝土最高温度分别减小0.8℃和1.3℃，最大应力分别减小0.1～0.15MPa。

（4）长间歇浇筑混凝土对基础温差应力影响较大。当间歇时间大于28天，基础混凝土早期温差应力超标，对混凝土防裂不利。因此施工过程中应避免长间歇，特别是应尽量缩短因固结灌浆引起的长间歇。

（5）一期冷却措施效果分析。一期冷却措施对降低混凝土温度应力效果明显。一期通6℃冷水15天，水管间排距1.5m×1.5m，最高温度可降低约10℃，最大应力减小0.8MPa。适当延长一期冷却时间，在一定程度上增加了混凝土早期拉应力，但对减小混凝土后期最大拉应力有利。对于拉西瓦大坝混凝土，一期冷却时间不宜大于20天，否则将会导致混凝土早期拉应力超标。采用外径32mm（壁厚2mm）的高密聚乙烯管材，代替外径25mm的钢管，须加大管内通水流量为1.2m³/h，可获得与金属水管基本相同的冷却效果。

（6）表面流水冷却措施。表面流水冷却措施对降低混凝土最高温度和减小基础温差应力效果明显。当浇筑层厚分别为1.5m和3.0m时，采用表面流水措施，混凝土最高温度分别降低1.9℃和0.6℃。可见浇筑层厚越薄，表面流水效果越好。

（7）外界气温的影响。相同温控措施条件下，4月工况的基础温差小于7月份工况应力，说明外界气温越低，越有利于混凝土散热，基础温差应力越小，因此应尽量利用低温季节浇筑基础混凝土。但是当采取表面流水措施后，浇筑季节对混凝土基础温差应力的影响相对较小。

（8）表面保温是降低混凝土表面温度应力的最有效措施。中期冷却措施对降低混凝土表面应力效果明显。

1）由于高寒地区气候条件恶劣，每年9月、10月是气温变幅较大季节，混凝土表面若不进行保温，混凝土表面应力将严重超标。当采取表面保温措施后，表面温度应力大幅度减小，但仍不满足设计要求。

2）当每年过冬前9月初对高温季节浇筑的混凝土进行中期降温冷却后，使混凝土内部温度降到16～18℃，表面应力满足设计要求。

（9）自生体积变形收缩对混凝土温度应力有较大影响，每 10 个收缩微应变可产生约 0.1MPa 的拉应力。如果大坝自生体积变形为延迟性微膨胀，相反可有效补偿基础混凝土拉应力。

### 3.2.3.4　河床坝段混凝土施工期温度应力计算成果分析

1. 工况分析

总结分析河床坝段 7 月、4 月、12 月工况计算成果，可得出如下结论：

（1）7 月工况。23 个方案中仅方案 gg2-12 混凝土最高温度（23.2℃）及基础温差应力（1.9MPa）、表面应力（2.1MPa）均满足设计要求。基础混凝土采取的主要温控措施为约束区层厚 1.5m，间歇时间 7 天，浇筑温度 12℃；一期时间 20 天，水温 6℃，水管间排距 1.0m×1.5m，表面流水冷却措施；上下游面采取 5cm 的保温板全年保温，过冬时加大强约束区混凝土保温力度，采用 15cm 厚的保温板。

（2）4 月工况。混凝土最高温度及应力随浇筑层厚、浇筑温度、表面流水等措施的变化，显示出与 7 月工况相同的规律。但由于 4 月外界气温相对较低，散热条件较好，相同条件下其基础温差应力较 7 月工况小，对混凝土温控有利。4 月混凝土可采用常温浇筑，其他措施与 7 月工况相同。具体分析如下：

1）浇筑季节的影响。①当不采用表面流水措施时，由于外界气温的影响，对混凝土温度应力的影响较大。即外界气温越低，越有利于混凝土散热，对温控有利，其基础温差应力较小；②当采取表面流水措施后，浇筑季节对混凝土基础温差应力的影响较小，这是因为拉西瓦天然河水水温较低，采用流水养护后相当于人为地营造了低温气候，对混凝土温度应力影响不大，对大坝混凝土温控有利。

2）浇筑层厚对混凝土最高温度及温度应力的影响。计算表明混凝土最大温度应力一般分布在基础强约束区，弱约束区应力相对较小，因此将弱约束区混凝土浇筑层厚可放宽到 3.0m，其最大应力不变。

（3）12 月工况。冬季混凝土层厚可采用 3.0m，须加热水、预热骨料控制混凝土浇筑温度为 5~8℃，同时采用天然河水进行一期冷却，水管间排距 1.5m×1.5m，基础约束区混凝土最高温度为 20.1℃，混凝土最大应力为 1.5MPa，表面最大应力为 1.4MPa，满足设计要求。

2. 表面保温标准对混凝土表面应力的影响

采用不同的保温材料厚度和不同的保温方式对基础约束区混凝土内部温度应力和表面温度应力进行仿真模拟计算。保温材料厚度分别为 4cm、5cm、10cm、15cm 厚的聚苯乙烯泡沫塑料板，同时模拟混凝土一浇筑完毕即采用对基础墙约束区上下游面加厚保温和在入冬前采取加大力度的保温方式。

计算结果表明，混凝土表面最大应力位于基础墙约束区 0~6m 范围内，出现在当年冬季 12 月气温较低时段，这主要是由于夏季 7 月浇筑 3 层 1.5m 混凝土后，混凝土处于基础强约束区，受固结灌浆影响又长间歇 45 天，至 9 月初继续浇筑混凝土，又遇上外界气温降幅较大季节，这时混凝土不但受基岩约束的影响，同时又受外界气温变幅的影响，即基础温差应力与内外温差应力叠加，至 12 月气温较低时段，表面应力达到最大，因此须加大基础强约束区部位混凝土表面保护力度。

保温材料越厚，对减小基础约束区混凝土表面应力越有利。计算结果表明，当混凝土一浇筑完毕即采用5cm的保温材料进行表面保温，在当年9月底将上下游面基础6m范围保温材料加厚至15cm，其表面应力方可满足要求。

另外计算结果还表明，在混凝土浇筑初期，其基础上下游面保温材料不宜过厚，不利于表面散热，仅需在过冬前加强基础部位保温。不同保温材料$\beta$值对基础混凝土最大应力的影响如图3.2.6所示。

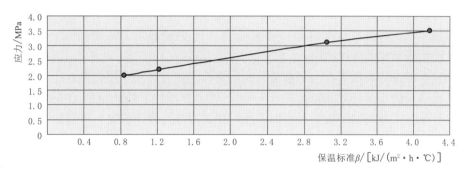

图 3.2.6　不同保温材料 $\beta$ 值对基础混凝土最大应力的影响

通过分析拉西瓦河床坝段混凝土42个不同方案三维温控仿真计算成果，并对影响河床坝段混凝土温度应力的温控措施进行了进一步的敏感性分析，可知大坝混凝土最高温度一般出现在浇筑后的5~7天，最大应力一般出现在后期冷却结束时段，位于基础强约束区0.1L处；在有保温措施的情况下，混凝土表面最大应力一般出现在冬季气温较低时段（12月至次年1月），在无保温措施的条件下，在冬季气温变幅较大季节（即9月底至10月初），表面温度应力增幅较大，这时如果表面保温不及时，大坝混凝土会出现一批裂缝。计算结果表明：

（1）大坝混凝土最大温度应力主要分布在基础强约束区内。因此基础强约束区混凝土宜采用1.5m层厚，脱离强约束区混凝土浇筑层厚可放宽到3.0m层厚。

（2）适当延长间歇时间，可有效降低混凝土最高温度。因此浇筑层厚为1.5m时，控制层间间歇时间以5~7天为宜，浇筑层厚为3.0m时，控制层间间歇时间为7~10天，一般不宜超过10天。

（3）长间歇对大坝混凝土基础温差应力影响较大。施工过程中应尽量避免长间歇浇筑混凝土，特别是应尽量减小因固结灌浆引起的长间歇，避免引起基础贯穿性裂缝，一般不宜超过14天。

（4）降低混凝土浇筑温度，可有效降低混凝土最高温度和减小混凝土基础温差应力。高温季节5—9月控制基础约束区混凝土浇筑温度 $T_p \leqslant 12℃$，脱离约束区混凝土浇筑温度 $T_p \leqslant 15℃$；冬季11至次年3月控制混凝土浇筑温度5~8℃，其他季节可常温浇筑。

（5）一期冷却是降低混凝土最高温度和减小基础温差应力的最有效措施。适当延长一期冷却时间可有效减小最大基础温差应力，但是连续通水时间不宜大于20天，否则将会造成混凝土早期温度应力超标；加密冷却水管间距对降低混凝土最高温度和减小温度应力效果明显。

对于拉西瓦大坝混凝土，一期通水时间不宜大于 20 天，约束区冷却水管间排距采用 1.0m×1.5m，非约束区为 1.5m×1.5m，5—9 月采用 6℃人工制冷水，其他季节可通天然河水，通水流量至 1.08m³/h，每 24h 交换一次通水方向，采用 1 寸钢管，若采用高密聚乙烯管材，应采用等效置换，水管直径 $D$ 为 3.2cm，加大通水流量至 1.2m³/h。控制一期冷却降温幅度为 6～8℃，平均降温速率小于 0.5℃/天。一期冷却结束后，还应采取间断通水、减小通水流量等措施控制温度回升。

（6）表面流水冷却措施对降低混凝土最高温度和减小混凝土基础温差应力效果明显。浇筑层厚越薄，表面流水效果越好。对于夏季 5—9 月浇筑的基础混凝土，宜采用 1.5m 层厚，并增加表面流水养护措施。

（7）冬季新浇筑混凝土，为了避免混凝土受冻，一方面须采用加热水、预热骨料提高混凝土出机口温度，保证浇筑温度为 5～8℃；另一方面为了防止混凝土表面裂缝，控制混凝土内外温差，外部加强混凝土表面保温，提高混凝土表面温度，内部仍须采用天然河水进行一期冷却，降低混凝土内部最高温度，双管齐下控制混凝土内外温差。

（8）中期冷却效果对降低混凝土表面温度应力效果明显。每年 9 月初开始对当年 5—9 月浇筑的老混凝土进行中期通水冷却，削减混凝土内外温差。采用天然河水，通水时间以混凝土块体温度达到 16～18℃为准，通水流量不低于 1.2m³/h。

（9）表面保温是减小混凝土表面温度应力最有效的措施。保温材料越厚，保温效果越好。对于高寒地区高拱坝：①上下游面永久暴露面应采用全年保温的方式，要求混凝土一浇筑完毕即采用保温材料进行保温，保温材料的等效放热系数 $\beta \leqslant 3.05 \text{kJ}/(\text{m}^2 \cdot \text{h} \cdot \text{℃})$；②对于冬季 10 月至次年 4 月浇筑的混凝土施工层面和侧面等临时暴露面，要求混凝土一浇筑完毕即开始保温，同时为了减小内外温差，要求采用天然河水进行一期冷却，降低混凝土最高温度；③对于高温季节 5—9 月浇筑的基础强约束区混凝土过冬，要求当年 9 月底前采取加大保温力度的保温方式，要求其保温材料的等效放热系数 $\beta \leqslant 0.84 \text{kJ}/(\text{m}^2 \cdot \text{h} \cdot \text{℃})$，相当于 15cm 的聚氯乙烯保温板。

## 3.2.4　陡坡坝段施工期混凝土温度应力及其温控措施仿真计算

### 3.2.4.1　计算模型及主要温控参数

由于拉西瓦大坝两岸边坡陡峻（最大坡度 63°），采用单个坝块进行模拟，由于自重的影响，大坝有向下位移的可能，因此靠近基础边坡局部范围混凝土因自重引起法向拉应力增大，而实际施工时，一般先进行河床坝段施工，待河床坝段上升到一定高度，方可进行边坡坝段施工，即先浇坝段阻止了边坡坝段向下位移。因此在进行边坡坝段三维有限元网格模型模拟时，以 16# 坝段作为边坡坝段的主要对象，同时以 14#、15# 坝段作为边坡坝段计算的支撑边界，并在 14# 坝段右侧加法向约束，拉西瓦陡坡坝段温控计算模型简图如图 3.2.7 所示。拉西瓦边坡坝段三维计算模型示意图如图 3.2.8 所示。

混凝土温控计算参数同河床坝段。

### 3.2.4.2　计算工况及方案拟定

主要以夏季 7 月开始浇筑混凝土为控制工况，同时分别计算了春季 4 月、秋季 10 月、冬季 12 月工况。计算模拟的主要温控措施基本同河床坝段。

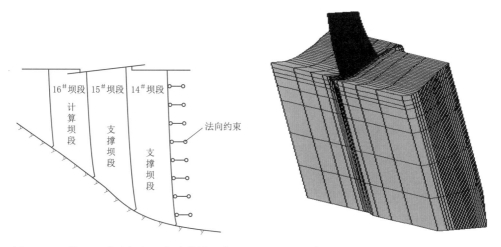

图 3.2.7　拉西瓦陡坡坝段温控计算模型简图　图 3.2.8　拉西瓦边坡坝段三维计算模型示意图

由于边坡坝段混凝土固结灌浆采用预埋灌浆管路，引出坝外灌浆，因此陡坡坝段混凝土温控计算时，未考虑固结灌浆影响引起的混凝土长间歇。

边坡坝段共组合了 23 个计算方案，其中 7 月工况 8 个，4 月工况 7 个、10 月工况 5 个、冬季工况 3 个。

### 3.2.4.3　陡坡坝段坝段混凝土温度应力及其温控措施仿真计算成果分析

由于边坡坝段基础面为斜坡，因而基础约束区范围大，而且自重作用所引起的建基面法向压应力变小，因此计算的混凝土基础温差应力较拱冠坝段也有所增大，且其应力分布与拱冠坝段亦不完全相同。拱冠坝段混凝土最大应力为 1.9MPa，一般位于基础强约束区，距基础面高度 0～10m 范围，而边坡坝段高应力区分布较广，基础三角区 0～30m 范围均为高应力区，而且最大应力为 2.1MPa，位于边坡一侧脱离基岩边坡点高程附近，且靠近边坡一侧上游坝踵和下游坝趾处有部分应力集中现象；并且从水平剖面第一主应力分布图可以看出，越靠近边坡一侧，应力越大，**因此应严格进行陡坡坝段混凝土温控**。据此也可以判定边坡坝段基础强约束区即基础三角区以下范围为强约束区，基础三角区以上 0.2L 高度即为基础弱约束区。

（1）浇筑层厚。由于边坡坝段基础三角区下部仓号较小，若采用薄层浇筑，则增加了层间约束，不利于大坝防裂。根据仿真计算成果，建议陡坡坝段距基础高度 6～9m 范围，尽量采用厚层浇筑，建议采用 2.0～3.0m 层厚。应尽量利用低温季节 10 月至次年 4 月基础约束区混凝土，浇筑层厚可放宽到 3.0m 层厚，5—9 月须采用 1.5m 层厚，脱离强约束区均可采用 3.0m 层厚。

（2）浇筑温度。高温季节宜采取有效措施控制混凝土浇筑温度。基础约束区 5—9 月混凝土浇筑温度 $T_p \leqslant 12℃$，脱离约束区 5—9 月混凝土浇筑温度 $T_p \leqslant 15℃$；冬季 11 月至次年 3 月控制混凝土浇筑温度 5～8℃，4 月、10 月可常温浇筑。

（3）层间间歇时间。宜采用薄层短间歇浇筑混凝土，以利层面散热。浇筑层厚为 1.5m，层间间歇时间宜控制在 5～7 天，浇筑层厚 3.0m，层间间歇时间宜控制在 7～10 天，一般不宜超过 10 天。

由于间歇时间过长，对混凝土基础温差应力影响较大，对于陡坡坝段，宜采用预埋灌浆管路进行固结灌浆，尽量缩短固结灌浆影响的长间歇时间，一般不宜超过 14 天。

（4）一期冷却措施。一期冷却连续通水时间为 20 天，基础约束区混凝土冷却水管间排距为 1.0m×1.5m，脱离约束区混凝土冷却水管间排距为 1.5m×1.5m，5—9 月采用 4~6℃人工制冷水，其他季节可通天然河水，通水流量为 1.08m³/h，每 24h 交换一次通水方向，采用 1 吋钢管（若采用高密聚乙烯管材，应采用等效置换，水管直径 $D=3.2cm$，通水流量为 1.2m³/h）。

（5）表面流水冷却措施。对于夏季 5—9 月浇筑的混凝土，宜采用表面流水冷却养护措施。

（6）表面保护标准。①对于上下游面永久暴露面采用全年保温的方式，要求混凝土一浇筑完毕，即采用保温材料进行保温，保温材料的等效放热系数 $\beta \leqslant 3.05kJ/(m^2 \cdot h \cdot ℃)$；②对于当年 4—9 月浇筑的基础强约束区 20m 范围混凝土，要求当年 9 月底过冬时采取加大保温力度的保温方式，要求其保温材料的等效放热系数 $\beta \leqslant 1.225kJ/(m^2 \cdot h \cdot ℃)$。

## 3.2.5　高寒地区高拱坝冬季温控措施

### 3.2.5.1　混凝土冬季施工的气温标准和允许抗冻临界强度

我国《水工混凝土施工规范》（DL/T 5144—2001）中对水利水电工程冬季施工的气温标准规定为：日平均气温连续 5 天稳定在 5℃以下或最低气温连续 5 天稳定在 -3℃以下时，应按低温季节进行混凝土施工。进入低温季节前，必须编制专项的施工组织设计规范和技术要求，以保证浇筑的混凝土满足设计要求，必须做好混凝土预热、表面保温防冻材料，以避免混凝土受冻和开裂。

根据国内外工程实践经验和试验研究成果，结合水利水电工程施工实际情况，我国在《水工混凝土施工规范》（DL/T 5144—2001）中对水利水电工程冬季施工的混凝土允许受冻临界强度规定为：大体积混凝土不应低于 7.0MPa（或成熟度不低于 1800℃·h）；非大体积混凝土和钢筋混凝土，其允许抗冻临界强度应不低于设计强度的 85%。这个临界强度已为多个国家的规范所采用，不少国家规定的临界抗冻强度也都在 5.0MPa 左右，其中以瑞士最高，瑞典最低，加拿大与我国基本相同。

### 3.2.5.2　冬季混凝土施工方法选择

1. 施工方法

我国《水工混凝土施工规范》（DL/T 5144—2001）规定：严寒和寒冷地区预计日平均气温高于 -10℃时，宜采用蓄热法施工；预计日平均气温在 -15~-10℃时，可采用暖棚法或综合蓄热法施工；对风沙大、不宜搭设暖棚的仓面，可采用保温被下面布设暖气排管的方法；对特别严寒地区（最热月与最冷月平均气温差大于 42℃），在进入低温季节施工时要制订周密的施工方案；除工程特殊需要外，日平均气温低于 -20℃以下，原则上不宜施工。

（1）蓄热法施工。主要是利用混凝土硬化期间，特别是在混凝土浇筑初期，由加热原材料拌制混凝土的热量和水泥水化生成的热量，用适当的保温材料覆盖结构暴露面，以减缓混凝土的散热冷却速度，使混凝土温度缓慢降低，保证混凝土能在正温环境下硬化，在混凝土受冻以前达到预期强度。蓄热法施工相对简单，费用比较低廉，仅需采用加热水、预热骨料等措施控制混凝土出机口温度，是西北寒冷地区水电工程常用的混凝土冬季施工方法。一般日平均气温为−10～5℃时宜采用蓄热法施工。如刘家峡水电站冬季日平均气温为−7.3～2.9℃，大坝混凝土主要采用蓄热法施工，即采用加热水、预热骨料控制混凝土出机口温度为8～15℃，确保浇筑温度为5～8℃，混凝土一浇筑完毕即采用5cm玻璃保温被覆盖。

（2）暖棚法施工。一般外界日平均气温在−15～−10℃时，混凝土浇筑前的冲毛、清洗、基础加热、新混凝土浇筑、养护均不能正常进行，不能满足混凝土早期允许抗冻强度及成熟度要求，必须采用暖棚法施工。采用供暖设备在暖棚内形成3～5℃的正温。我国东北的桓仁、白山水电站以及龙羊峡水电站均采用暖棚法施工，要求在混凝土浇筑顶部搭设暖棚，利用采暖设备制造人工气候，维持室内温度在3～5℃，给混凝土浇筑、养护提供了有利条件。但是暖棚搭设、拆卸费时、费工、费料，对工程进度不利。

（3）综合蓄热法。对于风沙大、不宜搭设暖棚的工程宜采用综合蓄热法。综合蓄热法是在蓄热法的基础上利用高效能的保温围护结构，使混凝土加热拌制所获得的初始热量缓慢散失，并充分利用水泥水化热和掺外加剂等综合措施，使混凝土温度在降到冰点前达到允许受冻临界强度。

综合蓄热法分高、低蓄热法两种养护形式。高蓄热法主要以短时加热为主，使混凝土在养护期间达到受冻强度；低蓄热法主要使用早强剂和掺入防冻剂，使混凝土在一定负温下不被冻坏，仍可继续硬化，即冷混凝土技术。由于防冻剂主要以钠盐、钾盐、钙盐为主（如氯化钠、硫酸钠、碳酸钾、硝酸钾、氯化钙等），具有降低水的冰点使混凝土在负温下进行水化的作用，有利于混凝土强度发展，但是钠盐会加重钢筋锈蚀作用，降低混凝土的耐久性，同时有可能引起混凝土碱骨料反应，因此欧美国家对冷混凝土技术持否定态度，我国大型水电工程一般也很少使用抗冻剂，而多采用高蓄热法。

2. 蓄热法和综合蓄热法的应用

下面以拉西瓦工程为例，介绍高寒地区混凝土蓄热法和综合蓄热法的应用。

结合拉西瓦水电站多年气象资料统计可知，拉西瓦工程坝址区每年10月下旬至次年3月中旬，日平均气温低于5℃，大坝混凝土即进入冬季施工。多年日平均气温低于−10℃的天数每年不足4天，但瞬时气温低于−10℃出现的天数每年却有64天之多，主要集中在12月至次年2月的夜间。结合拉西瓦工程气象特点，宜以蓄热法施工为主，尽量避开夜间低气温时段开盘浇筑混凝土；当日平均气温低于−10℃时，必须开盘浇筑混凝土时，须采用综合蓄热法或暖棚法施工。

（1）蓄热法。当日平均气温−10℃≤$T_a$≤5℃时，采用蓄热法施工。具体措施为：①在基岩面上或老混凝土面上（龄期大于28天），采用蒸汽将岩石表面或老混凝土面升温至2～3℃，加热深度不小于10cm；②混凝土模板采用外嵌5cm聚氯乙烯泡沫板的保温模板，混凝土一浇筑完毕即在顶面采用保温被或聚氯乙烯卷材覆盖保温；③边角部位的保温层厚度为其他部位厚度的2～3倍，混凝土结构有孔洞的部位用棚布封堵进行挡风保温，防止冷空气对流。蓄热法在拉西瓦大坝混凝土工程中的应用如图3.2.9所示。

图 3.2.9　蓄热法在拉西瓦大坝混凝土工程中的应用

（2）综合蓄热法。为加快工程进度，避免搭设暖棚，当外界日平均气温在 $-15 \sim -10℃$ 时，采用综合蓄热法进行拉西瓦大坝混凝土施工。与蓄热法不同的是，综合蓄热法增加了包括对模板周边部位采用搭设简易保温棚升温及仓号中间部位采用电热毯升温等措施。其工艺流程为：立模（保温模板）→布置暖风机→暖风机管路架设→仓面升温→浇筑混凝土→覆盖保温材料保护→供热养护→拆除暖风机。综合蓄热法在拉西瓦大坝混凝土工程中的应用如图 3.2.10 所示。220V 工业电热毯对仓面混凝土升温如图 3.2.11 所示。

图 3.2.10　综合蓄热法在拉西瓦大坝混凝土工程中的应用

### 3.2.5.3　高寒地区混凝土表面温度应力计算

高寒地区气候条件一般具有年平均气温低、气温年变幅大、日温差大、气温骤降频繁、年冻融循环次数高、冬季施工期长、太阳辐射热强、气候干燥等特点，混凝土表面温度应力较大，对混凝土表面保温防裂极为不利，表面保护标准要求高，保温难度大。因此必须高度重视高寒地区混凝土表面温度应力计算和表面保温防裂措施研究。

引起混凝土表面裂缝的原因主要有干缩变形和混凝土表面温度应力过大。干缩变形可通过加强表面养护来防止；混凝土表面温度应力主要由内外温差变化引起的，而混凝土内外温差主要受外界气温变化的影响。外界气温变化归纳起来可划分为三种：①气温的年变

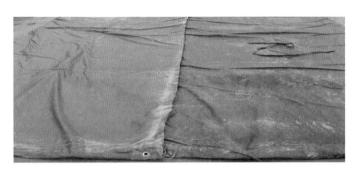

图 3.2.11　220V 工业电热毯对仓面混凝土升温

化，即以月平均气温的年过程线为准，可近似为简谐变化，气温年变幅为 $T_N$；②气温骤降，即以日平均气温对年气温过程线的一定幅度下降，气温骤降变幅为 $T_Z$；③日气温变化，即对日平均气温在 1 天内所产生的日变幅 $T_R$。

关于混凝土表面温度应力的计算方法以及各种气温变化引起的混凝土表面应力如何叠加，《混凝土拱坝设计规范》（DL/T 5346—2006）并没有明确的规定，其附录 C 关于坝体混凝土温度及温度应力的计算仅为资料性附录。混凝土表面温度应力可采用有限元法或者影响线法，而大坝混凝土施工期温度应力三维有限元仿真计算中外界气温采用月平均气温或旬平均气温，可以说其计算的混凝土表面温度应力基本考虑了年变化的影响，但是由于气温骤降、日温差历时短、随机性大，仿真计算本身历时较长，计算工作量大，如果再考虑气温骤降和日温差的影响，时间步长短，计算工作量就更大。对于混凝土表面温度应力，我们关注的是混凝土表面部位最大的温度应力，一般工程主要按照影响线法或经验公式法仅对气温年变化和气温骤降等单工况下混凝土表面最大温度应力进行计算。

下面主要以拉西瓦工程资料为例，按照经验公式分析计算气温年变化、气温骤降、日气温变幅等三种气温变化在混凝土表面所产生的最大温度应力，并根据拉西瓦工程气象条件实际进行最不利工况组合，最终确定各种不利工况组合下的混凝土表面最大温度应力和表面保护标准。

**3.2.5.3.1　气温年变化产生的混凝土表面应力计算**

根据《混凝土重力坝设计规范》（NB/T 35026—2022）关于外界气温年变化引起的应力计算方法如下：

外界气温的年变化可用正弦函数表示为

$$T = -A_N \sin\left(\omega\tau - \frac{\pi}{2}\right) \tag{3.2.1}$$

在混凝土深度 $Y$ 处的温度为 $T(y,\tau)$ 的温度为

$$T(y,\tau) = -A_N e^{-qy}\sin(\omega\tau - qy) \tag{3.2.2}$$

混凝土表面最大应力可计算为

$$\sigma = \frac{E_h \alpha T_0 K_p}{1-\mu}C \tag{3.2.3}$$

其中

$$\omega = \frac{2\pi}{\theta}$$

$$q=\sqrt{\frac{\omega}{\theta a}}$$

式中　$A_N$——外界气温年变幅，$A_N=[18.3-(-6.7)]/2=12.5℃$；

　　　　$\theta$——温度变化周期，$\theta=365$ 天；

　　　　$C$——年变化温度应力系数，$C=0.66$；

　　　　$a$——导温系数；

　　　　$K_p$——应力松弛系数，$K_p=0.65$。

气温年变化产生的混凝土表面温度应力见表 3.2.15，如图 3.2.12～图 3.2.13 所示。
计算结果表明：

表 3.2.15　　　　　　　　气温年变化产生的混凝土表面温度应力　　　　　　　单位：MPa

| 月份 | | 1 | 2 | 3 | 4 | 5 | 6 | 7 | 8 | 9 | 10 | 11 | 12 | 备　注 |
|---|---|---|---|---|---|---|---|---|---|---|---|---|---|---|
| 月平均气温/℃ | | −6.7 | −2.9 | 4 | 9.9 | 13.5 | 16.2 | 18.3 | 18.2 | 13.7 | 7.3 | 0.1 | −5.1 | |
| 气温年变化产生的表面应力 | C32 | 2.16 | 1.31 | 0.13 | −1.09 | −2.03 | −2.43 | −2.20 | −1.40 | −0.23 | 1.00 | 1.97 | 2.42 | 无表面保护 $\beta=83.72$kJ/ ($m^2\cdot h\cdot℃$) |
| | C25 | 2.10 | 1.28 | 0.13 | −1.06 | −1.97 | −2.36 | −2.14 | −1.37 | −0.23 | 0.96 | 1.91 | 2.37 | |
| | C20 | 2.05 | 1.25 | 0.12 | −1.04 | −1.92 | −2.31 | −2.09 | −1.33 | −0.22 | 0.95 | 1.86 | 2.31 | |
| | C32 | 1.01 | 1.06 | 0.82 | 0.37 | −0.17 | −0.67 | −1.00 | −1.06 | −0.85 | −0.42 | 0.13 | 0.71 | 有表面保护 $\beta=3.05$kJ/ ($m^2\cdot h\cdot℃$) |
| | C25 | 0.99 | 1.03 | 0.80 | 0.36 | −0.17 | −0.66 | −0.97 | −1.04 | −0.83 | −0.41 | 0.12 | 0.69 | |
| | C20 | 0.96 | 1.00 | 0.78 | 0.36 | −0.16 | −0.64 | −0.95 | −1.01 | −0.81 | −0.40 | 0.12 | 0.67 | |

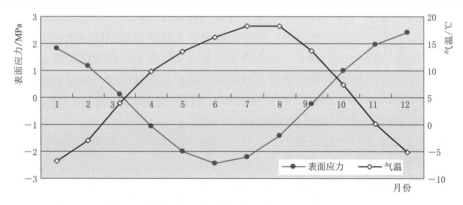

图 3.2.12　拉西瓦大坝混凝土气温年变化产生的表面应力（不保温工况）

（1）气温年变化所产生的表面应力随年气温的变化而变化，表面应力随气温的变化呈
正弦变化。若不采取表面保护，每年 12 月气温最低时，其气温年变化所产生的表面应力
达到最大，为 2.42MPa，夏季 6 月气温最高时，气温年变化所产生的表面应力最小，为
压应力−2.43MPa（C32）。

（2）当混凝土表面采取表面保温，其保温材料的等效放热系数 $\beta\leqslant3.05$kJ/（$m^2\cdot$
$h\cdot℃$）时。气温年变化所产生的表面应力 2 月最大，为 0.95MPa，减小了 1.47MPa，
8 月气温年变幅应力最小，为 1.06MPa，可见表面保温不仅大大降低了混凝土表面应力，

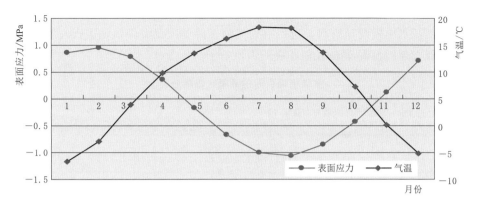

图 3.2.13　拉西瓦大坝混凝土气温年变化产生的表面应力
(保温工况，$\beta = 3.05 \text{kJ/m}^2 \cdot \text{h} \cdot ℃$)

而且使混凝土表面受外界气温的影响滞后了 2 个月。

**3.2.5.3.2　气温骤降产生的混凝土表面温度应力计算**

根据《水工混凝土设计手册》，关于寒潮引起的混凝土表面温度应力计算如下：

气温骤降期间日平均气温的变化可用正弦函数表示为

$$T_a = -T_z \sin\omega(\tau - \tau_1) \tag{3.2.4}$$

其中

$$\omega = \pi/2Q$$

式中　$T_a$——气温；

$T_z$——气温降幅；

$Q$——降温历时。

寒潮对大体积混凝土的影响仅限于表面部分，可按半无限体来计算温度场，混凝土表面的温度可计算为

$$T = -fT_z \sin\frac{\pi}{2P}(\tau - \tau_1 - m) \tag{3.2.5}$$

其中

$$f = \frac{1}{\sqrt{1 + 1.85\mu + 1.12\mu^2}}$$

$$m = 0.4gQ$$

$$P = Q + m$$

$$\mu = \frac{\lambda}{2\beta}\sqrt{\frac{\pi}{Qa}}$$

$$g = \frac{2}{\pi}\tan^{-1}\left(\frac{\mu}{1+\mu}\right)$$

式中　$\lambda$——导热系数；

$\beta$——混凝土表面放热系数；

$a$——导温系数。

混凝土表面最大温度徐变应力可计算为

$$\sigma = \frac{f\rho E\alpha T_z}{1 - \mu} \tag{3.2.6}$$

式中　$\rho$——徐变影响系数。

根据拉西瓦水电站统计资料，选用下列气温骤降类型及温降幅度进行气温骤降应力计算。气温骤降引起的混凝土表面应力见表 3.2.16。

表 3.2.16　　　　　　　　气温骤降引起的混凝土表面应力　　　　　　单位：MPa

| 保温标准 $\beta$ /[kJ/(m² · h · ℃)] | 寒潮类型 | 三日型降温 14.5℃ | | | | 二日型降温 10.5℃ | | | | 一日型降温 8.5℃ | | | |
|---|---|---|---|---|---|---|---|---|---|---|---|---|---|
| | 龄期/天 | 7 | 28 | 90 | 180 | 7 | 28 | 90 | 180 | 7 | 28 | 90 | 180 |
| 允许抗裂应力 | C32 | 1.14 | 1.61 | 1.97 | 2.08 | 1.14 | 1.61 | 1.97 | 2.08 | 1.14 | 1.61 | 1.97 | 2.08 |
| | C25 | 1.05 | 1.50 | 1.87 | 1.95 | 1.05 | 1.50 | 1.87 | 1.95 | 1.05 | 1.50 | 1.87 | 1.95 |
| | C20 | 0.95 | 1.39 | 1.78 | 1.87 | 0.95 | 1.39 | 1.78 | 1.87 | 0.95 | 1.39 | 1.78 | 1.87 |
| 无表面保护 ($\beta$=83.72kJ/m² · h · ℃) | C32 | 3.11 | 3.98 | 4.76 | 4.97 | 2.30 | 2.91 | 3.44 | 3.59 | 1.89 | 2.35 | 2.75 | 2.86 |
| | C25 | 3.00 | 3.86 | 4.64 | 4.85 | 2.22 | 2.83 | 3.35 | 3.50 | 1.82 | 2.28 | 2.68 | 2.78 |
| | C20 | 2.89 | 3.74 | 4.52 | 4.72 | 2.13 | 2.74 | 3.27 | 3.41 | 1.76 | 2.21 | 2.61 | 2.71 |
| 抗裂安全系数 $K_f$（无表面保护）($\beta$=83.72kJ/m² · h · ℃) | C32 | 0.66 | 0.73 | 0.74 | 0.75 | 0.89 | 0.99 | 1.03 | 1.04 | 1.09 | 1.23 | 1.29 | 1.31 |
| | C25 | 0.64 | 0.71 | 0.72 | 0.74 | 0.87 | 0.97 | 1.00 | 1.02 | 1.06 | 1.21 | 1.25 | 1.29 |
| | C20 | 0.59 | 0.70 | 0.72 | 0.72 | 0.80 | 0.95 | 1.00 | 1.00 | 0.97 | 1.18 | 1.25 | 1.26 |
| 有表面保护 ($\beta$=3.05kJ/m² · h · ℃) | C32 | 0.62 | 0.79 | 0.94 | 0.99 | 0.40 | 0.50 | 0.59 | 0.62 | 0.26 | 0.32 | 0.37 | 0.39 |
| | C25 | 0.59 | 0.77 | 0.92 | 0.96 | 0.38 | 0.49 | 0.58 | 0.60 | 0.25 | 0.31 | 0.36 | 0.38 |
| | C20 | 0.57 | 0.74 | 0.90 | 0.94 | 0.37 | 0.47 | 0.56 | 0.59 | 0.24 | 0.30 | 0.35 | 0.37 |
| 抗裂安全系数 $K_f$（有表面保护）($\beta$=3.05kJ/m² · h · ℃) | C32 | 3.33 | 3.67 | 3.69 | 3.71 | 5.19 | 5.77 | 5.99 | 6.06 | 8.03 | 9.10 | 9.52 | 9.68 |
| | C25 | 3.24 | 3.59 | 3.65 | 3.65 | 5.05 | 5.65 | 5.83 | 5.83 | 7.81 | 8.92 | 9.26 | 9.32 |
| | C20 | 2.99 | 3.52 | 3.58 | 3.59 | 4.66 | 5.54 | 5.71 | 5.74 | 7.20 | 8.74 | 9.07 | 9.17 |

计算成果分析如下：

（1）一日型骤降表面应力较小，最大表面应力为 2.86MPa，三日型骤降危害最大，表面应力最大达 4.87MPa，若不采取表面保护措施，仅气温骤降引起的表面拉应力即不满足设计允许拉应力要求。

（2）相同温降条件下，随着龄期的延长，其混凝土表面应力也随着增大，若不采取表面保护措施，混凝土龄期从 7 天到 180 天，其表面拉应力：一日型增加 0.97MPa（C32），三日型增加 1.86MPa（C32）。

（3）相同温降及相同龄期混凝土，随着混凝土强度等级的提高，其表面拉应力也随着增高，若不采取表面保护措施，混凝土强度等级由 C20 提高至 C32，其表面拉应力：一日型增加 0.13～0.15MPa，三日型增加 0.22～0.25MPa。但随着混凝土强度等级的提高，其抗裂安全系数也相应提高。

（4）当混凝土采取表面保护且保温材料等效放热系数 $\beta$≤3.05kJ/m² · h · ℃ 时，混凝土表面拉应力大幅度地减小，一日型为 0.32～0.39MPa（C32），三日型为 0.62～0.99MPa，相当于表面应力减小了 5～7 倍。可见表面保温是减小混凝土表面拉应力及减少混凝土裂缝的最有效措施。

**3.2.5.3.3 日温差变幅产生的混凝土表面温度应力计算**

朱伯芳院士编著的《大体积混凝土温度应力与温度控制》一书关于气温日变化产生的混凝土表面温度应力计算公式如下：

气温的日变化可用正弦函数表示为

$$T_a = T_R \sin \frac{2\pi\tau}{P} \tag{3.2.7}$$

由于气温日变化的影响深度小于 1.0m，而且是周期性变化，而坝体相对较厚，所以可按半无限体计算坝体准稳定温度场。坝体混凝土表面温度可计算为

$$T = fA_R e^{-px} \sin \frac{2\pi(\tau - m)}{P} \tag{3.2.8}$$

其中

$$f = \frac{1}{\sqrt{1 + 2\mu + 2\mu^2}}$$

$$\mu = \frac{\lambda}{\beta}\sqrt{\frac{\pi}{Pa}}$$

$$m = \frac{P}{2\pi}\tan^{-1}\left(\frac{u}{1+u}\right)$$

混凝土表面最大徐变温度应力计算为

$$\sigma = \frac{f\rho A_R E(\tau)\alpha}{1 - \mu} \tag{3.2.9}$$

式中　$A_R$——气温日变幅，如日温差 $\Delta T = 18$，日变幅 $A_R = 9℃$；

　　　　$P$——气温变化周期（$p=1$ 天）；

　　　　$T_a$——外界气温；

　　　　$\rho$——为考虑徐变影响的应力松弛系数，对于日变化，$\rho = 0.9$。

根据拉西瓦地区统计资料，日温差不小于 10℃、15℃、18℃、25℃ 的天数占全年天数的百分比分别为 81.6%、52.0%、32.0%、1.3%，下面分别计算上述四种类型日温差在混凝土表面产生的表面温度应力。日温差引起的混凝土表面温度应力见表 3.2.17。由计算结果可得出如下结论：

表 3.2.17　　　　　　　　　　日温差引起的混凝土表面温度应力　　　　　　　　单位：MPa

| 日温差 | 类型 | 无表面保护 $[\beta=83.72kJ/(m^2 \cdot h \cdot ℃)]$ | | | | 有表面保护 $[\beta=3.05kJ/(m^2 \cdot h \cdot ℃)]$ | | | |
|---|---|---|---|---|---|---|---|---|---|
| | 龄期 | 7d | 28d | 90d | 180d | 7d | 28d | 90d | 180d |
| 日温差 25℃ | C32 | 2.17 | 2.64 | 3.03 | 3.11 | 0.16 | 0.19 | 0.22 | 0.22 |
| | C25 | 2.09 | 2.56 | 2.95 | 3.03 | 0.15 | 0.18 | 0.21 | 0.22 |
| | C20 | 2.02 | 2.48 | 2.87 | 2.95 | 0.14 | 0.18 | 0.21 | 0.21 |
| 日温差 18℃ | C32 | 1.57 | 1.90 | 2.18 | 2.24 | 0.11 | 0.14 | 0.16 | 0.16 |
| | C25 | 1.51 | 1.84 | 2.12 | 2.18 | 0.11 | 0.13 | 0.15 | 0.16 |
| | C20 | 1.45 | 1.79 | 2.07 | 2.12 | 0.10 | 0.13 | 0.15 | 0.15 |

| 日温差 | 类型 | 无表面保护 [$\beta=83.72$kJ/(m²·h·℃)] | | | | 有表面保护 [$\beta=3.05$kJ/(m²·h·℃)] | | | |
|---|---|---|---|---|---|---|---|---|---|
| | 龄期 | 7d | 28d | 90d | 180d | 7d | 28d | 90d | 180d |
| 日温差 15℃ | C32 | 1.30 | 1.58 | 1.82 | 1.86 | 0.09 | 0.11 | 0.13 | 0.13 |
| | C25 | 1.26 | 1.54 | 1.77 | 1.82 | 0.09 | 0.11 | 0.13 | 0.13 |
| | C20 | 1.21 | 1.49 | 1.72 | 1.77 | 0.09 | 0.11 | 0.12 | 0.13 |
| 日温差 10℃ | C32 | 0.87 | 1.06 | 1.20 | 1.24 | 0.06 | 0.08 | 0.09 | 0.09 |
| | C25 | 0.87 | 1.06 | 1.20 | 1.21 | 0.06 | 0.07 | 0.08 | 0.09 |
| | C20 | 0.87 | 1.02 | 1.17 | 1.18 | 0.06 | 0.07 | 0.08 | 0.08 |
| 混凝土允许抗裂应力 | C32 | 1.14 | 1.61 | 1.97 | 2.08 | 1.14 | 1.61 | 1.97 | 2.08 |
| | C25 | 1.05 | 1.50 | 1.87 | 1.95 | 1.05 | 1.50 | 1.87 | 1.95 |
| | C20 | 0.95 | 1.39 | 1.78 | 1.87 | 0.95 | 1.39 | 1.78 | 1.87 |

（1）若不采取表面保护措施，混凝土表面应力随着日温差的增大而增大，随着强度等级的增大而增大，随着龄期的增长而增大。如混凝土强度等级为 C32，日温差由 10℃增大为 25℃，混凝土表面应力增幅为 1.3～1.87MPa。

（2）若不采取表面保温措施，当日温差大于 15℃时，仅日温差产生的混凝土表面应力即大于同龄期混凝土的允许抗裂应力，因此必须加强表面保温，减小昼夜温差产生的表面应力。

（3）当采取了表面保护措施，且 $\beta\leqslant3.05$kJ/（m²·h·℃）时，其混凝土表面温度应力均大幅度地减小。如 $\Delta T=25$℃时，混凝土强度等级相同时（C32），保温后混凝土表面应力仅为 0.16～0.22MPa，相应减小了 2.02～2.88MPa，相当于混凝土表面应力减小了 12～14 倍，可见表面保温效果非常明显。由此可见，在保温的情况下，日温差所产生的表面应力相对较小。

**3.2.5.3.4　各种工况组合下的混凝土表面温度应力**

拉西瓦地区 2000—2008 年实测气象统计资料详见表 3.2.18～表 3.2.19。分析总结拉西瓦地区实测气象统计资料，其气温骤降和日温差特点如下：

（1）每年 10—11 月、3—5 月秋末春初寒潮发生频繁，而降温幅度较大的寒潮主要发生在 4—5 月，为三日型寒潮，最大降温幅度为 14.5℃；其次为 10—11 月，最大降温幅度为 10.5℃。

（2）每年日温差大于 10℃的天数有 293 天，大于 15℃的天数全年为 199.6 天，其中 11 月至次年 2 月月平均在 20 天以上，日温差大于 20℃的天数全年为 68.6 天，主要发生在 11 月至次年 5 月，而大于 25℃的天数年平均仅 3.8 天，主要发生在每年气温交替季节，即每年 3—5 月。

（3）在每年 10 月至次年 2 月气温较低时段，寒潮降温幅度一般不是很大（为 6～10℃），但是在寒潮达到最大幅度时，日温差一般很大，多在 18～22℃；而在每年 3—5 月寒潮降温幅度一般较大（10～14℃），但是当寒潮降到最大幅度时，日温差一般较小（6～10℃）。

表3.2.18　　拉西瓦地区2000—2008年实测寒潮和日温差统计资料

| 年份 | 参数 | 月份 | | | | | | | | | | | | 合计 |
|---|---|---|---|---|---|---|---|---|---|---|---|---|---|---|
| | | 1 | 2 | 3 | 4 | 5 | 6 | 7 | 8 | 9 | 10 | 11 | 12 | |
| 2000 | 寒潮次数 | 1 | 1 | | 1 | 1 | 1 | 1 | | | 2 | 1 | | 9 |
| | 降温历时/天 | 4 | 4 | | 4 | 2 | 2 | 2 | | | 3/1 | 4 | 4 | |
| | 降温幅度/℃ | 9.2 | 8.1 | | 8.3 | 8.4 | 7.8 | 11.5 | | | 6.3/6.7 | 8.1 | 6.7 | |
| | 日温差/℃ | 19.9 | 18.9 | | 8.1 | 13.4 | 7.6 | 8.8 | | | 6.3/11.5 | 13.4 | 19.3 | |
| 2001 | 寒潮次数 | 2 | 1 | | 2 | 1 | 1 | 1 | 2 | 2 | 2 | 1 | 1 | 16 |
| | 降温历时/天 | 2/4 | 3 | | 3/4 | 2 | 3 | 4 | 4/3 | 2/3 | 3/4 | 4 | 4 | |
| | 降温幅度/℃ | 8.4/7.9 | 6.5 | | 9.6/7.5 | 7.1 | 7.5 | 9.7 | 8.3/6.7 | 7.1/6 | 6.4/7.8 | 6 | 6.7 | |
| | 日温差/℃ | 21.8/22.5 | 23.6 | | 13.2/7.2 | 6.7 | 8.5 | 9 | 9.2/5.8 | 5.4/17.6 | 16.6/23.4 | 15 | 19.3 | |
| 2002 | 寒潮次数 | 1 | | 2 | 2 | 1 | | 1 | 1 | 1 | 1 | 1 | 1 | 12 |
| | 降温历时/天 | 4 | | 3 | 2/3 | 3 | | 2 | 3 | 1 | 4 | 3 | 4 | |
| | 降温幅度/℃ | 6.7 | | 6.4/6 | 9.6/6.1 | 6.2 | | 8.1 | 6.2 | 6.2 | 7 | 7.7 | 7.1 | |
| | 日温差/℃ | 17.1 | | 12.9/6.4 | 12.9/10.9 | 5.5 | | 5.9 | 7 | 11.3 | 7.1 | 21.1 | 17.3 | |
| 2003 | 寒潮次数 | | | | 2 | 1 | 1 | 1 | 1 | 1 | 2 | 1 | 1 | 11 |
| | 降温历时/天 | | | | 2/2 | 2 | 2 | 2 | 3 | 1 | 3/2 | 4 | 2 | |
| | 降温幅度/℃ | | | | 6.8/8.8 | 8 | 6.4 | 7.4 | 9.3 | 6.2 | 7.2/7.2 | 8.3 | 6 | |
| | 日温差/℃ | | | | 17.2/19.4 | 8.9 | 9.2 | 3.3 | 6.8 | 11.3 | 2.9/21.9 | 20.8 | 15.2 | |
| 2004 | 寒潮次数 | | 1 | | 2 | 1 | 1 | | 1 | | | 1 | 1 | 8 |
| | 降温历时/天 | | 3 | | 2/4 | 3 | 1 | | 1 | | | 3 | 1 | |
| | 降温幅度/℃ | | 8.2 | | 8.1/6.9 | 13.6 | 6.4 | | 6.2 | | | 10 | 8 | |
| | 日温差/℃ | | 9 | | 8.2/10.4 | 8.7 | 10.3 | | 9.2 | | | 19.9 | 13.9 | |

续表

| 年份 | 参数 | 月份 1 | 2 | 3 | 4 | 5 | 6 | 7 | 8 | 9 | 10 | 11 | 12 | 合计 |
|---|---|---|---|---|---|---|---|---|---|---|---|---|---|---|
| 2005 | 寒潮次数 | 1 | 1 | 2 | 1 |  |  | 1 | 1 |  |  | 1 | 2 | 10 |
|  | 降温历时/天 | 4 | 4 | 3/2 | 2 |  |  | 3 | 2 |  |  | 4 | 1/2 |  |
|  | 降温幅度/℃ | 6 | 7.4 | 10.4/6.7 | 10.5 |  |  | 10.3 | 7.8 |  |  | 6.1 | 8.8/6.4 |  |
|  | 日温差/℃ | 19.2 | 6.6 | 7.9/8.6 | 6.1 |  |  | 4.4 | 4.7 |  |  | 20.8 | 16.1/21.1 |  |
| 2006 | 寒潮次数 | 1 | 3 | 1 | 1 | 2 | 2 | 1 | 2 |  |  |  |  | 13 |
|  | 降温历时/天 | 2/3 | 4/3 | 2 | 2 | 3/2 | 1/2 | 3 | 3/4 |  |  |  |  |  |
|  | 降温幅度/℃ | 8.7/6.4 | 9/10.3 | 11.3 | 13 | 6.4/7.4 | 6.7/6.6 | 9.7 | 6.7/8.1 |  |  |  |  |  |
|  | 日温差/℃ | 13.9/18 | 20.5/10.9 | 14.2 | 5.9 | 14.1/11.7 | 8.9/10.1 | 4.7 | 10.3/7.2 |  |  |  |  |  |
| 2007 | 寒潮次数 |  |  | 1 | 1 | 2 | 1 | 1 |  | 1 | 1 |  |  | 10 |
|  | 降温历时/天 |  |  | 4/3 | 3 | 3/2 | 4 | 3 |  | 4 | 2 |  |  |  |
|  | 降温幅度/℃ |  |  | 8.2/7.1 | 12.9 | 6.4/8.5 | 6.4 | 6.9 |  | 6.3 | 8.9 |  |  |  |
|  | 日温差/℃ |  |  | 10.1/9.2 | 10.1 | 13.6/5.6 | 7 | 6 |  | 3.5 | 4.9 |  |  |  |
| 2008 | 寒潮次数 |  |  | 1 | 2 | 1 |  | 1 |  | 1 |  |  | 1 | 7 |
|  | 降温历时/天 |  |  | 3 | 2/3 | 1 |  | 3 |  | 4 |  |  | 3 |  |
|  | 降温幅度/℃ |  |  | 7 | 8.2/11.4 | 6.4 |  | 6.1 |  | 7.3 |  |  | 6.3 |  |
|  | 日温差/℃ |  |  | 16.2 | 5.9/12.4 | 14.6 |  | 20.4 |  | 4.3 |  |  | 18.4 |  |

注：表中寒潮统计资料为2～4天日平均气温大于6℃的天数，日温差为寒潮期间气温降到最大幅度时的日温差。

表3.2.19　　拉西瓦地区2000—2008年各月实测不同日温差累计天数统计资料

| 年份 | 参数 | 1 | 2 | 3 | 4 | 5 | 6 | 7 | 8 | 9 | 10 | 11 | 12 | 年总计 |
|---|---|---|---|---|---|---|---|---|---|---|---|---|---|---|
| 2000 | 日温差≥10℃的天数 | 27 | 23 | 30 | 28 | 27 | 22 | 29 | 25 | 19 | 22 | 25 | 25 | 302 |
|  | 日温差≥15℃的天数 | 22 | 20 | 14 | 18 | 20 | 13 | 24 | 16 | 11 | 19 | 14 | 19 | 210 |
|  | 日温差≥20℃的天数 | 7 | 8 | 4 | 8 | 12 | 5 | 7 | 4 | 3 | 7 | 5 | 4 | 74 |
|  | 日温差≥25℃的天数 |  |  | 3 | 2 | 1 |  |  |  |  |  |  |  | 6 |
| 2001 | 日温差≥10℃的天数 | 25 | 19 | 29 | 22 | 25 | 27 | 24 | 28 | 18 | 28 | 28 | 24 | 297 |
|  | 日温差≥15℃的天数 | 19 | 17 | 18 | 18 | 16 | 18 | 17 | 15 | 8 | 21 | 23 | 18 | 208 |
|  | 日温差≥20℃的天数 | 8 | 6 | 9 | 8 | 7 | 9 | 8 | 4 |  | 7 | 6 | 2 | 74 |
|  | 日温差≥25℃的天数 |  |  | 2 |  | 2 | 1 |  |  |  |  |  |  | 5 |
| 2002 | 日温差≥10℃的天数 | 27 | 26 | 28 | 26 | 24 | 26 | 24 | 25 | 20 | 28 | 29 | 25 | 308 |
|  | 日温差≥15℃的天数 | 20 | 19 | 20 | 14 | 14 | 16 | 17 | 23 | 7 | 22 | 25 | 19 | 216 |
|  | 日温差≥20℃的天数 | 12 | 8 | 7 | 10 | 4 | 3 | 2 | 4 | 1 | 15 | 15 | 6 | 87 |
|  | 日温差≥25℃的天数 |  |  | 1 | 4 |  |  |  |  |  | 1 |  |  | 6 |
| 2003 | 日温差≥10℃的天数 | 30 | 27 | 21 | 26 | 26 | 27 | 26 | 20 | 19 | 19 | 25 | 28 | 294 |
|  | 日温差≥15℃的天数 | 25 | 19 | 14 | 14 | 13 | 17 | 13 | 10 | 13 | 16 | 19 | 20 | 193 |
|  | 日温差≥20℃的天数 | 14 | 4 | 6 | 8 | 4 | 1 | 4 | 5 | 4 | 7 | 7 | 4 | 68 |
|  | 日温差≥25℃的天数 |  |  | 1 | 2 |  |  |  |  |  |  |  |  | 3 |
| 2004 | 日温差≥10℃的天数 | 29 | 26 | 26 | 27 | 22 | 26 | 23 | 22 | 17 | 25 | 30 | 29 | 302 |
|  | 日温差≥15℃的天数 | 24 | 22 | 16 | 19 | 13 | 15 | 12 | 11 | 8 | 14 | 25 | 22 | 201 |
|  | 日温差≥20℃的天数 | 7 | 8 | 7 | 12 | 4 | 3 | 5 |  | 4 | 5 | 14 | 7 | 76 |
|  | 日温差≥25℃的天数 |  |  | 3 | 1 |  |  |  |  |  |  |  |  | 4 |

续表

| 年份 | 参数 | 1 | 2 | 3 | 4 | 5 | 6 | 7 | 8 | 9 | 10 | 11 | 12 | 年总计 |
|---|---|---|---|---|---|---|---|---|---|---|---|---|---|---|
|  |  |  |  |  |  | 月 | 份 |  |  |  |  |  |  |  |
| 2005 | 日温差≥10℃的天数 | 28 | 21 | 22 | 25 | 28 | 24 | 16 | 19 | 17 | 20 | 25 | 29 | 274 |
|  | 日温差≥15℃的天数 | 18 | 16 | 15 | 18 | 20 | 13 | 12 | 7 | 8 | 12 | 17 | 27 | 183 |
|  | 日温差≥20℃的天数 | 6 | 7 | 6 | 7 | 2 | 3 | 4 |  | 2 | 4 | 5 | 8 | 54 |
|  | 日温差≥25℃的天数 |  |  |  |  |  |  |  |  |  |  |  |  | 0 |
| 2006 | 日温差≥10℃的天数 | 25 | 19 | 29 | 26 | 26 | 22 | 22 | 25 | 16 | 27 | 27 | 27 | 291 |
|  | 日温差≥15℃的天数 | 15 | 13 | 20 | 17 | 18 | 16 | 10 | 13 | 8 | 18 | 20 | 22 | 190 |
|  | 日温差≥20℃的天数 | 5 | 3 | 7 | 12 | 8 | 3 | 3 | 2 | 3 | 8 | 9 | 5 | 68 |
|  | 日温差≥25℃的天数 |  |  | 2 | 2 | 1 |  |  |  |  |  |  |  | 3 |
| 2007 | 日温差≥10℃的天数 | 26 | 25 | 24 | 28 | 26 | 20 | 24 | 20 | 22 | 16 | 30 | 29 | 290 |
|  | 日温差≥15℃的天数 | 21 | 20 | 13 | 14 | 19 | 15 | 12 | 11 | 12 | 10 | 27 | 22 | 196 |
|  | 日温差≥20℃的天数 | 9 | 13 | 8 | 6 | 9 |  | 1 |  | 5 | 2 | 10 | 3 | 66 |
|  | 日温差≥25℃的天数 |  |  | 2 | 1 | 1 |  |  |  |  |  |  |  | 4 |
| 2008 | 日温差≥10℃的天数 | 21 | 21 | 30 | 27 | 29 | 27 | 20 | 23 | 10 | 26 | 25 | 30 | 279 |
|  | 日温差≥15℃的天数 | 11 | 18 | 24 | 15 | 18 | 16 | 17 | 14 | 1 | 16 | 17 | 23 | 199 |
|  | 日温差≥20℃的天数 | 2 | 5 | 8 | 6 | 7 | 4 | 5 | 1 | 1 | 1 | 1 | 9 | 50 |
|  | 日温差≥25℃的天数 |  |  | 1 | 1 | 1 |  |  |  |  |  |  |  | 3 |
| 平均 | 日温差≥10℃的天数 | 26.4 | 23.0 | 26.6 | 26.1 | 25.9 | 24.6 | 23.1 | 23.0 | 16.4 | 23.4 | 27.1 | 27.3 | 293.0 |
|  | 日温差≥15℃的天数 | 19.4 | 18.2 | 17.1 | 16.3 | 16.8 | 15.4 | 14.9 | 13.3 | 9.4 | 16.4 | 20.8 | 21.3 | 199.6 |
|  | 日温差≥20℃的天数 | 7.8 | 6.9 | 6.9 | 8.6 | 6.3 | 3.4 | 4.3 | 2.2 | 2.6 | 6.2 | 8.0 | 5.3 | 68.6 |
|  | 日温差≥25℃的天数 | 0.0 | 0.0 | 1.4 | 1.4 | 0.7 | 0.1 | 0.0 | 0.0 | 0.0 | 0.1 | 0.0 | 0.0 | 3.8 |

分析总结拉西瓦坝址区施工期近 10 年的实测日平均气温统计资料（包括日温差、气温骤降、年变幅资料），可知在年气温变化、气温骤降、日变幅三种气温统计资料中，每年气温较低时段（12 月至次年 2 月）气温年变幅应力最大，但是气温骤降幅度和日变幅均不是最大，但是在 4—5 月，气温骤降幅度和日变幅最大时，年变幅应力却最小，因此在最不利工况叠加时，不应当采用最大的应力进行叠加，而应结合各月日温差、气温骤降出现情况进行选取。一般高温季节浇筑的老混凝土过冬时遇气温骤降和冬季新浇筑的混凝土遇气温骤降是大坝混凝土施工期遇到的两种最不利的工况。因为高温季节浇筑的老混凝土过冬时其气温年变幅应力均较大，如果再遇气温骤降，两者叠加其表面应力将达到最大；而冬季新浇混凝土自身的水化热温升应力较大，但是由于龄期较短，其自身强度较小，此时再叠加遇寒潮应力，如果不进行表面保温，混凝土表面应力将大于自身的抗裂强度而开裂。考虑气温年变幅的影响，因此在进行表面应力叠加时可按长龄期的老混凝土和短龄期的新浇混凝土两大类分别进行计算。

1. 高温季节浇筑的老混凝土过冬时的表面温度应力分析

计算时按 180 天长龄期和 90 天龄期两种工况的混凝土遇气温骤降，分别计算年气温变化、气温骤降、日变幅三种应力进行组合。

（1）工况一（180 天长龄期）。一般高温 5—8 月浇筑的老混凝土，在冬季气温最低时段（12 月至次年 1 月），因年气温变化和日温差产生的应力均较大，如果此时再遇寒潮，其表面拉应力将达到最大，如果混凝土表面未进行表面保护，其裂缝一般较为严重，而且深度较深，这是施工期混凝土遇到的最不利工况之一，计算为

$\sigma_1$=年变幅最大应力 $\sigma_n$＋日变幅应力 $\sigma_r$＋二日型寒潮应力 $\sigma_z$（$\Delta T$=8.5℃）

由于气温年变化最大应力一般发生在每年 12 月至次年 1 月，而 12 月至次年 1 月寒潮最大降温幅度一般为 6～8℃，计算时叠加了 1 月年变化应力，取二日型气温骤降 $\Delta T$=8.5℃，12 月至次年 1 月日温差一般为 18～22℃，取 $\Delta T$=20℃。工况一高温季节浇筑的混凝土在气温最低时段的表面应力（180 天龄期）见表 3.2.20。

表 3.2.20 工况一高温季节浇筑的混凝土在气温最低时段的表面应力（180 天龄期）

| 保温材料 $\beta$ /[kJ/(m²·h·℃)] | 强度等级 | (1) 年气温变化应力 /MPa | (2) 气温骤降应力（二日型寒潮，$\Delta T$=8.5℃）/MPa | (3) 日温差应力（$\Delta T$=20℃）/MPa | (1)+(2)+(3) 组合最大应力 $\sigma_1$ /MPa | 允许应力 /MPa | 抗裂安全系数 $K_1$ |
|---|---|---|---|---|---|---|---|
| 无表面保护 [$\beta$=83.72kJ /(m²·h·℃)] | C32 | 2.14 | 2.91 | 2.49 | 7.53 | 2.11 | 0.50 |
| | C25 | 2.08 | 2.84 | 2.42 | 7.34 | 1.94 | 0.48 |
| | C20 | 2.03 | 2.76 | 2.36 | 7.15 | 1.78 | 0.45 |
| 有表面保护 [$\beta$=3.05kJ /(m²·h·℃)] | C32 | 1.02 | 0.50 | 0.22 | 1.74 | 2.11 | 2.18 |
| | C25 | 0.99 | 0.49 | 0.22 | 1.70 | 1.94 | 2.06 |
| | C20 | 0.97 | 0.47 | 0.21 | 1.65 | 1.78 | 1.94 |

计算结果表明，由于气温年变幅应力在 12 月至次年 1 月气温较低时段达到最大，此

时再叠加寒潮应力，混凝土表面应力将达到最大，如果不进行表面保温，组合应力最大为 7.82MPa，其表面抗裂安全系数均小于 1.0。当混凝土表面采用 5cm 厚的保温材料后，其表面应力大大减小，组合工况下最大应力仅 1.74MPa，抗裂安全系数为大于 1.8，满足设计要求。

（2）工况二（90 天龄期）。高温季节 5—8 月浇筑的混凝土，在秋末冬初 10—11 月气温变幅较大季节，再遇寒潮，其表面应力相对较大，这时如果保温不及时，往往会出现一批裂缝。混凝土龄期按 90 天考虑，按照统计资料 10 月日温差取 $\Delta T=20℃$，寒潮降温幅度取 $\Delta T=10.5℃$，并叠加了 10 月的气温年变幅应力。计算为

$$\sigma_2 = 年变幅应力\ \sigma_n + 日变幅应力\ \sigma_r + 二日型寒潮应力\ \sigma_z(\Delta T=10℃)$$

工况二高温季节浇筑的混凝土在气温最低时段的表面应力（90 天龄期）见表 3.2.21。

表 3.2.21　工况二高温季节浇筑的混凝土在气温最低时段的表面应力（90 天龄期）

| 保温材料 $\beta$ /[kJ/(m²·h·℃)] | 强度等级 | (1) 年气温变幅应力 /MPa | (2) 气温骤降应力（二日型寒潮，$\Delta T=10.5℃$）/MPa | (3) 日温差应力（$\Delta T=20℃$）/MPa | (1)+(2)+(3) 组合最大应力 $\sigma_2$ /MPa | 允许应力 /MPa | 抗裂安全系数 $K_1$ |
|---|---|---|---|---|---|---|---|
| 无表面保护 [$\beta$=83.72kJ /(m²·h·℃)] | C32 | 1.00 | 3.44 | 2.49 | 6.92 | 2.00 | 0.52 |
| | C25 | 0.96 | 3.35 | 2.42 | 6.74 | 1.83 | 0.49 |
| | C20 | 0.95 | 3.27 | 2.36 | 6.57 | 1.67 | 0.46 |
| 有表面保护 [$\beta$=3.05kJ /(m²·h·℃)] | C32 | −0.42 | 0.59 | 0.22 | 0.40 | 2.00 | 9.06 |
| | C25 | −0.41 | 0.58 | 0.22 | 0.39 | 1.83 | 8.51 |
| | C20 | −0.40 | 0.56 | 0.21 | 0.38 | 1.67 | 7.98 |

与工况一相比，年气温变幅应力没有达到最大，若不进行表面保温，组合工况下最大应力为 6.92MPa，其表面抗裂安全系数仍小于 1.0；当混凝土表面采用 5cm 厚的保温材料后，其表面应力大大减小，仅 0.94MPa，表面抗裂安全系数达大于 1.8，满足设计要求。

2. 新浇筑混凝土遇气温骤降时的表面温度应力

（1）工况三。冬季低温时段（12 月至次年 1 月）新浇筑的混凝土，自身的水化热温升应力较大，而此阶段日温差较大，如果再遇到气温骤降，其表面应力也将很大，而此时混凝土自身强度不高，如果混凝土表面不进行保温，很容易产生裂缝，这是施工期最不利的工况。

计算时日温差采用 $\Delta T=20℃$，采用二日型寒潮，最大降温幅度为 8.5℃，并叠加混凝土自身的水化热温升应力，计算龄期为 7 天和 28 天。由于龄期较短，因此不考虑气温年变幅应力。计算为

$$\sigma_3 = 水化热温升应力\ \sigma_n + 日变幅最大应力\ \sigma_r + 二日型寒潮应力\ \sigma_z$$

工况三冬季 12 月至次年 1 月最低气温时段新浇混凝土遇寒潮时的混凝土表面应力见表 3.2.22。

**表 3.2.22** 　　　　**工况三冬季 12 月至次年 1 月最低气温时段新浇混凝土**

**遇寒潮时的混凝土表面应力**

| 保温材料 $\beta$ /[kJ/(m²·h·℃)] | 强度等级 | 气温骤降应力（二日型寒潮）/MPa | | 日温差应力（$\Delta T=20℃$）/MPa | | 水化热温升应力/MPa | | 最大应力 $\sigma$ /MPa | | 允许应力 /MPa | | 抗裂安全系数 | |
|---|---|---|---|---|---|---|---|---|---|---|---|---|---|
| | | 7 天 | 28 天 | 7 天 | 28 天 | 7 天 | 28 天 | 7 天 | 28 天 | 7 天 | 28 天 | 7 天 | 28 天 |
| 无表面保护 [$\beta=83.72$kJ /(m²·h·℃)] | C32 | 2.30 | 2.91 | 1.74 | 2.11 | 2.37 | 1.92 | 6.41 | 6.95 | 1.27 | 1.76 | 0.33 | 0.42 |
| | C25 | 2.22 | 2.83 | 1.68 | 2.05 | 2.28 | 1.84 | 6.17 | 6.72 | 1.21 | 1.58 | 0.32 | 0.39 |
| | C20 | 2.13 | 2.74 | 1.61 | 1.99 | 2.18 | 1.77 | 5.93 | 6.49 | 1.09 | 1.45 | 0.30 | 0.37 |
| 有表面保护 [$\beta=3.05$kJ /(m²·h·℃)] | C32 | 0.40 | 0.50 | 0.06 | 0.08 | 0.66 | 0.97 | 1.12 | 1.55 | 1.27 | 1.76 | 1.88 | 1.88 |
| | C25 | 0.38 | 0.49 | 0.06 | 0.07 | 0.63 | 0.93 | 1.07 | 1.49 | 1.21 | 1.58 | 1.86 | 1.75 |
| | C20 | 0.37 | 0.47 | 0.06 | 0.07 | 0.61 | 0.89 | 1.03 | 1.43 | 1.09 | 1.45 | 1.74 | 1.67 |

　　计算结果表明，冬季新浇筑的混凝土再遇寒潮，如果不采取表面保温措施，组合工况下混凝土表面应力最大为 6.95MPa，抗裂安全系数均小于 1.0；但是当混凝土表面覆盖了 5cm 厚的聚苯乙烯保温材料，寒潮应力和日温差应力降幅较大，组合工况下 C32 混凝土 7 天表面应力为 1.12MPa，28 天的表面应力为 1.63MPa，裂安全系数均为 1.88，但是当强度等级小于 C32，其混凝土抗裂安全系数部分小于 1.8，大于 1.65，基本满足短龄期混凝土允许抗裂要求。

　　（2）工况四。春季 3—5 月新浇混凝土，由于寒潮降温幅度较大，如果混凝土表面不采取保温措施，混凝土也很容易产生裂缝。但是由于春季寒潮降温幅度较大时，日温差一般不是很大，为 6～10℃，因此计算时日温差取 $\Delta T=10℃$，采用三日型寒潮，降温幅度取 $\Delta T=14.5℃$，并叠加混凝土自身的水化热温升应力，计算龄期为 7 天和 28 天。由于春季处于升温阶段，因此年变幅应力相对较小，因此不考虑长龄期混凝土表面应力情况。计算为

$$\sigma_4 = 混凝土水化热温升应力 \sigma_n + 日变幅应力 \sigma_r + 三日型寒潮应力 \sigma_z$$

　　工况四春季 3—5 月寒潮降温幅度最大季节新浇混凝土遇寒潮时的混凝土表面应力见表 3.2.23。

**表 3.2.23** 　　　　**工况四春季 3—5 月寒潮降温幅度最大季节新浇混凝土**

**遇寒潮时的混凝土表面应力**

| 保温材料 $\beta$ /[kJ/(m²·h·℃)] | 强度等级 | 气温骤降应力（三日型寒潮）/MPa | | 日温差应力（$\Delta T=10℃$）/MPa | | 水化热温升应力/MPa | | 最大应力 $\sigma$ /MPa | | 允许应力 /MPa | | 抗裂安全系数 | |
|---|---|---|---|---|---|---|---|---|---|---|---|---|---|
| | | 7 天 | 28 天 | 7 天 | 28 天 | 7 天 | 28 天 | 7 天 | 28 天 | 7 天 | 28 天 | 7 天 | 28 天 |
| 无表面保护 [$\beta=83.72$kJ /(m²·h·℃)] | C32 | 3.11 | 3.98 | 0.87 | 1.06 | 1.16 | 0.28 | 5.14 | 5.31 | 1.27 | 1.76 | 0.44 | 0.60 |
| | C25 | 3.00 | 3.86 | 0.84 | 1.02 | 1.11 | 0.27 | 4.95 | 5.15 | 1.21 | 1.58 | 0.44 | 0.55 |
| | C20 | 2.89 | 3.74 | 0.81 | 0.99 | 1.07 | 0.26 | 4.76 | 4.99 | 1.09 | 1.45 | 0.41 | 0.52 |

| 保温材料 $\beta$ /[kJ/(m²·h·℃)] | 强度等级 | 气温骤降应力（三日型寒潮）/MPa | | 日温差应力（$\Delta T=10℃$）/MPa | | 水化热温升应力/MPa | | 最大应力 $\sigma$ /MPa | | 允许应力 /MPa | | 抗裂安全系数 | |
|---|---|---|---|---|---|---|---|---|---|---|---|---|---|
| | | 7天 | 28天 | 7天 | 28天 | 7天 | 28天 | 7天 | 28天 | 7天 | 28天 | 7天 | 28天 |
| 有表面保护 [$\beta=3.05$kJ /(m²·h·℃)] | C32 | 0.62 | 0.79 | 0.06 | 0.08 | 0.26 | 0.43 | 0.94 | 1.29 | 1.27 | 1.76 | 2.43 | 2.45 |
| | C25 | 0.59 | 0.77 | 0.06 | 0.07 | 0.25 | 0.42 | 0.90 | 1.26 | 1.21 | 1.58 | 2.41 | 2.26 |
| | C20 | 0.57 | 0.74 | 0.06 | 0.07 | 0.24 | 0.40 | 0.87 | 1.22 | 1.09 | 1.45 | 2.26 | 2.14 |

与工况三相比，由于春季外界气温相对冬季较高，因此其自身的水化温升应力较小，同时发生寒潮时，日温差较小，因此其表面应力比工况三小，但是混凝土表面若不采取表面保温措施，其表面应力仍远远大于允许抗裂应力，表面抗裂安全系数小于 1.0。但当采用 5cm 的保温材料后，表面应力均小于同龄期混凝土的允许抗裂应力，抗裂安全系数均大于 2.0，满足设计要求。

（3）工况五。对于拉西瓦地区，春季 3—5 月不仅寒潮降温幅度大，而且每年最大的日温差也发生在这个时期，根据统计资料，日温差大于 25℃ 的天数每年 3～5 天，但是基本没有寒潮发生，因此计算仅考虑春季新浇混凝土在日温差为 25℃ 时的日变幅应力和自身的水化热温升应力。计算为

$$\sigma_5 = 混凝土水化热温升应力\sigma_n + 日变幅应力\sigma_r(\Delta T=10℃)$$

工况五春季 3—5 月新浇混凝土的表面应力见表 3.2.24。

表 3.2.24　　　　　　　　工况五春季 3—5 月新浇混凝土的表面应力

| 保温材料 $\beta$ /[KJ/(m²·h·℃)] | 强度等级 | 日温差应力（$\Delta T=25℃$）/MPa | | 水化热温升应力/MPa | | 最大应力 $\sigma$ /MPa | | 允许应力 /MPa | | 抗裂安全系数 | |
|---|---|---|---|---|---|---|---|---|---|---|---|
| | | 7天 | 28天 | 7天 | 28天 | 7天 | 28天 | 7天 | 28天 | 7天 | 28天 |
| 无表面保护 [$\beta=83.72$kJ /(m²·h·℃)] | C32 | 2.17 | 2.64 | 1.16 | 0.28 | 3.33 | 2.92 | 1.27 | 1.76 | 0.63 | 0.99 |
| | C30 | 2.09 | 2.56 | 1.11 | 0.27 | 3.21 | 2.83 | 1.21 | 1.58 | 0.62 | 0.92 |
| | C25 | 2.02 | 2.48 | 1.07 | 0.26 | 3.08 | 2.74 | 1.09 | 1.45 | 0.58 | 0.87 |
| 有表面保护 [$\beta=3.05$kJ /(m²·h·℃)] | C32 | 0.16 | 0.19 | 0.26 | 0.43 | 0.42 | 0.62 | 1.27 | 1.76 | 5.04 | 4.69 |
| | C30 | 0.15 | 0.18 | 0.25 | 0.42 | 0.40 | 0.60 | 1.21 | 1.58 | 4.99 | 4.34 |
| | C25 | 0.14 | 0.18 | 0.24 | 0.40 | 0.38 | 0.58 | 1.09 | 1.45 | 4.69 | 4.11 |

与工况四相比，由于工况五未考虑气温骤降应力，因此组合工况下表面最大应力相对要小，但是混凝土表面不保温时，其表面应力仍远远大于设计允许抗裂应力。采取表面保温措施后，其表面抗裂安全系数均大于 4.0，满足设计要求。

### 3.2.5.4　大坝混凝土表面保温标准选择及其冬季保温措施

结合表 3.2.20～表 3.2.24 等 5 种最不利工况组合下的混凝土表面应力计算成果可知：

（1）对于高温季节浇筑的长龄期混凝土，在最低气温时段 12 月至次年 1 月遇寒潮

和低温季节新浇筑的短龄期混凝土遇寒潮为施工期两种最不利工况，若不进行混凝土表面保护，其表面应力远远大于设计要求的允许抗裂应力，表面抗裂安全系数均小于1.0。

（2）当混凝土表面采用5cm厚的保温材料［等效放热系数 $\beta < 3.05 \text{kJ}/(\text{m}^2 \cdot \text{h} \cdot ℃)$］后，其混凝土表面应力均小于设计要求的允许抗裂应力。高温季节浇筑的长龄期混凝土过冬时遇寒潮，其表面抗裂安全系数均大于1.8；低温季节浇筑的短龄期混凝土遇寒潮，其表面抗裂安全系数均大于1.65，满足设计要求。

（3）根据大坝施工期温度应力三维有限元仿真计算成果，无论河床坝段，还是陡坡坝段，对于高温季节浇筑的基础强约束区混凝土，在当年9月底前过冬时，应采取加大力度的保温方式，要求基础强约束区保温材料等效放热系数 $\beta \leqslant 0.84 \text{kJ}/(\text{m}^2 \cdot \text{h} \cdot ℃)$（相当于15cm厚的聚氯乙烯）；由于孔口部位冬季表面应力较大，应适当加厚保温材料厚度，要求保温材料等效放热系数 $\beta \leqslant 2.1 \text{kJ}/(\text{m}^2 \cdot \text{h} \cdot ℃)$（相当于8cm厚的聚氯乙烯）；同时要求大坝上下游面等永久暴露面采取全年保温方式，对于每年10月至次年4月浇筑的大坝顶面和侧面可采取临时保温方式，并要求混凝土一浇筑完毕即采取表面保温材料进行覆盖。

综上所述，考虑高寒地区气候条件恶劣，具有气温年变幅、气温骤降频繁、日变幅较大等特点，混凝土表面应力较大，对于高拱坝混凝土，无论施工期，还是运行期，均要求采取表面保温措施。对于拉西瓦大坝混凝土保温标准要求如下：

（1）对于大坝上下游面等永久暴露面，采用全年保温的方式。建议施工期保温与运行期永久保温相结合，要求保温后的混凝土表面放热系数 $\beta \leqslant 3.05 \text{kJ}/(\text{m}^2 \cdot \text{h} \cdot ℃)$。采用5cm厚的挤塑型聚苯乙烯泡沫塑料板贴在模板内侧。

（2）各坝块侧面及上表面采取临时保温方式。对当年冬季10月至次年4月浇筑的混凝土侧面及上表面，要求一浇筑完毕立即覆盖保温被；对高温季节5—9月浇筑的混凝土，要求在每年9月底以前完成所有部位混凝土表面保温工作，至次年4月底方可拆除保温材料；对坝体重要部位已形成的孔洞、廊道等也必须在9月底前挂保温材料封口，防止冷空气对流而产生混凝土裂缝。要求保温材料的等效放热系数 $\beta \leqslant 3.05 \text{kJ}/(\text{m}^2 \cdot \text{h} \cdot ℃)$。

（3）对于高温季节5—8月浇筑的基础强约束区混凝土，要求当年9月底前采取加大力度的保温方式，要求保温材料的等效放热系数 $\beta \leqslant 0.84 \text{kJ}/(\text{m}^2 \cdot \text{h} \cdot ℃)$（相当于15cm的聚苯乙烯泡沫塑料板）。

（4）考虑坝内孔口部位混凝土过冬时表面应力较大，应适当加厚保温材料。因此对于当年浇筑的孔口部位的混凝土，要求保温材料的等效 $\beta \leqslant 2.1 \text{kJ}/(\text{m}^2 \cdot \text{h} \cdot ℃)$（相当于8cm的玻璃棉被）。

（5）冬季浇筑的混凝土应适当推迟拆模时间。拆模时间为5~7天，并选在中午气温较高时段拆模，气温骤降期间禁止拆模，模板拆除后应立即覆盖保温材料，防止混凝土表面产生裂缝。

（6）对易受冻的边角部位3m范围内保温材料厚度应适当加厚。

#### 3.2.5.5　混凝土保温材料试验研究及其保温材料选择

考虑拉西瓦工程地处高原寒冷地区，气候条件恶劣，大坝为双曲薄拱坝，受外界气温影响较大，无论施工期，还是运行期，必须加强大坝表面保温，防止混凝土表面裂缝。为了确保工程质量，为拉西瓦大坝混凝土上下游面选择保温隔热效果好、工艺简单、施工方便的保温材料。

##### 3.2.5.5.1　保温材料分类及其性能

目前保温材料多采用泡沫塑料，其品种主要有聚苯乙烯泡沫塑料、聚乙烯泡沫塑料、聚氨酯泡沫塑料，都是闭孔结构，不吸水，均可用于大体积混凝土中。

（1）聚苯乙烯泡沫塑料板。白色硬质板，有一定强度，不吸水，保温性能好，质轻，耐久性强，导热系数为 $0.13\sim0.16kJ/(m^2 \cdot h \cdot ℃)$，弯曲抗拉强度不小于 0.18MPa，抗压强度不小于 0.15MPa，吸水率不大于 $0.08kg/m^3$，容重 $20\sim30kg/m^3$。在龙羊峡、刘家峡等坝段上下游面已成功使用，多采用模板内贴法，保温效果较好，施工方便。缺点是遇明火易燃烧，须加入阻燃剂。

（2）聚乙烯泡沫保温板。导热系数为 $0.13\sim0.15kJ/(m^2 \cdot h \cdot ℃)$，隔热效果好，重量轻，抗拉强度 $0.2\sim0.4MPa$，其最大的优点就是柔性好，富有弹性，可在各种形状的混凝土表面使用。气泡也是闭孔型，能防水，吸水率小于 $5kg/m^3$，但相比聚苯乙烯吸水率要大。曾在三峡二期工程使用，从实际使用情况看，保温效果较好，但是由于抗拉强度低，风速大时易被撕破，且吸水率稍大，因此须在表面贴彩条布，提高抗拉强度和防水性能。

（3）聚氨酯泡沫塑料板。该板采用一种极强的黏合剂，加入发泡剂制成泡沫后具有保温能力，而且可与混凝土黏结形成保温层。聚氨酯泡沫塑料是闭孔结构，不吸水，导热系数小于 $0.11kJ/(m^2 \cdot h \cdot ℃)$，保温隔热效果较好，黏着强度 0.1MPa，渗透系数小于 $0.1\times10^{-8}$，抗冻标号大于 F200。聚氨酯泡沫塑料通常采用喷涂法施工，把材料分成 A 组和 B 组，A 组包括聚氨酯和扩链剂，B 组包括发泡剂、催化剂、稳定剂、阻燃剂等。两组材料分别由专用计量泵按比例输送至喷枪内，用干燥压缩空气作为搅混能源，将两组材料吹散混合，并在压缩空气作用下，将混合物射至混凝土表面。该种保温材料在新疆石门子碾压混凝土拱坝成功使用，当地气候严寒，使用效果好。

##### 3.2.5.5.2　保温材料试验研究

聚氨酯泡沫塑料是近年来发展的一种新型保温材料，具有保温性能好、无污染、节约能源、快速固化、施工期短等优点。为了解它在高寒地区的保温效果及其施工工艺，为拉西瓦工程大坝保温材料选择提供可靠的依据，2006 年拉西瓦建设公司组织在地理位置、气候条件等与拉西瓦相近的刘家峡水电站大坝下游面老混凝土面上进行保温材料现场试验。目的是模拟在与拉西瓦气候相近的自然低温环境下，研究聚氨酯保温材料的保温保湿效果及其施工工艺，为拉西瓦大保温材料选择提供第一手现场资料，以满足现场施工和大坝防裂要求。

试验场地条件：刘家峡水电站位于青海省黄河上游干流上的尖扎县境内，距拉西瓦下游河道距离 32.8km，气象条件与拉西瓦基本相当。两工程气象资料对照见表 3.2.25。

表 3.2.25 刘家峡和拉西瓦工程气候条件对比表

| 工程项目 | 拉西瓦工程 | 刘家峡工程 | 工程项目 | 拉西瓦工程 | 刘家峡工程 |
|---|---|---|---|---|---|
| 年平均气温/℃ | 7.3 | 7.77 | 日温差大于15℃的天数 | 195 | 146 |
| 月平均最高气温/℃ | 18.3（7月） | 19.15（7月） | 冻融循环次数 | 118 | 77 |
| 月平均最低气温/℃ | −6.7（1月） | −6.15（1月） | 年降雨量/mm | 175 | 331 |
| 气温骤降次数 | 10 | 13 | 年蒸发量/mm | 1950 | 1881 |
| 最大降温幅度/℃ | 14.5 | 16.5 | | | |

**1. 试验布置**

试验场地选择在刘家峡 9 号坝段 2059～2087m 的 30m 范围，主要研究在自然环境下喷涂不同厚度的聚氨酯材料时外界气温变化对大坝表面及内部混凝土温度和湿度的影响。试验区分为 4 部分，聚氨酯泡沫塑料喷涂试验分区示意图如图 3.2.14 所示。喷时段为 1 月 2—7 日，其中 A 区为气温较低时段施工的。

图 3.2.14 聚氨酯泡沫塑料喷涂试验分区示意图

在各试验区内分别布置了 3 组温度计和湿度计，每组仪器由 3 支温度计和 1 支湿度计组成。在 D 区和 B 区分别加装 3 支温度计，在 A 区加装 2 支湿度计。温度计和湿度计埋设在混凝土表面下 1.5～5cm 范围内。

**2. 喷涂工艺**

试验前对当地气候条件、聚氨酯泡沫特性、喷涂材料工艺进行详细分析，预估了喷涂过程可能遇到的问题，并按照自上而下的原则控制喷涂顺序，按照分层喷涂原则控制喷涂厚度，按照均匀分散原则、恒温原则、安全原则等来控制喷涂质量和美观。

**3. 测试结果分析**

通过埋设在聚氨酯保温层下的温度计、湿度计的长时间原型观测，取得了大量的温度和湿度数据，据此进行了实测温度和湿度分析。

（1）A 区实测温度分析。测温时段：2006 年 1 月 3 日—3 月 16 日，历时 73 天时间。经历日温度变化、气温上升阶段、气温下降阶段，实测气温变化过程线如图 3.2.15 所示。

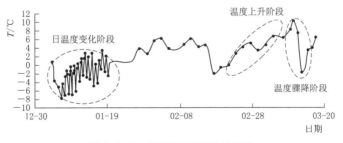

图 3.2.15 实测气温变化过程线

1) 日温度变幅。在测温初期阶段（2006 年 1 月 8—16 日），每天测温 4 次，即每天 9：00、14：00、17：00、20：00。为了分析方便，须引入混凝土表面保温系数 $K$ 的概念，即 $K = \dfrac{A_{\mathrm{f}}}{A_0}$，其中 $A_{\mathrm{f}}$ 为混凝土表面温度日变幅，$A_0$ 为外界气温日变幅，$K$ 值越小，表示保温效果越好。

由测试结果可知，A 区 $K$ 值平均为 0.22，B 区 $K$ 值平均为 0.28，C 区 $K$ 值平均为 0.28，D 区 $K$ 值平均为 0.24。可见保温系数平均为 0.255，也就是说采用聚氨酯保温材料，混凝土表面温度变幅较外界气温变幅缩小了约 1/4，保温效果良好。

2) 升温阶段。2006 年 2 月 16 日—3 月 10 日，历时 23 天，气温从 $-2.15\,℃$ 上升到 $9.95\,℃$，气温变幅为 $12.1\,℃$。升温阶段不同深度处混凝土温度变化如图 3.2.16 所示。从不同深度处温度上升情况可知，混凝土表面下 1.5cm 深度范围温度梯度变化大，而 1.5～5.0cm 范围温度梯度变化缓慢。

由图 3.2.16 可知，D 区和 A 区温度上升最小，C 区次之，B 区最大，保温层厚度越大，效果越好。外界气温上升 $12.1\,℃$，而 B 区混凝土表面温度上升了 $4.5\,℃$，表面保温系数为 0.37，即混凝土表面温度变幅较外界气温缩小约 1/3，隔热效果良好，但是比日气温变化保温系数大，这主要由于升温历时较长（23 天）而日变幅作用时间短的缘故。

3) 降温时段。3 月 10 日—3 月 12 日，经历了一次寒潮，2 天内气温从 $9.95\,℃$ 降到 $-1.9\,℃$，降温达 $11.85\,℃$。寒潮降温过程不同深度处混凝土温度变化如图 3.2.17 所示。

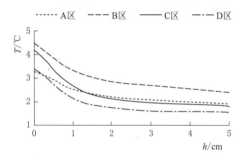

图 3.2.16　升温阶段不同深度处
混凝土温度变化

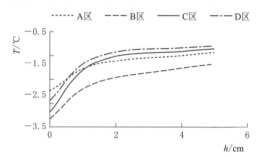

图 3.2.17　寒潮降温过程不同深度处
混凝土温度变化

与升温过程相似，混凝土表面 0～2cm 范围温度梯度较大，2～5cm 温度梯度较缓。由于寒潮历时短，与日气温变化相似，D 区保温系数为 0.23，B 区保温系数为 0.28，保温材料厚度越大，保温效果越好。

（2）B 区实测湿度分析。图 3.2.18 是 B 区方案中混凝土湿度变化过程线，坝址区域湿度在 30％～60％变化，平均值为 43.2％，如果没有保湿措施，混凝土表面将出现较大的干缩应力。图 3.2.18 表明，在喷涂聚氨酯泡沫后，混凝土的湿度逐渐上升并且很快稳定，保持在 74％～78％，基本不受外界湿度变化的影响，说明聚氨酯泡沫的保湿效果非常显著。其他案与 B 区方案类似。

4. 结论

综合分析在刘家峡大坝下游面进行的聚氨酯泡沫塑料的现场保温保湿试验研究结果，可得出如下结论：

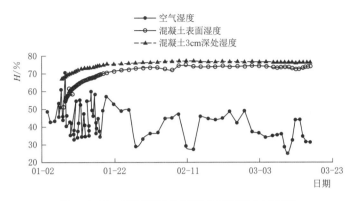

图 3.2.18 不同深度处混凝土湿度变化过程线

（1）采用喷涂施工工艺时，聚氨酯泡沫和大坝表面黏结能力良好，在高寒、干燥条件下聚氨酯泡沫具有良好的保温保湿效果，保温层厚度越大，保温效果越好。

（2）喷涂厚度相同时，彩色聚氨酯泡沫保温层的保温保湿效果稍逊色于本色聚氨酯泡沫；聚氨酯泡沫表面加喷水泥面对提高混凝土的保温保湿效果有一定作用，但效果不显著。

（3）在大坝上下游面喷涂聚氨酯，须在混凝土拆模后在进行喷涂，增加了高空作业工序，同时由于高寒地区冬季气候寒冷，日温差较大，寒潮频繁，混凝土浇筑后须立即保温，采用聚氨酯泡沫塑料则无法满足新浇混凝土的保温要求。

（4）另外，聚氨酯喷涂工艺对施工温度比较敏感，温度低时发泡不足，温度过高时发泡膨胀，影响黏结强度，适宜温度为 18～24℃。拉西瓦地区冬季 11 月至次年 2 月月平均气温在 -6.7～0℃ 范围，气温较低，须采用严格的施工工艺，增加催化剂，加热喷雾空气为 40～60℃，工艺掌握不好，保温层喷涂后不久即脱落。

考虑拉西瓦水电站工程坝高库大，大坝为混凝土双曲薄拱坝，坝体混凝土温度受外界气温影响较大，对大坝保温防裂要求严格。因此选择施工技术比较成熟、使用方便、保温效果与聚氨酯相当的聚苯乙烯泡沫保温板作为大坝上下游面的主要保温材料，采用挤塑型聚苯乙烯泡沫保温板贴在模板内测，对于水平施工仓面及侧面采用 5cm 的聚氯乙烯卷材或玻璃棉保温被等。混凝土保温标准及材料厚度选择见表 3.2.26。图 3.2.19～图 3.2.22为拉西瓦大坝混凝土保温材料现场应用情况。

表 3.2.26　　　　　　　　混凝土保温标准及材料厚度选择

| 部　位 | 保温标准 $\beta$ /[kJ/(m² · h·℃)] | 保温材料 | 厚度 /cm | 导热系数 /[kJ/(m² · h·℃)] | 验算 $\beta$ 值 /[kJ/(m² · h·℃)] | 备　注 |
|---|---|---|---|---|---|---|
| 大坝上下游面 | $\beta \leqslant 1.225$ | 聚苯乙烯泡沫塑料板 | 15 | 0.13 | 0.86 | 模板内贴 |
| | | | 10 | 0.11 | 1.09 | 直接喷涂 |
| | $\beta \leqslant 3.05$ | | 5 | 0.13 | 2.52 | 模板内贴 |
| | | | 5 | 0.11 | 3.22 | 直接喷涂 |
| 大坝横缝面及水平施工面 | $\beta \leqslant 3.05$ | EPE | 5 | 0.084 | 1.64 | 悬挂 |
| | | 玻璃棉保温被 | 8 | 0.1674 | 2.04 | 覆盖 |

续表

| 部　　位 | 保温标准 $\beta$ /[kJ/(m² · h · ℃)] | 保温材料 | 厚度 /cm | 导热系数 /[kJ/(m² · h · ℃)] | 验算 $\beta$ 值 /[kJ/(m² · h · ℃)] | 备　　注 |
|---|---|---|---|---|---|---|
| 导流底孔等孔洞混凝土 | $\beta \leqslant 2.1$ | 玻璃棉保温被 | 10 | 0.1674 | 1.64 | 悬挂 |
| | | 聚苯乙烯 泡沫塑料板 | 8 | 0.12558 | 1.54 | 模板内贴 |

图 3.2.19　挤塑保温板内贴保温 施工工艺效果图

图 3.2.20　大坝永久外露面挤塑保温板 施工效果图

图 3.2.21　大坝横缝面临时保温方式（聚氯乙烯卷材＋彩条布）

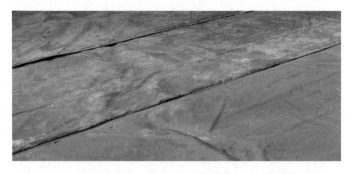

图 3.2.22　冬季大坝施工仓面临时保温方式（玻璃棉保温被）

## 3.3 高拱坝工作性态自动化监测新方法

拱坝是高次超静定结构，具备节约用材、体型优美且安全储备高等优点，但工程失事的后果非常严重，且缺乏可供借鉴的运行经验，故需借助布设的安全监测设施，全面了解拱坝的运行状态，确保高坝大库的长治久安。本节针对高寒地区高拱坝安全监测中存在的高水头、高应力、大变形以及复杂外部环境条件等特点，梳理了高拱坝常用监测仪器设备及其适应性，重点研究了拱坝内外部变形高精度自动化监测新方法，研制了基于智能控制测斜探头精确感应的自动测斜装置，提升了高拱坝变形监测的智能化水平；研发了一体化封装保护壳体和耐水压电缆封装结构，确保了内观仪器在高水压低气温环境下，保持测值稳定性和长期适应性；构建了高寒地区多信道混合通信组网的多源数据传输体系，提高了监测数据获取的实时性和传输的稳定性；提出了强震事件智能触发策略和大坝安全性态高频动态采样方法，实现地震期间及地震前、后一定时段内大坝结构物动力学安全性态的高频动态感知和海量存储，解决了地震全过程高拱坝非线性动力响应难以完整准确测量的难题。

### 3.3.1 高拱坝内外部变形高精度自动化监测新方法

现有的拱坝内部变形监测方法中，坝体变形采用正倒垂线组和静力水准及双金属标系统监测已经比较成熟，监测成果良好；坝基、坝肩及两岸边坡内部变形采用多点位移计、基岩变位计、滑动测微计、测斜仪等设备来进行观测，大部分能够实现自动化监测，部分仪器依赖人工操作，及时性较差且精度低。因此当前需要开展具有高精度、高频次测量且能够适用于大范围测量的高拱坝变形监测技术研究，建立适用于高拱坝的变形多源联合监测体系，多维度扩充大坝运行信息的获取途径，优化提升大坝变形监测的可靠性、连续性和准确性。

#### 3.3.1.1 测量机器人和全球导航卫星系统（GNSS）协同应用的高拱坝外部变形高精度监测方法

测量机器人和 GNSS 是目前最常用的大坝外部变形自动化监测方法，两者都具有无人值守、远程控制、自动监测的共同特点，但单独使用均存在一定局限性。测量机器人在精度、稳定性及受地形影响较小等方面占有优势，但缺点在于全站仪仪器与监测点必须通视，恶劣气候如雨、雪、雾和强日照等条件下，其精度会受到影响，甚至无法监测；GNSS 在全天候、目标不用通视、作业范围大等方面占有优势，但缺点在于易受地形、卫星分布、多路径等要素影响，要达到较高精度需要长时段观测及解算，其时效、精度及可靠性没有测量机器人高，且监测成本较高。因此，有必要开展基于测量机器人和 GNSS 协同应用的高拱坝外部变形高精度监测技术研究，提升外部变形监测智能化水平，为大坝形变提供全天候全天时毫米级监控。

1. 高拱坝外部变形多源联合监测系统设计

系统采用测量机器人与 GNSS 组合监测的方式，即以测量机器人监测为主，GNSS 卫星定位测量法为辅的监测方案。坝区范围内均匀分布若干个 GNSS 监测点，而在整个坝区所有观测点则安装反射棱镜，利用测量机器人全自动观测，两套系统观测的数据可以相互检校，既可以发挥 GNSS 全天候观测的优势，也可以满足精度要求及节约成本，从而满足高拱坝外部变形自动化监测对精度与时效性的要求。

数据采集系统主要由测量机器人、布置在大坝及边坡变形监测点的棱镜、GNSS 天线、GNSS 接收机及多种自动化传感器组成，完成测点多源数据采集。并根据实际情况，选择最适宜的数据传输方式，完成数据实时传输。

基准站是整个变形监测系统的基准参考，需建在稳定的基岩上，视野开阔。测量机器人工作基点作为原始起算基准，需修建观测墩，通过连接螺丝将测量机器人同强制对中器进行有效连接，每台测量机器人布设 2 个后视基准点，并安装反射棱镜。GNSS 基准点需安装 GNSS 接收机采集卫星观测数据，通过解算基准站的卫星观测数据，实时为各测点提供变形参考基准。GNSS 基准点与测量机器人工作基点设置在一处，与测量机器人共轴，可以随时检测测量机器人工作基准点是否稳固，减少误差概率。

GNSS 监测点具体位置应根据现场情况和 GNSS 信号测试结果进行选择。重要部位变形监测点可同时布置棱镜、GNSS 测点天线，要保证棱镜和 GNSS 天线同轴进行安装，并且长期固定在观测墩上，弥补恶劣气候如雨、雪、雾和强日照等外界环境对全站仪测量精度的影响，实现各种地表外部变形的全天候监测，满足精度要求。

数据处理系统由布置在监控中心的服务器系统及变形监测软件系统组成，是整个监测系统的数据处理、监控与分析中心，实现高精度数据处理、坐标解算和形变分析。

平差采用多种方式处理，包括角度修正、距离修正、极坐标、前方交会、后方交会等，力求反映建筑物的真实变形。GNSS 变形监测数据处理采用双差的策略，消除卫星钟误差、接收机钟误差以及削弱与距离相关的轨道误差和对流层、电离层误差，获取高精度的定位结果。同时，系统将测量机器人与 GNSS 成果有机融合，形成互补。通过集成 GNSS 解算成果，定期对测站稳定性、基准点稳定性进行检校，确保整套系统的可靠性。

数据处理完成后，可自动生成多种形式的报表和数据分析曲线，通过设定的阈值对超限数据进行判断和告警，自动记录和生成数据分析报告。同时，支持实现历史演变过程的比对分析，方便各个层级技术人员全面细致地了解大坝的情况，为分析决策提供准确的一手数据资料。

2. 基于多种仪器设备集成集中的一体化智能测站系统

一体化智能测站集成气象传感器、测量机器人、棱镜、GNSS 天线、视频监控系统、机柜空调、伺服驱动器、入侵报警以及各种光电转换设备于一体，可实现多类型精密观测仪器设备的同轴装配和集成化管理。测站可远程智能控制，实现了多源设备的联动联控。

一体化智能测站由测站立柱、启闭罩、检修平台、启闭罩驱动控制、气象传感器、监控设备、温控设备等组成，其组成及外形结构如图 3.3.1 和图 3.3.2 所示。一体化智能测站整体采用混凝土立柱作为支撑结构，在立柱顶部构架启闭罩机构以及检修平台的结构形式，通过伺服驱动控制系统（伺服驱动控制器＋伺服电机＋伺服电动缸）实施启闭罩的升降，达到开闭启闭罩的目的。罩体内部安装测量机器人立柱、测量机器人、空调，内部视频监控、驱动控制系统、GNSS 接收机、电源、边缘控制器等设备。罩体外部安装气象传感器、外部监控、棱镜、GNSS 天线、避雷针、电子围栏等设施设备。测站设备接入边缘控制器和控制软件实施远程集成与自动操控。

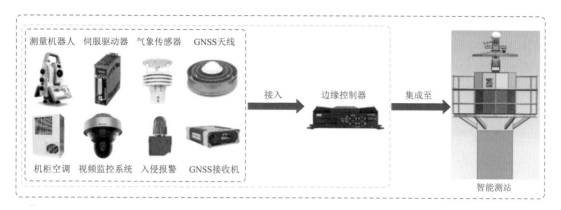

图 3.3.1 一体化智能测站组成示意图

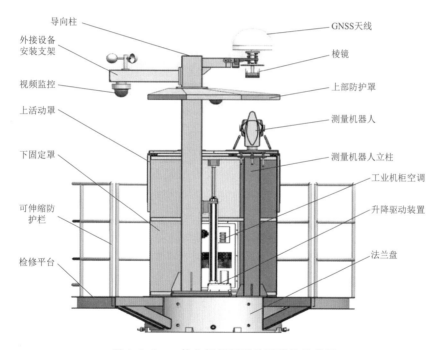

图 3.3.2 一体化智能测站外形结构示意图

### 3.3.1.2 一体化全自动测斜测量方法及其测量装置

提出了一种一体化全自动测斜测量方法及其测量装置，实现了预埋测斜管倾斜量的全自动测量，改变了传统活动测斜仪测量的模式，全程自动化测量、全天候连续工作，解决人工劳动强度大、特殊气象条件难以作业问题，提升大坝内部变形监测智能化水平。

一体化自动控制工作原理是在活动测斜仪的基础上，以模块控制取代人工各项测斜操作，完成自动升降、自动绕线、自动翻转、自动记录、自动传输的深层水平位移自动化测量。集成太阳能/风力供电与数据无线传输为一体，自由接入数据信息管理系统，取代日常人工测斜活动，实现深层水平位移监测自供电、自采集、自传输、自存储、自处理与信息化管理，大大减少人力与时间投入。

测斜仪自动控制原理框图如图 3.3.3 所示，系统由排线器、翻转机构、测斜探头、通信模块、蓝牙模块等机构与装置组成，通过主测控模块实现各执行部件的有序控制，完成测斜任务的工作流程，以及数据的采集、存储与传输。

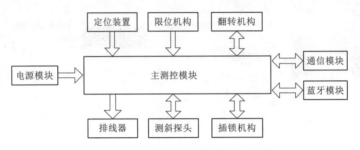

图 3.3.3　测斜仪自动控制原理框图

一体化全自动测斜仪主要由电缆自动收放装置、翻转机构、测斜探头、测控模块、蓄电池及电源模块等组成，采用太阳能/风力＋蓄电池供电或市电供电。外部有机柜保护，防护等级 IP55，可直接应用于户外。内部结构如图 3.3.4 所示。

系统整体外观采用全防护不锈钢板制成，前后双开柜门以及左右面板可卸下，能够满足长期野外恶劣环境下的使用需求。为保证设备机柜在野外可靠安装，机柜底部设计底座螺栓，保证机柜能紧固可靠地安装于地面平台。各组件功能简介如下：

（1）翻转机构。翻转机构主要由直流电机、测斜管、同步带、电磁铁、限位挡块、限位开关及安装附件等组成。当探头通过排线器及提拉装置到达指定位置后，直流电机启动带动主动轮旋转，进而带动与从动轮直连的测斜管转动；位于测斜管导槽内的测斜探头便会一起转动，当旋转 180°时，限位挡板被电磁铁吸牢，随即接触限位开关，直流电机停止运行，并将到位信号反馈给测控模块，完成翻转。一次测量完成后，反向旋转 180°，回到初始位置，等待下次测量。

由于同步带为橡胶制品，长期工作中会发生松弛现象，为保证设备运行可靠，在同步带一侧设计张紧轮。安装调试时应确保同步带张紧，后期使用中，会出现一定程度的松弛，应定期对张紧轮位置进行修正。

（2）排线器。排线器由行程锁止装置、直流电机、链轮链条、往复丝杠、滑轮绕线盘及安装附件等组成。

绕线盘通过电机驱动，同时通过链轮链条与往复丝杠联动，使排线器上的滑块在丝杠上完成往复运动，实现自动排线及提升探头，将线缆在绕线盘上有序排列，避免交叉叠压。

电缆每 0.5m 有一个铜环标记，当铜环穿过环形感应开关时会反馈出开关量信号，以此来计算探头提升的距离。每感应到一个铜环，电机便停止运动且保持自锁，随即进行测量，待数据稳定后便进行数据的采集与存储。

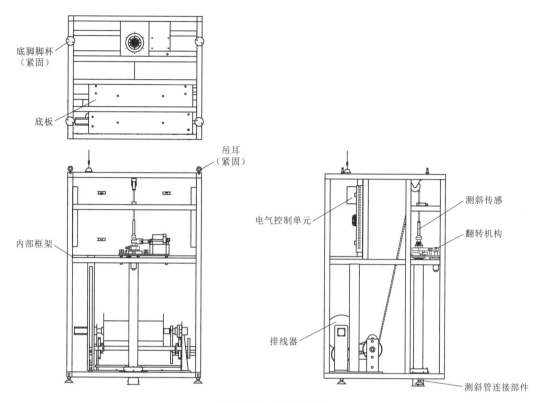

图 3.3.4 内部结构图

为了防止系统发生过冲，在绕线盘设置机械行程开关，增加锁死功能，对绕线行程进行限位保护，保障设备的可靠运行。

（3）测斜探头。测斜探头在测斜管中能够连续地、逐段测出产生位移后的测斜管轴线与水平线的夹角，再分段求出水平位移，累加得出总的位移量及沿管轴线整个孔位的变化情况，可以在总体上监测测斜管埋设处的岩体或土体的位移情况。测斜探头主要由传感器接头、定位环、前导轮、后导轮等组成，其整体结构如图 3.3.5 所示，壳体上有四个导向轮，分别安装在两个轮架上，轮架可绕轴心转动。

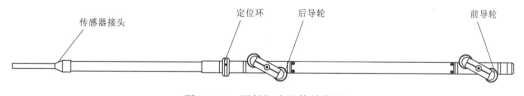

图 3.3.5 测斜探头整体结构图

测斜探头内部有 $X$ 向、$Y$ 向两个倾斜传感器，$X$ 向传感器测量测轮所在平面的倾角，$Y$ 向传感器测量与测轮所在平面垂直且通过测斜轮轴线的平面的倾角。探头前端控制电缆用于控制测斜探头的深度，并用作测控模块和探头之间的 RS485 通信及电源供应线，控制电缆上每 0.5m 有一个铜环标记。

（4）插锁机构。当系统处于待机状态时，为了避免电缆受力，在测斜探头上部通过机械结构实现插锁，消除电缆的预紧力，提高电缆使用寿命。

插锁机构主要包括电动推杆、安装底座、伸缩杆、固定底板等部件。电动推杆固定在安装底板上，插锁插头与伸缩杆螺纹连接并随其伸缩滑动。

测量时，伸缩杆收回，探头可随电缆自由上下移动，完成测量；静止时，探头搭接在伸缩杆上，电缆处于松弛状态，不受力，可有效增加电缆的使用寿命。

（5）主测控模块。主测控系统采用模块化设计，共包含 3 种模块，分别为主测控模块、开关量输入模块、开关量输出模块。其中主测控模块具备完善的通信功能，可配置扩展的开入量、开出量模块。

一体化全自动测斜测量方法及其测量装置主要特点是可在无人值守的情况下，实现自动测量、数据存储以及远程实时传输；且具备多种异常处理机制，可对下放卡顿、蓄电池电量过低、位置计数错误等异常进行容错处理，并将异常分类上报给控制中心；同时具备多种异常保护功能、防盗报警功能、数据存储功能，可确保测量数据在通信异常时不丢失，当通信恢复后再重新收发。

### 3.3.1.3　阵列式位移计变形监测系统

阵列式位移计是一种可以被放置在一个钻孔或嵌入结构内的变形监测传感器，通常安装在一个小套管中，只要使套管发生移动的任何变形，都能够通过测量阵列式位移计的形状变化准确得到。

阵列式位移计 SAA（shape accel array，俗称柔性测斜仪）由多段连续节（segment）串接而成，内部由微电子机械系统（MEMS）加速度计组成。每节段为一个固定的长度，一般为 50cm、100cm。柔性测斜仪用柔性接头分开刚性传感阵列，形成一个绳状传感器和微处理器阵列，阵列中所有的微处理器共用同一条数字通信线路。

阵列式位移计基本原理是通过检测各部分的重力场，计算出各段轴之间的弯曲角度 $\theta$，利用计算得到的弯曲角度和已知各段轴长度 $L$（50cm 或 100cm），每段 SAA 的变形 $\Delta x$、$\Delta y$、$\Delta z$ 便可完全确定出来，即 $\Delta(x,y,z)=\theta(x,y,z)\times L$，如图 3.3.6 所示。根据得到的单节变化量 $\Delta x$、$\Delta y$、$\Delta z$，基准点坐标固定为 $(x_0, y_0, z_0)$，依次连续对各节变化量算术求和 $\sum\Delta(x,y,z)$，就得到各个关节位置的坐标值 $(x_i, y_i, z_i)$，进而得到整个 SAA 的三维坐标。一旦任何位置发生变化，SAA 的三维坐标也随即发生改变，两次坐标变化值就为对应关节的变化量。SAA 单节段工作原理如图 3.3.6 所示。SAA 整体工作原理如图 3.3.7 所示。

阵列式位移计具有 3D 测量、大量程、精度高、稳定性高、可重复利用、自动实时采集等特点，被广泛应用于边坡滑移、隧道和路基沉降、桥梁挠度、大坝位移等结构物的变形监测中。

目前国内阵列式位移计厂家（代理商）主要有北京博安达测控科技有限责任公司（代理加拿大 Measurand Inc 公司的柔性测斜仪，简称博安达）、北京盛科瑞科技有限公司（代理韩国柔性测斜仪，简称盛科瑞）和基康仪器（北京）股份有限公司（简称北京基康）三家。对国内主流柔性测斜仪产品（加拿大 SAA、盛科瑞 3D GBMS、北京基康 BGK6150SI 型）的技术指标进行了对比分析，见表 3.3.1。

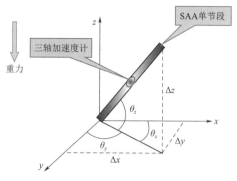

图 3.3.6 SAA 单节段工作原理

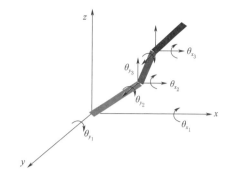

图 3.3.7 SAA 整体工作原理

表 3.3.1 国内主流柔性测斜仪相关技术指标对比表

| 技术指标 | 博安达<br>（加拿大进口） | 盛科瑞<br>（韩国进口） | 北京基康<br>（国产） |
|---|---|---|---|
| 测点间距 | 0.3m、0.5m、1.0m、2.0m | 0.5m、1.0m、2.0m | 0.5m、1.0m |
| 单组最大长度 | 150m，可定制加长至 300m<br>（加长后安装角度不大于 35°） | 150m | 150m |
| 是否可连接加长 | 可进行外部连接加长，但需通过软件处理对不同单元数据进行融合 | | |
| 分辨率 | 0.005° | 0.005° | 0.1%FS |
| 通信电缆最大外接长度 | 常规 400m，<br>定制可加长至 1km | 常规 300m，<br>定制可加长至 1km | 常规 300m，<br>定制可加长至 1km |
| 外接电缆可承受接头数量 | 已有七八个接头正常运行先例 | 尚未测试 | 建议只有一个接头 |
| 观测及结算软件 | 可操作性强 | 尚有待改进 | 尚有待改进 |
| 最大耐水压 | 2MPa | 2MPa | 2MPa |

（1）适应大变形方面。阵列式位移计各传感器结点之间采用可自由弯曲的柔性万向节连接，因而可以适应高拱坝的较大变形。

（2）耐高水头方面。目前各仪器厂家阵列式位移计标称最大耐水压 2MPa。针对高拱坝，现有标称耐水压基本满足要求，但仍需尽快研制和验证耐水压为 3MPa 的仪器产品。

（3）仪器最大长度方面。博安达 SAA 阵列式位移计可以定制加长至 300m（适用于水平安装，倾角不宜大于 35°），盛科瑞及北京基康柔性测斜仪可以定制加长至 150m。

## 3.3.2 高水头高应力低气温环境下内观监测仪器性能提升方法

高拱坝内观监测仪器长期埋设在水工建筑物或其他建筑物内部，主要用于监测水工建筑物和岩土工程的接缝/裂缝变形、渗流、应力应变及温度等，常用的有测缝计、测压管、渗压计、应变计和无应力计等。因使用环境特殊，内观监测仪器本身需要具有承受较大耐水压的能力，同时还要经受低温工作条件的考验。内观监测仪器大部分采用预埋式安装，一经埋设安装，将不能再进行换装或者维修养护。如果仪器失效，则意味着对应监测部位的监测项目处于缺失状态,因此有必要开展高水头低气温环境下高拱坝内观监测仪器性能提升技术研究,确保监测仪器在高水压低气温的环境下,保持测值稳定性和长期可靠性。

### 3.3.2.1　内观监测仪器耐高压耐低温性能提升方法

振弦式监测仪器作为大坝安全监测最主要传感器之一,以其精度高、性能稳定等优势,自研制以来在大坝、隧道、桥梁等安全监测场合应用广泛,例如在拱坝渗流监测中,主要就是采用振弦式渗压计观测,因此对振弦式仪器的耐水压提出了更高的要求。针对上述需求,研究提出了内观传感器核心敏感部件完全封装在保护壳体内部的方法,利用可靠的内部隔断及电缆密封结构,实现与外界的有效隔断,提高了高寒地区高土石坝监测仪器的耐高压耐低温性能。

这种新型的耐高压振弦式仪器结构具体如图 3.3.8 所示。

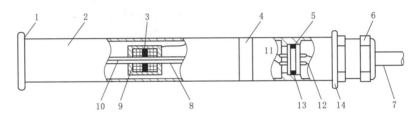

图 3.3.8　耐高压振弦式仪器结构示意图

1—左侧法兰;2—置于左右两侧法兰之间的保护壳体;3—置于保护壳体内部的测量装置;
4—右端固定端;5—隔断接头;6—电缆接头;7—电缆;8—钢弦护管;9—注塑模;
10—钢弦;11—测量装置芯线;12—电缆芯线;13—O 型密封圈;14—右侧法兰

其中,钢弦张拉于钢弦护管内部,并固定于左侧法兰和右侧固定端上,右侧固定端主要用来固定钢弦的另一端头,其主要作用是与左侧法兰配合共同固定和张紧钢弦,右侧固定端与保护壳体之间通过低应力焊接技术连接为一体。测量装置通过注塑模完全固定在钢弦护管上,与钢弦护管连接为一个整体结构,不会出现松动脱开的现象,这样,将测量装置与钢弦护管通过注模的方式完全封装为一体的结构,不存在二次固定操作,通过模具保证测量装置与钢弦护管完全对正安装,且牢固可靠,不会出现偏心和脱离的可能;然后将与测量装置集成的一体化的钢弦护管装入保护壳体内部,钢弦两侧分别与左侧法兰和右侧固定端固定在一起,同时,将保护壳体与右侧固定端及钢弦护管连接处采用低应力焊接技术完全密封焊接,使测量装置、钢弦、钢弦护管、左侧法兰及右侧固定端组成一体化的应变感应和测量部件,该一体化的应变感应和测量部件位于保护壳体内部,与外界完全隔绝,确保耐水压可靠。

隔断接头位于右侧固定端和右侧法兰之间的空腔,并采用 O 型密封圈和涂覆环氧胶的方式实现密封固定。隔断接头左侧与测量装置芯线连接,右侧与电缆芯线连接,其作用是在弦芯敏感部件与电缆之间起到隔离的作用,防止因电缆防水失效后,外部压力水通过电缆芯线护套进入弦芯敏感部件内部,导致仪器损坏。

电缆采用标准电缆接头固定在右侧法兰上,确保电缆外部耐水压可靠。

该装置将测量装置和钢弦、钢弦护管等完全封装到保护壳体内部,并完全与外界隔绝,达到能承受可靠耐水压的目的,此外,电缆封装采用标准化的电缆接头固定护持电缆，电缆稳固性有了可靠保障，同时，在电缆芯线与测量装置芯线之间增加内部隔断接头，确保电缆破损时，压力水也无法进入仪器测量装置和敏感元件内部，保证仪器能够正常工作，耐水压性能得到了多重保障。

#### 3.3.2.2　高拱坝高应力状态下混凝土自由体积变形监测方法

混凝土的温度线膨胀系数是影响坝体温度效应场的主要因素，为了得到合理的线膨胀系数，计算混凝土自生体积变形，许多学者提出利用大坝监测资料来开展反演分析。混凝土自生体积变形一般采用混凝土无应力应变的监测数据，而混凝土无应力应变监测方法一般是采用一端开口的锥形无应力计筒，即将应变计放置于筒内监测筒内混凝土的无应力应变，这就要求无应力计筒内的混凝土要与外界应力环境相隔绝，处于无应力状态，且其他条件与筒外混凝土完全一样。

传统的无应力结构存在以下问题：

（1）无应力计筒内不完全为无应力状态，在中低坝应力较小时无应力计的测值受影响较小，但是在高拱坝高应力特别是近坝基部位应力复杂，筒内所受应力产生的应变与真正的无应力应变相比已经不能忽略不计。

（2）在高拱坝中，由于坝高较大，其蓄水位比一般中低坝的蓄水位要高得多，因此在这种情形下，使得近上游侧、近建基面混凝土内部都有可能存在较高水压，在高水压作用下会改变无应力筒内的应力状态，从而使得无应力计测值产生偏差。

为了克服现有技术的不足，提出一种新型的隔离式无应力计。其优点在于使得放入其中的混凝土不受周围结构应力影响，同时保证其所处的温度和湿度与周围混凝土一致；且当承受高水压力时，可将水压引起的应变在计算时予以扣除，从而保证最终测值为真正的混凝土自由体积变形。

隔离式无应力计的组成包括应变计、内部混凝土柱和外筒，内部混凝土柱和外筒之间具有一定空隙，应变计设置在内部混凝土柱内的中间位置。内部混凝土柱为现浇混凝土圆柱体，其外壁底部与外筒内壁之间铺设沥青层，内部混凝土柱与外筒内壁之间可埋设一支渗压计；外筒为一预制混凝土圆柱筒，其上部设置有一预制混凝土外筒盖，且其侧面开有一开口，所述的应变计的电缆线从外筒侧面的开口处伸出。其结构简单、操作方便，温度和湿度与周围混凝土相同，且可对可能渗入的高水压力引起的应变进行对比分析，从而准确测量混凝土的自由体积变形，为判断混凝土的基本性态以及结构应力计算提供了最准确的基础资料。

### 3.3.3　高寒地区多信道混合通信数据传输体系构建

鉴于高寒地区的特殊性，低气温、大温差工作环境以及信号差、无网电的建设条件，使得开展高寒地区高拱坝全生命周期远程安全监控的困难较大。针对高寒恶劣地区的信号中继和能量中继问题，研究提出了"ZigBee/LoRa/NB—IoT 物联网无线通信—GPRS无线通信—光纤通信—北斗卫星"为一体的多信道混合通信组网场景，实现了高寒地区数据传输体系的最优化组合，提高了高寒地区海量监测数据获取的实时性和传输的稳定性。

### 3.3.3.1 基于智能物联网的施工期安全监测自动化系统

目前，大坝安全监测自动化系统的建设通常是在主体工程完工后方开始实施，施工期因现场种种条件限制而很少进行全面自动化监测。在施工期，安全监测数据采集通常都是通过人工方式进行，采用便携式读数仪定期到现场采集数据。由于施工期监测站尚未具备建立条件，传感器信号电缆未汇聚，监测点分散在各个监测断面，人工观测方式劳动强度大、效率低，采集数据频次低，数据处理及时性不高，已难以满足当前高拱坝施工期安全监测管理工作的需要。

近几年来，随着测量传感技术、无线通信技术及网络信息技术的迅速发展及技术进步，物联网及云计算技术在各行各业的应用正在如火如荼地进行。从高拱坝工程安全监测的需求层面看，对监测传感、采集传输等解决方案的先进性、实用性及信息化程度提出了更高的要求。因此，有必要基于目前较为成熟的物联网技术，研究构建施工期安全监测数据自动化采集传输体系，为实现高拱坝施工期监测自动化、信息化、智能化统一管理提供实用性和先进性兼备的解决方案，从而有力保障大坝施工和运行安全。

建设高拱坝施工期安全监测数据自动化采集传输体系的总体路线：在施工期间大坝、地下洞室重要水工建筑物的关键部位的重要监测点实施自动化监测，将安全监测传感器通过智能监测终端设备接入数据平台，通过数据平台对监测数据进行管理及分析应用，并进行监控预警。基于物联网的施工期大坝安全监测系统架构示意图如图 3.3.9 所示。

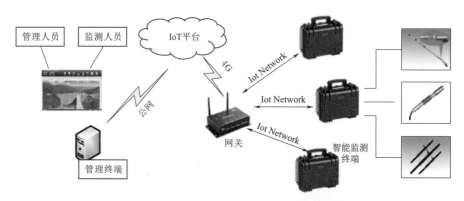

图 3.3.9　基于物联网的施工期大坝安全监测系统架构示意图

高拱坝施工期安全监测数据自动化采集传输体系旨在构建施工期大坝安全监测物联网、实现施工期大坝安全监测自动化、搭建在线监测数据应用软件平台，其关键技术分析如下：

（1）安全监测传感物联网无线通信技术分析。适用于搭建安全监测传感物联网的无线通信技术有很多，主要分为两类：一类是短距离无线组网技术，例如 WiFi、ZigBee、蓝牙、Z-Wave 等；另一类是低功耗广域网技术（LPWAN），例如 LoRa、NB-IoT 等。

综合相关技术成熟度、工程监测行业应用效果及未来发展趋势来看，以 NB-IoT 和 LoRa 技术的应用较为广泛。其中 LoRa 是一种扩频技术，采用基于 1GHz 以下的超长距低功耗数据传输（简称 LoRa）芯片，使用线性调频扩频调制技术，保持了 FSK（频移键控）调制相同的低功耗特性，又明显地增加了通信距离，同时提高了网络通信效率并消除了干扰，即不同扩频序列的终端即便使用相同的频率同时发送也不会相互干扰，扩展了系统的接入容量。NB-IoT 是一种可在全球范围内广泛应用的新兴技术，聚焦于低功耗广覆盖物联网应用，具有覆盖广、连接多、速率低、成本低、功耗低、架构优等特点，使用License 频段，网络服务质量保障较高。NB-IoT 的特点包括：一是广覆盖，将提供改进的室内覆盖，在同样的频段下，NB-IoT 比现有的网络增益 20dB，相当于提升了 100 倍覆盖区域的能力；二是具备支撑连接的能力，NB-IoT 一个网络区能够支持 10 万个连接，支持低延时敏感度和优化的网络架构；三是更低功耗，NB-IoT 通信终端模组可在线待机，连续待机功耗极低，尤其适合于低频次的应用场景。

（2）工程安全便携式物联网采集终端及一体化物联网无线采集终端。便携式物联网采集终端具备直接与物联网平台对接、安全接入云端的能力，适用于施工期临时监测自动化，小巧轻便，移动便携。主要特点包括以下各方面：

1）一体化集成设计，无须牵引通信及电源电缆。

2）支持 GPRS、LoRa、ZigBee 多种无线通信方式，构建无线自动化测量网络方便快捷。

3）低功耗设计，标配锂电池可持续工作 2 年（常规应用），并可支持光伏、市电充电。

4）智能休眠与唤醒，自报测量数据、设备工作状态与电池剩余容量，提醒更换电池或充电。

5）内置大容量存储，可存储 1 万条数据记录。

6）支持采用 U 盘现地提取测量数据。

7）内置低功耗蓝牙，可通过智能手机无线配置、调试、查看数据、比测。

8）IP65 防护等级，防水、防尘，可直接户外应用。

9）体积小巧、便于移动、易于安装、调试简便。

一体化物联网无线采集终端是基于物联网技术建立的一套适用于大坝安全监测的数据采集终端，实现数据自动采集、处理、加密、远程无线传输等功能，具有可自动识别、远程配置及管理、低功耗、可电池供电、安装使用简单方便等特点，为用户提供简单、可靠、便捷的监测数据采集。

一体化物联网无线采集终端包括振弦式、差阻式、数字式采集终端等系列，根据不同应用场景，可灵活搭建，自由组合成各类自动化测控系统。物联数据采集终端与计算机之间通信可根据现场环境情况和用户要求，选择有线、无线等多种通信方法来实现。物联数据采集终端的物联网模式应用如图 3.3.10 所示。

### 3.3.3.2 多功能混合式数据采集装置

运行期大坝安全监测自动化系统一般采用分布式数据采集系统，该系统由监测传感器、数据采集装置、通信装置、监测计算机及外部设备、数据采集软件、信号及控制线路、通信及电源线路等组成。

数据采集装置主要对各类监测传感器进行测读采样、存储，并通过通信网络向上位机发送数据。传统的数据采集装置通常为单一类型设计，每种信号类型对应一种专用的数据

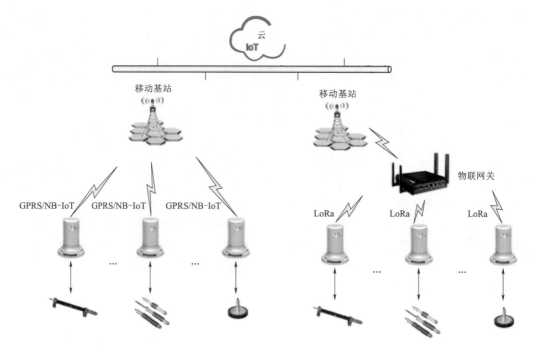

图 3.3.10　物联数据采集终端的物联网模式应用

采集模块，不同的仪器需选用相应的模块进行数据采集，如差阻式仪器采用差阻式采集模块，振弦式仪器采用振弦式模块。单类型的数据采集模块性能长期稳定可靠，调试简单方便，是目前主流应用产品。

多功能混合式数据采集技术能够实现多种不同类型监测仪器的自动采集，包括振弦、差阻、电流电压、数字 485 式等，具有测量种类多、测量速度快、测量精度高、传输速度快、存储容量大、抗干扰性强等特点。

利用多功能混合式数据采集技术研发的混合式数据采集模块，每个测量通道均可以定义其测量类型，模块根据配置的通道类型启用相应的测量方法，对传感器进行数据采集，从而实现一种模块采集多种类型传感器的功能。当传感器种类多而数量较少时，应用该项技术构建监测自动化系统可提高通道利用率、减少模块使用数量，节约投资。由于设备型号的减少，在后期运行管理过程中备品备件数量也可相应减少，方便运行维护，从而可降低运营成本，解决了传统监测装置工程设计偏复杂、利用率不高、成本偏高的问题。

混合式数据采集模块集成通用化通信方式，部署方式灵活，能够适应各种应用场景，对于大坝等部位可以直接采用有线方式，对于边坡等部位可以采用无线方式，有运营商信号的可以采用 SIM 卡接入，无信号的可以采用局域自组网，无须额外的硬件设备配置调整。并且在具备条件的情况下可实现主备通信通道冗余，进一步提升通信的健壮性，解决了传统监测装置通信方式单一、适应性弱的问题。

混合式数据采集模块分为混合测量主模块与混合测量扩展模块，可以配套混合使用构建大型混合式数据采集平台。混合测量主模块与混合测量扩展模块配套构建混合式数据采集平台时，该主模块和扩展模块之间通过内部的高速 RS - 485 总线进行数据交换，由主模块将扩展模块采集数据通过网络、光纤、RS - 485、GPRS 等通信接口发给系统中心站数据采集软件，其中可以配置多达 5 个扩展模块。主要特点包括以下各方面：

（1）低功耗，平时模块处于待机或休眠状态。

（2）电池低压保护。

（3）可扩展性，最大可扩展 5 个测量模块，每个测量模块可以并发测量。

（4）支持 6 大类型传感器混合通道测量，包括差阻式、弦式、电位器式、标准电流式、标准电压式、485 接口的数字量式等。

（5）支持人工比测。

（6）存储空间大，保存所有接入传感器一个千测次以上测量数据。

（7）支持 RS - 232、RS - 485 和以太网等多种有线通信端口。

（8）支持蓝牙和 LoRa/WiFi/GPRS 无线通信端口。

（9）支持 WEB 访问。

（10）支持手机 App 访问。

（11）支持 USB 导出历史数据。

（12）支持在线程序升级。

（13）卡槽式安装方式。

## 3.3.4  地震条件下大坝安全动态监测方法

地震条件下大坝的安全性态评估涉及水工结构物、岩土体、水、地震等多场耦合作用，作用机制异常复杂，单纯的结构正分析理论很难直接应用于工程实践，存在结构过于复杂、分析模型难于简化、边界条件难以确定、公式推导不便等困难；缩尺模型试验，在模型与原型的可比性、"尺寸效应"等方面存在困扰；数值模拟由于计算参数很难准确获取、不连续面力学特性难以描述、计算边界条件很难与实际情况相符等因素导致计算结果的准确度和可信度也大打折扣。因此研究地震条件下大坝安全动态监测工作具有重大的工程现实价值和深远的科学意义。

### 3.3.4.1  技术现状

目前已有的大坝强震动安全监测手段主要是通过在坝址区布设强震仪及附近的国家地震台网来记录地震发生时的测点位置和速度，从而确定地震烈度、震级。这种方法获取到的结构动力响应信息比较单一，且无法实现对直接表征结构运行性态的变形、应力应变、渗流等物理量的动态监测。

而传统的大坝安全监测系统主要适应于静力学条件，尽管能够监测这些物理量，但此时各类物理量变化相当缓慢，呈静态特征，通常采取每天 1～2 次进行周期性监测即可满足需要，一般由大坝安全监测自动化采集装置按设定的起测时间启动一次数据采样，然后传输至计算机进行成果计算、数据存储。传统监测方法对数据采样速度要求不高，现有的监测方法完成一次多测点数据采集周期普遍在 1min 以上。而当大坝处于地震工况时，各物理量在短时间内（地震持续时间一般 1min 左右）急速变化，已有的大坝安全监测方法无法全程捕捉到震动前后及过程中的数据信息，不能满足地震条件下大坝结构动力学分析和安全性态评估需求。现有的大坝安全监测方法主要是针对静态条件下设计，采取基于时间的周期性定时触发或手动方式进行数据监测，而非在线式连续高速监测，对于地震工况下的数据监测，这种监测方法存在一些不足。

（1）无法完整监测振动过程的数据信息。触发式监测方式具有一定的滞后性，从震动状态的获取，到触发监测的启动执行，再到数据监测的采样过程，均需耗费一定的时间，因而无法监测震动前、震动过程初段的数据信息。

（2）数据监测采样速度无法满足要求。静态监测方法数据采样速率较低，连续监测采样间隔普遍在 1min 以上，而地震持续时间大部分仅仅 1min 左右，因此，现有监测方法的数据采样速度根本无法捕捉震动过程中的数据变化。

另外，大坝强震动监测系统与大坝静态监测系统虽设置了联动功能，但受制于静态监测系统的局限性，无法满足对因地震而引起的快速变化的应力、应变及位移等反映大坝安全状态的物理量的监测需要，无法获取大坝在地震后第一时间内的监测资料，难以评判大坝抗震计算理论、方法和成果的可靠性。

为了解决现有技术中存在的缺陷和不足，需要寻找一种地震条件下大坝安全动态监测装置及监测方法，实现常规静态监测同时，也实现对地震条件下大坝安全的动态监测。

### 3.3.4.2　研究内容

通过对地震信号及表征结构物性态的变形、应力应变、渗流等物理量进行快速动态实时采集，并设置一套自动触发储存机制，可获取地震期间及地震前、后一定时段内大坝动力学安全性态快速实时监测数据，为结构物动力学安全性态评估提供依据。

1．具体步骤

（1）在大坝各个部位布设动态监测传感器，通过动态监测传感器感知反映大坝动力学安全性态的参数信息，并将参数信息发送给数据采集器，参数信息包括变形、应力应变和渗流。

（2）对数据采集器设定好采样参数，利用数据采集器对动态监测传感器信号进行在线采样，并将采集到的数据存储在数据库中，同时根据地震是否发生，改变数据采集器的监测频次。

（3）通过地震检测装置捕捉地震状态，若检测到地震发生，向通信网络中广播地震事件，数据采集器从通信网络中接收地震信息，一方面将数据存储在数据库，另一方面通过通信网络向上位机监测系统传输，由上位机监测系统进行实时监控。

通过上述步骤，即可实现地震条件下大坝安全动态安全监测，使地震过程中大坝性态参数得以完整储存，达到常规条件下与特殊服役条件下大坝安全监测同时进行。

2．装置组成

大坝安全动态监测装置包括动态监测传感器、数据采集器、通信网络、地震检测装置、上位机监测系统、数据库。大坝安全动态监测装置组成结构示意如图 3.3.11 所示。

上述动态监测传感器、数据采集器和地震检测装置为同一时标，以便于分析各效应量测值与地震特性量以及其他变量之间的时间对应关系，且具有独立时钟，通过上位机监测系统定期同步时间信息。

（1）动态监测传感器。用于感知反映大坝动力学安全性态的变形、应力应变、渗流等

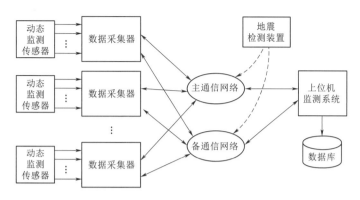

图 3.3.11 大坝安全动态监测装置组成结构示意图

参数信息。

（2）数据采集器。采用连续在线高速采样、时间触发转储的检测方式，实现对整个地震过程的动态监测，数据采集器对采集到的数据进行存储的流程如图 3.3.12 所示。具有独立时钟，用于对动态监测传感器信号进行在线采样，并通过通信网络向上位机监测系统传输、交换数据，采样时数据采集器按设定频次采样，并将数据写入数据暂存区，数据暂存区的数据按时间序列滚动更新，即先进先出，保持最新一段时间的数据。

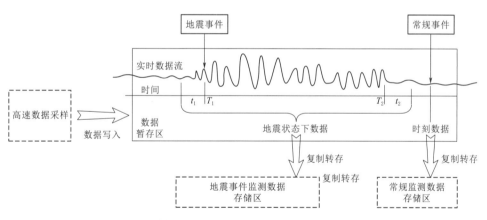

图 3.3.12 数据采集器对采集到的数据进行存储的流程图

常规检测状态下，即未发生地震时，数据采集器按设定频次，如 1 次/天，将数据从数据暂存区复制存储到常规监测数据存储区。

当地震发生时，数据采集器从通信网络中接收到地震检测装置播送的地震信息，其中包括地震开始时刻 $T_1$ 和震级，上位机监测系统接收到网络系统中发布的地震信息后，立即将地震发生前一段时间 $t_1$、地震期间和地震结束时刻 $T_2$ 后一段时间 $t_2$ 的数据从数据暂存区复制存储到地震事件数据存储区，从而完整地监测地震前后及地震过程中的数据。

（3）通信网络。用于装置内通信连接，考虑到通信网络延伸分布广，地震具有一定的破坏性，网络一旦中断，数据采集器将无法接收到地震事件信息，因此所述的通信网络包括主通信网络和备通信网络。

（4）地震检测装置。具有独立时钟，用于捕捉地震状态，若检测到地震发生，向通信网络中广播地震事件。

（5）上位机监测系统。用于对数据采集器发送的数据进行处理，并对监测装置进行管理控制；上位机监测系统定期同步动态监测传感器、数据采集器和地震检测装置时间信息，即三者时标统一。

（6）数据库。用于存储检测数据及参数信息，包括数据暂存区、地震事件数据存储区和常规监测数据存储区，数据暂存区的数据按时间序列滚动更新。数据暂存区的数据为实时更新，所需的数据存储容量 $Q$ 为

$$Q = f_s TmC_0 \tag{3.3.1}$$

式中　$f_s$——采样频率，个/s；

　　　$T$——监测时间，s；

　　　$m$——接入装置的测点数；

　　　$C_0$——单个测点数据的大小，byte/个。

地震持续的时间通常较短，大部分地震持续时间约为 1min，考虑一定的余量，一次地震事件的记录时间按照 2min 估算。大地震过后通常会有若干次较大的余震，对余震也需要进行监测。通常震级越大，余震就越多，余震的次数一般会随主震后的时间推移而逐渐衰减。地震事件数据存储区包括对余震的数据存储，在主震发生后的时间 $t$，余震发生次数 $n(t)$ 的计算为

$$n(t) = \frac{K}{(c+t)^p} \tag{3.3.2}$$

式中　$K$、$c$、$p$——相应系数。

通信网络的通信速率 $C$ 的计算为

$$C = f_s mC_0 \tag{3.3.3}$$

式中　$m$——监测的测点数。

当地震发生时，必须采用足够密集的测次方能捕捉到地震工况下的大坝工作性态变化，这就对动态监测的采样频率提出了要求。当地震波在场地土中传播时，由于不同性质界面多次反射的结果，仅有处于场地特征周期的地震波强度会得到增强，而其余周期的地震波则被削弱。为了减小地震引起的共振作用，实际建筑结构的自振周期一般会大于设计特征周期。《水工建筑物抗震设计规范》（GB 5073—2000）中指出，设计特征周期 $T_g$ 与场地类别有关，即场地类别越高、越软，$T_g$ 越大。从保守角度出发，考虑在 I 类场地上，即坚硬场地，通常大坝的设计特征周期 $T_g$ 为 0.2s，其他类别场地的设计特征周期均高于该值。理论上当采样频率为最高频率的 2 倍时就能完整保留原始信号的信息，一般在工程实用中取采样频率为最高频率的 5~10 倍。因此采样周期可选取为特征周期的十分之一，即 0.02s，也就是说采样频率宜选用 50Hz 方可满足在震动环境下的 I 类场地动态监测数据采集需求，不同场地类别特征周期和采样频率的关系见表 3.3.2。为有效监测地震对监测对象的短期破坏影响，地震事件后的一段时间内，如一周，数据采集器可以以较高的监测频次，如 1 次/min 进行数据采样保存。

表 3.3.2    不同场地类别特征周期和采样频率的关系

| 场地类别 | Ⅰ | Ⅱ | Ⅲ | Ⅳ |
|---|---|---|---|---|
| 特征周期 $T_g$/s | 0.2 | 0.3 | 0.4 | 0.65 |
| 采样频率/Hz | 50 | 35 | 25 | 20 |

3. 本方法技术优势

（1）全新的动态监测方法。可以实现对震前、震后及震动全过程的数据采集监测，实现了对大坝动力学安全性态的信息高速数据采样录波。当前同类技术为常规的静态监测，只是增加了自动触发的功能。两者实现的功能不一样，解决不同的问题，并且本方法可以兼容实现常规的静态监测功能。

（2）实时连续采样、事件触发存储的数据采集方式。可以实现在线高频次数据采集，可以完整地记录震前、震后及震动过程的动态数据变化。当前同类技术的静态监测采样频次为数秒至分钟级，无法捕捉震前时刻及震动过程数据。

（3）数据存储方式。根据地震的特点在采集装置内设置了滚动数据暂存、事件存储等多个存储器，通过多个存储器之间的转存，实现了对有效数据的录波，进而再发送至上位机，避免了过多的存储空间占用，并减少了网络传输占用率。当前同类技术的存储方式为"采样—存储入库"，不适用于、也无法实现动态监测。

（4）地震事件的通知方式。地震检测装置直接向数据采集装置发送地震消息，并通过采集装置之间互播，可以实现在极短的时间内播报、接收事件消息，简单、高效且可靠，可以保证各装置数据时标的一致性。当前同类技术的通知方式为数据库读写指令，依赖于上位软件系统，环节多、时效低。

## 3.4 小结

本章结合高寒复杂地质条件特点，开展高拱坝施工与监测技术优化方法的研究，得到以下结论：

（1）为缓解高地应力地质条件区岩体开挖卸荷损伤，以拉西瓦水电工程为例，依据"反演正算"原理，引入边界荷载非线性分布函数及自重应力修正系数，提出了一种岩体地应力场的非线性反演方法。

（2）针对高海拔、高寒地区的特殊条件，分析了高寒地区高拱坝温度场分布特点，推导了高寒地区高拱坝温度徐变应力计算公式，提出了水管冷却的有限元模拟方法，以拉西瓦水电站为例，研究了夏季封拱灌浆措施，通过仿真计算得到坝体表面最大拉应力降低措施：加强表面保温、保证灌浆冷却过程中表层混凝土的冷却效果、加强表层混凝土的灌浆水冷有利于降低表面最大拉应力。

（3）针对高寒地区的气候特点，提出了高寒地区高拱坝混凝土配合比设计准则及温控标准，开展了河床坝段和陡坡坝段施工期温度应力仿真计算。计算结果表明，河床坝段大坝混凝土最大温度应力主要分布在基础强约束区内，基础三角区以上 $0.2L$ 高度即为基础弱约束区；适当延长间歇时间，可有效降低混凝土最高温度；岸坡坝段离边坡一侧越近位置的应力越大；同时提出了高寒地区高拱坝冬季温控措施，制定了包括施工方法、保温措施等的一系列标准。

（4）针对高寒地区高拱坝安全监测中存在的高水头、高应力、大变形及复杂外部环境条件等特点，提出了包括测量机器人和 GNSS 协同应用的多角度的自动化监测新方法，梳理了监测仪器性能提升方法以及地震条件下大坝安全动态监测方法，构建了基于智能物联网和多功能混合式数据采集装置的高寒地区多信道混合通信数据传输体系。

# 第4章

# 高寒复杂地质条件高拱坝安全监控模型

受高寒气候、复杂地质条件和高荷载条件影响，高拱坝变形和材料性能劣化特性更加复杂，如混凝土冻融、渗透溶蚀、施工期越冬层等因素对坝体变形性态产生影响，高荷载条件下常规的整数阶元件模型对坝体材料流变行为的描述精度不足，使得常规单测点监控模型难以准确表征高拱坝整体变形特性。针对以上问题，本章针对安全监控模型三个方面进行改进，基于实测数据，采用分数阶模型开展高拱坝变形性态正反分析；考虑多因素影响，对坝体监控模型影响因素进行筛选；研究采用坝体变形点—线—面模型，以全面、准确表征高拱坝变形性态。

# 4.1 高寒复杂地质条件高拱坝安全监测分析方法

基于分数阶微积分理论，在科学表征高拱坝物理力学性质的基础上，开展了高拱坝变形变化行为分数阶数值分析方法与实现技术的研究，并对高拱坝结构物理力学参数反演进行分析。

## 4.1.1 安全监测正向分析方法

高寒地区高拱坝的物理力学性质包括弹性、塑性、黏弹性以及黏塑性等，目前，描述这些力学性质的模型包括经验模型、元件模型和理论模型，其中元件模型应用较广泛。传统的元件模型基于整数阶微积分理论构建，采用弹簧、黏壶和滑块等基本力学元件的串并联组合表征上述物理力学性质，虽然经典整数阶流变力学元件模型使用便捷，但其模型本身也存在一定不足，例如，应用整数阶标准线性体（Hooke 体与 Kelvin 体串联）模拟流变试验过程时，虽然该模型可表征瞬时弹性和延迟弹性，但松弛模量等计算结果与试验数据拟合较差，因此，仅用整数阶流变力学元件模型难以较好地表征高寒地区高拱坝的流变效应。分数阶微积分是研究运算阶次为分数的微积分理论，其为描述高拱坝非线性流变力学行为提供了一条有效的途径，将分数阶微积分理论与流变效应整数阶表征方法相结合，可使元件模型的物理意义更为明确，同时，分数阶流变力学元件模型不仅保留了经典整数阶元件模型的优点，还可以描述高寒地区高拱坝宽频范围内的流变力学行为，较经典整数阶力学元件模型存在优势。因此，有必要基于分数阶微积分理论，在科学表征高寒地区高拱坝物理力学性质的基础上，开展高寒地区高拱坝变形变化行为分数阶数值分析方法与实现技术的研究。

综上所述，通过对高寒地区高拱坝流变效应及整数阶流变力学元件模型建模原理的探究，基于分数阶微积分理论，探讨一维应力状态下流变效应全过程的分数阶模拟方法，在此基础上，经研究三维应力状态下衰减流变过程、稳态流变过程以及加速流变过程的分数阶表征方法，构建高寒地区高拱坝坝体和坝基分数阶流变力学元件模型，提出高寒地区高拱坝变形变化行为分数阶数值分析实现技术，并以实际高寒地区高拱坝工程为例，验证分数阶数值分析方法的可行性。

### 4.1.1.1 高拱坝流变效应及其整数阶表征

在长期荷载的作用下，高拱坝将产生时效变形，其主要由坝体的徐变效应、坝基的蠕变效应引起，两者统称为高拱坝的流变效应，高拱坝结构整体应力水平较高，坝体和坝基流变效应较为显著，因此本节在分析高拱坝流变效应的基础上，探究整数阶流变力学元件模型建模原理，为本节后续研究分数阶模型构建方法奠定基础。

**1. 高拱坝坝体的徐变效应**

在定常荷载的持续作用下，由于混凝土材料的徐变特性，高拱坝坝体变形将随时间变化而变化，该变形称为高拱坝坝体的徐变变形。徐变是混凝土材料的固有属性，影响坝体徐变效应的主要因素包括应力水平、加载龄期、持荷时间、混凝土配合比、混凝土制作和养护条件以及运行环境等。

高拱坝结构应力水平较高，坝体混凝土的徐变特性与中低应力水平有一定差异，图

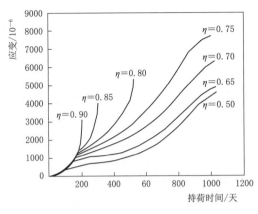

图 4.1.1　混凝土应力水平与徐变的关系

4.1.1 为不同应力水平 $\eta$（$\eta$ 为压应力 $\sigma$ 与轴心抗压强度 $f_{c,t_0}$ 的比值）下坝体混凝土的徐变规律，可以看出，在中低应力水平作用下，坝体混凝土产生收敛型徐变，收敛型徐变包括收敛型线性徐变和收敛型非线性徐变，而在高应力水平作用下，有可能出现发散型徐变。关于收敛型线性徐变和收敛型非线性徐变应力水平分界点以及收敛型徐变和发散型徐变的应力水平分界点，国内外一些学者给出了建议取值，混凝土特征应力分界点见表 4.1.1。

表 4.1.1　　　　　　　　　　混凝土特征应力分界点

| 研究者 | 收敛型线性徐变与收敛型<br>非线性徐变应力水平分界点 | 研究者 | 收敛型徐变和发散型<br>徐变应力水平分界点 |
| --- | --- | --- | --- |
| 过镇海 | 0.40～0.60 | 过镇海 | 0.80 |
| 中国水利水电<br>科学研究院 | 0.36～0.38 | Carol | 0.80 |
| Rrondenthal | 0.20～0.226 | Rüsch | ＞0.75，平均为 0.80 |
| CEB-FIP | 0.4 | 李兆霞 | 0.80 |
| 胡裕秀等 | 0.32～0.48 | Smadi | 当 $f'_{c,2B}=60～70MPa$ 时，$0.8～0.85$<br>当 $f'_{c,2B}=35～45MPa$ 时，$0.75～0.80$ |
| 李兆霞 | 0.5 | Coutinho | 0.95 |
| Neville | 0.4 | Shah | 0.80 |
| Mazzotti | 0.4～0.5 | Iravani | 当 $f'_{c,2B}=65～75MPa$ 时，$0.7～0.75$<br>当 $f'_{c,2B}=95～105MPa$ 时，$0.75～0.8$<br>当 $f'_{c,2B}\geq120MPa$ 时，$0.85～0.90$ |
| 吴韶斌 | 0.4 | Miguel | 0.65～0.75 |
| — | — | Price | 0.70 |

在其他条件相同的情况下，若加载龄期及持荷时间不同，坝体混凝土徐变度存在一定差异，如图 4.1.2（a）所示，在一定荷载作用下，玄武岩混凝土试件和正长岩混凝土试件首先发生瞬时变形，继而发生徐变变形，随着持荷时间的增大，徐变变形逐渐趋于收敛，但由于岩性不同，玄武岩混凝土试件的徐变变形大于正长岩混凝土试件的徐变变形；受早龄期混凝土水泥水化反应的影响，混凝土龄期越短，荷载作用下的初始瞬时变形和徐变变形均越大，如图 4.1.2（b）所示，7 天湿筛试件的瞬时变形和徐变变形最大，28 天湿筛试件次之，90 天湿筛试件最小。

坝体混凝土的徐变能力还与水泥种类和用量、水灰比、骨料含量和种类、制作和养护条件等有关。一般来说，水灰比越大，混凝土徐变越大；振捣密实可有效减少坝体混凝土的徐变。

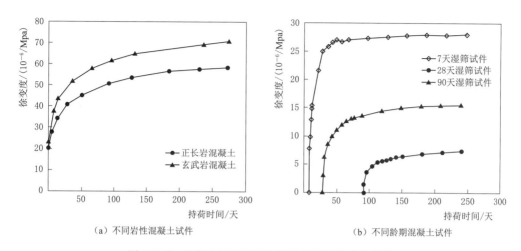

（a）不同岩性混凝土试件　　　　　　（b）不同龄期混凝土试件

图 4.1.2　混凝土试件不同加荷龄期压缩徐变度曲线

## 2. 高拱坝坝基的蠕变效应

在开挖卸荷、库水压力等持续作用下，高拱坝坝基将发生蠕变变形，其主要受岩性、应力水平、环境等因素的影响，具体表现为：在低应力水平下，岩体出现衰减蠕变或稳态蠕变，当应力达到加速蠕变应力阈值后，岩体发生加速蠕变；岩性不同，岩体蠕变差异较大，在较低应力水平下，软岩即发生衰减蠕变和稳态蠕变，当达到加速蠕变的应力阈值后，发生加速蠕变，最终的破坏形式为延性破坏，卸载后存在一定的残余变形；而硬岩在低应力水平下蠕变现象不明显，加速蠕变应力阈值明显高于软岩，最终破坏形式为脆性破坏，低应力水平下卸载至零时，残余变形不明显。温度、含水率等环境条件对岩体蠕变有一定影响：温度升高，岩体抵御蠕变的能力减弱，蠕变增大，稳态蠕变速率加快，加速蠕变和蠕滑破坏出现提前；含水率升高，岩体蠕变速率增大。图 4.1.3 为花岗岩和石灰岩不同应力水平下的蠕变规律，可以看出，岩性不同的岩体，蠕变规律存在一定差异；应力水平越高，岩体的瞬时变形和蠕变变形均越大；低应力水平下，岩体出现衰减蠕变或稳态蠕变；高应力水平下，岩体可能出现加速蠕变，岩性不同，加速蠕变应力阈值不同。

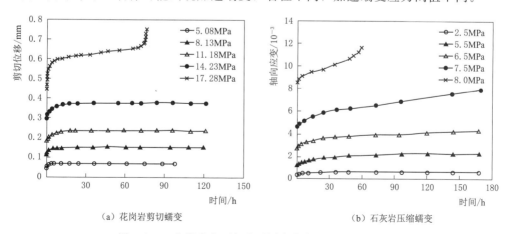

（a）花岗岩剪切蠕变　　　　　　（b）石灰岩压缩蠕变

图 4.1.3　花岗岩和石灰岩不同应力水平下的蠕变规律

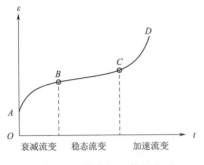

图 4.1.4　高拱坝坝体和坝基
流变效应全过程

由以上分析可看出，高拱坝坝体和坝基流变效应分为 3 个阶段，可归结为如图 4.1.4 所示的高拱坝坝体和坝基流变效应全过程，即：①衰减流变阶段（$AB$ 段），坝体和坝基受荷之后内部晶体颗粒结构调整，抵御流变变形的能力增强，流变速率减小，在 $B$ 点达到最小值；②稳态流变阶段（$BC$ 段），此过程中坝体和坝基流变速率基本保持不变；③加速流变阶段（$CD$ 段），当流变累积到一定程度之后，坝体和坝基流变速率开始迅速增大，最终导致结构破坏。

整数阶流变力学元件模型是由弹性元件、黏性元件以及塑性元件 3 种整数阶基本力学元件按照一定串并联方式组合而成的。弹性元件可用弹簧表征，即理想 Hooke 体，其应力与应变成正比关系，具有瞬时弹性变形的性质，即荷载存在时就有瞬时变形，当荷载发生变化时，瞬时变形随之而变，卸载后变形瞬间恢复，无弹性后效，同时，弹性元件不存在应力松弛和流变性质。黏性元件可用阻尼器表征，即理想 Newton 体，黏性元件的应变与时间有关，随着时间的增长而增大，具有流变性质，其应力与应变速率成正比关系，卸载后黏性体存在永久变形。塑性元件的力学性质可用摩擦片表征，即理想 St. Venant 体，当应力达到屈服极限时，出现塑性变形，即使不增加应力，应变也会继续发展。由上分析可知，3 种基本元件仅可表征单一的弹性、黏性和塑性，而实际运行过程中，高拱坝的力学性质十分复杂，如图 4.1.5 所示，因此需构建能表征高拱坝力学性质的元件组合模型。现有研究表明，通过串联和并联的组合方式，3 种整数阶基本元件可组合成 5 种整数阶基本流变力学模型，分别称之为 Hooke 体、Kelvin 体、Newton 体、村山体和 Bingham 体，5 种整数阶基本流变力学元件模型特征见表 4.1.2。

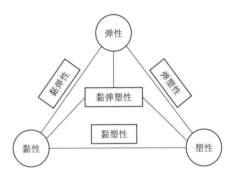

图 4.1.5　高拱坝的力学性质

表 4.1.2　　　　　　　　　　　5 种整数阶基本流变力学元件模型特征

| 名称 | 流变性态 | 流变类型 | 本构方程 | 流变方程 | 可恢复应变 |
|---|---|---|---|---|---|
| Hooke 体 | 无 | 无 | $\sigma = E_0 \varepsilon$ | 无 | 全部恢复 |
| Kelvin 体 | 黏弹性 | 衰减流变 | $\sigma = E_1 \varepsilon + \eta_1 \dot{\varepsilon}$ | $\dfrac{\sigma}{E_1}\left(1 - e^{\frac{E_1}{\eta_1}t}\right)$ | 全部恢复 |
| 村山体 | 黏弹塑性 | 衰减流变 | $\sigma - \sigma_{S1} = E_2 \varepsilon + \eta_2 \dot{\varepsilon}$ | $\dfrac{\sigma_0 - \sigma_{S1}}{E_2} = \left(1 - e^{\frac{E_2}{\eta_2}t}\right)$ | $\dfrac{\sigma_0 - 2\sigma_{S1}}{E_2} = \left(1 - e^{\frac{E_2}{\eta_2}t}\right)$ |
| Newton 体 | 黏性 | 稳态流变 | $\sigma = \eta_3 \dot{\varepsilon}$ | $\dfrac{\sigma_0}{\eta_3}t$ | 0 |
| Bingham 体 | 黏塑性 | 稳态流变 | $\sigma - \sigma_{S2} = \eta_4 \dot{\varepsilon}$ | $\dfrac{\sigma_0 - \sigma_{S2}}{\eta_4}t$ | 0 |

将 5 种整数阶基本流变力学元件模型串联组合，可以得到 15 种整数阶流变力学元件模型，15 种整数阶流变力学元件模型及其表征的流变类型见表 4.1.3，其中包含全部 5 种整数阶基本流变力学元件的模型，称为整数阶统一流变力学元件模型如图 4.1.6 所示，其中 5 个元件依次为：①—Hooke 体、②—Kelvin 体、③—村山体、④—Newton 体、⑤—Bingham 体（村山体中的 $\sigma_{S1}$ 小于 Bingham 体中的 $\sigma_{S2}$）。当 $\sigma < \sigma_{S1} < \sigma_{S2}$ 时，整数阶统一流变力学元件模型退化为①—②—④，即整数阶 Burgers 模型，其表示的应力与应变关系为

$$E_1 \dot{\varepsilon} + \eta_1 \ddot{\varepsilon} = \frac{E_1}{\eta_3}\sigma + \left(1 + \frac{\eta_1}{\eta_3} + \frac{E_1}{E_0}\right)\dot{\sigma} + \frac{\eta_1}{E_0}\ddot{\sigma} \tag{4.1.1}$$

当 $\sigma_{S1} < \sigma < \sigma_{S2}$ 时，整数阶统一流变力学元件模型退化为①—②—③—④，其表示的应力与应变关系为

$$\dddot{\varepsilon} + \left(\frac{E_1}{\eta_1} + \frac{E_2}{\eta_2}\right)\ddot{\varepsilon} + \frac{E_1 E_2}{\eta_1 \eta_2}\dot{\varepsilon} = \frac{\dddot{\sigma}}{E_0} + \left(\frac{1}{\eta_1} + \frac{1}{\eta_2} + \frac{1}{\eta_3} + \frac{E_1}{\eta_1 E_0} + \frac{E_2}{\eta_2 E_0}\right)\ddot{\sigma}$$
$$+ \left(\frac{E_1 + E_2}{\eta_1 \eta_2} + \frac{E_1}{\eta_1 \eta_3} + \frac{E_2}{\eta_2 \eta_3} + \frac{E_1 + E_2}{\eta_1 \eta_2 E_0}\right)\dot{\sigma} + \frac{E_1 E_2}{\eta_1 \eta_2 \eta_3}\sigma \tag{4.1.2}$$

当 $\sigma_{S1} < \sigma_{S2} < \sigma$ 时，整数阶统一流变力学元件模型包含①—②—③—④—⑤，其表示的应力与应变关系为

$$\dddot{\varepsilon} + \left(\frac{E_1}{\eta_1} + \frac{E_2}{\eta_2}\right)\ddot{\varepsilon} + \frac{E_1 E_2}{\eta_1 \eta_2}\dot{\varepsilon} = \frac{\dddot{\sigma}}{E_0} + \left(\frac{1}{\eta_1} + \frac{1}{\eta_2} + \frac{1}{\eta_3} + \frac{1}{\eta_4} + \frac{E_1}{\eta_1 E_0} + \frac{E_2}{\eta_2 E_0}\right)\ddot{\sigma}$$
$$+ \left(\frac{E_1 + E_2}{\eta_1 \eta_2} + \frac{E_1}{\eta_1 \eta_3} + \frac{E_2}{\eta_2 \eta_3} + \frac{E_1 E_2}{\eta_1 \eta_2 E_0}\right)\dot{\sigma} + \left(\frac{1}{\eta_3} + \frac{1}{\eta_4}\right)\frac{E_1 E_2}{\eta_1 \eta_2}\sigma - \frac{E_1 E_2}{\eta_1 \eta_2 \eta_4}\sigma_{S2} \tag{4.1.3}$$

由以上分析可看出，整数阶统一流变力学元件模型（编号 15）及其简化形式（编号 1~14）清晰地给出了 15 种流变类型与整数阶元件模型间的对应关系，根据不同应力水平下的结构的流变特征，可以有效地辨识出相应的流变力学模型。在实际工程中，整数阶统一流变力学元件模型由于参数较多，应用相对较少，常用的整数阶元件模型有整数阶西原正夫模型、整数阶孙钧模型等。

表 4.1.3　　　　　　　15 种整数阶流变力学元件模型及其表征的流变类型

| 编号 | 模 型 名 称 | 模型结构 | 表征的流变类型 | |
|---|---|---|---|---|
| | | | 低应力 | 高应力 |
| 1 | 整数阶 Murayama 模型 | ①—③ | | 衰减流变 |
| 2 | 整数阶 Bingham 模型 | ①—⑤ | 无流变 | 稳态流变 |
| 3 | 整数阶 Modified Schofield－Scott－Blair 模型 | ①—③—⑤ | | 两者兼有 |
| 4 | 整数阶 Kelvin 模型 | ①—② | | 衰减流变 |
| 5 | | ①—②—③ | 衰减流变 | |
| 6 | 整数阶西原正夫模型 | ①—②—⑤ | | 两者兼有 |
| 7 | 整数阶 Schfueld 模型 | ①—②—③—⑤ | | |

续表

| 编号 | 模 型 名 称 | 模型结构 | 表征的流变类型 | |
|---|---|---|---|---|
| | | | 低应力 | 高应力 |
| 8 | 整数阶 Maxwell 模型 | ①—④ | 稳态流变 | 稳态流变 |
| 9 | | ①—④—⑤ | | |
| 10 | 整数阶 Schwedloff 模型 | ①—③—④ | | 两者兼有 |
| 11 | | ①—③—④—⑤ | | |
| 12 | 整数阶 Burgers 模型 | ①—②—④ | 两者兼有 | 两者兼有 |
| 13 | 整数阶孙钧模型 | ①—②—③—④ | | |
| 14 | | ①—②—③—④ | | |
| 15 | 整数阶统一流变力学模型 | ①—②—③—④—⑤ | | |

**注**　"两者兼有"指"衰减流变"和"稳态流变"两者兼有；"—"表示串联

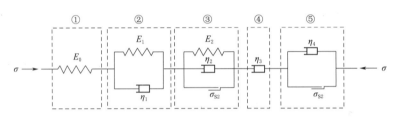

图 4.1.6　整数阶统一流变力学元件模型

高拱坝流变效应全过程包括 3 个典型阶段，即衰减流变阶段、稳态流变阶段和加速流变阶段。以整数阶西原正夫模型为例，模型中的 Kelvin 体可表征衰减流变，Bingham 体则可表征稳态流变，即整数阶西原正夫模型可模拟结构的衰减流变过程和稳态流变过程，但无法模拟加速流变过程，实际上，仅由上述 5 种整数阶基本流变力学元件串联而成的模型，无论构型如何复杂，均不能表征加速流变过程，为描述加速流变过程，需将黏塑性元件（Bingham 体）进行改进，目前常用的改进方法可归结为 3 类：黏滞系数随时间（或应力水平）变化、屈服应力随时间（或应力水平）变化、两者均随时间（或应力水平）变化，具体的改进方法不再赘述。

#### 4.1.1.2　一维应力状态下流变效应分数阶表征

在探讨高拱坝流变效应及整数阶流变力学元件模型建模原理展开的基础上，基于分数阶微积分理论，研究一维应力状态下流变效应的分数阶表征方法。

##### 4.1.1.2.1　相关分数阶微积分知识

在构建一维应力状态下流变效应分数阶表征方法之前，首先针对研究所涉及的分数阶微积分知识做一研究。

1. 分数阶微积分的定义

常用的分数阶微积分定义方法包括 Riemann - Liouville（R - L）定义、Caputo（C）定义和 Grunwald - Letnikov（G - L）定义 3 种。

对于任意 $\gamma > 0$，函数 $f(t)$ 的 $\gamma$ 阶 R - L 分数阶积分定义为

$$_{t_0}^{RL}I_t^{\gamma}f(t) = \frac{\mathrm{d}^{-\gamma}f(t)}{\mathrm{d}t^{-\gamma}} = \frac{1}{\Gamma(\gamma)}\int_{t_0}^{t}(t-\tau)^{\gamma-1}f(\tau)\mathrm{d}\tau \tag{4.1.4}$$

其中
$$\Gamma(\gamma) = \int_0^{\infty}\mathrm{e}^{-t}t^{\gamma-1}\mathrm{d}t, \Re e(\gamma) > 0 \tag{4.1.5}$$

式中　$_{t_0}^{RL}I_t^{\gamma}$——R-L 分数阶积分因子；

　　$\Gamma(\cdot)$——Gamma 函数；

　　$\Re e$——复数的实部。

基于 R-L 分数阶积分概念，函数 $f(t)$ 的 $\gamma$ 阶 R-L 分数阶微分定义为

$$_{t_0}^{RL}D_t^{\gamma}f(t) = \frac{\mathrm{d}^{\gamma}f(t)}{\mathrm{d}t^{\gamma}} = \frac{\mathrm{d}^n}{\mathrm{d}t^n}\left[_{t_0}^{RL}D_t^{-(n-\gamma)}f(t)\right]$$

$$= \frac{\mathrm{d}^n}{\mathrm{d}t^n}\int_{t_0}^{t}\frac{(t-\tau)^{n-\gamma-1}}{\Gamma(n-\gamma)}f(\tau)\mathrm{d}\tau = \frac{\mathrm{d}^n}{\mathrm{d}t^n}\int_{t_0}^{t}\frac{\tau^{n-\gamma-1}}{\Gamma(n-\gamma)}f(t-\tau)\mathrm{d}\tau,$$

$$n = \langle\gamma\rangle + 1, n-1 < \gamma \leqslant n \tag{4.1.6}$$

式中　$_{t_0}^{RL}D_t^{\gamma}$——Riemann-Liouville 分数阶微分因子；

　　$\langle\rangle$——取整符号。

R-L 分数阶微积分的性质及常见函数的分数阶微积分可参考相关文献。

若实数 $\gamma > 0$，且函数 $f(t)$ 在区间 $[t_0, t]$ 上存在 $m+1$ 阶连续导数，则函数 $f(t)$ 的 $\gamma$ 阶 G-L 微分可定义为

$$_{t_0}^{GL}D_t^{\gamma}f(t) = \lim_{h\to 0}h^{-\gamma}\sum_{j=0}^{(t-t_0)/h}(-1)^j\binom{\gamma}{j}f(t-jh) \tag{4.1.7}$$

$$\binom{\gamma}{j} = \frac{\gamma(\gamma-1)(\gamma-2)\cdots(\gamma-j+1)}{j!} \tag{4.1.8}$$

式中　$_{t_0}^{GL}D_t^{\gamma}$——G-L 分数阶微分因子。

若 $\gamma$ 为负实数，式（4.1.7）和式（4.1.8）为函数 $f(t)$ 的 $\gamma$ 阶 G-L 积分（$_{t_0}^{GL}I_t^{\gamma}$）定义。

若实数 $\gamma > 0$，且函数 $f(t)$ 在区间 $[t_0, t]$ 上存在 $m+1$ 阶连续导数，则函数 $f(t)$ 的 $\gamma$ 阶 C 分数阶微分定义为

$$_{t_0}^{C}D_t^{\gamma}f(t) = \frac{1}{\Gamma(n-\gamma)}\int_{t_0}^{t}\frac{f^n(\tau)}{(t-\tau)^{p+1-n}}\mathrm{d}\tau, n = \langle\gamma\rangle + 1, n-1 < \gamma \leqslant n \tag{4.1.9}$$

C 分数阶微分与 R-L 分数阶微分存在关系为

$$_{t_0}^{C}D_t^{\gamma}f(t) = _{t_0}^{RL}D_t^{-(n-\gamma)}\left[\frac{\mathrm{d}^n}{\mathrm{d}t^n}f(t)\right], n = \langle\gamma\rangle + 1, n-1 < \gamma \leqslant n \tag{4.1.10}$$

式中　$_{t_0}^{C}D_t^{\gamma}$——C 分数阶微分因子；

　　$\langle\rangle$——取整符号。

2. Mittag-Leffler 函数

根据 Mittag-Leffler 函数的定义，单参数 Mittag-Leffler 函数为

$$E_{\alpha}(z) \triangleq \sum_{n=0}^{\infty}\frac{z^n}{\Gamma(n\alpha + 1)} \tag{4.1.11}$$

其中，$\alpha > 0$ 且 $z \in C$。

双参数 Mittag – Leffler 函数为

$$E_{\alpha,\beta}(z) \triangleq \sum_{n=0}^{\infty} \frac{z^n}{\Gamma(n\alpha + \beta)} \tag{4.1.12}$$

其中，$\alpha > 0$ 且 $z \in C$。

三参数 Mittag – Leffler 函数为

$$E_{\alpha,\beta}(z) = \sum_{n=0}^{\infty} \frac{(\gamma)_n}{\Gamma(n\alpha + \beta)} \frac{z^n}{n!}, \alpha,\beta,\gamma \in C, \Re(\alpha) > 0 \tag{4.1.13}$$

其中　　　$(\gamma)_n = \begin{cases} 1 & ,n=0 \\ \gamma(\gamma+1)\cdots(\gamma+n-1) = \dfrac{\Gamma(\gamma+n)}{\Gamma(\gamma)} & ,n=1,2,3,\cdots \end{cases}$ 　　　(4.1.14)

三参数 Mittag – Leffler 函数的另一形式为

$$E_{\alpha,\beta}(z) = \frac{1}{\Gamma(\beta)} + \sum_{n=1}^{\infty} \frac{\Gamma(\gamma+n)z^n(\gamma)_n}{\Gamma(\gamma)\Gamma(n\alpha+\beta)\Gamma(n+1)}, \alpha,\beta,\gamma \in C, \Re(\alpha) > 0 \tag{4.1.15}$$

四参数 Mittag – Leffler 函数为

$$E_{\alpha,\beta}^{\gamma,q}(z) = \sum_{n=0}^{\infty} \frac{(\gamma)_{qn}}{\Gamma(n\alpha + \beta)} \frac{z^n}{n!} \tag{4.1.16}$$

$$(\gamma)_{qn} = \frac{\Gamma(\gamma+qn)}{\Gamma(\gamma)} \tag{4.1.17}$$

其中，$\Re(\alpha)$、$\Re(\beta)$、$\Re(\gamma)$ 均大于 0。

3. 拉普拉斯变换与逆变换

拉普拉斯变换是求解分数阶微积分方程的有效手段。若 $t \geqslant 0$ 时函数 $f(t)$ 有定义，且积分 $\int_0^{+\infty} f(t)e^{-st}dt$（$s$ 为一个复参量）在 $s$ 的某一域内收敛，则函数 $f(t)$ 的拉普拉斯变换为

$$F(s) = \int_0^{+\infty} f(t)e^{-st}dt \tag{4.1.18}$$

记为 $F(s) = L\{f(t)\}$，$F(s)$ 称为 $f(t)$ 的象函数，同时有

$$f(t) = L^{-1}[F(s)] = \frac{1}{2\pi i} \int_{s-i\infty}^{s+i\infty} F(p)e^{pt}dp \tag{4.1.19}$$

为拉普拉斯逆变换。若 $f(t)$ 和 $g(t)$ 在 $t < 0$ 时 $f(t) = g(t) = 0$，则称 $\int_0^t f(t-\tau)g(\tau)d\tau$ 为 $f(t)$ 和 $g(t)$ 的卷积，记为

$$f(t) * g(t) = g(t) * f(t) = \int_0^t f(t-\tau)g(\tau)d\tau \tag{4.1.20}$$

拉普拉斯变换的性质可参考相关文献，基于拉普拉斯变换的概念和基本性质，可得到 G – L、R – L 和 Caputo 分数阶微分的拉普拉斯变换公式为

$$L\{_{t_0}^{RL}D_t^{-\gamma}f(t),s\} = s^{-\gamma}\overline{f}(s), \quad \gamma > 0 \tag{4.1.21}$$

$$L\{_{t_0}^{RL}D_t^{\gamma}f(t),s\} = s^{\gamma}\overline{f}(s), \quad f(t)\text{在}\ t=0\ \text{附近可积}, 0 \leqslant \gamma \leqslant 1 \tag{4.1.22}$$

$$L\{_{t_0}^{GL}D_t^{\gamma}f(t)\} = s^{\gamma}\overline{f}(s), \quad n-1 < \gamma \leqslant n \tag{4.1.23}$$

$$L\left\{{}_{t_0}^{C}D_t^{\gamma}f(t),s\right\}=s^{\gamma}\overline{f}(s)-\sum_{k=0}^{n-1}s^{\gamma-k-1}f^{(k)}(0),\quad n-1<\gamma\leqslant n \tag{4.1.24}$$

式中 $\overline{f}(s)$——$f(t)$ 的拉普拉斯变换。

**4.1.1.2.2 一维应力状态下流变效应各阶段的分数阶表征方法**

1. 一维应力状态下衰减流变分数阶表征方法

衰减流变过程可用 Kelvin 体或村山体表征，其基于整数阶微积分理论构建，引入介于理想 Newton 体和理想弹性体之间的 Abel 黏壶元件，将整数阶模型中的 Newton 黏壶用 Abel 黏壶代替，研究分数阶 Kelvin 体和分数阶村山体的构建方法，并将其应用于表征衰减流变过程。

若采用分数阶村山体表征衰减流变过程，记 $\sigma$ 为总应力，$\sigma_H$ 为弹簧应力，$\sigma_A$ 为 Abel 黏壶应力，$\sigma_S$ 为滑块应力，$\sigma_{S1}$ 为衰减流变应力阈值，$\varepsilon_{ve}$ 为黏弹性应变，$\varepsilon_H$ 为弹簧应变，$\varepsilon_A$ 为 Abel 黏壶应变，$E_1$ 为延迟模量，$\eta_1$ 为黏滞系数，$\gamma_1$ 为阶数，则 Abel 黏壶描述的应力和应变关系可表示为

$$\sigma_A(t)=\eta_1^{\gamma_1}\frac{d^{\gamma_1}\left[\varepsilon_A(t)\right]}{dt^{\gamma_1}}\quad(0\leqslant\gamma_1\leqslant1) \tag{4.1.25}$$

因此，当 $\gamma_1=1$ 时，Abel 黏壶退化为 Newton 体；当 $\gamma_1=0$ 时，Abel 黏壶退化为 Hooke 体。由弹簧、滑块和 Abel 黏壶并联关系可得

$$\sigma=\sigma_A+\sigma_H+\sigma_S \tag{4.1.26}$$

$$\sigma_S=\begin{cases}\sigma&,\sigma\leqslant\sigma_{S1}\\\sigma_{S1}&,\sigma>\sigma_{S1}\end{cases} \tag{4.1.27}$$

当 $\sigma\leqslant\sigma_{S1}$ 时，由式（4.1.27）可知，$\sigma_A=\sigma_H=0$，此时 $\varepsilon_{ve}=0$；当 $\sigma>\sigma_{S1}$ 时，存在关系为

$$\begin{cases}\varepsilon_{ve}=\varepsilon_H=\varepsilon_A\\\sigma=\sigma_H+\sigma_A+\sigma_{S1}=E_1\varepsilon_{ve}(t)+\eta_1^{\gamma_1}\dfrac{d^{\gamma_1}\left[\varepsilon_{ve}(t)\right]}{dt^{\gamma_1}}+\sigma_{S1}\end{cases} \tag{4.1.28}$$

将式（4.1.28）中第 2 式变换成

$$\frac{d^{\gamma_1}\left[\varepsilon_{ve}(t)\right]}{dt^{\gamma_1}}+\frac{E_1}{\eta_1^{\gamma_1}}\varepsilon_{ve}(t)=\frac{\sigma-\sigma_{S1}}{\eta_1^{\gamma_1}} \tag{4.1.29}$$

令 $a=\dfrac{E_1}{\eta_1^{\gamma_1}}$，$b=\dfrac{\sigma-\sigma_{S1}}{\eta_1^{\gamma_1}}$，则可表示为

$$\frac{d^{\gamma_1}\left[\varepsilon_{ve}(t)\right]}{dt^{\gamma_1}}+a\varepsilon_{ve}(t)=b \tag{4.1.30}$$

若应力 $\sigma$ 恒定，对式（4.1.30）进行拉普拉斯变换可得

$$s^{\gamma_1}\overline{\varepsilon_{ve}}(s)+a\overline{\varepsilon_{ve}}(s)=\frac{b}{s} \tag{4.1.31}$$

式中 $\overline{\varepsilon_{ve}}(s)$——$\varepsilon_{ve}(t)$ 的拉普拉斯变换。

可变换为

$$\overline{\varepsilon_{ve}}(s) = \frac{b}{s(s^{\gamma_1} + a)} \tag{4.1.32}$$

进行拉普拉斯逆变换，可得

$$\varepsilon_{ve}(t) = b \int_0^t (t-s)^{\gamma_1 - 1} E_{\gamma_1, \gamma_1} \left[ -a(t-s)^{\gamma_1} \right] ds \tag{4.1.33}$$

式中　$E_{\gamma_1, \gamma_1}(\cdot)$——双参数 Mittag - Leffler 函数。

可解得

$$\varepsilon_{ve}(t) = b \sum_{k=0}^{\infty} \frac{(-a)^k t^{\gamma_1(1+k)}}{\gamma_1(1+k)\Gamma[(1+k)\gamma_1]} \tag{4.1.34}$$

将 $a$、$b$ 代入式（4.1.34），可得当 $\sigma > \sigma_{S1}$ 时，常应力作用下分数阶村山体黏弹性应变表达式为

$$\varepsilon_{ve}(t) = \frac{\sigma - \sigma_{S1}}{\eta_1^{\gamma_1}} \sum_{k=0}^{\infty} \frac{\left( -\dfrac{E_1}{\eta_1^{\gamma_1}} \right)^k t^{\gamma_1(1+k)}}{\gamma_1(1+k)\Gamma[(1+k)\gamma_1]} \tag{4.1.35}$$

由 Gamma 函数的递归性质，即 $\Gamma(x+1) = x\Gamma(x)$，可得

$$\varepsilon_{ve}(t) = \frac{\sigma - \sigma_{S1}}{\eta_1^{\gamma_1}} \sum_{k=0}^{\infty} \frac{\left( -\dfrac{E_1}{\eta_1^{\gamma_1}} \right)^k t^{\gamma_1(1+k)}}{\Gamma[(1+k)\gamma_1 + 1]} \tag{4.1.36}$$

若采用分数阶 Kelvin 体表征衰减流变过程，即分数阶村山体中应力阈值 $\sigma_{S1} = 0$，其黏弹性应变表达式的推导方法与分数阶村山体类似，可表达为

$$\varepsilon_{ve}(t) = \frac{\sigma}{\eta_1^{\gamma_1}} \sum_{k=0}^{\infty} \frac{\left( -\dfrac{E_1}{\eta_1^{\gamma_1}} \right)^k t^{\gamma_1(1+k)}}{\gamma_1(1+k)\Gamma[(1+k)\gamma_1]} \tag{4.1.37}$$

式中参数含义同式（4.1.36）。当 $\gamma_1 = 1$ 时，转化为

$$\varepsilon_{ve}(t) = \frac{\sigma}{\eta_1} \sum_{k=0}^{\infty} \frac{\left( -\dfrac{E_1}{\eta_1} \right)^k t^{(1+k)}}{\Gamma(k+2)} \longrightarrow \frac{\sigma}{E_1} \left( 1 - e^{-\frac{E_1}{\eta_1} t} \right) \tag{4.1.38}$$

当阶数为 1 时，分数阶 Kelvin 体退化为整数阶 Kelvin 体。

**2. 一维应力状态下稳态流变分数阶表征方法**

由前文介绍可知，稳态流变过程可采用 Bingham 体表征，本节将整数阶模型中的 Newton 黏壶用 Abel 黏壶代替，研究分数阶 Bingham 体的构建方法，并将其应用于表征稳态流变过程。

记 $\eta_2$ 为黏滞系数，$\gamma_2$ 为阶数，$\varepsilon_{vp}$ 为黏塑性应变，$\sigma$ 为总应力，$\sigma_S$ 为摩擦滑块的应力，$\sigma_{S2}$ 为黏塑性应力阈值，$\sigma_A$ 为 Abel 黏壶的应力，可得

$$\sigma = \sigma_S + \sigma_A \tag{4.1.39}$$

$$\sigma_S = \begin{cases} \sigma & ,\sigma \leqslant \sigma_{S2} \\ \sigma_{S2} & ,\sigma > \sigma_{S2} \end{cases} \tag{4.1.40}$$

当 $\sigma \leqslant \sigma_{S2}$ 时，由式（4.1.39）和式（4.1.40）可知，$\sigma_A = 0$，此时 $\varepsilon_{vp} = 0$；当 $\sigma > \sigma_{S2}$ 时，由 Abel 黏壶与摩擦块的并联关系可知

$$\eta_2^{\gamma_2} = \frac{\mathrm{d}^{\gamma_2}[\varepsilon_{vp}(t)]}{\mathrm{d}t^{\gamma_2}} + \sigma_{S2} = \sigma \tag{4.1.41}$$

通过变换可得

$$\frac{\mathrm{d}^{\gamma_2}[\varepsilon_{vp}(t)]}{\mathrm{d}t^{\gamma_2}} = \frac{\sigma - \sigma_{S2}}{\eta_2^{\gamma_2}} \tag{4.1.42}$$

若应力 $\sigma$ 恒定，进行拉普拉斯变换可得

$$\overline{\varepsilon_{vp}}(s) = \frac{\sigma - \sigma_{S2}}{\eta_2^{\gamma_2}} \frac{1}{s^{\gamma_2+1}} \tag{4.1.43}$$

式中 $\overline{\varepsilon_{vp}}(s)$——$\varepsilon_{vp}(t)$ 的拉普拉斯变换。

进行拉普拉斯逆变换，结合 $s^{-\gamma}$ 的拉普拉斯逆变换结果，即

$$L^{-1}\{s^{-\gamma}\} = \frac{t^{\gamma-1}}{\Gamma(\gamma)} \tag{4.1.44}$$

可得

$$\varepsilon_{vp}(t) = \frac{\sigma - \sigma_{S2}}{\eta_2^{\gamma_2}} \frac{t^{\gamma_2}}{\Gamma(1+\gamma_2)} \tag{4.1.45}$$

因此，常应力作用下分数阶 Bingham 体黏塑性应变可表达为

$$\varepsilon_{vp}(t) = \begin{cases} 0 & ,\sigma \leqslant \sigma_{S2} \\ \dfrac{\sigma - \sigma_{S2}}{\eta_2^{\gamma_2}} \dfrac{t^{\gamma_2}}{\Gamma(1+\gamma_2)} & ,\sigma > \sigma_{S2} \end{cases} \tag{4.1.46}$$

特殊的，当分数阶 Bingham 体中应力阈值 $\sigma_{S2} = 0$ 时，则分数阶 Bingham 体退化为 Abel 黏壶，当 $\sigma$ 为常数时，对式进行拉普拉斯变换可得

$$\overline{\varepsilon}(s) = \frac{\sigma}{\eta_2^{\gamma_2} s^{\gamma_2+1}} \tag{4.1.47}$$

式中 $\overline{\varepsilon}(s)$——$\varepsilon(t)$ 的拉普拉斯变换。

对式（4.1.47）进行拉普拉斯逆变换，可得常应力作用下 Abel 黏壶黏性应变表示为

$$\varepsilon(t) = \frac{\sigma}{\eta_2^{\gamma_2}} \frac{t^{\gamma_2}}{\Gamma(1+\gamma_2)} \tag{4.1.48}$$

为直观理解式（4.1.48）的含义，令 $\sigma = 18\mathrm{MPa}$，$\eta_2 = 2\mathrm{GPa} \cdot \mathrm{h}$，并将其代入，得到阶数 $\gamma_2$ 变化时，Abel 黏壶描述的非线性流变过程如图 4.1.7 所示，可以看出，常应力作用下 Abel 黏壶初期流变速率快，随时间的增长逐渐变慢，该流变过程对阶数 $\gamma_2$

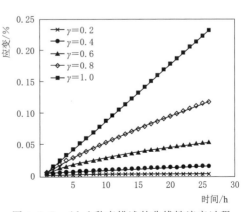

图 4.1.7 Abel 黏壶描述的非线性流变过程

敏感，$\gamma_2$ 越大，Abel 黏壶越接近 Newton 黏壶（$\gamma_2 = 1$），$\gamma_2$ 越小，Abel 黏壶越接近 Hooke 体（$\gamma_2 = 0$），因此 Abel 黏壶描述的流变过程既不像 Newton 黏壶线性增加，也不像 Hooke 体保持不变，即 Abel 黏壶可描述介于理想固体与理想流体之间的非线性流变效应。

3. 一维应力状态下加速流变分数阶表征方法

基于整数阶流变力学元件模型描述大坝加速流变过程的方法是将黏塑性元件的黏滞系数（或应力阈值）视为随时间 $t$ 变化的函数，本节借助该建模思路，探讨加速流变的分数阶表征方法。

假设材料各向同性，记 $\eta_2$ 为黏滞系数，$\sigma_{S2}$ 为黏塑性应力阈值，$\gamma_2$ 为阶数，$\alpha_2$ 为与材料性质有关的常数，则分数阶 Bingham 体的 $\eta_2^{\gamma_2}$ 以式 （4.1.49） 所示的形式变化为

$$f(t) = \eta_2^{\gamma_2} e^{-\alpha_2 t} \tag{4.1.49}$$

由塑性滑块和 Abel 黏壶并联关系可得，当 $\sigma > \sigma_{S2}$ 且 $\eta_2^{\gamma_2}$ 以式 （4.1.49） 所示的形式变化时，分数阶 Bingham 体描述的应力和应变关系为

$$\eta_2^{\gamma_2} e^{-\alpha_2 t} \frac{d^{\gamma_2}[\varepsilon_{vp}(t)]}{dt^{\gamma_2}} + \sigma_{S2} = \sigma \tag{4.1.50}$$

变化可得

$$\frac{d^{\gamma_2}[\varepsilon_{vp}(t)]}{dt^{\gamma_2}} = \frac{\sigma - \sigma_{S2}}{\eta_2^{\gamma_2}} e^{\alpha_2 t} \tag{4.1.51}$$

若应力 $\sigma$ 恒定，进行拉普拉斯变换后可得

$$\overline{\varepsilon_{vp}}(t) = \frac{\sigma - \sigma_{S2}}{\eta_2^{\gamma_2}} \frac{1}{s^{\gamma_2}(s - \alpha_2)} \tag{4.1.52}$$

进行拉普拉斯逆变换，可得当 $\sigma > \sigma_{S2}$ 时，分数阶 Bingham 体黏塑性应变的表达式为

$$\varepsilon_{vp} = \frac{\sigma - \sigma_{S2}}{\eta_2^{\gamma_2}} t^{\gamma_2} \sum_{k=0}^{\infty} \frac{(\alpha_2 t)^k}{\Gamma(k + 1 + \gamma_2)} \tag{4.1.53}$$

特殊的，若 $\sigma_{S2} = 0$，则分数阶 Bingham 体退化为 Abel 黏壶，若 $\eta_2^{\gamma_2}$ 以式 （4.1.49） 所示的形式变化，Abel 黏壶的应力和应变关系可表示为

$$\sigma(t) = (\eta_2^{\gamma_2} e^{-\alpha_2 t}) \frac{d^{\gamma_2}[\varepsilon(t)]}{dt^{\gamma_2}} \tag{4.1.54}$$

则可变换为

$$\frac{d^{\gamma_2}[\varepsilon(t)]}{dt^{\gamma_2}} = \frac{\sigma(t)}{\eta_2^{\gamma_2}} e^{\alpha_2 t} \tag{4.1.55}$$

当 $\sigma$ 为常数时，对式 （4.1.55） 两侧进行拉普拉斯变化，可得

$$s^{\gamma_2} \overline{\varepsilon}(s) = \frac{\sigma}{\eta_2^{\gamma_2}} \frac{1}{s - \alpha_2} \tag{4.1.56}$$

式中　$\overline{\varepsilon}(s)$——$\overline{\varepsilon}(t)$ 的拉普拉斯变换。

因此

$$\overline{\varepsilon}(s) = \frac{\sigma}{\eta_2^{\gamma_2}} \frac{1}{s^{\gamma_2}(s-\alpha_2)} \tag{4.1.57}$$

进行拉普拉斯逆变换，Abel 黏壶应变的表达式为

$$\varepsilon(t) = \frac{\sigma}{\eta_2^{\gamma_2}} t^{\gamma_2} \sum_{k=0}^{\infty} \frac{(\alpha_2 t)^k}{\Gamma(k+\gamma_2+1)} \tag{4.1.58}$$

为直观理解式（4.1.58）的含义，令 $\sigma = 18\text{MPa}$，$\eta_2 = 4\text{GPa} \cdot \text{h}$，$\alpha_2 = 0.03\text{h}^{-1}$，并将其代入式（4.1.58）中，可得阶数 $\gamma_2$ 变化时，式（4.1.58）描述的流变过程如图 4.1.8（a）所示；将 $\gamma_2 = 0.3$ 代入式（4.1.58）中，保持其他参数不变，可得 $\alpha_2$ 变化时，式（4.1.58）描述的流变过程如图 4.1.8（b）所示，因此，可表征加速流变过程。

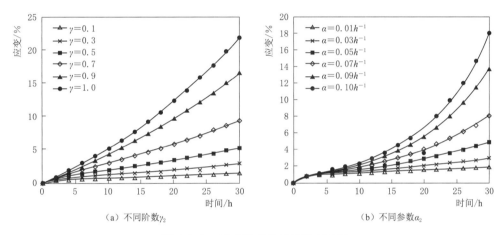

（a）不同阶数$\gamma_2$　　　　　　　　　（b）不同参数$\alpha_2$

图 4.1.8　Abel 黏壶描述的流变过程

在模拟加速流变时，另一需解决的问题是如何识别稳态流变和加速流变的临界点，以累积黏塑性应变达到某阈值作为识别依据，即在该临界点之前，分数阶 Bingham 体 $\eta_2^{\gamma_2}$ 为定值，而在该临界点之后，分数阶 Bingham 体 $\eta_2^{\gamma_2}$ 将以式（4.1.49）所示的形式变化，从而导致黏塑性应变率增大而进入加速流变阶段，基于上述分析，可将黏塑性体的黏滞系数定义为

$$\eta_2^{\gamma_2} = \begin{cases} \eta_2^{\gamma_2} & ,\sigma > \sigma_{\text{S2}}, \varepsilon_{\text{vp}} \leqslant \overline{\varepsilon}_{\text{vp}} \\ \eta_2^{\gamma_2} e^{-\alpha_2 t} & ,\sigma > \sigma_{\text{S2}}, \varepsilon_{\text{vp}} > \overline{\varepsilon}_{\text{vp}} \end{cases} \tag{4.1.59}$$

式中　$\overline{\varepsilon}_{\text{vp}}$——累积黏塑性应变阈值，依据流变试验确定。

因此，稳态流变和加速流变过程中，分数阶 Bingham 体黏塑性应变可表征为

$$\overline{\varepsilon}_{\text{vp}}(t) = \begin{cases} \dfrac{\sigma - \sigma_{\text{S2}}}{\eta_2^{\gamma_2}} \dfrac{t^{\gamma_2}}{\Gamma(1+\gamma_2)} & ,\sigma > \sigma_{\text{S2}}, \varepsilon_{\text{vp}} \leqslant \overline{\varepsilon}_{\text{vp}} \\ \dfrac{\sigma - \sigma_{\text{S2}}}{\eta_2^{\gamma_2}} \dfrac{t_s^{\gamma_2}}{\Gamma(1+\gamma_2)} + \dfrac{\sigma - \sigma_{\text{S2}}}{\eta_2^{\gamma_2}} (t-t_s)^{\gamma_2} \sum_{k=0}^{\infty} \dfrac{[\alpha_2(t-t_s)]^k}{\Gamma(k+1+\gamma_2)} & ,\sigma > \sigma_{\text{S2}}, \varepsilon_{\text{vp}} > \overline{\varepsilon}_{\text{vp}} \end{cases}$$

$$\tag{4.1.60}$$

式中　$t_s$——达到累积黏塑性应变阈值的时间。

式（4.1.60）中第 1 式为稳态流变过程黏塑性应变表达式，第 2 式为加速流变过程黏塑性应变表达式。

前文分别探讨了一维应力状态下衰减流变、稳态流变以及加速流变过程的分数阶表征方法，以此为基础，提出一维应力状态下可描述流变效应全过程的分数阶力学元件模型建模方法。

如果不存在衰减流变应力阈值 $\sigma_{S1}$，一维应力状态下流变全过程分数阶表征方法（不含衰减流变应力阈值）可用如图 4.1.9 所示的元件模型模拟，其表达式为

$$
\varepsilon(t)=\begin{cases}
\dfrac{\sigma}{E_0}+\dfrac{\sigma}{\eta_1^{\gamma_1}}\displaystyle\sum_{k=0}^{\infty}\dfrac{\left(-\dfrac{E_1}{\eta_1}\right)^k t^{\gamma_1(1+k)}}{\gamma_1(1+k)\Gamma[(1+k)\gamma_1]} & ,\sigma\leqslant\sigma_{S2}\\[6mm]
\dfrac{\sigma}{E_0}+\dfrac{\sigma}{\eta_1^{\gamma_1}}\displaystyle\sum_{k=0}^{\infty}\dfrac{\left(-\dfrac{E_1}{\eta_1}\right)^k t^{\gamma_1(1+k)}}{\gamma_1(1+k)\Gamma[(1+k)\gamma_1]}+\dfrac{\sigma-\sigma_{S2}}{\eta_2^{\gamma_2}}\dfrac{t^{\gamma_2}}{\Gamma(1+\gamma_2)} & ,\sigma>\sigma_{S2},\varepsilon_{vp}\leqslant\bar{\varepsilon}_{vp}\\[6mm]
\dfrac{\sigma}{E_0}+\dfrac{\sigma}{\eta_1^{\gamma_1}}\displaystyle\sum_{k=0}^{\infty}\dfrac{\left(-\dfrac{E_1}{\eta_1}\right)^k t^{\gamma_1(1+k)}}{\gamma_1(1+k)\Gamma[(1+k)\gamma_1]}+\dfrac{\sigma-\sigma_{S2}}{\eta_2^{\gamma_2}}\dfrac{t_s^{\gamma_2}}{\Gamma(1+\gamma_2)}\\[4mm]
\quad+\dfrac{\sigma-\sigma_{S2}}{\eta_2^{\gamma_2}}(t-t_s)^{\gamma_2}\displaystyle\sum_{k=0}^{\infty}\dfrac{[\alpha_2(t-t_s)]^k}{\Gamma(k+1+\gamma_2)} & ,\sigma>\sigma_{S2},\varepsilon_{vp}>\bar{\varepsilon}_{vp}
\end{cases}
$$

$$(4.1.61)$$

如果存在衰减流变应力阈值 $\sigma_{S1}$，一维应力状态下流变全过程分数阶表征方法（含衰减流变应力阈值）可用如图 4.1.10 所示的元件模型模拟，其表达式为

$$
\varepsilon(t)=\begin{cases}
\dfrac{\sigma}{E_0} & ,\sigma\leqslant\sigma_{S1}\\[6mm]
\dfrac{\sigma}{E_0}+\dfrac{\sigma-\sigma_{S1}}{\eta_1^{\gamma_1}}\displaystyle\sum_{k=0}^{\infty}\dfrac{\left(-\dfrac{E_1}{\eta_1}\right)^k t^{\gamma_1(1+k)}}{\gamma_1(1+k)\Gamma[(1+k)\gamma_1]} & ,\sigma_{S1}<\sigma\leqslant\sigma_{S2}\\[6mm]
\dfrac{\sigma}{E_0}+\dfrac{\sigma-\sigma_{S1}}{\eta_1^{\gamma_1}}\displaystyle\sum_{k=0}^{\infty}\dfrac{\left(-\dfrac{E_1}{\eta_1}\right)^k t^{\gamma_1(1+k)}}{\gamma_1(1+k)\Gamma[(1+k)\gamma_1]}+\dfrac{\sigma-\sigma_{S2}}{\eta_2^{\gamma_2}}\dfrac{t^{\gamma_2}}{\Gamma(1+\gamma_2)} & ,\sigma>\sigma_{S2},\varepsilon_{vp}\leqslant\bar{\varepsilon}_{vp}\\[6mm]
\dfrac{\sigma}{E_0}+\dfrac{\sigma-\sigma_{S1}}{\eta_1^{\gamma_1}}\displaystyle\sum_{k=0}^{\infty}\dfrac{\left(-\dfrac{E_1}{\eta_1}\right)^k t^{\gamma_1(1+k)}}{\gamma_1(1+k)\Gamma[(1+k)\gamma_1]}+\dfrac{\sigma-\sigma_{S2}}{\eta_2^{\gamma_2}}\dfrac{t_s^{\gamma_2}}{\Gamma(1+\gamma_2)}\\[4mm]
\quad+\dfrac{\sigma-\sigma_{S2}}{\eta_2^{\gamma_2}}(t-t_s)^{\gamma_2}\displaystyle\sum_{k=0}^{\infty}\dfrac{[\alpha_2(t-t_s)]^k}{\Gamma(k+1+\gamma_2)} & ,\sigma>\sigma_{S2},\varepsilon_{vp}>\bar{\varepsilon}_{vp}
\end{cases}
$$

$$(4.1.62)$$

图 4.1.9 一维应力状态下流变全过程分数
阶表征方法（不含衰减流变应力阈值）

图 4.1.10 一维应力状态下流变全过程分数
阶表征方法（含衰减流变应力阈值）

### 4.1.1.3 高拱坝变形变化行为分数阶数值分析模型构建

实际运行过程中，高拱坝坝体和坝基均处于三维应力状态，以一维应力状态下流变效应全过程分数阶模拟方法为基础，本节研究高拱坝变形变化行为分数阶数值分析模型构建技术。

1. 三维应力状态下衰减流变分数阶表征方法

一维应力状态下衰减流变过程可采用分数阶 Kelvin 体和分数阶村山体描述，以此为基础，研究三维应力状态下衰减流变过程的分数阶表征方法。

若仅考虑高拱坝的弹性变形，其符合 Hooke 定律，则一维应力状态下高拱坝应力与应变的关系可表示为

$$\boldsymbol{\sigma} = E\boldsymbol{\varepsilon} \tag{4.1.63}$$

式中 $E$——弹性模量。

若处于结构三维应力状态，则应力张量 $\boldsymbol{\sigma}$ 可表示为

$$\boldsymbol{\sigma} = \begin{bmatrix} \sigma_{xx} & \sigma_{xy} & \sigma_{xz} \\ \sigma_{xy} & \sigma_{yy} & \sigma_{yz} \\ \sigma_{xz} & \sigma_{yz} & \sigma_{zz} \end{bmatrix} = \begin{bmatrix} \sigma_m & 0 & 0 \\ 0 & \sigma_m & 0 \\ 0 & 0 & \sigma_m \end{bmatrix} + \begin{bmatrix} \sigma_{xx}-\sigma_m & \sigma_{xy} & \sigma_{xz} \\ \sigma_{xy} & \sigma_{yy}-\sigma_m & \sigma_{yz} \\ \sigma_{xz} & \sigma_{yz} & \sigma_{zz}-\sigma_m \end{bmatrix} \tag{4.1.64}$$

应变张量 $\boldsymbol{\varepsilon}$ 可表示为

$$\boldsymbol{\varepsilon} = \begin{bmatrix} \varepsilon_{xx} & \varepsilon_{xy} & \varepsilon_{xz} \\ \varepsilon_{xy} & \varepsilon_{yy} & \varepsilon_{yz} \\ \varepsilon_{xz} & \varepsilon_{yz} & \varepsilon_{zz} \end{bmatrix} = \begin{bmatrix} \varepsilon_m & 0 & 0 \\ 0 & \varepsilon_m & 0 \\ 0 & 0 & \varepsilon_m \end{bmatrix} + \begin{bmatrix} \varepsilon_{xx}-\varepsilon_m & \varepsilon_{xy} & \varepsilon_{xz} \\ \varepsilon_{xy} & \varepsilon_{yy}-\varepsilon_m & \varepsilon_{yz} \\ \varepsilon_{xz} & \varepsilon_{yz} & \varepsilon_{zz}-\varepsilon_m \end{bmatrix} \tag{4.1.65}$$

第一部分被称为球张量（$\sigma_m$ 和 $\varepsilon_m$），第二部分被称为偏张量（$S_{ij}$ 和 $e_{ij}$），其可分别表达为

球张量
$$\begin{cases} \sigma_m = \dfrac{1}{3}(\sigma_{xx}+\sigma_{yy}+\sigma_{zz}) \\ \varepsilon_m = \dfrac{1}{3}(\varepsilon_{xx}+\varepsilon_{yy}+\varepsilon_{zz}) \end{cases} \tag{4.1.66}$$

偏张量
$$\begin{cases} S_{ij} = \sigma_{ij}-\sigma_m\delta_{ij} \\ e_{ij} = \varepsilon_{ij}-\varepsilon_m\delta_{ij} \end{cases} \quad (i,j=x,y,z) \tag{4.1.67}$$

式中 $\delta_{ij}$——克罗内克符号，当 $i=j$ 时，$\delta_{ij}=1$，否则为 0。

引入体积模量 $K$ 和剪切模量 $G$，可得三维应力状态下高拱坝应力与应变的弹性关系为

$$\begin{cases} \sigma_m = 3K\varepsilon_m \\ S_{ij} = 2Ge_{ij} \end{cases} \tag{4.1.68}$$

式（4.1.68）第 1 式为球应力与球应变间的弹性关系，第 2 式为偏应力与偏应变间的弹性关系。体积模量 $K$、剪切模量 $G$ 分别与弹性模量 $E$ 的关系可表示为

$$\begin{cases} K = \dfrac{E}{3(1-2\mu)} \\[3mm] G = \dfrac{E}{2(1+\mu)} \end{cases} \tag{4.1.69}$$

与弹性情形类似，三维应力状态下，高拱坝黏弹性应力与应变关系亦包含两部分：球张量关系和偏张量关系。假定：①材料各向同性；②大坝的体积变形为弹性变形，由球应力张量引起，在受力瞬时完成；③大坝的流变变形仅由偏应力张量引起；④流变过程中，泊松比不随时间发生变化。一维应力状态下，描述高拱坝黏弹性力学状态的分数阶元件模型通式可表达为

$$\sum_{m=0}^{M} b_m \frac{\partial^{\beta_m} \boldsymbol{\sigma}}{\partial t^{\beta_m}} = \sum_{m=0}^{M} a_m \frac{\partial^{\alpha_m} \boldsymbol{\varepsilon}}{\partial t^{\alpha_m}} \tag{4.1.70}$$

式中　$a_m$、$b_m$——常数，$m=1, 2, \cdots, M$；

　　　$\alpha_m$、$\beta_m$——分子分母互质的实数。

诸如分数阶 Kelvin 模型、分数阶西原正夫模型均为式（4.1.70）的特殊形式，若 $\alpha_m$、$\beta_m$ 均为整数，则式（4.1.70）退化为

$$\sum_{m=0}^{M} p_m \frac{\partial^{m} \boldsymbol{\sigma}}{\partial t^{m}} = \sum_{m=0}^{M} q_m \frac{\partial^{m} \boldsymbol{\varepsilon}}{\partial t^{m}} \tag{4.1.71}$$

即一维应力状态整数阶流变力学元件模型通式。

令

$$\begin{cases} P = \displaystyle\sum_{m=0}^{M} b_m \frac{\partial^{\beta_m}}{\partial t^{\beta_m}} \\[4mm] Q = \displaystyle\sum_{m=0}^{M} a_m \frac{\partial^{\alpha_m}}{\partial t^{\alpha_m}} \end{cases} \tag{4.1.72}$$

则可表示为

$$\boldsymbol{\sigma} = \frac{Q}{P} \boldsymbol{\varepsilon} \tag{4.1.73}$$

可以看出式（4.1.73）与式（4.1.63）的形式是一致的，基于三维应力状态下弹性应力和应变关系的构建方法，三维应力状态下高拱坝黏弹性应力与应变关系可表示为

$$\begin{cases} \sigma_m = 3 \dfrac{Q_2}{P_2} \varepsilon_m \\[4mm] S_{ij} = 2 \dfrac{Q_1}{P_1} e_{ij} \end{cases} \tag{4.1.74}$$

式（4.1.74）第 1 式为球应力与球应变间的关系，由于球应力仅引起弹性变形，因此，对比式（4.1.68），可知 $Q_2 = K$，$P_2 = 1$；第 2 式为偏应力与偏应变间的关系，由于偏应力引起黏弹性变形，因此，$Q_1$ 和 $P_1$ 分别与式（4.1.72）中 $Q$ 和 $P$ 对应，但需要将 $Q$ 和 $P$ 中所有的弹性模量转换为剪切弹性模量，转换公式为

$$G = \frac{E}{2(1+\mu)} \tag{4.1.75}$$

可改写为

$$\begin{cases} \sigma_m = 3K\varepsilon_m \\ S_{ij} = 2\dfrac{\sum\limits_{n=0}^{N} a_n \dfrac{\partial^{\alpha_n}}{\partial t^{\alpha_n}}}{\sum\limits_{m=0}^{M} b_m \dfrac{\partial^{\beta_m}}{\partial t^{\beta_m}}} e_{ij} , \quad i,j = x,y,z \end{cases} \tag{4.1.76}$$

因此，将一维应力状况下衰减流变过程分数阶表征模型中的轴向应力 $\sigma$ 换成偏应力 $S_{ij}$，并将延迟模量转换成剪切延迟模量，即可得到三维应力状态下衰减流变过程的分数阶表征方法。

若衰减流变过程采用分数阶 Kelvin 体表征，三维应力状态下，分数阶 Kelvin 体黏弹性应变可表达为

$$\varepsilon_{ij}^{ve}(t) = \frac{S_{ij}}{2\eta_1^{\gamma_1}} \sum_{k=0}^{\infty} \frac{\left(-\dfrac{G_1}{\eta_1^{\gamma_1}}\right)^k t^{\gamma_1(1+k)}}{\gamma_1(1+k)\Gamma[(1+k)\gamma_1]} \tag{4.1.77}$$

若衰减流变过程采用分数阶村山体表征，$S_{ij}^{S1}$ 为衰减流变偏应力阈值，与式（4.1.76）中 $\sigma_{S1}$ 对应，当 $S_{ij} > S_{ij}^{S1}$ 时，三维应力状态下，分数阶村山体黏弹性应变可表达为

$$\varepsilon_{ij}^{ve}(t) = \frac{S_{ij} - S_{ij}^{S1}}{2\eta_1^{\gamma_1}} \sum_{k=0}^{\infty} \frac{\left(-\dfrac{G_1}{\eta_1^{\gamma_1}}\right)^k t^{\gamma_1(1+k)}}{\gamma_1(1+k)\Gamma[(1+k)\gamma_1]} \tag{4.1.78}$$

**2. 三维应力状态下稳态流变分数阶表征方法**

由前文研究可知，一维应力状态下稳态流变过程可采用分数阶 Bingham 体描述，以此为基础，本节研究三维应力状态下稳态流变的分数阶表征方法。

若 $S_{ij}^{S2}$ 为黏塑性应力阈值，与式（4.1.46）中 $\sigma_{s2}$ 对应，基于 P. Perzyna 假设，当 $S_{ij} > S_{ij}^{S2}$ 时，分数阶 Bingham 体黏塑性应变可表达为

$$\varepsilon_{ij}^{vp}(t) = \frac{1}{\eta_2^{\gamma_2}} \langle \Phi(F) \rangle \frac{\partial Q}{\partial \sigma_{ij}} \frac{t^{\gamma_2}}{\Gamma(1+\gamma_2)} \tag{4.1.79}$$

式中　$F$——屈服函数；

　　　$Q$——塑性势函数；

　　　$\Phi$——流动函数。

屈服函数 $F$ 采用 Drucker-Prager 屈服准则，即

$$F = \sqrt{J_2} + \alpha I_2 - K = \sqrt{J_2} + \frac{2\sin\phi}{\sqrt{3}(3-\sin\phi)} I_1 - \frac{6c\cos\phi}{\sqrt{3}(3-\sin\phi)} \tag{4.1.80}$$

式中　$c$——黏聚力；

　　　$\phi$——内摩擦角。

同时采用关联流动法则（$F = Q$）和幂型流动函数，可得 $S_{ij} > S_{ij}^{S2}$ 时，三维应力状态下分数阶 Bingham 体黏塑性应变的表达式为

$$\varepsilon_{ij}^{vp}(t) = \frac{1}{\eta_2^{\gamma_2}} \left(\frac{F}{F_0}\right)^m \frac{\partial F}{\partial \sigma_{ij}} \frac{t^{\gamma_2}}{\Gamma(1+\gamma_2)} \tag{4.1.81}$$

3. 三维应力状态下加速流变分数阶表征方法

一维应力状态下加速流变过程可采用式（4.1.53）描述，以此为基础，研究三维应力状态下，加速流变过程的分数阶表征方法。

已有研究表明，当累积黏塑性应变达到某阈值时，分数阶 Bingham 体中 $\eta_2^{\gamma_2}$ 将以式（4.1.49）所示的形式变化，从而导致黏塑性应变率增大而进入加速流变阶段，引入等效黏塑性应变 $\varepsilon_{vp}^{equ}$，其表达式为

$$\varepsilon_{vp}^{equ} = \sqrt{\frac{2}{3}\varepsilon_{ij}^{vp}\varepsilon_{ij}^{vp}} \tag{4.1.82}$$

若 $\varepsilon_{vp}^{equ}$ 为加速流变发生时的累积等效黏塑性应变，当 $\varepsilon_{vp}^{equ} > \varepsilon_{vp}^{-equ}$ 时，分数阶 Bingham 体黏塑性应变可表达为

$$\varepsilon_{ij}^{vp}(t) = \frac{1}{\eta_2^{\gamma_2}}\left(\frac{F}{F_0}\right)^m\frac{\partial F}{\partial \sigma_{ij}}\frac{t_s^{\gamma_2}}{\Gamma(1+\gamma_2)} + \frac{1}{\eta_2^{\gamma_2}}\left(\frac{F}{F_0}\right)^m\frac{\partial F}{\partial \sigma_{ij}}(t-t_s)^{\gamma_2}\sum_{k=0}^{\infty}\frac{[\alpha_2(t-t_s)]^k}{\Gamma(k+1+\gamma_2)} \tag{4.1.83}$$

式中　$\alpha_2$——与材料有关的常数；

$t_s$——加速流变出现的时间。

4. 高拱坝坝体分数阶流变力学元件模型

前文介绍了三维应力状态下流变各阶段的分数阶表征方法，在此基础上，构建高拱坝坝体和坝基分数阶流变力学元件模型。

高拱坝坝体在低应力水平下即发生衰减流变，不存在衰减流变应力阈值，可采用不含应力阈值开关的分数阶 Kelvin 体模拟高拱坝坝体的衰减流变过程，而稳态流变过程和加速流变过程则采用分数阶 Bingham 体模拟。因此，高拱坝坝体分数阶流变力学元件模型可采用如图 4.1.11 所示的模型，其表达式为

$$\varepsilon_{ij}(t) = \begin{cases} \dfrac{\sigma_m}{3K}\delta_{ij} + \dfrac{S_{ij}}{2G_0} + \dfrac{S_{ij}}{2\eta_1^{\gamma_1}}\sum_{k=0}^{\infty}\dfrac{\left(-\dfrac{G_1}{\eta_1^{\gamma_1}}\right)^k t^{\gamma_1(1+k)}}{\gamma_1(1+k)\Gamma[(1+k)\gamma_1]} & ,S_{ij}\leqslant S_{ij}^{S2} \\[4mm] \dfrac{\sigma_m}{3K}\delta_{ij} + \dfrac{S_{ij}}{2G_0} + \dfrac{S_{ij}}{2\eta_1^{\gamma_1}}\sum_{k=0}^{\infty}\dfrac{\left(-\dfrac{G_1}{\eta_1^{\gamma_1}}\right)^k t^{\gamma_1(1+k)}}{\gamma_1(1+k)\Gamma[(1+k)\gamma_1]} & ,S_{ij} > S_{ij}^{S2} \\ & ,\varepsilon_{vp}^{equ}\leqslant\overline{\varepsilon}_{vp}^{equ} \\[1mm] + \dfrac{1}{\eta_2^{\gamma_2}}\left(\dfrac{F}{F_0}\right)^m\dfrac{\partial F}{\partial \sigma_{ij}}\dfrac{t^{\gamma_2}}{\Gamma(1+\gamma_2)} & \\[4mm] \dfrac{\sigma_m}{3K}\delta_{ij} + \dfrac{S_{ij}}{2G_0} + \dfrac{S_{ij}}{2\eta_1^{\gamma_1}}\sum_{k=0}^{\infty}\dfrac{\left(-\dfrac{G_1}{\eta_1^{\gamma_1}}\right)^k t^{\gamma_1(1+k)}}{\gamma_1(1+k)\Gamma[(1+k)\gamma_1]} & ,S_{ij} > S_{ij}^{S2} \\ & ,\varepsilon_{vp}^{equ} > \overline{\varepsilon}_{vp}^{equ} \\[1mm] + \dfrac{1}{\eta_2^{\gamma_2}}\left(\dfrac{F}{F_0}\right)^m\dfrac{\partial F}{\partial \sigma_{ij}}\dfrac{t_s^{\gamma_2}}{\Gamma(1+\gamma_2)} + \dfrac{1}{\eta_2^{\gamma_2}}\left(\dfrac{F}{F_0}\right)^m\dfrac{\partial F}{\partial \sigma_{ij}}(t-t_s)^{\gamma_2}\sum_{k=0}^{\infty}\dfrac{[\alpha_2(t-t_s)]^k}{\Gamma(k+1+\gamma_2)} & \end{cases} \tag{4.1.84}$$

5. 高拱坝坝基分数阶流变力学元件模型

高拱坝坝基的流变规律复杂，受岩性、应力水平等因素综合影响，软岩在较低应力水平下即发生衰减流变，不存在衰减流变应力阈值，而硬岩在较低应力水平下流变现象不明显，超过一定应力阈值后出现衰减流变，因此描述岩体衰减流变必须考虑应力阈值，可采用分数阶村山体模拟坝基的衰减流变过程，而稳态流变过程和加速流变过程仍采用分数阶 Bingham 体模拟。综上，高拱坝坝基分数阶流变力学元件模型可采用如图 4.1.12 所示的模型，其表达式为

$$
\varepsilon_{ij}(t) = \begin{cases}
\dfrac{\sigma_m}{3K}\delta_{ij} + \dfrac{S_{ij}}{2G_0} & ,S_{ij} \leqslant S_{ij}^{S1} \\[3mm]
\dfrac{\sigma_m}{3K}\delta_{ij} + \dfrac{S_{ij}}{2G_0} + \dfrac{S_{ij}-S_{ij}^{S1}}{2\eta_1^{\gamma_1}}\sum_{k=0}^{\infty}\dfrac{\left(-\dfrac{G_1}{\gamma_1}\right)^k t^{\gamma_1(1+k)}}{\gamma_1(1+k)\Gamma[(1+k)\gamma_1]} & ,S_{ij}^{S1} < S_{ij} \leqslant S_{ij}^{S2} \\[3mm]
\dfrac{\sigma_m}{3K}\delta_{ij} + \dfrac{S_{ij}}{2G_0} + \dfrac{S_{ij}-S_{ij}^{S1}}{2\eta_1^{\gamma_1}}\sum_{k=0}^{\infty}\dfrac{\left(-\dfrac{G_1}{\gamma_1}\right)^k t^{\gamma_1(1+k)}}{\gamma_1(1+k)\Gamma[(1+k)\gamma_1]} & ,S_{ij} > S_{ij}^{S2} \\
\quad + \dfrac{1}{\eta_2^{\gamma_2}}\left(\dfrac{F}{F_0}\right)^m \dfrac{\partial F}{\partial \sigma_{ij}}\dfrac{t^{\gamma_2}}{\Gamma(1+\gamma_2)} & ,\varepsilon_{vp}^{equ} \leqslant \overline{\varepsilon}_{vp}^{equ} \\[3mm]
\dfrac{\sigma_m}{3K}\delta_{ij} + \dfrac{S_{ij}}{2G_0} + \dfrac{S_{ij}-S_{ij}^{S1}}{2\eta_1^{\gamma_1}}\sum_{k=0}^{\infty}\dfrac{\left(-\dfrac{G_1}{\gamma_1}\right)^k t^{\gamma_1(1+k)}}{\gamma_1(1+k)\Gamma[(1+k)\gamma_1]} + \dfrac{1}{\eta_2^{\gamma_2}}\left(\dfrac{F}{F_0}\right)^m & ,S_{ij} > S_{ij}^{S2} \\
\quad \dfrac{\partial F}{\partial \sigma_{ij}}\dfrac{t_s^{\gamma_2}}{\Gamma(1+\gamma_2)} + \dfrac{1}{\eta_2^{\gamma_2}}\left(\dfrac{F}{F_0}\right)^m \dfrac{\partial F}{\partial \sigma_{ij}}(t-t_s)^{\gamma_2}\sum_{k=0}^{\infty}\dfrac{[\alpha_2(t-t_s)]^k}{\Gamma(k+1+\gamma_2)} & ,\varepsilon_{vp}^{equ} > \overline{\varepsilon}_{vp}^{equ}
\end{cases}
$$

$$(4.1.85)$$

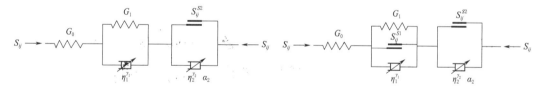

图 4.1.11　高拱坝坝体分数阶流变力学元件模型　图 4.1.12　高拱坝坝基分数阶流变力学元件模型

### 4.1.1.4　高拱坝变形变化行为分数阶数值分析实现技术

根据构建的高拱坝变形变化行为分数阶数值分析模型，在此基础上，研究分数阶数值分析实现技术。在处理黏弹塑性问题时，结构变形不仅与当前应力状态有关，还取决于整个加载历程，因此参考相关文献，采用增量有限元法对高拱坝变形性态进行量化分析。

假设已知 $t_n$ 时刻的高拱坝的荷载、应力、黏弹性应变、黏塑性应变、变形分别表示为 $\boldsymbol{R}_n$、$\boldsymbol{\sigma}_n$、$\boldsymbol{\varepsilon}_n^{ve}$、$\boldsymbol{\varepsilon}_n^{vp}$、$\boldsymbol{U}_n$，应力增量如图 4.1.13 所示，则 $\Delta t_n = t_{n+1} - t_n$ 时段内，高拱坝某点总应变增量 $\Delta\boldsymbol{\varepsilon}_n$ 包含瞬时应变增量 $\Delta\boldsymbol{\varepsilon}_n^e$、黏弹性应变增量 $\Delta\boldsymbol{\varepsilon}_n^{ve}$ 和黏塑性应变增量

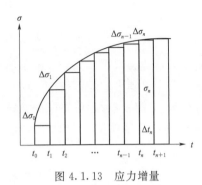

图 4.1.13　应力增量

$\Delta \boldsymbol{\varepsilon}_n^{vp}$ 三部分，因此，总应变增量 $\Delta \boldsymbol{\varepsilon}_n$ 可表达为

$$\Delta \boldsymbol{\varepsilon}_n = \Delta \boldsymbol{\varepsilon}_n^e + \Delta \boldsymbol{\varepsilon}_n^{ve} + \Delta \boldsymbol{\varepsilon}_n^{vp} \qquad (4.1.86)$$

下面研究 $t_{n+1}$ 时刻，高拱坝应力 $\boldsymbol{\sigma}_{n+1}$、黏弹性应变 $\boldsymbol{\varepsilon}_{n+1}^{ve}$、黏塑性应变 $\boldsymbol{\varepsilon}_{n+1}^{vp}$ 以及变形 $\boldsymbol{U}_{n+1}$ 的计算方法，计算步骤分为 3 步。

**1. 步骤 1**

计算 $\Delta t_n$ 时段内黏弹性应变增量 $\Delta \boldsymbol{\varepsilon}_n^{ve}$ 和黏塑性应变增量 $\Delta \boldsymbol{\varepsilon}_n^{vp}$。

由前文研究可知，在 $\Delta t_n$ 时段内，分数阶 Kelvin 体黏弹性应变增量可表达为

$$\Delta \boldsymbol{\varepsilon}^{ve} = \frac{\boldsymbol{\sigma}_n}{\eta_1^{\gamma_1}} \sum_{k=0}^{\infty} \frac{\left(-\dfrac{E_1}{\eta_1^{\gamma_1}}\right)^k (t_n + \Delta t_n)^{\gamma_1(1+k)}}{\gamma_1(1+k)\Gamma[(1+k)\gamma_1]} - \frac{\boldsymbol{\sigma}_n}{\eta_1^{\gamma_1}} \sum_{k=0}^{\infty} \frac{\left(-\dfrac{E_1}{\eta_1^{\gamma_1}}\right)^k t_n^{\gamma_1(1+k)}}{\gamma_1(1+k)\Gamma[(1+k)\gamma_1]}$$

$$(4.1.87)$$

若 $\boldsymbol{\sigma} > \boldsymbol{\sigma}_{S2}$ 且 $\boldsymbol{\varepsilon}^{vp} \leqslant \overline{\boldsymbol{\varepsilon}}^{vp}$，在 $\Delta t_n$ 时段内，分数阶 Bingham 体黏塑性应变增量表达式为

$$\Delta \boldsymbol{\varepsilon}^{vp} = \frac{\boldsymbol{\sigma}_n - \boldsymbol{\sigma}_{S2}}{\eta_2^{\gamma_2}} \frac{(t_n + \Delta t_n)^{\gamma_2}}{\Gamma(1+\gamma_2)} - \frac{\boldsymbol{\sigma}_n - \boldsymbol{\sigma}_{S2}}{\eta_2^{\gamma_2}} \frac{t_n^{\gamma_2}}{\Gamma(1+\gamma_2)} \qquad (4.1.88)$$

同理，当 $\boldsymbol{\sigma} > \boldsymbol{\sigma}_{S2}$ 且 $\boldsymbol{\varepsilon}^{vp} \leqslant \overline{\boldsymbol{\varepsilon}}^{vp}$ 时，在 $\Delta t_n$ 时段内，分数阶 Bingham 体黏塑性应变增量表达式为

$$\Delta \boldsymbol{\varepsilon}_{ij}^{vp} = \frac{\boldsymbol{\sigma} - \boldsymbol{\sigma}_{S2}}{\eta_2^{\gamma_2}} (t_n + \Delta t_n - t_s)^{\gamma_2} \sum_{k=0}^{\infty} \frac{[\alpha_2(t_n + \Delta t_n - t_s)]^k}{\Gamma(k+1+\gamma_2)} - \frac{\boldsymbol{\sigma} - \boldsymbol{\sigma}_{S2}}{\eta_2^{\gamma_2}} (t_n - t_s)^{\gamma_2} \sum_{k=0}^{\infty} \frac{[\alpha_2(t_n - t_s)]^k}{\Gamma(k+1+\gamma_2)}$$

$$(4.1.89)$$

从式（4.1.87）～式（4.1.89）可以看出，分数阶流变力学元件模型是级数表达式，为构建黏性应变增量 $\Delta \boldsymbol{\varepsilon}_n^v$ 与时间增量 $\Delta t_n$ 间的递推关系，采用前差分式，即初应变法，在 $\Delta t_n$ 时段内，黏性应变增量可表达为

$$\Delta \boldsymbol{\varepsilon}_n^v = \dot{\boldsymbol{\varepsilon}}_n^v \Delta t_n \qquad (4.1.90)$$

式中：$\dot{\boldsymbol{\varepsilon}}_n^v$——$t_n$ 时刻的黏性应变率。

下面具体研究黏弹性应变增量和黏塑性应变增量的计算方法。

（1）黏弹性应变增量 $\Delta \boldsymbol{\varepsilon}_n^{ve}$ 计算。以分数阶 Kelvin 体黏弹性应变增量（分数阶村山体与之类似）为例，对式（4.1.37）中时间 $t$ 求导，可得 $t_n$ 时刻，分数阶 Kelvin 体黏弹性应变率 $\dot{\boldsymbol{\varepsilon}}_n^{ve}$ 的表达式为

$$\dot{\boldsymbol{\varepsilon}}_n^{ve} = \frac{\boldsymbol{\sigma}_n}{\eta_1^{\gamma_1}} \sum_{k=0}^{\infty} \frac{\left(-\dfrac{E_1}{\eta_1^{\gamma_1}}\right)^k t_n^{\gamma_1(1+k)-1}}{\Gamma[(1+k)\gamma_1]} \qquad (4.1.91)$$

结合式（4.1.90），可得 $\Delta t_n$ 时段内分数阶 Kelvin 体黏弹性应变增量 $\Delta \boldsymbol{\varepsilon}_n^{ve}$ 的表达式为

$$\Delta \boldsymbol{\varepsilon}_n^{ve} = \frac{\boldsymbol{\sigma}_n}{\eta_1^{\gamma_1}} \sum_{k=0}^{\infty} \frac{\left(-\dfrac{E_1}{\eta_1^{\gamma_1}}\right)^k t_n^{\gamma_1(1+k)-1}}{\Gamma[(1+k)\gamma_1]} \Delta t_n \tag{4.1.92}$$

同理，可推得三维应力状态下，分数阶 Kelvin 体黏弹性应变增量 $\Delta \boldsymbol{\varepsilon}_n^{ve}$ 的表达式为

$$\Delta \boldsymbol{\varepsilon}_n^{ve} = \frac{\boldsymbol{CS}_n}{2\eta_1^{\gamma_1}} \sum_{k=0}^{\infty} \frac{\left(-\dfrac{G_1}{\eta_1^{\gamma_1}}\right)^k t_n^{\gamma_1(1+k)-1}}{\Gamma[(1+k)\gamma_1]} \Delta t_n \tag{4.1.93}$$

式中　$S_n$——$t_n$ 时刻的偏应力；

　　　$C$——泊松比矩阵，可表示为

$$C = \begin{bmatrix} 1 & -\mu & -\mu & 0 & 0 & 0 \\ -\mu & 1 & -\mu & 0 & 0 & 0 \\ -\mu & -\mu & 1 & 0 & 0 & 0 \\ 0 & 0 & 0 & 2(1+\mu) & 0 & 0 \\ 0 & 0 & 0 & 0 & 2(1+\mu) & 0 \\ 0 & 0 & 0 & 0 & 0 & 2(1+\mu) \end{bmatrix} \tag{4.1.94}$$

式中　$\mu$——泊松比。

通过式（4.1.93），即可计算得到 $\Delta t_n$ 时段高拱坝黏弹性应变增量 $\Delta \boldsymbol{\varepsilon}_n^{ve}$。

（2）黏塑性应变增量 $\Delta \boldsymbol{\varepsilon}_n^{vp}$ 计算。针对稳态流变过程，对式（4.1.81）中时间 $t$ 求导，可得 $t_n$ 时刻黏塑性应变率 $\dot{\boldsymbol{\varepsilon}}_n^{vp}$ 的表达式为

$$\dot{\boldsymbol{\varepsilon}}_n^{vp} = \frac{1}{\eta_2^{\gamma_2}} \left(\frac{F}{F_0}\right)^m \frac{\partial F}{\partial \boldsymbol{\sigma}_n} \frac{\gamma_2 t_n^{\gamma_2-1}}{\Gamma(1+\gamma_2)} \tag{4.1.95}$$

因此，$\Delta t_n$ 时段内，分数阶 Bingham 体黏塑性应变增量 $\Delta \boldsymbol{\varepsilon}_n^{vp}$ 可表示为

$$\Delta \boldsymbol{\varepsilon}_n^{vp} = \frac{1}{\eta_2^{\gamma_2}} \left(\frac{F}{F_0}\right)^m \frac{\partial F}{\partial \boldsymbol{\sigma}} \frac{\gamma_2 t_n^{\gamma_2-1}}{\Gamma(1+\gamma_2)} \Delta t_n \tag{4.1.96}$$

针对加速流变过程，对式（4.1.83）中时间 $t$ 求导，可得 $t_n$ 时刻黏塑性应变率 $\dot{\boldsymbol{\varepsilon}}_n^{vp}$ 的表达式为

$$\dot{\boldsymbol{\varepsilon}}_n^{vp} = \frac{1}{\eta_2^{\gamma_2}} \left(\frac{F}{F_0}\right)^m \frac{\partial F}{\partial \boldsymbol{\sigma}} \sum_{k=0}^{\infty} \frac{(k+\gamma_2)\alpha_2^k(t_n-t_s)^{k+\gamma_2-1}}{\Gamma(k+1+\gamma_2)} \tag{4.1.97}$$

则 $\Delta t_n$ 时段内，分数阶 Bingham 体黏塑性应变增量 $\Delta \boldsymbol{\varepsilon}_n^{vp}$ 可表示为

$$\Delta \boldsymbol{\varepsilon}_n^{vp} = \frac{1}{\eta_2^{\gamma_2}} \left(\frac{F}{F_0}\right)^m \frac{\partial F}{\partial \boldsymbol{\sigma}_n} \sum_{k=0}^{\infty} \frac{(k+\gamma_2)\alpha_2^k(t_n-t_s)^{k+\gamma_2-1}}{\Gamma(k+1+\gamma_2)} \Delta t_n \tag{4.1.98}$$

因此，求解黏塑性应变增量的关键是计算 $\dfrac{\partial F}{\partial \boldsymbol{\sigma}}$，其可分解为

$$\begin{aligned} \frac{\partial F}{\partial \boldsymbol{\sigma}} &= \frac{\partial F}{\partial I_1}\frac{\partial I_1}{\partial \boldsymbol{\sigma}} + \frac{\partial F}{\partial(J_2^{1/2})}\frac{\partial(J_2^{1/2})}{\partial \boldsymbol{\sigma}} + \frac{\partial F}{\partial(J_3)}\frac{\partial(J_3)}{\partial \boldsymbol{\sigma}} \\ &= C_1 \frac{\partial I_1}{\partial \boldsymbol{\sigma}} + C_2 \frac{\partial(J_2)}{\partial \boldsymbol{\sigma}} + C_3 \frac{\partial(J_3)}{\partial \boldsymbol{\sigma}} \end{aligned} \tag{4.1.99}$$

其中

$$\frac{\partial I_1}{\partial \boldsymbol{\sigma}} = \begin{bmatrix} 1 & 1 & 1 & 0 & 0 & 0 \end{bmatrix}^{\mathrm{T}} \tag{4.1.100}$$

$$\frac{\partial J_2^{1/2}}{\partial \boldsymbol{\sigma}} = \frac{1}{2 J_2^{1/2}} \begin{bmatrix} S_{xx} & S_{yy} & S_{zz} & 2 S_{xy} & 2 S_{yz} & 2 S_{zz} \end{bmatrix}^{\mathrm{T}} \tag{4.1.101}$$

$$\frac{\partial J_3}{\partial \boldsymbol{\sigma}} = \begin{bmatrix} S_{yy}S_{zz} - S_{yz}^2 \\ S_{zz}S_{xx} - S_{zx}^2 \\ S_{xx}S_{yy} - S_{xy}^2 \\ 2 S_{yz}S_{zx} - 2 S_{zz}S_{xy} \\ 2 S_{xy}S_{zx} - 2 S_{xx}S_{yz} \\ 2 S_{xy}S_{yz} - 2 S_{yy}S_{zx} \end{bmatrix} + \frac{1}{3} J_2 \begin{bmatrix} 1 \\ 1 \\ 1 \\ 0 \\ 0 \\ 0 \end{bmatrix} \tag{4.1.102}$$

式中　$I_1$——应力张量的第 1 不变量；

$J_2$、$J_3$——应力偏张量的第 2 不变量和第 3 不变量。

对于 Drucker - Prager 屈服准则，存在

$$\begin{cases} C_1 = \alpha \\ C_2 = 1 \\ C_3 = 0 \end{cases} \tag{4.1.103}$$

将式（4.1.100）～式（4.1.103）代入式（4.1.99）中，可得

$$\frac{\partial F}{\partial \boldsymbol{\sigma}} = \left( \frac{\alpha}{I_1} \boldsymbol{P} + \frac{\boldsymbol{Q}}{2 J_2^{1/2}} \right) \boldsymbol{\sigma} \tag{4.1.104}$$

其中 $\boldsymbol{P}$ 和 $\boldsymbol{Q}$ 可分别表示为

$$\boldsymbol{P} = \begin{bmatrix} 1 & 1 & 1 & 0 & 0 & 0 \\ 1 & 1 & 1 & 0 & 0 & 0 \\ 1 & 1 & 1 & 0 & 0 & 0 \\ 0 & 0 & 0 & 0 & 0 & 0 \\ 0 & 0 & 0 & 0 & 0 & 0 \\ 0 & 0 & 0 & 0 & 0 & 0 \end{bmatrix}, \quad \boldsymbol{Q} = \begin{bmatrix} 2/3 & -1/3 & -1/3 & 0 & 0 & 0 \\ -1/3 & 2/3 & -1/3 & 0 & 0 & 0 \\ -1/3 & -1/3 & 2/3 & 0 & 0 & 0 \\ 0 & 0 & 0 & 2 & 0 & 0 \\ 0 & 0 & 0 & 0 & 2 & 0 \\ 0 & 0 & 0 & 0 & 0 & 2 \end{bmatrix} \tag{4.1.105}$$

将式（4.1.104）代入式（4.1.96）和式（4.1.98）中，即可得到 $\Delta t_n$ 时段，分数阶 Bingham 体的黏塑性应变增量 $\Delta \boldsymbol{\varepsilon}_n^{vp}$。

应指出的是，计算黏塑性应变增量过程中，时间积分步长 $\Delta t_n$ 是有条件稳定的，当采用 Drucker - Prager 屈服准则时，为保证求解的稳定和精度要求，时间步长 $\Delta t_n$ 必须同时满足

$$\Delta t_n = \frac{4(1+\mu) F_0}{3 \rho E F} \sqrt{3 J_2} \tag{4.1.106}$$

$$\Delta t_n \leqslant \frac{(1+\mu)(1-2\mu) F_0}{\rho E} \cdot \frac{4(3-\sin\varphi)^2}{3(1-2\mu)(3-\sin\varphi)^2 + 24(1+\mu)\sin^2\varphi} \tag{4.1.107}$$

式中　$\mu$——泊松比；

$E$——弹性模量；

$\rho$——塑性流动参数;

$F$——加载函数;

$F_0$——单向屈服应力;

$\varphi$——Lode 角;

$J_2$——应力偏量第 2 不变量。

2. 步骤 2

计算 $\Delta t_n$ 时段内高拱坝变形增加量 $\Delta \boldsymbol{U}_n$,以及 $t_{n+1}$ 时刻高拱坝的变形 $\boldsymbol{U}_{n+1}$。

按照弹性理论,$\Delta t_n$ 时段内,高拱坝应力增量 $\Delta \boldsymbol{\sigma}_n$ 可表达为

$$\Delta \boldsymbol{\sigma}_n = \boldsymbol{D} \Delta \boldsymbol{\varepsilon}_n^e \qquad (4.1.108)$$

式中 $\boldsymbol{D}$——弹性矩阵。

将式 (4.1.86) 代入式 (4.1.108),可得

$$\Delta \boldsymbol{\sigma}_n = \boldsymbol{D} (\Delta \boldsymbol{\varepsilon}_n - \Delta \boldsymbol{\varepsilon}_n^{ve} - \Delta \boldsymbol{\varepsilon}_n^{vp}) \qquad (4.1.109)$$

根据虚功原理,结构离散后的增量平衡方程为

$$\sum \int_{\upsilon} \boldsymbol{B}_n^{\mathrm{T}} \Delta \boldsymbol{\sigma}_n \mathrm{d}\upsilon = \Delta \boldsymbol{R}_n \qquad (4.1.110)$$

式中 $\boldsymbol{B}_n$——$\Delta t_n$ 时段内几何矩阵;

$\Delta \boldsymbol{R}_n$——$\Delta t_n$ 时段外荷载增量。

将式 (4.1.109) 代入式 (4.1.110),则有

$$\sum \int_{\upsilon} \boldsymbol{B}_n^{\mathrm{T}} [\boldsymbol{D} (\Delta \boldsymbol{\varepsilon}_n - \Delta \boldsymbol{\varepsilon}_n^{ve} - \Delta \boldsymbol{\varepsilon}_n^{vp})] \mathrm{d}\upsilon = \Delta \boldsymbol{R}_n \qquad (4.1.111)$$

因此,黏弹塑性有限元增量平衡方程可表达为

$$\boldsymbol{K} \Delta \boldsymbol{U}_n = \Delta \boldsymbol{R}_n + \Delta \boldsymbol{R}_n^{ve} + \Delta \boldsymbol{R}_n^{vp} \qquad (4.1.112)$$

式中 $\boldsymbol{K}$——整体刚度矩阵;

$\Delta \boldsymbol{U}_n$——$\Delta t_n$ 时段内的变形增量矩阵;

$\Delta \boldsymbol{R}_n^{ve}$、$\Delta \boldsymbol{R}_n^{vp}$——$\Delta t_n$ 时段内黏弹性应变增量 $\Delta \boldsymbol{\varepsilon}_n^{ve}$ 和黏塑性应变增量 $\Delta \boldsymbol{\varepsilon}_n^{vp}$ 对应的等效结点荷载增量矩阵,可分别表示为

$$\boldsymbol{K} = \sum \int_{\upsilon} \boldsymbol{B}_n^{\mathrm{T}} \boldsymbol{D} \boldsymbol{B}_n \mathrm{d}\upsilon \qquad (4.1.113)$$

$$\Delta \boldsymbol{R}_n^{ve} = \sum_{ve} \int_{\upsilon} \boldsymbol{B}_n^{\mathrm{T}} \boldsymbol{D} \boldsymbol{\varepsilon}_n^{ve} \mathrm{d}\upsilon \qquad (4.1.114)$$

$$\Delta \boldsymbol{R}_n^{vp} = \sum_{ve} \int_{\upsilon} \boldsymbol{B}_n^{\mathrm{T}} \boldsymbol{D} \boldsymbol{\varepsilon}_n^{vp} \mathrm{d}\upsilon \qquad (4.1.115)$$

式 (4.1.113)~式 (4.1.115) 的积分对象分别为所有单元、处于黏弹性状态的单元和处于黏塑性状态的单元。

因此,计算得到 $\Delta t_n$ 时段内黏弹性应变增量 $\Delta \boldsymbol{\varepsilon}_n^{ve}$ 和黏塑性应变增量 $\Delta \boldsymbol{\varepsilon}_n^{vp}$ 后,可利用式 (4.1.114) 和式 (4.1.115) 计算相应的等效结点荷载增量 $\Delta \boldsymbol{R}_n^{ve}$ 与 $\Delta \boldsymbol{R}_n^{vp}$,即可计算得到 $\Delta t_n$ 时段内高拱坝变形增加量 $\Delta \boldsymbol{U}_n$,即

$$\Delta \boldsymbol{U}_n = \boldsymbol{K}^{-1} (\Delta \boldsymbol{R}_n + \Delta \boldsymbol{R}_n^{ve} + \Delta \boldsymbol{R}_n^{vp}) \qquad (4.1.116)$$

由此计算 $t_{n+1}$ 时刻高拱坝的变形值 $\boldsymbol{U}_{n+1}$,即

$$U_{n+1} = U_n + \Delta U_n \tag{4.1.117}$$

**3. 步骤 3**

按式（4.1.108）计算 $\Delta t_n$ 时段内高拱坝应力增量 $\Delta \sigma_n$，据此计算 $t_{n+1}$ 时刻的应力 $\sigma_{n+1}$，即

$$\sigma_{n+1} = \sigma_n + \Delta \sigma_n \tag{4.1.118}$$

通过上述分析，即可计算得到 $t_{n+1}$ 时刻高拱坝的应力 $\sigma_{n+1}$、黏弹性应变 $\varepsilon_{n+1}^{ve}$、黏塑性应变 $\varepsilon_{n+1}^{vp}$、变形 $U_{n+1}$，依次类推，可求得所有时刻高拱坝的应力、应变、变形。高拱坝变形变化行为分数阶数值量化分析流程如图 4.1.14 所示。

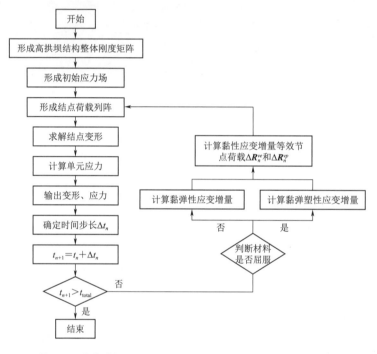

注：$t_{\text{total}}$ 为总时间。

图 4.1.14　高拱坝变形变化行为分数阶数值量化分析流程

#### 4.1.1.5　工程实例

以某高拱坝为例，基于高拱坝变形变化行为分数阶数值分析方法，模拟并分析该高拱坝变形性态时空变化过程。某高拱坝为混凝土双曲拱坝，属大（1）型工程，永久性主要水工建筑物为 1 级建筑物，2009 年 10 月 23 日大坝首仓混凝土 14# 坝段（1580.00～1581.50m 高程）开始浇筑，并于 2013 年 12 月全坝封拱，坝顶高程 1885.00m，最大坝高 305.0m，坝顶宽度 16.0m，坝顶中心线弧长 552.23m，最大跨度 480m，最低建基面高程 1580.00m，坝底厚度 63.0m，正常蓄水位 1880.00m，死水位 1800.00m，正常蓄水位以下库容 $77.6 \times 10^8 \text{m}^3$，调节库容 $49.1 \times 10^8 \text{m}^3$，完建后大坝三维有限元模型如图 4.1.15 所示，坝体混凝土材料分区如图 4.1.16（a）所示，高拱坝典型结点分布如图 4.1.16（b）所示。在进行分数阶黏弹塑性有限元计算时，某高拱坝坝体和坝基弹塑性物理力学参数设计值见表 4.1.4，坝体混凝土的延迟模量取为 $E_1 = 70\text{GPa}$，黏滞系数取为 $\eta_1 = 2 \times 10^3 \text{GPa} \cdot \text{d}$、

$\eta_2 = 1.5 \times 10^4 \, \text{GPa} \cdot \text{d}$，阶数 $\gamma_1$、$\gamma_2$ 分别取为 0.7 和 0.8，黏塑性参数 $\sigma_s$ 通过混凝土流变试验获取，取混凝土瞬时强度的 0.8 倍，参数 $\alpha$ 取为 $0.003\text{h}^{-1}$；坝基岩体的延迟模量取为 $E_1 = 50\text{GPa}$，黏滞系数取为 $\eta_1 = 3 \times 10^3 \, \text{GPa} \cdot \text{d}$，$\eta_2 = 2 \times 10^4 \, \text{GPa} \cdot \text{d}$，阶数 $\gamma_1$、$\gamma_2$ 分别取 0.7 和 0.8，衰减流变应力阈值 $\sigma_{S1}$ 取 0MPa，取黏塑性参数 $\sigma_{S2}$ 为岩体材料瞬时强度的 0.8 倍，参数 $\alpha$ 取为 $0.003\text{h}^{-1}$。

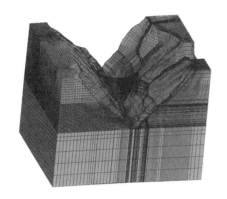

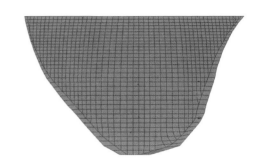

（a）枢纽三维模型 　　　　　　　　　　　　　　　（b）坝体三维模型

图 4.1.15　某高拱坝三维有限元模型

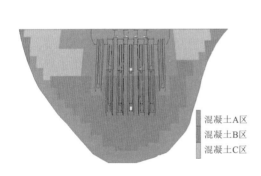

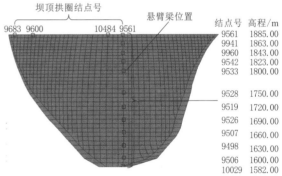

（a）坝体混凝土材料分区图 　　　　　　　　　　　（b）典型结点分布图

图 4.1.16　某高拱坝材料分区及典型结点

表 4.1.4　　　　　　　　某高拱坝坝体和坝基弹塑性物理力学参数设计值

| 材料分区 | 综合弹性/变形模量 /GPa | 泊松比 | 密度 /(kg/m³) | 黏聚力 /MPa | 内摩擦系数 |
|---|---|---|---|---|---|
| 坝体 A 区 | 30.7 | 0.17 | 2475 | 1.64 | 1.18 |
| 坝体 B 区 | 30.5 | 0.17 | 2475 | 1.64 | 1.18 |
| 坝体 C 区 | 26 | 0.17 | 2475 | 1.64 | 1.18 |
| 基岩 | 15 | 0.20 | 2700 | 2.00 | 1.35 |

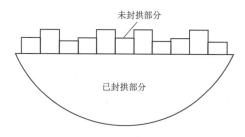

图 4.1.17　高拱坝坝体分期浇筑示意图

在进行分数阶黏弹塑性有限元分析前，需首先确定某高拱坝的初始应力场，而初始应力场的确定与大坝浇筑和蓄水过程关系密切，由大坝混凝土浇筑和封拱灌浆资料可知，该拱坝被横缝分为 26 个坝段，每个坝段采用柱状浇筑的方式分期浇筑混凝土块，当浇筑到一定高程后，下部便开始封拱灌浆，已封拱的部分即可视为一个整体，而未封拱的部分仍为悬臂梁，高拱坝坝体分期浇筑示意图如图 4.1.17 所示，当坝体浇筑和封拱灌浆达到一定高度时，水库开始蓄水，当库水位达到第 1 次蓄水高程后，暂停蓄水，继续进行混凝土浇筑和封拱灌浆工作，并适时进行第 2 次蓄水、第 3 次蓄水、……、第 $n$ 次蓄水，以该拱坝 14# 坝段为例，图 4.1.18 为该坝 14# 坝段浇筑、封拱及蓄水过程线，可看出首次蓄水开始时（2012 年 11 月 30 日），库水位高程为 1648.37m，此时 14# 坝段浇筑至 1833.50m 高程，封拱至 1761.50m 高程，首次蓄水于 2012 年 12 月 7 日结束，此时库水位高程为 1706.67m，蓄水结束后继续进行大坝灌浆和封拱工作。从结构受力角度看，在分期浇筑和分期蓄水过程中，高拱坝承受的主要荷载包括水压荷载、温度荷载和自重荷载，在封拱灌浆前，荷载全部由悬臂梁承担，在封拱灌浆后，荷载由拱梁系统共同承担，未封拱灌浆部位的荷载仍由悬臂梁承担。在计算高拱坝初始应力场时，水压荷载以面力的形式施加于坝体和基岩表面，每次仅施加库水压力的增量，即第 1 次施加三角形静水压力，第 2 次至第 $n$ 次蓄水均施加梯形静水压力，如图 4.1.19 中 2～$n$ 区域所示；自重荷载以体积力的形式施加于坝体，每次仅施加自重的增量；温度荷载作用形式较为复杂，其由坝体内部温度场相对于封拱温度场发生变化而在坝体内部产生的荷载，在施工过程中，拱坝内部温度场受混凝土水化热、人工冷却及外界环境温度等影响，变化过程复杂，若坝体混凝土水化热基本散发完毕，则坝体温度荷载主要受到气温、水温的影响，因此，需模拟运行期多年平均温度场、封拱温度场和运行期变化温度场，在此基础上计算温度应力。由以上分析可看出，高拱坝坝体混凝土分期浇筑、分期封拱和分期蓄水过程较复杂，因此，对某高拱坝施工及蓄水过程进行一定简化，由于高

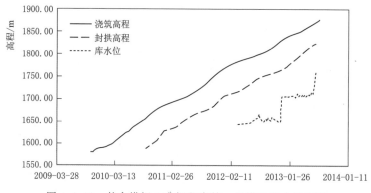

图 4.1.18　某高拱坝 14# 坝段浇筑、封拱及蓄水过程线

拱坝在 2013 年 12 月全坝封拱，相关分析均以 2014 年 1 月 1 日为起始日期，此时库水位约为 1840.00m，假设某高拱坝浇筑高程与封拱高程相同，从建基面高程（约 1580.00m）起，分 5 级施加坝体自重和 1840.00m 水位前的上游库水压力，其浇筑、封拱及蓄水高程见表 4.1.5，并将计算得到的应力场作为某高拱坝的初始应力场。

1. 某高拱坝瞬时变形变化规律分析

由前文分析可知，外荷载状态发生变化时，高拱坝首先发生瞬时变形，下面以 6 种典型工况为例，计算并分析某高拱坝瞬时变形变化规律。

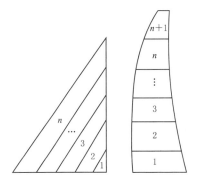

图 4.1.19　高拱坝分级施加水荷载示意图

表 4.1.5　　　　　　　　　　　　　　某高拱坝浇筑、封拱及蓄水高程

| 加载序号 | 浇筑及封拱高程/m | 蓄水高程/m | 加载序号 | 浇筑及封拱高程/m | 蓄水高程/m |
|---|---|---|---|---|---|
| 1 | 1641.00 | 1632.00 | 4 | 1824.00 | 1788.00 |
| 2 | 1702.00 | 1684.00 | 5 | 1885.00 | 1840.00 |
| 3 | 1763.00 | 1736.00 | | | |

计算工况选取为：死水位；死水位＋最大温升；死水位＋最大温降；正常蓄水位；正常蓄水位＋最大温升；正常蓄水位＋最大温降。图 4.1.20 为 6 种工况下某高拱坝悬臂梁时径向变形分布规律，悬臂梁的位置如图 4.1.16（b）所示，图 4.1.21 为 6 种工况下某高拱坝坝顶拱圈瞬时径向变形分布规律，可以看出：

（1）某高拱坝中上部尤其是坝顶中部，由于受坝基和岸坡的约束作用较小，对荷载状态变化较其他部位更敏感。例如，上游水位由 1800.00m 变化至 1880.00m 的过程中，悬臂梁顶部结点（结点号为 9561）瞬时径向变形计算值由 －7.63mm 变化为 34.94mm，变形向下游增大 42.57mm，而高程为 1630.00m 结点（结点号为 9498）的瞬时径向变形计算值由 11.27mm 变化为 21.65mm，变形向下游增大了 10.38mm，同样该过程中，坝顶拱圈中部结点（结点号为 10484）瞬时径向变形计算值由 －7.66mm 变化为 39.47mm，变形向下游增大了 47.13mm，而坝顶拱圈靠左坡附近结点（结点号为 9683）的瞬时径向变形计算值由 －4.71mm 变化为 －0.87mm，变形向下游增大了 3.84mm。

（2）温度荷载对大坝变形的作用效应可概括为：温度升高，大坝相对向上游变形，温度降低，大坝相对向下游变形。例如，上游水位为 1880.00m 时，悬臂梁顶结点（结点号为 9561）的瞬时径向变形计算值为 34.94mm，若温度荷载达到最大温升工况时，该结点的瞬时径向变形计算值为 17.04mm，相对向上游变形 17.9mm，若温度荷载达到最大温降工况时，该结点的瞬时径向变形计算值为 52.83mm，相对向下游变形 17.89mm。

（3）水压荷载对大坝变形的作用效应可概括为：水位升高，坝体向下游变形，水位降低坝体向下游变形减小或向上游变形。例如，上游水位为 1800.00m 时，悬臂梁顶结点

（结点号为 9561）的瞬时径向变形计算值为 -7.63mm，水位达到 1880.00m 时，该结点的瞬时径向变形计算值为 34.94mm，即水位由 1800.00m 抬升至 1880.00m 的过程中，悬臂梁顶向下游变形了 42.57mm。

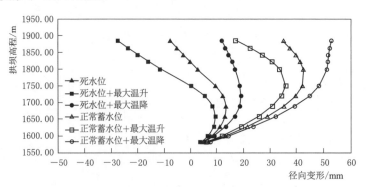

图 4.1.20　6 种工况下某高拱坝悬臂梁瞬时径向变形分布规律

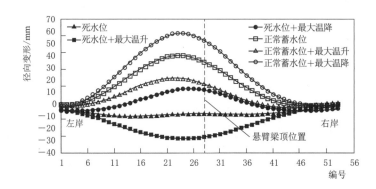

图 4.1.21　6 种工况下某高拱坝坝顶拱圈瞬时径向变形分布规律

注：为便于表述，将坝顶拱圈上游结点从左岸到右岸依次编号为 1～53

**2. 某高拱坝时效变形变化规律分析**

在荷载的持续作用下，高拱坝将产生随时间变化的时效变形，其主要由坝体和坝基的流变效应引起，在蓄水初期尤为显著，是大坝总变形的重要组成部分，反映了大坝变形的趋势性变化。由于时效变形与荷载作用时间 $t$ 相关，即高拱坝在 $t$ 时刻的变形与加载历史有关，因此需要按增量法进行求解，以图 4.1.22 所示为例，在 $t_n$ 时刻高拱坝的总变形包括两个部分：①水荷载增量 $\Delta H_0 + \Delta H_1 + \Delta H_2 + \cdots + \Delta H_n$ 作用下，高拱坝产生的瞬时变形；②$t_0$ 时刻至 $t_n$ 时刻，在长期荷载作用下，高拱坝产生的时效变形，因此，计算 $t_0 \sim t_n$ 时段内高拱坝时效变形的方法是从总变形中扣除总瞬时变形。下面以 2 种工况为例，计算并分析某高拱坝时效变形变化规律。

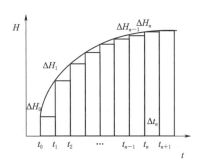

图 4.1.22　荷载增量

$H$—水荷载；$\Delta H_n$—水荷载增量；

$t$—时间；$\Delta t_n$—时间增量

**工况 1** 库水位由 1840.00m，以 1 天为时间间隔，并以 2m 为单位，分 21 级加载至正常蓄水位 1880.00m，之后库水位保持在 1880.00m 至第 300 天，库水荷载施加方式（工况 1）见表 4.1.6，库水位变化过程如图 4.1.23 中双点划线所示。

表 4.1.6 库水荷载施加方式（工况 1）

| 加载序号 | 库水位/m | 水荷载增量/m | 加载序号 | 库水位/m | 水荷载增量/m |
|---|---|---|---|---|---|
| 1 | 1840.00 | —— | 13 | 1864.00 | 2 |
| 2 | 1842.00 | 2 | 14 | 1866.00 | 2 |
| 3 | 1844.00 | 2 | 15 | 1868.00 | 2 |
| 4 | 1846.00 | 2 | 16 | 1870.00 | 2 |
| 5 | 1848.00 | 2 | 17 | 1872.00 | 2 |
| 6 | 1850.00 | 2 | 18 | 1874.00 | 2 |
| 7 | 1852.00 | 2 | 19 | 1876.00 | 2 |
| 8 | 1854.00 | 2 | 20 | 1878.00 | 2 |
| 9 | 1856.00 | 2 | 21 | 1880.00 | 2 |
| 10 | 1858.00 | 2 | 22 | 1880.00 | 2 |
| 11 | 1860.00 | 2 | —— | —— | —— |
| 12 | 1862.00 | 2 | 300 | 1880.00 | 0 |

图 4.1.23 为某高拱坝不同高程结点径向时效变形变化规律，图 4.1.24 为某高拱坝悬臂梁径向时效变形分布规律，结点和悬臂梁的位置如图 4.1.16（b）所示，图 4.1.25 为某高拱坝坝顶拱圈径向时效变形分布规律，可以看出：

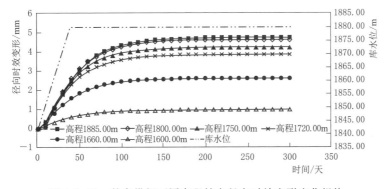

图 4.1.23 某高拱坝不同高程结点径向时效变形变化规律

（1）在库水荷载的持续作用下，某高拱坝径向时效变形在蓄水初期发展较快，后期逐渐趋于收敛，至计算时段 300 天末，悬臂梁 1885.00m 高程处结点（结点号为 9561）的径向时效变形收敛值为 4.77mm；悬臂梁 1800.00m 高程处结点（结点号为 9533）的径向时效变形收敛值为 4.65mm；悬臂梁 1750.00m 高程处结点的（结点号为 9528）径向时效变

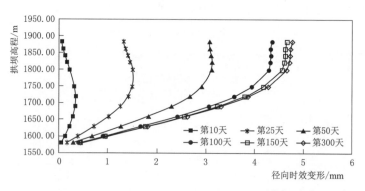

图 4.1.24　某高拱坝悬臂梁径向时效变形分布规律

形收敛值为 4.26mm；悬臂梁 1720.00m 高程处结点的（结点号为 9519）径向时效变形收敛值为 3.86mm；悬臂梁 1660.00m 高程处结点的（结点号为 9507）径向时效变形收敛值为 2.61mm；悬臂梁 1600.00m 高程处结点的（结点号为 9506）径向时效变形收敛值为 0.98mm。

（2）某高拱坝悬臂梁径向时效变形分布与库水荷载有较大关系，库水位较低时，该悬臂梁中部径向时效变形较大，至第 10 天末，该悬臂梁径向时效变形最大值为 0.34mm，出现在悬臂梁 1720.00m 高程（结点号为 9519）；库水位较高时，该悬臂梁上部径向时效变形较大，至第 300 天末，该悬臂梁径向时效变形的最大值为 4.77mm，出现在悬臂梁顶 1880.00m 高程（结点号为 9561）。

（3）某高拱坝坝顶拱圈中部偏左岸部位的径向时效变形较大，至计算时段 300 天末，坝顶拱圈 10484 结点的径向时效变形为 5.49mm，由于受到两岸山体的约束，靠近岸坡部位的径向时效变形较小，位于左边坡部位 9600 结点的径向时效变形仅为 0.68mm。

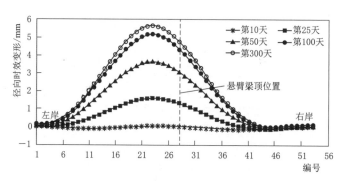

图 4.1.25　某高拱坝坝顶拱圈径向时效变形分布规律

注：为便于表述，将坝顶拱圈上游结点从左岸到右岸依次编号为 1～53

**工况 2**　上游库水位按 2014 年 1 月 1 日（第 1 天）至 2015 年 3 月 31 日（第 455 天）的蓄水过程变化，时间间隔取为 1 天，库水荷载施加方式（工况 2）见表 4.1.7。库水位变化过程如图 4.1.26 中双点画线所示。

表 4.1.7　　　　　　　　　　库水荷载施加方式（工况 2）

| 加载序号 | 库水位/m | 水荷载增量/m | 加载序号 | 库水位/m | 水荷载增量/m |
|---|---|---|---|---|---|
| 1 | 1840.00 | — | ⋮ | ⋮ | ⋮ |
| 2 | 1838.90 | −1.1 | 100 | 1805.60 | — |
| 3 | 1838.70 | −0.2 | 101 | 1805.00 | −0.6 |
| 4 | 1838.40 | −0.3 | 102 | 1804.60 | −0.4 |
| 5 | 1838.00 | −0.4 | 103 | 1804.10 | −0.5 |
| 6 | 1837.70 | −0.3 | 104 | 1804.00 | −0.1 |
| 7 | 1837.30 | −0.4 | 105 | 1803.50 | −0.5 |
| 8 | 1837.00 | −0.3 | 106 | 1803.60 | 0.1 |
| 9 | 1836.70 | −0.3 | ⋮ | ⋮ | ⋮ |
| 10 | 1836.30 | −0.4 | 455 | 1835.30 | — |

　　图 4.1.26 为某高拱坝高程 1750.00m 结点径向瞬时变形和径向时效变形变化规律，图 4.1.27 为某高拱坝悬臂梁向时效变形分布规律，结点和悬臂梁的位置如图 4.1.16 所示。

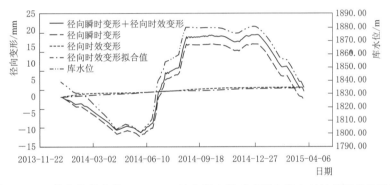

图 4.1.26　某高拱坝高程 1750.00m 结点径向瞬时变形和径向时效变形变化规律

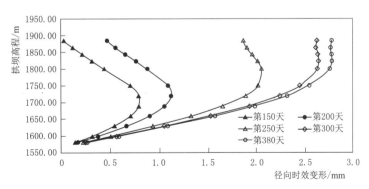

图 4.1.27　某高拱坝悬臂梁向时效变形分布规律

　　（1）某高拱坝悬臂梁 1750.00m 高程结点（结点号为 9528）的径向瞬时变形受库水位影响显著，库水位上升，该结点向下游变形，库水位下降，该结点向上游变形；该结点径向时效变形呈非线性变化特征，在蓄水初期发展较快，后期逐渐趋于收敛，至计算时段末，该结点径向时效变形为 2.82mm，若采用 $c_1\theta + c_2\ln\theta$ 拟合该时段的径向时效变形，拟合结果如

图 4.1.26 中单点画线，拟合复相关系数为 0.976，系数 $c_1$ 和 $c_2$ 分别为 0.2735 和 0.9346。

（2）某高拱坝悬臂梁径向时效变形分布与库水位有较大关系，库水位较低时，该悬臂梁中部径向时效变形较大，例如，第 150 天末（2014 年 2 月 19 日），该悬臂梁径向时效变形最大值为 0.81mm，出现在高程 1690.00m 处（结点号为 9526）；第 200 天末（2014 年 7 月 19 日），该悬臂梁径向时效变形最大值为 1.14mm，出现在高程 1720.00m 处（结点号为 9519）；第 250 天至第 380 天（2014 年 10 月 27 日至 2015 年 2 月 4 日），库水位较高，在正常蓄水位 1880.00m 附近波动，该悬臂梁上部径向时效变形较大，从高程 1800.00m 至坝段径向时效变形量值接近；至第 380 天末，该悬臂梁径向时效变形最大值为 2.78mm，出现在悬臂梁顶高程 1885.00m（结点号为 9561）。

本节基于高拱坝变形变化行为分数阶数值分析方法，分析了某高拱坝径向瞬时变形和径向时效变形变化规律，计算结果总体上可反映实际情况，因而验证了高拱坝变形变化行为分数阶数值分析方法的可行性。

## 4.1.2　高拱坝结构物理力学参数反演分析方法

### 4.1.2.1　概述

4.1.1 节研究了高拱坝变形变化行为分数阶数值分析模型建模方法以及有限元数值分析实现技术，应指出的是，在计算过程中，模型物理力学参数选取对数值分析结果的正确性和客观性影响较大，因此，需确定模型中物理力学参数的真实值，以实现对高拱坝变形变化行为的客观量化分析。

由 4.1.1 节研究成果可知，高拱坝变形变化行为分数阶数值分析模型中待定的物理力学参数包括：弹性物理力学参数（如 Hooke 体中的瞬时模量）、黏弹性物理力学参数（如分数阶 Kelvin 体中的黏滞系数和延迟模量）以及黏塑性物理力学参数（如分数阶 Bingham 体中的黏滞系数和应力阈值）等，在进行数值计算时，瞬时模量的取值对高拱坝瞬时变形的模拟结果影响较大，而延迟模量和黏滞系数等参数的取值则主要影响高拱坝时效变形的模拟结果。目前，大坝物理力学参数反演有两条途径：①基于流变试验资料反演；②基于变形原位监测资料反演，实际运行过程中，高拱坝一般处于弹性或黏弹性状态，仅在特殊情况下才可能处于黏塑性状态，因此需借助流变试验资料反演黏塑性物理力学参数，而弹性物理力学参数和黏弹性物理力学参数则可利用高拱坝变形原位监测资料反演。因此，有必要综合利用流变试验资料和变形原位监测资料，结合现代数学和力学理论，开展高拱坝变形变化行为分数阶数值分析模型中物理力学参数反演模式及反演方法的研究。

综上所述，为解决高拱坝变形变化行为分数阶分析模型中物理力学参数的取值问题，利用流变试验资料，基于 Levenberg - Marquardt 算法，提出模型中黏塑性物理力学参数的优化反演方法；同时，通过研究弹性和黏弹性参数的反演模式，在优化设计待反演物理力学参数样本的基础上，结合变形原位监测资料，综合运用多输入—多输出支持向量机模型和改进粒子群智能寻优算法，构建弹性和黏弹性物理力学参数的优化反演模型，并经某高拱坝工程的应用研究，验证反演方法的有效性。

### 4.1.2.2　高拱坝变形变化行为分数阶分析模型黏塑性物理力学参数反演方法

在实际运行过程中，高拱坝一般不会出现黏塑性状态，因此黏塑性物理力学参数需利用流变试验资料反演。由 4.1.1 节可知，流变效应全过程可采用式（4.1.61）和式（4.1.62）描述，下面给出模型中黏塑性物理力学参数的反演流程。

1. 步骤 1

基于衰减流变试验资料，初步反演 Hooke 体和分数阶 Kelvin 体（或分数阶村山体）的物理力学参数。

（1）当采用分数阶 Kelvin 体描述高拱坝衰减流变阶段时，即

$$\hat{\varepsilon}(t) = \frac{\sigma}{E_0} + \frac{\sigma}{\eta_1^{\gamma_1}} \sum_{k=0}^{\infty} \frac{\left(-\frac{E_1}{\eta_1^{\gamma_1}}\right)^k t^{\gamma_1(1+k)}}{\Gamma[(1+k)\gamma_1 + 1]} \tag{4.1.119}$$

假设 $\sigma$ 为某低应力水平，$t_i$（$i=1, 2, \cdots, N$）为时刻，$\hat{\varepsilon}(t_i)$ 为基于式（4.1.119）计算得到的 $t_i$ 时刻应变值，$\varepsilon(t_i)$ 为试验得到的 $t_i$ 时刻应变值，两者的残差可表示为

$$r_i = \hat{\varepsilon}(t_i) - \varepsilon(t_i) = \frac{\sigma}{E_0} + \frac{\sigma}{\eta_1^{\gamma_1}} \cdot \sum_{k=0}^{\infty} \frac{\left(-\frac{E_1}{\eta_1^{\gamma_1}}\right)^k t_i^{\gamma_1(1+k)}}{\Gamma[(1+k)\gamma_1 + 1]} - \varepsilon(t_i) \tag{4.1.120}$$

引入 Mittag - Leffler 函数，则式（4.1.120）可表达为

$$r_i = \hat{\varepsilon}(t_i) - \varepsilon(t_i) = \frac{\sigma}{E_0} + \frac{\sigma}{E_1} - \frac{\sigma}{E_1} E_{\gamma_1, 1}\left(-\frac{E_1}{\eta_1^{\gamma_1}} t_i^{\gamma_1}\right) - \varepsilon(t_i) \tag{4.1.121}$$

衰减流变过程总残差平方和 $F$ 可表达为

$$F = \sum_{i=1}^{N} [\hat{\varepsilon}(t_i) - \varepsilon(t_i)]^2 = \sum_{i=1}^{N} r_i^2 \tag{4.1.122}$$

使式（4.1.122）达到最小值的参数即为 Hooke 体和分数阶 Kelvin 体参数的反演值，本节基于 Levenberg - Marquardt 法搜索式（4.1.122）的最小值，Levenberg - Marquardt 法的寻优模式为

$$[\boldsymbol{J}^{\mathrm{T}} - (\boldsymbol{z}_k)\boldsymbol{J}(\boldsymbol{z}_k) + \lambda_k \boldsymbol{D}_k^{\mathrm{T}}\boldsymbol{D}_k](\boldsymbol{z}_{k+1} - \boldsymbol{z}_k) = -\boldsymbol{J}(\boldsymbol{z}_k)^{\mathrm{T}}\boldsymbol{R}(\boldsymbol{z}_k), \quad \lambda_k \geqslant 0 \tag{4.1.123}$$

其中
$$\boldsymbol{z}_k = [E_0^K \quad E_1^K \quad \eta_1^K \quad \gamma_1^K]^{\mathrm{T}}$$

式中　$k$——第 $k$ 次迭代，$k=0, 1, \cdots$；

$\boldsymbol{D}_k$——单位对角矩阵；

$\boldsymbol{z}_k$——第 $k$ 次迭代参数 $E_0$、$E_1$、$\eta_1$、$\gamma_1$ 的值；

$\boldsymbol{J}(\boldsymbol{z}_k)$——残差向量 $\boldsymbol{R}(\boldsymbol{z}_k)$ 的雅克比矩阵，其中

$$\boldsymbol{R}(z) = \begin{bmatrix} r_1 \\ \vdots \\ r_i \\ \vdots \\ r_N \end{bmatrix} = \begin{bmatrix} \frac{\sigma}{E_0} + \frac{\sigma}{E_1} - \frac{\sigma}{E_1} E_{\gamma_1, 1}\left(-\frac{E_1}{\eta_1^{\gamma_1}} t_1^{\gamma_1}\right) - \varepsilon(t_1) \\ \vdots \\ \frac{\sigma}{E_0} + \frac{\sigma}{E_1} - \frac{\sigma}{E_1} E_{\gamma_1, 1}\left(-\frac{E_1}{\eta_1^{\gamma_1}} t_i^{\gamma_1}\right) - \varepsilon(t_i) \\ \vdots \\ \frac{\sigma}{E_0} + \frac{\sigma}{E_1} - \frac{\sigma}{E_1} E_{\gamma_1, 1}\left(-\frac{E_1}{\eta_1^{\gamma_1}} t_N^{\gamma_1}\right) - \varepsilon(t_N) \end{bmatrix} \tag{4.1.124}$$

$$J(z) = \begin{bmatrix} \dfrac{\partial r_1}{\partial E_0} & \dfrac{\partial r_1}{\partial E_1} & \dfrac{\partial r_1}{\partial \eta_1} & \dfrac{\partial r_1}{\partial \gamma_1} \\ \vdots & \vdots & \vdots & \vdots \\ \dfrac{\partial r_i}{\partial E_0} & \dfrac{\partial r_i}{\partial E_1} & \dfrac{\partial r_i}{\partial \eta_1} & \dfrac{\partial r_i}{\partial \gamma_1} \\ \vdots & \vdots & \vdots & \vdots \\ \dfrac{\partial r_N}{\partial E_0} & \dfrac{\partial r_N}{\partial E_1} & \dfrac{\partial r_N}{\partial \eta_1} & \dfrac{\partial r_N}{\partial \gamma_1} \end{bmatrix} \tag{4.1.125}$$

因此，Levenberg - Marquardt 法的反演步骤为：①令 $i=0$，确定参数初始值 $z_0$；②将 $z_0$ 代入式（4.1.124）、式（4.1.125）中，计算 $J(z_0)$ 和 $R(z_0)$；③计算 $B = J^{\mathrm{T}}(z_0)J(z_0)+\lambda_0 D_0^{\mathrm{T}}D_0$ 和 $C=-J^{\mathrm{T}}(z_0)R(z_0)$，则 $s_1=z_1-z_0=B^{-1}C$；④$z_1=z_0+s_1$；⑤重复①～④，直至总残差平方和 $F$ 小于允许值。

（2）当采用分数阶村山体描述高拱坝衰减流变过程时，首先应确定应力阈值 $\sigma_{S1}$，选取两组衰减流变曲线，应力水平记为 $\sigma_1$、$\sigma_2$，假设 $t_\infty$ 时刻，两个流变过程均收敛，扣除初始瞬时应变 $\varepsilon_e^1$ 和 $\varepsilon_e^2$ 后，可得 $t_\infty$ 时刻黏弹性应变分别为 $\varepsilon_{ve}^1(t\infty)$ 和 $\varepsilon_{ve}^2(t\infty)$，则

$$\varepsilon_{ve}^1(t_\infty) = \frac{\sigma-\sigma_{S1}}{\eta_1^{\gamma_1}} \sum_{k=0}^{\infty} \frac{\left(-\dfrac{E_1}{\eta_1}\right)^k t_\infty^{\gamma_1(1+k)}}{\Gamma[(1+k)\gamma_1+1]} \tag{4.1.126}$$

$$\varepsilon_{ve}^2(t_\infty) = \frac{\sigma_2-\sigma_{S1}}{\eta_1^{\gamma_1}} \sum_{k=0}^{\infty} \frac{\left(-\dfrac{E_1}{\eta_1}\right)^k t_\infty^{\gamma_1(1+k)}}{\Gamma[(1+k)\gamma_1+1]} \tag{4.1.127}$$

由式（4.1.126）和式（4.1.127）可得

$$\sigma_{S1} = \frac{\sigma_1 \varepsilon_{ve}^2(t_\infty)-\sigma_2 \varepsilon_{ve}^1(t_\infty)}{\varepsilon_{ve}^2(t_\infty)-\varepsilon_{ve}^1(t_\infty)} \tag{4.1.128}$$

得到应力阈值 $\sigma_{S1}$ 后，利用 Levenberg - Marquardt 法即可反演剩余的参数（$E_0$、$E_1$、$\eta_1$、$\gamma_1$），反演过程同上。

2. 步骤2

基于稳态流变试验资料，反演分数阶 Bingham 体的物理力学参数。

首先确定黏塑性体应力阈值 $\sigma_{S2}$，选取两组稳态流变曲线，应力水平分别为 $\sigma_1$、$\sigma_2$，$t$ 时刻相应的总应变为 $\varepsilon^1(t)$ 和 $\varepsilon^2(t)$，通过式（4.1.119）可计算得到 $t$ 时刻相应的瞬时应变和黏弹性应变的和 $\varepsilon_e^1+\varepsilon_{ve}^1(t)$、$\varepsilon_e^2+\varepsilon_{ve}^2(t)$，进而从稳态流变曲线中分离得到黏塑性应变 $\varepsilon_{vp}^1(t)$ 和 $\varepsilon_{vp}^2(t)$，分别表征为

$$\varepsilon_{vp}^1(t) = \frac{\sigma-\sigma_{S2}}{\eta_2^{\gamma_2}} \frac{t^{\gamma_2}}{\Gamma(1+\gamma_2)} \tag{4.1.129}$$

$$\varepsilon_{vp}^2(t) = \frac{\sigma_2-\sigma_{S2}}{\eta_2^{\gamma_2}} \frac{t^{\gamma_2}}{\Gamma(1+\gamma_2)} \tag{4.1.130}$$

由式（4.1.129）和式（4.1.130）可得

$$\sigma_{S2} = \frac{\sigma_1 \varepsilon_{vp}^2 - \sigma_2 \varepsilon_{vp}^1}{\varepsilon_{vp}^2 - \varepsilon_{vp}^1} \tag{4.1.131}$$

得到应力阈值 $\sigma_{S2}$ 后，再利用 Levenberg – Marquardt 法即可反演剩余黏塑性参数（$\eta_2$、$\gamma_2$），反演过程同上。

3. 步骤 3

基于加速流变试验资料，反演参数 $\alpha_2$ 的值。

选取高应力水平下的加速流变曲线，则 $t$ 时刻的应变 $\varepsilon(t)$ 可用式（4.1.61）的第 3 式或式（4.1.62）的第 4 式表征，将反演得到的 $E_0$、$E_1$、$\eta_1$、$\gamma_1$、$\eta_2$、$\gamma_2$、$\sigma_{S1}$、$\sigma_{S2}$ 代入其中，再利用 Levenberg – Marquardt 法，即可反演参数 $\alpha_2$ 的值，过程同上。

通过上述分析，可反演得到高拱坝变形变化行为分数阶分析模型中黏塑性物理力学参数，即 $\eta_2$、$\gamma_2$、$\sigma_{S1}$、$\sigma_{S2}$、$\alpha_2$，并初步反演得到分数阶分析模型的弹性和黏弹性物理力学参数，即 $E_0$、$E_1$、$\eta_1$、$\gamma_1$，进一步需结合变形原位监测资料，研究分数阶分析模型中弹性和黏弹性物理力学参数的反演模式与方法。

### 4.1.2.3 高拱坝变形变化行为分数阶分析模型弹性和黏弹性参数反演模式

实际运行过程中，高拱坝一般处于弹性或者黏弹性状态，下面基于变形原位监测资料，结合有限元方法，研究高拱坝变形变化行为分数阶分析模型中弹性和黏弹性物理力学参数的反演模式，为后续提出参数反演方法提供理论支持。

高拱坝系统包括坝体和坝基两部分，假设在库水压力作用下高拱坝坝体和坝基均处于弹性状态，则系统的平衡方程可表示为

$$\boldsymbol{K}\boldsymbol{\delta}_{H} = \boldsymbol{R}_{H} \tag{4.1.132}$$

式中  $\boldsymbol{K}$——高拱坝结构整体劲度矩阵；

$\boldsymbol{\delta}_{H}$——水压力作用下高拱坝节点变形矩阵；

$\boldsymbol{R}_{H}$——水压荷载矩阵。

假定 $\Omega_1$、$\Omega_2$ 分别为高拱坝坝体和坝基区域，高拱坝结构整体劲度矩阵可表达为

$$\boldsymbol{K} = \sum_{e_j \in \Omega_1} \boldsymbol{C}_{e_j}^{T} \boldsymbol{K}_{e_j} \boldsymbol{C}_{e_j} + \sum_{e_j \in \Omega_2} \boldsymbol{C}_{e_j}^{T} \boldsymbol{K}_{e_j} \boldsymbol{C}_{e_j} \tag{4.1.133}$$

其中

$$\boldsymbol{K}_{e_j} = \iiint_{\Omega_j} \boldsymbol{B}^T \boldsymbol{D} \boldsymbol{B} \mathrm{d}\Omega = E \iiint_{\Omega_j} \boldsymbol{B}^T f(\mu) \boldsymbol{B} \mathrm{d}\Omega = E \overline{\boldsymbol{K}}_{e_j}$$

$$E \begin{cases} E_c & e_j \in \Omega_1 \\ E_r & e_j \in \Omega_2 \end{cases} \tag{4.1.134}$$

式中  $\boldsymbol{C}_{e_j}$——联系整体、单元节点变形矩阵的选择矩阵；

$\boldsymbol{K}_{e_j}$——单元刚度矩阵；

$\boldsymbol{B}$——单元几何特性矩阵；$E_c$ 为高拱坝坝体综合弹性模量；$E_r$ 为高拱坝坝基综合变形模量。

令 $R_1 = E_r / E_c$，则

$$\boldsymbol{K} = E_c \Big( \sum_{e_j \in \Omega_1} \boldsymbol{C}_{e_j}^{T} \boldsymbol{K}_{e_j} \boldsymbol{C}_{e_j} + R_1 \sum_{e_j \in \Omega_2} \boldsymbol{C}_{e_j}^{T} \boldsymbol{K}_{e_j} \boldsymbol{C}_{e_j} \Big)$$

$$= F[E_c, E_r/E_c, f(\mu_c), f(\mu_r), L, S] \tag{4.1.135}$$

式中　$\mu_c$、$\mu_r$——坝体和坝基的泊松比；

$f(\mu_c)$、$f(\mu_r)$——与坝体和坝基泊松比有关的变量；

　　　　$L$、$S$——反映计算区域单元尺寸、所受约束的影响的变量。

由式（4.1.135）可看出高拱坝结构整体劲度矩阵 $\boldsymbol{K}$ 受 $E_c$、$E_r/E_c$、$f(\mu_c)$、$f(\mu_r)$、$L$、$S$ 的影响，若高拱坝结构型式一定，则 $L$、$S$ 固定，而泊松比对高拱坝结构整体劲度矩阵 $\boldsymbol{K}$ 的影响不敏感，因此高拱坝坝体、坝基的水压变形主要受 $E_c$、$E_r/E_c$ 影响。由于高拱坝坝体变形包含坝体、坝基在库水压力综合作用下产生的变形，所以需要首先反演坝基综合变形模量 $E_r$，进一步再反演坝体综合弹性模量 $E_c$，下面研究相应的反演模式。

（1）坝基综合变形模量反演模式。高拱坝坝基综合变形模量可利用建基面附近测点的变形监测资料反演。若高拱坝坝基分为 $M$ 个区，各区域综合变形模量记为 $E_{rj}$（$j=1$，2，$\cdots$，$M$），建基面附近共布置有 $m_2$ 个变形监测点，则可建立反演目标函数，即

$$Q = \sum_{i=1}^{m_2} (\delta_{ri} - \hat{\delta}_{ri})^2 = f(E_{r1}, E_{r2}, \cdots, E_{rM}) \tag{4.1.136}$$

式中　$\delta_{ri}$——基于测点 $i$ 变形监测资料分离出的变形水压分量；

　　　$\hat{\delta}_{ri}$——仅在库水压力作用下测点 $i$ 的变形有限元计算值。

当目标函数 $Q$ 取最小值时，所得参数 $E_{rj}$（$j=1$，2，$\cdots$，$M$）即为高拱坝坝基各区综合变形模量反演值。

（2）坝体综合弹性模量反演模式。反演得到坝基综合变形模量后，可利用坝体变形资料反演坝体综合弹性模量。假设高拱坝坝体共有 $K$ 个区域，每个区域综合弹性模量记为 $E_{cj}$（$j=1$，2，$\cdots$，$K$），坝体共布置有 $m_3$ 个变形监测点，则可建立反演目标函数，即

$$Q = \sum_{i=1}^{m_3} (\delta_{ci} - \hat{\delta}_{ci})^2 = f(E_{c1}, E_{c2}, \cdots, E_{cK}) \tag{4.1.137}$$

式中　$\delta_{ci}$——基于测点 $i$ 变形监测资料分离出的变形水压分量；

　　　$\hat{\delta}_{ci}$——仅在库水压力作用下测点 $i$ 的变形有限元计算值。

当目标函数 $Q$ 取最小值时，所得参数 $E_{cj}$（$j=1$，2，$\cdots$，$K$）即为高拱坝坝体各区综合弹性模量反演值。

假设高拱坝坝体综合弹性模量、坝基综合变形模量均已反演得到，若高拱坝共布置有 $m$ 个变形监测点，记在长期荷载组合 $P$ 的作用下，测点 $i$ 的变形为 $\delta_{it}$，相应的有限元计算值为 $\hat{\delta}_{it}$，其中 $t=1$，2，$\cdots$，$T$，坝体待反演的黏弹性物理力学参数为延迟模量（$E_{c1}$）、黏滞系数（$\eta_{c1}$）、阶数（$\gamma_{c1}$），坝基待反演的黏弹性物理力学参数为延迟模量（$E_{r1}$）、黏滞系数（$\eta_{r1}$）、阶数（$\gamma_{r1}$），可建立目标函数为

$$Q = \sum_{i=1}^{m} \sum_{t=1}^{T} (\delta_{it} - \hat{\delta}_{it})^2 = f(E_{c1}, \eta_{c1}, \gamma_{c1}, E_{r1}, \eta_{r1}, \gamma_{r1}) \tag{4.1.138}$$

当目标函数 $Q$ 取最小值时，所得参数组合 $E_{c1}$、$\eta_{c1}$、$\gamma_{c1}$、$E_{r1}$、$\eta_{r1}$、$\gamma_{r1}$ 即为高拱坝坝体和坝基黏弹性物理力学参数反演值。

由上述研究可看出，高拱坝弹性和黏弹性物理力学参数反演的基本思路是将待反演的物理力学参数视为输入量，使测点变形（或变形分量）与有限元计算值在某一尺度下无限

接近，而最接近的物理力学参数组合即为参数反演值。

从变形监测资料中提取变形水压分量是综合弹性（变形）模量反演的一项重要任务，本节通过构建高拱坝变形性态正分析模型，从原位监测资料中分离出各变形分量，并将其应用于参数的反演。

高拱坝变形性态是多种因素联合作用的结果，一般地，高拱坝某点的总变形可分解为径向变形、切向变形和垂直变形，而上述 3 个变形矢量按其成因均可分为水压分量、温度分量和时效分量，各个分量的数学表征方法如下：

(1) 变形水压分量。拱梁分载法将高拱坝视为由拱系和梁系组成的系统，荷载由水平拱和悬臂梁共同承担，拱系和梁系各承担多少荷载由拱梁交点处变位一致条件决定。由于水平拱的作用，库水压力分配在梁上的荷载 $P_c$ 呈非线性变化，如图 4.1.28 阴影部分所示，$P_c$ 通常可用上游水深 $H$ 的 2 次或 3 次多项式来表达，即

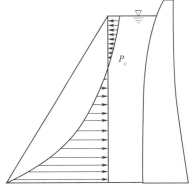

图 4.1.28 高拱坝悬臂梁水荷载分布

$$P_c = \sum_{i=1}^{2(3)} a'_i H^i \tag{4.1.139}$$

在非线性库水压力作用下，高拱坝任一点的变形水压分量 $\delta_H$ 由 3 部分组成：库水压力作用在坝体上引起的坝体变形 $\delta_{H_1}$；作用于坝体的库水压力传递至坝基，在弯矩的作用下坝基发生偏心受压变形，而引起坝体向下游的变形 $\delta_{H_2}$；库水竖直向压力作用于地基面，因坝基沉降而引起坝体向上游的变形 $\delta_{H_3}$。其关系可表示为

$$\delta_H = \delta_{H_1} + \delta_{H_2} + \delta_{H_3} \tag{4.1.140}$$

由于 $P_c$ 与上游水深 $H$ 的 2 次方或 3 次方有关，则在 $P_c$ 作用下高拱坝变形与 $H$、$H^2$、$H^3$、$H^4$ 有关，即高拱坝变形水压分量可表达为

$$\delta_H = \sum_{i=1}^{4} a_i H^i \tag{4.1.141}$$

若结合有限元构建高拱坝变形水压分量的表达式，首先采用坝基变形模量和坝体弹性模量等参数的设计值，利用分数阶黏弹性有限元计算出不同水深 $H$ 下的坝体瞬时变形量 $\delta'_H$，引入调整系数 $X$，可构建高拱坝变形水压分量，即

$$\delta_H = X\delta'_H = X \sum_{i=1}^{4} a_i H^i \tag{4.1.142}$$

(2) 变形温度分量。高拱坝变形温度分量 $\delta_T$ 是由坝体和坝基温度变化引起的，从力学角度来看，在变温 $T$ 作用下，大坝任一点变形温度分量 $\delta_T$ 与各点的变温值呈线性关系，因此温度变形因子应选择为坝体和基岩的温度计测值。若高拱坝布置有足够数目的温度计，其变形温度分量可表达为

$$\delta_T = \sum_{i=1}^{m_1} b_i T_i \tag{4.1.143}$$

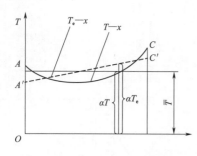

图 4.1.29　等效温度计算简图

式中　$m_1$——温度计数量；

　　　　$T_i$——温度计 $i$ 的测值。

若温度计数量巨大时，可以构造等效温度作为因子，即采用坝体平均温度 $\overline{T}$ 和温度梯度 $\beta$，如图 4.1.29 所示，某高程处坝体的实际温度分布为 $OBCA$ $(T-X)$，将其等效为 $OBC'A'$ $(T_e-X)$，使两者对 $OT$ 轴的面积矩相等。此时高拱坝变形温度分量 $\delta_{\mathrm{T}}$ 的表达式为

$$\delta_{\mathrm{T}} = \sum_{i=1}^{m_2} b_{1i}\overline{T}_i + \sum_{i=1}^{m_2} b_{2i}\beta_i \tag{4.1.144}$$

$$\begin{cases} \beta = \dfrac{12M_t - 6A_t B}{B^3} \\[2mm] \overline{T} = \dfrac{A_t}{B} \end{cases} \tag{4.1.145}$$

式中　$A_t$——实际温度分布的面积；

　　　　$M_t$——$A_t$ 对 $OT$ 轴的面积矩；

　　　　$B$——截面宽度；

　　　　$m_2$——坝体温度计的层数。

其另一种处理方法是借鉴降维思想，利用 PCA、KPCA 等方法，将众多温度计监测序列变换成新的互不相关的综合效应量，并据此构建高拱坝变形温度分量的表达式，即

$$\delta_{\mathrm{T}} = \sum_{i=1}^{p} b_i P_i \tag{4.1.146}$$

式中　$P_i$——降维处理得到的第 $i$ 个新效应量；

　　　　$p$——所有新效应量的个数，一般采用累积解释率法确定。

处于运行期的高拱坝，坝体混凝土水化热已基本消散完毕，此时坝体内温度变化仅取决于边界温度的变化，故可采用多组谐波项作为因子，即

$$\delta_{\mathrm{T}} = \sum_{i=1}^{m_3} \left( b_{1i}\sin\frac{2\pi it}{365} + b_{2i}\cos\frac{2\pi it}{365} \right) \tag{4.1.147}$$

式中　$m_3$——简谐波组数，$m_3 = 1$ 为年周期，$m_3 = 2$ 为半年周期。

如果有边界气温或水温监测资料，可选用监测前 $i$ 天（或旬）的平均气温（平均水温）作为因子，即

$$\delta_{\mathrm{T}} = \sum_{i=1}^{m_2} b_i T_i \tag{4.1.148}$$

式中　$T_i$——监测前 $i$ 天的平均温度。

（3）变形时效分量。高拱坝某点变形时效分量 $\delta_\theta$ 可表达为

$$\delta_\theta = c_1\theta + c_2\ln\theta \tag{4.1.149}$$

因此，通过对各变形分量表达式的选取，结合变形原位监测资料，即可建立高拱坝变形性态正分析模型，据此可分离出高拱坝某点变形的水压分量、温度分量和时效分量，以

此为基础，针对高拱坝变形变化行为分数阶分析模型弹性和黏弹性物理力学参数反演方法展开研究。

### 4.1.2.4 高拱坝变形变化行为分数阶分析模型弹性和黏弹性参数反演方法

前文研究了高拱坝变形变化行为分数阶分析模型弹性和黏弹性物理力学参数的反演模式，在此基础上，研究上述参数的反演方法，参数反演过程中需要解决以下 3 个问题。

（1）选择有代表性的待反演物理力学参数样本。在保证反演成果满足精度要求的前提下，尽可能减少有限元计算工作量，因此需对待反演的物理力学参数样本进行优化设计。

（2）构建待反演物理力学参数与高拱坝变形计算值间的非线性映射关系。基于（1）的研究，可得到待反演物理力学参数样本，利用分数阶数值分析方法可计算得到不同参数组合下的高拱坝变形响应值，在此基础上，需构建待反演物理力学参数与高拱坝变形计算值间的非线性映射关系。

（3）物理力学参数智能反演。通过（2）的研究，可得到待反演物理力学参数与高拱坝变形计算值间的非线性映射关系，在此基础上，结合高拱坝变形原位监测资料，构建智能寻优算法，对待定物理力学参数进行反演。

下面针对反演过程所需要解决的问题逐一展开研究。

高拱坝变形变化行为分数阶分析模型中待反演物理力学参数较多，例如坝体、坝基待反演的黏弹性物理力学参数有 6 个，如式（4.1.138）所示，而参数样本的合理选择，对参数反演速度及精度影响较大，常用的参数样本设计方案包括：均匀设计、中心复合设计、正交设计、Bucher 设计等，其中，中心复合设计（central composite design，CCD）得到的参数样本在空间中分布较其他几种设计方案更优，因此采用中心复合设计法获取高拱坝待反演物理力学参数样本。

中心复合设计得到的参数样本由析因样本点、中心样本点和轴向样本点构成，若高拱坝变形变化行为分数阶分析模型中待反演物理力学参数共有 $n$ 个，记为 $X = (X_1, X_2, \cdots, X_i, \cdots, X_n)$，其中 $X_i$（$i = 1, 2, \cdots, n$）的变化范围为 $[\underline{X_i}, \overline{X_i}]$，令

$$X_{ci} = \frac{\underline{X_i} + \overline{X_i}}{2}, \quad X_{ri} = \frac{\overline{X_i} - \underline{X_i}}{2} \tag{4.1.150}$$

则中心复合设计所得的参数样本为：

（1）析因样本点：$(X_{c1} + fX_{r1}, \cdots, X_{ci} + fX_{ri}, \cdots, X_{cn} + X_{rn})$，其中 $f = 1$，对于 3 变量 2 水平的中心复合设计，图 4.1.30 所示立方体各个顶点即为析因样本点。

（2）中心样本点：$(X_{c1}, \cdots, X_{ci}, \cdots, X_{cn})$，对于 3 变量 2 水平的中心复合设计，图 4.1.30 所示立方体中心黑点即为中心样本点。

（3）轴向样本点：$(X_{c1}, \cdots, X_{ci} + fX_{ri}, \cdots, X_{cn})$，其中 $f = \sqrt[4]{F}$，$F$ 是析因样本点的数目，对于 3 变量 2 水平的中心复合设计，图 4.1.30 所示立方体各坐标轴上的黑点即为轴向样本点。

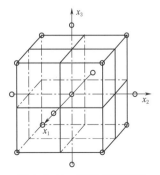

图 4.1.30 高拱坝待反演物理力学参数样本 3 变量 2 水平的中心复合设计

通过上述参数样本设计过程，最终可得 $K=2^n+2n+1$ 个参数样本点。

基于设计得到的参数样本，利用高拱坝变形变化行为分数阶数值分析方法，即可计算得到不同参数组合下高拱坝变形响应值，在此基础上，结合参数反演模式，可对分数阶分析模型中弹性和黏弹性物理力学参数进行反演，下面研究反演的实现技术。

（1）高拱坝待反演物理力学参数与变形计算值间关系的构建。通过对诸如神经网络、遗传算法、支持向量机等机器学习方法的研究，采用能解决小样本、高维数、非线性问题的多输入—多输出支持向量机模型（multi-input multi-output SVM，MSVM），构建高拱坝待反演物理力学参数与变形计算值间的非线性映射关系。

MSVM 模型通过非线性变换，可将低维空间中物理力学参数与高拱坝变形计算值映射到高维空间中，高拱坝待反演物理力学参数与变形计算值组成的训练样本为 $\{(x_i,y_i)|i=1,2,\cdots,l\}$，其中 $x_i\in R^m$ 是中心复合设计得到的第 $i$ 组物理力学参数，$y_i\in R^d$ 为 $x_i$ 对应的高拱坝变形有限元计算值，$m$ 为输入样本的维数，$d$ 代表输出目标值的维数。

传统的单输出支持向量机模型的损失函数一般在超立方体上建立，可表达为

$$L_\varepsilon[y-f(x)]=\begin{cases} 0 & ,|y-f(x)|\leqslant\varepsilon \\ |y-f(x)|-\varepsilon & ,|y-f(x)|>\varepsilon \end{cases} \tag{4.1.151}$$

MSVM 模型对传统支持向量机模型的损失函数进行了改进，其核心是在超球体上定义损失函数，由此对所有输出变量建立一个约束，其损失函数可表达为

$$L_\varepsilon[y-f(x)]=\begin{cases} 0 & ,|y-f(x)|\leqslant\varepsilon \\ [|y-f(x)|-\varepsilon]^2 & ,|y-f(x)|>\varepsilon \end{cases} \tag{4.1.152}$$

因此，原问题转化为高维空间中的最优化问题，即

$$\min\quad J=\frac{1}{2}\sum_{i=1}^{d}\|\boldsymbol{w}_i\|^2+C\sum_{i=1}^{d}\sum_{j=1}^{n}L_i[f_i(x^j),y_i^j]$$
$$\text{s.t.}\quad |f_i(x^j)-y_i^j|<\varepsilon_i \tag{4.1.153}$$

引入松弛变量 $\xi_i^j$、$\xi_i^{j^*}$，可得

$$\min\quad J=\frac{1}{2}\sum_{i=1}^{d}\|\boldsymbol{w}_i\|^2+C\sum_{i=1}^{d}\sum_{j=1}^{n}(\xi_i^j+\xi_i^{j^*})$$
$$\text{s.t.}\begin{cases} y_i^j-\boldsymbol{w}_i\cdot\varphi(x_i)-\boldsymbol{b}_i\leqslant\varepsilon_i+\xi_i^j \\ \boldsymbol{w}_i\cdot\varphi(x_i)+\boldsymbol{b}_i-y_i^j\leqslant\varepsilon_i+\xi_i^{j^*} \\ \xi_i^j\geqslant 0 \\ \xi_i^{j^*}\geqslant 0 \end{cases} \tag{4.1.154}$$

构造拉格朗日函数，并引入对偶变量，可得

$$L=C\sum_{i=1}^{d}\sum_{j=1}^{n}(\xi_i^j+\xi_i^{j^*})+\frac{1}{2}\sum_{i=1}^{d}\|\boldsymbol{w}_i\|^2-\sum_{i=1}^{d}\sum_{j=1}^{n}\alpha_i^j[\xi_i^j+\varepsilon_i-y_i^j+\boldsymbol{w}_i\cdot\varphi(x_i^j)+\boldsymbol{b}_i]$$
$$-\sum_{i=1}^{d}\sum_{j=1}^{n}\alpha_i^{j^*}[\xi_i^{j^*}+\varepsilon_i-y_i^j+\boldsymbol{w}_i\cdot\varphi(x_i^j)+\boldsymbol{b}_i]-\sum_{i=1}^{d}\sum_{j=1}^{n}(\eta_i^j\xi_i^j+\eta_i^{j^*}\xi_i^{j^*}) \tag{4.1.155}$$

式中　$\eta_i^j$、$\eta_i^{j^*}$、$\alpha_i^j$、$\alpha_i^{j^*}$ 为拉格朗日乘子，均为不小于零的常数。

由 Saddle point 条件可知，拉格朗日函数的极值需满足

$$\frac{\partial L}{\partial b_i}=0, \quad \frac{\partial L}{\partial w_i}=0, \quad \frac{\partial L}{\partial \xi_i^j}=0, \quad \frac{\partial L}{\partial \xi_i^{j^*}}=0 \tag{4.1.156}$$

即

$$\begin{cases} \dfrac{\partial L}{\partial b_i}=-\sum_{j=1}^{n}(\alpha_i^j+\alpha_i^{j^*})=0 \Rightarrow \sum_{j=1}^{n}(\alpha_i^j+\alpha_i^{j^*})=0 \\[2mm] \dfrac{\partial L}{\partial w_i}=w_i-\sum_{j=1}^{n}(\alpha_i^j-\alpha_i^{j^*})\phi(x_i^j)=0 \Rightarrow w_i=\sum_{j=1}^{n}(\alpha_i^j-\alpha_i^{j^*})\phi(x_i^j) \\[2mm] \dfrac{\partial L}{\partial \xi_i^j}=C-\alpha_i^j-\eta_i^j=0 \Rightarrow C=\alpha_i^j+\eta_i^j \\[2mm] \dfrac{\partial L}{\partial \xi_i^{j^*}}=C-\alpha_i^{j^*}-\eta_i^{j^*}=0 \Rightarrow C=\alpha_i^{j^*}+\eta_i^{j^*} \end{cases} \tag{4.1.157}$$

将式（4.1.157）代入式（4.1.155），得到优化问题的对偶形式为

$$\begin{aligned} \max \quad W(\alpha_i^j,\alpha_i^{j^*})=&-\frac{1}{2}\sum_{i=1}^{d}\sum_{j=1}^{n}(\alpha_i^j-\alpha_i^{j^*})(\alpha_i^l,\alpha_i^{l^*})k(x^j\cdot x^l) \\ &+\sum_{i=1}^{d}\sum_{j=1}^{n}(\alpha_i^j-\alpha_i^{j^*})y_i^j-\sum_{i=1}^{d}\sum_{j=1}^{n}(\alpha_i^j+\alpha_i^{j^*})\varepsilon_i \end{aligned} \tag{4.1.158}$$

$$\text{s. t.} \begin{cases} \sum_{j=1}^{n}(\alpha_i^j-\alpha_i^{j^*})=0 \\[2mm] 0<\alpha_i^j,\alpha_i^{j^*}<C \end{cases}$$

即可解出 $\alpha_i^j$ 和 $\alpha_i^{j^*}$ 的值，则高拱坝变形计算值 $f_i(x)$ 与待反演物理力学参数的关系用 MSVM 模型可表示为

$$f_i(x)=w_i\text{g}\phi(x)+b_i=\sum_{j=1}^{n}(\alpha_i^j-\alpha_i^{j^*})k(x^j,x^l)+b_i \tag{4.1.159}$$

式（4.1.159）中 $k(x^j,x^l)$ 为核函数，采用高斯径向基函数（RBF）可表示为

$$k(x\cdot x_i)=\exp\left[\frac{-(x-x_i)^2}{2\sigma^2}\right] \tag{4.1.160}$$

式中  $\sigma$——核函数的宽度。

由 KKT 条件可知，最优解应该满足

$$\begin{cases} \alpha_i^j[\xi_i^j+\varepsilon_i^j-y_i^j+f_i(x^j)]=0 \\[1mm] \alpha_i^{j^*}[\xi_i^{j^*}+\varepsilon_i^j-y_i^j+f_i(x^j)]=0 \end{cases} \tag{4.1.161}$$

$$\begin{cases} \eta_i^j\xi_i^j=0 \\[1mm] \eta_i^{j^*}\xi_i^{j^*}=0 \end{cases} \tag{4.1.162}$$

由式（4.1.161）可知 $\alpha_i^j\alpha_i^{j^*}=0$，可得

$$\begin{cases} (C-\alpha_i^j)\xi_i^j=0 \\[1mm] (C-\alpha_i^{j^*})\xi_i^{j^*}=0 \end{cases} \tag{4.1.163}$$

当 $\alpha_i^j=C$、$\alpha_i^{j^*}=C$ 时，可得

$$\begin{cases} \varepsilon_i - y_i^j + f_i(x^j) = 0, & 0 < \alpha_i^j < C \\ \varepsilon_i + y_i^j - f_i(x^j) = 0, & 0 < \alpha_i^{j^*} < C \end{cases} \tag{4.1.164}$$

进而可得

$$\begin{cases} b_i = y_i^j - \sum_{j=1}^{n}(\alpha_i^j - \alpha_i^{j^*})k(x^j, x^l) - \varepsilon_i, & 0 < \alpha_i^j < C \\ b_i = y_i^j - \sum_{j=1}^{n}(\alpha_i^j - \alpha_i^{j^*})k(x^j, x^l) + \varepsilon_i, & 0 < \alpha_i^{j^*} < C \end{cases} \tag{4.1.165}$$

通过上述分析，可得到高拱坝待反演物理力学参数与变形计算值间的非线性映射关系，由此结合高拱坝弹性和黏弹性物理力学参数反演模式，利用变形原位监测资料，即可构建弹性和黏弹性参数的 MSVM 反演目标函数。

1) 高拱坝弹性参数 MSVM 反演目标函数。在反演高拱坝坝体、坝基弹性物理力学参数时，按照先反演坝基综合变形模量 $E_r$，再反演坝体综合弹性模量 $E_c$ 的顺序进行。

记高拱坝坝基各区域的综合变形模量为 $E_{rj}$（$j=1, 2, \cdots, M$），则坝基各区域综合变形模量 MSVM 反演目标函数可表示为

$$Q = \sum_{i=1}^{m_2} \left[ \delta_{ri} - \mathrm{MSVM}_i(E_{r1}, E_{r2}, \cdots, E_{rM}) \right]^2 \tag{4.1.166}$$

式中　　　　　　$m_2$——建基面附近变形监测点总数；

$\delta_{ri}$——从测点 $i$ 变形原位监测资料分离得到的变形水压分量；

$\mathrm{MSVM}_i(E_{r1}, E_{r2}, \cdots, E_{rM})$——高拱坝坝基各区域综合变形模量取 $E_{r1}$、$E_{r2}$、$\cdots$、$E_{rM}$ 时，MSVM 模型输出的测点 $i$ 在水压作用下的变形计算值。

记高拱坝坝体各区域的综合弹性模量为 $E_{cj}$（$j=1, 2, \cdots, K$），此时坝基综合变形模量取反演值，则坝体各区域综合弹性模量 MSVM 反演目标函数可表示为

$$Q = \sum_{i=1}^{m_3} \left[ \delta_{ci} - \mathrm{MSVM}_i(E_{c1}, E_{c2}, \cdots, E_{cK}) \right]^2 \tag{4.1.167}$$

式中　　　　　　$m_3$——高拱坝坝体变形监测点总数；

$\delta_{ci}$——从测点 $i$ 变形原位监测资料分离得到的变形水压分量；

$\mathrm{MSVM}_i(E_{c1}, E_{c2}, \cdots, E_{cK})$——高拱坝坝体各区域综合弹性模量取 $E_{c1}$、$E_{c2}$、$\cdots$、$E_{cK}$ 时，MSVM 模型输出的测点 $i$ 在水压作用下的变形计算值。

得到 MSVM 反演目标函数 $Q$ 后，使 $Q$ 最小的参数值即为弹性参数的反演值，因此，基于 MSVM 模型反演弹性物理力学参数转化为如下优化问题，即

$$\min \quad Q$$
$$\mathrm{s.t.} \ \underline{E} \leqslant E \leqslant \overline{E} \tag{4.1.168}$$

式中　$E$——坝体（或坝基）的综合弹性（变形）模量；

$\underline{E}$——$E$ 的下限；

$\overline{E}$——$E$ 的上限。

2) 高拱坝黏弹性参数 MSVM 反演目标函数。假设高拱坝坝体综合弹性模量、坝基综合变形模量均已反演得到，若高拱坝共有 $m$ 个变形监测点，反演时段为 $T$，坝体待反演的黏

弹性参数有延迟模量（$E_{c1}$）、黏滞系数（$\eta_{c1}$）、阶数（$\gamma_{c1}$），坝基待反演的黏弹性参数有延迟模量（$E_{r1}$）、黏滞系数（$\eta_{r1}$）、阶数（$\gamma_{r1}$），则高拱坝黏弹性参数 MSVM 反演目标函数为

$$Q = \sum_{i=1}^{m} \sum_{t=1}^{T} [\delta_{it} - \text{MSVM}_{it}(E_{c1},\eta_{c1},\gamma_{c1},E_{r1},\eta_{r1},\gamma_{r1})]^2 \qquad (4.1.169)$$

式中　　　　　　　　$\delta_{it}$——测点 $i$ 在 $t$ 时段内的变形监测值；

$\text{MSVM}_{it}(E_{c1},\eta_{c1},\gamma_{c1},E_{r1},\eta_{r1},\gamma_{r1})$——高拱坝坝体黏弹性参数取为 $E_{c1}$、$\eta_{c1}$、$\gamma_{c1}$，坝基黏弹性参数取为 $E_{r1}$、$\eta_{r1}$、$\gamma_{r1}$ 时，MSVM 模型输出的测点 $i$ 在长期荷载作用下的变形计算值。

得到反演目标函数 $Q$ 后，使 $Q$ 最小的参数即为高拱坝黏弹性参数的反演值。

因此，基于 MSVM 模型反演高拱坝黏弹性物理力学参数转化为如下优化问题，即

$$\min \quad Q$$
$$\text{s. t.} \begin{cases} \underline{E} \leqslant E \leqslant \overline{E} \\ \underline{\eta} \leqslant \eta \leqslant \overline{\eta} \\ \underline{\gamma} \leqslant \gamma \leqslant \overline{\gamma} \end{cases} \qquad (4.1.170)$$

式中　$E$——延迟模量；

　　　$\eta$——黏滞系数；

　　　$\gamma$——阶数；

$\overline{E}$、$\overline{\eta}$、$\overline{\gamma}$——$E$、$\eta$、$\gamma$ 的上限；

$\underline{E}$、$\underline{\eta}$、$\underline{\gamma}$——$E$、$\eta$、$\gamma$ 的下限。

（2）高拱坝弹性和黏弹性物理力学参数优化反演。由前文研究可知，高拱坝变形变化行为分数阶分析模型弹性和黏弹性物理力学参数的反演问题转化为求解目标函数式（4.1.168）和式（4.1.170）的全局最优值问题，因此研究参数反演的智能寻优方法，以实现对弹性和黏弹性参数的优化反演。

粒子群智能寻优算法（particle swarm optimization，PSO）应用于解决大规模的寻优问题时具有很快的计算速度以及较好的全局寻优能力，但基本 PSO 模型也存在一些缺点，如后期收敛速度慢、搜索精度不高、鲁棒性较差等。将随机惯性权重与异步变化的学习因子相结合，对基本 PSO 模型进行改进，称为改进的 PSO 智能寻优算法（modified particle swarm optimization，MPSO），由此对高拱坝弹性和黏弹性物理力学参数进行反演。

假设高拱坝待反演的物理力学参数有 $n$ 个，相应的参数组合记为 $\boldsymbol{X} = (X_1, X_2, \cdots, X_n)$，种群中粒子总数为 $m$，第 $i$ 个粒子的当前位置向量为 $\boldsymbol{X}_i = (X_{i1}, X_{i2}, \cdots, X_{in})$，其代表待反演物理力学参数组合；当前速度用向量 $\boldsymbol{v}_i = (v_{i1}, v_{i2}, \cdots, v_{in})$ 表示；当前个体最优位置用向量 $\boldsymbol{p}_i = (p_{i1}, p_{i2}, \cdots, p_{in})$ 表示，其代表某寻优步中使目标函数 $Q$ 最小的参数组合；整个粒子群的全局最优位置用向量 $\boldsymbol{p}_g = (p_{g1}, p_{g2}, \cdots, p_{gn})$ 表示，代表所有寻优步中使目标函数 $Q$ 最小的参数组合，粒子位置和速度更新公式为

$$\begin{cases} v_{ij}^{t+1} = \omega v_{ij}^t + c_1 r_1 (p_{ij} - X_{ij}^t) + c_2 r_2 (p_{gj} - X_{ij}^t) \\ X_{ij}^{t+1} = X_{ij}^t + v_{ij}^{t+1} \end{cases} \quad (i=1,2,\cdots,m ; j=1,2,\cdots,n)$$

$$(4.1.171)$$

式中　$t$——当前的迭代次数；

　　　$\omega$——惯性权重；

$c_1$、$c_2$——学习因子；

$r_1$、$r_2$——分布在 $[0,1]$ 内的随机数。

由式（4.1.171）可以看出，更新后的粒子速度包括三部分：第一部分表征粒子的过去速度，平衡了全局搜索能力和局部搜索能力；第二部分表征了粒子自身的认知能力，增强了全局搜索能力；第三部分表征了群体的信息共享能力。因此，惯性权重和学习因子对 PSO 模型的寻优过程有较大影响，下面具体研究各个参数的含义及其改进方法。

惯性权重 $\omega$ 表征了 PSO 模型的搜索能力：当惯性权重 $\omega$ 较大时，算法的全局搜索能力强，搜索速度快，易于达到最优搜索空间；当惯性权重 $\omega$ 较小时，算法的局部寻优能力较强，收敛速度也较快，但粒子易陷入到局部最优的位置。传统的惯性权重一般采用线性递减的策略，但如果在计算初期未找到全局最优点所在区域，最终不易收敛到全局最优点，因此在更新粒子速度时需要平衡算法的全局搜索能力与局部搜索能力，将惯性权重设定为服从某种分布的随机数，进而基于随机变量的特性调整惯性权重值，使算法易于跳出局部最优，提高算法的全局搜索性能。随机惯性权重可表示为

$$\begin{cases} \omega = \mu + \sigma \times N(0,1) \\ \mu = \mu_{\min} + (\mu_{\max} - \mu_{\min}) \times rand(0,1) \end{cases} \tag{4.1.172}$$

式中　$\mu_{\min}$、$\mu_{\max}$——随机权重的最小值和最大值；

　　　　$\sigma$——随机权重的方差。

学习因子 $c_1$ 表征粒子个体的"自我认知"能力，学习因子 $c_2$ 则表征粒子个体的"社会认知"能力，传统 PSO 算法设置为 $c_1 = c_2 = 2$，实际上，在迭代初期，应尽量避免过早陷入局部最优，使 $c_1$ 较大而 $c_2$ 较小，有利于粒子加强全局搜索能力；而在迭代末期，应提高算法的收敛速度与准确度，使 $c_1$ 较小而 $c_2$ 较大，有利于快速收敛到全局最优解。因此，引入不同变化策略的异步变化学习因子可表示为

$$\begin{cases} c_1 = c_{1s} + (c_{1e} - c_{1s})\left(\dfrac{t}{T_{\max}}\right) \\ c_2 = c_{2s} + (c_{2e} - c_{2s})\left(\dfrac{t}{T_{\max}}\right) \end{cases} \tag{4.1.173}$$

式中　$c_{1s}$、$c_{2s}$——学习因子 $c_1$、$c_2$ 的初始值；

　　　$c_{1e}$、$c_{2e}$——学习因子 $c_1$、$c_2$ 的迭代终值；

　　　　　$t$——当前迭代次数；

　　　　$T_{\max}$——最大迭代次数。

粒子群搜索的终止条件一般设置为达到预设的最大迭代次数或满足算法精度要求。

以高拱坝变形变化行为分数阶分析模型中弹性物理力学参数反演为例，给出具体的实施步骤，黏弹性物理力学参数反演过程与其类似，反演步骤为：

（1）步骤 1：基于高拱坝变形原位监测资料，建立正分析模型，分离出反演时段的变形水压分量、温度分量、时效分量。

（2）步骤 2：基于 CCD 方法，设计高拱坝待反演物理力学参数样本，进而利用分数

阶数值分析方法计算在库水压力作用下高拱坝瞬时变形值。

（3）步骤3。将高拱坝待反演物理力学参数作为输入量，将仅在库水压力作用下，高拱坝变形计算值作为输出量，训练 MSVM 模型。

（4）步骤4：基于式（4.1.168）构建 MSVM 反演目标函数，执行 MPSO 智能寻优过程，以待反演物理力学参数组合作为粒子位置，$t=0$ 时，初始化所有粒子，并设置参数的寻优范围、学习因子的初始值等。

（5）步骤5：将第 $i$ 个粒子的 $\boldsymbol{p}_i$ 设置为该粒子的当前个体最优位置，$\boldsymbol{p}_g$ 设置为种群中最优粒子的位置。

（6）步骤6：利用式（4.1.171）～式（4.1.173）更新粒子 $i$ 的位置 $\boldsymbol{X}_i$，并检查位置 $\boldsymbol{X}_i$ 各维是否越界，若越上界，则取上界；若越下界，则取下界。

（7）步骤7：计算粒子 $i$ 的适应度 $Q(\boldsymbol{X}_i)$。

（8）步骤8：如果粒子 $i$ 的适应度 $Q(\boldsymbol{X}_i)$ 优于个体自身极值 $\boldsymbol{p}_i$ 的适应度 $Q(\boldsymbol{p}_i)$，就用粒子的当前位置 $\boldsymbol{X}_i$ 更新 $\boldsymbol{p}_i$，一次寻优过程后生成全局最优粒子位置 $\boldsymbol{p}_g$ 和相应的全局最优值 $Q(\boldsymbol{p}_g)$。

（9）步骤9：若运行迭代达到预设的最大迭代次数或满足算法精度要求，算法停止，输出全局最优粒子位置 $\boldsymbol{p}_g$ 和相应的全局最优值 $Q(\boldsymbol{p}_g)$，全局最优粒子位置 $\boldsymbol{p}_g$ 即为高拱坝弹性物理力学参数的反演值，否则返回步骤步骤5继续搜索，直到满足收敛条件。

高拱坝变形变化行为分数阶分析模型弹性物理力学参数反演实施流程如图4.1.31所示。

#### 4.1.2.5 工程实例

以某高拱坝为例，基于高拱坝变形变化行为分数阶数值分析方法和本小节提出参数反演方法，反演某高拱坝弹性和黏弹性物理力学参数，并通过对比数值分析结果与变形原位监测值，以验证参数反演结果的有效性。

本小节首先反演某高拱坝的弹性物理力学参数，为检验反演结果的正确性，以传统混合模型反演结果作为参照。

（1）坝基综合变形模量反演。基于IP13-1、IP16-1两倒垂点的径向变形监测资料反演坝基综合变形模量，混合模型建模时段选为2015年7月1日—2016年12月31日，库水位计算工况选为1800.00m（死水位）、1810.00m、1820.00m、1830.00m、1840.00m、1850.00m、1860.00m、1870.00m、1880.00m（正常蓄水位），坝基综合变形模量采用设计值（15GPa），仅在库水压力作用下IP13-1和IP16-1径向变形计算值与库水位的关系如图4.1.32所示，该关系可用4次多项式表征，多项式拟合系数见表4.1.8，最终利用混合模型分离得到IP13-1和IP16-1两点的径向变形水压分量如图4.1.33所示。

表 4.1.8 IP13-1 和 IP16-1 径向变形计算值与库水位关系 4 次多项式拟合系数

| 测点 | $a_1$ | $a_2$ | $a_3$ | $a_4$ |
| --- | --- | --- | --- | --- |
| IP13-1 | $-4.4793$ | $0.0076$ | $-2.6\times10^{-6}$ | $-8\times10^{-10}$ |
| IP16-1 | $-5.4155$ | $0.0091$ | $-5.4\times10^{-6}$ | $-9\times10^{-10}$ |

由图4.1.5可知，2016年6月10日—9月24日期间，坝前水位由1800.00m蓄水至1880.00m，IP13-1和IP16-1两点径向变形水压分量增量分别为2.4mm和2.5mm，反

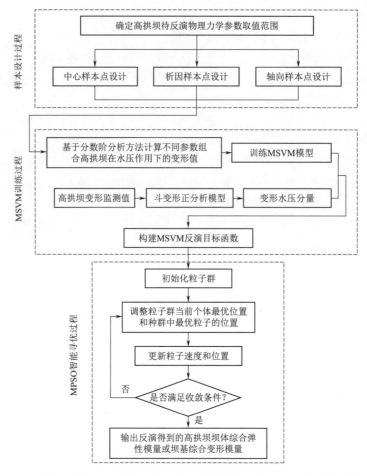

图 4.1.31 高拱坝变形变化行为分数阶分析模型弹性物理力学参数反演实施流程图

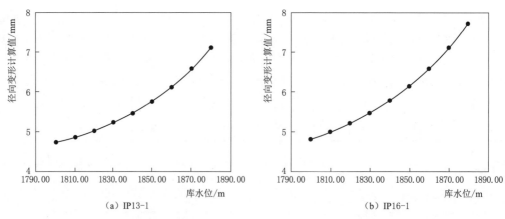

(a) IP13-1　　　　　　　　　　　　　　　(b) IP16-1

图 4.1.32 库水压力作用下 IP13-1 和 IP16-1 径向变形计算值与库水位的关系

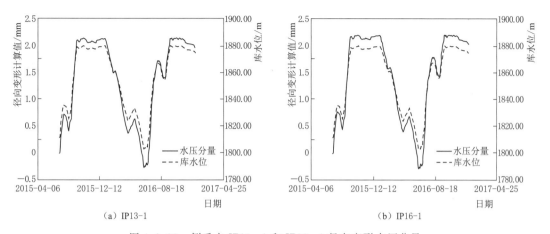

（a）IP13-1

（b）IP16-1

图 4.1.33 倒垂点 IP13-1 和 IP16-1 径向变形水压分量

演坝基综合变形模量时，设置坝基综合变形模量为 9GPa、10GPa、…、18GPa、19GPa，库水位由 1800.00m 变化至 1880.00m 的过程中，基于分数阶有限元可计算得到 IP13-1 和 IP16-1 的径向变形计算值增量见表 4.1.9，IP13-1 和 IP16-1 径向变形计算值增量与坝基综合变形模量的关系如图 4.1.34 所示。

表 4.1.9          IP13-1 和 IP16-1 径向变形计算值增量         单位：mm

| 坝基综合变形模量 | 径向变形计算值增量 | | 坝基综合变形模量 | 径向变形计算值增量 | |
|---|---|---|---|---|---|
| | IP13-1 | IP16-1 | | IP13-1 | IP16-1 |
| 9GPa | 4.4 | 5.2 | 15GPa | 2.5 | 2.8 |
| 10GPa | 4.0 | 4.6 | 16GPa | 2.3 | 2.6 |
| 11GPa | 3.6 | 4.1 | 17GPa | 2.1 | 2.4 |
| 12GPa | 3.3 | 3.7 | 18GPa | 2.0 | 2.2 |
| 13GPa | 3.0 | 3.4 | 19GPa | 1.8 | 2.1 |
| 14GPa | 2.8 | 3.1 | | | |

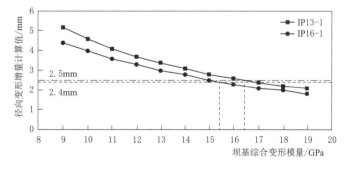

图 4.1.34 IP13-1 和 IP16-1 径向变形计算值增量与坝基综合变形模量的关系

得到有限元计算结果后，将坝基综合变形模量 $E_r$ 作为输入量，将 IP13-1 和 IP16-1 径向变形计算值增量作为输出量，训练 MSVM 模型，即可得到坝基综合变形模量与径向变形计算值增量间的非线性映射关系。初始化粒子群，将粒子群初始位置设置为参数设计值，粒子群最大迭代次数设置为 200 次，粒子群规模设置为 20 个，$\mu_{max}=0.95$，$\mu_{min}=0.5$，$c_{1s}=2$，$c_{1e}=0.5$，$c_{2s}=0.5$，$c_{2e}=2$，迭代收敛精度 $\varepsilon$ 设置为 $1\times10^{-4}$，MPSO 算法寻优过程如图 4.1.35 所示，经 70 次迭代后算法收敛，坝基综合变形模量反演结果见表 4.1.10。

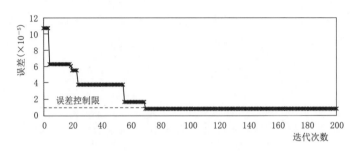

图 4.1.35　MPSO 算法寻优过程

表 4.1.10　　　　　　　　　　某高拱坝坝基综合变形模量反演结果

| 混合模型 | | MSVM 模型 |
| --- | --- | --- |
| 调整系数 | 反演值/GPa | 反演值/GPa |
| 1.08 | 16.2 | 15.9 |

（2）坝体综合弹性模量反演。得到坝基综合变形模量 $E_r$ 后，进一步反演某高拱坝坝体综合弹性模量，混合模型建模时段选为 2015 年 7 月 1 日—2016 年 12 月 31 日，坝体综合弹性模量取设计值，坝基综合变形模量取反演值，库水位计算工况选为 1800.00m、1810.00m、1820.00m、1830.00m、1840.00m、1850.00m、1860.00m、1870.00m、1880.00m，仅在库水压力作用下 PL13-1 和 PL16-1 径向变形计算值与库水位的关系如图 4.1.36 所示，该关系可用 4 次多项式表征，多项式拟合系数见表 4.1.11，最终利用混合模型分离得到 PL13-1 和 PL16-1 径向变形水压分量如图 4.1.37 所示。

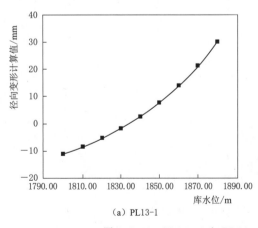

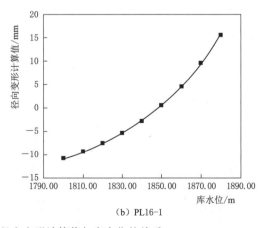

（a）PL13-1　　　　　　　　　　　　　　（b）PL16-1

图 4.1.36　PL13-1 和 PL16-1 径向变形计算值与库水位的关系

表 4.1.11　　PL13－1 和 PL16－1 径向变形计算值与库水位关系 4 次多项式拟合系数

| 测点 | $a_1$ | $a_2$ | $a_3$ | $a_4$ |
|------|-------|-------|-------|-------|
| PL13－1 | −62.929 | 0.1061 | $-9.5\times10^{-5}$ | $1\times10^{-8}$ |
| PL16－1 | −59.753 | 0.1001 | $-6.3\times10^{-5}$ | $1\times10^{-8}$ |

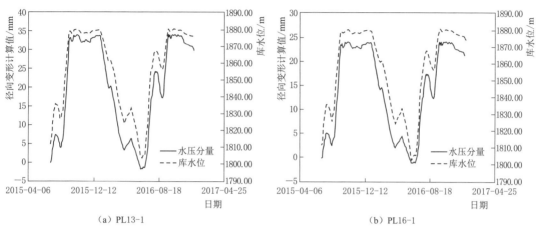

（a）PL13－1　　　　　　　　　　　（b）PL16－1

图 4.1.37　PL13－1 和 PL16－1 径向变形水压分量

由图 4.1.37 可知，2016 年 6 月 10 日—9 月 24 日期间，坝前水位由 1800.00m 蓄水至 1880.00m，PL13－1 和 PL16－1 两点径向变形水压分量增量分别为 37.27mm 和 23.81mm，反演坝体综合弹性模量时，坝基岩体综合变形模量采用反演值（15.9GPa），设置坝体 A 区混凝土综合弹性模量变化范围为 [29GPa，39GPa]，坝体 B 区混凝土综合弹性模量变化范围为 [29GPa，39GPa]，坝体 C 区混凝土综合弹性模量变化范围为 [25GPa，35GPa]，首先利用 CCD 法设计坝体 A 区、B 区和 C 区待反演参数样本，见表 4.1.12，其中编号 1 为中心样本点，编号 2～编号 9 为轴向样本点，编号 10～编号 15 为析因样本点，库水位由 1800.00m 变化至 1880.00m 过程中，基于分数阶有限元可计算得到 PL13－1 和 PL16－1 径向变形增量见表 4.1.13。

表 4.1.12　　　　　　某高拱坝坝体综合弹性模量中心复合设计参数样本　　　　　单位：GPa

| 试验编号 | $E_A$ | $E_B$ | $E_C$ | 试验编号 | $E_A$ | $E_B$ | $E_C$ |
|---------|-------|-------|-------|---------|-------|-------|-------|
| 1 | 35 | 35 | 30 | 9 | 39 | 39 | 25 |
| 2 | 41.6 | 35 | 30 | 10 | 39 | 29 | 35 |
| 3 | 28.4 | 35 | 30 | 11 | 29 | 39 | 35 |
| 4 | 35 | 41.6 | 30 | 12 | 39 | 29 | 25 |
| 5 | 35 | 28.4 | 30 | 13 | 29 | 39 | 25 |
| 6 | 35 | 35 | 36.6 | 14 | 29 | 29 | 35 |
| 7 | 35 | 35 | 23.4 | 15 | 29 | 29 | 25 |
| 8 | 39 | 39 | 35 | | | | |

表 4.1.13　　　　　　　　　**PL13-1 和 PL16-1 径向变形增量计算值**　　　　　　单位：mm

| 试验编号 | 径向变形增量计算值 | | 试验编号 | 径向变形增量计算值 | |
|---|---|---|---|---|---|
| | PL13-1 | PL16-1 | | PL13-1 | PL16-1 |
| 1 | 38.47 | 23.48 | 9 | 37.96 | 23.33 |
| 2 | 36.97 | 22.64 | 10 | 37.53 | 22.72 |
| 3 | 40.19 | 24.51 | 11 | 39.16 | 23.39 |
| 4 | 38.04 | 23.24 | 12 | 38.68 | 23.35 |
| 5 | 38.96 | 23.76 | 13 | 40.39 | 24.79 |
| 6 | 37.73 | 22.88 | 14 | 39.88 | 24.19 |
| 7 | 39.36 | 24.21 | 15 | 41.18 | 25.24 |
| 8 | 36.77 | 22.36 | | | |

获得有限元计算结果后，将参数组合（$E_A$，$E_B$，$E_C$）作为输入量，并将计算得到的 PL13-1、PL16-1 两点径向变形增量计算值作为输出量，训练 MSVM 模型，即可得到（$E_A$，$E_B$，$E_C$）与径向变形增量计算值间的非线性映射关系。初始化粒子群，将粒子群初始位置设置为参数设计值，粒子群最大迭代次数设置为 200 次，粒子群规模设置为 20 个，$\mu_{max}=0.95$，$\mu_{min}=0.5$，$c_{1s}=2$，$c_{1e}=0.5$，$c_{2s}=0.5$，$c_{2e}=2$，迭代收敛精度 $\varepsilon$ 设置为 $1\times10^{-4}$，经 133 次迭代后算法收敛，反演结果见表 4.1.14。

表 4.1.14　　　　　　　　　**某高拱坝坝体综合弹性模量反演结果**

| 拱坝部位 | 混合模型 | | MSVM 模型 |
|---|---|---|---|
| | 调整系数 | 反演值/GPa | 反演值/GPa |
| 坝体 A 区 | 1.04 | 31.8 | 33.6 |
| 坝体 B 区 | 1.03 | 31.2 | 32.8 |
| 坝体 C 区 | 1.05 | 27.2 | 28.3 |

为检验反演结果的有效性，利用弹性物理力学参数反演值计算 2016 年 4 月 1 日—12 月 31 日仅在库水压力作用下 PL13-1 径向变形值，如图 4.1.38 所示，可知 PL13-1

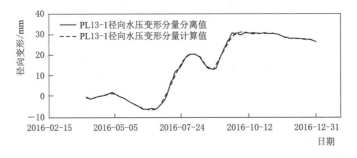

图 4.1.38　PL13-1 径向水压变形分量分离值与计算值对比

径向变形计算结果与从变形监测资料中分离出的径向变形水压分量拟合较好，因此，坝体综合弹性模量和坝基综合变形模量反演结果是有效的。

反演得到弹性物理力学参数后，基于变形原位监测资料，反演某高拱坝黏弹性物理力学参数。反演时段选为 2014 年 1 月 1 日（第 1 天）—2015 年 3 月 31 日（第 455 天），该时段倒垂点 IP16-1 和正垂点 PL16-5 的径向变形过程线如图 4.1.39 所示。坝基岩体待反演的黏弹性物理力学参数范围设置为：阶数 $\gamma_{r1} \in [0, 1]$，延迟模量 $E_{r1} \in [30\text{GPa}, 70\text{GPa}]$，黏滞系数 $\eta_{r1} \in [1 \times 10^3 \text{GPa} \cdot \text{d}, 4 \times 10^3 \text{GPa} \cdot \text{d}]$；坝体待反演的黏弹性物理力学参数取值范围设置为：阶数 $\gamma_{c1} \in [0, 1]$，延迟模量 $E_{c1} \in [40\text{GPa}, 90\text{GPa}]$，$\eta_{c1} \in [1 \times 10^3 \text{GPa} \cdot \text{d}, 4 \times 10^3 \text{GPa} \cdot \text{d}]$。

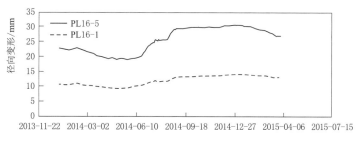

图 4.1.39　PL16-5 和 IP16-1 的径向变形过程线

首先利用 CCD 方法设计待反演物理力学参数样本，参数样本设计过程不再赘述，得到物理力学参数组合（$E_{c1}$，$\eta_{c1}$，$\gamma_{c1}$，$E_{r1}$，$\eta_{r1}$，$\gamma_{r1}$）后，基于高拱坝变形变化行为分数阶数值分析方法，即可计算得到长期荷载作用下倒垂点 IP16-1 和正垂点 PL16-5 的径向变形值，将不同参数组合（$E_{c1}$，$\eta_{c1}$，$\gamma_{c1}$，$E_{r1}$，$\eta_{r1}$，$\gamma_{r1}$）作为输入量，以 20 天为间隔选取 IP16-1 和 PL16-5 径向变形计算值作为输出量，训练 MSVM 模型，即可得到（$E_{c1}$，$\eta_{c1}$，$\gamma_{c1}$，$E_{r1}$，$\eta_{r1}$，$\gamma_{r1}$）与 IP16-1、PL16-5 径向变形计算值间的非线性映射关系，进而利用 MPSO 智能寻优算法，即可反演出某高拱坝坝体和坝基黏弹性物理力学参数，反演结果见表 4.1.15。

表 4.1.15　　　　　　某高拱坝坝体和坝基黏弹性物理力学参数反演结果

| 拱坝部位 | $E_1/\text{GPa}$ | $\eta_1/(\text{GPa} \cdot \text{d})$ | $\gamma_1$ |
|---|---|---|---|
| 坝体 | 72.2 | $2.35 \times 10^3$ | 0.92 |
| 坝基 | 53.5 | $2.83 \times 10^3$ | 0.87 |

为检验黏弹性物理力学参数反演结果的有效性，利用反演得到的弹性物理力学参数和黏弹性物理力学参数，计算 2014 年 1 月 1 日—2015 年 3 月 31 日 IP16-1 和 PL16-5 两点径向变形值，计算结果均以 2014 年 1 月 1 日为基准，两测点的径向变形监测值与计算值对比如图 4.1.40 所示，可知：变形计算结果与监测值拟合较好，因此黏弹性物理力学参数的反演结果是有效的。

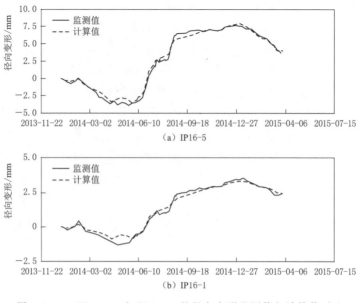

图 4.1.40　PL16-5 和 IP16-1 的径向变形监测值与计算值对比

## 4.2　高寒复杂地质条件高拱坝影响因素分析

通过充分分析混凝土性能劣化因素，选择高拱坝安全监控模型因子，构建了高寒复杂地质条件下高拱坝安全监控模型，对多因素激励作用下高拱坝的安全监控进行了分析。

### 4.2.1　单一因素作用下高拱坝安全监控模型因子选择

#### 4.2.1.1　冻融作用下高拱坝损伤时变模型

冻融作用下混凝土性能劣化因素主要包括内因与外因两个部分。内因主要包括混凝土自身组成（如含气量、水灰比、骨料）、抗拉强度、孔隙特征与含水状态等；外因主要包括冻结温度、冻融次数、冻融降温速率等冻融特性。位于寒冷地区的混凝土坝，其坝体混凝土在含水状态下因冻融循环作用而导致损伤不断累积，从坝体表面逐渐向内部发展，造成混凝土坝表面剥落、内部开裂等老化损伤现象，引起混凝土坝各项功能的衰退，严重威胁大坝的安全性。坝体混凝土冻融损伤的出现需要具备饱水程度和冻结温度两个条件，因此混凝土坝冻融损伤的发展程度与坝体渗流场和坝址气温密切相关。对于实际大坝，可根据坝体渗流场分布状况，识别出坝体可能出现冻融损伤的部位，并结合坝址气温，统计现场环境条件下的年累积冻融循环次数，进而评估大坝当前的冻融损伤状况，以便研究坝体局部材料性能演变导致大坝整体结构性能变化后所引起的变形时变效应。

针对实际工程，在建立反映坝体混凝土材料性能演变的冻融损伤时变模型时，其难点在于现场冻融环境与室内快速冻融试验环境的巨大差异性，进而导致大量标准室内冻融试验数据难以直接用于现场环境条件下的坝体混凝土。混凝土出现冻融损伤的根本原因在于力学作用，在一次冻融循环过程中，冻结相当于加载过程，溶解相当于卸载过程，在假定室内外混凝土材料性能和冻融损伤机制相同的前提下，由冻融损伤力学分析结果可知：冻结过程中的结晶压主要与混凝土孔隙特征以及冰晶—溶液之间的界面能有关，因此可认为室内外环境下混凝土冻融过程中产生的结晶压完全相同；冻结静水压方面，静水压与降温速率呈线性正比关系，而室内试验和现场环境中最具有差异性的因素就是降温速率，因此两种情况下最大静水压的关系可表示为

$$k = \frac{\sigma_{\max\_X}}{\sigma_{\max\_s}} = \frac{\dot{T}_H}{\dot{T}_S} \tag{4.2.1}$$

式中　$\dot{T}_H$、$\dot{T}_S$——现场环境和室内快速冻融过程中的降温速率；

$\sigma_{\max\_X}$、$\sigma_{max\_S}$——现场环境和室内冻结产生的最大静水压力。

从冻融引起的荷载效应上看，室内快速冻融试验相当于等幅值周期性疲劳温度荷载作用，荷载幅值为 $\sigma$；而现场环境下，每一次冻融过程中的降温速率具有一定的随机性，属于变幅值的疲劳温度荷载，荷载幅值分别记为 $\sigma_{X1}$、$\sigma_{X2}$、$\cdots$、$\sigma_{Xn}$。已有研究成果表明，混凝土的冻融疲劳性能曲线 $\sigma_{\max} - N_F$ 满足一般材料的疲劳性能曲线形式，即

$$\sigma_{\max}^{\xi} N_F = C \tag{4.2.2}$$

式中　$N_F$——幅值是 $\sigma_{\max}$ 的周期性循环荷载作用下混凝土的疲劳寿命；

$\xi$、$C$——混凝土材料参数，可根据同组混凝土的冻融试验确定，并且不随冻融环境而变化。

综上，可以考虑从荷载等效的角度，将室内快速冻融试验结果转换到现场环境下。已有研究认为混凝土的冻融损伤符合 Miner 线性损伤累计法则，即循环荷载作用下，混凝土损伤发展程度与其经历的荷载循环次数呈线性关系，幅值为 $\sigma$ 的荷载循环作用 $N$ 次后，损伤度为 $N/N_F$，其中 $N_F$ 为 $\sigma$ 单独作用时材料的疲劳寿命。现场环境下每级荷载的累计循环次数记为 $N_{X1}$、$N_{X2}$、$\cdots$、$N_{Xn}$，各级荷载单独作用时混凝土的疲劳寿命为 $N_{FX1}$、$N_{FX2}$、$\cdots$、$N_{FXn}$ 时，则可以找到一个室内快速冻融循环次数 $N_{eq}$，使其满足

$$\frac{N_{eq}}{N_{FS}} = \frac{N_{X1}}{N_{FX1}} + \frac{N_{X2}}{N_{FX2}} + \cdots + \frac{N_{Xn}}{N_{FXn}} \tag{4.2.3}$$

将式（4.2.1）和式（4.2.2）代入式（4.2.3），则有

$$N_{eq} = N_{FS} \sum_{i=1}^{n} \frac{N_{Xi}}{N_{FXi}} = \sum_{i=1}^{n} k_i^{\xi} N_{Xi} \tag{4.2.4}$$

式中　$N_{Xi}$——现场环境中降温速率为 $\dot{T}_{Xi}$ 时的累计冻融次数；

$N_{FS}$——室内快速冻融试验时混凝土的疲劳寿命；

$n$——按降温速率对现场总冻融循环时段所进行的分段数。

考虑到坝址气温具有年周期性，因此可假定现场坝体混凝土所承受的冻融作用为年内变幅值的年周期性荷载，仅需选择具有代表性的典型年，通过统计年内每次冻结过程中的降温速率，计算出现场坝体混凝土所承受的年平均等效室内冻融循环次数 $N_{eq,y}$，则服役 $t$ 年后的总等效冻融次数为 $N_{eq,total} = t N_{eq,t}$。缺少现场冻融数据时，可根据已有研究成果，将我国东北、西北、华北和华中地区的现场年冻融循环次数分别取为 120 次、118 次、84 次和 18 次，室内外冻融次数之间的转换比例关系为 1:10～1:15，可近似认为室内一

次快速冻融循环相当于自然条件下 12 次冻融循环。

室内快速冻融试验表明，冻融后混凝土的强度和刚度主要与其所经历的冻融循环次数有关，且基本呈线性关系，因此以冻融循环后坝体混凝土的等效弹性模量 $E_{ft}$ 表征冻融损伤 $d_{ft}$ 时，可以将现场条件下的冻融损伤 $d_{ft}$ 表示为累计等效冻融循环次数的函数，即

$$d_{ft} = 1 - \frac{E_{ft}}{E_0} = \frac{\Delta E_{ft}}{E_0} = aN_{eq,total} = aN_{eq,y}t \qquad (4.2.5)$$

式中　$E_0$——初始弹性模量；

$\quad\quad t$——服役时间，以年为单位；

$\quad\quad a$——根据室内快速冻融试验拟定的系数。

需要注意的是，混凝土冻融损伤的影响因素较多，因此需要根据实际坝体混凝土的配合比制作试块进行室内快速冻融试验，以保证材料性能的一致性；另外，考虑到坝体混凝土的热传导性，当气温降低导致混凝土内部孔隙水冻结时，坝体由表及里所经受的最低冻结温度不同，因此需要合理评判混凝土坝冻融范围内各部位的冻融发展程度。

### 4.2.1.2　混凝土坝渗透溶蚀损伤辨识模型和方法

坝体混凝土渗透溶蚀的实质是渗透水溶解并带走混凝土中的 $Ca^{2+}$，进而导致坝体混凝土孔隙率增加、强度和抗渗性降低，因此混凝土坝出现渗透溶蚀的根本原因在于坝体的渗透性。混凝土的材料组成决定了其自身是一种多孔介质，并且这些孔隙具有一定的连通性，在压力水作用下将产生渗流，特别是混凝土坝施工及运行过程中产生的温度裂缝、水力劈裂和浇筑薄弱层面等，将成为集中渗漏通道，加剧坝体的渗透溶蚀损伤程度。水工混凝土发生溶蚀最明显的标志就是在漏水处表面附有白色或其他颜色的溶蚀物，如丰满和水东大坝在廊道内壁等渗漏部位均有白色或黄色析出物。

坝体混凝土中的 $Ca^{2+}$ 含量直接关系到其自身的物理力学性能，随着溶蚀的发展，CH 可完全被溶蚀，C-S-H 也逐步分解析出，因此渗透溶蚀过程中大量 $Ca^{2+}$ 的流失必将影响坝体混凝土的物理力学性能。在溶蚀过程中，水化产物从与环境介质接触的表面开始逐步向内溶解，已有试验表明，CH 的溶解将导致溶蚀区与未溶蚀区存在较明显的分界面（通过酚酞指示剂法进行识别），称之为 CH 溶解锋，在进行溶蚀试验时，一般将溶蚀程度定义为试件表面至 CH 溶解锋的深度，且溶蚀深度与溶蚀时间的平方根之间存在线性关系，因此可用描述扩散现象的菲克定律（Fick Law）进行溶蚀深度 $d$ 的预估，即

$$d = a\sqrt{t} \qquad (4.2.6)$$

式中　$a$——系数，与水泥基材料种类和溶蚀环境有关，根据试验确定；

$\quad\quad t$——溶蚀时间。

### 4.2.1.3　寒冷地区混凝土坝结构性态监测效应量的影响因子

对于寒冷地区混凝土坝各监测效应量而言，其变化主要受水压、温度、时效、冻融及越冬层等影响，下面以变形监测效应量为例进行分析。对于变形监测效应量而言，按其成因主要分为水压分量 $f(H)$、温度分量 $f(T)$、时效分量 $f(\theta)$、冻融分量 $f(I)$ 与越冬层分量 $f(Y)$ 五个分量。

1. 水压分量 $f(H)$

在水荷载作用下，其变形主要由静水压力作用在坝体内产生的内力引起的坝体变形、

在地基面上产生的内力引起的变形以及地基转动引起的变形三个部分组成。基于材料力学与工程经验，混凝土坝变形水压分量 $f(H)$ 与上游水深呈高次函数关系，表示为

$$f(H) = \sum_{i=1}^{m_1} a_i H^i \qquad (4.2.7)$$

式中　$H$——上游水深；

　　$a_i$——水压因子系数；

　　$m_1$——水压因子的次数，对于重力坝而言，$m_1$ 取为 3，而拱坝取为 4。

**2. 温度分量 $f(T)$**

寒冷地区混凝土坝变形变化受变温作用影响较大，坝体上游面主要与水接触，下游面主要与空气接触。当坝体内部与边界有足够多的温度计时，以监测日瞬时温度场减去始测日初始温度场，则各点变温值为

$$\Delta T_i(x,y,z)\big|_{t_i - t_0} = T_i(x,y,z,t_i) - T_i(x,y,z,t_0) \qquad (4.2.8)$$

为分析方便，以 $T_i$ 表示 $\Delta T_i(x,y,z)\big|_{t_i - t_0}$。根据各个温度测点的变温值，将其作为影响温度分量的因子，则温度分量表示为

$$f(T) = \sum_{i=1}^{m} b_i T_i \qquad (4.2.9)$$

当坝内温度计较多时，通过等效温度计算，以等效温度的坝体平均变温 $\overline{T}$ 与变温梯度 $\beta$ 为因子建模，此时温度分量表示为

$$f(T) = \sum_{i=1}^{m_2} b_{1i} \overline{T}_i + \sum_{i=1}^{m_3} b_{2i} \beta_i \qquad (4.2.10)$$

当坝体埋设的温度计监测资料不足，且运行期的混凝土坝内部水化热基本散发，内部温度场基本稳定时，则可采用多种谐波的周期项作为因子，即

$$f(T) = \sum_{i=1}^{m_2} \left[ b_{1i} \sin \frac{2\pi i t}{365} + b_{2i} \cos \frac{2\pi i t}{365} \right] \qquad (4.2.11)$$

式中　$t$——效应量监测日至建模始测日的累积天数；

　　$m_2$——周期项个数；

　　$b_{1i}$、$b_{2i}$——回归系数。

**3. 时效分量 $f(\theta)$**

混凝土坝结构性态变化时效分量综合反映了混凝土徐变、基岩蠕变等存在的不可逆变化。时效分量在混凝土坝蓄水初期变化急剧，运行后期渐趋稳定，正常运行的混凝土坝，选取对数与线性函数的线性组合表示时效分量，即

$$f(\theta) = c_1 \theta + c_2 \ln \theta \qquad (4.2.12)$$

式中　$\theta$——效应量监测日至始测日的累积天数 $t$ 除以 100；

　　$c_1$、$c_2$——时效分量回归系数。

**4. 冻融分量 $f(I)$**

寒冷地区混凝土坝由于坝址区特殊的气候条件，大多存在冻融情况，水工混凝土饱水度较高，结构中孔隙水出现零下降温时结冰膨胀与零下升温时冰晶体升温膨胀等情况。冻融作用会造成坝体混凝土性能的劣化，从而引起表征大坝结构性态的监测效应量也发生

变化。

研究表明，寒冷地区大坝混凝土受冻融影响造成的监测效应量变化，存在周期性与滞后性的特征，为反映上述变化特性，采用下式来表示周期性和滞后性的冻融作用，相应的冻融分量 $f(I)$ 表达式为

$$f(I) = \sum_{i=2,4,\cdots} \left[ d_{i1} \sin \frac{2\pi i(t'-t_0')}{365} + d_{i2} \cos \frac{2\pi i(t'-t_0')}{365} \right] + d_3 I_{i-j_1} + d_4 I_{i-j_2} + d_5 I_{i-j_3}$$

$$(4.2.13)$$

式中　　　　　　　　$f_1$——监测效应量冻融分量；

　　　　　　　　　　$t'$——效应量监测日至建模始测日的累积天数；

　　　　　　　　　　$t_0'$——效应量监测日到同年开始有负温日的天数；

$d_{i1}$、$d_{i2}$、$d_3$、$d_4$、$d_5$——系数；

　$I_{i-j_1}$、$I_{i-j_2}$、$I_{i-j_3}$——气温滞后项；

　　　　$j_1$、$j_2$、$j_3$——$i$ 时段与滞后时段前按平均气温计算时的天数。

寒冷地区混凝土坝坝址区的环境气温呈现年周期变化规律，当坝体内部混凝土温度 $T$ 低于 0℃时，需考虑添加冻融影响，坝体混凝土高于 0℃时，不考虑冻融影响，因此添加 Heaviside 阶跃函数，即

$$H(T) = \begin{cases} 0, T>0 \\ 1, T<0 \end{cases}$$

$$(4.2.14)$$

对于混凝土温度 $T$，采用体内部温度计实测值或根据气温、水温等温度边界资料，计算坝体的温度场分布，按照效应量监测点位置判断混凝土坝的负温区域与负温时段，对于有负温时段的区域，添加冻融因子。

将式（4.2.14）代入式（4.2.13），得到寒冷地区混凝土坝结构性态效应量冻融分量表达式，为

$$f(I) = H(T) \left[ \sum_{i=2,4,\cdots} \left[ d_{i1} \sin \frac{2\pi i(t'-t_0')}{365} + d_{i2} \cos \frac{2\pi i(t'-t_0')}{365} \right] + d_3 I_{i-j_1} + d_4 I_{i-j_2} + d_5 I_{i-j_3} \right]$$

$$(4.2.15)$$

5. 越冬层分量 $f(Y)$

埋设于越冬层附近的应变计及测缝计测值能够反映该处坝体结构的变化状态，为此可基于越冬层附近的应变计与测缝计资料来表征越冬层的影响，相应的越冬层分量 $f(Y)$ 表达式为

$$f(Y) = \sum_{i=1}^{m_5} e_{1i} \varepsilon_i + \sum_{j=1}^{m_6} e_{2j} J_j$$

$$(4.2.16)$$

式中　$e_{1j}$、$e_{2j}$——系数；

　　　$\varepsilon_i$、$J_j$——越冬层附近第 $i$ 支应变计测值和第 $j$ 支测缝计测值。

## 4.2.2　高寒地区特殊温度荷载作用下高拱坝安全监控模型构建方法

混凝土坝结构性态安全监测系统中，在大坝不同位置埋设了大量监测仪器，能够综合反映混凝土坝结构性态变化特征。下面基于监测效应量资料，探究高寒地区混凝土坝结构

性态监测效应量表征模型的构建方法。针对高寒地区混凝土坝结构性态变化特点，以及各测点监测效应量间的关联性，本节引入空间坐标变量，建立混凝土坝多测点监测效应量表征模型，以了解某时刻荷载组合作用下效应量的整体空间分布规律。

空间坐标系中，混凝土坝结构性态监测效应量表示为

$$f(x,y,z) = f_1(H,x,y,z) + f_2(T,x,y,z) + f_3(\theta,x,y,z) + f_4(I,x,y,z) + f_5(Y,x,y,z)$$
$$= f_1[f(H),g(x,y,z)] + f_2[f(T),g(x,y,z)] + f_3[f(\theta),g(x,y,z)]$$
$$+ f_4[f(I),g(x,y,z)] + f_5[f(Y),g(x,y,z)] \tag{4.2.17}$$

式中                 $f(x,y,z)$——混凝土坝结构性态效应量；

                       $f_1(H,x,y,z)$——多测点效应量水压分量；

                       $f_2(T,x,y,z)$——多测点效应量温度分量；

                       $f_3(\theta,x,y,z)$——多测点效应量时效分量；

                       $f_4(I,x,y,z)$——多测点效应量冻融分量；

                       $f_5(Y,x,y,z)$——多测点效应量越冬层分量；

$f(H)$、$f(T)$、$f(\theta)$、$f(I)$、$f(Y)$——构建的水压分量、温度分量、时效分量、冻融分量与越冬层分量；

                       $g(x,y,z)$——表征混凝土坝结构性态的空间分布特征函数。

**1. 多测点效应量水压分量 $f_1(H,x,y,z)$**

混凝土坝结构性态多测点效应量水压分量用节水压分量与空间分布特征函数综合表示，即

$$f_1(H,x,y,z) = f_1[f(H),g(x,y,z)] \tag{4.2.18}$$

式中    $f(H)$——监测效应量水压分量；

       $g(x,y,z)$——空间分布特征函数在定义域内连续，采用多元幂级数展开，取三项式得

$$g(x,y,z) = \sum_{l,m,n=0}^{3} a_{lmn} x^l y^m z^n \tag{4.2.19}$$

则式（4.2.18）转换为

$$f_1(H,x,y,z) = f_1\left[\sum_{i=0}^{3(4)} a_i H^i, \sum_{l,m,n=0}^{3} a_{lmn} x^l y^m z^n\right] \tag{4.2.20}$$

同样的，采用多元幂级数展开，归并同类项，混凝土坝多测点效应量水压分量表达式为

$$f_1(H,x,y,z) = \sum_{k=0}^{3(4)} \sum_{l,m,n=0}^{3} A_{klmn} H^k x^l y^m z^n \tag{4.2.21}$$

式中    $A_{klmn}$——多测点效应量水压分量的各项系数。

**2. 多测点效应量温度分量 $f_2(T,x,y,z)$**

类似地，在变温作用下，混凝土坝结构性态多测点效应量温度分量 $f_2(T,x,y,z)$ 用监测效应量温度分量与空间分布特征函数综合表示，其表达式为

$$f_2(T,x,y,z) = f_2[f(T),g(x,y,z)] \tag{4.2.22}$$

式中    $f(T)$ 为监测效应量温度分量。

用等效温度表示的多测点效应量温度分量 $f_2(T,x,y,z)$ 的表达式为

$$f_2(T,x,y,z)=\sum_{j,k=1}^{m_2}\sum_{l,m,n=0}^{3}B_{jklmn}\overline{T}^j\beta^k x^l y^m z^n$$
$$+H(\dot{T}_m-\dot{T}_a)\cdot\sum_{j=0}^{1}\sum_{l,m,n=0}^{3}B_{jlmn}\Delta T^j\dot{T}_a^{1-j}x^l y^m z^n \qquad (4.2.23)$$

式中　$B_{jklmn}$、$B_{jlmn}$——多测点效应量温度分量的各项系数。

3. 多测点效应量时效分量 $f_3(\theta,x,y,z)$

多测点效应量时效分量表示为

$$f_3(\theta,x,y,z)=f_3[f(\theta),g(x,y,z)] \qquad (4.2.24)$$

式（4.2.24）的具体时效分量表达式为

$$f_3(\theta,x,y,z)=\sum_{j,k=0}^{1}\sum_{l,m,n=0}^{3}C_{jklmn}\theta_j\ln\theta_k x^l y^m z^n \qquad (4.2.25)$$

式中　$C_{jklmn}$——多测点效应量时效分量的各项系数。

4. 多测点效应量冻融分量 $f_4(I,x,y,z)$

多测点效应量冻融分量表达式为

$$f_4(I,x,y,z)=f_4[f(I),g(x,y,z)] \qquad (4.2.26)$$

式中　$f(I)$——监测效应量冻融分量。

对应式（4.2.26）的多测点效应量冻融分量具体表达式为
$$f_4(I,x,y,z)=H(T)$$
$$\left\{\sum_{j,k=0}^{2}\sum_{l,m,n=0}^{3}\left[D_{jklmn}\sin\frac{2\pi j(t'-t'_0)}{365}\cos\frac{2\pi j(t'-t'_0)}{365}x^l y^m z^n\right]+\sum_{j=1}^{4}\sum_{l,m,n=0}^{3}(D_{jlmn}I_{i-j}x^l y^m z^n)\right\}$$
$$(4.2.27)$$

式中　$D_{jklmn}$、$D_{jlmn}$——多测点效应量冻融分量的各项系数。

5. 多测点效应量越冬层分量 $f_5(Y,x,y,z)$

多测点效应量越冬层分量的表达式为

$$f_5(Y,x,y,z)=f_5[f(Y),g(x,y,z)] \qquad (4.2.28)$$

与式（4.2.28）对应的多测点效应量越冬层分量的具体表达式为

$$f_5(Y,x,y,z)=\sum_{i=0}^{m_5}\sum_{l,m,n=0}^{3}E_{1ilmn}\varepsilon_i x^l y^m z^n+\sum_{j=1}^{m_6}E_{2jlmn}J_j x^l y^m z^n \qquad (4.2.29)$$

式中　$E_{jklmn}$、$E_{jlmn}$——多测点效应量越冬层分量的各项系数。

### 4.2.3　高寒地区多因素激励作用下高拱坝安全监控模型构建关键技术

基于上述对多测点效应量各分量的研究，可进一步构建高拱坝安全监控模型。

当混凝土坝存在连续的坝体内部温度计监测资料时，采用等效温度方法，构建的混凝土坝结构性态多测点监测效应量表征模型表达式为

$$f(x,y,z)=\sum_{k=0}^{3(4)}\sum_{l,m,n=0}^{3}A_{klmn}H^k x^l y^m z^n+\sum_{j,k=1}^{m_2}\sum_{l,m,n=0}^{3}B_{jklmn}\overline{T}^j\beta^k x^l y^m z^n$$
$$+H(\dot{T}_m-\dot{T}_a)\cdot\sum_{j=0}^{1}\sum_{l,m,n=0}^{3}B_{jlmn}\Delta T^j\dot{T}_a^{1-j}x^l y^m z^n+\sum_{j,k=0}^{1}\sum_{l,m,n=0}^{3}C_{jklmn}\theta_j\ln\theta_k x^l y^m z^n$$

$$
+ H(T) \left\{ \sum_{j,k=0}^{2} \sum_{l,m,n=0}^{3} \left[ D_{jklmn} \sin \frac{2\pi j(t'-t_0')}{365} \cos \frac{2\pi j(t'-t_0')}{365} x^l y^m z^n \right] \right.
$$

$$
+ \sum_{j=1}^{4} \sum_{l,m,n=0}^{3} \left( D_{jlmn} I_{i-j_1} x^l y^m z^n \right) \Bigg\}
$$

$$
+ \sum_{i=0}^{m_5} \sum_{l,m,n=0}^{3} E_{1ilmn} \varepsilon_i x^l y^m z^n + \sum_{j=1}^{m_6} E_{2jlmn} J_j x^l y^m z^n \tag{4.2.30}
$$

当反映测点部位大坝的局部性态变化时，针对寒冷地区混凝土坝监测效应量某一单测点，对上式进行退化，得到监测效应量单测点表征模型为

$$
f = f(H) + f(T) + f(\theta) + f(I) + f(Y)
$$

$$
= a_0 + \sum_{i=1}^{m_1} a_i H^i + \sum_{i=1}^{m_2} \left[ b_{1i} \sin \frac{2\pi it}{365} + b_{2i} \cos \frac{2\pi it}{365} \right]
$$

$$
+ H(\dot{T}_m - \dot{T}_a)[b_3 \Delta T_a + b_3 \dot{T}_a] + c_1 \theta + c_2 \ln\theta
$$

$$
+ H(T) \left\{ \sum_{i=2,4,\cdots} \left[ d_{i1} \sin \frac{2\pi i(t'-t_0')}{365} + d_{i2} \cos \frac{2\pi i(t'-t_0')}{365} \right] + d_3 I_{i-j_1} + d_4 I_{i-j_2} + d_5 I_{i-j_3} \right\}
$$

$$
+ \sum_{i=1}^{m_5} e_{1i} \varepsilon_i + \sum_{j=1}^{m_6} e_{2j} J_j \tag{4.2.31}
$$

## 4.3　高寒复杂地质条件高拱坝单测点安全监控模型

变形是混凝土坝结构性态变化的直接反映，是评估混凝土坝服役状态正常与否的重要指标。在现有研究中，以神经网络和 SVM 为代表的机器学习技术也逐步应用于混凝土坝变形表征分析中，这类模型基于变形实测资料，模拟混凝土坝变形与各影响因素间的映射关系，从而实现混凝土坝变形表征。但是，传统基于实测资料的混凝土坝变形表征模型，其计算精度对监测数据噪声和模型参数取值较为敏感，同时由于模型的"黑盒"特性，此类表征模型根据输入可以给出混凝土坝测点变形的确定性表征结果，但难以量化混凝土坝变形行为的随机分布区间变化特征，并对表征结果进行解释。

针对上述问题，本节充分考虑变形监测数据噪声和模型参数取值对混凝土坝变形表征结果的影响，经对混凝土坝变形各分量表达方式和稀疏贝叶斯学习（sparse Bayesian learning，SBL）算法的研究，基于混凝土坝原型监测资料，建立贝叶斯概率框架下混凝土坝变形行为表征模型；针对混凝土坝变形行为存在的非线性变化特征，探究基于混合核函数稀疏贝叶斯模型的混凝土坝变形行为表征方法，并综合运用 PJaya 优化算法和交叉验证策略，提出模型超参数的自适应优化方法；运用全局敏感度和局部敏感度分析方法，从不确定性分析角度，解译各影响因素对混凝土坝变形行为的相对影响程度，提出混凝土坝变形行为影响因子重要性考察方法。

### 4.3.1　高拱坝变形行为影响因素表征

为了构建基于实测资料的混凝土坝变形行为表征模型，须挖掘影响混凝土坝变形的主

要影响因素，确定变形各分量表达式。下面结合坝工理论和混凝土坝实测资料，研究混凝土坝变形各影响分量表达方式。

混凝土坝变形变化可采用包含水压分量、温度分量和时效分量的多项式进行表征。若选用周期函数表征大坝的温度分量，并考虑初始值的影响加上常数项 $a_0$，则混凝土坝单测点变形变化表征模型共包含 $n_1+n_2+2$ 项影响因子，即

$$
\begin{aligned}
\delta &= \delta_H + \delta_T + \delta_\theta \\
&= a_0 + \sum_{i=1}^{n_1} a_i (H^i - H_0^i) \\
&\quad + \sum_{j=1}^{n_2} \left[ b_{ij}(\sin\omega jt - \sin\omega jt_0) + b_{2j}(\cos\omega jt - \cos\omega jt_0) \right] \\
&\quad + c_1(\theta - \theta_0) + c_2(\ln\theta - \ln\theta_0)
\end{aligned}
\tag{4.3.1}
$$

若采用坝体实测温度表征温度分量，并考虑初始值的影响加上常数项 $a_0$，则混凝土坝单测点变形变化表征模型共包含 $n_1+n_3+2$ 项影响因子，即

$$
\begin{aligned}
\delta &= \delta_H + \delta_T + \delta_\theta \\
&= a_0 + \sum_{i=1}^{n_1} a_i (H^i - H_0^i) + \sum_{j=1}^{n_3} b_{3j} T_j \\
&\quad + c_1(\theta - \theta_0) + c_2(\ln\theta - \ln\theta_0)
\end{aligned}
\tag{4.3.2}
$$

若采用等效温度场因子表征温度分量，并考虑初始值的影响加上常数项 $a_0$，则混凝土坝单测点变形变化表征模型共包含 $n_1+n_4+2$ 项影响因子，即

$$
\begin{aligned}
\delta &= \delta_H + \delta_T + \delta_\theta \\
&= a_0 + \sum_{i=1}^{n_1} a_i (H^i - H_0^i) + \sum_{j=1}^{n_4} b_{4j} \overline{T}_j + \sum_{j=1}^{n_4} b_{4j}\beta_j \\
&\quad + c_1(\theta - \theta_0) + c_2(\ln\theta - \ln\theta_0)
\end{aligned}
\tag{4.3.3}
$$

若采用实测气温的前期均值表征温度分量，并考虑初始值的影响加上常数项 $a_0$，则混凝土坝单测点变形变化表征模型共包含 $n_1+n_5+2$ 项影响因子，即

$$
\begin{aligned}
\delta &= \delta_H + \delta_T + \delta_\theta \\
&= a_0 + \sum_{i=1}^{n_1} a_i (H^i - H_0^i) + \sum_{j=1}^{n_5} b_{5j} T_{p-q,j} \\
&\quad + c_1(\theta - \theta_0) + c_2(\ln\theta - \ln\theta_0)
\end{aligned}
\tag{4.3.4}
$$

式（4.3.1）～式（4.3.4）中，模型各拟合系数和常数项均可通过最小二乘法求出。

### 4.3.2　混凝土坝变形行为稀疏贝叶斯表征模型

通过 4.3.1 研究可知，高寒地区混凝土坝变形行为是受水压、温度和时效等多种因素影响的动态随机过程。由于混凝土坝与坝基材料固有特性以及外荷载共同影响，混凝土坝变形呈现出显著的非线性特征。同时，受到监测仪器性能、测量采集系统稳定性、人为与环境干扰等因素影响，混凝土坝变形监测数据不可避免地存在随机误差。在构建混凝土坝变形行为表征模型时，采用传统表征模型通常只能建立多种影响因素与变形行为的确定性表征形式，难以反映混凝土坝变形行为的随机分布区间变化特征。针对上述问题，从概率

建模和不确定性量化角度，综合运用
混合核函数稀疏贝叶斯学习、群智能
优化算法和敏感度分析方法，研究混
凝土坝变形行为稀疏贝叶斯表征模型
主要原理和实现方法。

### 4.3.2.1　稀疏贝叶斯概率模型

基于实测资料的混凝土坝变形行
为概率表征模型，其主要构建思路是
利用混凝土坝原型监测资料和贝叶斯

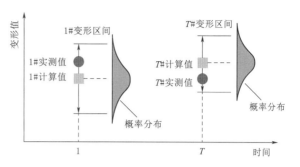

图 4.3.1　混凝土坝变形行为概率表征示意图

分析方法，建立多种影响因素与混凝土坝测点变形之间的复杂映射关系，并根据概率输出
结果，确定一定置信水平下的混凝土坝变形区间，由此实现混凝土坝变形行为概率表征，
其示意图如图 4.3.1 所示。

稀疏贝叶斯学习是一种基于贝叶斯推理的非参数机器学习方法，具有高度的稀疏性和
良好的泛化学习能力，该算法不仅可用于构建输入变量与混凝土坝测点变形效应量间的非
线性映射关系，还考虑了建模分析中监测数据随机误差和模型参数随机性影响，通过概率
输出形式得出变形表征结果后验分布。下面研究混凝土坝变形行为稀疏贝叶斯表征模型基
本原理。

给定一组混凝土坝变形监测数据输入集 $\langle (X_i, y_i) \mid i = 1, 2, \cdots, N \rangle$，其中，$\boldsymbol{X} = (X_1, X_2, \cdots, X_i)$ 为包含水压、温度和时效分量的影响因素变量，$\boldsymbol{y} = [y_1\, y_2 \cdots y_i]^{\mathrm{T}}$ 为混凝土坝
单测点变形，$N$ 为样本数量。假定影响因素变量（输入量）与混凝土坝单测点变形（输
出量）之间的非线性关系可定义为一个带有附加高斯噪声的模型表征，即

$$\boldsymbol{y} = f(\boldsymbol{X}) + \varepsilon \tag{4.3.5}$$

其中
$$\varepsilon \sim N(0, \sigma^2)$$

稀疏贝叶斯学习的输出结果则通过各项核函数的线性加权之和来表征，即

$$\hat{\boldsymbol{y}} = \sum_{i=1}^{N} w_i K(X_i, \boldsymbol{X}) + w_0 \tag{4.3.6}$$

式中　$w_i$——权值；

$K(\boldsymbol{X}_i, \boldsymbol{X})$——核函数。

混凝土坝变形输出值的后验概率为

$$p(\boldsymbol{y}_i \mid \boldsymbol{X}) = N[\boldsymbol{y}_i \mid f(X_i), \sigma^2] \tag{4.3.7}$$

式中　$\boldsymbol{y}_i$——服从正态分布，均值为 $y_i \mid f(X_i) \mid$；

　　　$\sigma^2$——方差。

假定 $\boldsymbol{y}_i$ 满足独立同分布，则混凝土坝变形效应量的概率输出可表征为

$$p(\boldsymbol{y}_i \mid w, \sigma^2) = (2\pi\sigma^2)^{-N/2} \exp\left\{ -\frac{1}{2\sigma^2} \parallel \boldsymbol{y} - \boldsymbol{\Phi}w \parallel \right\} \tag{4.3.8}$$

其中
$$\boldsymbol{y} = [y_1 \cdots y_N]^{\mathrm{T}}$$
$$w = [w_1 \cdots w_N]^{\mathrm{T}}$$
$$\boldsymbol{\Phi} = [\phi(X_1) \cdots \phi(X_N)]^{\mathrm{T}}$$

$$\phi(X_N) = \begin{bmatrix} 1 & K(X_i, X_1) \cdots K(X_i, X_N) \end{bmatrix}^T$$

式中　$y$——目标向量；

　　　$w$——权值向量。

在式（4.3.8）中，对 $w$ 和 $\sigma^2$ 进行极大似然估计时可能会产生过拟合现象。为避免这种情况，可对误差函数添加惩罚项以实施约束。在贝叶斯框架中，引入一组包含 $N+1$ 个参数的向量 $\boldsymbol{X} = (X_1, X_2, \cdots, X_i)$、$\boldsymbol{\alpha} = (\alpha_0, \alpha_1, \cdots, \alpha_N)$，使 $w$ 服从期望为 0 的正态先验分布，即

$$p(w \mid \boldsymbol{\alpha}) = \prod_{i=0}^{N} N(w \mid 0, \alpha_i^{-1}) \tag{4.3.9}$$

式中　$\alpha_i$ 与一组权值向量 $w$ 一一对应。

对于训练集外的影响因素变量样本 $x_*$，对应变形效应量 $y_*$ 的后验概率输出为

$$p(y_* \mid y) = \int p(y_* \mid w, \boldsymbol{\alpha}, \sigma^2) p(w, \boldsymbol{\alpha}, \sigma^2 \mid y) \mathrm{d}w \mathrm{d}\alpha \mathrm{d}\sigma^2 \tag{4.3.10}$$

值得注意的是，模型中共有三组未知参数 $(w, \boldsymbol{\alpha}, \sigma^2)$，同时未知参数的后验分布 $p(w, \boldsymbol{\alpha}, \sigma^2 \mid y)$ 无法直接计算。此处，根据贝叶斯推理可以把 $p(w, \boldsymbol{\alpha}, \sigma^2 \mid y)$ 分解为

$$p(w, \boldsymbol{\alpha}, \sigma^2 \mid y) = p(w \mid y, \boldsymbol{\alpha}, \sigma^2) p(\boldsymbol{\alpha}, \sigma^2 \mid y) \tag{4.3.11}$$

同样，利用贝叶斯推断，可以得到 $w$ 的后验分布为

$$p(w \mid y, \boldsymbol{\alpha}, \sigma^2) = \frac{p(y \mid w, \sigma^2) p(w \mid \boldsymbol{\alpha})}{p(y \mid \boldsymbol{\alpha}, \sigma^2)}$$

$$= (2\pi)^{-(1+N)/2} |\Sigma|^{-1/2} \exp\left[-\frac{1}{2}(w - \boldsymbol{\mu})^T \Sigma^{-1} (w - \boldsymbol{\mu})\right] \tag{4.3.12}$$

此时，$w$ 的后验分布的方差和均值可表征为

$$\Sigma = (\sigma^{-2} \boldsymbol{\Phi}^T \boldsymbol{\Phi} + A), \boldsymbol{\mu} = \sigma^{-2} \Sigma \boldsymbol{\Phi}^T y \tag{4.3.13}$$

其中　　　　　　　　　　$A = diag(\alpha_0, \alpha_1, \cdots, \alpha_N)$

式中　$N$——核函数的数量。

可把上述学习问题转为求解超参数后验分布 $p(\boldsymbol{\alpha}, \sigma^2 \mid y)$ 的极大值的问题。在一致超先验分布的情况下，求解超参数后验分布 $p(\boldsymbol{\alpha}, \sigma^2 \mid y)$ 的极大值问题可以等效为

$$p(y \mid \boldsymbol{\alpha}, \sigma^{2a}) = \int p(y \mid w, \sigma^2) p(w \mid \boldsymbol{\alpha}) \mathrm{d}w$$

$$= (2\pi)^{-N/2} |\sigma^2 I + \boldsymbol{\Phi} A^{-1} \boldsymbol{\Phi}^T|^{-1/2} \exp\left[-\frac{1}{2} y^T (\sigma^2 I + \boldsymbol{\Phi} A^{-1} \boldsymbol{\Phi}^T)^{-1} y\right] \tag{4.3.14}$$

采用期望最大化算法迭代求解式（4.3.10）中的参数 $\sigma^2$ 和 $\boldsymbol{\alpha}$，即

$$(\alpha_i)^{\text{New}} = \frac{\gamma_i}{\mu_i^2}, (\sigma_i^2)^{\text{New}} = \frac{\|y - \boldsymbol{\Phi}\boldsymbol{\mu}\|^2}{N - \sum \gamma_i} \tag{4.3.15}$$

其中　　　　　　　　　　$\gamma_i = 1 - \sigma_i^2 \sum_{ii}$

式中　$\mu_i$——第 $i$ 个样本值后验的平均权重；

　　　$\sum_{ii}$——根据当前 $\sigma^2$ 和计算出的后验权重协方差矩阵的第 $i$ 个对角元素。

对于输入样本 $(X_i, y_i)$，通过不断调用式（4.3.15）和式（4.3.13），可以不断更新得到模型参数的后验分布。随着迭代的进行，绝大多数 $\alpha_i$ 趋近于无穷大，与之对应的

权值 $w$ 的后验分布均值将趋近于零。因此，在式（4.3.6）中大部分核函数项将不产生贡献，从而实现模型的"稀疏性"。当迭代完成时，式（4.3.15）中参数 $(\alpha_i)^{New}$ 和 $(\sigma_i^2)^{New}$ 的最终计算结果表示为 $\alpha_{MP}$ 和 $\sigma_{MP}^2$。

对于训练完成的稀疏贝叶斯模型，若给定一组新输入的变形影响因素变量 $\boldsymbol{x}_*$，则根据式（4.3.10），当前时刻下对应的混凝土坝单测点变形计算结果的后验概率为

$$p(y_* \mid y, \alpha_{MP}, \sigma_{MP}^2) = \int p(y_* \mid \boldsymbol{w}, \sigma_{MP}^2) p(\boldsymbol{w}^2 \mid y, \alpha_{MP}, \sigma_{MP}^2) \mathrm{d}\boldsymbol{w} \tag{4.3.16}$$

$$y_* = \boldsymbol{\mu}^{\mathrm{T}} \phi(\boldsymbol{X}_*) \tag{4.3.17}$$

$$\sigma_*^2 = \sigma_{MP}^2 + \phi(\boldsymbol{X}_*)^{\mathrm{T}} \sum \phi(\boldsymbol{X}_*) \tag{4.3.18}$$

式中　$y_*$——混凝土坝变形的后验分布均值（点计算值）；

　　　$\sigma_*^2$——混凝土坝变形的后验分布的方差。

混凝土坝单测点变形行为分析结果可通过 $y_*$ 和 $\sigma_*^2$ 进行表征。稀疏贝叶斯模型计算得到的各时刻变形随机样本通常满足正态分布，当确定显著性水平 $\alpha$ 后，即可得到第 $t$ 个时刻处 $100 \times (1-\alpha)\%$ 置信度的变形区间，即

$$[\delta_\alpha^{(t)-} \quad \delta_\alpha^{(t)+}] = [y_* - z_{1-\alpha/2}\sigma_* \quad y_* + z_{1-\alpha/2}\sigma_*] \tag{4.3.19}$$

式中　$\delta_\alpha^{(t)-}$、$\delta_\alpha^{(t)+}$——$100 \times (1-\alpha)\%$ 置信度对应的变形区间下界和上界；

　　　$z_{1-\alpha/2}$——$(1-\alpha/2)$ 百分位数。

当置信度取为 95% 时（显著性水平 $\alpha = 0.05$），$z_{1-\alpha/2}$ 约为 1.96，此时对应的第 $t$ 个时刻下混凝土坝单测点变形表征结果为

$$[\delta_{0.05}^{(t)-} \quad \delta_{0.05}^{(t)+}] = [y_* - 1.96\sigma_* \quad y_* + 1.96\sigma_*] \tag{4.3.20}$$

#### 4.3.2.2　混合核函数稀疏贝叶斯模型及超参数优化

**1. 混合核函数稀疏贝叶斯模型**

从式（4.3.6）可知，核函数对稀疏贝叶斯学习算法的性能起到重要作用。如图 4.3.2 所示，核函数的主要原理是把低维空间的非线性问题映射至高维空间，避免了在低维空间进行内积运算，从而大大降低了模型的计算量和复杂度。研究表明，稀疏贝叶斯学习可使用更少的核函数构造更为稳健的分析模型，同时核函数无需满足 Mercer 条件，拓展了核函数选择与构造的灵活性与适用性。

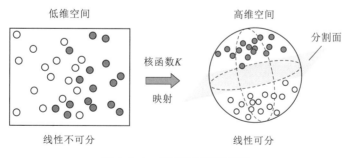

图 4.3.2　核函数原理示意图

受复杂多变的环境和荷载的共同影响，混凝土坝变形通常呈现出显著的非线性特征。为进一步增强稀疏贝叶斯学习的非线性映射能力，本节对稀疏贝叶斯学习中的单一核函数

进行加权线性组合，构建基于混合核函数稀疏贝叶斯学习的参数优化方法。其中：高斯核函数 $K_G$、拉普拉斯核函数 $K_L$ 和多项式核函数 $K_P$ 为三种单一核函数，其表达式见表 4.3.1。

高斯核函数 $K_G$ 和拉普拉斯核函数 $K_L$ 具有较强的局部非线性映射能力，而多项式核函数 $K_P$ 具有较强的全局泛化学习性能。综合考虑各单一核函数的优势，通过线性加权相加策略对两种核函数组合，以增强稀疏贝叶斯学习算法的非线性映射能力，生成的三种混合核函数（$K_{GL}$、$K_{GP}$ 和 $K_{LP}$）表达式汇总于表 4.3.1，其中 $r_G$、$r_L$ 和 $r_{Pi}$（$i=1,2,3$）分别为高斯核函数 $K_G$、拉普拉斯核函数 $K_L$ 和多项式核函数 $K_P$ 的核宽度，$\lambda$ 为线性组合权重系数（$0<\lambda<1$）。

表 4.3.1　　　　　　　　　　　核函数及超参数汇总

| 序号 | 名　　称 | 核函数表达式 | 超　参　数 |
|---|---|---|---|
| 1 | 高斯核函数 $K_G$ | $K_G = \exp(-\|x_i-x_j\|^2/2r_G^2)$ | $r_G$ |
| 2 | 拉普拉斯核函数 $K_L$ | $K_L = \exp(-\|x_i-x_j\|/r_L)$ | $r_L$ |
| 3 | 多项式核函数 $K_P$ | $K_P = [r_{P1}(x_i x_j)+r_{P2}]^{r_{P3}}$ | $r_{Pi}(i=,1,2,3)$ |
| 4 | 高斯-拉普拉斯混合核函数 $K_{GL}$ | $K_{GL} = \lambda K_G+(1-\lambda)K_L$ | $r_G$，$r_L$，$\lambda$ |
| 5 | 高斯-多项式混合核函数 $K_{GP}$ | $K_{GP} = \lambda K_G+(1-\lambda)K_P$ | $r_G$，$r_{Pi}$，$\lambda(i=1,2,3)$ |
| 6 | 拉普拉斯-多项式混合核函数 $K_{LP}$ | $K_{LP} = \lambda K_L+(1-\lambda)K_P$ | $r_L$，$r_{Pi}$，$\lambda(i=1,2,3)$ |

超参数对混凝土坝变形行为稀疏贝叶斯表征模型的计算精度与外推性能有直接影响。因此，为提高稀疏贝叶斯概率模型的鲁棒性和泛化性，借助训练集数据和五折交叉验证法确定超参数，具体示意图如图 4.3.3 所示。

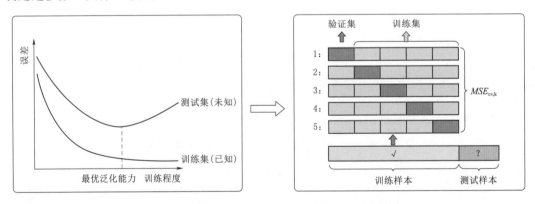

图 4.3.3　五折交叉验证

在各超参数范围区间内随机选定一组参数，然后把训练数据样本划分为五等份，每次只选取其中四组样本拼接为训练集用于模型训练，剩余的一组作为测试集用于验证模型预测性能，重复上述过程五次，以五组验证集计算结果的均方误差 $MSE_{cv,k}$ 构造损失函数，当损失函数得到全局极小值时对应的参数为最优超参数，损失函数为

$$MSE_{\mathrm{cv},k} = \frac{1}{n} \sum_{k=1}^{5} \sum_{i=1}^{n} \left[ \hat{y}_i^{(k)} - y_i^{(k)} \right]^2 \tag{4.3.21}$$

式中　$n$——验证集内变形监测量的样本数；

　　　$\hat{y}_i^{(k)}$——第 $k$ 次迭代过程中验证集内第 $i$ 个变形样本的后验分布均值；

　　　$y_i^{(k)}$——第 $k$ 次迭代过程中验证集内第 $i$ 个变形样本的实测值。

2. 模型超参数优化方法

综上分析可知，确定稀疏贝叶斯概率模型的超参数问题，其实是求解式（4.3.21）极小值的优化问题。充分利用 Jaya 算法在求解约束或非约束优化问题方面的优势，结合五折交叉验证法来确定模型超参数。下面研究基于 Jaya 算法和交叉验证策略确定模型超参数的具体实现原理。

Jaya 优化算法是一种元启发式优化算法，其核心思路是跟踪每个候选种群中的最优解，然后根据所有种群中的最优解和最差解进行更新，在迭代中不断远离最差解，并向最优解的方向移动。其更新表达式为

$$X_{j,k,i}' = X_{j,k,i} + r_{1j,i}(X_{j,\mathrm{best},i} - |X_{j,k,i}|) - r_{2j,i}(X_{j,\mathrm{worst},i} - |X_{j,k,i}|) \tag{4.3.22}$$

式中　$x_{j,k,i}$——第 $i$ 次迭代过程中第 $k$ 个候选种群中的第 $j$ 个变量的值；

　　　$x_{j,\mathrm{best},i}$——第 $i$ 次迭代过程中所有种群内第 $j$ 个变量的最优值；

　　　$x_{j,\mathrm{worst},i}$——第 $i$ 次迭代过程中所有种群内第 $j$ 个变量的最差值；

　　　$r_{1j,i}$、$r_{2j,i}$——介于（0，1）区间内的随机数。

Jaya 算法结构简单，计算复杂度较低。除种群数 $N_{\mathrm{G}}$ 和总迭代次数这两种通用控制参数外，Jaya 算法不包含其他控制参数。在标准 Jaya 算法中，只有一个包含 $N_{\mathrm{G}}$ 个种群的搜索机制，且迭代次数为 $I_{\max}$。为提高 Jaya 算法的并行寻优性能，引入子种群的概念，即在 $N_{\mathrm{G}}$ 个全局种群内分别引入 $N_{\mathrm{S}}$ 个子种群，提出并行驱动的 Jaya 算法（parallel Jaya，PJaya）。在每个全局种群内，可分别开展 $I_{\max}$ 次子种群迭代更新，寻优得到 $N_{\mathrm{G}}$ 个局部解，然后从这些局部解中搜寻得到全局最优解。由于每个全局种群的迭代更新互相独立，因此可以运用并行运算结构改善 Jaya 算法的求解效率。

综上所述，通过交叉验证策略和 PJaya 算法实现稀疏贝叶斯表征模型超参数优化如下：

输入：SBL 模型超参数寻优区间

输出：SBL 模型超参数的最优值

初始化：全局种群数 $N_{\mathrm{G}}$，子重群数 $N_{\mathrm{S}}$，迭代次数 $I_{\max}$

1：for $n=1, 2, \cdots, N_{\mathrm{G}}$

执行并行运算

2：for $m=1, 2, \cdots, N_{\mathrm{S}}$

3：根据式（4.3.17）构基于交叉验证策略的目标函数，计算适应度值 $F$

4：通过式（4.3.18）更新解，计算新适应度值 $F'$

5：If $F' < F$

6：接受当前解 $X_{j,ki}^{\mathrm{update}}$，取 $F' = F$

7：else

8：拒绝当前解

9：end if

10：end for

11：从 $N_s$ 个子种群中找出最小适应度值及其对应的超参数

12：end for

结束并行运算

13：从 $N_G$ 个种群中找出全局最小适应度值及其对应的超参数

#### 4.3.2.3 混凝土坝变形行为影响因子重要性考察

利用混合核函数稀疏贝叶斯表征模型，可以建立混凝土坝变形效应量和影响因素自变量之间的复杂非线性关系，但通过该模型建立的非线性关系是隐式的，具有黑箱特性。敏感度分析（sensitivity analysis，SA）是从定量或定性分析角度，研究模型中输入影响因素变化对模型输出值影响的数据挖掘技术。为提高混凝土坝变形行为表征模型的可解释性，本节借助敏感度分析技术和已建立的混凝土坝变形行为稀疏贝叶斯表征模型，对混凝土坝变形与影响因素之间的隐式关系进行量化分析，提出混凝土坝变形行为影响因子重要性考察方法。

令 $\boldsymbol{X}_{m \times n}$ 为包含水压、温度和时效分量的变形影响因子数据集，$\boldsymbol{Y}$ 为大坝单测点变形效应量数据集，即

$$\boldsymbol{X}_{m \times n} = \begin{bmatrix} \boldsymbol{x}_1 \\ \boldsymbol{x}_2 \\ \vdots \\ \boldsymbol{x}_m \end{bmatrix}^T = \begin{bmatrix} x_{11} & x_{12} & \cdots & x_{1m} \\ x_{21} & x_{22} & \cdots & x_{2m} \\ \vdots & \ddots & & \vdots \\ x_{n1} & x_{n2} & \cdots & x_{nm} \end{bmatrix}, \quad \boldsymbol{Y} = \begin{bmatrix} y_1 \\ y_2 \\ \vdots \\ y_n \end{bmatrix} \tag{4.3.23}$$

式中　$m$——影响变量个数；

　　　$n$——各影响变量的样本数。

对于混凝土坝变形行为稀疏贝叶斯表征模型，为计算影响因子数据集 $\boldsymbol{X}_{m \times n}$ 中第 $i$ 组 $(1 \leqslant i \leqslant m)$ 影响因子对变形效应量的相对影响程度，在不改变模型参数和 $\boldsymbol{X}_{m \times n}$ 中第 $i$ 组变量的前提下，调整剩余的 $m-1$ 组输入变量并得到模型的输出结果，计算得出第 $i$ 组变量的敏感度指标。在得到各组影响因子的敏感度指标后，对其进行加权计算，即可得到各组影响因子的相对重要性指标。根据相对重要性指标的大小，即可确定各组因子对于混凝土坝变形的影响程度次序。

根据各组影响因子中变量数量的不同，敏感度分析可分为全局敏感度分析和局部敏感度分析。在局部敏感度分析中，输入的各组影响因子中只包含单一变量，则此时计算结果反映的是单个输入变量在局部范围内变化对混凝土坝变形的影响程度。但混凝土坝变形影响因子较为复杂，各因子间往往不是相互独立的，因此还需执行全局敏感度分析。在全局敏感度分析中，可按照水压、温度和时效把各单一变量进行分组，输入的各组影响因子中包含多组同类输入变量，此时计算结果反映的是多组输入变量同时变化对混凝土坝变形的影响程度。

综上分析，借助局部敏感度分析和全局敏感度分析原理，混凝土坝单测点变形行为影响因子重要性考察方法流程如图 4.3.4 所示，具体实施步骤总结如下：

（1）步骤 1：根据混凝土坝实测资料，构建混凝土坝变形影响因子矩阵 $\boldsymbol{X}_{m\times n}$。

（2）步骤 2：对除了第 $i$ 组影响因子变量的剩余 $m-1$ 组变量进行处理，把变量值改为其对应列向量元素的均值，构造第 $i$ 组影响因子的敏感度输入矩阵 $\boldsymbol{X}_{m\times n}^{(i)}$，其中，第 $i$ 列元素均为 $\dfrac{1}{n}\sum\limits_{j=1}^{n}x_{ji}$。

（3）步骤 3：根据敏感度输入矩阵 $\mathrm{X}_{m\times n}^{(i)}$ 和变形效应量 $Y$ 构建模型输入集，运用混凝土坝变形行为稀疏贝叶斯表征模型计算测点变形的后验分布均值 $\hat{Y}^{(i)}$，计算变形效应量对于第 $i$ 组影响因子的敏感度指标 $z_i$，即

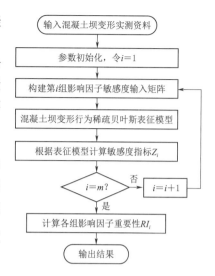

图 4.3.4　混凝土坝单测点变形行为影响因子重要性考察流程图

$$z_i=\frac{\sum\limits_{j=1}^{n}\left[\hat{y}_j^{(i)}-\overline{y}^{(i)}\right]^2}{n-1} \qquad (4.3.24)$$

式中　$\hat{y}_j^{(i)}$——第 $j$ 时刻测点变形后验分布均值，运用式（4.3.17）计算得出，$i\in\{1,\cdots,n\}$；

　　　$\overline{y}^{(i)}$——$\hat{y}_j^{(i)}$ 的均值。

（4）步骤 4：重复步骤 2 和步骤 3，依次计算 $m$ 组影响因子对于混凝土坝变形行为的敏感度指标。

（5）步骤 5：根据各组影响因子的敏感度指标 $z_i(i=1,2,\cdots,m)$ 计算各组影响因子的相对重要性，即

$$RI_i=\frac{z_i}{\sum\limits_{i=1}^{m}z_i} \qquad (4.3.25)$$

### 4.3.2.4　混凝土坝变形行为稀疏贝叶斯表征模型实施流程

综上分析可知，利用实测资料和提出的混合核函数稀疏贝叶斯学习算法，构建混凝土坝单测点变形行为稀疏贝叶斯表征模型，主要流程如图 4.3.5 所示，具体实施步骤总结如下：

（1）步骤 1：基于混凝土坝实测资料和变形影响因子表征方法，选取包含水压分量、温度分量和时效分量作为模型输入量，提取混凝土坝单测点变形实测值为输出量，构建数据集。

（2）步骤 2：采用线性归一化方法对输入量进行归一化处理 $x_{\mathrm{norm}}=\dfrac{x-x_{\min}}{x_{\max}-x_{\min}}$，其中 $X_{\max}$ 和 $X_{\min}$ 分别表示一组输入量中对应的最大和最小值。

（3）步骤 3：采用 4.3.2.2 节提出的方法确定模型超参数，据此构建混合核函数稀疏贝叶斯概率模型。

（4）步骤4：根据输入量计算不同时刻的混凝土坝单测点变形后验分布，通过式（4.3.17）和式（4.3.18）分别变形表征结果的均值 $y_*$ 和方差 $\sigma_*^2$。

（5）步骤5：基于式（4.3.19）计算 $100\times(1-\alpha)\%$ 置信度对应的各时刻下混凝土坝单测点变形区间。

（6）步骤6：运用全局敏感度分析和局部敏感度分析方法，计算并定性分析混凝土坝变形行为影响因子的相对重要性，对模型进行解释。

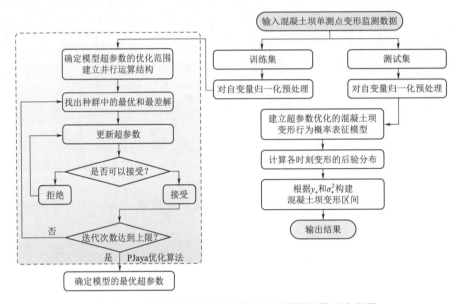

图4.3.5　混凝土坝变形行为稀疏贝叶斯表征模型流程图

## 4.3.3　工程实例

### 4.3.3.1　模型构建

某混凝土双曲拱坝，在雅砻江梯级开发中发挥着"承上启下"的重要作用。大坝建基面高程约为1580.00m，坝顶高程1885.00m，最大坝高为305m，坝体混凝土方量为 $474\times10^4\,\mathrm{m}^3$。大坝坝顶弧长约为552m，对应的坝顶和坝基厚度分别为63m和16m。工程正常蓄水位和死水位分别为1880.00m和1800.00m，正常蓄水位以下库容为 $77.65\times10^8\,\mathrm{m}^3$，调节库容为 $49.10\times10^8\,\mathrm{m}^3$。工程于2005年11月12日开工建设，在2006年12月4日实现大江截流，在2014年7月全部机组投产发电，同年8月24日蓄水至1880.00m正常蓄水位，工程于2015年6月完工。大坝正倒垂线形监测点布置图如图4.3.6所示，大坝变形监测序列和上游水位过程线如图4.3.7所示。

以某混凝土坝13♯坝段PL11-3测点的径向变形监测值为例进行建模分析，建模数据的时段选为2013年9月—2016年9月。其中，2013年9月—2016年7月共320组数据划分为训练样本，用于表征模型的训练，剩余2016年8—9月的60组数据划分为测试样本，用于验证变形表征模型的预测性能。根据4.3.2.1节所述内容，选取水压、温度和时效在内的10组影响因子变量，构建模型的自变量输入集 $\boldsymbol{X}$，即

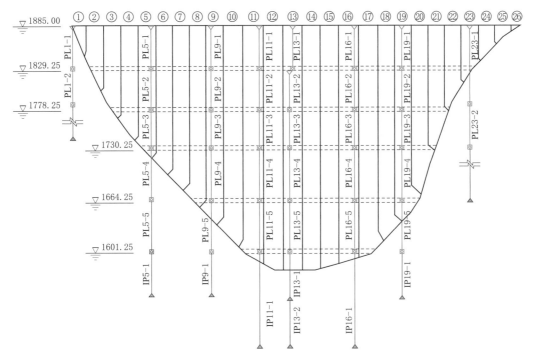

图 4.3.6 某混凝土坝大坝正倒垂线形监测点布置图（单位：m）

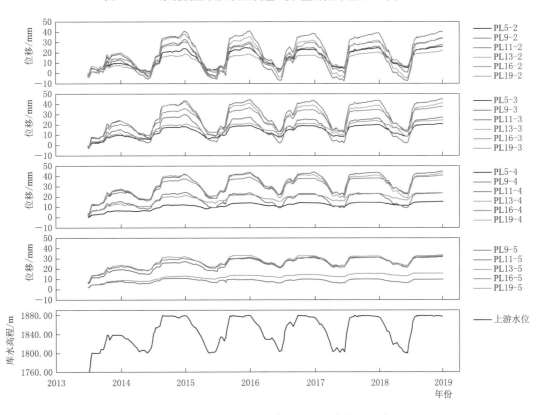

图 4.3.7 大坝变形监测序列和上游水位过程线

$$\mathbf{X} = (x_1, x_2, x_3, x_4, x_5, x_6, x_7, x_8, x_9, x_{10})$$

$$= \left( H - H_0, H^2 - H_0^2, H^3 - H_0^3, H^4 - H_0^4, \sin\frac{2\pi t}{365} - \sin\frac{2\pi t_0}{365}, \cos\frac{2\pi t}{365} - \cos\frac{2\pi t_0}{365}, \right.$$

$$\left. \sin\frac{4\pi t}{365} - \sin\frac{4\pi t_0}{365}, \cos\frac{4\pi t}{365} - \cos\frac{4\pi t_0}{365}, \theta - \theta_0, \ln\theta - \ln\theta_0 \right) \tag{4.3.26}$$

采用 4.3.2.2 节介绍的单一核函数稀疏贝叶斯模型（$K_G$-SBL、$K_L$-SBL、$K_P$-SBL）和混合核函数稀疏贝叶斯模型（$K_{GL}$-SBL、$K_{GP}$-SBL、$K_{LP}$-SBL），分别构建混凝土坝变形行为表征模型。运用 PJaya 优化算法和五折交叉验证策略优化模型超参数，最大迭代次数设置为 150 次，优化过程曲线如图 4.3.8 所示。从图 4.3.8 中可以看出，混合核函数稀疏贝叶斯模型比单一核函数稀疏贝叶斯模型的收敛速度要快，当迭代次数超过 90 次后，目标函数适应度值趋于稳定，寻优得出的模型超参数见表 4.3.2。

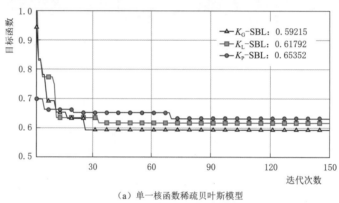

（a）单一核函数稀疏贝叶斯模型

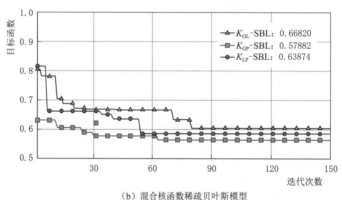

（b）混合核函数稀疏贝叶斯模型

图 4.3.8　不同核函数稀疏贝叶斯模型的模型参数优化过程曲线

表 4.3.2　　　　　　　　　　　　　模型超参数取值结果

| 核函数 | 超参数优化区间 | 计算结果 |
|---|---|---|
| $K_G$ | $r_G \in (1, 50)$ | $r_G = 2.87$ |
| $K_L$ | $r_L \in (1, 50)$ | $r_L = 1.90$ |
| $K_P$ | $r_{Pi} \in (1, 50)$ | $\{r_{P1}, r_{P2}, r_{P3}\} = \{4.37, 25.56, 1.75\}$ |

| 核函数 | 超参数优化区间 | 计算结果 |
|---|---|---|
| $K_{GP}$ | $r_G, r_{P1}, r_{P2} \in (1,50), r_{P3} \in (0,5), \lambda \in (0,1)$ | $\{r_G, r_{P1}, r_{P2}, r_{P3}, \lambda\} = \{2.43, 9.34, 6.16, 1.01, 0.97\}$ |
| $K_{GL}$ | $r_G, r_L \in (1,50), \lambda \in (0,1)$ | $\{r_G, r_L, \lambda\} = \{12.81, 1.99, 0.18\}$ |
| $K_{LP}$ | $r_L, r_{P1}, r_{P2} \in (1,50), r_{P3} \in (0,5), \lambda \in (0,1)$ | $\{r_L, r_{P1}, r_{P2}, r_{P3}, \lambda\} = \{1.63, 16.76, 15.21, 2.12, 0.32\}$ |

**注**　对于 PJaya 算法，种群数默认为 4，子种群大小为 10，最大迭代次数设为 150。

#### 4.3.3.2　混凝土坝变形行为表征分析

在确定模型超参数后，以 2016 年 8 月的 30 组数据构建测试样本，验证混凝土坝变形行为稀疏贝叶斯表征模型的有效性。采用决定系数 $R^2$、均方根误差 $RMSE$ 和平均绝对误差 $MAE$ 三种统计指标对变形行为表征精度进行评估分析，即

$$R^2 = 1 - \frac{\sum_{t=1}^{n} (y_t - \hat{y}_t)^2}{\sum_{t=1}^{n} (y_t - \overline{y})^2} \tag{4.3.27}$$

$$RMSE = \sqrt{\frac{1}{n} \sum_{t=1}^{n} (y_t - \hat{y}_t)^2} \tag{4.3.28}$$

$$MAE = \frac{1}{n} \sum_{t=1}^{n} |y_t - \hat{y}_t| \tag{4.3.29}$$

式中　$y_t$——第 $t$ 时刻对应的变形监测量的实测值；

　　　$\hat{y}_t$——计算得到的第 $t$ 时刻变形后验分布均值；

　　　$\overline{y}$——所有变形实测值的均值；

　　　$n$——每个测点序列中监测量总数。

均方根误差 $RMSE$ 和平均绝对误差 $MAE$ 越小则代表模型误差越低；而决定系数 $R^2$ 越大，则表示模型计算结果的拟合优度越高。统计指标的对比结果见表 4.3.3。计算结果表明，在 6 种模型中，基于混合核函数的模型整体优于单一核函数的模型，其中 $K_{GP}$ - SBL 模型的精度最佳，决定系数 $R^2$ 为 0.9891，均方根误差 $RMSE$ 和平均绝对误差 $MAE$ 分别为 0.2765 和 0.2441。

表 4.3.3　　　　　　　　　　　各类核函数稀疏贝叶斯模型的性能对比

| 模型 | 训练集 | | | 测试集 | | |
|---|---|---|---|---|---|---|
| | $R^2$ | $RMSE$ | $MAE$ | $R^2$ | $RMSE$ | $MAE$ |
| $K_G$ - SBL | 0.9986 | 0.3328 | 0.2457 | 0.9874 | 0.3147 | 0.2668 |
| $K_L$ - SBL | 0.9993 | 0.2119 | 0.1537 | 0.9662 | 0.6238 | 0.5559 |
| $K_P$ - SBL | 0.9984 | 0.3630 | 0.2661 | 0.9661 | 0.4927 | 0.4169 |
| $K_{GP}$ - SBL | 0.9990 | 0.2767 | 0.2042 | 0.9891 | 0.2765 | 0.2441 |
| $K_{GL}$ - SBL | 0.9994 | 0.2271 | 0.1669 | 0.9662 | 0.6048 | 0.5354 |
| $K_{LP}$ - SBL | 0.9990 | 0.1850 | 0.1327 | 0.9697 | 0.6549 | 0.5957 |

下面对高斯核函数稀疏贝叶斯模型（$K_G - SBL$）和 $K_{GP}$ 混合核函数稀疏贝叶斯模型（$K_{GP} - SBL$）的外推性能进行对比分析，以测试集的计算结果为例，PL11-3 测点径向变形计算值与实测值散点图如图 4.3.9 所示，从图 4.3.9 中可以看出，两种模型得出的点计算值和实测值贴合度较高，满足精度要求。

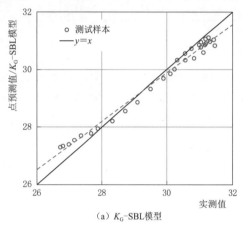
（a）$K_G$-SBL模型

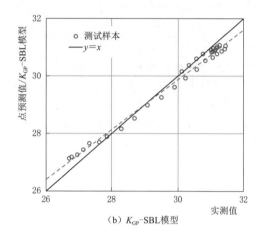
（b）$K_{GP}$-SBL模型

图 4.3.9　$K_G - SBL$ 和 $K_{GP} - SBL$ 模型的预测结果散点图

使用统计模型、支持向量机、径向基神经网络（RBF-NN）和极限学习机（ELM）构建混凝土坝变形行为表征模型，并与提出的基于 $K_{GP} - SBL$ 和 $K_G - SBL$ 的混凝土坝变形行为表征模型进行对比。统计模型采用多元线性回归构建各因子与变形效应量的关系，各因子对应回归系数通过最小二乘法求解，而其余机器学习算法的模型参数，则通过4.3.2.2 节提出的五折交叉验证和 PJaya 智能优化算法求解。对于支持向量机模型，选择高斯核函数构建模型内核，模型超参数包括惩罚系数 $C$、核函数参数 $\delta_d$ 和不敏感损失系数 $\varepsilon$；基于径向基神经网络，模型超参数包括扩展参数 $S_R$ 和隐含层节点数 $N_R$；运用极限学习机模型，模型超参数为隐含层节点数量 $N_E$。表征模型的超参数取值见表 4.3.4。

表 4.3.4　　　　　　　　　　　　　表征模型的超参数取值

| 分析模型 | 超参数寻优范围 | 超参数取值 |
|---|---|---|
| $K_G - SBL$ | $r_G \in [0.01, 50]$ | $r_G = 2.87$ |
| $K_{GP} - SBL$ | $(r_G, r_{P1}, r_{P2}) \in [0.01, 50]$<br>$r_{P3} \in [1, 5], \lambda \in (0, 1)$ | $(r_G, r_{P1}, r_{P2}, r_{P3}, \lambda) =$<br>$(2.43, 9.34, 6.16, 1.01, 0.97)$ |
| 支持向量机 | $C \in [10^{-2}, 10^1], \delta_d \in [10^{-2}, 10^1]$<br>$\varepsilon \in [10^0, 10^{-5}]$ | $(C, \delta_d, \varepsilon) = (0.79, 0.032, 0.0001)$ |
| RBF - NN | $S_R \in [0.01, 100]$<br>$N_R \in [11, 50]$ | $(S_R, N_R) = (7.99, 14)$ |
| ELM | $N_E \in [11, 50]$ | $N_E = 14$ |

按照时间序列排列，从测试样本中提取出样本数为 10~60 的 6 组测试集，并采用均方根误差 RMSE 作为评价指标，验证各表征模型的泛化性，对比结果如图 4.3.10 所示。

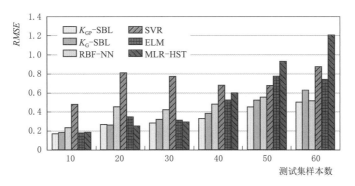

图 4.3.10　在不同测试集上的表征模型的性能评价

从图 4.3.10 中可以看出，随着测试集样本数的增加，各表征模型的计算误差逐渐加大。但总体而言，$K_{GP}$ - SBL 和 $K_G$ - SBL 混凝土坝单测点变形行为表征模型计算精度优于其他四种模型。

接下来，采用 $K_{GP}$ - SBL 和 $K_G$ - SBL 模型，按式（4.3.20）计算 95％置信度下的 PL11 - 3 测点径向变形区间，结果如图 4.3.11 和图 4.3.12 所示。可以看出，各时刻对应的 95％置信变形区间宽度均不相同，但对于测试集而言，计算得到的变形区间均能覆盖变形实测值，这表明提出的混凝土坝变形行为表征概率模型是有效的。

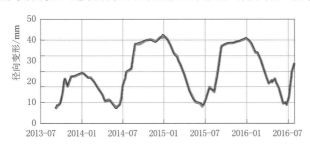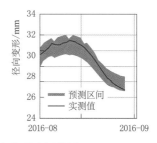

图 4.3.11　基于 $K_G$ - SBL 模型的 PL11 - 3 测点变形表征结果

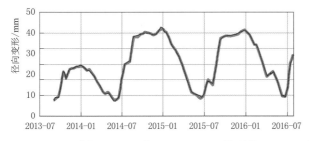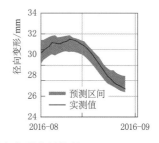

图 4.3.12　基于 $K_{GP}$ - SBL 模型的 PL11 - 3 测点变形表征结果

接下来，引入预测区间相对平均宽度 $NMPIL$ 和预测区间覆盖率 $PICP$ 对计算得到的变形区间精度和有效性进行分析。其中，$NMPIL$ 表示序列中变形区间计算值的相对平均宽度，$PICP$ 表示变形实测值位于区间内的比例，表达式分别为

$$NMPIL = \frac{1}{nR} \sum_{t=1}^{n} \left[ \delta^{(t)+} - \delta^{(t)-} \right] \qquad (4.3.30)$$

$$PICP = \frac{1}{n}\sum_{t=1}^{n} p_t, \quad p_t = \begin{cases} 1, & y_t \in \left[\delta^{(t)-}, \delta^{(t)+}\right] \\ 0, & y_t \notin \left[\delta^{(t)-}, \delta^{(t)+}\right] \end{cases} \tag{4.3.31}$$

式中　　$n$——变形序列样本数；

$\delta^{(t)+}$、$\delta^{(t)-}$——第 $t$ 个时刻变形区间的上下界；

$R$——缩放系数，即变形序列中最大值与最小值之差 $p_t$ 为布尔变量，当第 $i$ 个变形监测量 $y_t$ 位于预测区间范围内时，$p_t$ 为 1，反之则为 0。

$NMPIL$ 越小，则表明变形区间的相对平均宽度越窄，表征结果不确定性越低；$PICP$ 越大，表明变形区间计算值覆盖实测值的比例越高，表征结果越可靠。为综合运用 $NMPIL$ 和 $PICP$ 评价混凝土坝单测点变形行为表征模型的精度，引入区间覆盖宽度综合指标 $CWC$，其表达式为

$$CWC = NMPIL \cdot \left[1 + \gamma e^{-\lambda(PICP-\mu)}\right], \quad \gamma = \begin{cases} 0, & PICP \geqslant \mu \\ 1, & PICP < \mu \end{cases} \tag{4.3.32}$$

式中　　$\lambda$——惩罚系数；

$\mu$——所取的置信度，即 $\mu = 100 \times (1-\alpha)\%$，取 $\mu = 95\%$；

$\gamma$——布尔变量，当 $PCIP \geqslant \mu$ 时，$\gamma$ 为 0，反之则为 1。

从式（4.3.32）可以看出，$CWC$ 是一种兼顾覆盖率和预测区间宽度的综合性指标，当 $PICP$ 越高且 $NMPIL$ 越小时，$CWC$ 越小，则表明混凝土坝变形行为表征结果的可靠性和精度越高。通过惩罚系数 $\lambda$ 进行控制，$PICP$ 比 $NMPIL$ 有更高的优先级，取 $\lambda = 5$。

作为对比，同时利用多元线性回归统计模型建立混凝土坝变形行为表征模型，通过变形实测值和表征结果的差值构造概率密度函数，从而确定变形表征区间值 $\left[(\hat{y} - z_{1-\alpha/2}\sigma), (\hat{y} + z_{1-\alpha/2}\sigma)\right]$，其中，$\hat{y}$ 为变形计算值，$\sigma$ 为残差的标准差。

综上所述，以 95% 置信度为例，采用 $NMPIL$、$PICP$ 和 $CWC$ 指标对统计模型、$K_G$-SBL 和 $K_{GP}$-SBL 表征模型得出的变形区间进行有效性分析，见表 4.3.5。

从表 4.3.5 中可以看出，$K_{GP}$-SBL 表征模型性能最佳，其训练集和测试集对应 $CWC$ 指标值分别为 0.0349 和 0.3276，均小于 $K_G$-SBL 模型和统计模型所得结果。同时，测试集变形实测值均处于 $K_{GP}$-SBL 表征模型所得的变形区间范围内（即 $PCIP = 1.0$），再次验证了提出的混凝土坝变形行为表征模型的有效性。

表 4.3.5　　　　　　　　不同变形表征模型得出的变形区间有效性分析

| 分析模型 | 训练集 | | | 测试集 | | |
|---|---|---|---|---|---|---|
| | $NMPIL$ | $PICP$ | $CWC$ | $NMPIL$ | $PICP$ | $CWC$ |
| 统计模型 | 0.0592 | 0.9468 | 0.1194 | 0.5397 | 1.0000 | 0.5397 |
| $K_G$-SBL | 0.0388 | 0.9563 | 0.0388 | 0.3572 | 1.0000 | 0.3572 |
| $K_{GP}$-SBL | 0.0349 | 0.9625 | 0.0349 | 0.3276 | 1.0000 | 0.3276 |

#### 4.3.3.3　混凝土坝变形行为影响因子重要性考察

基于 $K_{GP}$-SBL 和 $K_G$-SBL 模型，运用局部敏感度分析和全局敏感度分析，对 PL11-3 测点径向变形的影响因子相对重要性进行分析，所得结果分别如图 4.3.13 和图 4.3.14 所示，其中图 4.3.13 中 $x_1 \sim x_{10}$ 影响因子含义参照式（4.3.26）。

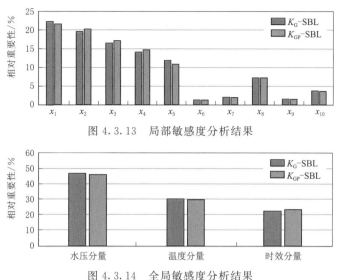

图 4.3.13　局部敏感度分析结果

图 4.3.14　全局敏感度分析结果

从图 4.3.13 可以看出，对于 PL11－3 测点径向变形表征结果，$x_1$ 因子（水压分量）的相对重要性最高，而 $x_6$ 因子（温度分量）的相对重要性最低。从图 4.3.14 可以看出，包含四个因子的水压分量对径向变形相对重要性最高，包含四个因子的温度分量对径向变形相对重要性次之，包含两个因子的时效分量对径向变形相对重要性最低。

# 4.4　高寒复杂地质条件高拱坝多测点安全监控模型

由前文研究可知，高寒地区高拱坝结构性态变化是一个渐变过程，从变形角度看，包括 4 个阶段，即：线弹性变形阶段、准线弹性变形阶段、局部屈服变形阶段以及破坏阶段。每个阶段均有其独特的变形特征，例如：在局部屈服变形阶段，高拱坝变形呈现非线性变化；而在破坏阶段，由于坝体屈服区和压碎区大面积扩展，导致高拱坝变形急剧变化，如果服役过程中，高拱坝出现不正常的变形现象，则可能是大坝结构由正常变为异常的征兆。因此，需科学评定高拱坝变形性态，及时发现结构异常现象，并有针对性地采取措施，以确保工程安全服役。

4.1 节针对高拱坝变形变化行为分数阶数值分析模型以及物理力学参数优化反演方法进行了系统的研究，实现了高拱坝变形性态时空动态变化过程的量化分析，这为有效评定高拱坝变形性态提供了技术支持。高拱坝变形性态的影响因素可归结为：结构型式、坝体和坝基物理力学性质、荷载、地形地质条件以及施工，在众多因素的综合作用下，高拱坝变形性态呈现出区域相似特点，而传统混凝土坝变形性态评定方法主要针对单测点变形时间序列，因此需对传统评定方法进行改进。同时，从布置在高拱坝坝体和坝基的变形监测仪器中，可获得大量的变形监测信息，在数据采集的过程中，由于受到仪器、监测方法、人为因素等影响，变形监测数据中常包含被污染的信息，若利用被污染的变形监测信息评定高拱坝变形性态，极有可能做出错误判断，影响变形性态评定的客观性。因此，有必要在有效处理高拱坝变形时空序列污染数据的基础上，结合前文研究成果，系统开展高拱坝变形性态时空评定理论与方法的探究。

　　针对上述问题，本节在探讨高寒地区高拱坝变形时空序列奇异数据识别及估计方法的基础上，以高拱坝变形时空变化特征相似区域为基本建模单位，结合分数阶黏弹性数值分析，充分利用多测点变形监测数据，通过对高拱坝变形性态主成分分析模型和时空变形场分析模型建模方法的研究，提出高拱坝变形性态时空评定准则及方法，并以某高寒地区高拱坝工程为例，验证数据处理和性态评定方法的有效性。

## 4.4.1　高拱坝变形时空序列奇异数据处理方法

　　高拱坝变形原位监测信息中常见的污染数据类型包括：缺失数据、孤立型奇异数据、斑点型奇异数据等，如图 4.4.1 所示，若利用带污染信息的变形监测资料评定高拱坝变形性态，极可能得出错误的结论，为确保高拱坝变形性态评定的客观性，本节重点针对变形时空序列中奇异数据的处理方法展开研究。

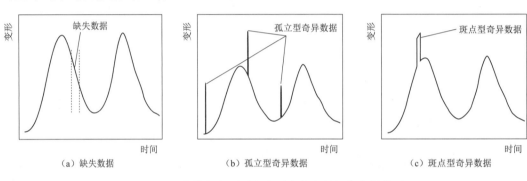

图 4.4.1　高拱坝变形时空序列中存在的污染数据类型

### 4.4.1.1　高拱坝变形时空序列奇异数据识别方法

　　传统的奇异数据识别方法主要以统计学中假设检验为理论基础，例如 Pau Ta 准则，其基于单一测点的变形监测数据，认为落在 $(\bar{\delta}-3\sigma,\ \bar{\delta}+3\sigma)$ 区间内的变形监测值为正常值，不在该区间的变形监测值为奇异数据，这类奇异数据识别方法存在一定的主观臆断，可能遗漏奇异数据，也可能将有价值的突跳值剔除。

　　主成分分析（PCA）是处理高拱坝变形时空序列的一种有效方法，其通过旋转将原始变形时空序列投影到不同的方向上，如图 4.4.2 所示，原始变形时空序列为 $X_1$ 和 $X_2$，通过旋转可得到两个新的效应量，分别称为主成分效应量（$PC_1$）和残差效应量（$PC_2$），其中主成分效应量表征了原始变形时空序列的主要规律，而残差效应量表征了原始变形时空序列中奇异数据、噪声等无法解释的部分。对于高拱坝而言，临近测点变形存在一定关联性，如果外荷载状态未发生明显变化，而高拱坝某测点出现异常数据，但其他有关联性测点的数据均正常，则该测点的异常监测数据可判定为奇异数据。因此，本节基于该分析思路，利用旋转得到的残差效应量，研究高拱坝变形时空序列奇异数据识别方法。

　　1. 高拱坝变形主成分效应量和残差效应量的提取方法

　　在研究高拱坝变形时空序列奇异数据识别方法之前，首先探讨高拱坝变形主成分效应量和残差效应量的提取方法。

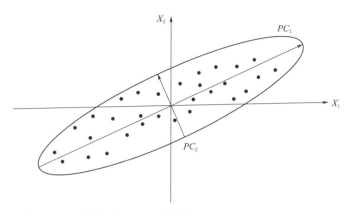

图 4.4.2　高拱坝变形主成分效应量和残差效应量的几何表示

（1）提取原理。假设高拱坝某区域有 $m$ 个变形监测点，每个变形测点有 $n$ 个变形数据，用矩阵的形式可表示为

$$\begin{bmatrix} x_{11} & x_{12} & \cdots & x_{1j} & \cdots & x_{1m} \\ x_{21} & x_{22} & \cdots & x_{2j} & \cdots & x_{2m} \\ \vdots & \vdots & \ddots & \vdots & \ddots & \vdots \\ x_{i1} & x_{i2} & \cdots & x_{ij} & \cdots & x_{im} \\ \vdots & \vdots & \ddots & \vdots & \ddots & \vdots \\ x_{n1} & x_{n2} & \cdots & x_{nj} & \cdots & x_{nm} \end{bmatrix} \tag{4.4.1}$$

简记为 $\boldsymbol{X}=(\boldsymbol{x}_1,\boldsymbol{x}_2,\cdots,\boldsymbol{x}_j,\cdots,\boldsymbol{x}_m)$。从数学角度来看，高拱坝变形主成分效应量和残差效应量的提取过程就是寻找合适的变换矩阵的过程，通过旋转变换构造新的效应量 $\boldsymbol{T}=(\boldsymbol{t}_1,\boldsymbol{t}_2,\cdots,\boldsymbol{t}_j,\cdots,\boldsymbol{t}_m)$，使之满足两个条件：①$\boldsymbol{T}$ 中任意两个变量 $\boldsymbol{t}_i$ 和 $\boldsymbol{t}_j$（$i\neq j$）互不相关；②从 $\boldsymbol{t}_1$ 到 $\boldsymbol{t}_m$ 的方差依次递减，即

$$Var(\boldsymbol{t}_1)\geqslant Var(\boldsymbol{t}_2)\geqslant\cdots\geqslant Var(\boldsymbol{t}_j)\geqslant\cdots\geqslant Var(\boldsymbol{t}_m) \tag{4.4.2}$$

新的效应量 $\boldsymbol{T}=(\boldsymbol{t}_1,\boldsymbol{t}_2,\cdots,\boldsymbol{t}_j,\cdots,\boldsymbol{t}_m)$ 可表示为

$$\begin{cases} \boldsymbol{t}_1=a_{11}\boldsymbol{x}_1+a_{12}\boldsymbol{x}_2+\cdots+a_{1j}\boldsymbol{x}_j+\cdots+a_{1m}\boldsymbol{x}_m \\ \boldsymbol{t}_2=a_{21}\boldsymbol{x}_1+a_{22}\boldsymbol{x}_2+\cdots+a_{2j}\boldsymbol{x}_j+\cdots+a_{2m}\boldsymbol{x}_m \\ \qquad\qquad\qquad\qquad \vdots \\ \boldsymbol{t}_j=a_{j1}\boldsymbol{x}_1+a_{j2}\boldsymbol{x}_2+\cdots+a_{jj}\boldsymbol{x}_j+\cdots+a_{jm}\boldsymbol{x}_m \\ \qquad\qquad\qquad\qquad \vdots \\ \boldsymbol{t}_m=a_{m1}\boldsymbol{x}_1+a_{m2}\boldsymbol{x}_2+\cdots+a_{mj}\boldsymbol{x}_j+\cdots+a_{mm}\boldsymbol{x}_m \end{cases} \tag{4.4.3}$$

若系数矩阵用 $\boldsymbol{A}$ 表示，则

$$\boldsymbol{A}=\begin{pmatrix} \boldsymbol{a}_1 \\ \boldsymbol{a}_2 \\ \vdots \\ \boldsymbol{a}_i \\ \vdots \\ \boldsymbol{a}_m \end{pmatrix}=\begin{bmatrix} a_{11} & a_{12} & \cdots & a_{1j} & \cdots & a_{1m} \\ a_{21} & a_{22} & \cdots & a_{2j} & \cdots & a_{2m} \\ \vdots & \vdots & \ddots & \vdots & \ddots & \vdots \\ a_{i1} & a_{i2} & \cdots & a_{ij} & \cdots & a_{im} \\ \vdots & \vdots & \ddots & \vdots & \ddots & \vdots \\ a_{m1} & a_{m2} & \cdots & a_{mj} & \cdots & a_{mm} \end{bmatrix} \tag{4.4.4}$$

式 （4.4.3） 转化为

$$T = XA^T \tag{4.4.5}$$

下面研究系数矩阵 $A$ 的确定方法。

假设高拱坝变形时空序列 $X$ 中任意两列 $x_i$ 与 $x_j$ 的相关系数为 $r_{ij}$，其构成的 $m \times m$ 阶相关系数矩阵记为 $R$，相关系数矩阵 $R$ 的特征值记为 $\lambda_i$（$i = 1, 2, \cdots, m$），对应的特征向量记为 $p_i = \{p_{i1}, p_{i2}, \cdots, p_{im}\}$，数学可证明若将相关系数矩阵 $R$ 的特征值 $\lambda_i$ 依次递减排列，即

$$\lambda_1 \geqslant \lambda_2 \geqslant \cdots \geqslant \lambda_m \tag{4.4.6}$$

此时，特征值 $\lambda_i$ 对应的特征向量 $p_i$ 组成的矩阵 $P$ 即为系数矩阵 $A$，即

$$P = \begin{pmatrix} p_1 \\ p_2 \\ \vdots \\ p_i \\ \vdots \\ p_m \end{pmatrix} = \begin{bmatrix} p_{11} & p_{12} & \cdots & p_{1j} & \cdots & p_{1m} \\ p_{21} & p_{22} & \cdots & p_{2j} & \cdots & p_{2m} \\ \vdots & \vdots & \ddots & \vdots & \ddots & \vdots \\ p_{i1} & p_{i2} & \cdots & p_{ij} & \cdots & p_{im} \\ \vdots & \vdots & \ddots & \vdots & \ddots & \vdots \\ p_{m1} & p_{m2} & \cdots & p_{mj} & \cdots & p_{mm} \end{bmatrix} \tag{4.4.7}$$

因此式 （4.4.3） 可表达为

$$\begin{cases} t_1 = p_{11}x_1 + p_{12}x_2 + \cdots + p_{1j}x_j + \cdots + p_{1m}x_m \\ t_2 = p_{21}x_1 + p_{22}x_2 + \cdots + p_{2j}x_j + \cdots + p_{2m}x_m \\ \qquad\qquad\qquad\vdots \\ t_i = p_{i1}x_1 + p_{i2}x_2 + \cdots + p_{ij}x_j + \cdots + p_{im}x_m \\ \qquad\qquad\qquad\vdots \\ t_m = p_{m1}x_1 + p_{m2}x_2 + \cdots + p_{mj}x_j + \cdots + p_{mm}x_m \end{cases} \tag{4.4.8}$$

用矩阵可表示为

$$T = XP^T \tag{4.4.9}$$

因为 $P$ 为正交矩阵，则满足

$$P^T = P^{-1} \tag{4.4.10}$$

因此式 （4.4.9） 可变换为

$$X = TP \tag{4.4.11}$$

式 （4.4.11） 可表达为

$$X = (t_1, t_2, \cdots, t_i, \cdots t_m) \begin{pmatrix} p_1 \\ p_2 \\ \vdots \\ p_i \\ \vdots \\ p_m \end{pmatrix} \tag{4.4.12}$$

即

$$X = t_1 p_1 + t_2 p_2 + t_3 p_3 + \cdots + t_m p_m \tag{4.4.13}$$

假设已确定高拱坝变形主成分个数为 $l$，则变形时空序列 $\boldsymbol{X}$ 可进一步表达为

$$\begin{cases} \boldsymbol{X} = \hat{\boldsymbol{X}} + \boldsymbol{E} \\ \hat{\boldsymbol{X}} = t_1 \boldsymbol{p}_1 + t_2 \boldsymbol{p}_2 + \cdots + t_i \boldsymbol{p}_i + \cdots t_l \boldsymbol{p}_l \qquad (i = 1, 2, \cdots, l) \\ \boldsymbol{E} = t_{l+1} \boldsymbol{p}_{l+1} + t_{l+2} \boldsymbol{p}_{l+2} + \cdots + t_j \boldsymbol{p}_j + \cdots t_m \boldsymbol{p}_m \quad (j = l+1, l+2, \cdots, m) \end{cases} \qquad (4.4.14)$$

因此，主成分效应量的提取过程可视为将 $\boldsymbol{X}$ 分别投影到由 $\boldsymbol{p}_1$、$\boldsymbol{p}_2$、$\cdots$、$\boldsymbol{p}_l$ 构成的主成分空间（PCS）和由 $\boldsymbol{p}_{l+1}$、$\boldsymbol{p}_{l+2}$、$\cdots$、$\boldsymbol{p}_m$ 构成的残差空间（RS）上。基于上述研究，下面给出高拱坝变形主成分效应量和残差效应量的提取步骤。

（2）提取步骤。

1）步骤 1：将高拱坝原始变形时空序列 $\boldsymbol{X} = (\boldsymbol{x}_1, \boldsymbol{x}_2, \cdots, \boldsymbol{x}_j, \cdots, \boldsymbol{x}_m)$ 标准化后得到新的序列 $\overline{\boldsymbol{X}} = (\overline{\boldsymbol{x}}_1, \overline{\boldsymbol{x}}_2, \cdots, \overline{\boldsymbol{x}}_i, \cdots \overline{\boldsymbol{x}}_m)$，以消除量级差异带来的影响，进而计算标准化后时空序列 $\overline{\boldsymbol{X}}$ 的相关系数矩阵 $\boldsymbol{R}$，即

$$\boldsymbol{R} = \begin{bmatrix} r_{11} & r_{12} & \vdots & r_{1j} & \vdots & r_{1m} \\ r_{21} & r_{22} & \vdots & r_{2j} & \vdots & r_{2m} \\ \cdots & \cdots & \ddots & \cdots & \ddots & \cdots \\ r_{i1} & r_{i2} & \vdots & r_{ij} & \vdots & r_{im} \\ \cdots & \cdots & \ddots & \cdots & \ddots & \cdots \\ r_{m1} & r_{m2} & \vdots & r_{mj} & \vdots & r_{mm} \end{bmatrix} \qquad (4.4.15)$$

其中
$$r_{ij} = \frac{1}{n-1} \sum_{k=1}^{n} \overline{x}_{ik} \overline{x}_{jk} \quad (i, j = 1, 2, \cdots, m) \qquad (4.4.16)$$

式中　$r_{ij}$——时间序列 $\overline{x}_i$ 和 $\overline{x}_j$ 的相关系数。

2）步骤 2：求解相关系数矩阵 $\boldsymbol{R}$ 的特征值 $\lambda$ 和特征向量矩阵 $\boldsymbol{P}$，即

$$(\boldsymbol{R} - \lambda \boldsymbol{I}) \boldsymbol{P} = 0 \qquad (4.4.17)$$

式中　$\boldsymbol{I}$——$m$ 阶的单位矩阵。

3）步骤 3：评价新效应量 $t_1 \sim t_m$ 对高拱坝原始变形时空序列的解释能力，即

$$e_i = \frac{\lambda_i}{\sum\limits_{j=1}^{m} \lambda_j} \times 100\% \quad (i, j = 1, 2, \cdots, m) \qquad (4.4.18)$$

4）步骤 4：采用累积贡献率法确定主成分效应量的个数 $l$，要求 $\sum\limits_{i=1}^{l} e_i$ 达到 90% 以上，而剩余部分即为残差效应量。

**2. 高拱坝变形时空序列奇异数据识别实施方法**

通过上述研究成果，可提取出高拱坝变形主成分效应量和残差效应量，在此基础上，研究高拱坝变形时空序列奇异数据识别方法，识别过程中需要解决以下两个问题：①如何判断高拱坝变形时空序列中是否存在奇异数据；②如果存在奇异数据，如何判断存在于哪个监测点。具体的实施步骤如下：

1）步骤 1：计算任意时刻 $j$ 高拱坝变形时空序列的误差平方和统计量 $SPE$ 可表示为

$$SPE_j = (X_j - \hat{X}_j)^2 = \sum_{i=1}^{m}(X_{ij} - \hat{X}_{ij})^2 \tag{4.4.19}$$

式中 $m$——测点数目；

$X_j$——$j$ 时刻高拱坝测点变形监测值，$\hat{X}_j$ 由式（4.4.14）计算得到。

2）步骤 2：计算 $SPE$ 统计量控制限，当显著性水平为 $\alpha$ 时，$SPE$ 统计量控制限计算公式为

$$SPE_\alpha = \theta_1 \left[ \frac{C_\alpha \sqrt{2\theta_2 h_0^2}}{\theta_1} + 1 + \frac{\theta_2 h_0(h_0-1)}{\theta_1} \right]^{\frac{1}{h_0}} \tag{4.4.20}$$

$$\theta_i = \sum_{j=l+1}^{m} \lambda_j^i \quad (i=1,2,3) \tag{4.4.21}$$

$$h_0 = 1 - \frac{2\theta_1\theta_3}{3\theta_2^2} \tag{4.4.22}$$

式中 $\lambda_j$——相关系数矩阵 $\boldsymbol{R}$ 的特征值；

$C_\alpha$——显著性水平为 $\alpha$ 时正态分布的值；

$l$——高拱坝变形时空序列主成分的个数。

3）步骤 3：基于 $SPE$ 统计量与控制限的关系，判断高拱坝变形序列是否存在奇异数据。

具体可归纳为如图 4.4.3 所示的 3 种情形，情形一未超过控制限，此时高拱坝变形时空序列中不存在奇异数据；情形二 $SPE$ 统计量在一段时间内超过控制限后又恢复至正常范围，此时高拱坝变形时空序列中存在斑点型奇异数据；情形三 $SPE$ 统计量发生突跳，并超过了控制限，此时高拱坝变形时空序列中存在孤立型奇异数据。如果存在奇异数据，则执行步骤 4。

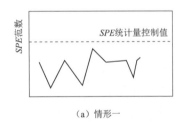 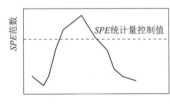 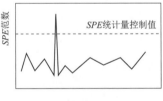

（a）情形一　　　　　　（b）情形二　　　　　　（c）情形三

图 4.4.3　$SPE$ 统计量与控制限的关系图

4）步骤 4：$j$ 时刻测点 $i$ 对 $SPE_j$ 统计量超限的贡献度 $Cspe_i$ 可表示为

$$SPE_j = \sum_{i=1}^{m}(X_{ij} - \hat{X}_{ij})^2 = \sum_{i=1}^{m} Cspe_i \tag{4.4.23}$$

式（4.4.23）中，$Cspe$ 统计量越大的测点，对 $SPE$ 统计量超限的贡献度越大，如图 4.4.4 所示，因此 $Cspe$ 统计量量最大的测点，即可定位为存在奇异数据的测点。

#### 4.4.1.2　高拱坝变形时空序列奇异数据估计模型

识别并剔除高拱坝变形时空序列中的奇异数据后，原始变形序列被划分为若干段，如图 4.4.5 所示，进一步需估计剔除部分的真实值，具体可归纳为 2 种形式：①单点型，如

图 4.4.5 中的 Case 1,此时可直接采用插值方法估计,如分段线性插值、临近插值、三次 Hermite 插值等,即可满足精度要求;②时段型,如图 4.4.5 中的 Case 2,此时仅通过插值方法估计不能满足要求,本节基于高拱坝多测点变形间的协整关系,研究并提出高拱坝变形时空序列奇异数据估计模型。

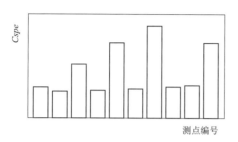

图 4.4.4 $Cspe$ 统计量分布图

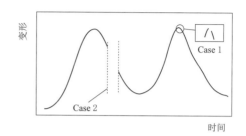

图 4.4.5 需估计的两种奇异数据

**1. 高拱坝变形时间序列的协整关系**

本节首先研究高拱坝变形时间序列单整、协整以及协整性检验方法,据此为奇异数据估计提供技术支持。

(1) 单整和协整。假设高拱坝共有 $m$ 个变形监测点,监测得到的变形时空序列可表达为 $\{\boldsymbol{y}_1, \boldsymbol{y}_2, \cdots, \boldsymbol{y}_i, \cdots, \boldsymbol{y}_m\}$,一般来说,任一变形时间序列 $\boldsymbol{y}_i$ 均为非平稳时间序列,如果非平稳时间序列 $\boldsymbol{y}_i$ 经过 $d$ 阶差分后,成为平稳时间序列,则称 $\boldsymbol{y}_i$ 为 $d$ 阶单整,特殊的,平稳时间序列属于 0 阶单整;如果 $m$ 个 $d$ 阶单整时间序列 $\boldsymbol{y}_1$、$\boldsymbol{y}_2$、$\cdots$、$\boldsymbol{y}_i$、$\cdots$、$\boldsymbol{y}_m$ 通过线性组合后所得的余量 $\boldsymbol{\varepsilon}$ 是平稳时间序列,则称 $\boldsymbol{y}_1$、$\boldsymbol{y}_2$、$\cdots$、$\boldsymbol{y}_i$、$\cdots$、$\boldsymbol{y}_m$ 协整,即

$$\boldsymbol{\varepsilon} = \beta_1 \boldsymbol{y}_1 + \beta_2 \boldsymbol{y}_2 + \beta_3 \boldsymbol{y}_3 + \cdots + \beta_m \boldsymbol{y}_m \tag{4.4.24}$$

式中　　　　　　　　$\boldsymbol{\varepsilon}$——余量序列;

$[\beta_1 \quad \beta_2 \quad \cdots \quad \beta_i \quad \cdots \quad \beta_m]$——协整向量。

协整关系反映了多个时间序列之间的长期均衡关系,下面研究协整关系的检验方法。

(2) 协整检验方法。采用 EG 法检验高拱坝变形时间序列 $\boldsymbol{y}_1$、$\boldsymbol{y}_2$、$\cdots$、$\boldsymbol{y}_i$、$\cdots$、$\boldsymbol{y}_m$ 之间是否存在协整关系,检验步骤如下:

1) 步骤 1:建立高拱坝变形时间序列 $\boldsymbol{y}_1$、$\boldsymbol{y}_2$、$\cdots$、$\boldsymbol{y}_i$、$\cdots$、$\boldsymbol{y}_m$ 间的线性回归方程,即

$$\boldsymbol{y}_1 = \beta_2 \boldsymbol{y}_2 + \beta_3 \boldsymbol{y}_3 + \cdots + \beta_m \boldsymbol{y}_m + \boldsymbol{\varepsilon} \tag{4.4.25}$$

2) 步骤 2:采用单位根检验方法(augmented dickey - fuller,ADF)检验余量序列 $\boldsymbol{\varepsilon}$ 的平稳性,如果余量序列是平稳的,则变形时间序列 $\boldsymbol{y}_1$、$\boldsymbol{y}_2$、$\cdots$、$\boldsymbol{y}_i$、$\cdots$、$\boldsymbol{y}_m$ 间存在协整关系,相应的协整向量为 $[1 - \beta_2 - \beta_3 \cdots - \beta_i \cdots - \beta_m)$,协整余量为 $\boldsymbol{\varepsilon}$,否则不存在协整关系。

**2. 高拱坝变形奇异数据估计实施方法**

假设高拱坝共有 $n$ 个变形监测点,其中 $m$ 个变形时间序列存在奇异数据,记为 $\boldsymbol{\delta}_1$、$\boldsymbol{\delta}_2$、$\cdots$、$\boldsymbol{\delta}_h$、$\cdots$、$\boldsymbol{\delta}_m$,不存在奇异数据的变形时间序列记为 $\boldsymbol{\zeta}_1$、$\boldsymbol{\zeta}_2$、$\cdots$、$\boldsymbol{\zeta}_i$、$\cdots$、$\boldsymbol{\zeta}_{n-m}$,如果 $\boldsymbol{\delta}_h$ ($h=1, 2, \cdots, m$) 与 $\boldsymbol{\zeta}_1$、$\boldsymbol{\zeta}_2$、$\cdots$、$\boldsymbol{\zeta}_i$、$\cdots$、$\boldsymbol{\zeta}_{n-m}$ 的某种组合存在如下关系:

$$\boldsymbol{\delta}_h = \sum_{j=1}^{a_1} \lambda_{1j} \zeta_1{}^j + \sum_{j=1}^{a_2} \lambda_{2j} \zeta_2{}^j + \cdots + \sum_{j=1}^{a_i} \lambda_{ij} \zeta_i{}^j + \cdots + \sum_{j=1}^{a_{n-m}} \lambda_{(n-m)j} \zeta_{n-m}{}^j + \lambda_0 + \boldsymbol{\varepsilon}$$

（4.4.26）

式中　$\lambda_{ij}$——变形时间序列 $\zeta_i^j$ 的系数，其中 $i=1，2，\cdots，n-m$；$j=1，2，\cdots，a_i$；

$\quad\quad a_i$——变形时间序列 $\zeta_i^j$ 的最高次数；

$\quad\quad \lambda_0$——常数项；

$\quad\quad \boldsymbol{\varepsilon}$——余量序列。

特殊的，若 $a_i$ 均为 1，则式（4.4.26）退化为

$$\delta_h = \lambda_1 \zeta_1 + \lambda_2 \zeta_2 + \cdots + \lambda_{n-m} \zeta_{n-m} + \lambda_0 + \varepsilon \tag{4.4.27}$$

如果式（4.4.26）和式（4.4.27）的余量序列 $\varepsilon$ 为平稳时间序列，则说明 $\boldsymbol{\delta}_h$（$h=1$，$2，\cdots，m$）与 $\zeta_1$、$\zeta_2$、$\cdots$、$\zeta_i$、$\cdots$、$\zeta_{n-m}$ 存在协整关系，即可通过该协整关系估计奇异数据，下面给出奇异数据估计的实施步骤：

（1）步骤 1：确定 $\zeta_i$ 的最高次数 $a_i$。

（2）步骤 2：基于最小二乘法，估计 $\zeta_i^j$ 的系数 $\lambda_{ij}$，并得到余量序列 $\varepsilon$。

（3）步骤 3：基于单位根法（ADF）检验余量序列 $\varepsilon$ 的平稳性，若余量序列 $\varepsilon$ 为平稳时间序列，则执行步骤 4，若余量序列 $\varepsilon$ 为非平稳时间序列，则更换测点重新执行步骤 1～步骤 3。

（4）步骤 4：基于 $\delta_h$ 与 $\zeta_1$、$\zeta_2$、$\cdots$、$\zeta_i$、$\cdots$、$\zeta_{n-m}$ 的协整关系估计 $\delta_h$ 中存在的奇异数据。

（5）步骤 5：重新执行高拱坝变形时空序列奇异数据的识别过程，若仍存在奇异数据，重复执行步骤 1～步骤 4，直至奇异数据被全部处理。

基于上述研究，可有效地处理高拱坝变形时空序列中的奇异数据，以此为基础，下面研究高拱坝变形性态时空评定方法。

## 4.4.2　高拱坝变形性态主成分分析模型评定方法

变形主成分效应量可表征高拱坝变形性态的主要变化特征，本节结合分数阶黏弹性有限元分析，以高拱坝变形时空变化特征相似区域为建模单位，通过构建高拱坝变形性态主成分分析模型，研究高拱坝变形性态评定准则和方法。

### 4.4.2.1　高拱坝变形主成分分量表征方法

假设已将高拱坝变形性态划分为若干个区域，某变形区内有 $m$ 个测点，且已提取出 $l$ 个主成分效应量，记为 $\delta^{pc(1)}$、$\delta^{pc(2)}$、$\cdots$、$\delta^{pc(i)}$、$\cdots$、$\delta^{pc(l)}$，分别称为第 1 主成分、第 2 主成分、$\cdots$、第 $i$ 主成分、$\cdots$、第 $l$ 主成分，其表征了 $m$ 个测点的主要变形特征，由主成分提取原理可知：

$$
\begin{aligned}
\delta^{pc(i)} &= p_{i1}\delta^1 + p_{i2}\delta^2 + \cdots + p_{ij}\delta^j + \cdots + p_{im}\delta^m \\
&= p_{i1}(\delta_H^1 + \delta_T^1 + \delta_\theta^1) + p_{i2}(\delta_H^2 + \delta_T^2 + \delta_\theta^2) + \cdots + p_{ij}(\delta_H^j + \delta_T^j + \delta_\theta^j) + \cdots + p_{im}(\delta_H^m + \delta_T^m + \delta_\theta^m) \\
&= \sum_{j=1}^m p_{ij}\delta_H^j + \sum_{j=1}^m p_{ij}\delta_T^j + \sum_{j=1}^m p_{ij}\delta_\theta^j
\end{aligned}
$$

（4.4.28）

式中　$p_{i1}$、$p_{i2}$、$\cdots$、$p_{ij}$、$\cdots$、$p_{im}$——第 $i$ 主成分对应的特征向量；

$j$——变形监测点编号；

$\delta^1$、$\delta^2$、$\cdots$、$\delta^j$、$\cdots$、$\delta^m$——测点 1、2、$\cdots$、$j$、$\cdots$、$m$ 标准化后的变形监测值；

$\delta_H^1$、$\delta_H^2$、$\cdots$、$\delta_H^j$、$\cdots$、$\delta_H^m$——测点 1、2、$\cdots$、$j$、$\cdots$、$m$ 的变形水压分量；

$\delta_T^1$、$\delta_T^2$、$\cdots$、$\delta_T^j$、$\cdots$、$\delta_T^m$——测点 1、2、$\cdots$、$j$、$\cdots$、$m$ 的变形温度分量；

$\delta_\theta^1$、$\delta_\theta^2$、$\cdots$、$\delta_\theta^j$、$\cdots$、$\delta_\theta^m$——测点 1、2、$\cdots$、$j$、$\cdots$、$m$ 的变形时效分量。

将式（4.4.28）的第 1 项称为变形主成分水压分量，将第 2 项称为变形主成分温度分量，将第 3 项称为变形主成分时效分量，下面研究上述 3 种变形主成分分量的数学表征方法。

**1. 变形主成分水压分量**

基于分数阶数值分析方法，可计算得到库水压力作用下高拱坝某测点 $j$（$j=1$，2，$\cdots$，$m$）的变形值 $\delta_H^j$，其与库水深 $H$ 的关系可用 4 次多项式表征，4 次多项式的拟合系数记为 $a_{jn}$（$n=1$，2，3，4），在此基础上，引入调整系数 $X_j$，可得到高拱坝测点 $j$ 变形水压分量的表达式，即式（4.1.142），结合式（4.4.28），可推导得到变形第 $i$ 主成分 $\delta^{pc(i)}$ 水压分量 $\delta_H^{pc(i)}$ 的表达式为

$$\delta_H^{pc(i)} = \sum_{j=1}^{m} p_{ij} X_j \sum_{n=1}^{4} a_{jn} H^n \tag{4.4.29}$$

式中　$p_{i1}$、$p_{i2}$、$\cdots$、$p_{im}$——第 $i$ 主成分对应的特征向量。

**2. 变形主成分温度分量**

当高拱坝坝体和边界布置有足够数目的温度计且观测连续时，高拱坝某测点 $j$（$j=1$，2，$\cdots$，$m$）的变形温度分量可表达为式（4.1.143），结合式（4.4.28），可推导得到变形第 $i$ 主成分 $\delta^{pc(i)}$ 温度分量 $\delta_T^{pc(i)}$ 的表达式为

$$\delta_T^{pc(i)} = \sum_{j=1}^{m} p_{ij} \sum_{s=1}^{m_1} b_{js} T_s(t) \tag{4.4.30}$$

式中　$p_{ij}$——第 $i$ 主成分对应的特征向量；

$m_1$——坝体温度计数目；

$T_s(t)$——第 $s$（$s=1$，2，$\cdots$，$m_1$）支温度计的变温值。

若采用平均温度和等效梯度为温度因子，即式（4.1.144），结合式（4.4.28），可推导得到变形第 $i$ 主成分 $\delta^{pc(i)}$ 温度分量 $\delta_T^{pc(i)}$ 的表达式为

$$\delta_T^{pc(i)} = \sum_{j=1}^{m} p_{ij} \left[ \sum_{s=1}^{m_1} b_{1js} \overline{T}_s + \sum_{s=1}^{m_1} b_{2js} \beta_s \right] \tag{4.4.31}$$

式中　$p_{ij}$——第 $i$ 主成分对应的特征向量；

$j$——变形监测点编号，$j=1$，2，$\cdots$，$m$；

$s$——温度计的层号，$s=1$，2，$\cdots$，$m_1$；

$\beta_s$——第 $s$ 层的温度梯度，可采用式（4.1.145）计算；

$\overline{T}_s$——第 $s$ 层的平均温度，可采用式（4.1.145）计算。

当无混凝土温度资料或观测不连续时，需借助气温、水温等监测资料或简谐波函数构建变形主成分温度分量。如果采用式（4.1.146）表征高拱坝某点的变形温度分量，结合

式 (4.4.28), 可推导得到变形第 $i$ 主成分 $\delta^{\mathrm{pc}(i)}$ 温度分量 $\delta_T^{\mathrm{pc}(i)}$ 的表达式为

$$\delta_T^{\mathrm{pc}(i)} = \sum_{i=1}^{m} p_{ij} \sum_{s=1}^{m_3} \left( b_{1js} \sin \frac{2\pi it}{365} + b_{2js} \cos \frac{2\pi it}{365} \right) \tag{4.4.32}$$

式中　$p_{ij}$——第 $i$ 主成分对应的特征向量;

　　　$j$——变形监测点编号, $j=1$, $2$, $\cdots$, $m$;

　　　$m_3$——简谐波组数, $m_3 = 1$ 为年周期, $m_3 = 2$ 为半年周期。

如果采用式 (4.1.147) 表征高拱坝某点的变形温度分量, 结合式 (4.4.28), 可推导得到变形第 $i$ 主成分 $\delta^{\mathrm{pc}(i)}$ 温度分量 $\delta_T^{\mathrm{pc}(i)}$ 的表达式为

$$\delta_T^{\mathrm{pc}(i)} = \sum_{j=1}^{m} p_{ij} \sum_{n=1}^{m_2} b_{jn} T_n(t) \tag{4.4.33}$$

式中　$p_{ij}$——第 $i$ 主成分对应的特征向量;

　　　$j$——变形监测点编号, $j=1$, $2$, $\cdots$, $m$;

　　　$T_n(t)$——前 $n$ 天的平均气温 (或水温)。

3. 变形主成分时效分量

基于分数阶数值分析模型, 可计算得到在长期荷载作用下高拱坝某测点 $j$ ($j=1$, $2$, $\cdots$, $m$) 的变形时效分量 $\delta_\theta^j$, 其可用式 (4.1.148) 表征, 系数分别记为 $c_{j1}$ 和 $c_{j2}$, 结合式 (4.4.28), 则可推导得到变形第 $i$ 主成分 $\delta^{\mathrm{pc}(i)}$ 时效分量 $\delta_\theta^{\mathrm{pc}(i)}$ 的表达式为

$$\delta_\theta^{\mathrm{pc}(i)} = \sum_{j=1}^{m} p_{ij} (c_{j1}\theta + c_{j2}\ln\theta) \tag{4.4.34}$$

式中　$p_{ij}$——第 $i$ 主成分对应的特征向量;

　　　$\theta$——监测日 $t$ 至始测日 $t_0$ 的累积天数除以 100。

值得说明的是, 变形主成分时效分量 $\delta_\theta^{\mathrm{pc}(i)}$ 表征了高拱坝某区域的趋势性变形, 是评定高拱坝变形性态是否正常的一个重要依据, 具体有以下 3 种情况: ①收敛趋势; ②线性增大趋势; ③加速增大趋势。3 种变化趋势如图 4.4.6 所示。

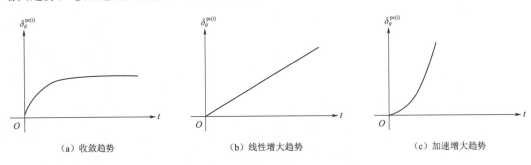

（a）收敛趋势　　　　　　　　（b）线性增大趋势　　　　　　　　（c）加速增大趋势

图 4.4.6　高拱坝某区域变形 3 种变化趋势

## 4.4.2.2　高拱坝变形性态主成分分析模型构建方法

4.4.2.1 节研究了高拱坝变形主成分水压分量、温度分量、时效分量的表征方法, 在此基础上, 通过合理选择各因子的表达式, 即可建立高拱坝变形性态主成分分析模型。

若高拱坝坝体布置足够数目的温度计且观测连续, 则高拱坝变形第 $i$ 主成分分析模型可表达为

$$\hat{\delta}^{pc(i)} = a_0 + \sum_{j=1}^{m} p_{ij} X_j \sum_{n=1}^{4} a_{jn} H^n + \sum_{j=1}^{m} p_{ij} \left( \sum_{s=1}^{m_1} b_{1js} \overline{T}_s + \sum_{s=1}^{m_1} b_{2js} \beta_s \right) + \sum_{j=1}^{m} p_{ij} (c_{j1}\theta + c_{j2}\ln\theta)$$

(4.4.35)

若无混凝土温度资料或观测不连续，则高拱坝变形第 $i$ 主成分分析模型可表达为

$$\hat{\delta}^{pc(i)} = a_0 + \sum_{j=1}^{m} p_{ij} X_j \sum_{n=1}^{4} a_{jn} H^n + \sum_{j=1}^{m} p_{ij} \sum_{s=1}^{m_3} \left( b_{1js} \sin\frac{2\pi it}{365} + b_{2js} \cos\frac{2\pi it}{365} \right) + \sum_{j=1}^{m} p_{ij} (c_{j1}\theta + c_{j2}\ln\theta)$$

(4.4.36)

基于上述分析，得出高拱坝变形性态主成分分析模型建模步骤如下：

(1) 步骤 1：基于第 4 章提出的参数反演方法，反演高拱坝弹性与黏弹性物理力学参数。

(2) 步骤 2：利用分数阶数值分析方法计算若干组特征水位作用下高拱坝测点 $j$ 的瞬时变形，通过最小二乘法拟合系数 $a_{jn}$，并计算长期荷载作用下高拱坝测点 $j$ 的时效变形，通过最小二乘法拟合系数 $c_{j1}$ 和 $c_{j2}$。

(3) 步骤 3：构建目标函数为

$$\text{Min } Q = \sum \left[ \delta^{pc(i)}(t) - \hat{\delta}^{pc(i)}(t) \right]^2$$

(4.4.37)

式中    $\delta^{pc(i)}(t)$——高拱坝变形第 $i$ 主成分；

         $\hat{\delta}^{pc(i)}(t)$——基于式（4.4.35）或式（4.4.36）计算得到的变形第 $i$ 主成分。

(4) 步骤 4：基于最小二乘原理，对式（4.4.37）取偏导数可得

$$\frac{\partial Q}{\partial X_j} = 0 \qquad \frac{\partial Q}{\partial b_{1js}} = 0 \qquad \frac{\partial Q}{\partial b_{2js}} = 0$$

(4.4.38)

利用式（4.4.38）可计算得到高拱坝变形性态主成分分析模型中 $X_j$、$b_{1js}$、$b_{2js}$ 等参数。

经过上述分析，可得到由式（4.4.35）或式（4.4.36）表示的高拱坝变形性态主成分分析模型，下面研究相应的变形性态评定准则。

### 4.4.2.3 高拱坝变形性态主成分分析模型评定准则

假设高拱坝某变形区内有 $m$ 个监测点，每个测点有 $n$ 个变形监测数据，$\boldsymbol{X} = (\boldsymbol{x}_1, \boldsymbol{x}_2, \cdots, \boldsymbol{x}_j, \cdots, \boldsymbol{x}_m)$ 为原始变形时空序列，提取出变形主成分个数为 $l$，其组成的矩阵 $T = (\boldsymbol{t}_1, \boldsymbol{t}_2, \cdots, \boldsymbol{t}_j, \cdots, \boldsymbol{t}_l)$ 可表示为

$$\boldsymbol{T} = (\boldsymbol{t}_1, \boldsymbol{t}_2, \cdots, \boldsymbol{t}_j, \cdots, \boldsymbol{t}_l) = \begin{bmatrix} t_{11} & t_{12} & \cdots & t_{1j} & \cdots & t_{1l} \\ t_{21} & t_{22} & \cdots & t_{2j} & \cdots & t_{2l} \\ \vdots & \vdots & \ddots & \vdots & \ddots & \vdots \\ t_{i1} & t_{i2} & \cdots & t_{ij} & \cdots & t_{il} \\ \vdots & \vdots & \ddots & \vdots & \ddots & \vdots \\ t_{n1} & t_{n2} & \cdots & t_{nj} & \cdots & t_{nl} \end{bmatrix}$$

(4.4.39)

可知 $\boldsymbol{t}_1$、$\boldsymbol{t}_2$、$\cdots$、$\boldsymbol{t}_j$、$\cdots$、$\boldsymbol{t}_l$ 互相独立，由于变形主成分个数 $l$ 一般大于 1，在拟定变形主成分控制值时，传统的单变量统计理论（如典型小概率法、置信区间法等）难以解决，因此基于多元统计理论，研究高拱坝变形主成分控制值的拟定方法。

设 $X_i$（$i=1$，2，$\cdots$，$n$）相互独立，且 $X_i \sim N_p$（0，$\Sigma$），记 $\boldsymbol{X}=(X_1$，$X_2$，$\cdots$，$X_i$，$\cdots$，$X_n)$，则随机矩阵 $\boldsymbol{W}=\boldsymbol{X}\boldsymbol{X}^{\mathrm{T}}=\sum\limits_{i=1}^{n}\boldsymbol{X}_i\boldsymbol{X}_i^{\mathrm{T}}$ 服从自由度为 $n$ 的 $p$ 维 Wishart 分布，简记为 $\boldsymbol{W}\sim W_p(n$，$\Sigma)$，特殊的，若 $p=1$，则 $\Sigma$ 退化为 $\sigma^2$，此时 Wishart 分布将退化为 $\chi^2$ 分布。对于相互独立的 $\boldsymbol{W}$ 和 $\boldsymbol{X}=(X_1$，$X_2$，$\cdots$，$X_i$，$\cdots$，$X_n)$，若 $\boldsymbol{W}\sim W_p(n$，$\Sigma)$，$X_i \sim N_p$（0，$\Sigma$），$c>0$，$n\gg p$，$\Sigma\gg\boldsymbol{O}$，则随机变量 $T^2$，其表达式为

$$T^2=\frac{n}{c}\boldsymbol{X}^{\mathrm{T}}\boldsymbol{W}^{-1}\boldsymbol{X} \tag{4.4.40}$$

服从第一自由度为 $p$、第二自由度为 $n$ 的 Hotelling $T^2$ 分布，Hotelling $T^2$ 分布与 $F$ 分布的关系为

$$\frac{n-p+1}{np}T^2 \sim F(p,n-p+1) \tag{4.4.41}$$

数学已证明，主成分空间中 Hotelling $T^2$ 统计量可表达为

$$T^2=\boldsymbol{v}_i\boldsymbol{\Lambda}^{-1}\boldsymbol{v}_i^{\mathrm{T}} \tag{4.4.42}$$

式中　$\boldsymbol{v}_i$——$\boldsymbol{T}$ 的第 $i$ 行；

　　$\boldsymbol{\Lambda}$——相关系数矩阵 $\boldsymbol{R}$ 的特征值 $\lambda_i$ 组成的对角矩阵。

基于式（4.4.42）可求取 Hotelling $T^2$ 统计量的控制限，若置信度水平取为 $\alpha$ 时，主成分空间中 Hotelling $T^2$ 统计量控制限可表示为

$$T_\alpha^2=\frac{(n-1)l}{n-l}F_\alpha(l,n-l) \tag{4.4.43}$$

式中　$l$——变形主成分个数；

　　$n$——测点监测值的个数。

基于高拱坝某区域变形趋势性和变形主成分是否超过控制值，可将高拱坝某区域变形性态划分为正常、基本正常、异常三种状态。

（1）正常：所有变形主成分 $\delta^{\mathrm{pc}(i)}$（$i=1$，2，$\cdots$，$l$）的时效分量 $\delta_\theta^{\mathrm{pc}(i)}$ 均逐渐趋于稳定，即对于任意 $i$，满足

$$\frac{\mathrm{d}\delta_\theta^{\mathrm{pc}(i)}}{\mathrm{d}t}=0 \quad 或 \quad \frac{\mathrm{d}\delta_\theta^{\mathrm{pc}(i)}}{\mathrm{d}t}\neq 0 \quad \frac{\mathrm{d}^2\delta_\theta^{\mathrm{pc}(i)}}{\mathrm{d}t^2}<0 \tag{4.4.44}$$

且 Hotelling $T^2$ 统计量小于一级控制值内 $T_{\alpha 1}^2$，即

$$T^2<T_{\alpha 1}^2 \tag{4.4.45}$$

此时高拱坝该区域变形性态正常。

（2）基本正常：存在任一变形主成分 $\delta^{\mathrm{pc}(i)}$ 的时效分量 $\delta_\theta^{\mathrm{pc}(i)}$ 有发展的趋势，即存在任一 $i$，满足

$$\frac{\mathrm{d}^2\delta_\theta^{\mathrm{pc}(i)}}{\mathrm{d}t^2}\neq 0 \tag{4.4.46}$$

且 Hotelling $T^2$ 统计量小于一级控制值 $T_{\alpha 1}^2$，即

$$T^2<T_{\alpha 1}^2 \tag{4.4.47}$$

则高拱坝该区域变形性态基本正常，需关注后期发展状况。

（3）异常：存在任一变形主成分 $\delta^{\mathrm{pc}(i)}$ 的时效分量 $\delta_{\theta}^{\mathrm{pc}(i)}$ 有发展的趋势，即存在任一 $i$，满足

$$\frac{\mathrm{d}^2 \delta_{\theta}^{\mathrm{pc}(i)}}{\mathrm{d}t^2} \neq 0 \tag{4.4.48}$$

且 Hotelling $T^2$ 统计量介于一级控制值 $T_{a1}^2$ 和二级控制值 $T_{a2}^2$ 之间，即

$$T_{a1}^2 \leqslant T^2 < T_{a2}^2 \tag{4.4.49}$$

此时高拱坝该区域变形性态异常，需要进行成因分析。值得指出的是，此时如果 Hotelling $T^2$ 统计量大于等于二级控制值 $T_{a2}^2$，即

$$T^2 \geqslant T_{a2}^2 \tag{4.4.50}$$

此时高拱坝处于险情状态，需立即检查大坝运行状况，并采取相应的处理措施。

综上所述，经对高拱坝所有变形区域建立主成分分析模型，可利用式（4.4.44）～式（4.4.50）对高拱坝变形性态进行评定。

### 4.4.3 高拱坝变形性态时空变形场分析模型评定方法

高拱坝变形性态时空变形场分析模型能综合表征多测点变形间的相互关系，本节结合分数阶黏弹性有限元分析和多元统计理论，视高拱坝变形性态时空变化特征相似区域为基本分析单位，通过建立时空变形场分析模型，研究高拱坝变形性态评定准则与方法。

#### 4.4.3.1 高拱坝变形分量场的表征方法

在如图 4.4.7 所示的空间坐标系中，高拱坝时空变形场可表达为

$$\boldsymbol{\delta} = f(t, x, y, z) \tag{4.4.51}$$

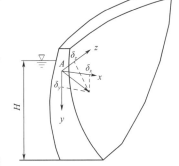

图 4.4.7 高拱坝空间坐标系

式中    $t$——时间；

  $x$、$y$、$z$——空间坐标变量。

式（4.4.51）可分解为径向变形、切向变形和垂直变形，即

$$\boldsymbol{f}(t, x, y, z) = u(t, x, y, z)\boldsymbol{i} + x(t, x, y, z)\boldsymbol{j} + x(t, x, y, z)\boldsymbol{k} \tag{4.4.52}$$

式中   $u$——径向变形；

    $v$——切向变形；

    $w$——垂直变形。

每个变形矢量按其成因可分为水压分量、温度分量和时效分量，即

$$\begin{aligned} \boldsymbol{f}(t, x, y, z) &= \boldsymbol{f}_1(H, x, y, z) + \boldsymbol{f}_2(T, x, y, z) + \boldsymbol{f}_3(\theta, x, y, z) \\ &= \boldsymbol{f}_1[f(H), g(x, y, z)] + \boldsymbol{f}_2[f(T), g(x, y, z)] + \boldsymbol{f}_3[f(\theta), g(x, y, z)] \end{aligned} \tag{4.4.53}$$

式中     $\boldsymbol{f}(t, x, y, z)$——某变形矢量场；

    $\boldsymbol{f}_1(H, x, y, z)$——变形水压分量场；

    $\boldsymbol{f}_2(T, x, y, z)$——变形温度分量场；

    $\boldsymbol{f}_3(\theta, x, y, z)$——变形时效分量场；

$f(H)$、$f(T)$、$f(\theta)$——某点的变形水压分量、温度分量和时效分量。

单点变形分量的表征方法已在4.3.1节研究，在此基础上，本节研究高拱坝变形分量场的表征方法。

**1. 高拱坝变形水压分量场**

高拱坝变形水压分量场可表示为

$$f_1(H,x,y,z)=f_1[f_H,g(x,y,z)] \tag{4.4.54}$$

其中

$$g(x,y,z)=\sum_{l,m,n=0}^{3}a_{lmn}x^l y^m z^n \tag{4.4.55}$$

式中　$f(H)$——坝体或坝基某点的变形水压分量，可用式（4.2.7）表示；

$g(x,y,z)$——在定义域 $\Omega$ 内连续，可用多元幂级数展开；

$a_{lmn}$——多元幂级数各项的系数。

将式（4.2.7）与式（4.4.55）代入式（4.4.54）中，展开多元幂级数，归并同类项，可得到高拱坝变形水压分量场的表达式为

$$f_1(H,x,y,z)=\sum_{k=1}^{4}\sum_{l,m,n=0}^{3}A_{klmn}H^k x^l y^m z^n \tag{4.4.56}$$

式中　$A_{klmn}$——高拱坝变形水压分量场各项的系数。

**2. 高拱坝变形温度分量场**

高拱坝变形温度分量场可表达为

$$f_2(T,x,y,z)=f_2[f(T),g(x,y,z)] \tag{4.4.57}$$

式中　$f(T)$——坝体或坝基某点的变形温度分量，可用式（4.2.9）～式（4.2.11）表征。

若单点变形温度分量以式（4.2.9）和式（4.2.11）表示，将其与式（4.4.55）代入式（4.4.57）中，展开多元幂级数，归并同类项，可得高拱坝变形温度分量场表达式。当有连续的混凝土温度实测资料时，高拱坝变形温度分量场可表示为

$$f_2(T,x,y,z)=\sum_{j,k=1}^{m_2}\sum_{l,m,n}^{3}B_{jklmn}\overline{T}_j\beta_k x^l y^m z^n \tag{4.4.58}$$

式中　$B_{jklmn}$——高拱坝变形温度分量场各项的系数。

若利用多组简谐波表征大坝单点温度变形分量，可得高拱坝变形温度分量场的表达式为

$$f_2(T,x,y,z)=\sum_{j,k=0}^{1}\sum_{l,m,n=0}^{3}B_{jklmn}\sin\frac{2\pi jt}{365}\cos\frac{2\pi kt}{365}x^l y^m z^n \tag{4.4.59}$$

**3. 高拱坝变形时效分量场**

高拱坝变形时效分量场可以表示为

$$f_3(\theta,x,y,z)=f_3[f(\theta),g(x,y,z)] \tag{4.4.60}$$

式中　$f(\theta)$——坝体或坝基某点的变形时效分量。

将式（4.2.12）与式（4.4.55）代入式（4.4.60）中，展开多元幂级数，归并同类项，得到高拱坝变形时效分量场，可表示为

$$f_3(\theta,x,y,z)=\sum_{j,k=1}^{1}\sum_{l,m,n=0}^{3}C_{jklmn}\theta_j\ln\theta_k x^l y^m z^n \tag{4.4.61}$$

式中　$C_{jklmn}$——高拱坝变形时效分量场各项的系数。

#### 4.4.3.2　高拱坝变形性态时空变形场分析模型构建方法

4.4.3.1 节研究了高拱坝变形水压分量场、温度分量场、时效分量场的表征方法，在此基础上，本节研究高拱坝变形性态时空变形场分析模型的构建方法。

若有连续的混凝土温度监测资料，则高拱坝变形性态时空变形场分析模型可表达为

$$\hat{f}(t,x,y,z)=Xf_1(H,x,y,z)+f_2(T,x,y,z)+f_3(\theta,x,y,z)$$

$$=X\sum_{k=0}^{4}\sum_{l,m,n=0}^{3}A_{klmn}H^k x^l y^m z^n+\sum_{j,k=0}^{m_2}\sum_{l,m,n}^{3}B_{jklmn}\overline{T}_j\beta_k x^l y^m z^n+$$

$$\sum_{j,k=0}^{1}\sum_{l,m,n=0}^{3}C_{jklmn}\theta_j\ln\theta_k x^l y^m z^n \tag{4.4.62}$$

若利用多组简谐波表征大坝单点温度变形分量，则高拱坝变形性态时空变形场分析模型可表达为

$$\hat{f}(t,x,y,z)=Xf_1(H,x,y,z)+f_2(T,x,y,z)+f_3(\theta,x,y,z)$$

$$=X\sum_{k=0}^{4}\sum_{l,m,n=0}^{3}A_{klmn}H^k x^l y^m z^n+\sum_{j,k=0}^{1}\sum_{l,m,n=0}^{3}B_{jklmn}\sin\frac{2\pi jt}{365}\cos\frac{2\pi kt}{365}x^l y^m z^n+$$

$$\sum_{j,k=0}^{1}\sum_{l,m,n=0}^{3}C_{jklmn}\theta_j\ln\theta_k x^l y^m z^n \tag{4.4.63}$$

式中　$X$——水压分量调整系数。

基于上述分析，下面给出高拱坝变形性态时空变形场分析模型建模步骤：

(1) 步骤 1：基于 4.1.2 节提出的参数反演方法，反演高拱坝弹性和黏弹性物理力学参数。

(2) 步骤 2：利用分数阶数值分析方法计算若干组特征水位作用下高拱坝的瞬时变形，通过最小二乘法拟合系数 $A_{klmn}$，并计算长期荷载作用下高拱坝的时效变形，通过最小二乘法拟合系数 $C_{jklmn}$。

(3) 步骤 3：构建目标函数为

$$\min Q=\sum[f(t,x,y,z)-\hat{f}(t,x,y,z)]^2 \tag{4.4.64}$$

式中　$f(t,x,y,z)$——高拱坝变形监测值；

$\hat{f}(t,x,y,z)$——基于式 (4.4.62) 或式 (4.4.63) 计算得到的测点变形值。

(4) 步骤 4：基于最小二乘原理，对式 (4.4.64) 取偏导数，可得

$$\frac{\partial Q}{\partial X}=0,\quad\frac{\partial Q}{\partial B_{jklmn}}=0 \tag{4.4.65}$$

利用式 (4.4.65) 可得到高拱坝变形性态时空变形场分析模型中 $X$、$B_{jklmn}$ 等参数。

经上述分析，可得到由式 (4.4.62) 或式 (4.4.63) 表示的高拱坝变形性态时空变形场分析模型，下面研究相应的变形性态评定准则。

#### 4.4.3.3　高拱坝变形性态时空变形场分析模型评定准则

假设已将高拱坝划分为若干个变形相似区域，若某变形区有 $m$ 个测点，对其建立时空变形场分析模型，记 $t$ 时刻第 $i$ 个测点的监测值为 $x_i(t)$，相应的变形场分析模型拟合值为 $\hat{x}_i(t)$，令

$$\boldsymbol{X}=\begin{bmatrix} x_1(t_1)-\hat{x}_1(t_1) & x_2(t_1)-\hat{x}_2(t_1) & \cdots & x_i(t_1)-\hat{x}_i(t_1) & \cdots & x_m(t_1)-\hat{x}_m(t_1) \\ x_1(t_2)-\hat{x}_1(t_2) & x_2(t_2)-\hat{x}_2(t_2) & \cdots & x_i(t_2)-\hat{x}_i(t_2) & \cdots & x_m(t_2)-\hat{x}_m(t_2) \\ \vdots & \vdots & \ddots & \vdots & \ddots & \vdots \\ x_1(t_j)-\hat{x}_1(t_j) & x_2(t_j)-\hat{x}_2(t_j) & \cdots & x_i(t_j)-\hat{x}_i(t_j) & \cdots & x_m(t_j)-\hat{x}_m(t_j) \\ \vdots & \vdots & \ddots & \vdots & \ddots & \vdots \\ x_1(t_n)-\hat{x}_1(t_n) & x_2(t_n)-\hat{x}_2(t_n) & \cdots & x_i(t_n)-\hat{x}_i(t_n) & \cdots & x_m(t_n)-\hat{x}_m(t_n) \end{bmatrix}$$

$$(4.4.66)$$

式中 $n$——监测值个数。

记

$$\boldsymbol{x}_i=\begin{bmatrix} x_i(t_1)-\hat{x}_i(t_1) \\ x_i(t_2)-\hat{x}_i(t_2) \\ \vdots \\ x_i(t_j)-\hat{x}_i(t_j) \\ \vdots \\ x_i(t_n)-\hat{x}_i(t_n) \end{bmatrix}=\begin{bmatrix} \Delta x_i(t_1) \\ \Delta x_i(t_2) \\ \vdots \\ \Delta x_i(t_j) \\ \vdots \\ \Delta x_i(t_n) \end{bmatrix}$$

$$(4.4.67)$$

则 $\boldsymbol{X}=\begin{bmatrix} \boldsymbol{x}_1 & \boldsymbol{x}_2 & \cdots & \boldsymbol{x}_i & \cdots & \boldsymbol{x}_m \end{bmatrix}$。一般认为残差时空序列服从 $m$ 元正态分布,其概率密度函数可表示为

$$f(\boldsymbol{X})=\frac{1}{(\sqrt{2\pi})^m\sqrt{|\boldsymbol{\Sigma}|}}e^{-\frac{1}{2}(\boldsymbol{X}-\boldsymbol{\mu})^{\mathrm{T}}\boldsymbol{\Sigma}^{-1}(\boldsymbol{X}-\boldsymbol{\mu})}$$

$$(4.4.68)$$

其中 $$\boldsymbol{\mu}=\begin{bmatrix} \mu_1,\mu_2,\cdots,\mu_i,\cdots,\mu_m \end{bmatrix}$$

式中 $\mu_i$——$x_i$ 的均值;

$|\boldsymbol{\Sigma}|$——$\boldsymbol{X}$ 协方差矩阵 $\boldsymbol{\Sigma}$ 的行列式,协方差矩阵 $\boldsymbol{\Sigma}$ 可表示为

$$\boldsymbol{\Sigma}=\begin{bmatrix} \Sigma_{11} & \Sigma_{12} & \cdots & \Sigma_{1j} & \cdots & \Sigma_{1m} \\ \Sigma_{21} & \Sigma_{22} & \cdots & \Sigma_{2j} & \cdots & \Sigma_{2m} \\ \vdots & \vdots & \ddots & \vdots & \ddots & \vdots \\ \Sigma_{i1} & \Sigma_{i2} & \cdots & \Sigma_{ij} & \cdots & \Sigma_{im} \\ \vdots & \vdots & \ddots & \vdots & \ddots & \vdots \\ \Sigma_{m1} & \Sigma_{m2} & \cdots & \Sigma_{mj} & \cdots & \Sigma_{mm} \end{bmatrix}$$

$$(4.4.69)$$

$$\Sigma_{ik}=\frac{1}{n-1}\sum_{j=1}^{n}\left[\Delta x_i(t_j)-\mu_i\right]\left[\Delta x_k(t_j)-\mu_k\right]$$

$$(4.4.70)$$

特殊的当 $m=2$ 时,$m$ 元正态分布退化为二元正态分布,取均值矩阵为 $\begin{bmatrix} 0 & 0 \end{bmatrix}$、协方差矩阵为 $\begin{bmatrix} 1 & -1 \\ -1 & 2 \end{bmatrix}$,该二元正态分布的空间形状如图 4.4.8 (a) 所示,可知其在三维空间中是一草帽状的空间曲面,若用平行于 $XOY$ 的平面切该空间曲面,在 $XOY$ 平面内的投影为一系列椭圆;若用平行于 $XOZ$ 或 $YOZ$ 的平面切该空间曲面,其在 $XOZ$ 或 $YOZ$ 内的投影为一系列一维正态曲线,如图 4.4.8 (b) 和图 4.4.8 (c) 所示。

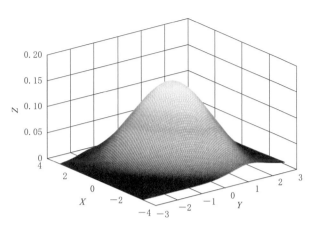

（a）空间形状

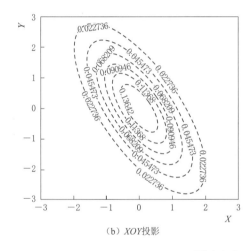

（b）*XOY* 投影

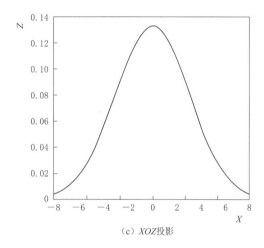

（c）*XOZ* 投影

图 4.4.8　二维正态分布图像

若显著性水平取 $\alpha$ 时，可得

$$\iint\limits_{1\ 2}\cdots\int\limits_{m}f(\boldsymbol{X})\mathrm{d}x_1\mathrm{d}x_2\cdots\mathrm{d}x_m=1-\alpha \tag{4.4.71}$$

式（4.4.71）中的积分区域为正常区域，若将其边界上的概率密度值记为 $\eta_\alpha$，即 $\eta_\alpha$ 与 $\alpha$ 对应，令

$$f(\boldsymbol{X})=\eta_\alpha \tag{4.4.72}$$

可得

$$(\boldsymbol{X}-\boldsymbol{\mu})^{\mathrm{T}}\sum(\boldsymbol{X}-\boldsymbol{\mu})=\eta'_\alpha \tag{4.4.73}$$

$$\eta'_\alpha=-2\ln\left[\eta_\alpha(\sqrt{2\pi})^m\sqrt{\left|\sum\right|}\right] \tag{4.4.74}$$

将协方差矩阵 $\sum$ 进行特征值分解，得到特征向量矩阵 $\boldsymbol{R}$ 与特征值矩阵 $\boldsymbol{\Lambda}$，则

$$\sum\boldsymbol{R}=\boldsymbol{R}\boldsymbol{\Lambda} \tag{4.4.75}$$

其中 $\boldsymbol{R}$ 为正交矩阵，存在

$$\boldsymbol{R}^{\mathrm{T}}\boldsymbol{R}=\boldsymbol{R}\boldsymbol{R}^{\mathrm{T}}=\boldsymbol{I} \tag{4.4.76}$$

可得

$$\Sigma^{-1} = R\Lambda R^{\mathrm{T}} = \sum_{i=1}^{m} \frac{r_i r_i^{\mathrm{T}}}{\lambda_i} \tag{4.4.77}$$

其中，$r_i$ 为 $\lambda_i$ 对应的特征向量，因此式（4.4.73）可写为

$$\sum_{i=1}^{m} \frac{(X-\mu)^{\mathrm{T}} r_i r_i^{\mathrm{T}} (X-\mu)}{\lambda_i} = \eta'_\alpha \tag{4.4.78}$$

式（4.4.78）表示以样本均值 $\mu$ 为中心，各半轴长分别为 $\lambda_i \eta'_\alpha (i=1,2,\cdots,m)$，坐标轴方向为 $r_i$ 的 $m$ 维超椭球，特殊的，当 $m=2$ 时，其表示平面上的椭圆。通过设置不同的置信度水平 $\alpha$，可在 $m$ 维概率空间中将高拱坝某区域变形性态划分为正常、基本正常和异常，即

正常：

$$\sum_{i=1}^{m} \frac{(X-\mu)^{\mathrm{T}} r_i r_i^{\mathrm{T}} (X-\mu)}{\lambda_i} \leqslant \eta'_{\alpha 1} \tag{4.4.79}$$

基本正常：

$$\eta'_{\alpha 1} < \sum_{i=1}^{m} \frac{(X-\mu)^{\mathrm{T}} r_i r_i^{\mathrm{T}} (X-\mu)}{\lambda_i} \leqslant \eta'_{\alpha 2} \tag{4.4.80}$$

异常：

$$\sum_{i=1}^{m} \frac{(X-\mu)^{\mathrm{T}} r_i r_i^{\mathrm{T}} (X-\mu)}{\lambda_i} > \eta'_{\alpha 2} \tag{4.4.81}$$

综上所述，经对高拱坝所有变形区域建立时空变形场分析模型，可利用式（4.4.79）～式（4.4.81）对高拱坝变形性态进行评定。

### 4.4.4　工程实例

上文在探讨高拱坝变形时空序列奇异数据识别及估计方法的基础上，结合分数阶黏弹性有限元分析，分别利用主成分和变形场分析理论，提出高拱坝变形性态时空评定方法，本节案例采用 4.3.3 节中某高拱坝，验证数据处理和变形性态评定方法的有效性。

#### 4.4.4.1　高拱坝变形时空序列奇异数据识别

本节以某高拱坝 PL11-3、PL11-4 和 PL13-3 3 个测点径向变形为例，检验奇异数据识别方法的有效性。PL11-3、PL11-4 和 PL13-3 的径向变形过程线如图 4.4.9 所示，利用 4.4.1 节提出的方法，计算得到 3 个变形监测序列相关系数见表 4.4.1，相关系数矩阵的特征值及贡献率见表 4.4.2，构造得到的新效应量 $t_1 \sim t_3$ 如图 4.4.10 所示，可知 $t_1 \sim t_3$ 对原始变形时空序列的解释程度分别为 99.15%、0.83%、0.02%，因此 $t_2$ 和 $t_3$ 表征了原始变形时空序列中的奇异数据、噪声等无法解释的部分，若置信度水平 $\alpha$ 取 0.01，利用式（4.4.20）～式（4.4.22）可计算得到 SPE 统计量的控制限为 0.112，将 SPE 统计量与控制限绘制于图 4.4.11 中，可以看出，SPE 统计量未超过控制限，因此 PL11-3、PL11-4 和 PL13-3 组成的变形时空序列不存在奇异数据。下面通过人为构造斑点型奇异数据和孤立型奇异数据，进一步检验该方法能否准确识别并定位奇异数据。

表 4.4.1　　　　　　　　　　　3 个变形监测序列相关系数表

| 测点 | PL11-3 | PL11-4 | PL13-3 |
|---|---|---|---|
| PL11-3 | 1 | 0.9941 | 0.9935 |
| PL11-4 | 0.9941 | 1 | 0.9759 |
| PL13-3 | 0.9935 | 0.9759 | 1 |

表 4.4.2　　　　　　　　　相关系数矩阵的特征值及贡献率表

| 特征值 | 贡献率 | 累积贡献率 |
|---|---|---|
| 2.974574634 | 0.991525 | 0.991525 |
| 0.024832595 | 0.008278 | 0.999802 |
| 0.00059277 | 0.000198 | 1 |

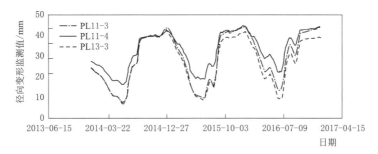

图 4.4.9　PL11-3、PL11-4 和 PL13-3 径向变形过程线

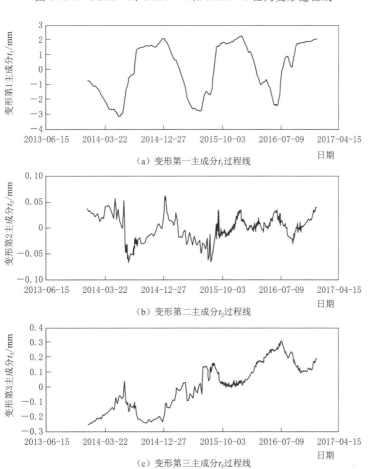

（a）变形第一主成分 $t_1$ 过程线

（b）变形第二主成分 $t_2$ 过程线

（c）变形第三主成分 $t_3$ 过程线

图 4.4.10　主成分 $t_1 \sim t_3$ 过程线

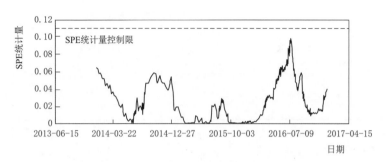

图 4.4.11　SPE 统计量与控制限的关系

**1. 案例 1：孤立型奇异数据识别**

分别将 2014 年 10 月 3 日、2015 年 3 月 14 日和 2015 年 11 月 5 日 PL11 - 4 的径向变形设置为不同幅度的孤立型奇异数据，如图 4.4.12 所示，将计算得到的 SPE 统计量和控制值绘制于图 4.4.13 中，由图可知，SPE 统计量在上述 3 日发生突跳，且均超过控制限。图 4.4.14 为 PL11 - 3、PL11 - 4 和 PL13 - 3 在 2014 年 10 月 3 日、2014 年 11 月 4 日、2015 年 3 月 14 日和 2015 年 11 月 5 日的 Cspe 分布图，可以看出 2014 年 10 月 3 日、2015 年 3 月 14 日和 2015 年 11 月 5 日 PL11 - 4 的 Cspe 统计量明显高于 PL11 - 3 和 PL13 - 3，因此该方法可准确识别出 2014 年 10 月 3 日、2015 年 3 月 14 日和 2015 年 11 月 5 日 PL11 - 4 变形监测数据出现的孤立型奇异数据。

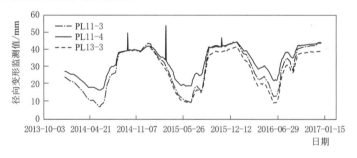

图 4.4.12　加入孤立型奇异数据的 PL11 - 3、PL11 - 4 和
PL13 - 3 径向变形过程线

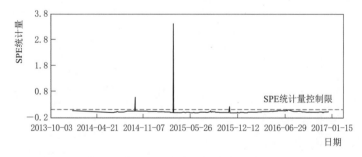

图 4.4.13　SPE 统计量与控制限的关系

**2. 案例 2：斑点型奇异数据识别**

将 2015 年 11 月 25 日—12 月 25 日 PL11 - 4 的径向变形设置为斑点型奇异数据，

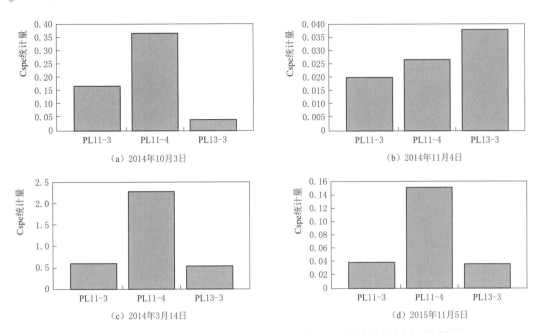

(a) 2014年10月3日

(b) 2014年11月4日

(c) 2014年3月14日

(d) 2015年11月5日

图 4.4.14 PL11-3、PL11-4 和 PL13-3 的 Cspe 统计量分布图（案例1）

如图 4.4.15 所示，由图可知 SPE 统计量在 2015 年 11 月 25 日—12 月 25 日均超过控制限，绘制 2015 年 11 月 25 日和 2015 年 12 月 25 日 PL11-3、PL11-4 和 PL13-3 的 Cspe 统计量分布图，如图 4.4.17 所示，可以看出，2015 年 11 月 25 日和 2015 年 12 月 25 日 PL11-4 的 Cspe 统计量均明显高于 PL11-3 和 PL13-3，因此可以确定 2015 年 11 月 25 日—12 月 25 日 PL11-4 变形监测数据出现斑点型奇异数据。

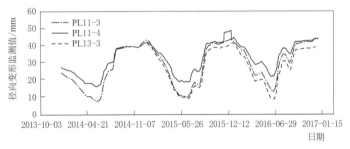

图 4.4.15 加入斑点型奇异数据的 PL11-3、PL11-4 和 PL13-3 径向变形过程线

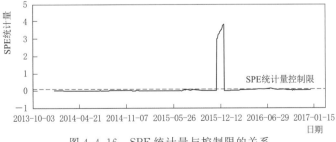

图 4.4.16 SPE 统计量与控制限的关系

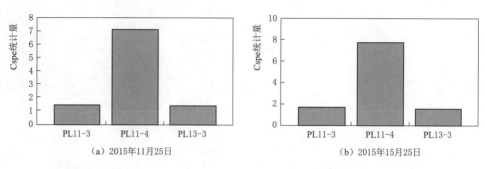

（a）2015年11月25日　　　　　　　　（b）2015年15月25日

图 4.4.17　PL11-3、PL11-4 和 PL13-3 的 Cspe 统计量分布图（案例 2）

以上分析表明，本文所提出的奇异数据识别方法是有效的。

### 4.4.4.2　高拱坝变形时空序列奇异数据估计

下面仍以某高拱坝 PL11-3、PL11-4 和 PL13-3 3 个测点径向变形为例，验证奇异数据估计模型的有效性。假设 PL11-4 径向变形从 2016 年 7 月 15 日—9 月 15 日的监测数据被识别为斑点型奇异数据，剔除奇异数据后，PL11-4 的径向变形过程线如图 4.4.18 所示。

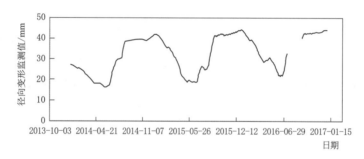

图 4.4.18　剔除奇异数据后 PL11-4 径向变形过程线

为确定 PL11-3、PL13-3 的最高次数 $a_i$，首先绘制 PL11-3、PL11-4 和 PL13-3 3 个测点 2014 年 1 月 1 日—2016 年 7 月 14 日的径向变形时间序列的变形散点图，如图 4.4.19 所示，可以看出，PL11-4 与 PL11-3、PL13-3 的径向变形基本呈线性相关关系，因此两测点变形序列的最高次数均为 1，则式（4.4.27）转化为

$$\delta_{PL11-4} = \lambda_1 \delta_{PL11-3} + \lambda_2 \delta_{PL13-3} + \lambda_0 + \varepsilon \qquad (4.4.82)$$

进一步基于最小二乘法拟合 $\lambda_0$、$\lambda_1$、$\lambda_2$，得到 $\lambda_0 = 11.18073$、$\lambda_1 = 1.328581$、$\lambda_2 = -0.62632$，因此 PL11-4 径向变形和 PL11-3、PL13-3 径向变形的关系可表达为

$$\delta_{PL11-4} = 1.32858 \delta_{PL11-3} - 0.62632 \delta_{PL13-3} + 11.18073 + \varepsilon \qquad (4.4.83)$$

PL11-4 径向变形拟合结果如图 4.4.20 所示，复相关系数为 0.997，最后得到的余量序列 $\varepsilon$ 如图 4.4.21 所示。

得到余量序列后，基于单位根检验法（ADF 检验），检验余量序列 $\varepsilon$ 的平稳性，检验结果见表 4.4.3，可以看出，统计量 $t$ 和 $P$ 在 1%、5% 两个显著性水平下均拒绝原假设，即余量序列 $\varepsilon$ 为平稳时间序列。

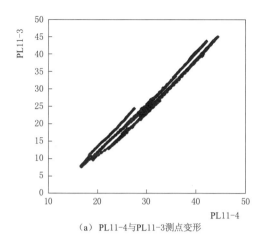

（a）PL11-4与PL11-3测点变形

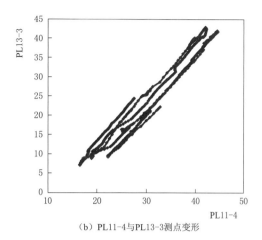

（b）PL11-4与PL13-3测点变形

图 4.4.19　测点变形散点关系

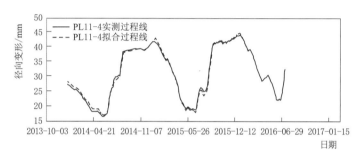

图 4.4.20　PL11-4 径向变形建模结果

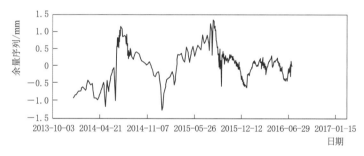

图 4.4.21　余量时间序列

表 4.4.3　　　　　　余量序列平稳性检验结果

| Var 的 Pesaran - Shin 单位根检验 | |
| --- | --- |
| H0：接受原假设 | 面板数量＝1 |
| Ha：拒绝原假设 | 周期数＝　926 |
| AR：固定效应面板模型 | 逼近值：$T$，$N$→无穷 |
| 面板均值：包含 | |
| 时间均值：不包含 | |
| ADF 回归：不包含滞后项 | |

| | 统计 | P 值 | 1% | 5% | 10% |
|---|---|---|---|---|---|
| T 检验 | −2.7244 | | −2.400 | −2.150 | −2.010 |
| T 型母线 | −2.7150 | | | | |
| Z−t 检验 | −2.9187 | 0.0000 | | | |

因此，2014 年 1 月 1 日—2016 年 7 月 14 日 PL11-4 的径向变形时间序列与 PL11-3、PL13-3 的径向变形时间序列间存在协整关系，因此基于式（4.4.83）可估计 PL11-4 径向变形时间序列中被剔除的奇异数据，估计结果如图 4.4.22 所示，其中图 4.4.22（b）为奇异数据估计结果的局部放大图，可以看出，数据估计精度较高，因此，奇异数据估计方法是有效的。

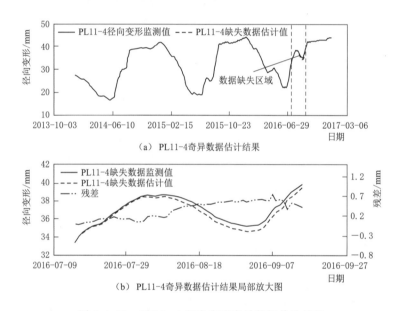

（a）PL11-4 奇异数据估计结果

（b）PL11-4 奇异数据估计结果局部放大图

图 4.4.22　PL11-4 径向变形奇异数据估计结果

#### 4.4.4.3　基于主成分分析模型的高拱坝变形性态评定

本节基于某高拱坝径向变形监测资料，验证高拱坝变形性态主成分分析模型评定方法的有效性，建模时段选为 2014 年 1 月 1 日—2015 年 6 月 30 日，各测点径向变形过程线如图 4.4.23 所示，首先利用 4.4.2 节提出的方法处理高拱坝原始变形时空序列中的奇异数据，进而划分高拱坝变形时空变化特征相似区域，划分结果如图 4.4.24 和图 4.4.25 所示。

1. 高拱坝各区域主成分效应量提取

表 4.4.4～表 4.4.6 为某高拱坝Ⅰ区～Ⅲ区各测点变形时间序列相关系数表，Ⅲ区由于测点数较多，仅列出部分测点变形序列的相关系数；表 4.4.7～表 4.4.9 为某高拱坝Ⅰ

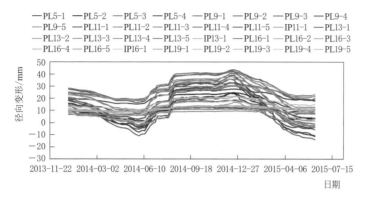

图 4.4.23 某高拱坝所有测点径向变形过程线

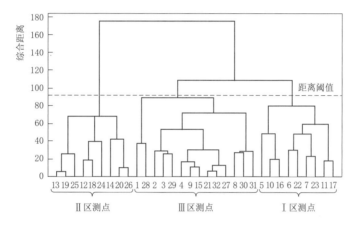

图 4.4.24 某高拱坝测点径向变形聚类过程（单位：mm）

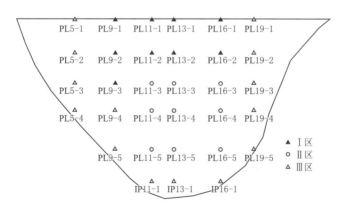

图 4.4.25 某高拱坝径向变形相似区域分布

区～Ⅲ区相关系数矩阵的特征值及贡献率表，可以看出：Ⅰ区变形第一主成分 $\delta^{pc(1)}$ 的贡献率已达 98.3%，Ⅱ区 $\delta^{pc(1)}$ 的贡献率已达 97.6%，Ⅲ区 $\delta^{pc(1)}$ 贡献率也达到了 97.7%，3 个区域变形第一主成分 $\delta^{pc(1)}$ 的贡献度均超过 90%，因此 3 个区域变形第一主成分均可表征 3 个区域的变形变化特征，3 个区域 $\delta^{pc(1)}$ 的过程线如图 4.4.26～图 4.4.28 所示。

表 4.4.4　　　　　　　　某高拱坝Ⅰ区各测点变形时间序列相关系数表

| 测点 | PL9-1 | PL9-2 | PL9-3 | PL11-1 | PL11-2 | PL13-1 | PL13-2 | PL16-1 | PL16-2 |
|---|---|---|---|---|---|---|---|---|---|
| PL9-1 | 1.000 | 0.988 | 0.959 | 0.987 | 0.956 | 0.996 | 0.987 | 0.986 | 0.964 |
| PL9-2 | 0.988 | 1.000 | 0.987 | 0.988 | 0.982 | 0.979 | 0.995 | 0.992 | 0.988 |
| PL9-3 | 0.959 | 0.987 | 1.000 | 0.968 | 0.980 | 0.948 | 0.981 | 0.973 | 0.984 |
| PL11-1 | 0.987 | 0.988 | 0.968 | 1.000 | 0.986 | 0.984 | 0.993 | 0.991 | 0.985 |
| PL11-2 | 0.956 | 0.982 | 0.980 | 0.986 | 1.000 | 0.949 | 0.984 | 0.982 | 0.996 |
| PL13-1 | 0.996 | 0.979 | 0.948 | 0.984 | 0.949 | 1.000 | 0.987 | 0.977 | 0.954 |
| PL13-2 | 0.987 | 0.995 | 0.981 | 0.993 | 0.984 | 0.987 | 1.000 | 0.990 | 0.986 |
| PL16-1 | 0.986 | 0.992 | 0.973 | 0.991 | 0.982 | 0.977 | 0.990 | 1.000 | 0.990 |
| PL16-2 | 0.964 | 0.988 | 0.984 | 0.985 | 0.996 | 0.954 | 0.986 | 0.990 | 1.000 |

表 4.4.5　　　　　　　　某高拱坝Ⅱ区各测点变形时间序列相关系数表

| 测点 | PL11-3 | PL11-4 | PL11-5 | PL13-3 | PL13-4 | PL13-5 | PL16-3 | PL16-4 | PL16-5 |
|---|---|---|---|---|---|---|---|---|---|
| PL11-3 | 1.000 | 0.994 | 0.923 | 0.993 | 0.997 | 0.987 | 0.998 | 0.988 | 0.957 |
| PL11-4 | 0.994 | 1.000 | 0.959 | 0.975 | 0.990 | 0.994 | 0.992 | 0.996 | 0.978 |
| PL11-5 | 0.923 | 0.959 | 1.000 | 0.876 | 0.915 | 0.956 | 0.923 | 0.960 | 0.972 |
| PL13-3 | 0.993 | 0.975 | 0.876 | 1.000 | 0.995 | 0.973 | 0.991 | 0.969 | 0.931 |
| PL13-4 | 0.997 | 0.990 | 0.915 | 0.995 | 1.000 | 0.991 | 0.997 | 0.987 | 0.960 |
| PL13-5 | 0.987 | 0.994 | 0.956 | 0.973 | 0.991 | 1.000 | 0.989 | 0.995 | 0.984 |
| PL16-3 | 0.998 | 0.992 | 0.923 | 0.991 | 0.997 | 0.989 | 1.000 | 0.992 | 0.966 |
| PL16-4 | 0.988 | 0.996 | 0.960 | 0.969 | 0.987 | 0.995 | 0.992 | 1.000 | 0.989 |
| PL16-5 | 0.957 | 0.978 | 0.972 | 0.931 | 0.960 | 0.984 | 0.966 | 0.989 | 1.000 |

表 4.4.6　　　　　　　　某高拱坝Ⅲ区各测点变形时间序列相关系数表

| 测点 | PL5-1 | PL5-2 | PL5-3 | PL9-4 | PL9-5 | PL19-1 | PL19-2 | ⋯ |
|---|---|---|---|---|---|---|---|---|
| PL5-1 | 1.000 | 0.994 | 0.923 | 0.993 | 0.997 | 0.987 | 0.998 | |
| PL5-2 | 0.994 | 1.000 | 0.959 | 0.975 | 0.990 | 0.994 | 0.992 | |
| PL5-3 | 0.923 | 0.959 | 1.000 | 0.876 | 0.915 | 0.956 | 0.923 | |
| PL9-4 | 0.993 | 0.975 | 0.876 | 1.000 | 0.995 | 0.973 | 0.991 | |
| PL9-5 | 0.997 | 0.990 | 0.915 | 0.995 | 1.000 | 0.991 | 0.997 | |
| PL19-1 | 0.987 | 0.994 | 0.956 | 0.973 | 0.991 | 1.000 | 0.989 | |
| PL19-2 | 0.998 | 0.992 | 0.923 | 0.991 | 0.997 | 0.989 | 1.000 | |
| ⋮ | | | | | | | | |

表 4.4.7　　　　　　　　某高拱坝Ⅰ区相关系数矩阵的特征值及贡献率表

| 特征值 | 贡献率 | 累积贡献率 | 特征值 | 贡献率 | 累积贡献率 |
|---|---|---|---|---|---|
| 8.845337 | 0.982815 | 0.982815 | 0.003535 | 0.000393 | 0.999901 |
| 0.097511 | 0.010835 | 0.993650 | 0.000555 | $6.16 \times 10^{-5}$ | 0.999962 |
| 0.032648 | 0.003628 | 0.997277 | 0.000258 | $2.87 \times 10^{-5}$ | 0.999991 |
| 0.014708 | 0.001634 | 0.998911 | $8.08 \times 10^{-5}$ | $8.98 \times 10^{-6}$ | 1 |
| 0.005368 | 0.000596 | 0.999508 | | | |

表 4.4.8　　　　　　　　某高拱坝Ⅱ区相关系数矩阵的特征值及贡献率表

| 特征值 | 贡献率 | 累积贡献率 | 特征值 | 贡献率 | 累积贡献率 |
|---|---|---|---|---|---|
| 8.78712018 | 0.976347 | 0.976347 | 0.000750303 | $8.34 \times 10^{-5}$ | 0.999952 |
| 0.178541122 | 0.019838 | 0.996185 | 0.000289907 | $3.22 \times 10^{-5}$ | 0.999984 |
| 0.023288156 | 0.002588 | 0.998772 | $9.79 \times 10^{-5}$ | $1.09 \times 10^{-5}$ | 0.999995 |
| 0.008534802 | 0.000948 | 0.99972 | $4.61 \times 10^{-5}$ | $5.12 \times 10^{-6}$ | 1 |
| 0.001331575 | 0.000148 | 0.999868 | | | |

表 4.4.9　　　　　　　　某高拱坝Ⅲ区相关系数矩阵的特征值及贡献率表

| 特征值 | 贡献率 | 累积贡献率 | 特征值 | 贡献率 | 累积贡献率 |
|---|---|---|---|---|---|
| 12.4148 | 0.976771 | 0.976771 | 0.011057 | 0.00079 | 0.999378 |
| 1.252819 | 0.009487 | 0.986258 | 0.004167 | 0.000298 | 0.999676 |
| 0.21173 | 0.005124 | 0.991382 | 0.001726 | 0.000123 | 0.999799 |
| 0.033783 | 0.002413 | 0.993795 | 0.001229 | $8.78 \times 10^{-5}$ | 0.999887 |
| 0.027384 | 0.001956 | 0.995751 | 0.000821 | $5.86 \times 10^{-5}$ | 0.999945 |
| 0.023979 | 0.001713 | 0.997464 | 0.000502 | $3.59 \times 10^{-5}$ | 0.999981 |
| 0.01574 | 0.001124 | 0.998588 | 0.000264 | $1.89 \times 10^{-5}$ | 1 |

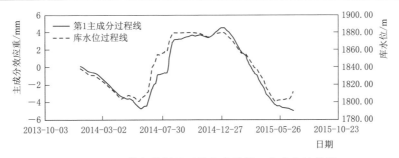

图 4.4.26　某高拱坝Ⅰ区径向变形第 1 主成分过程线

## 2. 高拱坝各区趋势性变形提取

基于式（4.4.36）建立高拱坝Ⅰ区～Ⅲ区变形性态主成分分析模型，由于 3 个区域的 $\delta^{pc(1)}$ 均可表征区域整体变形特征，因此仅需针对变形第 1 主成分 $\delta^{pc(1)}$ 建立分析模型，建模结果如图 4.4.29～图 4.4.31 所示，可以看出，某高拱坝Ⅰ区～Ⅲ区的变形第一主成分水压分量 $\delta_H^{pc(1)}$ 与库水位变化存在明显的正相关关系，且该坝各区变形第一主成分时效分量 $\delta_\theta^{pc(1)}$ 初期发展较快，后期逐渐趋于收敛。

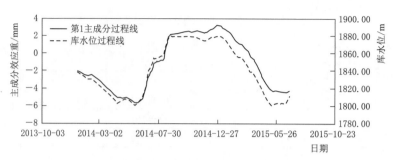

图 4.4.27　某高拱坝 Ⅱ 区径向变形第 1 主成分过程线

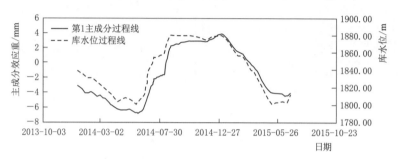

图 4.4.28　某高拱坝 Ⅲ 区径向变形第 1 主成分过程线

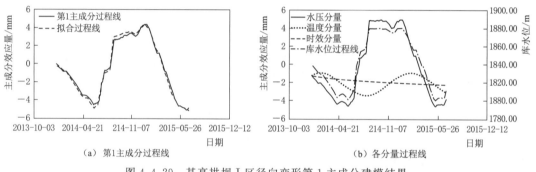

（a）第 1 主成分过程线　　　　　　　（b）各分量过程线

图 4.4.29　某高拱坝 Ⅰ 区径向变形第 1 主成分建模结果

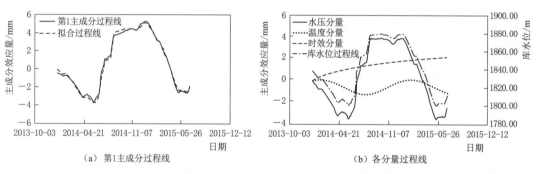

（a）第 1 主成分过程线　　　　　　　（b）各分量过程线

图 4.4.30　某高拱坝 Ⅱ 区径向变形第 1 主成分建模结果

**3. 高拱坝各区变形性态主成分控制值拟定**

基于式（4.4.42）计算某高拱坝 Ⅰ 区～Ⅲ 区的 Hotelling $T^2$ 统计量，并基于式（4.4.43）计算其控制限，一级控制限取 $\alpha = 0.05$，二级控制限取 $\alpha = 0.01$，计算得到一级

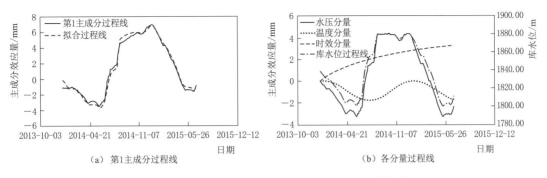

（a）第 1 主成分过程线　　　　　　（b）各分量过程线

图 4.4.31　某高拱坝Ⅲ区径向变形第 1 主成分建模结果

控制限为 3.85，二级控制限为 6.658，将 3 个区域 Hotelling $T^2$ 统计量与相应的控制限绘制于图 4.4.32 中，可以看出，3 个区域 Hotelling $T^2$ 统计量均未超过一级控制限，结合已提取出的主成分时效分量趋势，可判定该高拱坝Ⅰ区～Ⅲ区变形性态均正常。

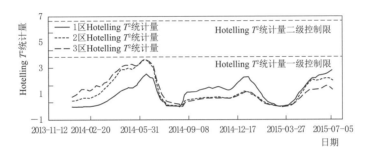

图 4.4.32　某高拱坝Ⅰ区～Ⅲ区 Hotelling $T^2$ 统计量与控制限的关系

#### 4.4.4.4　基于变形场分析模型的高拱坝变形性态评定

本节以某高拱坝Ⅰ区测点 PL9-1、PL9-2、PL11-1、PL11-2、PL13-1 和 PL13-2 径向变形为例，基于式（4.4.63）建立某高拱坝Ⅰ区变形性态时空变形场分析模型，并据此评定该区域变形性态是否正常，建模时段选择为 2014 年 1 月 1 日—2015 年 6 月 30 日，测点径向变形过程线如图 4.4.33 所示。图 4.4.34 为 PL9-1、PL9-2、PL11-1、PL11-2、PL13-1 和 PL13-2 径向变形建模结果，可以看出，模型计算值与径向变形监测值拟合精度较高。

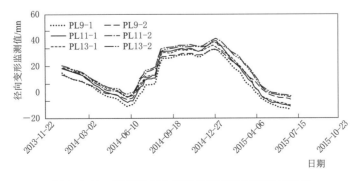

图 4.4.33　某高拱坝Ⅰ区建模测点径向变形过程线

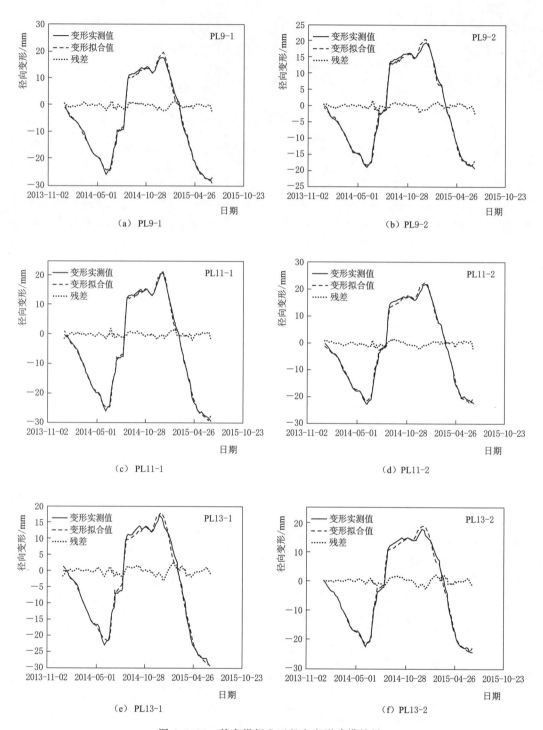

图 4.4.34　某高拱坝 I 区径向变形建模结果

某高拱坝Ⅰ区变形性态时空变形场分析模型构建完毕后，基于式（4.4.69）和式（4.4.70）计算得到残差时空序列的协方差矩阵为

$$
\begin{bmatrix}
0.681 & 0.461 & 0.425 & 0.383 & 0.652 & 0.605 \\
0.461 & 0.419 & 0.276 & 0.333 & 0.376 & 0.419 \\
0.425 & 0.276 & 0.469 & 0.363 & 0.580 & 0.471 \\
0.383 & 0.333 & 0.363 & 0.574 & 0.472 & 0.493 \\
0.652 & 0.333 & 0.580 & 0.472 & 0.807 & 0.703 \\
0.605 & 0.419 & 0.471 & 0.493 & 0.703 & 0.795
\end{bmatrix}
\tag{4.4.84}
$$

均值矩阵为

$$
\begin{bmatrix}
1.07025 \times 10^{-12} & 2.35371 \times 10^{-13} & 6.282 \times 10^{-13} & -1.221 \times 10^{-12} & -2.1 \times 10^{-13} & 9.437 \times 10^{-14}
\end{bmatrix}
\tag{4.4.85}
$$

将 $\alpha = 0.05$ 设置为正常和基本正常的临界值，将 $\alpha = 0.01$ 设置为基本正常和异常的临界值，据此基于式（4.4.78）可在 6 维概率空间中构建超椭球，并利用式（4.4.79）～式（4.4.81）可评定某高拱坝Ⅰ区的变形性态是否正常，为直观体现性态评定结果，在 6 维概率空间中，用过超椭球球心的超平面截取超椭球，得到两两测点的残差散点与相应的椭圆控制限，并绘制于同一张图中，如图 4.4.35 所示，可以看出，残差散点全部落在正常椭圆控制限内，因此可断定某高拱坝Ⅰ区变形性态正常。

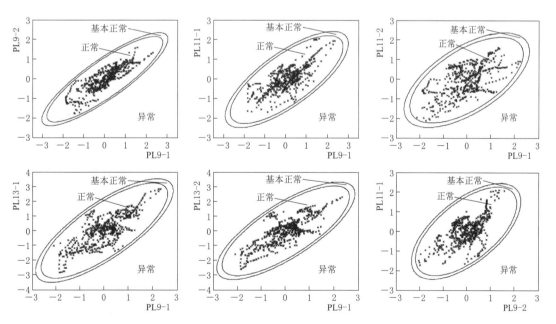

图 4.4.35（一） 高拱坝Ⅰ区残差散点与椭圆界限的关系

注：图中内椭圆为正常和基本正常的界限，外椭圆为基本正常和异常的界限

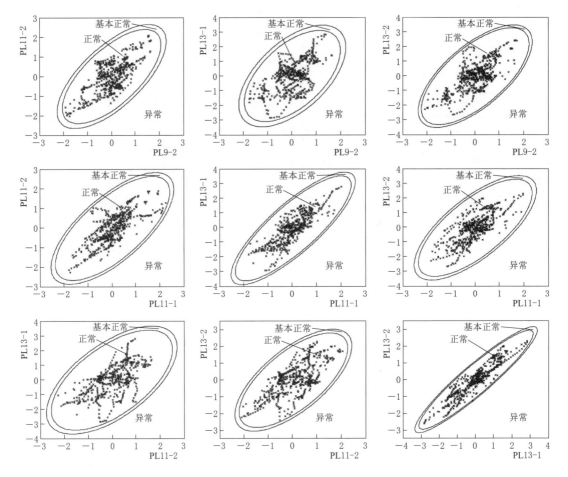

图 4.4.35（二）　高拱坝Ⅰ区残差散点与椭圆界限的关系

注：图中内椭圆为正常和基本正常的界限，外椭圆为基本正常和异常的界限

## 4.5　高寒复杂地质条件高拱坝安全监控面板模型

### 4.5.1　变形分区变截距面板模型

高寒地区混凝土高拱坝整个服役期内可分为多个工作阶段，在不同的运行阶段，其变形性态均有所不同，目前针对混凝土高拱坝变形的复杂影响因素寻找变形规律的分析模型较多，但基本是传统大坝变形安全监控模型的延伸，这些模型通常只针对单测点一维时间序列建模分析，难以避免测量误差、数据缺失、共线性等问题对模型精度造成的影响；而且混凝土高拱坝变形时间维度、空间维度上的监测信息并不是纯粹随机现象，忽略它们之间的关联性就很难从整体结构及完整时段上掌握大坝变形的时空特征，故传统变形分析模型并未完全反映混凝土高拱坝的变形性态；此外，混凝土高拱坝不同区域变形性态的影响因素（如荷载作用、约束条件、材料性质、环境因素等）差异较大，但传统方法未考虑这些差异性的影响，对大坝任一测点均沿用水压分量、温度分量、时效分量、冻融分量与越

冬层分量等因子进行建模分析，难以刻画混凝土高拱坝不同区域的实际变形规律，亟须建立能反映变形影响因素差异性的分析模型。

混凝土高拱坝全部监测点的变形序列属于面板数据格式，它包含了时间和截面两个维度的变形信息，能够较好地反映大坝变形的时空特征，与单纯的时间序列和截面序列相比，变形面板序列具有信息量丰富、自由度多、可有效降低共线性等优点，因此可采用面板数据来建模分析混凝土高拱坝的变形性态。在建立面板模型之前，针对混凝土高拱坝整体变形的区域特征，考虑混凝土高拱坝全部测点变形之间的关联性，将大坝全部监测点按照其变形相似性进行分区，有效消除大坝不同监测点变形规律的差异、测量误差等对模型造成的干扰；另外，由于共同影响因素（库水位、温度、时效、冻融、越冬层）难以刻画不同区域变形规律差异性的问题，本节考虑引入表征不同区域特有影响因素作用效应的虚拟变量，即变形特异效应量，从而兼顾影响变形的共同因素和特异因素建立分析模型，有效提高模型的解释能力和估计精度；同时，通过研究不同区域的变形特异效应量，有助于综合分析混凝土高拱坝的变形性态，有望弥补传统分析模型上的一些不足。

针对上述问题，拟定了混凝土高拱坝变形相似性指标，并研究其度量方法，依据变形的相似性判据，提出了混凝土高拱坝变形分区方法；通过分析混凝土高拱坝变形的主要影响因素，给出影响变形性态主要因素的量化表达式；引入表征大坝变形特异效应的虚拟变量，建立了混凝土高拱坝变形分区变截距面板分析模型，并以某工程为例，对以上所建模型进行有效性验证。

#### 4.5.1.1 大坝变形分区判据及准则

针对混凝土高拱坝变形而言，局部单测点的变形异常并不能代表大坝结构的安全性发生变化，单纯对大坝局部的变形进行分析已经不能满足要求。根据混凝土高拱坝的变形面板特征，如果能综合考虑大坝变形的高程和区域差异，由传统的点分析方法转变为区域分析方法，可在较大程度上避免单纯考虑局部变形造成的偏误性判断，同时，混凝土高拱坝大坝变形区域差异较大，如何将变形规律相似、对荷载具有同质响应的部位进行分区建模，关系到区域分析模型的稳健性。

大坝变形分区分析需要处理两个核心问题：①用什么统计量来表征测点变形之间的相似程度；②采用何种具体系统分区方法，即采用何种准则确定大坝区域之间的相似程度。本节根据混凝土高拱坝变形的面板特征，结合变形时空信息，构建大坝变形的相似性判据，通过研究在时间和横截面两个维度上的结构变形性态，建立混凝土高拱坝变形分区方法。

1. 相似性指标

首先针对第一个核心问题，即用什么统计量来表征测点变形之间的相似程度，采用基于面板数据的聚类思想构建变形相似性指标。

对混凝土高拱坝变形进行分区的目的是尽可能地使区域内的变形规律相似程度最接近，而区域之间的变形规律相似程度最远，这是衡量大坝变形分区效果好坏的重要标准。传统变形分区采用取各测点变形时间序列的均值，即将变形序列退化为截面序列，该方法只能表示大坝变形的平均变化情况，严重损失了变形时间维度的信息，而且存在一个隐形假设，即各测点的变形在时间维度上同方向变化，难以反映变形性态随时间的变化规律，

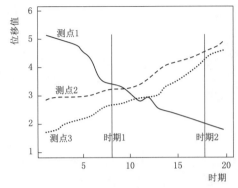

图 4.5.1 测点变形监测值不同时期的发展规律

这是不合理的，如图 4.5.1 所示，若采用上述取均值的方法，测点 1 和测点 3 应分为一类，但如果考虑整个时间段变形序列的变化过程，测点 2 和测点 3 分为一类才是较为合理的。

混凝土高拱坝变形数据给出了至少三方面的信息：一是大坝变形值的绝对量水平；二是变形时间序列的动态水平，即变形随时间变化的增量；三是变形发展的波动水平，即变异程度或波动程度。本节重点考虑大坝结构性态未发生明显变化，即变形时间序列属于平稳变化，通过对大坝变形值的"绝对量"和"增量"这两个指标的有效融合来反映变形序列的相似性，据此进行大坝变形的分区。

2. 指标度量方法

针对前文提出的两个相似性判据，在对变形监测值进行分析时，这种相似性可由某种距离来刻画，常见的距离函数有欧氏距离（Euclidean distance）、绝对（Block）距离、切比雪夫（Chebychev）距离、闵可夫斯基（Minkowski）距离、马氏（Mahalanobis）距离等，本节综合考虑大坝变形的绝对值和动态发展趋势的综合差异，以欧氏距离描述大坝变形各测点之间的相似程度，给出空间变形数据的相似性判据的距离测度公式。

在进行变形数据预处理时，一般用 $\delta_{it}$（$i=1, 2, \cdots, N$；$t=1, 2, \cdots, T$）表示混凝土高拱坝变形数据集，$N$ 为大坝监测点总数；$T$ 为时期总数，即监测时间序列。对于变形数据集 $\delta_{it}$，定义 $S_t$ 为变形在 $t$ 时期的标准差；$d_{ij}$ 为测点 $i$ 和测点 $j$ 直接的距离，有如下定义：

（1）定义 1。测点 $i$ 和测点 $j$ 之间的绝对距离（absolute quantity euclidean distance），记为 $d_{ij}$（AQED），即

$$d_{ij}(AQED) = \Big[ \sum_{t=1}^{T} (\delta_{it} - \delta_{jt}) \Big]^{1/2} \tag{4.5.1}$$

式中　　$\delta_{it}$——测点 $i$ 在 $t$ 时期的变形值；

　　　　$\delta_{jt}$——测点 $j$ 在 $t$ 时期的变形值；

$d_{ij}$（AQED）——测点 $i$ 和测点间在整个时期 $T$ 内的距离远近程度。

（2）定义 2。测点 $i$ 和测点 $j$ 之间的增速距离（increment speed euclidean distance），记为 $d_{ij}$（ISED），即

$$d_{ij}(ISED) = \Big[ \sum_{t=1}^{T} \Big( \frac{\Delta\delta_{it}}{\Delta\delta_{i,t-1}} - \frac{\Delta\delta_{jt}}{\Delta\delta_{j,t-1}} \Big)^2 \Big]^{1/2} \tag{4.5.2}$$

其中　　　　　　　　$\Delta\delta_{it} = \delta_{it} - \delta_{it-1}$，　$\Delta\delta_{jt} = \delta_{jt} - \delta_{jt-1}$

式中　$\Delta\delta_{it}$、$\Delta\delta_{jt}$——变形两个相邻时期的绝对量差异；

　　　$d_{ij}$（ISED）——测点 $i$ 和测点 $j$ 的变形增量随时间变化的趋势差异，若对应变形值随着时间都呈同向变化，这种变化越协调，则两者越相似，$d_{ij}$（ISED）也越小，若对应变形呈反向变化，则相似性较差，此时 $d_{ij}$（ISED）也会较大，这符合相似性度量的基本原则。

为准确描述各测点变形特性，需要建立刻画变形相似性的综合判据，为此引入测点 i 和测点 j 之间的综合距离（comprehensive euclidean distance），简记为 $d_{ij}(CED)$，即

$$d_{ij}(CED) = \omega_1 d_{ij}(AQED) + \omega_2 d_{ij}(ISED) \tag{4.5.3}$$

式中　$\omega_1$、$\omega_2$——两种距离的权重，满足 $\omega_1 + \omega_2 = 1$。

综合距离 $d_{ij}(CED)$ 是上述两种距离的加权组合，权重系数可以根据研究问题的实际情况主观给定或客观测定。为了综合反映混凝土高拱坝空间变形数据本身的全面信息，给定符合实际工程意义的权重系数，采用熵权法计算综合距离权重系数，基于信息熵的思想，综合考虑距离指标评价体系，假设有个评价对象，$n$ 个评价指标，则原始数据由矩阵 $\boldsymbol{R} = (r_{ij})_{m \times n}$ 表示为

$$\boldsymbol{R} = \begin{bmatrix} r_{11} & r_{12} & \cdots & r_{1m} \\ r_{21} & r_{22} & \cdots & r_{2m} \\ \vdots & \vdots & \vdots & \vdots \\ r_{n1} & r_{n2} & \cdots & r_{nm} \end{bmatrix}_{n \times m} \tag{4.5.4}$$

式中　$r_{ij}$——第 $i$ 个评价指标评下第 $j$ 个评价对象的评价值。

结合上文的混凝土高拱坝变形相似指标，选取变形值绝对距离和增速距离作为评价指标，评价对象为大坝所有测点两两之间距离。

计算第 $i$ 个评价指标对第 $j$ 个评价对象的特征比重 $p_{ij}$ 为

$$p_{ij} = \frac{r_{ij}}{\sum\limits_{j=1}^{m} r_{ij}} \quad (i = 1, 2, \cdots n; j = 1, 2, \cdots, m), \quad p_{ij} \in [0, 1] \tag{4.5.5}$$

$p_{ij}$ 未破坏原有变形监测序列的比例关系。

熵值计算，第 $i$ 个评价指标的熵值为

$$S_i = -\frac{1}{\ln m} \sum_{j=1}^{m} p_{ij} \ln p_{ij} \quad (i = 1, 2, \cdots, n) \tag{4.5.6}$$

熵权确定，第 $i$ 个评价指标的熵权为

$$\omega_i = \frac{1 - S_i}{\sum\limits_{i=1}^{n} 1 - S_i} \quad (i = 1, 2, \cdots, n) \tag{4.5.7}$$

选择欧氏距离定义了相似性度量的统计量，求得的 $\omega_1$ 为第 $i$ 个指标的权重系数，代入式（4.5.3）得到不同测点之间的 $d_{ij}(CED)$，可以作为变形相似性判据，从而解决了第一个核心问题，即用什么统计量来表征测点之间的相似程度。

当然，也可以根据其他常见的距离形式得出此类似统计量，如马氏距离等，亦可根据相关系数、夹角余弦等写出相似性统计量，此处不再赘述。下面采用面板数据系统聚类方法，确定具有不同相似程度区域的个数，进而给出大坝变形分区的系统方法。

### 4.5.1.2　大坝变形区域数确定及分区流程

针对大坝变形分区的第二个核心问题，即采用何种准则确定大坝区域之间的相似程度，在研究过程中基于 Ward 法聚类的思想，并结合本节提出的相似性度量，假定已将大坝 $N$ 个测点分成 $k$ 个区域，记为 $G_1$，$G_2$，$\cdots$，$G_k$，$N_l$ 表示 $G_l$ 类的测点个数，$\overline{X_l}$ 表示

$G_l$ 类的测值重心，$X_{il}$ 表示 $G_l$ 类中第 $i$（$i=1$，$2$，$\cdots$，$N_l$）个测点的变形值，对于混凝土高坝 $T$ 个时期内的 $N$ 个测点变形数据，大坝 $G_l$ 区域中不同测点序列的离差平方和为

$$W_l^* = \sum_{i=1}^{N_l} \sum_{t=1}^{T} \left[ \omega_1 (X_{it} - \overline{X}_t)'(X_{it} - \overline{X}_t) \right] + \sum_{t=2}^{T} \left[ \omega_2 (Y_{it} - \overline{Y}_t)'(Y_{it} - \overline{Y}_t) \right]$$

$$(4.5.8)$$

其中
$$Y_{it} = \frac{\Delta X_{it}}{X_{it-1}}$$

$$\Delta X_{it} = X_{it} - X_{it-1}$$

$$\overline{X}_t = \frac{1}{N_l} \sum_{t=1}^{N_l} X_{it}$$

$$\overline{Y}_t = \frac{1}{N_l} \sum_{t=1}^{N_l} Y_{it}$$

式中　$X_{it}$——$t$ 时期测点 $i$ 的变形值；

$\quad\quad Y_{it}$——$G_l$ 中 $t$ 时期测点 $i$ 的变形相对增量；

$\quad\quad \Delta X_{it}$——$G_l$ 中测点 $i$ 在 $t$ 和 $t-1$ 时期变形绝对量差异。

$k$ 个区域的总离差平方和为

$$W^* = \sum_{l=1}^{k} W_l^*$$

$$(4.5.9)$$

式中　$W_l$——$N_l$ 个测值的总离差平方和。

根据上面的聚类方法，对于固定的 $k$，需要选择使得到 $w$ 极小的方案即为最优分类。实际工程中，基于混凝土高坝结构系统的复杂性，预先确定分区数实际上是对大坝变形分区过程的人为干预，很可能会出现主观性误差。在不确定分区数的情况下，区域数增加会导致区域内和区域间相似性距离的连续变化，因此，要求一个绝对最优分区数是不可能的。在相关参考文献的基础上，基于阈值法提出如下确定大坝变形分区阈值的方法：假设分区过程共进行 $n$ 次合并，求出第 $l$ 次与最后一次分区的区域间距离之比 $S_l$，即

$$S_l = \frac{D_l}{D_{n-1}}$$

$$(4.5.10)$$

如果 $S_l$ 与 $S_{l+1}$ 相差较小，而 $S_l$ 与 $S_{l-1}$ 相差较大，相应的区域间距离 $D_l$ 可作为变形分区的阈值，根据此阈值进一步获得区域数。

至此，基于 Ward 法聚类的思想，解释了第二个核心问题的实现方法和步骤，下面根据大坝变形相似性判据和区域数的确定方法提出完整的大坝变形分区流程。

假定某混凝土高坝在 $T$ 时期内共有 $N$ 个变形测点，基于上述建立的大坝变形分区方法的基本思想，首先计算测点变形间的距离和大坝变形区域之间的距离，$N$ 个变形监测点初始各为一类，区域间距离和测点变形序列之间距离是相等的；然后将距离最近的两个测点合并为新区，并计算新区与其他区域的区域之间距离，再按离差平方和最小准则分区，这样每次减少一个区，直到所有的测点都合并为一个区域为止。具体步骤如下：

（1）步骤 1：根据式（4.5.1）、式（4.5.2）分别计算两种距离绝对距离、增速距离。

（2）步骤 2：根据式（4.5.5）、式（4.5.6）和式（4.5.7）分别计算上述两种距离的

熵权系数。

(3) 步骤 3：将计算得到的权重系数代入式（4.5.3），计算 $N$ 个变形测点两两间的综合距离 $d_{ij}(CED)$ 和区域之间距离矩阵 $\boldsymbol{D}^{(0)}$。

(4) 步骤 4：初始（$i=1$）所有测点自成一个区，区域的个数 $k=N$，令 $\boldsymbol{D}^{(1)}=\boldsymbol{D}^{(0)}$，第 $i$ 个区 $G_i=\{X_{(i)}\}(i=1,2,\cdots,N)$。

(5) 步骤 5：计算区域间的距离矩阵 $\boldsymbol{D}^{(i-1)}$，根据离差平方和 $W$ 最小准则将综合距离最小的两个区域合并为一个新的区域。

(6) 步骤 6：计算新区与其他区的综合距离 $d_{ij}(CED)$，得到新的距离矩阵 $D^i$，重复合并区域步骤步骤 5 和步骤 6，直到所有测点划分为一个区域为止。

(7) 步骤 7：画出谱系聚类树状图。

(8) 步骤 8：根据确定大坝变形分区阈值的方法并结合实际问题，得到测点最优分区组合，获取大坝变形最优分区数 $K$，输出大坝变形分区分布图。

混凝土高坝变形分区的具体流程如图 4.5.2 所示。

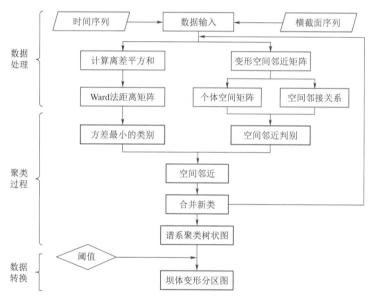

图 4.5.2　混凝土高坝变形分区流程图

### 4.5.1.3　大坝变形分区变截距面板模型

由上可知，影响混凝土高坝任意一点变形 $\delta$ 的最主要因素水压、温度、时效、冻融、越冬层可以分别采用 $H$、$T$、$\theta$、$I$、$Y$ 进行表征，但实际工程中如图 4.5.3 所示，大坝不同位置的变形监测点 $A$、$B$、$C$、$D$，在外部荷载作用下产生的变形大部分可以被共同的影响因素（水压、温度、时效、冻融、越冬层）所解释，但靠近坝基和岸坡的测点 $C$、$D$ 与坝顶附近的测点 $A$、$B$ 的变形规律有显著差异，这与大坝不同部位的约束条件、材料性质、

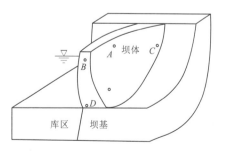

图 4.5.3　混凝土高拱坝不同测点变形特异效应量示意图

周围环境等复杂因素的协同作用有很大关系，导致各部位产生各不相同的变形特异效应量 $\alpha$，如果这些无法监测、量化的复杂因素没有被解释变量捕捉到，将导致变形分析模型参数的异质性，传统变形分析模型的自变量虽能刻画影响变形结果的最主要影响因素，但往往忽略了这些不可监测因素造成的不同测点的变形特异性，尤其对于混凝土高拱坝超高、大跨度的坝体结构，需要考虑区别测点异质性的变形效应量，下面基于面板数据理论，在模型中引入表征测点变形的特异效应量 $\alpha_i$，建立混凝土高坝变形分区变截距面板模型。

1. 变截距面板模型的表达形式

变截距面板模型一般形式可表示为

$$\boldsymbol{Y}_{it}=\boldsymbol{\beta}\boldsymbol{X}_{it}+\boldsymbol{\alpha}+\boldsymbol{u}_{it} \quad (i=1,2,3\cdots,N,t=1,2,3\cdots,T) \tag{4.5.11}$$

其中
$$\boldsymbol{Y}_{it}=\begin{bmatrix} y_{11} & y_{12} & \cdots & y_{1t} \\ y_{21} & y_{22} & \cdots & y_{2t} \\ \vdots & \vdots & \ddots & \vdots \\ y_{i1} & y_{i2} & \cdots & y_{it} \end{bmatrix} \quad (i=1,2,\cdots,N,t=1,2,\cdots,T)$$

$$\boldsymbol{X}_{it}=\begin{bmatrix} x_{11} & x_{2} & \cdots & x_{1t} \\ x_{21} & x_{22} & \cdots & x_{2t} \\ \vdots & \vdots & \ddots & \vdots \\ x_{i1} & x_{i2} & \cdots & x_{it} \end{bmatrix} \quad (i=1,2,\cdots,N,t=1,2,\cdots,T)$$

式中　　$\boldsymbol{Y}_{it}$——大坝 $i$ 个测点的变形面板序列；

$y_{it}$——第 $i$ 个测点 $t$ 时期的变形监测值；

$\boldsymbol{X}_{it}$——自变量；

$\boldsymbol{x}_{it}$——$1\times k$ 向量，$k$ 为自变量个数，结合混凝土高坝的力学特性，选取变形最主要的影响因子作为计算公式，则 $\boldsymbol{x}_{it}=(1,H_t^1,H_t^2,H_t^3,H_t^4,T_{1,t},\cdots,T_{m,t},\theta_t,\ln\theta_t)'$；

$\boldsymbol{\alpha}$——纯量常数，表示大坝不同部位在特有的影响因素下产生的变形特异效应量，这些特有的影响因素（如坝体形态、约束条件、材料性质、荷载作用等）难以明确包含在模型的自变量中，故采用吸收这些影响产生的个体特异效应；

$\boldsymbol{\beta}=(a_0,a_1,a_2,a_3,a_4,b_1,\cdots b_m,c_1,c_2)'$——待估参数；

$\boldsymbol{u}_{it}$——均值为 0、方差为 $\sigma^2$ 且满足独立同分布的随机误差成分。

若面板模型中的参数 $\boldsymbol{\alpha}$ 和 $\boldsymbol{\beta}$ 不随测点 $i$ 和时间 $t$ 变化，即假设不同测点的个体特异效应量不存在显著性差异，此时面板模型等同于传统的线性回归模型，可采用最小二乘法（OLS）进行估计，首先，令

$$\overline{\boldsymbol{y}}_i=\frac{1}{T}\sum_{t=1}^{T}\boldsymbol{y}_{it}, \quad \overline{\boldsymbol{x}}_i=\frac{1}{T}\sum_{t=1}^{T}\boldsymbol{x}_{it} \tag{4.5.12}$$

分别是第 $i$ 个测点 $y$ 和 $x$ 的均值，则 $\boldsymbol{\beta}$ 和 $\boldsymbol{\alpha}$ 的最小二乘估计为

$$\hat{\boldsymbol{\beta}} = \boldsymbol{T}_{xx}^{-1} \boldsymbol{T}_{xy}, \quad \hat{\boldsymbol{\alpha}} = \overline{\boldsymbol{y}} - \hat{\boldsymbol{\beta}}' \overline{\boldsymbol{x}} \tag{4.5.13}$$

其中 
$$\boldsymbol{T}_{xx} = \sum_{i=1}^{N} \sum_{t=1}^{T} (\boldsymbol{x}_{it} - \overline{\boldsymbol{x}})(\boldsymbol{x}_{it} - \overline{\boldsymbol{x}})', \quad \boldsymbol{T}_{xy} = \sum_{i=1}^{N} \sum_{t=1}^{T} (\boldsymbol{x}_{it} - \overline{\boldsymbol{x}})(\boldsymbol{y}_{it} - \overline{\boldsymbol{y}}),$$

$$\boldsymbol{T}_{yy} = \sum_{i=1}^{N} \sum_{t=1}^{T} (\boldsymbol{y}_{it} - \overline{\boldsymbol{y}})^2, \quad \overline{\boldsymbol{y}} = \frac{1}{NT} \sum_{i=1}^{N} \sum_{t=1}^{T} \boldsymbol{y}_{it}, \quad \overline{\boldsymbol{x}} = \frac{1}{N} \sum_{i=1}^{N} \sum_{t=1}^{T} \boldsymbol{x}_{it} \tag{4.5.14}$$

此时，显然面板混合模型参数估计与传统的线性回归模型一样满足无偏性、有效性和一致性。众多学者已对线性回归模型做了系统的统计分析，包括模型的参数估计、假设检验、方差分析、统计决策、变量选择等。然而，在实际工程中，线性回归模型是极为特殊的情况，当不同监测部位之间存在未知的个体特异效应，而且无法控制和标准化这些变量，遗漏的影响因素会导致严重的估计偏误等情况，一般形式的面板混合模型中不同测点变形的个体特异效应不存在显著差异，容易造成模型设定的误差，由于混凝土高坝不同部位的变形规律差异较大，引入随测点变化的特异效应面板模型更符合实际工程情况。为此，下面研究变形固定效应和变形随机效应面板模型的构建方法。

2. 变形固定效应面板模型

根据式（4.5.11）面板模型的一般形式，在模型中引入随测点变化的特异效应量 $\alpha_i$，则混凝土高坝变形监测固定效应面板模型为

$$\delta = F(\cdot) + \alpha_i + \varepsilon = F(H, T, \theta) + \alpha_i + \varepsilon \tag{4.5.15}$$

式中    $F(\cdot)$——满足一定条件的连续回归函数，为混凝土高坝变形固定效应面板模型中的解释变量部分；

     $H$——水深；

     $T$——温度计测值；

     $\theta$——与时间有关的影响因素；

     $\alpha_i$——大坝不同测点变形的固定效应；

     $\varepsilon$——随机误差项。

将变形监测固定效应面板模型表示为矩阵形式，即

$$\boldsymbol{Y}_{it} = \boldsymbol{X}_{it} \boldsymbol{\beta} + \boldsymbol{\alpha}_i + \boldsymbol{u}_{it}, \quad (i = 1, 2, 3, \cdots, N, t = 1, 2, 3, \cdots, T) \tag{4.5.16}$$

其中 
$$\boldsymbol{\beta} = (a_0, a_1, a_2, a_3, a_4, b_1, \cdots, b_m, c_1, c_2)'$$

$$\boldsymbol{\alpha}_i = (\alpha_1, \alpha_2, \alpha_3, \cdots, \alpha_N)'$$

式中    $\boldsymbol{Y}_{it}$——大坝 $i$ 个测点的变形面板序列；

     $\boldsymbol{X}_{it}$——自变量，反映了变形的主要影响因素；

     $\boldsymbol{\beta}$——参数，不随测点 $i$ 和时间 $t$ 变化；

     $\boldsymbol{\alpha}_i$——不同变形监测点特有的固定效应，它刻画了大坝不同部位固有的特异效应量，反映了大坝不同测点变形的差异性。

此时，$\boldsymbol{\alpha}_i$ 和 $\boldsymbol{\beta}$ 为待估固定参数，则混凝土高坝变形监测固定效应面板模型矩阵形式可表示为

$$\boldsymbol{Y} = \begin{bmatrix} \boldsymbol{y}_1 \\ \vdots \\ \boldsymbol{y}_i \\ \boldsymbol{y}_N \end{bmatrix} = \begin{bmatrix} \boldsymbol{e} \\ 0 \\ \vdots \\ 0 \end{bmatrix} \alpha_1 + \begin{bmatrix} 0 \\ \boldsymbol{e} \\ \vdots \\ 0 \end{bmatrix} \alpha_2 + \cdots + \begin{bmatrix} 0 \\ 0 \\ \vdots \\ \boldsymbol{e} \end{bmatrix} \alpha_N + \begin{bmatrix} \boldsymbol{x}_1 \\ \vdots \\ \boldsymbol{x}_i \\ \boldsymbol{x}_N \end{bmatrix} \beta + \begin{bmatrix} \boldsymbol{u}_1 \\ \vdots \\ \boldsymbol{u}_i \\ \boldsymbol{u}_N \end{bmatrix} \tag{4.5.17}$$

其中　　　$\boldsymbol{y}_i = \begin{bmatrix} y_{i1} \\ y_{i2} \\ \vdots \\ y_{iT} \end{bmatrix}$,　$\boldsymbol{x}_i = \begin{bmatrix} x_{1it} & x_{2it} & \cdots & x_{Kit} \\ x_{1i2} & x_{2i2} & \cdots & x_{Ki2} \\ \vdots & \vdots & & \vdots \\ x_{1iT} & x_{2iT} & \cdots & x_{KiT} \end{bmatrix}$,　$\boldsymbol{e} = \begin{bmatrix} 1 \\ 1 \\ \vdots \\ 1 \end{bmatrix}$,　$\boldsymbol{u}_i = \begin{bmatrix} u_{i1} \\ u_{i2} \\ \vdots \\ u_{iT} \end{bmatrix}$

　　针对上述模型中的参数估计，运用分位数回归（以下简称 QR）的思想，采用加权残差绝对值之和的方法估计参数。相比于常用的最小二乘回归方法，分位数回归能较精确地描述解释变量对被解释变量的变化范围以及条件分布形状的影响，还能刻画分布的尾部特征，更关键的是未对混凝土高坝变形监测效应量中的随机扰动项进行分布的假定，使变形分析模型具有更强的稳健性。在分析中，定义 $\boldsymbol{Y}$ 的 $\tau$ 分位数为

$$Q_n(\tau) = \operatorname{argmin}_\xi \left\{ \sum_{i, Y_i \geqslant \xi} \tau |Y_i - \xi| + \sum_{i, Y_i < \xi} (1 - \tau) |Y_i - \xi| \right\} = \operatorname{argmin}_\xi \left\{ \sum_i \rho_\tau (Y_i - \xi) \right\}$$

(4.5.18)

　　$\tau$ 分位数回归的目标函数为

$$F(\boldsymbol{\beta}; \tau) = \sum_{y \geqslant x'\beta} \tau |\boldsymbol{y}_{it} - \boldsymbol{x}'_{it}\boldsymbol{\beta} - \boldsymbol{\alpha}_i| + \sum_{y < x'\beta} (1 - \tau) |\boldsymbol{y}_{it} - \boldsymbol{x}'_{it}\boldsymbol{\beta} - \boldsymbol{\alpha}_i| \quad (4.5.19)$$

其中　　　　　　　　　　　　　　$0 < \tau < 1$

式中　$I(\cdot)$——当 $Y_i \leqslant y$ 时值为 1，其余情况下为 0 的示性函数。

　　参考文献定义损失函数 $\rho_\tau(u)$，求使得函数 $F(\boldsymbol{\beta}; \tau)$ 极小的一阶条件为

$$\sum_{i=1}^N \sum_{t=1}^T \boldsymbol{x}_{it} [\tau - I(\boldsymbol{y}_{it} - \boldsymbol{x}'_{it}\boldsymbol{\beta} - \boldsymbol{\alpha}_i < 0)] = 0 \quad (4.5.20)$$

　　根据式（4.5.20）求解得到的 $\boldsymbol{\beta}$ 就是第 $\tau$ 分位数回归的回归系数，得到的 $\boldsymbol{x}_{it}$ 即为变形的固定效应量。

　　3. 变形随机效应面板模型

　　如果将表达不同测点的特异效应量视为随机变量，用随机效应模型描述大坝变形的实际状态，使得模型的参数部分重点反映变形监测值中的主要成分，随机效应部分则反映大坝不同测点变形的特异成分，即将变截距面板模型中的个体效应 $\eta_i$ 视为随机变量，下面重点研究变形监测随机效应面板模型型式。

　　根据式（4.5.11）、式（4.5.15），变形监测随机效应面板模型可以表示为矩阵形式，即

$$\boldsymbol{Y}_{it} = \boldsymbol{X}_{it}\boldsymbol{\beta} + \boldsymbol{\alpha}_i + \boldsymbol{u}_{it}, \quad (i = 1, 2, 3 \cdots, N, t = 1, 2, 3, \cdots, T) \quad (4.5.21)$$

其中　　　　$\boldsymbol{Y}_{it} = \begin{bmatrix} y_{11} & y_{12} & \cdots & y_{1t} \\ y_{21} & y_{22} & \cdots & y_{2t} \\ \vdots & \vdots & \ddots & \vdots \\ y_{i1} & y_{i2} & \cdots & y_{it} \end{bmatrix} \quad (i = 1, 2, \cdots, N, t = 1, 2, \cdots, T)$

　　　　　　$\boldsymbol{X}_{it} = \begin{bmatrix} x_{11} & x_{12} & \cdots & x_{1t} \\ x_{21} & x_{22} & \cdots & x_{2t} \\ \vdots & \vdots & \ddots & \vdots \\ x_{i1} & x_{i2} & \cdots & x_{it} \end{bmatrix} \quad (i = 1, 2, \cdots, N, t = 1, 2, \cdots, T)$

其中 $\boldsymbol{\alpha}_i$ 为大坝不同测点变形的随机效应，对于大坝所有测点 $i$ 和测点 $j$ 和时间 $t$，$\boldsymbol{\alpha}_i$ 满足 $E(\alpha_{it}\,|\,x_{i1},\cdots,x_{iT})=0$，$E(\alpha_i^2)=\sigma_\alpha^2$，$E(\alpha_i\alpha_j)=0, i\neq j$，$E(\varepsilon_{it}\alpha_j)=0$ 表征了外界复杂因素对大坝不同部位变形造成的特异效应，每个监测点的特异效应是一个随机变量，大坝总体变形的特异性符合正态分布，可根据 $\alpha_i$ 的分布情况进一步反映大坝不同部位变形的差异特性。

为了有效估计 $\boldsymbol{\beta}$ 和 $\boldsymbol{\alpha}_i$，式（4.5.22）可以用向量的形式表示为

$$\boldsymbol{y}_i=\widetilde{\boldsymbol{X}}_i\boldsymbol{\delta}+\boldsymbol{v}_i \quad (i=1,2,\cdots,N) \tag{4.5.22}$$

其中 $\widetilde{\boldsymbol{X}}_i=(\boldsymbol{e},\boldsymbol{X}_i)$，$\boldsymbol{\delta}'=(\boldsymbol{\mu},\boldsymbol{\beta}')$，$\boldsymbol{v}_i'=(v_{i1},\cdots v_{iT})$，且 $v_{it}=\eta_i+\varepsilon_i$，$E(v_{it})^2=\sigma_\varepsilon^2+\sigma_\eta^2$，$E(v_{it}v_{is})^2=\sigma_\eta^2$，$t\neq s$。

因此，对于第 $i$ 个测点的 $T$ 个监测值，令 $\boldsymbol{V}=\boldsymbol{E}(v_{i1},\cdots,v_{iT})$，为 $\boldsymbol{v}_i$ 的协方差矩阵，则

$$\boldsymbol{V}=\begin{pmatrix} \sigma_\varepsilon^2+\sigma_\eta^2 & \sigma_\eta^2 & \sigma_\eta^2 & \cdots & \sigma_\eta^2 \\ \sigma_\eta^2 & \sigma_\varepsilon^2+\sigma_\eta^2 & \sigma_\eta^2 & \cdots & \sigma_\eta^2 \\ \vdots & \vdots & \vdots & & \vdots \\ \sigma_\eta^2 & \sigma_\eta^2 & \sigma_\eta^2 & \cdots & \sigma_\varepsilon^2+\sigma_\eta^2 \end{pmatrix}=\sigma_\varepsilon^2\boldsymbol{I}_T+\sigma_\eta^2\boldsymbol{e}\boldsymbol{e}' \tag{4.5.23}$$

式中　$\boldsymbol{I}_T$——$T$ 阶单位矩阵；

$\boldsymbol{e}$——元素都是 1 的 $T$ 维列向量。

由于 $\boldsymbol{V}$ 的非对角线上的元素不是 0，所以模型中的残差项相关，采用广义最小二乘估计法（GLS），得到各分量参数的有效估计，GLS 估计量的正规方程组为

$$\left[\sum_{i=1}^{N}\widetilde{\boldsymbol{X}}_i'\boldsymbol{V}^{-1}\widetilde{\boldsymbol{X}}_i\right]\boldsymbol{\delta}=\sum_{i=1}^{N}\widetilde{\boldsymbol{X}}_i'\boldsymbol{V}^{-1}\boldsymbol{y}_i \tag{4.5.24}$$

根据 Maddala 的方法，$\boldsymbol{V}^{-1}$ 可表示为

$$\boldsymbol{V}^{-1}=\frac{1}{\sigma_u^2}\left[\left(\boldsymbol{I}_T-\frac{1}{T}\boldsymbol{e}\boldsymbol{e}'\right)+\varphi\frac{1}{T}\boldsymbol{e}\boldsymbol{e}'\right]=\frac{1}{\sigma_u^2}\left[\boldsymbol{Q}+\varphi\frac{1}{T}\boldsymbol{e}\boldsymbol{e}'\right] \tag{4.5.25}$$

令 $\varphi=\dfrac{\sigma_u^2}{\sigma_u^2+T\sigma_\beta^2}$，则式（4.5.25）可表示为

$$\left[\boldsymbol{W}_{\widetilde{x}\widetilde{x}}+\varphi\boldsymbol{B}_{\widetilde{x}\widetilde{x}}\right]\begin{bmatrix}\hat{\boldsymbol{\mu}}\\ \boldsymbol{\beta}\end{bmatrix}=\boldsymbol{W}_{\widetilde{x}y}+\varphi\boldsymbol{B}_{\widetilde{x}y} \tag{4.5.26}$$

整理式（4.5.26）后得

$$\begin{bmatrix} \varphi NT & \varphi T\sum_{i=1}^{N}\overline{\boldsymbol{x}_i} \\ \varphi T\sum_{i=1}^{N}\overline{\boldsymbol{x}_i} & \sum_{i=1}^{N}\boldsymbol{X}_i'\boldsymbol{Q}\boldsymbol{X}_i+\varphi T\sum_{i=1}^{N}\overline{\boldsymbol{x}_i}\ \overline{\boldsymbol{x}_i}' \end{bmatrix}\begin{bmatrix}\hat{\boldsymbol{\mu}}\\ \hat{\boldsymbol{\beta}}\end{bmatrix}=\begin{bmatrix} \varphi NT\overline{\boldsymbol{y}} \\ \sum_{i=1}^{N}\boldsymbol{X}_i'\boldsymbol{Q}+\varphi T\sum_{i=1}^{N}\overline{\boldsymbol{x}_i}\ \overline{\boldsymbol{y}_i} \end{bmatrix} \tag{4.5.27}$$

利用分块矩阵求逆公式，可得

$$\hat{\boldsymbol{\beta}}=\left[\frac{1}{T}\sum_{i=1}^{N}\boldsymbol{X}_i'\boldsymbol{Q}\boldsymbol{X}_i+\varphi\sum_{i=1}^{N}(\overline{\boldsymbol{x}_i}-\overline{\boldsymbol{x}})(\overline{\boldsymbol{x}_i}-\overline{\boldsymbol{x}})'\right]^{-1}\pi$$

$$\times \left[ \frac{1}{T} \sum_{i=1}^{N} \boldsymbol{X}'_i \boldsymbol{Q} \boldsymbol{y}_i + \varphi \sum_{i=1}^{N} (\overline{\boldsymbol{x}_i} - \overline{\boldsymbol{x}})(\overline{\boldsymbol{y}_i} - \overline{\boldsymbol{y}}) \right]$$

$$= \Delta \hat{\boldsymbol{\beta}}_b + (\boldsymbol{I}_k - \Delta) \hat{\boldsymbol{\beta}}_{CV}$$

$$\hat{\boldsymbol{\mu}} = \overline{\boldsymbol{y}} - \overline{\boldsymbol{\beta}}' \overline{\boldsymbol{x}} \tag{4.5.28}$$

得到的 $\hat{\boldsymbol{\beta}}$ 和 $\hat{\boldsymbol{\mu}}$ 为模型中的待估参数，其中

$$\Delta = \varphi T \left[ \sum_{i=1}^{N} \boldsymbol{X}'_i \boldsymbol{Q} \boldsymbol{X}_i + \varphi \sum_{i=1}^{N} (\overline{\boldsymbol{x}_i} - \overline{\boldsymbol{x}})(\overline{\boldsymbol{x}_i} - \overline{\boldsymbol{x}})' \right]^{-1} \times \sum_{i=1}^{N} (\overline{\boldsymbol{x}_i} - \overline{\boldsymbol{x}})(\overline{\boldsymbol{x}_i} - \overline{\boldsymbol{x}})'$$

$$\hat{\boldsymbol{\beta}}_b = \left[ \sum_{i=1}^{N} (\overline{\boldsymbol{x}_i} - \overline{\boldsymbol{x}})(\overline{\boldsymbol{x}_i} - \overline{\boldsymbol{x}})' \right]^{-1} \sum_{i=1}^{N} (\overline{\boldsymbol{x}_i} - \overline{\boldsymbol{x}})(\overline{\boldsymbol{y}_i} - \overline{\boldsymbol{y}}) \tag{4.5.29}$$

式中　$\hat{\boldsymbol{\beta}}_b$——组间估计量；

$\quad\quad$ $\hat{\boldsymbol{\beta}}_{CV}$——协方差估计量，通过分析可以发现 GLS 估计量是组间估计量和组内估计量的加权平均，对于随机效应模型来说，GLS 估计量是最优线性无偏估计量（BLUE）。

以上研究表明，影响混凝土高坝变形值 $Y$ 的因素表示为两个部分：自变量 $X_1$，…，$X_p$ 表示所有测点变形的共同影响因素（水压、温度、时效等）；特异效应量 $\alpha_1$，…，$\alpha_p$ 反映不同测点变形的差异性，这种特异效应量的取值有两种情况，相应的面板模型有固定效应面板模型和随机效应面板模型。实际工程中，需选取适合大坝变形特征的面板模型，即需要对模型的型式进行选择，可以通过对变形监测序列的检验来确定选择固定效应面板模型还是随机效应面板模型。

#### 4.5.1.4　模型的形式选择及有效性评价

1. 模型形式选择

混凝土高坝的变形监测序列可以根据前文提出的方法建立分区面板模型，但是表达测点之间差异性的虚拟变量形式，即特异效应量是固定量还是随机变量，则需要通过面板模型的设定检验来确定。在面板模型中，满足基本回归假设得到的最小二乘估计量才是最优线性无偏估计量，如果不能满足 $E(v_{it} | X_{it}) = 0$，则广义最小二乘估计量 Ps 是有偏和不一致的。因此，需要区分特异效应量是固定效应还是随机效应。Hausman 和 Taylor 提出通过对随机误差项与变量之间的相关性检验来确定选择固定效应还是随机效应，即检验 $E(v_{it} | X_{it}) = 0$ 是否成立。Hausman 设定

$$\hat{q}_1 = \hat{\beta}_{GLS} - \hat{\beta}_{within} \tag{4.5.30}$$

式中　$\hat{\beta}_{within}$——组内估计量。

原假设为 $H_0 : E(v_{it} | X_{it}) = 0$；备择假设为 $H_1 : E(v_{it} | X_{it}) \neq 0$。

在原假设 $H_0$ 成立时，有效估计量与它和非有效估计量差值的协方差应当为 0，有 $p\lim \hat{q} = 0$，$\text{cov}(\hat{q}_1, \hat{\beta}_{GLS}) = 0$。由于 $\hat{\beta}_{within} - \beta = (X'QX)^{-1}X'Q\mu$，$\hat{\beta}_{CLS} - \beta = (X\Omega^{-1}X)^{-1}X\Omega^{-1}\mu$，有

$$E(q'_1) = 0, \text{cov}(\hat{\beta}_{GLS}, \hat{q}_1) = \text{var}(\hat{\beta}_{GLS}) - \text{cov}(\hat{\beta}_{GLS}, \hat{\beta}_{within}) = 0, \hat{\beta}_{within} = \hat{\beta}_{GLS} - \hat{q}_1 \tag{4.5.31}$$

则

$$\text{var}(\hat{\beta}_{\text{within}}) = \text{var}(\hat{\beta}_{\text{GLS}}) + \text{var}(\hat{q}_1) \tag{4.5.32}$$

由此可得

$$\text{var}(\hat{q}_1) = \text{var}(\hat{\beta}_{\text{within}}) - \text{var}(\hat{\beta}_{\text{GLS}}) = \sigma_u^2 [(X'QX)^{-1} - (X'\Omega^{-1}X)^{-1}] \tag{4.5.33}$$

Hausman 检验统计量为

$$m_1 = \hat{q}_1' [\text{var}(\hat{q}_1)]^{-1} \hat{q}_1 \tag{4.5.34}$$

原假设 $H_0: E(v_{it} | X_{it}) = 0$ 成立时，$m_1$ 的渐近分布为 $\chi_k^2$，$k$ 为斜率向量 $\boldsymbol{\beta}$ 的维数。

在此基础上，为了保证混凝土高坝变形面板模型的适用性，可以增加两个统计量进行检验，设

$$\hat{q}_2 = \hat{\beta}_{\text{GLS}} - \hat{\beta}_{\text{Between}}, \quad \hat{q}_3 = \hat{\beta}_{\text{within}} - \hat{\beta}_{\text{Between}} \tag{4.5.35}$$

式（4.5.35）中为组间估计量，则检验统计量为

$$m_2 = \hat{q}_2' [\text{var}(\hat{q}_2)]^{-1} \hat{q}_2, \quad m_3 = \hat{q}_3' [\text{var}(\hat{q}_3)]^{-1} \hat{q}_3 \tag{4.5.36}$$

原假设 $H_0: E(v_{it} | X_{it}) = 0$ 成立时，$m_2$ 和 $m_3$ 的渐进分布都为 $\chi_k^2$。

综上分析，如果 $E(v_{it} | X_{it}) = 0$ 成立，说明模型中不可监测的因素是随机变化的，与自变量没有关系，可以选择随机效应模型；而当 $E(v_{it} | X_{it}) = 0$ 不成立时，说明模型中不可监测的因素与自变量具有相关性，对模型的影响具有可测性，应选择固定效应模型。

**2. 模型有效性评价**

评价一个模型的效果，通常考虑模型所包括的解释变量是否能够尽可能地解释因变量的变化，故需要一定的参考标准或者指导方针，否则无法确定在实证分析中所选择的模型是不是好的、恰当的或正确的。从模型总体拟合优度和每个变量的重要性两方面考察所建模型的效果，首先研究总体拟合优度的度量标准。

采用校正的样本决定系数 $R^2$ 和 $F$ 值来度量总体拟合优度，其定义为

$$R^2 = \frac{ESS}{TSS}$$

$$F = \frac{\dfrac{R^2}{k-1}}{\dfrac{1-R^2}{n-k}} \tag{4.5.37}$$

式中　$ESS$——回归平方和；

　　　$TSS$——总的离差平方和；

　　　　$n$——样本容量；

　　　　$k$——包括截距在内的解释变量的个数。

由 $R^2$ 的定义可知，$R^2$ 越接近于 1，表示估计的回归拟合效果越好，而对于面板模型中包含的大量的解释变量，增加解释变量个数引起的 $R^2$ 的增大与拟合好坏无关，需要调整 $R^2$，调整的思路是：将残差平方和与总离差平方和分别除以各自的自由度，以剔除变量个数对拟合优度的影响，则调整后的 $R^2$ 定义为

$$\overline{R^2} = 1 - \frac{\dfrac{RSS}{n-k-1}}{\dfrac{TSS}{n-1}} \tag{4.5.38}$$

式中　$RSS$——残差平方和；

　　　$TSS$——总离差平方和；

　$n-k-1$——残差平方和的自由度；

　　$n-1$——总离差平方和的自由度。

此外，可以利用 $F$ 统计量进行总体显著性检验，$F$ 检验统计量的定义为

$$F=\frac{\dfrac{ESS}{k}}{\dfrac{RSS}{n-k-1}}=\frac{\dfrac{\sum_{i=1}^{n}(y_i-\bar{y})^2}{k}}{\dfrac{\sum_{i=1}^{n}(y_i-\hat{y})^2}{n-k-1}}\sim F(k,n-k-1) \tag{4.5.39}$$

原假设成立时，统计量服从自由度为 $(k,n-k-1)$ 的 $F$ 分布。计算统计量 $F$ 可以得到数值 $P$，给定显著性水平 $\alpha$，通过 $F_\alpha$ 和 $P$ 的比较判定原假设是否成立。由上可知，$F$ 与 $R^2$ 同向变动。总之，通过调整后的 $R^2$ 和 $F$ 值可以总体评价模型的有效性和拟合优度，$F$ 与 $R^2$ 的值越高，认为模型拟合的效果就越好。

此外，对于面板模型中每个变量的重要性可以通过统计量进行检验，$t$ 统计量定义为

$$t=\frac{\hat{\beta}_i}{S_{\hat{\beta}}}\sim t(n-k-1) \tag{4.5.40}$$

如果一次 $t$ 检验后，模型中存在多个不重要变量，将 $t$ 值最小的变量剔除掉再重新进行检验，每次检验只能剔除一个变量，直至所有变量通过 $t$ 检验。

### 4.5.1.5　工程实例

基于所建立的高拱坝变形的分区方法以及特异效应面板模型，对高寒地区某高拱坝变形进行分区建模。该坝为抛物线双曲拱坝，坝顶高程 1245.00m，坝高 294.5m，坝顶长 901.771m，拱冠梁顶宽 12m，底宽 72.912m。大坝结构较为复杂，为改善坝踵处应力分布，在坝踵处设置了结构诱导缝，诱导缝设置高程为 956.00m，缝深 9m。研究对象为埋设于大坝的 39 个垂线点 2009 年 8 月 9 日—2012 年 7 月 24 日期间的 39741 个大坝变形监测数据。该拱坝垂线监测点位置分布如图 4.5.4 所示。该实例主要对本章提出的高拱坝变形分区方法以及所建的高拱坝分区变截距面板模型有效性进行分析和验证。

1. 高拱坝变形分区

利用个体相似性指标计算公式（4.5.1）和式（4.5.2），采用欧氏距离表示，将大坝 39 个测点两两之间的绝对距离和增速距离表征为测点间的综合距离，记为 $d_{ij}(CED)$，即

$$d_{ij}(CED)=\omega_1 zd_{ij}(AQED)+\omega_2 zd_{ij}(ISED) \tag{4.5.41}$$

采用 Ward 空间区域聚类的思想，放弃了在通常分类中求极小值的要求，而是根据某种规则找到一个局部最优解，聚类过程中基于测点变形之间的欧氏综合距离 $d_{ij}(CED)$，按照高拱坝的大坝变形分区流程（图 4.5.2），对大坝的 39 个变形监测点进行变形分区计算，得到谱系聚类树状图如图 4.5.5 所示，采用内部有效性指标多次评估，经过 trial-and-error 迭代的过程结合最优分区阈值来确定大坝变形的最佳区域数，最终将所有测点划分为六大类；聚类得到的类内测点变形变化趋势和规律基本一致，每类测点可以综合描

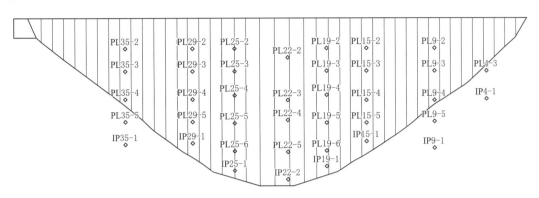

图 4.5.4 垂线监测点位置分布图

述大坝对应区域的总体变形特征，可以根据测点所在的位置，将大坝分为 6 个区域，大坝变形区域分布如图 4.5.6 所示。

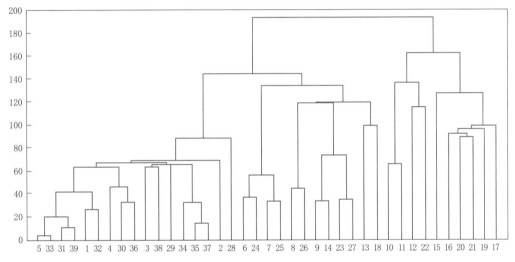

图 4.5.5 大坝测点谱系聚类树状图

图 4.5.6 坝体变形区域分布图

## 2. 模型型式的选择

基于大坝变形分区结果，在建立高拱坝变形分区面板模型之前，先对每个区域内的所有测点变形时间序列进行 Hausman 检验，以便选择合适的回归模型形式进行建模，即通过对变形监测随机误差项与变量之间的相关性检验来确定选择固定效应面板模型还是随机效应面板模型，具体过程如下：

Hausman 检验统计量：$m_1 = \hat{q}'_1[\mathrm{var}(\hat{q}_1)]^{-1}\hat{q}_1$，$m_2 = \hat{q}'_2[\mathrm{var}(\hat{q}_2)]^{-1}\hat{q}_2$，$m_3 = \hat{q}'_3[\mathrm{var}(\hat{q}_3)]^{-1}\hat{q}_3$，原假设为 $H_0:E(v_{it}\,|\,X_{it})=0$，备择假设为 $H_1:E(v_{it}\,|\,X_{it})\neq0$。如果 $E(v_{it}\,|\,X_{it})=0$ 成立，可选择随机效应面板模型；如果 $E(v_{it}\,|\,X_{it})=0$ 不成立，则选择固定效应面板模型。对 6 个区域测点变形时间序列进行 Hausman 检验，典型两个区域的检验结果见表 4.5.1 和表 4.5.2。

表 4.5.1　坝体 Ⅰ 区测点变形时间序列 Hausman 检验结果

| Hausman 检验 |
| --- |
| $b=$ 在 Ho 和 Ha 下一致；从 xtreg 获得 |
| $B=$ 在 Ha 下不一致，在 Ho 下有效；从 xtreg 获得 |
| 测试：Ho：系数差异不系统 |
| $\mathrm{chi2}(2)=(b-B)'[(V\_b-V\_B)^{\wedge}(-1)](b-B)=0.00$ |
| $\mathrm{Prob}>\mathrm{chi2}=\quad 1.0000$ |

表 4.5.2　坝体 Ⅲ 区测点变形时间序列 Hausman 检验结果

| Hausman 检验 |
| --- |
| $b=$ 在 Ho 和 Ha 下一致；从 xtreg 获得 |
| $B=$ 在 Ha 下不一致，在 Ho 下有效；从 xtreg 获得 |
| 测试：Ho：系数差异不系统 |
| $\mathrm{chi2}(2)=(b-B)'[(V\_b-V\_B)^{\wedge}(-1)](b-B)=9.14$ |
| $\mathrm{Prob}>\mathrm{chi2}=\quad 0.0104$ |

通过对大坝全部区域变形序列进行 Hausman 检验，得到 Wald 检验统计量 Prob（以下简称 $P$ 值），根据式（4.5.30）及 Hausman 原假设 $H_0:E(v_{it}\,|\,X_{it})=0$ 可以判定，除了大坝 Ⅲ 区以外，其他区域内测值序列 $P$ 值均不能在 5% 的显著性水平下拒绝原假设，表明符合随机效应面板模型。坝体 Ⅲ 区的 $P$ 值为 0.0104，表明在 5% 的显著性水平下拒绝原假设，可采用固定效应模型。

## 4.5.2　变形分区变系数面板模型

高寒复杂地质条件高拱坝工作条件十分复杂，结构力学特性以及对外部荷载的响应也处于动态变化中，大坝结构性态改变在变形信息的平稳性上有直观反映，表现为变形监测序列由平稳、非平稳的连续变化过程。传统方法往往侧重于单测点一维变形序列的平稳性分析，很少联合考虑变形序列的空间结构和时间结构，故难以得知当前状态下的变形性态是否发生改变，原先的变形分析模型在当前状态下是否仍然适合，这主要牵涉到变形序列平稳性有效判别问题；此外，变形序列的时空结构隐含了不同时期的大坝变形空间状态，反映了大坝变形性态的动态过程，如何通过变形时空结构分析，捕捉坝体的敏感薄弱部位，进而识别整体结构变形性态的演变规律，也是本节需要研究的问题；高拱坝结构系统的力学行为是大坝各个部位的协同效应，其整体变形性态是大坝各区域变形的综合表现，由于不同区域的变形影响因素并不完全相同，4.5.1 节引入变形特异效应量描述了不同区域变形性态的差异性；而对同一区域内变形规律相似的不同测点进行建模分析时，由于变形影响因素单位变化对大坝变形的作用效应也不完全相同，因此，亟须建立能够同时反映总体变形相似性和不同测点变形随机性的动态分析模型。

本节针对上述问题，在分析高拱坝变形非平稳系列典型特征基础上，建立综合反映实际大坝变形性态演变过程中变形序列性质改变的平稳性判别方法；通过高拱坝变形时空结构的划分，并结合某实际工程，提出大坝变形动态分区方法；针对变形影响因素单位变化对大坝变形的作用效应，建立高拱坝变形分区变系数面板分析模型；最后以某高拱坝实际工程为例，验证所建立变形分区变系数面板分析模型的有效性。

### 4.5.2.1 高拱坝变形面板序列的平稳性判别

大坝实际运行中，结构内在的自适应协同作用，表现为变形序列平稳自适应调整平稳的动态过程。由于高拱坝实际变形监测序列具有复杂的性质，传统方法很难直接判别其平稳性，为此，总结了以下几种典型的大坝变形非平稳序列，为建立变形面板序列平稳性判别方法打下基础。

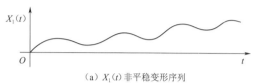

(a) $X_1(t)$ 非平稳变形序列

1. 大坝变形序列平稳性分析

判定单一变形序列 $y_i$ 是否平稳，关键在于是否满足以下弱平稳的 3 个条件。

（1）均值为常数，即 $\mu(t)=\mu$。

（2）方差为常数，即 $\mathrm{var}(y_t)=\sigma^2$。

（3）协方差与时间 $t$ 无关，即 $\mathrm{cov}(y_t,\ y_{t+k})=r_k$。

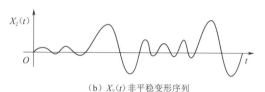

(b) $X_2(t)$ 非平稳变形序列

若不能完全满足上述弱平稳的三个条件，则认为此变形序列是非平稳的。结合上述 3 个条件，经对大量的大坝变形序列

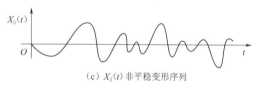

(c) $X_3(t)$ 非平稳变形序列

图 4.5.7 典型的非平稳变形序列形式

统计分析，大坝变形非平稳序列可归纳为如图 4.5.7 所示 3 种形式：$X_1(t)$ 的监测序列不在固定不变的水平线附近随机波动，均值 $E[X(t)]$ 将随时间而变化，诸如此类型的变形序列在高拱坝中常遇到，随着荷载的动态变化，坝体不断调整适应，变形序列属"阶梯"状变化；$X_2(t)$ 的监测序列虽然在 $x=0$ 的水平线附近随机波动，但波动幅度不是均匀的，因此，$X_2(t)$ 的方差 $\sigma^2[X_2(t)]$ 将随时间而变化；$X_3(t)$ 的监测序列具有更复杂的性质，它的震动频率和幅度均随时间而变化，这意味着 $X_3(t)$ 的相关函数值随时间和间隔时间的不同而变化。显然这些非平稳性质的不同组合，可以形成更复杂的非平稳变形序列。

对于上述的 3 种典型大坝变形非平稳序列，常用的平稳性分析方法是单位根检验法，其传统检验模式有：既有趋势又有截距；只有截距；以上都无。但实际工程中，带趋势项的大坝变形平稳过程和确定性趋势非平稳过程在表达式上存在相似性，所以往往误导人们的判断，如一趋势平稳序列可表示为

$$y_{it}=c+rt+u_{it} \tag{4.5.42}$$

式中 $y_{it}$——大坝变形监测序列为一趋势性平稳过程；

$u_{it}$——一平稳过程。

而对于另一确定性趋势的大坝变形监测序列非平稳过程，其序列为

$$z_{it}=a+z_{it-1}+u_{it} \tag{4.5.43}$$

将上述大坝变形监测序列 $z_{it}$ 展开后，可得

$$
\begin{aligned}
z_{it} &= a + (a + z_{it-2} + u_{it-1}) + u_{it} \\
&= a + [a + (a + z_{it-3} + u_{it-2})] + u_{it} + u_{it-1} \\
&\vdots \\
&= at + \sum_{j=1}^{t} u_{it}
\end{aligned}
\tag{4.5.44}
$$

从式 (4.5.44) 可看出，变换后的序列 $z_{it}$ 包含确定的趋势项 $at$，而式 (4.5.42) 中变形序列 $y_{it}$ 含有确定的趋势 $rt$，所以仅从形式上很难区分趋势性平稳过程和确定性趋势非平稳过程，容易导致单位根检验的失效，从而对结构内在的发展机制造成错误理解。将此类具有结构变化的变形序列误判为理想平稳的序列加以建模分析，会产生伪回归现象，会导致对大坝结构变形性态的误判；同时，大坝结构难免因外界偶然因素作用而产生自适应调整，此时变形序列的趋势性虽然发生改变，但仍属于近平稳状态，大坝经结构调整后仍处于正常运行状态。此时，结构上的改变常常会使得变形序列单位根检验的功效降低，将具有结构变化的趋势性平稳序列误判为非平稳的单位根过程，产生单位根伪检验现象，导致对结构状态的误判。由于时间序列单位根检验统计量的渐近极限分布并不是正态分布，单独变形的时间序列分析并不能准确判断结构变化的准确性，即使没有伪回归，变点仍然可能发生在面板数据中，而高拱坝整体变形在时间维度上是一个渐变的动态发展过程，在截面维度上是一个统一协调变化的整体，兼顾时间维度和截面维度的变形面板数据可以全面反映整体变形性态，下面利用带结构变化的 LSTR - IPS 面板单位根检验高拱坝变形序列的平稳性。

2. 变形序列平稳性检验

Pesaran 和 Shin 提出了基于截面序列 DF 或 DF 统计量的异质面板数据的单位根检验，其检验的模型（简称为 IPS 模型）可以表示为

$$
y_{it} = z\alpha_i + \beta_i y_{i,t-1} + \sum_{j=1}^{P_i} \phi_{ij} \Delta y_{i,t-j} + \mu_{it} \quad (i = 1, 2, \cdots, N, t = 1, 2, \cdots, T) \tag{4.5.45}
$$

式中　$\mu_{it}$——相互独立并均服从 $N(0, \sigma_i^2)$ 分布；

　　　$z$——系数，$z = (0)$ 或 $z = (1)$ 或 $z = (1, t)$。

原假设为 $H_0$：$\beta_i = 1$，即有单位根过程，备择假设为 $H_1$：$\exists i$，$\beta_i < 1$，其检验统计量为

$$
Z_{\bar{t}} = \frac{\sqrt{N}\left[\bar{t} - N^{-1}\sum_{i=1}^{N} E(t_i)\right]}{\sqrt{N^{-1}\sum_{i=1}^{N} \text{var}(t_i)}}
\tag{4.5.46}
$$

其中

$$
\bar{t} = N^{-1}\sum_{i=1}^{N} t_i
$$

式中　$t_i$——第 $i$ 个横截面序列 DF（dfuller varname）检验的 $t$ 统计量。

高拱坝变形序列结构上的改变常常会使得面板单位根检验的功效降低，为了避免变形趋势项对检验结果的影响，更准确地描述变形序列在时间上平滑的变化，引入一个连续的

平滑函数——逻辑平滑转换回归（logistic smooth transition regression，LSTR）模型来描绘带结构变化的变形面板序列，以此对大坝变形序列的平稳性进行判断。

高拱坝变形面板序列 LSTR-IPS 检验模型为

$$\boldsymbol{y}_{it} = \boldsymbol{a}_{1i} + \boldsymbol{a}_{2i}\boldsymbol{S}_{it}(\gamma, \tau) + \boldsymbol{v}_{it} \tag{4.5.47}$$

$$\boldsymbol{y}_{it} = \boldsymbol{a}_{1i} + \boldsymbol{\beta}_{1i}t + \boldsymbol{a}_{2i}\boldsymbol{S}_{it}(\gamma, \tau) + \boldsymbol{v}_{it} \tag{4.5.48}$$

$$\boldsymbol{y}_{it} = \boldsymbol{a}_{1i} + \boldsymbol{\beta}_{1i}t + \boldsymbol{\beta}_{2i}t\boldsymbol{S}_{it}(\gamma, \tau) + \boldsymbol{v}_{it} \tag{4.5.49}$$

其中 $\boldsymbol{S}_{it}(\gamma, \tau) = [1 + \exp\{-\gamma_i(t - \tau T)\}]^{-1}$，$\gamma_i \geqslant 0, i = 1, 2, \cdots, N, t = 1, 2, \cdots, T$

式中    $\boldsymbol{y}_{it}$——变形面板序列；

         $\tau$——参数，决定结构转换过程的时间中点；

         $\gamma_i$——参数，决定不同测点变形序列之间的转换速度，对于 $\gamma_i > 0$，有 $\boldsymbol{S}_{i,-\infty}(\gamma, \tau) = 0$，$\boldsymbol{S}_{i,+\infty}(\gamma, \tau) = 1$，$\boldsymbol{S}_{i,\tau T}(\gamma, \tau) = 0.5$。

$\gamma_i$ 越小，则 $\boldsymbol{S}_{it}(\gamma, \tau)$ 穿越（0,1）区间需要的时间越长，在 $\gamma_i = 0$ 的极限情况下，对于所有的时间 $t$，$\boldsymbol{S}_{it}(\gamma, \tau) = 0.5$；相反，$\gamma_i$ 越大，则 $\boldsymbol{S}_{it}(\gamma, \tau)$ 穿越（0, 1）区间需要的时间越少，当 $\gamma_i$ 趋近于 $+\infty$ 时，在 $t = \tau T$ 时 $\boldsymbol{S}_{it}(\gamma, \tau)$ 能立即从 0 变到 1。因此，模型式（4.5.47）中的序列 $\boldsymbol{y}_{it}$ 围绕均值呈平稳性，均值的变化区间为 $[a_{1i}, a_{1i} + a_{2i}]$；模型式（4.5.48）中的序列 $\boldsymbol{y}_{it}$ 有固定的斜率 $\beta_{1i}$，但截距从 $a_{1i}$ 变到 $a_{1i} + a_{2i}$；模型式（4.5.49）中的序列 $\boldsymbol{y}_{it}$ 有固定的截距 $a_{1i}$，但斜率从 $\beta_{1i}$ 变到 $\beta_{1i} + \beta_{2i}$。

对于模型式（4.5.47）～式（4.5.49），LSTR-IPS 单位根检验原假设和备择假设为

$$H_0: \boldsymbol{y}_{it} = \boldsymbol{u}, \quad \boldsymbol{\mu}_{it} = \boldsymbol{\mu}_{it-1} + \boldsymbol{\varepsilon}_{it}, \quad \boldsymbol{\mu}_{i0} = \psi,$$

$$H_1: \boldsymbol{y}_{it} \text{ 为模型式(4.5.47)或模型式(4.5.48)或模型式(4.5.49)} \tag{4.5.50}$$

或

$$H_0: \boldsymbol{y}_{it} = \boldsymbol{\mu}_{it}, \quad \boldsymbol{\mu}_{it} = \boldsymbol{\mu}_{it-1} + \boldsymbol{\varepsilon}_{it}, \quad \boldsymbol{\mu}_{i0} = \psi$$

$$H_1: \boldsymbol{y}_{it} \text{ 为模型式(4.5.47)或模型式(4.5.48)} \tag{4.5.51}$$

式中    $\boldsymbol{\varepsilon}_{it}$——零均值的 $I(0)$ 过程。

无论在式（4.5.50）还是式（4.5.51）条件下，如果原假设成立，则大坝变形测值序列 $\boldsymbol{y}_{it}$ 为单位根序列，即变形为非平稳序列。相反，如果原假设不成立，则大坝变形测值序列 $\boldsymbol{y}_{it}$ 为带结构变化的趋势平稳序列，即变形为平稳序列。

#### 4.5.2.2 高拱坝变形动态分区方法

高拱坝在时间维度和截面维度上的变形状态，综合反映了大坝各个时期的结构变化性态，整体的变形序列中隐含了结构性态的每一次变化，利用大坝变形面板数据，基于 LSTR-IPS 单位根检验，可以有效识别变形序列的平稳性，并将大坝全局变形序列分为若干个平稳阶段。实际工程中，管理者往往更加关心大坝变形平稳性改变过程中结构发生调整的部位区域，以便发现可能存在的隐患病害，为此，基于 4.5.1 节建立的大坝变形分区方法，对不同平稳阶段的大坝结构进行变形分区，寻找出大坝在各个时期变形趋势和规律相同的部位，并对比分区结果，寻找变形规律和趋势发生改变的部位，即大坝在不同平稳阶段变形分区情况发生改变的部位，进而掌握坝体局部或区域的动态调整过程。以某高拱坝蓄水及运行初期的变形序列为例，利用前文提出的平稳性识别和分区方法，通过对变形序列的时间结构、空间结构的划分，提出高拱坝变形动态分区方法。

1. 大坝变形时间结构划分

根据前文建立的大坝变形平稳性识别方法，利用 LSTR－IPS 单位根检验模型式（4.5.47)～式（4.5.49）对大坝变形时间结构进行划分，其具体步骤为：

对大坝全局变形序列 $\boldsymbol{y}_{it}$ 采用非线性最小二乘回归（nonlinear least squares，NLS）进行平滑转换处理，需要估计模型式（4.5.47)～式（4.5.49）中大量的参数，如 $\boldsymbol{a}_{1i}$、$\beta_{1i}$、$\boldsymbol{a}_{2i}$、$\beta_{2i}$、$\gamma_i$、$\tau$ 等，为此首先将平滑转换函数展开，令 $C_i = \exp(\gamma_i \tau T)$，则有

$$\boldsymbol{S}_{it}(\gamma,\tau) = [1 + \exp\{-\gamma_i(t - \tau T)\}]^{-1} = \frac{\mathrm{e}^{\gamma_i t}}{C_i + \mathrm{e}^{\gamma_i t}} \tag{4.5.52}$$

又

$$\frac{\mathrm{d}\boldsymbol{S}_i}{\mathrm{d}t} = C_i \gamma_i \mathrm{e}^{\gamma_i t}(C_i + \mathrm{e}^{\gamma_i t})^{-2} \tag{4.5.53}$$

$$\frac{\mathrm{d}^2\boldsymbol{S}_i}{\mathrm{d}t^2} = C_i \gamma_i^2 \mathrm{e}^{\gamma_i t}(C_i + \mathrm{e}^{\gamma_i t})^{-3}(C_i - \mathrm{e}^{\gamma_i t}) \tag{4.5.54}$$

$$\frac{\mathrm{d}^3\boldsymbol{S}_i}{\mathrm{d}t^3} = C_i \gamma_i^3 \mathrm{e}^{\gamma_i t}(C_i + \mathrm{e}^{\gamma_i t})^{-4}(C_i^2 - 4C_i \mathrm{e}^{\gamma_i t} - \mathrm{e}^{2\gamma_i t}) \tag{4.5.55}$$

则平滑转换函数 $\boldsymbol{S}_{it}(\gamma,\tau)$ 在 $(t=0)$ 处 Taylor 展开为

$$\boldsymbol{S}_{it}(\gamma,\tau \vdots t=0) = (1 + C_i)^{-1} \tag{4.5.56}$$

$$\boldsymbol{S}_{it}'(\gamma,\tau \vdots t=0) = C_i \gamma_i (1 + C_i)^{-2} \tag{4.5.57}$$

$$\boldsymbol{S}_{it}''(\gamma,\tau \vdots t=0) = C_i \gamma_i^2 (1 + C_i)^{-3}(C_i - 1) \tag{4.5.58}$$

$$\boldsymbol{S}_{it}''(\gamma,\tau \vdots t=0) = C_i \gamma_i^3 (1 + C_i)^{-4}(C_i^2 - 4C_i - 1) \tag{4.5.59}$$

由此，$\boldsymbol{S}_{it}(\gamma,\tau)$ 可表示为

$$\boldsymbol{S}_{it}(\gamma,\tau \vdots t) = (1 + C_i)^{-1} + C_i \gamma_i (C_i + 1)^{-2} t + \frac{1}{2} C_i \gamma_i^2 (C_i + 1)^{-3}(C_i - 1)t^2$$

$$+ \frac{1}{6} C_i \gamma_i^3 (C_i + 1)^{-4}(C_i^2 - 4C_i - 1)t^3 + R(\gamma_i,\tau \vdots t) \tag{4.5.60}$$

式中　$R(\gamma_i,\tau \vdots t)$——三阶泰勒展开式余项。

将式（4.5.60）代入模型式（4.5.47)～式（4.5.49）进行最小二乘估计，可得到各参数 $\boldsymbol{a}_{1i}$、$\beta_{1i}$、$\boldsymbol{a}_{2i}$、$\beta_{2i}$、$\gamma_i$、$\tau$ 等的估计值，同时根据残差序列 $\hat{\boldsymbol{v}}_{it}$ 可以得到残差的估计值。$\hat{\boldsymbol{v}}_{it}$ 为

$$\hat{\boldsymbol{v}}_{it} = \boldsymbol{y}_{it} - [\hat{\boldsymbol{a}}_{1i} + \hat{\boldsymbol{a}}_{2i} S_{it}(\hat{\gamma},\hat{\tau})] \tag{4.5.61}$$

$$\hat{\boldsymbol{v}}_{it} = \boldsymbol{y}_{it} - [\hat{\boldsymbol{a}}_{1i} + \hat{\beta}_{1i}t + \hat{\boldsymbol{a}}_{2i} S_{it}(\hat{\gamma},\hat{\tau})] \tag{4.5.62}$$

$$\hat{\boldsymbol{v}}_{it} = \boldsymbol{y}_{it} - [\hat{\boldsymbol{a}}_{1i} + \hat{\beta}_{1i}t + \hat{\beta}_{2i}t S_{it}(\hat{\gamma},\hat{\tau})] \tag{4.5.63}$$

2. 对上述的残差序列 $\hat{\boldsymbol{v}}_{it}$ 进行单位根检验，其模型式为

$$\Delta\hat{\boldsymbol{v}}_{it} = \overline{\omega}_i + \rho_i \hat{\boldsymbol{v}}_{i,t-1} + \boldsymbol{u}_{it} \quad (i=1,2,\cdots,N, t=1,2,\cdots,T) \tag{4.5.64}$$

检验统计量为

$$\overline{LSTR-IPS}=\frac{\sqrt{N}\left[\bar{t}-E(\bar{t})\right]}{\sqrt{\mathrm{var}(\bar{t})}} \tag{4.5.65}$$

式中 $t_{\rho_i,T}$——模型式（4.5.47）~式（4.5.49）中第 $i$ 个截面序列中的 $\rho_i$ 统计量，$T$ 固定时，$t_{\rho_i,T}$ 统计量的平均值为 $\bar{t}=\dfrac{1}{N}\displaystyle\sum_{i=1}^{N}t_{\rho_i,T}$。

由计算得到的检验统计量 $t$ 值，根据 LSTR-IPS 单位根检验原假设 $H_0$：$\boldsymbol{y}_{it}=\boldsymbol{\mu}_{it}$，$\boldsymbol{\mu}_{it}=\boldsymbol{\mu}_{it-1}+\boldsymbol{\varepsilon}_{it}$，$\mu_{i0}=\psi$，备选假设为：$H_1$：$y_{it}$ 为模型式（4.5.47）或式（4.5.48）或式（4.5.49），对比 1% 和 5% 显著性水平下的临界值可以判断是否接受原假设，结果可分为 3 种：①在 5% 显著性水平下接受原假设，则变形序列为非平稳序；②在 1% 显著性水平下拒绝原假设，则变形序列为平稳序列；③在上述两者之间，即在 1% 显著性水平下接受原假设，而在 5% 显著性水平下拒绝原假设，在变形序列的部分改变导致全局序列属于弱平稳。此时，需要对序列重新分段检验，直至每段序列检验结果在 1% 显著性水平下拒绝原假设，可以识别出平稳性发生改变的时段，从而完成对大坝全局变形序列时间结构的划分。

按照前文建立的大坝变形时间结构划分方法，结合某高拱坝 39 个垂线点 2009 年 8 月 9 日—2012 年 7 月 24 日期间的 39741 个变形监测数据，进一步研究该方法实现的具体步骤，首先对全局变形序列进行 LSTR-IPS 检验，结果见表 4.5.3。

表 4.5.3　　　　　　　　　　大坝全局变形序列 LSTR-IPS 检验结果

| Ho：所有面板包括单位根 | | 面板数量＝1 | |
|---|---|---|---|
| Ha：有些面板是静止的 | | 周期数＝1019 | |
| AR 参数：特定面板 | | 渐进：$T$，$N\to$无穷 | |
| 面板含义：包含 | | 按顺序 | |
| | | 固定 $N$ 个精确的临界值 | |
| | 统计值 | $P$ 值 | 1% | 5% |
| T 检验 | $-2.2769$ | | $-2.400$ | $-2.150$ |
| T 型母线 | $-2.2722$ | | | |
| Z-t 检验 | $-0.8798$ | 0.1895 | | |

由表 4.5.3 检验结果表明，全局的检验统计量 $t$ 值为 $t-bar=-2.2769$，结合 1%、5% 两个显著性水平下的临界值可以发现，在 1% 显著性水平下接受原假设，即全局变形序列为非平稳序列，但在 5% 显著性水平下可以拒绝原假设，即全局变形序列为平稳序列，这表明大坝整体变形序列未发生结构性重大变化，未通过 1% 显著性水平的检验表明全局变形序列有部分改变，可能是由于大坝某些部位或区域发生自适应调整所致。

高拱坝在早期蓄水时往往采用分期、分段抬高水位的方式，大坝受不同阶段水压的影响，整体工作性态会随着水位的升高而有所改变，蓄水过程是大坝不断接受新荷载，结构不断调整以适应外部环境的动态发展过程。因此，可以将全局变形序列按照蓄水过程进行分段检验，不断改变序列长短，直至检验完最后一段序列为止。以 3 个完整的蓄水过程为例进行分段检验：第一阶段 2009 年 8 月 9 日—2010 年 6 月 5 日，第二阶段 2010 年 6 月

6日—2011年5月25日，第三阶段2011年5月25日—2012年7月24日。LSTR-IPS检验见表4.5.4～表4.5.6。

表4.5.4　　　　　　　　　大坝蓄水第一阶段变形序列 LSTR-IPS 检验

| Ho：所有面板包括单位根 | | | 面板数量＝1 | |
| Ha：有些面板是静止的 | | | 周期数＝294 | |
| AR参数：特定面板 | | | 渐进：$T$，$N \rightarrow$ 无穷 | |
| 面板含义：包含 | | | 按顺序 | |
| 时间趋势：不包含 | | | ADF回归：不包括滞后 | |
| | | | 固定 $N$ 个精确的临界值 | |
| | 统计值 | $P$ 值 | 1% | 5% |
| T检验 | −17.0441 | | −2.400 | −2.150 |
| T型母线 | −12.0779 | | | |
| Z-t检验 | −12.6874 | 0.0000 | | |

表4.5.5　　　　　　　　　大坝蓄水第二阶段变形序列 LSTR-IPS 检验

| Ho：所有面板包括单位根 | | | 面板数量＝1 | |
| Ha：有些面板是静止的 | | | 周期数＝349 | |
| AR参数：特定面板 | | | 渐进：$T$，$N \rightarrow$ 无穷 | |
| 面板含义：包含 | | | 按顺序 | |
| 时间趋势：不包含 | | | ADF回归：不包括滞后 | |
| | | | 固定 $N$ 个精确的临界值 | |
| | 统计值 | $P$ 值 | 1% | 5% |
| T检验 | −4.9249 | | −2.400 | −2.150 |
| T型母线 | −4.7677 | | | |
| Z-t检验 | −3.8954 | 0.0000 | | |

表4.5.6　　　　　　　　　大坝蓄水第三阶段变形序列 LSTR-IPS 检验

| Ho：所有面板包括单位根 | | | 面板数量＝1 | |
| Ha：有些面板是静止的 | | | 周期数＝376 | |
| AR参数：特定面板 | | | 渐进：$T$，$N \rightarrow$ 无穷 | |
| 面板含义：包含 | | | 按顺序 | |
| 时间趋势：不包含 | | | ADF回归：不包括滞后 | |
| | | | 固定 $N$ 个精确的临界值 | |
| | 统计值 | $P$ 值 | 1% | 5% |
| T检验 | −4.7897 | | −2.400 | −2.150 |
| T型母线 | −4.7388 | | | |
| Z-t检验 | −3.8154 | 0.0001 | | |

### 4.5.2.3　变形变系数面板模型的建模方法

4.5.1 节建立的高拱坝变形的分区变截距面板模型，为了描述大坝变形的复杂规律，引入了表征坝体不同部位特异效应的虚拟变量，并按其不同的差异特征建立了固定效应面板模型和随机效应面板模型。实际上，即使是大坝同一区域内不同测点，其变形规律也不完全相同，因此在建立模型时需兼顾测点变形的共同规律和未知的异质性，允许模型中的系数（各影响因素单位变化对大坝变形的作用效应，以下简称系数）随测点变形性质变化而改变。下面针对大坝区域内变形面板模型系数变化问题，研究大坝变形各影响因素的固定系数和随机系数面板模型的特性，提出变形变系数面板模型的建模方法。

1. 固定系数和随机系数面板模型

为分析方便，设变系数面板模型的一般形式为

$$y_{it} = \sum_{k=1}^{K} \boldsymbol{\beta}_{ki} x_{kit} + \boldsymbol{u}_{it} = \sum_{k=1}^{K} (\overline{\boldsymbol{\beta}}_k + \boldsymbol{\alpha}_{ki}) x_{kit} + \boldsymbol{u}_{it} \quad (i = 1, 2, \cdots, T) \quad (4.5.66)$$

其中
$$\overline{\boldsymbol{\beta}} = (\overline{\beta}_0, \cdots, \overline{\beta}_K)'$$
$$\boldsymbol{\alpha}_i = (\alpha_{0i}, \cdots, \alpha_{Ki})'$$

式中　$\overline{\boldsymbol{\beta}}$——共同均值系数向量；

$\boldsymbol{\alpha}_i$——区域内不同测点变形对共同均值 $\overline{\boldsymbol{\beta}}$ 的随机偏差。

式（4.5.65）中第 $i$ 个测点的模型系数为 $\overline{\boldsymbol{\beta}}_i = (\overline{\beta}_0, \cdots, \overline{\beta}_k)'$，假设 $\overline{\boldsymbol{\beta}}_i$ 为互不相同的固定常数，即采用固定系数型式表征不同测点变形间的异质性，则可以将大坝全部变形 $NT$ 个监测数据表示为固定系数面板模型的形式，即

$$\begin{bmatrix} y_1 \\ y_2 \\ \vdots \\ y_N \end{bmatrix} = \begin{bmatrix} X_1 & \cdots & 0 \\ \vdots & X_2 & \vdots \\ & & \ddots & \\ 0 & \cdots & X_N \end{bmatrix} \begin{bmatrix} \beta_1 \\ \beta_2 \\ \vdots \\ \beta_N \end{bmatrix} + \begin{bmatrix} u_1 \\ u_2 \\ \vdots \\ u_N \end{bmatrix} \quad (4.5.67)$$

式中　　　$\boldsymbol{y}_i$——大坝变形监测时间序列；

$\boldsymbol{X}_i$——第 $i$ 个测点效应量 $t \times k$ 的解释变量矩阵，

$$\boldsymbol{X}_i = \begin{bmatrix} x_{11} & x_{12} & \cdots & x_{1k} \\ x_{21} & x_{22} & \cdots & x_{2k} \\ \vdots & \vdots & \ddots & \vdots \\ x_{i1} & x_{i2} & \cdots & x_{ik} \end{bmatrix}, \quad \boldsymbol{x}_{tk} = (1, H_t^1, H_t^2, H_t^3, H_t^4, T_{1t}, \cdots, T_{mt}, \theta_t, \ln\theta_t),$$

$\boldsymbol{\beta}_i(\beta_0, \cdots, \beta_k)$ 是不同测点的待估参数；

$\boldsymbol{u}_i = (u_{i1}, \cdots, u_{iT})'$——不同测点监测序列的随机误差。

此外，如果考虑不同测点的变形共同属性反映所属区域变形的总体规律，则可以利用区域内测点模型系数的均值来发现该区域变形的共同规律，若不同测点之间的异质性用 $\alpha_{kit}$ 来表征，则大坝变形的随机系数面板模型一般形式表示为

$$y_{it} = \sum_{k=1}^{K} (\overline{\boldsymbol{\beta}}_k + \boldsymbol{\alpha}_{Ki}) x_{kit} + \boldsymbol{u}_{it} \quad (4.5.68)$$

其中
$$\overline{\boldsymbol{\beta}}_k = (\overline{\beta}_0, \cdots, \overline{\beta}_K)'$$

$$\boldsymbol{\alpha}_{Ki} = (\alpha_{0i}, \cdots, \alpha_{Ki})'$$

式中　$y_{it}$——大坝变形监测序列；

$\quad\quad x_{kit}$——解释变量。

$x_{tk} = (1, H_t^1, H_t^2, H_t^3, H_t^4, T_{1,t}, \cdots, T_{m,t}, \theta_t, \ln\theta_t)$，根据式（4.5.65）可知，模型系数 $\beta_i$ 作为均值为 $\beta$ 的随机变量；

$\quad\quad \overline{\boldsymbol{\beta}}_k$——共同均值系数向量；

$\quad\quad \boldsymbol{\alpha}_{Ki}$——区域内大坝不同测点变形对共同均值 $\overline{\boldsymbol{\beta}}$ 的随机偏差，$\alpha_{Ki}$ 均值为零，方差与

协方差是常数的随机变量。即假定 $E\alpha_i = 0$，$\underset{K \times K}{E\alpha_i \alpha'_j} \begin{cases} \Delta & i=j \\ 0 & i \neq j \end{cases}$，$EX_i \alpha'_j = 0$，

$E\alpha_i u'_j = 0$，$Eu_i u'_j \begin{cases} \sigma^2 I_T & i=j \\ 0 & i \neq j \end{cases}$，则式（4.5.67）可以表示为

$$\boldsymbol{y} = \boldsymbol{X}\overline{\boldsymbol{\beta}} + \widetilde{\boldsymbol{X}}\boldsymbol{\alpha} + \boldsymbol{u} \tag{4.5.69}$$

其中 $\underset{NT \times 1}{\boldsymbol{y}} = (y'_1, \cdots, y'_N)'$，$\underset{NT \times K}{\boldsymbol{X}} = \begin{bmatrix} X_1 \\ X_2 \\ \vdots \\ X_N \end{bmatrix}$，$\underset{NT \times K}{\widetilde{\boldsymbol{X}}} = \begin{bmatrix} X_1 & \cdots & 0 \\ \vdots & X_2 & \vdots \\ & & \ddots \\ 0 & \cdots & X_N \end{bmatrix} = diag(X_1, X_2, \cdots,$

$X_N)$，$\boldsymbol{u} = (u'_1, \cdots, u'_N)'$，$\alpha = (\alpha'_1, \cdots, \alpha'_N)'$，复合扰动项的 $\widetilde{\boldsymbol{X}}\boldsymbol{\alpha} + \boldsymbol{u}$ 协方差矩阵是分块对角矩阵，第 $i$ 个对角子块为

$$\boldsymbol{\Phi}_i = \boldsymbol{X}_i \Delta \boldsymbol{X}'_i + \sigma^2 \boldsymbol{I}_T \tag{4.5.70}$$

以上研究表明：对于变形固定系数面板模型，由于模型中解释变量为影响变形的共同因素，即 $\boldsymbol{X}_i$ 对所有的 $i$ 都相同，则可以使用最小二乘估计量作为 $(\beta'_1, \cdots, \beta'_N)$ 的有效估计。但对于变形随机系数面板模型，传统的 $y$ 对 $x$ 的简单回归所导出 $\beta$ 的估计量不是有效估计，且常用来计算估计量方差—协方差矩阵的最小二乘公式也不再适用，为此下面重点研究共同均值向量 $\beta$ 的估计方法，并由此提出变形变系数面板模型系数 $\beta_i$ 的预测方法。

2. 随机系数的估计与预测

$\overline{\boldsymbol{\beta}}$ 的最优线性无偏估计量是广义最小二乘估计量，即

$$\hat{\overline{\boldsymbol{\beta}}}_{GLS} = \left(\sum_{i=1}^N \boldsymbol{X}'_i \boldsymbol{\Phi}_i^{-1} \boldsymbol{X}_i\right)^{-1} \left(\sum_{i=1}^N \boldsymbol{X}'_i \boldsymbol{\Phi}_i^{-1} y_i\right) = \sum_{i=1}^N \boldsymbol{W}_i \hat{\boldsymbol{\beta}}_i \tag{4.5.71}$$

根据 Rao 公式，可得

$\boldsymbol{X}'_i \boldsymbol{\Phi}_i^{-1} \boldsymbol{X}_i = \boldsymbol{X}'_i (\sigma_i^2 \boldsymbol{I} + \boldsymbol{X}_i \Delta \boldsymbol{X}'_i)^{-1} \boldsymbol{X}_i$

$\quad\quad = \boldsymbol{X}'_i \left[\frac{1}{\sigma_i^2} \boldsymbol{I}_T - \frac{1}{\sigma_i^2} \boldsymbol{X}_i (\boldsymbol{X}'_i \boldsymbol{X}_i + \sigma_i^2 \Delta^{-1})^{-1} \boldsymbol{X}'_i\right] \boldsymbol{X}_i$

$\quad\quad = \frac{1}{\sigma_i^2} \left[\boldsymbol{X}'_i \boldsymbol{X}_i - \boldsymbol{X}'_i \boldsymbol{X}_i \left\{(\boldsymbol{X}'_i \boldsymbol{X}_i)^{-1} - (\boldsymbol{X}'_i \boldsymbol{X}_i)^{-1} \times \left[(\boldsymbol{X}'_i \boldsymbol{X}_i)^{-1} + \frac{1}{\sigma_i^2} \Delta\right]^{-1} (\boldsymbol{X}'_i \boldsymbol{X}_i)^{-1}\right\} \boldsymbol{X}'_i \boldsymbol{X}_i\right]$

$\quad\quad = [\Delta + \sigma_i^2 (\boldsymbol{X}'_i \boldsymbol{X}_i)^{-1}]^{-1} \tag{4.5.72}$

式（4.5.71）中的 $\boldsymbol{W}_i$ 和 $\hat{\boldsymbol{\beta}}_i$ 为

$$W_i = \left\{ \sum_{i=1}^{N} \left[ \Delta + \sigma_i^2 (X'_i X_i)^{-1} \right]^{-1} \right\}^{-1} \left[ \Delta + \sigma_i^2 (X'_i X_i)^{-1} \right]^{-1}, \quad \hat{\beta}_i = (X'_i X_i)^{-1} X'_i y_i$$

(4.5.73)

式（4.5.71）最后一个等式表明，该广义最小二乘估计量是每个横截面单元的最小二乘估计量的矩阵加权平均，权重与它们的协方差矩阵成反比。该式还表明广义最小二乘估计量仅要求 $K$ 阶矩阵可逆，其中广义最小二乘估计量的协方差矩阵为

$$\text{var}\hat{\beta}_{\text{GLS}} = \left( \sum_{i=1}^{N} X'_i \Phi_i^{-1} X_i \right)^{-1} = \left\{ \sum_{i=1}^{N} \left[ \Delta + \sigma_i^2 (X'_i X_i)^{-1} \right]^{-1} \right\}^{-1}$$

(4.5.74)

采用最小二乘估计量 $\hat{\beta}_i = (X'_i X_i)^{-1} X'_i y_i$ 和残差 $\hat{u}_i = y_i - X_i \hat{\beta}_i$ 得到 $\sigma_i^2$ 和 $\Delta$ 的无偏估计量为

$$\hat{\sigma}_i^2 = \frac{\hat{u}'_i \hat{u}_i}{T - K} = \frac{1}{T - K} y'_i \left[ I - X_i (X'_i X_i)^{-1} X'_i \right] y_i$$

(4.5.75)

$$\hat{\Delta} = \frac{1}{N - 1} \sum_{i=1}^{N} \left( \hat{\beta}_i - N^{-1} \sum_{i=1}^{N} \hat{\beta}_i \right) \left( \hat{\beta}_i - N^{-1} \sum_{i=1}^{N} \hat{\beta}_i \right)' - \frac{1}{N} \sum_{i=1}^{N} \hat{\sigma}_i^2 (X'_i X_i)^{-1}$$

(4.5.76)

估计量式（4.5.75）不一定是非负定的，如果出现负值情形，则

$$\hat{\Delta} = \frac{1}{N - 1} \sum_{i=1}^{N} \left( \hat{\beta}_i - N^{-1} \sum_{i=1}^{N} \hat{\beta}_i \right) \left( \hat{\beta}_i - N^{-1} \sum_{i=1}^{N} \hat{\beta}_i \right)'$$

(4.5.77)

该估计量虽不是无偏的，但它是非负定的，且 $T$ 趋于无穷时是一致的。还可假定 $\Delta^{-1}$ 服从自由度为 $\rho$、矩阵为 $R$ 的 Wishart 分布，由此得到 Bayes 估计量为

$$\Delta^* = \frac{R + (N-1)\hat{\Delta}}{N + \rho - K - 2}$$

(4.5.78)

式中 $R$、$\rho$——先验参数，可令 $R = \hat{\Delta}$ 及 $\rho = 2$。

在式（4.5.70）中用 $\hat{\sigma}_i^2$ 和 $\hat{\Delta}$ 代替 $\sigma_i^2$ 和 $\Delta$ 后，则 $\beta$ 的估计量是渐近正态分布的有效估计量，该广义最小二乘估计量的协方差矩阵是式（4.5.73）的逆，即

$$\text{var}\hat{\beta}_{\text{GLS}} = N\Delta^{-1} - \Delta^{-1} \sum_{i=1}^{N} \left[ \Delta^{-1} + \frac{1}{\sigma_i^2} (X'_i X_i)^{-1} \right] \Delta^{-1} = O(N) - O(N/T)$$

(4.5.79)

故它的收敛速度是 $N^{1/2}$。通过上述分析，可以得到共同均值系数 $\bar{\beta}$ 的有效估计，在此基础上，针对不同时间对大坝不同测点重复监测的角度考察样本的抽样性质，则得到 $\beta_i$ 的预测值 $\hat{\beta}_i^*$，即

$$\hat{\beta}_i^* = \hat{\bar{\beta}}_{\text{GLS}} + \Delta X'_i (X_i \Delta X'_i + \sigma_i^2 I_T)^{-1} (y_i - X_i \hat{\bar{\beta}}_{\text{GLS}})$$

(4.5.80)

利用式（4.5.79）预测 $\beta_i$。该预测值在 $E(\hat{\beta}^* - \beta_i) = 0$ 的意义上是最优线性无偏估计量。

3. 变形变系数面板模型的型式选择

前文基于面板数据固定系数和随机系数方法建立了高拱坝变形分区变系数面板模型，并给出了具体的参数估计方法，实际研究中还有两个重要的问题：①模型系数是否确实随大坝监测点的横截面序列变化，即变形序列是否符合变面板系数模型的建模条件；②不同

时期不同区域的大坝变形应该如何选择固定系数还是随机系数。重点针对这两个关键问题提出大坝变形变系数面板模型的检验方法。由于面板模型中的随机系数可能存在变异行为，使得变形效应量在每个测点变形序列中具有不同的方差，故面板变系数模型可以转换成特殊的异方差模型，且可用似然比估计量检验参数是否发生变化，但似然比检验统计量的计算比较复杂，为避免迭代计算，在求解全模型参数的最大似然估计时，采用异方差的拉格朗日乘子进行检验，在标准情形下，拉格朗日乘子检验和似然比检验的渐近性质相同，但该算法计算简单，只需重复用最小二乘回归即可计算该检验统计量。

用 $\boldsymbol{\sigma}_i$ 除测点变形值关于时期的均值方程，可得

$$\frac{1}{\boldsymbol{\sigma}_i}\overline{\boldsymbol{y}}_i=\frac{1}{\boldsymbol{\sigma}_i}\overline{\boldsymbol{X}}'_i\overline{\boldsymbol{\beta}}+\boldsymbol{\omega}_i \quad (i=1,2,\cdots,N) \tag{4.5.81}$$

其中 $\boldsymbol{\omega}_i=\frac{1}{\boldsymbol{\sigma}_i}\overline{\boldsymbol{X}}'_i\boldsymbol{\alpha}_i+\frac{1}{\boldsymbol{\sigma}_i}\overline{\boldsymbol{u}}_i$。

式（4.5.80）是一个异方差模型，其方差为 $\mathrm{Var}(\boldsymbol{\omega}_i)=1/T+(1/\boldsymbol{\sigma}_i^2)\overline{\boldsymbol{X}}'_i\Delta\overline{\boldsymbol{X}}'_i$，$i=1,2,\cdots,N$。在 $\Delta=0$ 的虚拟假设下，式（4.5.80）具有相同的方差 $\mathrm{Var}(\boldsymbol{\omega}_i)=1/T$，$i=1,2,\cdots,N$。利用 Rao 的方法可证明检验虚拟假设的转换拉格朗日乘子统计量是

$$T\boldsymbol{\omega}_i^2-1=\frac{1}{\boldsymbol{\sigma}_i^2}\Big[\sum_{k=1}^{K}\sum_{k'=1}^{K}\overline{\boldsymbol{x}}_{ki}\overline{\boldsymbol{x}}_{k'i}\boldsymbol{\sigma}_{akk'}^2\Big]+\boldsymbol{\varepsilon}_i \quad (i=1,2,\cdots,N) \tag{4.5.82}$$

预测平方和的二分之一，其中 $\boldsymbol{\sigma}_{akk'}^2=E(\boldsymbol{\alpha}_{ki}\boldsymbol{\alpha}_{k'i})$。因 $\boldsymbol{\omega}_i$ 和 $\boldsymbol{\sigma}_i^2$ 通常是未知的，故可用它们的估计值 $\hat{\boldsymbol{\omega}}_i$ 和 $\hat{\boldsymbol{\sigma}}_i^2$ 代替，其中 $\hat{\boldsymbol{\omega}}_i$ 是式（4.5.80）的最小二乘估计，$\hat{\boldsymbol{\sigma}}_i^2$ 由式（4.5.74）给出。当大坝监测点数量 $N$ 较多，监测时间 $T$ 足够长时，在 $\Delta=0$ 的虚拟假设下，转换拉格朗日乘子统计量的极限分布是自由度为 $[K(K+1)]/2$ 的 $\chi^2$ 分布。对于所考察的一般形式相同的变系数模型，可用统计量检验它的许多变化型式，即

$$\begin{aligned}\boldsymbol{D}_N(\hat{\boldsymbol{\theta}}_N)&=\frac{1}{N}\sum_{i=1}^{N}\sum_{t=1}^{T}\frac{\partial\lg f(\boldsymbol{y}_{it}\,|\,\boldsymbol{x}_{it},\hat{\boldsymbol{\theta}}_N)}{\partial\boldsymbol{\theta}\partial\boldsymbol{\theta}'}\\&=\frac{1}{N}\sum_{i=1}^{N}\Big[\sum_{t=1}^{T}\frac{\partial\lg f(\boldsymbol{y}_{it}\,|\,\boldsymbol{x}_{it},\hat{\boldsymbol{\theta}}_N)}{\partial\boldsymbol{\theta}'}\Big]\Big[\sum_{t=1}^{T}\frac{\partial\lg f(\boldsymbol{y}_{it}\,|\,\boldsymbol{x}_{it},\hat{\boldsymbol{\theta}}_N)}{\partial\boldsymbol{\theta}'}\Big]\end{aligned} \tag{4.5.83}$$

式中　$f(\boldsymbol{y}_{it}\,|\,\boldsymbol{x}_{it},\hat{\boldsymbol{\theta}}_N)$——在没有参数变异的虚拟假设下，已知 $\boldsymbol{x}_{it}$ 和 $\boldsymbol{\theta}$ 后 $\boldsymbol{y}_{it}$ 的条件密度；

$\hat{\boldsymbol{\theta}}_N$——$\boldsymbol{\theta}$ 的最大似然估计量。

$\sqrt{N}\boldsymbol{D}_N(\hat{\boldsymbol{\theta}}_N)$ 中元素联合分布的渐近分布是正态分布，该正态分布的均值为零，协方差矩阵由 White 给出，并由 Chesher 和 Lancaster 简化。

当高拱坝监测点数量已定时，$\boldsymbol{\alpha}_i$ 是固定常数，故也可通过检验模型中固定系数向量 $\boldsymbol{\beta}_i$ 是否都相等而间接地检验随机变异，即虚拟假设 $H_0:\boldsymbol{\beta}_1=\boldsymbol{\beta}_2=\cdots=\boldsymbol{\beta}_N=\overline{\boldsymbol{\beta}}$，如果面板模型中不同的横截面单元有相同的方差 $\boldsymbol{\sigma}_i^2=\boldsymbol{\sigma}^2$，$i=1,2,\cdots,N$，则可用常见的同方差协方差检验，如果 $\boldsymbol{\sigma}_i^2$ 不同，则可用修正的检验统计量，即

$$\boldsymbol{F}^*=\sum_{i=1}^{N}\frac{(\hat{\boldsymbol{\beta}}_i-\hat{\overline{\boldsymbol{\beta}}}^*)'\boldsymbol{X}'_i\boldsymbol{X}_i(\hat{\boldsymbol{\beta}}_i-\hat{\overline{\boldsymbol{\beta}}}^*)}{\hat{\boldsymbol{\sigma}}_i^2}\boldsymbol{\sigma}_i^2 \tag{4.5.84}$$

其中
$$\hat{\boldsymbol{\beta}}^* = \left[\sum_{i=1}^{N} \frac{1}{\hat{\boldsymbol{\sigma}}_i^2} \boldsymbol{X}'_i \boldsymbol{X}_i\right]\left[\sum_{i=1}^{N} \frac{1}{\hat{\boldsymbol{\sigma}}_i^2} \boldsymbol{X}'_i \boldsymbol{y}_i\right] \tag{4.5.85}$$

在假设 $H_0$ 下，当 $N$ 固定而 $T$ 趋于无穷时，式（4.5.83）统计量的渐近分布是自由度为 $[K(N-1)]$ 的 $\chi^2$ 分布。

针对系数变化的型式选择问题，即假定 $\boldsymbol{\beta}_i$ 是互不相同的固定常数还是互不相同的随机变量，针对不同工程的实际情况，采用 4.5.1 节的 Hausman 检验来确定模型系数型式。无论是固定系数还是随机系数面板模型，都保留了大坝变形区域的总体规律，同时，模型系数的差异性和随机分布情况反映了大坝不同测点特有的变形特征，在建立高拱坝变形变系数模型时，应根据 Hausman 检验结果得到符合实际工程情况的面板模型。

#### 4.5.2.4 工程实例

仍以 4.5.1 节实际工程某高拱坝为例，对本节提出的动态分区方法和变系数面板模型进行有效性验证分析。首先依据面板数据的平稳性检验方法，对大坝变形序列的动态过程进行平稳性识别，并对大坝全局变形序列进行动态分区；在此基础上，针对大坝结构最后一次调整后的变形平稳面板序列，利用变系数面板模型型式的选择方法，对大坝每个区域的变形序列进行拉格朗日乘子进行检验，选择每个区域建立面板模型的系数型式，最后建立符合区域变形性态的高拱坝变形变系数面板模型。

1. 大坝变形动态分区

根据大坝变形分区流程（图 4.5.2），对该坝变形序列最后一个稳定阶段进行分区，大坝监测点区域划分见表 4.5.7，第三阶段坝体变形监测点分区如图 4.5.8 所示。

表 4.5.7　　　　　　　　　　大坝监测点区域划分

| Ⅰ区 | Ⅱ区 | Ⅲ区 | Ⅳ区 | Ⅴ区 | Ⅵ区 |
|---|---|---|---|---|---|
| PL4-3 | PL15-4 | PL15-2 | PL19-4 | PL22-2 | PL19-2 |
| PL9-2 | PL15-5 | PL15-3 | PL25-5 | | PL19-3 |
| PL9-3 | PL19-5 | PL29-2 | | | PL22-3 |
| PL9-4 | PL19-6 | PL29-3 | | | PL22-4 |
| PL9-5 | PL22-5 | | | | PL25-2 |
| PL35-2 | PL25-6 | | | | PL25-3 |
| PL35-3 | PL29-4 | | | | PL25-4 |
| PL35-4 | PL29-5 | | | | |
| PL35-5 | | | | | |
| IP4-1 | | | | | |
| IP9-1 | | | | | |
| IP15-1 | | | | | |
| IP19-1 | | | | | |
| IP22-2 | | | | | |

| Ⅰ区 | Ⅱ区 | Ⅲ区 | Ⅳ区 | Ⅴ区 | Ⅵ区 |
|---|---|---|---|---|---|
| IP25－1 | | | | | |
| IP29－1 | | | | | |
| IP35－1 | | | | | |

图 4.5.8　第三阶段坝体变形监测点分区图

由表 4.5.5 和图 4.5.8 可以看出，全坝段 39 个变形监测点，Ⅱ、Ⅲ、Ⅳ、Ⅴ、Ⅵ区域内的变形监测点基本沿拱冠梁两侧对称分布，且各测点变形规律较相似，Ⅰ区中包含 17 个变形监测点，这些测点基本位于坝体周边靠近大坝的基础部位，坝体这些部位的变形量级较小，变化规律复杂。以上所得六个区域的测点变形如果依靠传统单一测点建模分析，其模型的可靠性和精度难以保证，下面利用本章提出的分区变系数面板模型进行分析。

**2. 变形分区变系数面板模型**

依据模型系数随个体变化的一般形式［式（4.5.65）］，考虑变形监测效应量随机系数模型 $y = X\bar{\beta} + \widetilde{X}\alpha + u$，高拱坝随机系数面板模型可以表示为

$$\underset{NT \times 1}{\boldsymbol{\delta}} = (\delta_1', \cdots, \delta_N')', \quad \underset{NT \times K}{\boldsymbol{X}} = \begin{bmatrix} X_1 \\ X_2 \\ \vdots \\ X_N \end{bmatrix}, \quad \underset{NT \times NK}{\widetilde{\boldsymbol{X}}} = \begin{bmatrix} X_1 & \cdots & 0 \\ \vdots & X_2 & \vdots \\ & & \ddots & \\ 0 & \cdots & X_N \end{bmatrix} = diag(X_1, X_2, \cdots, X_N),$$

$$\boldsymbol{u} = (u_1', \cdots, u_N')', \quad \boldsymbol{\alpha} = (\alpha_1', \cdots, \alpha_N')' \tag{4.5.86}$$

式中　$\delta_N'$——第 $N$ 个测点的变形时间序列；

　　　$X_N$——第 $N$ 个测点变形时间序列的所有解释变量；

　　　$u_N'$——第 $N$ 个测点变形时间序列的随机误差；

　　　$\alpha_N'$——第 $N$ 个测点具有的异质性，为共同均值系数向量 $\beta$ 的偏差。

$\bar{\beta}$ 的最优线性无偏估计量是广义最小二乘估计量，即

$$\hat{\bar{\beta}}_{\text{GLS}} = (\sum_{i=1}^{N} X_i \Phi_i^{-1} X_i)(\sum_{i=1}^{N} X_i \Phi_i^{-1} y_i) = \sum_{i=1}^{N} W_i \hat{\beta}_i \tag{4.5.87}$$

根据式（4.5.74）、式（4.5.75）可得 $\sigma_i^2$ 和 $\Delta$ 的无偏估计量。

通过对上述坝体 6 个区域内测点的变形面板序列建模分析，以测点数目最多，变形规律最复杂的坝体 I 区为例，列出其模型系数及检验统计量，结果见表 4.5.8。

表 4.5.8　　　　　　　　　　坝体 I 区面板随机系数模型结果

| 有机系数回归 | | | | 观察值数量 | | | ＝5423 |
| 组变量：PL_j | | | | 分组数量 | | | ＝17 |
| | | | | 每组观察值 | | | ＝319 |
| R－sq：组内 | | ＝0.0000 | | ave | | | ＝319.0 |
| 组间 | | ＝0.0000 | | max | | | ＝319 |
| 整体 | | ＝0.9867 | | 9 自由度卡方统计量 | | | ＝51.07 |
| | | | | Prob＞chi2 | | | ＝0.0000 |

| 变量 | \| | 系数 | 标准误差 | $t$ | $P＞\|t\|$ | ［95％置信区间］ | |
| --- | --- | --- | --- | --- | --- | --- | --- |
| $H$ | \| | －1017.706 | 848.7494 | －1.2 | 0.023 | －2681.224 | 645.8122 |
| $H^2$ | \| | 1045.715 | 909.9243 | 1.15 | 0.025 | －737.7035 | 2829.134 |
| $H^3$ | \| | －349.501 | 325.0778 | －1.08 | 0.028 | －986.6418 | 287.6398 |
| $H^4$ | \| | 0 | (omitted) | | | | |
| $\theta$ | \| | 36.65182 | 19.13628 | 1.92 | 0.035 | －0.8545975 | 74.15824 |
| $\ln\theta$ | \| | －68.46685 | 36.75663 | －1.86 | 0.043 | －140.5085 | 3.574827 |
| $T_1$ | \| | 0.6668366 | 0.2391974 | 2.79 | 0.005 | 0.1980183 | 1.135655 |
| $T_2$ | \| | －0.2999919 | 0.1196463 | －2.51 | 0.012 | 0.5344944 | －0.0654895 |
| $T_3$ | \| | 0.195843 | 0.0971751 | 2.02 | 0.044 | 0.0053834 | 0.3863027 |
| $T_4$ | \| | 0.2458782 | 0.0934728 | 2.63 | 0.009 | 0.062675 | 0.4290815 |

参数恒定性测试：chi2 (176)＝ 2.4e+07　Prob＞chi2＝0.0000

表 4.5.8 面板随机系数模型的结果表明，模型整体根据检验结果 $F$ 值 Wald chi（9）＝51.07，其 $P$ 值 Prob＞chi2＝0.0000 是显著的，可以确定该区域变形面板序列采用随机系数面板模型的设定是合理的，而且由模型的拟合优度 overall（总体调整后的 $R^2$）＝0.9867 表明，模型整体的拟合效果较好；对于模型中的每个变量可以根据 $t$ 检验结果来分析，除了 $H^4$ 以外各变量的 $P$ 值（$P＞|t|$）均小于 5％，表明各影响因素在 5％ 水平上显著，而水压分量 $H^4$ 的系数为 0，模型中 omitted 的原因是该解释变量与 $H$、$H^2$、$H^3$ 存在完全共线性，可以被它们完全解释，故模型中可剔除 $H^4$。随机系数面板模型有较高的灵活性和敏感性，可以克服随机扰动、异常波动、共线性影响等干扰，更加客观刻画大坝变形的基本规律。4.5.1 节中关于坝体靠近基础及边坡一些部位的测点，随机效应模型未能给出满意的结果，关键在于上述部位外界环境及约束条件极其复杂，虽然总体规律相似，但测点之间差异性很难描述。采用随机系数面板模型对坝体各区域建模分析，由于 V 区只有一个测点，利用面板模型分析意义不大，其他各区域的拟合系数及模型拟合优度见表 4.5.9，实测值、拟合值及残差过程线如图 4.5.9～图 4.5.13 所示。

表 4.5.9　　　　　　　　　　　各区域模型拟合系数及拟合优度

| 系数 | Ⅰ区 | Ⅱ区 | Ⅲ区 | Ⅳ区 | Ⅵ区 |
|------|------|------|------|------|------|
| $a_0$ | 0.000E+00 | 0.000E+00 | 0.000E+00 | 0.000E+00 | 0.000E+00 |
| $a_1$ | −10.177E+02 | −2.174E+03 | −4.339E+02 | −6.379E+03 | −3.703E+03 |
| $a_2$ | 10.457E+02 | 2.302E+03 | 0.000E+00 | 6.966E+03 | 3.902E+03 |
| $a_3$ | −3.495E+02 | −7.926E+02 | 2.187E+02 | −2.495E+02 | −1.306E+03 |
| $a_4$ | 0.000E+00 | 0.000E+00 | 0.000E+00 | 0.000E+00 | 0.000E+00 |
| $a_5$ | 3.665E+01 | −1.451E+01 | 1.219E+02 | −1.064E+02 | −3.633E+01 |
| $a_6$ | −6.847E+01 | 2.815E+01 | −2.225E+02 | 1.977E+02 | 9.095E+01 |
| $a_7$ | 6.668E−01 | 1.300E−01 | 1.983E+00 | −7.165E−01 | −9.516E−01 |
| $a_8$ | −3.000E−01 | −6.337E−01 | −3.004E+00 | −1.111E+00 | −3.096E−01 |
| $a_9$ | 1.958E−01 | 4.879E−02 | 3.945E−01 | 2.288E−01 | 1.207E−01 |
| $a_{10}$ | 2.459E−01 | 1.102E−01 | 1.064E+00 | −5.886E−01 | −5.189E−02 |
| $F$ | 5.107E+01 | 3.694E+02 | 4.569E+03 | 1.008E+05 | 1.191E+03 |
| $R^2$ | 9.867E−01 | 9.953E−01 | 9.912E−01 | 9.892E−01 | 9.975E−01 |

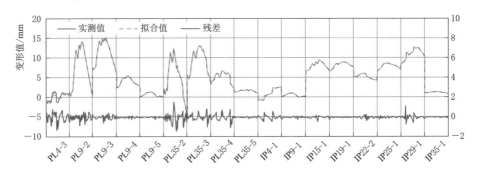

图 4.5.9　坝体Ⅰ区面板随机系数模型实测值、拟合值及残差过程线

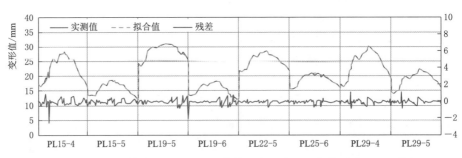

图 4.5.10　坝体Ⅱ区面板随机系数模型实测值、拟合值及残差过程线

由表 4.5.9 和图 4.5.9～图 4.5.13 可以看出：①在对高拱坝变形序列的拟合效果上，$F$ 和 $R^2$ 的值表明面板随机系数面板模型整体拟合效果很好，解决了 4.5.1 节关于坝体Ⅰ区的拟合精度问题，虽然坝体Ⅰ区的变形值普遍较小，而且各测点差异较大，但面板随机系数模型仍能捕捉有效信息，较好地描述坝体变形规律，增强了分析模型的解释能力；

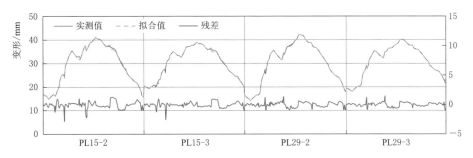

图 4.5.11 坝体Ⅲ区面板随机系数模型实测值、拟合值及残差过程线

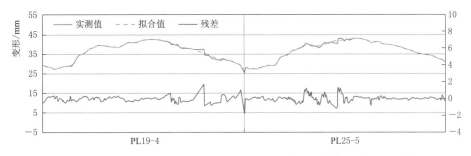

图 4.5.12 坝体Ⅳ区面板随机系数模型实测值、拟合值及残差过程线

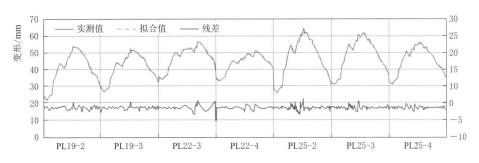

图 4.5.13 坝体Ⅵ区面板随机系数模型实测值、拟合值及残差过程线

②在坝体变形残差序列特性上，面板随机系数模型的残差过程并无一定的系统模式，即误差在大小、符号上没有表现出系统性，表明残差序列符合随机模式；③随机系数模型建模过程中考虑了各测点解释变量之间的相互关系，剔除了相关性较强的解释变量，减少了模型中变量间共线性的影响，从而避免了伪回归现象的产生，使最终得到的解释变量分离较客观。

为了进一步说明高拱坝变系数面板模型的预测能力，以大坝拱冠梁顶部附近的 PL19 - 2、PL25 - 2 两个监测点的变形序列为例，采用两个监测点所在区域的随机系数面板模型，在第三阶段蓄水期变形实测值拟合的基础上，对蓄水期结束后一个月期间（2012 年 7 月 24 日—8 月 23 日）的变形序列进行预测，其变形实测值、预测值变化曲线如图 4.5.14 和图 4.5.15 所示。

为了评价模型的预测能力，运用 Akaike 的信息标准 $AIC$ 和 Schwarz 的信息标准 $SIC$ 可检验回归模型的预测效果，这两种信息标准的定义为

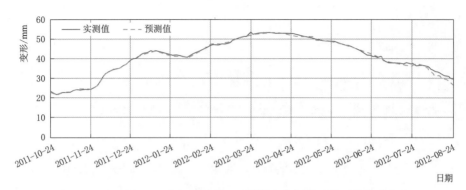

图 4.5.14　PL19-2 测点变形随机系数模型实测值、预测值变化曲线

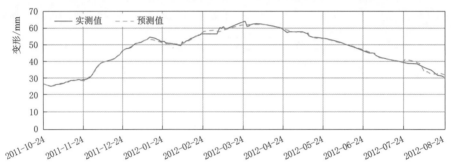

图 4.5.15　PL25-2 测点变形随机系数模型实测值、预测值变化曲线

$$AIC = e^{\frac{2k}{n}} \frac{\sum e_t^2}{n}$$

$$SIC = n^{k/n} \frac{\sum e_t^2}{n} \tag{4.5.88}$$

式中　$n$——样本容量；

　　　$k$——模型中变量个数；

　$\sum e_t^2$——样本残差平方和。

对于信息标准 $AIC$ 和 $SIC$，从预测的角度来看，度量值越低，模型的预测会越好。对于 PL19-2、PL25-2 两个监测点的变形序列预测而言，其信息标准 $AIC$ 和 $SIC$ 分别为 0.039 和 0.056，度量值很小，由此可见，高拱坝变形分区变系数面板模型的预测效果较好。

## 4.6　小结

本章结合高寒复杂地质条件下高拱坝工作特点，开展高拱坝安全监控模型构建方法的研究，主要包括：

（1）研究了三维应力状态下衰减流变过程、稳态流变过程以及加速流变过程的分数阶表征方法，建立了高拱坝坝体和坝基分数阶流变力学元件模型，构建了高拱坝变形变化的分数阶黏弹塑性分析方法。

（2）通过充分分析混凝土性能劣化因素，选择高拱坝安全监控模型因子，构建了分析高寒复杂地质条件下高拱坝安全监控模型，构建了多因素激励作用下高拱坝的安全监控模型。

（3）充分考虑变形监测数据噪声和模型参数取值对混凝土坝变形表征结果的影响，研究了混凝土坝变形各分量表达方式和稀疏贝叶斯学习算法，基于混凝土坝原型监测资料，建立了基于贝叶斯概率框架下的混凝土坝变形行为表征模型。

（4）在探讨高寒地区高拱坝变形时空序列奇异数据识别及估计方法的基础上，以高拱坝变形时空变化特征相似区域为基本建模单位，结合分数阶黏弹性数值分析结果，充分利用多测点变形监测数据，通过对高拱坝变形性态主成分分析模型和时空变形场分析模型建模方法的研究，提出了高拱坝变形性态时空评定准则及方法。

（5）拟定了混凝土高拱坝变形相似性指标，并依据变形的相似性判据，提出了混凝土高拱坝变形分区方法；通过分析混凝土高拱坝变形的主要影响因素，给出了影响变形性态主要因素的量化表达式；引入表征大坝变形特异效应的虚拟变量，建立了混凝土高拱坝变形分区变截距面板分析模型。

# 第5章

# 高寒复杂地质条件高拱坝健康诊断——预报——预警方法研究

坝体结构健康诊断和工作性态跟踪预报、预警是监控坝体异常运行性态、防止结构病害恶化的重要举措。在高寒气候和复杂地质条件影响下，高拱坝更易受各种复杂荷载和恶劣环境因素作用，出现更严重的坝体材料老化、异常渗漏、坝体结构性能劣化等问题。本章针对高寒、复杂地质条件地区特点，基于坝体变形实测资料分析，开展高拱坝健康诊断、工作性态跟踪预报、工作性态实施风险率动态预警方法的研究，以及时、准确地发觉坝体结构异常状态。

# 5.1 高寒复杂地质条件高拱坝健康诊断分析

## 5.1.1 健康状态态势变化分析

混凝土坝健康状态诊断本质上是一个多层次、多指标且具有不确定性的复杂问题，由于表征混凝土坝健康状态的监测效应量随荷载等变化而变化，因此对于日常混凝土坝安全管理而言，需要了解混凝土坝在复杂多变荷载等作用下的健康状态，而且混凝土坝健康状态是否有恶化，可通过表征混凝土坝健康状态的各类监测效应量的变化规律来进行诊断。

诊断技术是把握大坝健康状态的研究重点，目前，学者们主要基于模糊数学方法对大坝健康状态进行综合诊断，其诊断技术包括模糊聚类分析、模糊模式识别、模糊综合评判等。吴中如等综合了模式识别与模糊评判法，构建了大坝安全综合评判体系，并将理论成果应用于实际工程；马福恒等综合了模糊控制理论和专家经验，以模糊综合评判法为基础，提出了确定复杂结构混凝土坝结构性态诊断的模糊可靠度方法；李婷婷综合了粗集理论、神经网络、模糊数学等理论方法，构建了基于粗糙集的模糊神经网络混凝土坝健康状态诊断方法；田振华等利用模糊综合评判模型，提出了确定诊断指标权重隶属度及被诊断对象等级层次的方法，解决了混凝土坝健康诊断指标体系构建模糊性问题。

随着信息技术及现代数学方法的不断发展，一些具有智能化及信息化特性的方法，如灰色理论、随机森林理论、混沌模型理论、云模型理论等，为大坝健康状态综合诊断提供了理论依据。吴云芳等依据灰关联理论，构建了混凝土坝服役性态的多级灰关联评估法，据此对混凝土坝健康状态进行综合诊断；何金平等基于云滴特性，利用正向与逆向云发射器产生"综合云"，提出了基于改进云模型的混凝土坝健康状态诊断模型。

由于混凝土坝健康状态监测信息组成的多样性，各类监测效应量所表征的混凝土坝健康状态侧重不同，如变形监测信息宏观反映了混凝土坝结构变化方面的健康状态，而渗流监测信息则主要反映混凝土坝防渗能力的健康状态。目前常用的方法是通过拟定监测效应量的诊断指标来解决混凝土坝健康诊断问题，但在指标拟定过程中，存在指标融合过程物理意义不明确的问题，影响了混凝土坝健康状态诊断的准确性。针对上述问题，提出了运用态势诊断方法来对混凝土坝健康状态进行诊断，该方法诊断的核心思想是基于对历史原位监测资料的分析，构建混凝土坝状态转异面板数据分析模型，据此对混凝土坝健康状态可能恶化的部位及时刻进行分析，并找到对应环境量下的荷载工况，从而确定最不利工况；并通过建立环境量空间向量对应关系，利用最大熵原理确定健康状态的阈值，无须指标融合拟定，即可实现对混凝土坝健康状态的诊断。

根据上述阐述的态势诊断方法的思想，研究该方法的建模原理。

1. 最不利工况确定

利用态势诊断法诊断混凝土坝健康状态变化趋势，需要确定表征混凝土坝健康状态的原位监测信息中历史上曾经出现过的最不利工况，因此最不利工况的选取是首先需要解决的问题。混凝土坝服役过程中性能劣化达到一定程度后，有可能发生健康状态转异，而转异发生的时刻所对应的工况即为最不利工况。为了有效地对混凝土坝健康状态转异进行识别，通常在混凝土坝中埋设大量的监测仪器对表征混凝土坝健康状态的效应量进行监测，效应量测值的变化客观反映了混凝土坝健康状态的变化，若效应量产生异常变化，则反映了混凝土坝健康状态可能发生转异。为了确定转异时刻及转异部位，基于原位监测资料，提出了混凝土坝状态转异面板数据模型分析方法，据此确定混凝土坝健康状态转异时刻和最不利工况。该方法的具体原理如下：

混凝土坝状态转异面板数据模型指在一段时间内表征大坝服役性态某类监测效应量的测值所构造的数据集合，即从时空变化维度，把某类监测效应量测值变化表征出来的模型，混凝土坝状态转异面板数据分析模型可表示为

$$\begin{cases} D_{it} = \boldsymbol{\beta}_i x_t + w_t & (i=1,2,\cdots,N,t=1,2,\cdots,k_0-1) \\ D_{it} = \boldsymbol{\beta}_i x_t + \boldsymbol{\beta}_i' v_t I(t \geqslant k_0) + w_{it} & (i=1,2,\cdots,N,t=k_0,\cdots,T) \\ w_{it} = \alpha_i + \gamma_{it} & (i=1,2,\cdots,N,t=1,2,\cdots,T) \end{cases} \quad (5.1.1)$$

式中　$I(\cdot)$——示性函数；

　　　　$D_{it}$——某类监测效应量测值；

　　　　$i$——监测点个数；

　　　　$t$——监测时间序列；

　　　　$N$——空间维度；

　　　　$T$——时间维度；

$x_t$、$v_t$——某测点 $t$ 时刻的荷载因素，有 $v_t = \boldsymbol{R} x_t$；

　　　　$\boldsymbol{R}$——已知矩阵；

$\boldsymbol{\beta}_i$、$\boldsymbol{\beta}_i'$——待估系数向量；

　　　　$\alpha_i$——效应变量（固定或随机）；

　　　　$k_0$——转异点；

　　　　$\gamma_{it}$——扰动项。

式（5.1.1）中，效应变量 $\alpha_i$ 分成两大类，其中，在面板数据模型中，固定效应考虑了组内差异，可以得出一些个体变化差异的影响，而随机效应由于考虑了全部差异，从而可以对总体差异影响做出诊断。重点研究随机效应量的影响，为分析方便，将式（5.1.1）改写为矢量矩阵形式，即

$$\begin{cases} D = X\boldsymbol{\beta} + w \\ D = X\boldsymbol{\beta} + V\boldsymbol{\beta}' + w \\ w = L\boldsymbol{\alpha} + \gamma \end{cases} \quad (5.1.2)$$

式中　$D$——某类监测效应量测值矢量矩阵形式；

　$X$、$V$——某测点 $t$ 时刻的荷载因素矢量矩阵形式；

　$\boldsymbol{\beta}$、$\boldsymbol{\beta}'$——待估系数矢量矩阵形式；

　　　$\boldsymbol{\alpha}$——效应变量矢量矩阵形式；

　　　$\gamma$——扰动项矢量矩阵形式；

　　　$L$——$e_T$ 和 $\boldsymbol{I}_N$ 的 Kronecker 乘积，$e_T$ 为 $T$ 维全一向量，$I_N$ 为 $N$ 维单位阵。

假设 $x_t$ 与 $w_t$ 为独立同分布 ［式（5.1.1）］，$E(w)=0$，$E(ww')=U$。

利用式（5.1.2）对混凝土坝健康状态进行诊断时，需利用 Hausman 法对效应变量

$\alpha_i$ 进行检验，若检验为有效，则可基于式（5.1.2）的混凝土坝状态转异面板数据模型对大坝健康状态转异时间和最不利工况进行确定。由于式（5.1.2）中效应量是随机的，因此利用广义最小二乘法对式（5.1.2）混凝土坝健康状态任何可能的转异点 $k$ 的参数进行估计，其参数估计的表达式为

$$\begin{bmatrix} \hat{\boldsymbol{\beta}}_k \\[2mm] \hat{\boldsymbol{\beta}}'_k \end{bmatrix} = \begin{bmatrix} \displaystyle\sum_{i=1}^{N} \boldsymbol{X}'_i \boldsymbol{U}^{-1} \boldsymbol{X}_i & \displaystyle\sum_{i=1}^{N} \boldsymbol{X}'_i \boldsymbol{U}^{-1} \boldsymbol{V}_k^{(i)} \\[4mm] \displaystyle\sum_{i=1}^{N} \boldsymbol{V}_k^{(i)'} \boldsymbol{U}^{-1} \boldsymbol{X}_i & \displaystyle\sum_{i=1}^{N} \boldsymbol{V}_k^{(i)'} \boldsymbol{U}^{-1} \boldsymbol{V}_k^{(i)} \end{bmatrix}^{-1} \begin{bmatrix} \displaystyle\sum_{i=1}^{N} \boldsymbol{X}'_i \boldsymbol{U}^{-1} \boldsymbol{D}_i \\[4mm] \displaystyle\sum_{i=1}^{N} \boldsymbol{V}_k^{(i)'} \boldsymbol{U}^{-1} \boldsymbol{D}_i \end{bmatrix} \tag{5.1.3}$$

对应式（5.1.2）分析模型的残差平方和为

$$SSR(k) = (\boldsymbol{D} - \boldsymbol{X}\hat{\boldsymbol{\beta}}_k - \boldsymbol{V}_k\hat{\boldsymbol{\beta}}'_k)' \boldsymbol{U}^{-1}(\boldsymbol{D} - \boldsymbol{X}\hat{\boldsymbol{\beta}}_k - \boldsymbol{V}_k\hat{\boldsymbol{\beta}}'_k) \tag{5.1.4}$$

则转异点的选取准则为

$$\hat{k}_{NT} = \hat{k}_0 = \mathrm{argmin} SSR(k) \tag{5.1.5}$$

式中　$N$——转异点的位置；

　　　$T$——转异时刻。

利用式（5.1.5）可确定混凝土坝健康状态转异时刻，并结合环境量监测资料找到对应转异时刻的荷载工况，该工况即为最不利工况。

2. 混凝土坝健康状态诊断

前文利用面板数据模型分析方法确定了混凝土坝健康状态转异最不利工况，在此基础上，下面研究利用态势诊断法对混凝土坝健康状态进行诊断的过程。

表征混凝土坝健康状态各类监测量的变化主要由荷载等因素变化引起，作用于混凝土坝的荷载因素主要有上下游水压力、温变荷载、扬压力、降雨等，图 5.1.1 为混凝土坝健康状态监测主要项目分类示意图。

由图 5.1.1 可看出，在荷载等作用下，可通过各测点和各类监测量变化来反映混凝土坝健康状态的变化，也就是可利用定量分析荷载等监测量的变化来诊断混凝土坝的健康状态。

设 $m$ 天内混凝土坝荷载监测量集合为 $W = \{W_1, W_2, \cdots, W_k, \cdots, W_m\}$，其中 $W_k = (x_{k1}, x_{k2}, \cdots, x_{kq}, \cdots, x_{kp})$，$k = 1, 2, \cdots, m$，$x_{kq}$ 为第 $k$ 天在第 $q$ 个荷载监测量属性下的属性值，$q = 1, 2, \cdots, p$。令某类监测量出现最不利工况时荷载监测量为 $W_0^l = (x_{01}, x_{02}, \cdots, x_{0p})$，$l = 1, 2, \cdots, L$，$L$ 为监测量类别数。假设任意一天的荷载监测量属性值集合 $W_k$ 为空间坐标内的一个点，与空间坐标原点构成空间向量 $\boldsymbol{\alpha}(W_k)$，则任意一天荷载监测量向量在表征某类监测量最不利工况下荷载监测量向量 $\boldsymbol{\beta}(W_0^l)$ 上的投影为

$$Pro_{\boldsymbol{\beta}(W_0^l)}\boldsymbol{\alpha}(W_k) = \frac{\boldsymbol{\alpha}(W_k) \cdot \boldsymbol{\beta}(W_0^l)}{|\boldsymbol{\beta}(W_0^l)|} \tag{5.1.6}$$

从几何形状上的相似程度而言，由式（5.1.6）可知，$\boldsymbol{\alpha}(W_k)$ 与 $\boldsymbol{\beta}(W_0^l)$ 荷载监测量状态越接近，$\boldsymbol{\alpha}(W_k)$ 在 $\boldsymbol{\beta}(W_0^l)$ 上的投影值与 $\boldsymbol{\beta}(W_0^l)$ 的模就越接近，反之则差距越大。因此，基于灰色投影关联度理论，考虑用两者的差来表征任意一天荷载监测量与最不利工况当天荷载监测量之间的关联程度，令

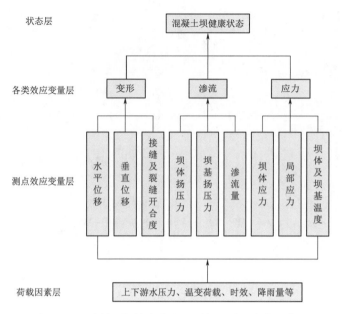

图 5.1.1　混凝土坝健康状态监测主要项目分类示意图

$$\xi_{0k}^{l} = \frac{1}{1 + |Pro_{\beta(W_0^l)}\boldsymbol{\alpha}(W_k) - |\boldsymbol{\beta}(W_0^l)||} \tag{5.1.7}$$

式中　$\xi_{0k}^{l}$——$\boldsymbol{\alpha}(W_k)$ 在 $\boldsymbol{\beta}(W_0^l)$ 上的灰色投影关联系数。

设 $\xi_{0k}$ 为 $\boldsymbol{\alpha}(W_k)$ 在 $\boldsymbol{\beta}(W_0^l)$ 上的灰色投影关联度，则其表达式为

$$\xi_{0k} = \frac{1}{L}\sum_{l=1}^{L}\xi_{0k}^{l} \tag{5.1.8}$$

由式 (5.1.8) 表明，$\xi_{0k}$ 值越大，则说明此时荷载监测量状态与最不利工况下荷载监测量状态越相似，若超过某一阈值 $\xi_m$，表明混凝土坝健康状态可能产生恶化，下面研究确定阈值 $\xi_m$ 的方法。

3. 混凝土坝健康状态态势诊断阈值 $\xi_m$ 确定

利用最大熵原理来确定态势诊断阈值 $\xi_m$，最大熵理论无需提前假定随机量的分布概型，只要根据较少的变量统计信息得到的数字特征值进行估计，就能获得精度较高的概率密度函数，适合混凝土坝原位监测信息不利工况下灰色投影关联度概率密度求解。

表征混凝土坝健康状态变化灰色投影关联度连续型变量 $\xi$ 的信息熵定义为

$$H(\xi) = -\int_{R}f(\xi)\ln f(\xi)\mathrm{d}\xi \tag{5.1.9}$$

式中　$f(\xi)$——$\xi$ 的分布密度函数。

根据最大熵原理可知，最客观的概率密度分布是在满足根据已知样本统计信息所获得的一些约束条件下使熵 $H(\xi)$ 达到最大值的分布，即

$$\max H(\xi) = -\int_{R}f(\xi)\ln f(\xi)\mathrm{d}\xi \tag{5.1.10}$$

式 (5.1.10) 的约束条件为

$$\int_R f(\xi)\mathrm{d}\xi = 1 \qquad\qquad (5.1.11)$$

$$\int_R \xi^i f(\xi)\mathrm{d}\xi = \mu_i \quad (i = 1, 2, \cdots, L) \qquad\qquad (5.1.12)$$

式中　$R$——积分空间；

　　　$\mu_i$——第 $i$ 阶原点矩；

　　　$L$——原点矩阶数。

利用伴随算法进行求解，首先建立相应的拉格朗日函数，即

$$L = H(\xi) + \lambda_0\left[\int_R f(\xi)\mathrm{d}\xi - 1\right] + \sum_{i=1}^{N}\lambda_i\left[\int_R \xi^i f(\xi)\mathrm{d}\xi - \mu_i\right] \qquad (5.1.13)$$

令 $\dfrac{\partial L}{\partial f(\xi)} = 0$，可以得到最大熵密度函数的解析形式为

$$f(\xi) = \mathrm{e}^{\lambda_0 + \sum\limits_{i=1}^{N}\lambda_i\xi^i} \qquad\qquad (5.1.14)$$

式（5.1.14）中最重要的就是伴随算子 $\lambda_i$ 的确定，将式（5.1.14）代入式（5.1.11）和式（5.1.12），可得

$$\int_R \mathrm{e}^{\lambda_0 + \sum\limits_{i=1}^{N}\lambda_i\xi^i}\,\mathrm{d}\xi = 1 \qquad\qquad (5.1.15)$$

$$\int_R \xi^i\,\mathrm{e}^{\lambda_0 + \sum\limits_{j=1}^{N}\lambda_j\xi^j}\,\mathrm{d}\xi = \mu_i \qquad\qquad (5.1.16)$$

将已知表征混凝土坝健康状态变化的样本数据代入式（5.1.15）和式（5.1.16），求解伴随算子 $\lambda_i$，并基于式（5.1.14）构建灰色投影关联度 $\xi$ 最大熵概率密度函数 $f(\xi)$，在此基础上，根据大坝重要性选择置信水平 $\alpha$（$1\% \sim 5\%$），则有

$$P(\xi \geqslant \xi_m) = \int f(\xi)\mathrm{d}\xi = \alpha \qquad\qquad (5.1.17)$$

由灰色投影关联度 $\xi$ 最大熵概率密度函数以及给定的置信水平 $\alpha$，通过式（5.1.17）确定态势诊断阈值 $\xi_m$，由此利用该方法来诊断混凝土健康状态。

某大坝是一座同心圆变半径的混凝土重力拱坝，坝顶高程为 126.30m，最大坝高为 76.3m，坝顶弧长 419m，坝顶宽 8m，最大坝底宽 53.5m，自左向右有 28 个坝段，坝址地质条件复杂，由于在浇筑Ⅱ期混凝土时，层面上升速度较快，浇筑层间歇时间短，Ⅱ期混凝土收缩变形受到Ⅰ期混凝土强烈约束，导致在Ⅰ期混凝土顶部（105.00m高程附近）产生裂缝，自 5# 坝块一直延伸至 28# 坝块，长达 300 余米。经探测，裂缝深达 5m 以上，削弱了坝体刚度，对坝体整体性产生了较大影响。为了监控该工程的安全，在大坝上布置大量的安全监控仪器，其测点布置如图 5.1.2 所示，选取时间序列为 1973 年 1 月 1 日—2013 年 10 月 30 日的实测变形垂线测点资料，对该坝健康状态进行诊断。

利用态势诊断法诊断该混凝土坝健康状态变化趋势，首先要确定该坝健康状态原位监测信息中历史上曾经出现过的最不利工况对应的环境量，选取时间序列为 1973 年 1 月 1 日—2013 年 10 月 30 日的实测变形垂线测点资料，垂线测点分别为 4 倒 1、4 倒 2 上、

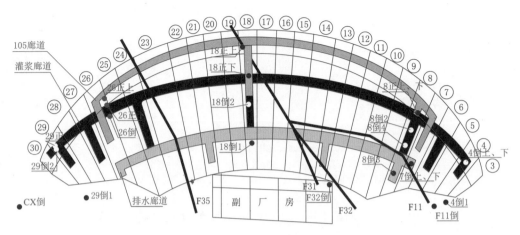

图 5.1.2　某混凝土坝测点布置图

4 倒 2 下、7 倒上、7 倒下、8 正上、8 正下、8 倒 2、8 倒 3、8 倒 4、18 正上、18 正下、18 倒 1、18 倒 2、26 正上、26 正下、26 倒 1、29 倒 1、29 正 1 和 29 倒 2。利用该坝变形监测资料建立的状态转异面板数据模型为

$$D_{it}=\beta_i x_t+\alpha_i+\gamma_{it} \quad (i=1,2,\cdots,N,t=1,2,\cdots,T) \tag{5.1.18}$$

其中
$$x_t=(H_t,H_t^2,H_t^3,H_t^4,T_{1,t},\cdots,T_{m,t},\theta_t,\ln\theta_t)'$$

式中　　$H$、$T$、$\theta$——影响混凝土坝某一时刻 $t$ 任意一点 $i$ 变形 $D_{it}$ 的最主要因素水压、温度、时效，即 $t$ 时刻水头、温度和时效影响；

$T_{1,t}$，$\cdots$，$T_{m,t}$——温度 $T$ 影响因子；

$\beta_i$——待估系数；

$i$——因子个数；

$\alpha_i$——效应变量（固定系数或随机系数）；

$\gamma_{it}$——均值为 0、方差为 $\sigma^2$ 且满足独立同分布的随机误差。

利用 Hausman 检验法，检验式（5.1.18）是否可以利用随机效应面板数据模型进行建模，Hausman 检验见表 5.1.1。

表 5.1.1　　　　　　　　　　　　　　　Hausman 检验

| 影响因子 | 固定效应模型系数 $b$ | 随机效应模型系数 $B$ | $b-B$ 差值 |
|---|---|---|---|
| $H_t$ | $-0.0424193$ | $-0.0424193$ | $3.00\mathrm{e}^{-11}$ |
| $H_t^2$ | $-0.0007915$ | $-0.0007915$ | $1.49\mathrm{e}^{-11}$ |
| $H_t^3$ | $0.0008703$ | $0.0008703$ | $2.11\mathrm{e}^{-12}$ |
| $H_t^4$ | $0.000052$ | $0.000052$ | $8.95\mathrm{e}^{-14}$ |
| $\sin\dfrac{2\pi t}{365}$ | $-0.442361$ | $-0.442361$ | $-7.51\mathrm{e}^{-13}$ |
| $\cos\dfrac{2\pi t}{365}$ | $-0.2708152$ | $-0.2708152$ | $-9.21\mathrm{e}^{-13}$ |
| $\sin\dfrac{4\pi t}{365}$ | $-0.1992942$ | $-0.1992942$ | $3.51\mathrm{e}^{-13}$ |

续表

| 影响因子 | 固定效应模型系数 $b$ | 随机效应模型系数 $B$ | $b-B$ 差值 |
|---|---|---|---|
| $\cos\dfrac{4\pi t}{365}$ | $-0.0910282$ | $-0.0910282$ | $1.89e^{-13}$ |
| $\theta_t$ | $0.000189$ | $0.000189$ | $-1.92e^{-15}$ |
| $\ln\theta_t$ | $-0.7156723$ | $-0.7156723$ | $6.63e^{-12}$ |

检验：原假设 Ho：$(b-B)$ 差值为非系统性的

经检验，固定效应模型系数 $b$ 与随机效应模型系数 $B$ 的差值为系统性的，因此，所选取的监测数据可以利用随机效应面板数据模型进行建模，则利用广义最小二乘法建立随机效应面板数据模型，所建立的模型见表 5.1.2。

表 5.1.2　　　　　　　　　　某混凝土坝变形随机效应面板数据模型

| 样本数 | | | | 61720 | |
|---|---|---|---|---|---|
| 面板截面数 | | | | 20 | |
| 影响因素 | 系数 $B$ | 系数 $B$ 的标准差 | 统计检验量 $Z$ | 假设检验概率 $P>\lvert Z\rvert$ 的概率 | 系数 $B$ 的 95% 置信区间 |
| $H_t$ | $-0.0424193$ | $0.018307$ | $-5.12$ | $0.019$ | $-0.0793124$　$-0.0075462$ |
| $H_t^2$ | $-0.0007915$ | $0.0072856$ | $-0.11$ | $0.911$ | $-0.015081$　$0.0134779$ |
| $H_t^3$ | $0.0008703$ | $0.0009776$ | $0.89$ | $0.372$ | $-0.0010452$　$0.0027862$ |
| $H_t^4$ | $0.000052$ | $0.000042$ | $1.24$ | $0.195$ | $-0.0000271$　$0.0001331$ |
| $\sin\dfrac{2\pi t}{365}$ | $-0.442361$ | $0.0051324$ | $-86.19$ | $0.000$ | $-0.453324$　$-0.433205$ |
| $\cos\dfrac{2\pi t}{365}$ | $-0.2708152$ | $0.0065633$ | $-41.26$ | $0.000$ | $-0.2836799$　$-0.2579528$ |
| $\sin\dfrac{4\pi t}{365}$ | $-0.1992942$ | $0.0050282$ | $-39.64$ | $0.000$ | $-0.2091492$　$-0.1894388$ |
| $\cos\dfrac{4\pi t}{365}$ | $-0.0910282$ | $0.005403$ | $-16.85$ | $0.000$ | $-0.1006199$　$-0.0794367$ |
| $\theta_t$ | $0.000189$ | $8.00e-06$ | $23.63$ | $0.000$ | $0.0001702$　$0.0002016$ |
| $\ln\theta_t$ | $-0.7156723$ | $0.0356896$ | $-20.05$ | $0.000$ | $-0.7856246$　$-0.6457244$ |
| 常数项 | $-0.8988113$ | $0.660379$ | $-1.36$ | $0.172$ | $-2.19313$　$0.3955086$ |

由表 5.1.2 可看出，所建立的模型精度较高，可利用建立的面板数据模型对混凝土坝健康状态转异进行识别，经判断，所建立的面板数据模型并不稳定，即系数 $\beta_i$ 在某些时刻发生了变化，表明该坝健康状态在建模时段有转异发生，利用式（5.1.1）～式（5.1.5）确定了健康状态转异时刻为 1977 年 4 月 7 日，由该混凝土坝原位监测资料分析报告可知，该混凝土坝 1976—1977 年间，经历了高温低水位和低温低水位的袭击，连续出现不利荷载组合致使该混凝土坝产生较大变形且下游面 105.00m 高程裂缝发生了扩展（1977 年 4 月以后，裂缝开度普遍增大），由此将该时刻选取为该混凝土坝监测资料历史最不利工况，查找 1977 年 4 月 7 日那天监测资料中的环境量，即为历史最不利工况环境量。下面利用态势诊断法对该混凝土坝健康状态进行诊断。

将该混凝土坝 1973 年 1 月 1 日—2000 年 12 月 31 日的水压、温变荷载以及降雨等环境监测量作为学习样本，利用式（5.1.6）～式（5.1.8）计算每日荷载监测量与最不利工况下荷载监测量之间的灰色投影关联度，选取最不利工况前后该时间序列灰色投影关联度部分成果，见表 5.1.3。

表 5.1.3　　　　1973 年 1 月 1 日—2000 年 12 月 31 日灰色投影关联度部分成果

| 日期 | 灰色投影关联度 | 日期 | 灰色投影关联度 |
| --- | --- | --- | --- |
| 1977 - 03 - 28 | 0.30272578 | 1977 - 04 - 07 | 1 |
| 1977 - 03 - 29 | 0.375344093 | 1977 - 04 - 08 | 0.898001509 |
| 1977 - 03 - 30 | 0.740055591 | 1977 - 04 - 09 | 0.818619282 |
| 1977 - 03 - 31 | 0.528542029 | 1977 - 04 - 10 | 0.677718945 |
| 1977 - 04 - 01 | 0.497899687 | 1977 - 04 - 11 | 0.632248697 |
| 1977 - 04 - 02 | 0.773011877 | 1977 - 04 - 12 | 0.550463897 |
| 1977 - 04 - 03 | 0.747815092 | 1977 - 04 - 13 | 0.385875956 |
| 1977 - 04 - 04 | 0.855431157 | 1977 - 04 - 14 | 0.34700355 |
| 1977 - 04 - 05 | 0.87272578 | 1977 - 04 - 15 | 0.421152821 |
| 1977 - 04 - 06 | 0.935344093 | 1977 - 04 - 16 | 0.299053619 |

　　为了进一步诊断该混凝土坝健康状态，利用最大熵原理基于计算得到的 1973 年 1 月 1 日—2000 年 12 月 31 日的灰色投影关联度，根据该大坝重要性选择置信水平 $\alpha$ 为 5%，利用式（5.1.17）求得态势诊断阈值 $\xi_m$ 为 0.935。同时选取监测资料样本 2001 年 1 月 1 日—2013 年 10 月 30 日作为诊断样本，重复上述步骤，以 1977 年 4 月 7 日那天监测资料中的环境量作为最不利工况环境量，计算每日荷载监测量与最不利工况下荷载监测量之间的灰色投影关联度，并在其中找出超过态势诊断阈值 $\xi_m$ 的日期，通过计算找出最早超过态势诊断阈值 $\xi_m$ 的日期为 2008 年 5 月 19 日，见表 5.1.4。

表 5.1.4　　　　2001 年 1 月 1 日—2013 年 10 月 30 日灰色投影关联度部分成果

| 日期 | 灰色投影关联度 | 日期 | 灰色投影关联度 |
| --- | --- | --- | --- |
| 2008 - 05 - 15 | 0.51352516 | 2008 - 05 - 25 | 0.466973523 |
| 2008 - 05 - 16 | 0.634991762 | 2008 - 05 - 26 | 0.545486483 |
| 2008 - 05 - 17 | 0.700624459 | 2008 - 05 - 27 | 0.479774185 |
| 2008 - 05 - 18 | 0.868916864 | 2008 - 05 - 28 | 0.481600451 |
| 2008 - 05 - 19 | 0.962059208 | 2008 - 05 - 29 | 0.429118117 |
| 2008 - 05 - 20 | 0.928034394 | 2008 - 05 - 30 | 0.691822751 |
| 2008 - 05 - 21 | 0.829282729 | 2008 - 05 - 31 | 0.425812771 |
| 2008 - 05 - 22 | 0.668779894 | 2008 - 06 - 01 | 0.514267561 |
| 2008 - 05 - 23 | 0.751909708 | 2008 - 06 - 02 | 0.55329555 |
| 2008 - 05 - 24 | 0.423153861 | 2008 - 06 - 03 | 0.471354916 |

由该混凝土坝原位监测资料分析报告可知，2008 年 5 月 12 日汶川 8.0 级强震对该坝扬压力孔水位产生了一定的影响，地震引起的地应力改变致使扬压力孔水位快速升降变化，2008 年裂缝开度平均值较大，由此可能导致该混凝土坝健康状态恶化。分析结果与该混凝土坝的原位监测资料分析报告中的结论一致，从而证明了所提出的混凝土坝健康状态态势诊断方法的有效性。

本节利用提出的混凝土坝状态转异面板数据分析模型确定最不利工况，在此基础上，研究态势诊断法诊断过程及健康状态变化阈值确定方法，由此实现了对混凝土坝健康状态的诊断，得到如下结论：

（1）基于对原位监测资料的分析，构建了混凝土坝状态转异面板数据分析模型，利用该模型确定混凝土坝健康状态转异的部位及时刻，找到其对应环境量的荷载工况，由此确定最不利工况。

（2）综合运用灰色关联理论，建立了环境量空间向量对应关系，并以目标向量与最不利工况向量的差为依据，表征了任意一天荷载监测量与最不利工况当天荷载监测量之间的关联程度，构建了荷载监测量与最不利工况荷载间灰色投影关系，由此判别诊断时刻荷载监测量状态与最不利工况下荷载监测量的相似程度。

（3）基于最大熵理论，通过灰色投影关联度构建了最大熵概率密度函数，并在给定的置信水平下，给出了确定态势诊断阈值的方法，据此实现了对混凝土坝健康状态的诊断，并通过实例验证了所提出方法的可行性和有效性。

## 5.1.2 健康状态综合诊断分析

高寒地区冬季极端气温低、昼夜温差大、寒潮频繁、地质条件复杂。高寒地区混凝土坝除了承受各种动、静荷载作用外，还承受各种突发性灾害的作用以及自然恶劣环境的影响。裂缝、渗漏、冻融、表面磨损和碱—骨料反应等都会对高寒地区混凝土坝的长效服役产生不利影响。混凝土坝能否长效服役不仅受到混凝土材料性能演变的影响，还与高寒地区环境条件、混凝土坝施工质量、安全监测、检测与诊断及人类活动等多方面因素影响有关。为了更好地掌握混凝土坝服役过程中的健康状况，首先应了解哪些因素影响着混凝土坝长效服役。

在分析高拱坝服役过程影响因素的基础上，为分析主要影响因素对高拱坝服役过程性态变化的作用效应，集成融合证据理论和随机森林方法，提出了影响高拱坝服役过程性态变化因素作用效应的证据理论—随机森林评价模型，具体研究内容如下：

（1）基于随机森林数据挖掘思想，建立了高拱坝长效服役影响因素随机森林数据挖掘方法，该方法具有较高的预测准确率，对异常值和噪声具有很好的容忍度，克服了一般决策树的缺点，可以在海量原位监测数据中筛选出影响混凝土坝长效服役的主要因素，并对影响因素重要性进行排序。随机森林分类过程中一棵子树的分类结果如图 5.1.3 所示。

混凝土坝长效服役随机森林挖掘法是以决策树为基本分类器的组合分类器算法，该方法集成了随机子空间法的特点，其挖掘原理为：利用 Bagging 算法建立多棵混凝土坝长效服役影响因素的决策树，并且决策树建立过程中只随机选取训练集（影响因素）含有的部分影响因素而不采用所有的因素，通过投票得出最终分类或预测的结果。混凝土坝长效服

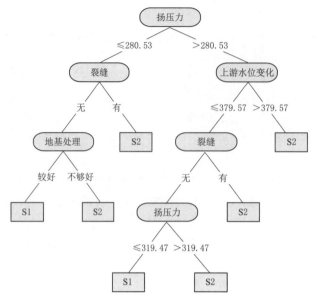

图 5.1.3　随机森林分类过程中一棵子树的分类结果

役影响因素随机森林挖掘法对异常值和噪声具有很好的容忍度，且不容易出现过拟合。对于随机森林影响因素挖掘法来说，最基本的分类器就是决策树，故重点研究决策树的工作原理。

混凝土坝长效服役影响因素挖掘决策树模型主要用于对大坝健康影响因素执行分类和预测两种数据处理方式。其中，分类算法主要用于构建分类标号（或离散值），而预测算法主要用于构建连续值函数模型。通过构建决策树模型，可以用于判断各因素和混凝土坝能否长效服役之间的关系，一旦确定这种关系，就能用它来预测混凝土坝长

效服役的不同影响因素。混凝土坝长效服役影响因素挖掘决策树是按照一定逻辑关系或顺序构建的树形结构体系，其中每一组逻辑节点表征系统在对应因素分类上的测试，而每一组结点则代表一种分类类型，每一组树叶节点表征一组影响因素，决策树最高节点称为根节点。基于已知算法输入数据，生成对应的混凝土坝长效服役影响因素决策树就是一种分类规则，可用于对混凝土坝长效服役影响因素进行分类排序。目前，用于混凝土坝长效服役影响因素挖掘的决策树算法较多，主要包括 C4.5、CLS、分类和回归树（CART）和 ID3 等节点分裂算法。因此利用决策树中的 CART 作为混凝土坝长效服役影响因素随机森林数据挖掘中的决策树算法。

CART 最早由 Breiman 等提出，随后，Fabricius 等将其应用于生态学领域，本节将 CART 模型引入混凝土坝长效服役影响因素随机森林数据挖掘中作为决策树的分类依据。CART 模型的建立是通过持续的（或递推的）分层将混凝土坝原位监测数据集不断细分，而分支点是能够使得两分支的反应变量的变异最大的影响因素，这样各节点内的原位监测数据同质性不断增强，最终达到节点内原位监测数据同质，避免由于原位监测数据数量过少无法继续分层问题的产生。CART 算法具有易于理解、可视化方便、训练时间复杂度低和预测结果准确等优点。此外，CART 算法对异常值容忍度高，鲁棒性较好，允许一定程度的数据缺失。

然而 CART 虽然有很多优点，但毕竟只采用了单一的分类器，其缺点也比较明显，如分类规则复杂，剪枝较为繁琐，收敛到非全局的局部最优解以及过度拟合等。针对 CART 算法的缺点，结合单个分类器组合成多个分类器的思想，构建多组混凝土坝长效服役影响因素决策树，并不需要每棵决策树都具有很高的分类精度，并且基于已有决策树，通过投票的方进行决策，类似于多个专家通过举手表决的方式对会议内容进行决策的方式，这就是混凝土坝长效服役影响因素随机森林挖掘方法的核心思想。混凝土坝长效服

役影响因素随机森林挖掘法结合了 Bagging 算法和随机子空间法的优势，以决策树（使用 CART）作为基本分类器，采用 Bagging 算法的无放回抽样法对混凝土坝原位监测数据集进行抽样时，基于随机子空间方法，只抽取部分影响因素对混凝土坝原位监测数据集进行训练，最终，由最多分类器认同的分类结果决定分类结果。

结合混凝土坝长效服役的特点，随机森林法对混凝土坝长效服役影响因素的数据挖掘步骤如下：

1）对混凝土坝原位监测数据训练集进行有放回随机抽样，获得 $k$ 个混凝土坝原位监测数据，形成混凝土坝原位监测数据训练集的一个子集作为新的混凝土坝原位监测数据训练集。

2）在新生成的混凝土坝原位监测数据训练集中随机抽出训练集中的 $p$ 个混凝土坝长效服役影响因素形成子集，利用该子集训练一棵 CART，并且不需要对这棵树进行剪枝。

3）重复步骤 1）和步骤 2），直到训练出 $n$ 棵 CART。

4）分别依据每棵 CART，对待挖掘的目标测试混凝土坝原位监测数据集长效服役影响因素进行分类，统计每棵 CART 的影响因素对应的分类结果，并将最终获得最多 CART 认同的类别作为混凝土坝长效服役影响因素分类结果，并据此对影响因素重要性进行排序。

具体到每棵 CART 的构建，主要包括两组关键步骤。

a. 节点分裂。该步骤为 CART 算法的核心，只有采用节点分裂步骤，才能产生一棵完整的决策树，采用的 CART 决策树分裂规则为 Gini 不纯度函数下降最大的原则。

b. 随机影响因素 $p$ 的选取。在训练过程中，无放回地从新生成的混凝土坝原位监测数据训练集中抽取影响因素的个数 $p$ 对随机森林的分类性能有较大影响，因此，需对 $p$ 值的选取进行研究，且 $p$ 值往往远小于总的影响因素个数。在随机森林法的实际应用中，设总的影响因素个数为 $F$，则在每棵子树的生长过程中，不是将全部 $F$ 个影响因素参与节点分裂，而是随机抽取指定 $p$（$p \leqslant F$）个影响因素，$p$ 的取值一般为 $p = \text{INT}[(\log_2 F) + 1]$，选取这 $p$ 个影响因素，并对节点进行分裂，从而达到节点分裂的随机性。

c. 利用 D–S 证据理论和随机森林挖掘方法，建立影响因素对高拱坝服役过程性态作用效应的证据理论-随机森林评价模型，该模型基于 D–S 证据理论对高拱坝进行安全评级，其结果作为随机森林的学习样本，通过学习，评估影响因素对高拱坝服役过程性态的作用效应。

（2）基于 D–S 证据理论和混凝土坝长效服役影响因素随机森林挖掘法，提出建立影响因素对混凝土坝服役过程性态作用效应的证据理论—随机森林评价模型，具体建模步骤如下：

1）步骤 1：选择合适的原位监测数据进行回归分析，确定监测数据的拟合值及相应的方差，并对数据归一化。

2）步骤 2：将处理完的数据代入 BPA 计算公式，对每个监测数据进行基本概率赋值，并进行两两融合，重复以上步骤。

3）步骤 3：将最终融合得到的概率赋值与规范对照，可得到混凝土坝服役过程性态安全评级，将其作为混凝土坝长效服役影响因素随机森林挖掘法的学习样本。

4）步骤4：将步骤3中的学习样本作为训练集进行有放回随机抽样，获得 $k$ 个混凝土坝原位监测数据，形成混凝土坝原位监测数据训练集的一个子集并作为新的混凝土坝原位监测数据训练集。

5）步骤5：在新生成的混凝土坝原位监测数据训练集中随机抽出训练集中的 $p$ 个混凝土坝长效服役影响因素形成子集，利用该子集训练一棵CART，并且不需要对这棵树进行剪枝。

6）步骤6：重复步骤4和步骤5，直到训练出 $n$ 棵CART，将最多认同的类别作为最终结果，学习完成。

7）步骤7：把待挖掘的目标测试混凝土坝原位监测数据集分给每棵CART进行长效服役影响因素分类及安全评级，并对每棵CART的结果进行统计，最多CART认同的类别作为最终的混凝土坝服役过程性态安全评级的结果，并对影响因素对混凝土坝服役过程性态影响的重要度进行排序。

影响因素对混凝土坝服役过程性态作用效应的证据理论—随机森林评价模型的建模流程如图5.1.4所示。

（3）基于灰色理论，提出高拱坝服役状态变化态势的分析方法，并综合运用层次分析法和最优化理论，提出了高拱坝服役状态诊断等级属性区间的优化划分方法，在对表征高拱坝服役状态的各类监测量影响权重研究的基础上，构建了高拱坝服役状态的多类监测量诊断方法，由此实现了高拱坝服役状态的综合诊断，具体研究内容如下：

1）基于对历史原位监测资料分析，构建了高拱坝监测效应量的面板数据模型，据此对高拱坝服役过程中转异部位及时刻进行分析，并将其对应的环境量作为最不利工况。基于灰色关联理论，建立环境量空间向量对应关系，考虑目标向量与最不利工况向量的差来表征任意一天荷载监测量与最不利工况当天荷载监测量之间的关联程度，构建了荷载监测量与最不利工况荷载间的灰色投影关系。基于最大熵理论，通过灰色投影关联度计算最大熵概率密度函数，并结合给定的置信水平，确定灰色投影关联度阈值，由此构建态势诊断法对混凝土坝服役状态进行初步诊断。

利用建立的面板数据模型对高拱坝服役状态转异进行识别，转异发生的时刻即为最不利工况。

考虑用任意一天荷载监测量与最不利工况当天荷载监测量之间的关联程度，令

$$\xi_{0k}^{l}=\frac{1}{1+|Pro_{\beta(A_0^l)}\boldsymbol{\alpha}(\boldsymbol{A}_k)-|\boldsymbol{\beta}(\boldsymbol{A}_0^l)||} \tag{5.1.19}$$

式中　$\xi_{0k}^{l}$——$\boldsymbol{\alpha}(\boldsymbol{A}_k)$ 在 $\boldsymbol{\beta}(\boldsymbol{A}_0^l)$ 上的灰色投影关联系数。

设 $\xi_{0k}$ 为 $\boldsymbol{\alpha}(\boldsymbol{A}_k)$ 在 $\boldsymbol{\beta}(\boldsymbol{A}_0^l)$ 上的灰色投影关联度，则其表达式为

$$\xi_{0k}=\frac{1}{L}\sum_{l=1}^{L}\xi_{0k}^{l} \tag{5.1.20}$$

$\xi_{0i}$ 值越大，则说明当日荷载监测量状态与最不利工况下荷载监测量状态相似，混凝土坝服役状态可能存在问题，由此初步分析混凝土坝服役状态的变化态势。灰色投影关联度部分成果见表5.1.5。

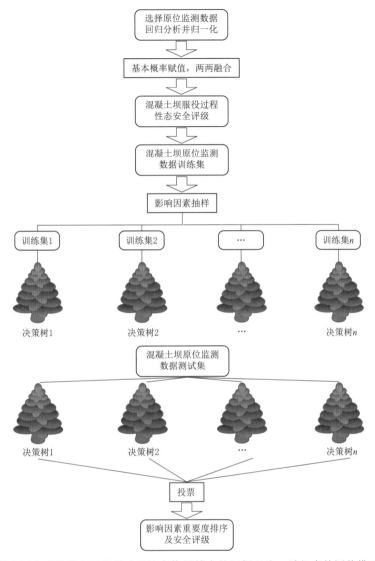

图 5.1.4 影响因素对混凝土坝服役过程性态作用效应的证据理论—随机森林评价模型的建模流程

表 5.1.5　　　　　　　　　　　　　灰色投影关联度部分成果

| 日　　期 | 灰色投影关联度 | 日　　期 | 灰色投影关联度 |
| --- | --- | --- | --- |
| 2008 - 05 - 15 | 0.51352516 | 2008 - 05 - 25 | 0.466973523 |
| 2008 - 05 - 16 | 0.634991762 | 2008 - 05 - 26 | 0.545486483 |
| 2008 - 05 - 17 | 0.700624459 | 2008 - 05 - 27 | 0.479774185 |
| 2008 - 05 - 18 | 0.868916864 | 2008 - 05 - 28 | 0.481600451 |
| 2008 - 05 - 19 | 0.962059208 | 2008 - 05 - 29 | 0.429118117 |
| 2008 - 05 - 20 | 0.928034394 | 2008 - 05 - 30 | 0.691822751 |
| 2008 - 05 - 21 | 0.829282729 | 2008 - 05 - 31 | 0.425812771 |
| 2008 - 05 - 22 | 0.668779894 | 2008 - 06 - 01 | 0.514267561 |
| 2008 - 05 - 23 | 0.751909708 | 2008 - 06 - 02 | 0.55329555 |
| 2008 - 05 - 24 | 0.423153861 | 2008 - 06 - 03 | 0.471354916 |

2）提出了高拱坝服役状态诊断等级属性区间优化划分方法，该方法以线性方式组织的定性术语构建了高拱坝服役状态评语之间成对比较判断矩阵，以矩阵一致性比例的平均值作为适应度函数，并基于粒子群算法进行权值寻优，由此获得各评语的相对重要度，从而实现对高拱坝服役状态诊断等级属性区间的优化划分。基于对表征高拱坝服役状态的监测量变化特征聚类研究成果，探究了反映各类监测量对高拱坝健康状态影响程度的赋权方法，综合运用 D-S 证据理论，构建了高拱坝服役状态多类监测量综合诊断方法，如图 5.1.5 和图 5.1.6 所示。

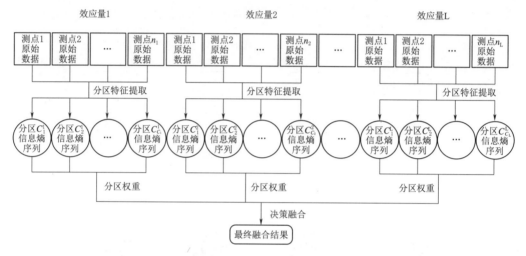

图 5.1.5　高拱坝健康状态监测信息综合诊断模式

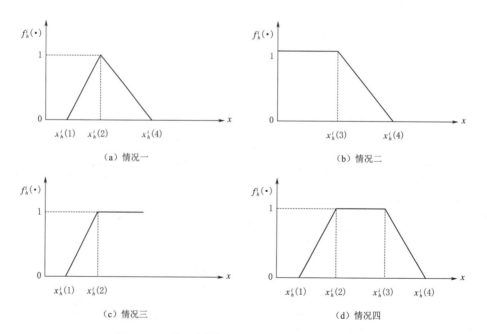

图 5.1.6　基于高拱坝服役状态等级的白化权函数

计算得到在该截断点下一致性比例最小时的判断矩阵的特征向量，如图5.1.7所示即五个评语的权重分配，并将五个评语按计算所得重要性在$[0，1]$区间内划分，得到高拱坝服役状态诊断等级属性区间表示的诊断等级为$[0，0.18)$、$[0.18，0.26)$、$[0.26，0.44)$、$[0.44，0.62)$、$[0.62，1]$对应于恶性失常、重度异常、轻度异常、基本正常、正常。

确定高拱坝服役状态 5 个灰类的白化权函数，计算得到表征高拱坝服役状态各类监测量不同分区权重，求得灰色聚类系数矩阵 $\sigma_k^i$，即

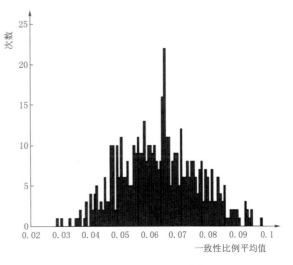

图 5.1.7　一致性指标分布图

$$\boldsymbol{\sigma}_k^i = \begin{bmatrix} 0.613 & 0 & 0.089 & 0.026 & 0.087 \\ 0.160 & 0.147 & 0.156 & 0 & 0.119 \\ 0.292 & 0.077 & 0.201 & 0.052 & 0.225 \\ \vdots & \vdots & \vdots & \vdots & \vdots \\ 0.046 & 0.072 & 0.439 & 0 & 0.161 \\ 0.372 & 0.164 & 0.008 & 0 & 0.185 \end{bmatrix} \tag{5.1.21}$$

（4）基于 D-S 证据理论，利用提出的方法构造表征高拱坝服役状态各类监测量不同分区信息熵的基本概率分配函数，并运用证据理论合成规则得到服役状态综合诊断信度函数，依据信度函数最大原则，结合得到的高拱坝服役状态诊断等级属性区间，从而判断该坝服役状态是否正常。

## 5.1.3　结构损伤静动力诊断方法

混凝土坝在长期荷载和环境等因素影响作用下，其承载力会降低，当达到一定程度时，有可能引起混凝土坝性能劣化，甚至导致大坝失效。在大多数情况下，混凝土坝在多因素共同作用下造成服役过程性能劣化，通常认为是在某一因素驱动下，首先内部微观结构出现劣化或损伤，在其他因素组合作用下，材料损伤程度加大，有可能出现宏观失效破坏。

裂缝是混凝土坝常见的病害，也是导致混凝土坝服役过程性能劣化的主要因素之一。混凝土坝在运行期间，由于荷载及环境因素均会导致裂缝的产生，在混凝土坝服役期间，荷载因素和环境因素随着时间不断变化，使得裂缝也随着时间变化而变化，当遭遇不利工况时，裂缝可能发生不稳定扩展，最终形成危害性裂缝，从而导致混凝土坝服役过程性能劣化。为了防止裂缝的扩展，需要对裂缝的演变规律进行分析。

由于混凝土是一种多孔介质材料，以及混凝土内部不可避免地存在着许多微观的孔隙和裂纹等缺陷，在长期高压水环境中，即使混凝土的渗透性较小，也会在坝体内形成渗流。在

混凝土坝服役过程性能劣化影响因素中，渗流效应不可忽视，混凝土坝建成蓄水后，会引起坝体和坝基渗流及绕坝渗流等现象，如防渗不力，也会导致混凝土坝服役过程性能劣化。

针对以上裂缝和渗流引起混凝土坝服役过程性能劣化的问题，基于能量法，研究了高拱坝裂缝演变双 G 法判定准则及基于熵理论的混凝土坝裂缝演变判定准则；并通过渗流变化规律分析，研究综合考虑渗流变化滞后效应分析模型的建模方法，据此对高拱坝渗流是否会引起混凝土坝服役过程性能劣化进行分析；提出了考虑裂缝和渗流影响下的混凝土坝服役过程性能劣化分析模型，由此对高拱坝服役过程性能劣化进行定量分析，具体研究内容如下：

（1）基于能量方法，研究了高拱坝裂缝演化过程能量变化过程及表征方法，在此基础上，探讨了高拱坝裂缝演变状况双 G 法判定准则及能量消耗计算方法，综合运用熵理论，建立了高拱坝裂缝演变熵理论判定准则。

对带有裂缝的混凝土坝而言，裂缝的发展伴随着能量的变化，随着荷载的进一步增加，外力功转化为能量以各种形式消耗在结构上，一部分以应变能的方式储存在结构内部。混凝土坝裂缝扩展过程中的能量消耗用断裂能 $G_N$ 进行表征，并将断裂能分为两个阶段对混凝土坝裂缝发展进行描述，即稳定断裂能 $G_{NS}$ 和失稳断裂能 $G_{NU}$，其中：$G_{NS}$ 表征坝体混凝土材料从起裂到临界劣化破坏状态阶段的平均能量消耗；$G_{NU}$ 表征坝体混凝土材料从临界劣化破坏状态到完全破坏过程裂缝扩展单

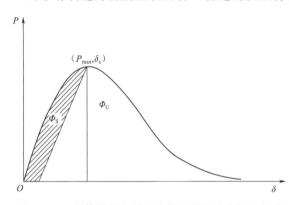

图 5.1.8　坝体混凝土裂缝演化过程能量消耗示意图

位面积所需的能量。图 5.1.8 为坝体混凝土裂缝演化过程能量消耗（荷载—裂缝扩展位移）示意图。

根据裂缝尖端能量释放率 $G$ 与 $G_{ic}^{ini}$、$G_{ic}^{un}$ 的关系来判定材料所处的状态：$G < G_{ic}^{ini}$，裂缝未扩展；$G = G_{ic}^{ini}$，裂缝初始起裂；$G_{ic}^{ini} < G < G_{ic}^{un}$，裂缝稳定扩展；$G = G_{ic}^{un}$，裂缝处于临界劣化状态；$G > G_{ic}^{un}$，裂缝劣化扩展。

建立起裂或处于稳定扩展阶段单元熵函数，即

$$E_i = -\varphi \sum_{j=1}^{N} \frac{q_{ij}}{\sum\limits_{j=1}^{N} q_{ij}} \ln \frac{q_{ij}}{\sum\limits_{j=1}^{N} q_{ij}} \tag{5.1.22}$$

建立基于熵变的高拱坝裂缝演化函数，即

$$E_i = \begin{cases} -\varphi \sum\limits_{j=1}^{N} \dfrac{q_{ij}}{\sum\limits_{j=1}^{N} q_{ij}} \ln \dfrac{q_{ij}}{\sum\limits_{j=1}^{N} q_{ij}} &, \quad 起裂及稳定阶段 \\[4mm] -\varphi \sum\limits_{j=1}^{N-Num} \dfrac{q_{jid}}{Q_{in}} \ln \dfrac{q_{jid}}{Q_{in}} &, \quad 劣化阶段 \end{cases} \tag{5.1.23}$$

建立基于熵变的高拱坝裂缝演变判定准则，即

$$
\Delta E =
\begin{cases}
E(t_0) - E(t_d) = 0 & , \quad \text{无损} \\
E(t_0) - E(t_d) > 0 & , \quad \text{稳定} \\
E(t_0) - E(t_d) < 0 & , \quad \text{劣化}
\end{cases}
\tag{5.1.24}
$$

（2）研究了库水位变化对高拱坝渗流影响的滞后效应，建立了充分反映库水位变化滞后效应的高拱坝渗流演化分析模型，并通过反演分析，提出了渗透系数时变分析模型，由此对大坝渗流演化规律进行评价。

设在 $t = t_0$ 时刻对应的等效水深为 $H_d$，则有

$$
H_d = \int_{-\infty}^{t_0} P(t) H(t) \mathrm{d}t = \int_{-\infty}^{t_0} \frac{1}{\sqrt{2\pi} x_2} \mathrm{e}^{\frac{-(t-x_1)^2}{2x_2^2}} H(t) \mathrm{d}t
\tag{5.1.25}
$$

则水压分量可以表征为

$$
h_k = a_1 H_d = a_1 \int_{-\infty}^{t_0} \frac{1}{\sqrt{2\pi} x_2} \mathrm{e}^{\frac{-(t-x_1)^2}{2x_2^2}} H(t) \mathrm{d}t
\tag{5.1.26}
$$

高拱坝渗流监测资料表明，渗流效应量变化主要与库水位、温度变化及时效等因素有关，结合已经推导出的考虑水深变化滞后效应的水压分量表达式，即可得到考虑滞后效应的渗流效应量 $h$ 的变化分析模型，为

$$
h = a_0 + a_1 \int_{-\infty}^{t_0} \frac{1}{\sqrt{2\pi} x_2} \mathrm{e}^{\frac{-(t-x_1)^2}{2x_2^2}} H(t) \mathrm{d}t + a_2 \sin\left(\frac{2\pi}{365}t\right) + a_3 \cos\left(\frac{2\pi}{365}t\right)
$$
$$
+ a_4 \sin\left(\frac{2\pi}{365}t\right) \cos\left(\frac{2\pi}{365}t\right) + a_5 \theta + a_6 \ln\theta
\tag{5.1.27}
$$

将时效分量从模型中分离出来，以 4 个典型测点为例，分离结果如图 5.1.9 所示。

通过分时段反演渗透系数求得时变分析模型后，可以对渗透系数演变规律进行分析，渗透系数随时间的演变规律可分为图 5.1.10 所示的 4 种模式。

以上将渗透系数随时间的演变规律分为 4 种模式，在此基础上，可以利用上述反演得到的渗透系数随时间变化的结果，建立混凝土坝各分区渗透系数时变分析模型。建立的高拱坝渗透系数时变分析模型有 4 种模式，分别对应图 5.1.10 中的（a）、（b）、（c）和（d），即

$$
k(t) =
\begin{cases}
b_0 + b_1 \mathrm{e}^{b_2 t}, b_1 > 0, b_2 < 0 & \text{①} \\
b_0 + \sum_{i=1}^{n} b_i t^i & \text{②} \\
b_0 + b_1 t & \text{③} \\
b_0 + b_1 \mathrm{e}^{b_2 t}, b_1 > 0, b_2 > 0 & \text{④}
\end{cases}
\tag{5.1.28}
$$

通过以上分析，由式（5.1.28）所表示①～④4 种渗透系数变化时变分析模型，可表征混凝土坝防渗体渗流处于正常、基本正常、异常和危险状态。若渗流状态处于异常及危

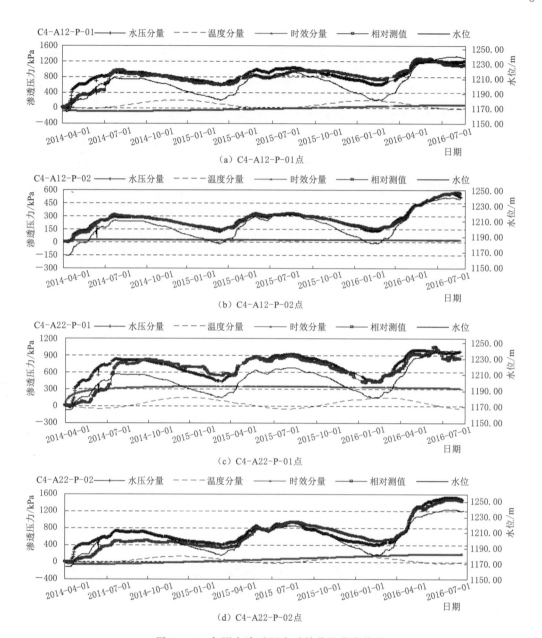

图 5.1.9　各测点渗透压力时效分量分离结果

险状态，需及时采取措施进行控制，以避免危险渗流状态导致混凝土坝服役过程性能劣化，甚至危及大坝的安全。

（3）研究了高拱坝服役过程性能双标量弹塑性劣化分析模型的建模方法，构建了高拱坝服役过程性能劣化的演化法则，在此基础上，提出了综合考虑裂缝和渗流组合作用下高拱坝服役过程性能劣化分析模型。

考虑到屈服函数从 Caughy 应力空间扩展到有效应力空间时，要求具有齐次性，因此可以用一个单标量劣化指标来综合反映高拱坝受拉和受压劣化度，其表达式为

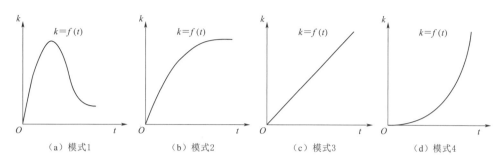

图 5.1.10 渗透系数随时间变化的演变规律

$$S = 1 - (1-d^+)(1-d^-) \tag{5.1.29}$$

式中     $d^+$——受拉劣化标量；

          $d^-$——受压劣化标量。

建立的高拱坝服役过程性能劣化渗流作用分析模型为

$$\begin{cases} K = K_0 e^{-a\sigma'_n} &, \quad S = 0 \\ K = K_\sigma e^{\gamma S} &, \quad 0 < S < 1 \end{cases} \tag{5.1.30}$$

将劣化区域带的劣化度设为常数，渗透系数为 $K_1$，其余未劣化的材料渗透系数仍取为 $K_0$，劣化区域带渗透系数 $K_1$ 为

$$K_1 = \frac{\xi \varepsilon^3}{12 \lambda l_c} \tag{5.1.31}$$

建立裂缝和渗流影响下高拱坝服役过程性能劣化分析模型，即

$$\ln K = (1-S)\ln(K_\sigma e^{\gamma S}) + S\ln\left(\frac{\xi \varepsilon^3}{12 \lambda l_c}\right) \tag{5.1.32}$$

由式（5.1.33）表明，若劣化度 $S$ 接近于 0，即无宏观裂缝产生，只有弥散裂缝，混凝土坝劣化区域渗透系数变化主要受劣化度 $S$ 控制；若劣化度接近于 1，产生宏观裂缝，表明局部开裂劣化区域渗透系数变化由裂缝开度 $\varepsilon$ 控制。

综上所述，建立考虑裂缝和渗流影响下高拱坝服役过程性能劣化分析模型，即

$$\begin{cases} K = K_0 e^{-a\sigma'_n} &, S = 0 \\ \ln K = (1-S)\ln(K_\sigma e^{\gamma S}) + S\ln\left(\dfrac{\xi \varepsilon^3}{12 \lambda l_c}\right) &, 0 < S < 1 \end{cases} \tag{5.1.33}$$

## 5.1.4 性态转异辨识分析方法

传统的基于小波分解的混凝土坝服役过程性态转异相平面分析模型通常只能对性态转异进行粗略识别，其分析精度依赖于小波对趋势性效应分量表征的时效分量分离的准确性；本小节的混凝土坝服役过程性态面板数据模型可以对混凝土坝服役过程性态转异时刻及转异位置进行识别，且对效应量没有依赖性，克服了传统转异识别法的缺点。为便于不同方法的效果比较，在研究基于小波分解的混凝土坝服役过程性态转异相平面识别法的基础上，着重研究面板数据模型识别混凝土坝服役过程性态转异的方法。

利用小波分解，从混凝土坝服役过程性态监测资料中分离出趋势性效应分量近似地作为时效分量，并对其进行相空间重构。对于服役期间的混凝土坝，若性态发生转异，则其趋势性效应分量由平稳变化转变为非线性增大变化，如图 5.1.11 所示。利用导数重构法重构其相平面，如图 5.1.12 所示。由图 5.1.11 和图 5.1.12 可见，在 $t_0 \sim t_A$ 段，混凝土坝趋势性效应分量 $\delta_\theta$ 增大的速率 $\dot{\delta}_\theta$ 逐渐减小，而在 $t_A \sim t_1$ 时段，趋势性效应分量增大速率逐渐增大，在 $t_A$ 时刻，混凝土坝趋势性效应分量增长规律发生突然转变，即混凝土坝服役过程性态转异时刻，$t_A$ 为混凝土坝服役过程性态转异点，其在相平面中表现为该时刻趋势性效应分量的二阶导数 $\ddot{\delta}_\theta = 0$，即相轨道产生了拐点。

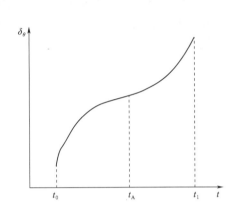

图 5.1.11　混凝土坝服役过程性态转异典型趋势性效应分量示意图

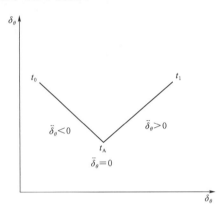

图 5.1.12　混凝土坝服役过程性态转异典型趋势性效应分量相平面

将截面数据和时间序列数据融合，可建立高拱坝服役过程性态转异面板数据模型，从时空上对高拱坝服役过程性态转异进行了全面表征，同时采用 Hausman 检验方法，实现对面板数据模型的型式选择。本小节提出了高拱坝服役过程性态转异面板数据模型的识别方法，该方法可以确定不同性态转异点的转异时刻及转异部位，并给出了转异点判别方法；进一步研究并提出了高拱坝服役过程性态面板数据模型多转异点辨识方法。

针对混凝土坝服役过程性态转异（变点）问题，混凝土坝服役过程性态面板数据模型序列的分布是否存在某种改变，而分布变化的形式在理论探索和实践中多种多样，监测值的分布按某种规律变化，在某个未知时刻，改换成另一种规律，这个时刻就是变点产生时刻，即转异时刻。因此，混凝土坝服役过程性态是否转异可以采用变点理论对其进行辨识。选取混凝土坝原位监测资料，具体探究混凝土坝服役过程性态转异面板数据模型识别方法。

建立高拱坝服役过程性态面板数据转异模型，即

$$\begin{cases} D_{it} = \beta_i x_{it} + w_{it}, i=1,2,\cdots,N, t=1,2,\cdots,k_0-1 \\ D_{it} = \beta_i x_{it} + \beta_i' v_{it} I(t \geqslant k_0) + w_{it}, i=1,2,\cdots,N, t=k_0,\cdots,T \\ w_{it} = \alpha_i + \gamma_{it}, i=1,2,\cdots,N, t=1,2,\cdots,T \end{cases} \tag{5.1.34}$$

式中　$I(.)$——示性函数；

$\quad\quad D_{it}$——监测效应量测值的内生变量；

$\quad x_{it}$、$v_{it}$——外生变量，$v_{it} = \boldsymbol{R} x_{it}$；

$\textbf{\textit{R}}$——已知矩阵；

$\beta_i$、$\beta_i'$——待估系数；

$\alpha_i$——效应变量（固定或随机）；

$\gamma_{it}$——扰动项。

利用 Hausman 检验（表 5.1.6）判断是否能够建立高拱坝服役过程性态面板数据转异随机效应模型。

表 5.1.6            **Hausman 检验**

| 变量 | 固定效应（$b$） | 随机效应（$B$） | 差值（$b-B$） |
|---|---|---|---|
| $x_1$ | $-0.0434293$ | $-0.0434293$ | $3.01\mathrm{e}-11$ |
| $x_2$ | $-0.0008016$ | $-0.0008016$ | $1.50\mathrm{e}-11$ |
| $x_3$ | $0.0008705$ | $0.0008705$ | $2.12\mathrm{e}-12$ |
| $x_4$ | $0.000053$ | $0.000053$ | $8.94\mathrm{e}-14$ |
| $x_5$ | $-0.443264$ | $-0.443264$ | $-7.50\mathrm{e}-13$ |
| $x_6$ | $-0.2708163$ | $-0.2708163$ | $-9.22\mathrm{e}-13$ |
| $x_7$ | $-0.1992941$ | $-0.1992941$ | $3.52\mathrm{e}-13$ |
| $x_8$ | $-0.0900282$ | $-0.0900282$ | $1.88\mathrm{e}-13$ |
| $x_9$ | $0.000186$ | $0.000186$ | $-1.92\mathrm{e}-15$ |
| $x_{10}$ | $-0.7156746$ | $-0.7156746$ | $6.62\mathrm{e}-12$ |

系数 $b$ 在零假设（Ho）和备择假设（Ha）下都是一致的，通过 xtreg 命令计算得出

系数 $B$ 在备择假设下是无效的，但在零假设下是高效的，也是通过 xtreg 导出的

测试假设（Ho）表明系数差异不是系统性的

$$\mathrm{chi2}(2)=(b-B)'[(V\_b-V\_B)^{\wedge}(-1)](b-B)=0.00$$

$$\mathrm{Prob}>\mathrm{chi2}=\quad 1.0000$$

$$(V\_b-V\_B \text{ 不是正定的})$$

经检验，所选取的监测数据可以利用随机效应面板数据模型进行建模，则建立的面板数据随机效应模型见表 5.1.7。

表 5.1.7       **混凝土坝变形面板数据随机效应模型**

| 随机效应 GLS 回归 | | | | 观察值数量 | | $=61720$ | |
|---|---|---|---|---|---|---|---|
| 组变量：_j | | | | 分组数量 | | $=20$ | |
| R-sq：组内 | | $=0.0000$ | | 每组观察值：min | | $=3086$ | |
| 组间 | | $=0.0000$ | | avg | | $=3086.0$ | |
| 整体 | | $=0.0262$ | | max | | $=3086$ | |
| | | | | 10 自由度卡方统计量 | | $=13850.50$ | |
| 相关性（u_i，X） | | $=0$（假设） | | Prob $>$ chi2 | | $=0.0000$ | |
| 变量 | 系数 | 标准误差 | $z$ 值 | $P>\lvert z\rvert$ | \[95％置信区间\] | | |
| $x_1$ | $-0.0434293$ | $0.018308$ | $-5.17$ | $0.018$ | $-0.0793123$ | $-0.0075463$ | |
| $x_2$ | $-0.0008016$ | $0.0072855$ | $-0.11$ | $0.912$ | $-0.0150809$ | $0.0134778$ | |

续表

| 变量 | 系数 | 标准误差 | $z$ 值 | $P>\vert z\vert$ | ［95％置信区间］ | |
|------|------|---------|--------|-----------------|----------------|---|
| $x_3$ | 0.0008705 | 0.0009775 | 0.89 | 0.373 | −0.0010453 | 0.0027863 |
| $x_4$ | 0.000053 | 0.000041 | 1.29 | 0.196 | −0.0000273 | 0.0001333 |
| $x_5$ | −0.443264 | 0.0051323 | −86.37 | 0.000 | −0.453323 | −0.4332049 |
| $x_6$ | −0.2708163 | 0.0065632 | −41.26 | 0.000 | −0.2836798 | −0.2579527 |
| $x_7$ | −0.1992941 | 0.0050283 | −39.63 | 0.000 | −0.2091493 | −0.1894389 |
| $x_8$ | −0.0900282 | 0.005404 | −16.66 | 0.000 | −0.1006198 | −0.0794366 |
| $x_9$ | 0.000186 | 8.00e−06 | 23.23 | 0.000 | 0.0001703 | 0.0002017 |
| $x_{10}$ | −0.7156746 | 0.0356895 | −20.05 | 0.000 | −0.7856247 | −0.6457245 |
| _cons | −0.8988103 | 0.6603789 | −1.36 | 0.173 | −2.193129 | 0.3955085 |
| sigma_u | 2.4684285 | | | | | |
| sigma_e | 0.87735078 | | | | | |
| rho | 0.88783951 | | （由 u_i 引起的方差比例） | | | |

　　面板数据随机效应模型建模完成后,利用其对混凝土坝服役过程性态转异进行识别。首先对实测资料进行分析,通过 F 检验判断是否有转异发生,经判断所建立的面板数据模型并不稳定,即系数 $\beta$ 在某些时刻发生了变化,表明有转异发生,接着判定有可能产生转异点的时刻,采用混凝土坝服役过程性态面板数据多转异点模型进行转异分析,对于面板数据随机效应模型采取广义最小二乘法进行估计,对于任何可能的转异点 $k$ 的参数估计为

$$\begin{bmatrix} \hat{\boldsymbol{\beta}}_k \\ \hat{\boldsymbol{\beta}}'_k \end{bmatrix}=\begin{bmatrix} \sum_{i=1}^{N}\boldsymbol{X}'_i\boldsymbol{U}^{-1}\boldsymbol{X}_i & \sum_{i=1}^{N}\boldsymbol{X}'_i\boldsymbol{U}^{-1}\boldsymbol{V}_k^{(i)} \\ \sum_{i=1}^{N}\boldsymbol{V}_k^{(i)}{}'\boldsymbol{U}^{-1}\boldsymbol{X}_i & \sum_{i=1}^{N}\boldsymbol{V}_k^{(i)}{}'\boldsymbol{U}^{-1}\boldsymbol{V}_k^{(i)} \end{bmatrix}^{-1}\begin{bmatrix} \sum_{i=1}^{N}\boldsymbol{X}'_i\boldsymbol{U}^{-1}\boldsymbol{D}_i \\ \sum_{i=1}^{N}\boldsymbol{V}_k^{(i)}{}'\boldsymbol{U}^{-1}\boldsymbol{D}_i \end{bmatrix} \quad (5.1.35)$$

　　残差平方和为

$$SSR(k)=(\boldsymbol{D}-\boldsymbol{X}\hat{\boldsymbol{\beta}}_k-\boldsymbol{V}_k\hat{\boldsymbol{\beta}}'_k)'\boldsymbol{U}^{-1}(\boldsymbol{D}-\boldsymbol{X}\hat{\boldsymbol{\beta}}_k-\boldsymbol{V}_k\hat{\boldsymbol{\beta}}'_k) \quad (5.1.36)$$

　　则转异点的选取准则为

$$\hat{k}_{NT}=\hat{k}_0=\mathrm{argmin}RSS(k) \quad (5.1.37)$$

式中　$N$——转异点的位置;

　　　　$T$——转异时刻。

　　利用式（5.1.35）~式（5.1.37）得到时间序列中的第一个转异点 $T_0$,将时间序列以 $T_0$ 为分界点分为两个分段,分别对每个分段建立高拱坝服役过程转异面板数据模型,判断每个分段中是否存在转异点,若存在转异点,利用式（5.1.35）~式（5.1.37）得到该分段中的转异点 $T_1$,并将 $T_1$ 作为分界点继续上述步骤,直到时间序列分段中不包含转异点为止。

　　某大坝是一座同心圆变半径的混凝土重力拱坝,坝顶高程为 126.30m,最大坝高为

76.3m，坝顶弧长 419m，坝顶宽 8m，最大坝底宽 53.5m，自左向右有 28 个坝段，坝址地质条件复杂，由于在浇筑Ⅱ期混凝土时，层面上升速度较快，浇筑层间歇时间短，Ⅱ期混凝土收缩变形受到Ⅰ期混凝土的强烈约束，导致在Ⅰ期混凝土顶部（105.00m 高程附近）产生裂缝，自 5# 坝块一直延伸至 28# 坝块，长达 300 余米。经探测，裂缝深达 5m 以上，削弱了坝体刚度，对坝体整体性产生了影响。因此，首先需要判断该混凝土坝服役过程性态是否发生转异，并对何时及何处发生转异进行分析。为了监控该工程的安全，在大坝上布置大量的安全监控仪器，选取时间序列为 1973 年 1 月 1 日—2013 年 10 月 30 日的实测变形垂线测点和拱冠梁 18# 坝段 105.00m 高程裂缝测点的资料，对大坝服役过程性态是否转异进行分析。

对该混凝土坝原位裂缝监测数据进行小波分析，滤去其分解得到的高频部分，剩下的低频部分作为其趋势性效应分量，由于该坝 105.00m 高程水平裂缝的变化总体反映该坝的结构变化性态，为此以拱冠梁 18# 坝段 105.00m 高程裂缝测点为例进行应用分析，图 5.1.13 为该坝段裂缝开度实测值变化曲线，图 5.1.14 为基于该裂缝测点开度监测资料利用小波方法提取的测点测值趋势性效应分量随时间的变化过程线。

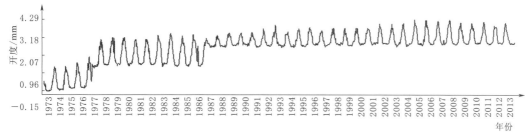

图 5.1.13 裂缝开度实测值变化曲线

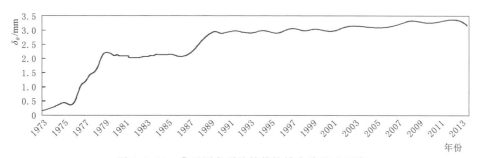

图 5.1.14 典型测点裂缝趋势性效应分量过程线

由图 5.1.14 可以看出，该裂缝测点开度变化趋势性效应分量的变化趋势有一定的波动，小波提取的变形趋势性效应分量在 1977 年和 1987 年有两次较大的变化。

利用相空间重构技术重构了趋势性效应分量的相平面，如图 5.1.15 所示。其中横轴为趋势性效应分量 $\delta_\theta$，纵轴为趋势性效应分量变化速率 $\dot{\delta}_\theta$。

从图 5.1.15 中可以看出，趋势性效应分量的相平面图在 $t_A$ 和 $t_B$ 处出现拐点，在 $t_A$ 和 $t_B$ 附近曲线的变化特征与图 5.1.12 所示的混凝土坝服役过程性态转异典型变化特征相似，因此该方法认为 $t_A$ 和 $t_B$ 为转异点，根据对应的原位监测资料，转异发生的时刻分别为 1977 年 4 月 7 日和 1978 年 5 月 11 日。经对 18# 坝段 105.00m 高程裂缝监测资料及对

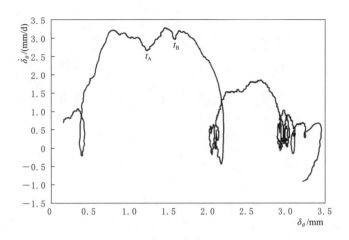

图 5.1.15　裂缝趋势性效应分量相平面

应环境量相关分析，1976 年年底裂缝开度已经有所增大，至 1977 年 4 月以后，裂缝开度普遍增大。因此，利用基于小波的混凝土坝服役过程性态转异相平面分析模型识别的转异点 1977 年 4 月 7 日是合理的；当裂缝开度于 1977 年 4 月普遍增大以后，裂缝开度变化趋于平稳，并未有显著变化，由基于小波的混凝土坝服役过程性态转异相平面分析模型识别的转异点 1978 年 5 月 11 日并未在该混凝土坝的原位监测资料分析报告中找到相应的结论。此外，小波提取的变形趋势性效应分量在 1987 年发生了较大变化，裂缝开度测值普遍增大，但在对应的相平面图 5.1.14 上并未出现转异点。

第二个转异点的转异时刻为 2008 年 5 月 19 日，转异位置为 18# 坝段，如图 5.1.16 所示。由该混凝土坝原位监测资料分析报告可知，该混凝土坝于 2005 年以后尤其是 2008 年以后，库水位有所抬升并一直保持在相对较高的状态，2008 年 5 月 12 日汶川 8.0 级强震对扬压力孔水位产生了一定的影响，地震引起的地应力改变致使扬压力孔水位快速升降变化，2008 年裂缝开度平均值较大。

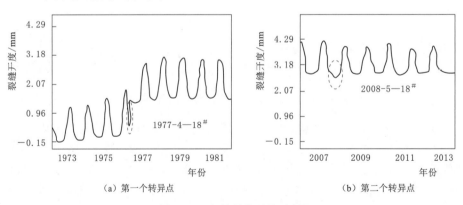

（a）第一个转异点　　　　　　　　　　（b）第二个转异点

图 5.1.16　转异位置及时刻

利用提出的方法得到的转异点与该混凝土坝原位监测资料分析报告结论一致，进一步验证了提出方法的可行性及有效性。

## 5.2 高寒复杂地质条件高拱坝全生命周期工作性态跟踪预报分析方法

寒冷地区混凝土坝在恶劣环境与复杂荷载协同作用下，大坝混凝土材料性能劣化，结构承载能力降低，当发展到一定程度，即便在常规荷载下，混凝土坝结构力学性能仍然可能发生异常变化，威胁混凝土坝的运行安全。宏观上表现为混凝土坝结构变形异常、渗流增大、局部开裂等。变形、应力、裂缝开度等监测效应量综合反映了混凝土坝结构性能劣化的动态过程，是衡量混凝土坝结构性态变化是否正常的重要指标。为保障工程的长效健康服役，开展高寒复杂地质条件高拱坝健康诊断与安全管理已成为当前坝工领域研究的前沿科学问题。作为最能直观反映拱坝服役性态变化的重要监测量，变形蕴含了高寒地区坝体—坝基复杂非线性系统在内外环境双重演变作用下的结构响应信息，可靠的变形预测模型对定量解析环境荷载变化对于高寒地区大坝运行性态的影响效应、判诊大坝结构性态转异与预测未来运行行为具有重要意义。

拱坝变形预测统计模型是通过数理方法挖掘大坝变形与其解释变量间函数关系的因果分析模型，其具有结构形式简单、计算高效等优点，在大坝变形资料快速分析与预测中取得了广泛应用与长足发展。虽然逐步回归（stepwise regression，SR）、多元回归（multiple linear regression，MLR）等是当前工程领域中变形预测最常用的建模方法，然而此类方法不能有效解决解释变量间的因子共线性问题，容易影响模型的准确性和稳健性。

近年来随着人工智能技术的发展，基于机器学习算法的变形预测模型研究取得了大量的有益成果。Kao 等采用人工神经网络（artificial neural network，ANN）构建了某拱坝变形预测模型，并比选了不同神经网络模型的优缺点与适用性；范千等率先验证了极限学习机（extreme learning machine，ELM）在大坝变形预测研究中的有效性，并针对 ELM 可能出现的过拟合问题引入结构风险最小化原则加以改良；Su 等利用支持向量机分别构建了大坝变形预测与预警模型，并在分析支持向量机超参数选取对模型性能影响的基础上提出了可行的优化策略；Dai 等基于随机森林回归（random forest regression，RFR）剖析了变形解释变量间的相关性并据此构造了优化的变形预测模型；Liu 等应用长短期记忆网络（long short-term memory，LSTM）构建了某拱坝变形预测模型，并检验了模型的预测精度与长效预测性能；任秋兵等基于门控循环单元（gated recurrent unit，GRU），提出了融合单测点时序相关性和多测点空间关联性的大坝变形动态监控模型。此外，Li 等、Wei 等融合信号处理、时序分析与机器学习等多元分析方法进一步拓展丰富了变形预测模型的建模手段。与此同时，变形机理研究也取得了一定的纵深发展，如 Wang 等通过分析某高拱坝在高水位稳定期坝体径向位移向下游侧持续增大现象的成因，提出了考虑静水荷载滞后效应的变形预测模型；Hu 和 Wu 通过数值仿真模拟裂缝开度对大坝变形的影响，并据此提出了考虑裂缝开度的变形预测模型；Tatin 等将坝体视为多个一维介质沿坝高方向的集成体，提出了考虑水温分布与大坝厚度的变形预测模型。

本质上讲，当前大坝变形预测模型的研究热点是以神经网络与支持向量机为代表的机器学习方法在大坝变形预测中的应用研究。然而，神经网络存在着结构设计复杂且训练耗时等缺陷，虽支持向量机有效克服了神经网络的缺陷，但亦存在对海量数据的训练耗时久的缺陷。为此，本节采用 Peng 于 2010 年基于孪生支持向量机（twin support vector machine，TWSVM）思想提出的一种适用于回归分析的新型机器学习算法 TSVR 构建混凝土变形预测模型。TSVR 在继承支持向量机良好的学习能力和泛化性能优点的基础上，同时具有优良的训练速度，相关研究指出，TSVR 的训练耗时仅为支持向量机的 1/4。考虑到 TSVR 算法参数对建模精度与泛化性能的影响，通过 WOA 对其迭代寻优并构造了基于 WOA 优化的 TSVR。同时，鉴于严寒地区环境温度变幅大而坝体温度场本质上受制于边界温度变化，故本节采用实测边界温度作为温度因子，据此构建了适用于严寒地区高拱坝的变形预测模型并检验了所建模型的预测性能。以高纬度严寒地区某高拱坝实测水平变形为例，结合所建预测模型剖析了该坝某溢流坝段坝顶水平位移变化规律不协调的异常现象成因，研究成果对深入认识高寒地区高拱坝运行性态与合理诊断大坝服役安全具有一定的理论意义和借鉴价值；同时，基于优化 TSVR 的预测模型可有效挖掘大坝变形及其解释变量间复杂的非线性函数关系，且其具有优异的建模预测能力，为高精度预测大坝变形提供了一种新方法。

## 5.2.1 高拱坝全生命周期工作性态跟踪预报分析原理

### 5.2.1.1 拱坝变形的预测模型构造原理

拱坝变形是由静水荷载与温度荷载周期循环作用引发的可逆变形和碱骨料反应、冻融循环及节理裂隙发展等可能导致大坝安全裕度降低的时变效应造成的不可逆变形组成，根据温度因子的选取，拱坝变形预测模型可分为静水—季节—时间（hydrostatic - seasonal - time，HST）和静水—温度—时间（hydrostatic - thermal - time，HTT）模型两大类。对于运行期水化热已完全散发的混凝土坝，坝体混凝土温度随季节演变而变化，故 HST 模型采用谐波函数模拟热变形，相应地，拱坝变形预测的 HST 模型可写为

$$\delta_t = \alpha_0 + \alpha_1 (H_t - H_0) + \alpha_2 (H_t^2 - H_0^2) + \alpha_3 (H_t^3 - H_0^3) + \alpha_3 (H_t^4 - H_0^4)$$

$$+ \alpha_4 \left( \sin \frac{2\pi t}{365} - \sin \frac{2\pi t_0}{365} \right) + \alpha_5 \left( \sin \frac{4\pi t}{365} - \sin \frac{4\pi t_0}{365} \right) + \alpha_6 \left( \cos \frac{2\pi t}{365} - \cos \frac{2\pi t_0}{365} \right)$$

$$+ \alpha_7 \left( \cos \frac{4\pi t}{365} - \cos \frac{4\pi t_0}{365} \right) + \alpha_8 (\theta_t - \theta_0) + \alpha_9 (\ln\theta_t - \ln\theta_0) + \delta_0 \qquad (5.2.1)$$

其中 $$\theta_t = t/100, \quad \theta_0 = t_0/100$$

式中　$\alpha_0$——常数；

　　　$\delta_0$——建模序列初始日的实测变形；

　$\alpha_1 \sim \alpha_9$——回归系数；

$H_t$、$H_0$——监测日与建模序列初始日的上游水深；

　$t$、$t_0$——监测日与建模序列初始日距始测日的累计天数。

考虑到 HST 模型中谐波函数无法有效解译环境温度短期动态波动引起的热变形，因此 HST 模型对严寒地区高拱坝的变形行为的解析能力尚显匮乏。而若直接采用混凝土温

度计测值计算温度变形，则可能因温度计个数较多造成建模因子繁多，进而导致模型结构复杂甚至引发维数灾难。考虑到运行期坝体混凝土温度场本质上受边界温度（即气温和库水温）变化控制，故本节采用实测边界温度模拟温度变形，其既可避免引入过多解释变量导致模型结构复杂，又能有效弥补 HST 模型对温度变形解析能力不足的缺点。据此构建的拱坝变形预测的 HTT 模型为

$$\delta_t = \alpha_0 + \alpha_1(H_t - H_0) + \alpha_2(H_t^2 - H_0^2) + \alpha_3(H_t^3 - H_0^3) + b_0(T_t^a - T_0^a)$$

$$+ b_i \sum_{i=1}^{m}(T_t^{ci} - T_0^{ci}) + c_1(\theta_t - \theta_0) + c_2(\ln\theta_t - \ln\theta_0) + \delta_0 \tag{5.2.2}$$

式中      $T_t^a$、$T_0^a$——监测日和建模序列初始日的气温；

         $T_t^c$、$T_0^c$——监测日和建模序列初始日的库区水温；

         $i$——库水温温度计个数；

$\alpha_1 \sim \alpha_3$、$b_0$、$b_i$、$c_1$ 和 $c_2$——回归系数。

### 5.2.1.2 TSVR 基本原理

    TSVR 的内核是通过寻找训练样本的一对不平行的不敏感上、下界函数进而确定回归模型，如图 5.2.1 所示。相比支持向量机，TSVR 通过求解两个较小规模的二次规划问题，显著提升了算法的训练效率。

    对于大坝变形及其解释变量所构成的非线性训练样本集 $\{(x_i, y_i) | x_i \in R^n, y_i \in R, i = 1, \cdots, m\}$，$n$ 为解释变量维度，$m$ 为样本容量，解释变量 $x_1, x_2, \cdots, x_m$ 与变形 $y_1, y_2, \cdots, y_m$ 可分别表示为矩阵 $\boldsymbol{A} \in \boldsymbol{R}^{m \times n}$ 和向

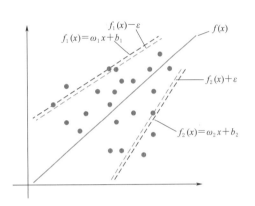

图 5.2.1    TSVR 结构示意图

量 $\boldsymbol{y} = \begin{bmatrix} y_1 & y_2 & \cdots & y_m \end{bmatrix}^T$。TSVR 采用核技巧将训练样本映射到高维特征空间，生成一对不平行的不敏感上、下界函数，即

$$f_1(\boldsymbol{x}) = K(\boldsymbol{x}^T, \boldsymbol{A}^T)\boldsymbol{\omega}_1 + b_1, \quad f_2(\boldsymbol{x}) = K(\boldsymbol{x}^T, \boldsymbol{A}^T)\boldsymbol{\omega}_2 + b_2 \tag{5.2.3}$$

    进而可确定回归模型，即

$$f(\boldsymbol{x}) = \frac{1}{2}[f_1(\boldsymbol{x}) + f_2(\boldsymbol{x})] = \frac{1}{2}(\boldsymbol{\omega}_1 + \boldsymbol{\omega}_2)^T K(\boldsymbol{A}, \boldsymbol{x}) + \frac{1}{2}(b_1 + b_2) \tag{5.2.4}$$

式中    $\boldsymbol{\omega}_1$、$\boldsymbol{\omega}_2$——权值向量；

       $b_1$、$b_2$——偏置；

       $K(\cdot, \cdot)$——核函数，其直接决定算法的高维特征空间与非线性转换。

    因径向基函数（radial basis function，RBF）具有良好非线性映射能力，故选取 RBF 作为核函数，即

$$K(\boldsymbol{x}_i, \boldsymbol{x}_j) = \exp\left(-\frac{1}{2\lambda^2} \| \boldsymbol{x}_i - \boldsymbol{x}_j \|^2\right) \tag{5.2.5}$$

式中    $\lambda$——RBF 核函数宽度。

    TSVR 中，不敏感上、下界函数的确定可通过求解一对凸二次规划问题实现，即

$$\begin{cases} \min\limits_{\omega_1,b_1,\xi} \dfrac{1}{2} \parallel \boldsymbol{y}-[K(\boldsymbol{A},\boldsymbol{A}^{\mathrm{T}})\boldsymbol{\omega}_1+eb_1]-e\varepsilon_1 \parallel^2 + C_1 e^{\mathrm{T}}\boldsymbol{\xi} \\ \text{s. t.} \quad \boldsymbol{y}-[K(\boldsymbol{A},\boldsymbol{A}^{\mathrm{T}})\boldsymbol{\omega}_1+eb_1] \geqslant e\varepsilon_1 - \boldsymbol{\xi}, \boldsymbol{\xi} \geqslant 0 \end{cases} \qquad (5.2.6)$$

$$\begin{cases} \min\limits_{\omega_2,b_2,\eta} \dfrac{1}{2} \parallel \boldsymbol{y}-[K(\boldsymbol{A},\boldsymbol{A}^{\mathrm{T}})\boldsymbol{\omega}_2+eb_2]+e\varepsilon_2 \parallel^2 + C_2 e^{\mathrm{T}}\boldsymbol{\eta} \\ \text{s. t.} \quad [(K(\boldsymbol{A},\boldsymbol{A}^{\mathrm{T}})\boldsymbol{\omega}_2+eb_2]-\boldsymbol{y} \geqslant e\varepsilon_2 - \boldsymbol{\eta}, \boldsymbol{\eta} \geqslant 0 \end{cases} \qquad (5.2.7)$$

式中　$C_1$，$C_2 > 0$——惩罚参数；

　　　$\varepsilon_1$，$\varepsilon_2 > 0$——不敏感损失函数参数；

　　　$\boldsymbol{\xi}$、$\boldsymbol{\eta}$——松弛变量；

　　　$e$——$m \times 1$ 维单位列向量。

对式（5.2.6）引入非负拉格朗日乘子向量 $\boldsymbol{\alpha}=(a_1,a_2,\cdots,a_m)$ 和 $\boldsymbol{\gamma}=(\gamma_1,\gamma_2,\cdots,\gamma_m)$，则式（5.2.6）可改写为

$$\begin{aligned} L(\boldsymbol{\omega}_1,b_1,\boldsymbol{\xi},\boldsymbol{\alpha},\boldsymbol{\beta}) = {} & \frac{1}{2} \parallel \boldsymbol{y}-[K(\boldsymbol{A},\boldsymbol{A}^{\mathrm{T}})\boldsymbol{\omega}_1+eb_1]-e\varepsilon_1 \parallel^2 + C_1 e^{\mathrm{T}}\boldsymbol{\xi} \\ & - \boldsymbol{\alpha}^{\mathrm{T}}\{\boldsymbol{y}-[K(\boldsymbol{A},\boldsymbol{A}^{\mathrm{T}})\boldsymbol{\omega}_1+eb_1]-e\varepsilon_1+\boldsymbol{\xi}\} - \boldsymbol{\gamma}^{\mathrm{T}}\boldsymbol{\xi} \end{aligned} \qquad (5.2.8)$$

结合 Karush - Kuhn - Tucker（KTT）条件可得

$$-K(\boldsymbol{A},\boldsymbol{A}^{\mathrm{T}})^{\mathrm{T}}\{\boldsymbol{y}-[K(\boldsymbol{A},\boldsymbol{A}^{\dagger})\boldsymbol{\omega}_1+eb_1]-e\varepsilon_1\} + K(\boldsymbol{A},\boldsymbol{A}^{\mathrm{T}})^{\mathrm{T}}\boldsymbol{\alpha} = 0 \qquad (5.2.9)$$

$$-e^{\mathrm{T}}\{\boldsymbol{y}-[K(\boldsymbol{A},\boldsymbol{A}^{\dagger})\boldsymbol{\omega}_1+eb_1]-e\varepsilon_1\} + e^{\mathrm{T}}\boldsymbol{\alpha} = 0 \qquad (5.2.10)$$

$$C_1 e - \boldsymbol{\alpha} - \boldsymbol{\gamma} = 0 \qquad (5.2.11)$$

$$\boldsymbol{y}-[K(\boldsymbol{A},\boldsymbol{A}^{\mathrm{T}})\boldsymbol{\omega}_1+eb_1] \geqslant e\varepsilon_1 - \boldsymbol{\xi}, \boldsymbol{\xi} \geqslant 0 \qquad (5.2.12)$$

$$\boldsymbol{\alpha}^{\mathrm{T}}\{\boldsymbol{y}-[K(\boldsymbol{A},\boldsymbol{A}^{\mathrm{T}})\boldsymbol{\omega}_1+eb_1]-e\varepsilon_1+\boldsymbol{\xi}\} = 0, \boldsymbol{\alpha} \geqslant 0 \qquad (5.2.13)$$

$$\boldsymbol{\gamma}^{\mathrm{T}}\boldsymbol{\xi} = 0, \boldsymbol{\gamma} \geqslant 0 \qquad (5.2.14)$$

由式（5.2.11）与式（5.2.14）可知

$$0 \leqslant \boldsymbol{\alpha} \leqslant C_1 e \qquad (5.2.15)$$

结合式（5.2.9）和式（5.2.10），可得

$$-\begin{bmatrix} K(\boldsymbol{A},\boldsymbol{A}^{\mathrm{T}})^{\mathrm{T}} \\ e^{\mathrm{T}} \end{bmatrix}\left(\boldsymbol{y}-e\varepsilon_1-[K(\boldsymbol{A},\boldsymbol{A}^{\mathrm{T}}) \quad e]\begin{bmatrix} \boldsymbol{\omega}_1 \\ b_1 \end{bmatrix}\right) + \begin{bmatrix} K(\boldsymbol{A},\boldsymbol{A}^{\mathrm{T}})^{\mathrm{T}} \\ e^{\mathrm{T}} \end{bmatrix}\boldsymbol{\alpha} = 0 \qquad (5.2.16)$$

令 $\boldsymbol{H}=[K(\boldsymbol{A},\boldsymbol{A}^{\mathrm{T}}) \quad e]$ 且 $\boldsymbol{f}=\boldsymbol{y}-e\varepsilon_1$，结合式（5.2.16）可得 $f_1(\boldsymbol{x})$ 的解为

$$\boldsymbol{u}_1=[\boldsymbol{\omega}_1^{\mathrm{T}} \quad b_1]^{\mathrm{T}}=(\boldsymbol{H}^{\mathrm{T}}\boldsymbol{H})^{-1}\boldsymbol{H}^{\mathrm{T}}(\boldsymbol{f}-\boldsymbol{\alpha}) \qquad (5.2.17)$$

将式（5.2.17）与 KTT 条件带入式（5.2.8），可得到式（5.2.6）的对偶优化问题

$$\begin{cases} \max\limits_{\alpha} \quad -\dfrac{1}{2}\boldsymbol{\alpha}^{\mathrm{T}}\boldsymbol{H}(\boldsymbol{H}^{\mathrm{T}}\boldsymbol{H})^{-1}\boldsymbol{H}^{\mathrm{T}}\boldsymbol{\alpha} + \boldsymbol{f}^{\mathrm{T}}\boldsymbol{H}(\boldsymbol{H}^{\mathrm{T}}\boldsymbol{H})^{-1}\boldsymbol{H}^{\mathrm{T}}\boldsymbol{\alpha} - \boldsymbol{f}^{\mathrm{T}}\boldsymbol{\alpha} \\ \text{s. t.} \quad 0 \leqslant \boldsymbol{\alpha} \leqslant C_1 e \end{cases} \qquad (5.2.18)$$

值得注意的是，由于矩阵 $\boldsymbol{H}^{\mathrm{T}}\boldsymbol{H}$ 为半正定矩阵，为克服其奇异，需引入正则项 $\sigma\boldsymbol{I}$，故式（5.2.17）可改写为

$$\boldsymbol{u}_1=(\boldsymbol{H}^{\mathrm{T}}\boldsymbol{H}+\sigma\boldsymbol{I})^{-1}\boldsymbol{H}^{\mathrm{T}}(\boldsymbol{f}-\boldsymbol{\alpha}) \qquad (5.2.19)$$

式中　$\boldsymbol{I}$——单位矩阵；

$\sigma$——正数。

同理，通过对式（5.2.7）引入非负拉格朗日乘子向量 $\boldsymbol{\beta}=(\beta_1,\beta_2,\cdots,\beta_m)$ 和 $\boldsymbol{\gamma}=(\gamma_1,\gamma_2,\cdots,\gamma_m)$，并结合 KTT 条件可得式（5.2.7）的对偶优化问题，即

$$\begin{cases} \max\limits_{\boldsymbol{\beta}} & -\dfrac{1}{2}\boldsymbol{\beta}^{\mathrm{T}}\boldsymbol{H}(\boldsymbol{H}^{\mathrm{T}}\boldsymbol{H})^{-1}\boldsymbol{H}^{\mathrm{T}}\boldsymbol{\beta}-\boldsymbol{h}^{\mathrm{T}}\boldsymbol{H}(\boldsymbol{H}^{\mathrm{T}}\boldsymbol{H})^{-1}\boldsymbol{H}^{\mathrm{T}}\boldsymbol{\beta}+\boldsymbol{h}^{\mathrm{T}}\boldsymbol{\beta} \\ \text{s. t.} & 0\leqslant\boldsymbol{\beta}\leqslant C_2\boldsymbol{e} \end{cases} \tag{5.2.20}$$

同时可得 $f_2(\boldsymbol{x})$ 的解，即

$$\boldsymbol{u}_2=\begin{bmatrix}\boldsymbol{\omega}_2^{\mathrm{T}} & b_2\end{bmatrix}^{\mathrm{T}}=(\boldsymbol{H}^{\mathrm{T}}\boldsymbol{H}+\sigma\boldsymbol{I})^{-1}\boldsymbol{H}^{\mathrm{T}}(\boldsymbol{h}+\boldsymbol{\beta}) \tag{5.2.21}$$

其中

$$\boldsymbol{h}=\boldsymbol{y}+\varepsilon_2\boldsymbol{e}$$

通过求解式（5.2.18）与式（5.2.20）得到的 $\boldsymbol{\alpha}$ 与 $\boldsymbol{\beta}$ 最优解，即可解得 $\boldsymbol{u}_1$ 与 $\boldsymbol{u}_2$，进而可确定式（5.2.4）所示的 TSVR 回归模型。

### 5.2.1.3　WOA 算法原理

基于 WOA 优化的 TSVR 中，考虑到 TSVR 算法参数，如惩罚参数 $C_1$、$C_2$，不敏感损失函数参数 $\varepsilon_1$、$\varepsilon_2$，正则项参数 $\sigma$ 以及 RBF 核函数宽度 $\lambda$ 的选取对 TSVR 的训练精度与泛化性能有显著影响，本节采用一种新型元启发式优化算法 WOA 对其优化求解。

受座头鲸独特的气泡网猎食行为启发，Mirjalili 和 Lewis 通过模拟其包围猎物、气泡网涉猎与猎物搜索行为提出了鲸鱼算法

图 5.2.2　座头鲸气泡网猎食行为

（whale optimization algorithm，WOA），如图 5.2.2 所示，该算法具有概念简单、参数少、收敛精度高等优点。

WOA 假设当前最优解是目标猎物或接近最优解，搜索代理的空间位置更新策略可表述为

$$\boldsymbol{D}=\left|\boldsymbol{C}\boldsymbol{X}^*(t)-\boldsymbol{X}(t)\right| \tag{5.2.22}$$

$$\boldsymbol{X}(t+1)=\boldsymbol{X}^*(t)-\boldsymbol{A}\boldsymbol{D} \tag{5.2.23}$$

式中　$\boldsymbol{X}^*$——当前最优解的空间位置向量；

　　　$\boldsymbol{D}$——搜索代理与当前最优解间的距离向量；

　　　$t$——当前迭代次数；

　　　$\boldsymbol{X}$——搜索代理的位置向量；

　　　$\boldsymbol{A}$、$\boldsymbol{C}$——系数向量，其可计算为

$$\boldsymbol{A}=2\boldsymbol{a}\boldsymbol{r}-\boldsymbol{a} \tag{5.2.24}$$

$$\boldsymbol{C}=2\boldsymbol{r} \tag{5.2.25}$$

式中　$a$——伴随迭代次数的从 2 线性递减至 0，$a=2-t/t_{\max}$；

　　　$t_{\max}$——最大迭代次数；

　　　$\boldsymbol{r}$——[0，1] 区间内的随机向量。

WOA 通过收缩包围和螺旋更新两种机制模拟座头鲸的气泡网狩猎行为，其中，收缩

包围通过式（5.2.24）中 $a$ 的减小控制 $\boldsymbol{A}$ 的变化实现搜索体位置更新，螺旋更新则通过计算搜索代理与猎物位置之间的距离，结合一个螺旋方程来模拟搜索代理的螺旋移动行为

$$\boldsymbol{X}(t+1)=\boldsymbol{D}'\mathrm{e}^{bl}\cos 2\pi l+\boldsymbol{X}^*(t) \tag{5.2.26}$$

式中　$\boldsymbol{D}'$——搜索代理与猎物之间的距离，$\boldsymbol{D}'=\left|\boldsymbol{X}^*(t)-\boldsymbol{X}(t)\right|$；

　　　$b$——常数；

　　　$l$——$[-1,1]$ 区间内的随机数。

为同时模拟座头鲸猎食过程中的收缩包围和螺旋更新机制，WOA 假设有一定的概率 $P$ 选择收缩包围机制或 $1-P$ 的概率选择螺旋更新机制用以更新搜索体的位置，即

$$\boldsymbol{X}(t+1)=\begin{cases}\boldsymbol{X}^*(t)-\boldsymbol{A}\boldsymbol{D} & p_i<P \\ \boldsymbol{D}'\mathrm{e}^{bl}\cos 2\pi l+\boldsymbol{X}^*(t) & p_i\geqslant P\end{cases} \tag{5.2.27}$$

式中　$P$——$[0,1]$ 区间内的随机数。研究指出，当 $P$ 取 0.3 时，WOA 算法表现出更优的收敛速度与训练精度，故取 $P=0.3$。

除气泡网捕食行为外，座头鲸还会根据搜索代理间的位置随机寻找猎物，其随机搜索行为可表示为

$$\boldsymbol{X}(t+1)=\boldsymbol{X}_\mathrm{r}(t)-\boldsymbol{A}\left|\boldsymbol{C}\boldsymbol{X}_\mathrm{r}(t)-\boldsymbol{X}(t)\right| \tag{5.2.28}$$

式中　$\boldsymbol{X}_\mathrm{r}$——随机选择的搜索代理的空间位置。

WOA 中 $\boldsymbol{A}$ 为 $[-a,a]$ 区间内的随机向量，当 $|\boldsymbol{A}|\geqslant 1$ 时，根据搜索代理彼此间的位置随机选择一个搜索代理作为最优搜索代理，以迫使其他搜索代理远离当前最优解，其有助于提升算法的全局搜索能力；反之，搜索代理则向当前最优解逼近。

基于上述 WOA 基本原理，TSVR 算法参数可通过 WOA 迭代优化过程中搜索代理的位置更新加以确定，搜索代理的空间位置坐标 $\boldsymbol{X}=(x_1,x_2,\cdots,x_d)$ 为 TSVR 模型参数的可行解，搜索空间的维度 $d$ 取决于 TSVR 算法待求解的参数个数，故在此取 $d=6$。TSVR 算法参数的最优解即为适应度函数最小时所对应的搜索代理的空间位置坐标，采用均方根误差（root mean square error，$RMSE$）作为适应度函数，即

$$RMSE=\sqrt{\frac{1}{n}\sum_{i=1}^{n}(\delta_i-\delta'_i)^2} \tag{5.2.29}$$

式中　$\delta_i$——实测变形；

　　　$\delta'_i$——训练得到的变形；

　　　$n$——训练样本容量。

结合式（5.2.29）所述的大坝变形及其解释变量间的函数关系并采用 WOA 算法优化求解 TSVR 模型参数，据此提出的基于优化 TSVR 的混凝土坝变形预测模型的实现流程如图 5.2.3 所示，具体实现步骤如下：

（1）步骤 1：模型参数设置与样本归一化。设置 WOA 算法中搜索代理个数 $N$ 与最大迭代次数 $T_\mathrm{max}$ 以及 TSVR 算法待求解参数的取值上、下界，同时对解释变量做归一化处理，即

$$x'_i=\frac{x_i-x_\mathrm{min}}{x_\mathrm{max}-x_\mathrm{min}} \tag{5.2.30}$$

式中　$x_\mathrm{max}$、$x_\mathrm{min}$——某一解释变量时间序列的最大与最小值。

（2）步骤 2：随机生成搜索代理的初始空间位置。为保证 WOA 算法初始解的多样

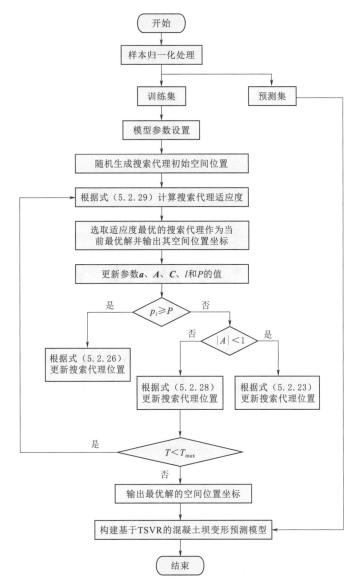

图 5.2.3 基于优化 TSVR 的混凝土坝变形预测模型实现流程

性，搜索代理的初始空间位置可随机生成为

$$x_{i,j} = lb_i + (ub_i - lb_i) \times R \qquad i = 1, 2, \cdots, d, j = 1, 2, \cdots, N \qquad (5.2.31)$$

式中　$x_{i,j}$——第 $j$ 个搜索代理的第 $i$ 维空间坐标；

$ub_i$、$lb_i$——TSVR 算法第 $i$ 个待求参数取值的上、下界；

$R$——$[0, 1]$ 区间内的随机数。

（3）步骤 3：根据式（5.2.29）计算各搜索代理的适应度值，并保留适应度最优的搜索代理的空间位置。

（4）步骤 4：更新 WOA 算法中 $a$、$A$、$C$、$l$ 及 $P$ 的值。

（5）步骤 5：更新搜索代理空间位置。当 $p_i \geqslant P$ 时，根据式（5.2.26）更新搜索代理

空间位置；反之，当$|A| \geqslant 1$时，根据式（5.2.28）更新搜索代理空间位置，当$|A| < 1$时则根据式（5.2.23）更新搜索代理空间位置。

（6）步骤 6：判断迭代是否终止，若当前迭代次数小于$T_{max}$，则重复执行步骤 3 至步骤 6；反之，迭代终止并输出当前最优解。

（7）步骤 7：WOA 算法迭代搜索得到的最优解所对应的空间位置坐标即为 TSVR 最优参数，据此即可构建基于 TSVR 的混凝土坝变形预测模型。

## 5.2.2　高拱坝全生命周期工作性态跟踪预报实例分析

某拱坝位于我国西北高纬度严寒地区，该地区年内温差超 80℃，最低气温超－40℃，多年平均气温低于 5℃。如图 5.2.4 所示，相比于温暖地区，该地区气温呈现出昼夜温差与年内温差大、极端低温且低温期历时久的鲜明气候特征。

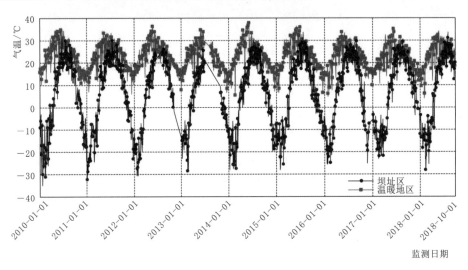

图 5.2.4　坝址区气温过程线

### 5.2.2.1　坝段坝顶变形异常行为

如图 5.2.5 所示，各测点顺河向水平变形均为正值，表明大坝整体向下游方向变形。值得注意的是，29#坝段坝顶水平变形与其他正垂测点变形测值规律不协调，主要表现在以下两方面。其一，除 PL4－3 测点水平变形外，其他正垂测点水平变形均与上游水位变化呈现出明显的正相关关系，即上游水位上升，大坝向下游方向变形增大；反之，大坝向上游方向变形增大，而 29#坝段坝顶水平变形变化规律与之相反。其二，除 PL4－3 测点水平变形外，其他正垂测点水平变形年最大值与最小值分别出现在高水位与库水位下降期，而 29#坝段坝顶水平变形年极值分布与之相反，且其水平变形年变幅显著大于其他正垂测点水平变形年变幅。综上所述，29#坝段坝顶水平变形与其他正垂测点水平变形变化规律有显著差异，表明 29#坝段坝顶水平变形行为异常。

### 5.2.2.2　基于 HTT 模型的异常变形成因剖析

考虑到 29#坝段坝顶水平变形行为的异常现象，需分析该变形异常行为的成因以甄别该坝段是否存在结构病损或运行安全隐患。为此，本节首先结合式（5.2.2）所示的变形

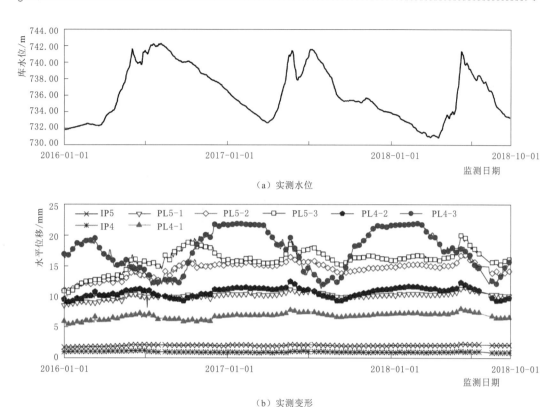

（a）实测水位

（b）实测变形

图 5.2.5 上游水位与水平变形实测过程线

预测 HTT 模型原理，采用 MLR 方法构建 $29^{\#}$ 与 $35^{\#}$ 坝段 PL4-3、PL4-2、PL5-3 及 PL5-2 测点的变形预测模型并提取实测变形中所蕴含的水压、温度与时效分量，若监测值为负数，则表示向上游方向变形；若为正数，则表示向下游方向变形。为量化评估各测点变形预测模型的建模优度，同时给出了各模型的决定系数 $R^2$，其计算方法为

$$R^2 = 1 - \frac{\sum\limits_{i=1}^{t}(\delta_i - \delta'_i)^2}{\sum\limits_{i=1}^{t}(\delta_i - \overline{\delta}_i)^2}$$ （5.2.32）

式中 $\overline{\delta}_i$——实测变形的均值。

通常而言，时效分量反映大坝变形的长期趋势性特征，而水压与温度分量表征大坝在环境荷载作用下的短期动态变形。分离得到的各测点水平变形的水压与温度分量的变化规律一致，均变现为水压分量随上游水位的抬升而增大，且温度分量随环境温度的升高而减小，其符合混凝土坝变形的一般规律。同时，各测点变形预测模型的 $R^2$ 均大于 0.8，表明各模型建模精度良好；且所分离的温度分量可有效挖掘环境温度短期动态波动引发的热变形，进而有效佐证了基于实测边界温度的混凝土坝变形预测模型的合理性及其对热变形的解释性能。相比而言，各测点水压分量变幅差别不大，虽 PL5-3 测点水压分量变幅稍大，但仅比变幅最小的 PL4-3 测点水压分量变幅大约 3mm；而 PL4-3 测点较其他测点

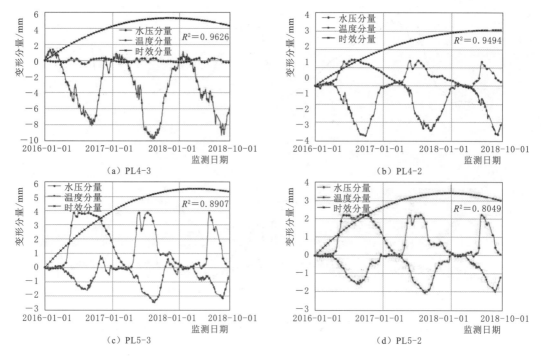

图 5.2.6　水压、温度与时效分量分离结果

的温度分量变幅与向上游方向最大热变形差异悬殊，PL4-3 测点的温度分量变幅与向上游方向最大热变形量分别约为 11mm、10mm，较温度分量变幅与向上游方向热变形均最小的 PL5-2 测点的温度分量变幅和向上游方向热变形分别大约 10mm 与 8mm。

综上所述，$29^{\#}$ 坝段坝顶水平变形行为异常的主要原因是该测点的温度分量变幅与向上游方向热变形量均显著较大所致。具体而言，因该测点温度分量变幅显著大于水压分量变幅，其掩盖了水压分量的变化特征，导致 $29^{\#}$ 坝段坝顶的水平变形呈现出与其他测点相反的变化规律与年极值分布特征；同时，由于各测点水压分量变幅接近而 PL4-3 测点温度分量变幅较大，造成 $29^{\#}$ 坝段坝顶水平变形变幅亦相对较大。结合该坝结构型式与测点布置不难解释，由于 PL4-3 测点埋设于 $29^{\#}$ 溢流坝段顶部中墩内，而该结构混凝土厚度相对较薄，进而导致其热变形受环境温度影响显著。因此，$29^{\#}$ 坝段坝顶水平变形行为异常主要由其结构型式所致，不表明该坝段结构存在安全问题。

### 5.2.2.3　基于 TSVR 的变形预测

虽基于 MLR 算法构建的 HTT 模型具有良好的变形解释能力，但该方法的建模精度相对较低，尤其是 PL5-3 与 PL5-2 测点预测模型的决定系数尚不足 0.90。为提升预测模型的建模预测精度，本节采用基于 WOA 优化的 TSVR 算法构建混凝土坝变形预测模型，并以 PL4-3 测点实测水平变形为例详细阐述基于优化 TSVR 算法建模的流程。为避免 TSVR 算法参数盲目取值对模型性能的影响，首先结合 WOA 算法迭代求解 TSVR 的最优参数，相关参数的设置如下：TSVR 算法中惩罚参数 $C_1$、$C_2$ 与不敏感损失函数参数 $\varepsilon_1$、$\varepsilon_2$ 的上、下界分别设置为 100 与 $1\times10^{-4}$，正则项参数 $\sigma$ 的上、下界设置为 $1\times10^{-8}$

与 $1\times10^{-2}$，RBF 核函数宽度参数 $\lambda$ 的上、下界设置为 10 与 $1\times10^{-4}$；WOA 算法中搜索代理个数与最大迭代次数分别取 $N=30$ 和 $T_{\max}=200$。由上文所述的大坝变形及其解释变量间的函数关系确定模型的输入与输出，取 2016 年 1 月 1 日—2018 年 6 月 30 日监测数据用以模型训练，剩余监测数据用以检验模型的预测性能。

如图 5.2.7 所示，经过 15 次迭代，目标函数 $RMSE$ 收敛于 0.1253mm，表明 WOA 算法具有良好的收敛速度与精度。

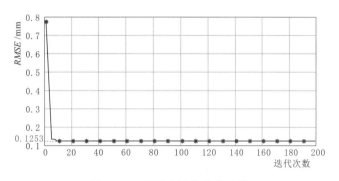

图 5.2.7　WOA 迭代优化过程

基于 WOA 优化求解的 TSVR 最优参数，即可构建 PL4-3 测点水平变形的 TSVR-HTT 预测模型。为检验所建模型的有效性与普适性，同时构建了 PL4-2、PL5-3 与 PL5-2 测点水平变形的 TSVR-HTT 预测模型，并采用 SR、MLR 与 GRU 算法分别建立了上述测点的 HTT 预测模型。此外，为进一步量化评估各预测模型的建模性能，综合采用决定系数 $R^2$、平均绝对误差（mean absolute error，MAE）、均方误差（mean square error，MSE）和平均绝对百分误差（mean absolute percentage error，MAPE）分别计算了各测点预测模型训练与预测结果的统计指标。$MAE$、$MSE$ 与 $MAPE$ 计算方法为

$$MAE=\frac{1}{n}\sum_{i=1}^{n}\left|\delta_i-\delta'_i\right| \tag{5.2.33}$$

$$MSE=\frac{1}{n}\sum_{i=1}^{n}(\delta_i-\delta'_i)^2 \tag{5.2.34}$$

$$MAPE=\frac{1}{n}\sum_{i=1}^{n}\left|\frac{(\delta_i-\delta'_i)}{\delta_i}\right| \tag{5.2.35}$$

如图 5.2.8 所示，4 种方法构建的各测点预测模型计算得到的水平变形拟合和预测值均与实测值的变化规律一致，且具有良好的拟合与预测精度。相比而言，基于优化 TSVR 与 GRU 算法构建的预测模型相比基于 SR 与 MLR 算法构建的预测模型的残差显著较小且无明显周期性变化特征，同时，基于优化 TSVR 算法构建的预测模型的拟合与预测值更为接近实测变形且模型残差更小。由此表明，基于优化 TSVR 的预测模型更能有效挖掘大坝变形与其解释变量间复杂的非线性关系，且具有更高的拟合与预测精度。同时，相比其他三种算法，基于优化 TSVR 算法构建的 4 个测点的变形预测模型的决定系数 $R^2$ 均更接近 1，且 $MAE$、$MSE$ 与 $RMSE$ 均相对较小，其进一步表明基于优化

TSVR 的变形预测模型具有优良的拟合与预测性能，如图 5.2.9 所示。此外，基于优化 TSVR 的预测模型拟合段与预测段的 *MAE*、*MSE* 与 *RMSE* 均分别接近，表明模型不存在过拟合或欠拟合问题，在验证基于 WOA 算法优化求解 TSVR 参数有效性的同时，进一步验证了所建优化 TSVR 的混凝土坝变形预测模型的稳健性与普适性，为大坝变形性态的准确预测提供了一种可行的新方法。

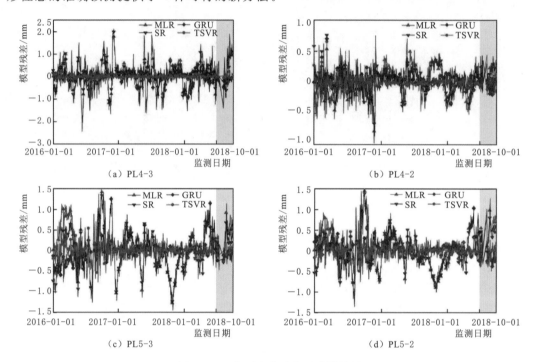

图 5.2.8　各测点水平变形建模结果

## 5.2.3　高拱坝全生命周期工作性态跟踪预报分析结论

考虑到严寒地区独特的气候特征，构建了采用实测边界温度模拟热变形的混凝土坝变形预测模型，并引入一种新型机器学习算法 TSVR 提出了具有优良变形预测性能的建模方法；同时，结合所建模型深入剖析了严寒地区某混凝土坝溢流坝段坝顶异常水平变形行为的成因。研究结果对深入认识严寒地区混凝土坝变形性态、精确预测大坝未来变形行为具有重要的理论价值和借鉴意义。主要结论如下：

（1）29$^{\#}$溢流坝段水平位移变化行为异常的主要成因是该坝段坝顶中墩混凝土厚度较薄导致其变形行为受环境温度变化显著影响，而大变幅的热变形致使 29$^{\#}$坝段坝顶测点与其他测点水平变形行为存在明显差异。该异常变形行为系结构型式的固有差异所致，不表明大坝结构存在运行安全问题，其对深入认识混凝土坝的变形行为具有重要的理论价值。

（2）采用实测边界温度模拟热变形的混凝土坝变形预测模型可较好地解译环境温度短期动态变化导致的热变形，所提模型具有良好的大坝变形解释性能。同时，结合 WOA 算法对 TSVR 参数优化求解，并据此提出的基于优化 TSVR 的混凝土坝变形预测模型可有

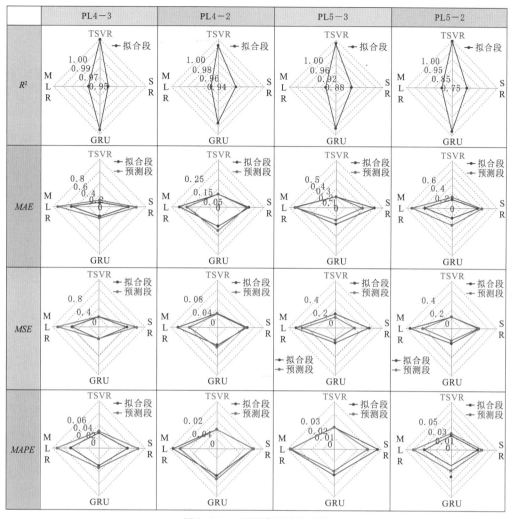

图 5.2.9　预测模型统计指标

效地挖掘大坝变形及其解释变量间复杂的非线性信息，其具有优异的拟合和预测精度，为大坝变形分析和预测提供了一种新技术。

## 5.3　高寒复杂地质条件高拱坝工作性态预警分析方法

高寒复杂地质条件下，高拱坝一旦失事会酿成巨大的损失和严重的灾难，衡量实时运行风险能够动态监控大坝的运行性态，并对大坝出现的病态征兆及时预警。伴随着大坝监测数据生成、贮存、分析技术水平的提高，基于实测资料的预警技术迅速发展，尤其是变形实测资料，记录了大坝出现病态至失效的全过程信息，能够实现动态跟踪工程性态的目的。然而，以往这类预警指标拟定方法中，置信区间法和小概率法拟定的变形预警指标具有较强的主观因素，且均未考虑坝体的强度和稳定；极限状态法拟定预警指标需要确定复杂的材料参数，对试验条件要求较高。此外，基于监测资料的预警方法还缺乏界定标准，难以和安全规范建立关联。鉴于以上问题，有必要将安全监测资料融入大坝结构可靠度分析中，使得建立的大坝运行监控指标能以《水利水电工程结构可靠性设计统一标准》（GB 50199—2013）作为校准，并具备实时动态预警能力。

本节将实测变形资料融入概率可靠度理论，提出两种实测资料转换的高拱坝风险率动态预警的方法：以结构分析法为基础，采用有限元正反分析计算大坝服役性能转异时的临界变形，以当前变形与临界变形间的接近程度转换大坝运行的实时风险率；以统计模型为基础，利用回归误差正态分布的特点，研究测值分布概率与可靠度风险率的联系，以测值分布特点量化大坝运行的实时风险率。以上方法可实现利用高寒地区高拱坝变形安全监测资料实时转换工程运行风险率和动态监控警情。

### 5.3.1　实测资料转换的高拱坝实时风险率模型

设大坝可靠度受 $n$ 个随机变量的影响，其功能函数可表示为

$$Z = g(x_1, x_2, \cdots, x_n) \tag{5.3.1}$$

式中　$Z$——功能函数，$Z>0$ 时大坝处于可靠状态，$Z<0$ 时大坝属于失效状态。

若将大坝荷载记为 $S$，结构抗力记为 $R$，则大坝的功能函数可表示为 $Z=R-S$。大坝功能函数小于 0 时的概率称为大坝的失效概率 $P_f$，此时大坝风险率可表示为

$$P_f = P(R \leqslant S) = \iint_{\Omega_f} \mathrm{d}F_{RS}(r,s) = \iint_{\Omega_f} f_{RS}(r,s) \mathrm{d}r \mathrm{d}s \tag{5.3.2}$$

式中　$F_{RS}(r,s)$——联合累积分布函数；

　　　　$f_{RS}(r,s)$——$R$ 和 $S$ 的联合概率密度函数；

　　　　$\Omega_f$——失效域，表征 $R \leqslant S$。

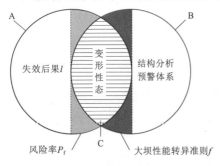

图 5.3.1　两种不同体系交集

风险管理体系与结构分析预警从表面上看是两种不同的体系，似乎不存在交集和联系。然而，变形性态是大坝服役状况最直观且有效的表现，国内外坝工专家对此已达成共识。无论是大坝稳定、渗流还是应力状况出现问题，在变形性态上均有所表现。因此，变形性态可以视为风险管理体系与结构分析预警的交集部分，无论大坝失效模式与失效的路径如何，最终都会在变形性态上有所反馈。

如图 5.3.1 所示，A 表示为风险管理体系，主要由大坝的失效后果 $l$ 和风险率 $P_f$ 构成，风险指数 $L$ 可以表示为

$$L = lP_f \tag{5.3.3}$$

B 表示结构分析法拟定变形预警指标的体系，借助有限元模拟计算临界变形时主要约束条件考虑坝体的强度和稳定，此时坝体位移为隐函数，需根据大坝性能发生转异的准则确定大坝变形控制值，同时以强度和稳定作为控制条件，即

$$x_{\lim} = f[\sigma_u, \sigma_d, \sigma_s, [K], c, f', K] \tag{5.3.4}$$

式中　$f$——大坝性能发生转异的判定准则；

$\sigma_u$、$\sigma_d$、$\sigma_s$——不同荷载组合下的坝踵应力、坝趾应力和混凝土容许压应力；

$[K]$、$K$——不同荷载组合下的容许安全系数和稳定安全系数；

$c$、$f'$——黏聚力和摩擦系数的设计值；

$x_{lim}$——拟定的变形控制值。

以 C 表示风险管理体系 A 和结构分析预警体系 B 的交集部分，含义为将测值转换为大坝运行的实时风险率。图中还存在一定的非交集区域，表示非混凝土坝可能出现的其他破坏模式，如溢洪道破坏等。考虑变形性态建立基于结构分析的实时风险率模型，即

$$P_f' = F(x_i, P_f) \tag{5.3.5}$$

式中　$P_f'$——测值转换的实时风险率；

$\quad\quad x_i$——实测变形值；

$\quad\quad P_f$——可靠度风险率；

$\quad\quad F$——转换函数。

由上述概率可靠度理论可知，当功能函数 $Z<0$ 时表示大坝功能失效，意味着服役性能发生了转异；从安全监控的角度来看，变形是荷载作用于大坝最直接的反馈信息，是荷载效应 $S$ 的间接表现，结构抗力 $R$ 表现为对应变形达到临界状态，则当 $Z<0$ 时，意味着当前变形超过了拟定的预警标准。假设存在大坝长期变形监测序列 $\{x_i, i=1, 2, \cdots, n\}$，以实测变形相对于临界变形的接近程度表示工程历年的实时风险状态，定义转换系数 $\zeta$ 为

$$\zeta = 1 - \frac{x_{lim} - x_i}{x_{lim}} = \frac{x_i}{x_{lim}} \tag{5.3.6}$$

由于不同高拱坝间变形实测值的变化范围不同，为了统一衡量不同工程间的风险程度，以历年变形极小值 $x_{min}$ 作为基准，将变形测值进行归一化处理，进一步修正转换系数得到 $\zeta'$ 为

$$\zeta' = \frac{x_i - x_{min}}{x_{lim} - x_{min}} \tag{5.3.7}$$

则将测值转换为实时风险率 $P_f'$，有

$$P_f' = \zeta' P_{rf} = \frac{x_i - x_{min}}{x_{lim} - x_{min}} P_{rf} \tag{5.3.8}$$

式中　$x_i$——$i$ 时刻的变形实测值；

$\quad\quad x_{min}$——历史实测变形的极小值；

$\quad\quad x_{lim}$——大坝功能失效状态下的临界变形值；

$\quad\quad P_{rf}$——结构可靠度规范中拟定的容许风险率指标。

由式（5.3.8）可知，当实测值 $x_i < x_{lim}$ 时，实时风险率 $P_f' < P_{rf}$，表示大坝目前处于低风险运行的可靠状态；当 $x_i = x_{lim}$ 时，表示大坝处于可靠与风险的临界状态；当 $x_i > x_{lim}$ 时，表示服役性能发生了转异，处于风险状态。由此可以实现将测值转换为大坝运行的实时风险率，且以 GB 50199 中的容许风险率作为界定，相比于测值直接预警更能描述当前大坝运行的风险程度，据此可估算大坝功能失效时的损失。

可知临界变形 $x_{lim}$ 将测值划分为可靠区间和风险区间，该变形临界值可由结构分析法

确定，以下主要介绍采用有限元正反分析计算该临界变形方法。

有限元仿真技术可以模拟坝体坝基材料参数、边界条件和外界荷载等进而得到不同水位作用下的变形，为确定高拱坝功能失效状态下的临界变形创造了良好条件。同时，通过布置原位监测仪器形成大坝全方位监控的结构健康系统会反馈大坝的实时变形资料，因此利用实测变形资料和有限元模拟技术可反演材料的实际物理参数，这为输入准确的有限元材料参数提供了保障。首先，结合长期原位变形实测资料，利用统计模型中提取的水压分量反演大坝力学参数；其次，利用反演的力学参数模拟高拱坝服役性能发生转异的临界变形，如图 5.3.2 所示。

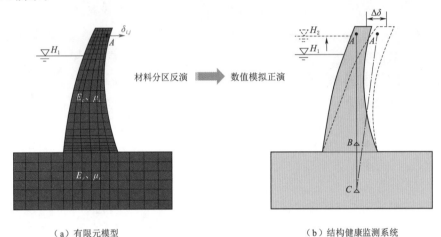

（a）有限元模型　　　　　　　　　　　　（b）结构健康监测系统

图 5.3.2　拱坝临界变形指标的拟定示意图

### 1. 高拱坝力学参数反演方法

弹性模量是影响高拱坝位移的关键因素，因此主要对高拱坝的弹性模量进行反演。高拱坝力学参数反演的基本原理是：首先建立统计模型，得到水压分量 $\delta'_H$；假定坝体和坝基弹性模量 $E_c$，利用有限元模型模拟出由相同水位引起的变形 $\delta_H$。实际水压分量 $\delta'_H$ 与结构分析确定的水压分量 $\delta_H$ 近似相等时，认为假定弹性模量与真实弹性模量较接近；反之，当实际水压分量 $\delta'_H$ 与结构分析确定的水压分量 $\delta_H$ 相差较大时，认为假定的弹性模量 $E_c$ 偏离实际弹性模量。经过不断调整，直至得到真实的弹性模量。

（1）有限元模拟得到的水压分量。鉴于高拱坝为均质混凝土，采用线弹性本构模型作为整个结构的平衡方程，可表示为

$$\boldsymbol{K}\boldsymbol{\delta}_H = \boldsymbol{R}_H \tag{5.3.9}$$

其中
$$\boldsymbol{K} = \sum_{e \in \Omega} \boldsymbol{c}_e^\mathrm{T} \boldsymbol{k}_e \boldsymbol{c}_e \tag{5.3.10}$$

式中　$\boldsymbol{K}$、$\boldsymbol{\delta}_H$、$\boldsymbol{R}_H$——全局计算域 $\Omega$ 内整体劲度矩阵、节点位移列阵和结点荷载列阵；

$\boldsymbol{k}_e$、$\boldsymbol{c}_e$——单元劲度矩阵和转换矩阵。

$\boldsymbol{k}_e$ 可表示为

$$\boldsymbol{k}_e = \iiint \boldsymbol{B}_e^\mathrm{T} \boldsymbol{D}_e \boldsymbol{B}_e \mathrm{d}\Omega_e = E\boldsymbol{g}(\gamma, \boldsymbol{B}_e) \tag{5.3.11}$$

$$g(\gamma, \boldsymbol{B}_\mathrm{e}) = \iiint \boldsymbol{B}_\mathrm{e}^\mathrm{T} \boldsymbol{h}(\gamma) \boldsymbol{B}_\mathrm{e} \mathrm{d}\Omega_\mathrm{e} \tag{5.3.12}$$

式中　　$E$、$\gamma$——弹性模量和泊松比；

$\quad\quad\quad \boldsymbol{D}_\mathrm{e}$——弹性矩阵，且 $\boldsymbol{D}_\mathrm{e} = E\boldsymbol{h}(\gamma)$，其中 $\boldsymbol{h}(\gamma)$ 是常数矩阵；

$\quad\quad\quad \boldsymbol{B}_\mathrm{e}$——单元特征矩阵；

$\quad\quad\quad \Omega_\mathrm{e}$——计算域；

$\boldsymbol{B}_\mathrm{e}$、$g(\gamma, \boldsymbol{B}_\mathrm{e})$——常数矩阵。

进一步可推导出

$$\delta_\mathrm{H} = \frac{G^{-1}(\gamma) R_\mathrm{H}}{E} \tag{5.3.13}$$

其中 $G(\gamma) = \sum\limits_{e \in \Omega} c_\mathrm{e}^\mathrm{T} g(\gamma, B_\mathrm{e}) c_\mathrm{e}$。

（2）结构健康监测系统实测水压分量。在外部荷载作用下，大坝任一点变形统计回归模型表示为

$$\delta = \delta_\mathrm{H} + \delta_\mathrm{T} + \delta_\theta \tag{5.3.14}$$

据此分离水压分量

$$\delta_\mathrm{H} = \delta - \delta_\mathrm{T} - \delta_\theta \tag{5.3.15}$$

其中温度分量常取为

$$\delta_\mathrm{T} = \sum_{i=1}^{2} \left( b_{1i} \sin \frac{2\pi it}{365} + b_{2i} \cos \frac{2\pi it}{365} \right) \tag{5.3.16}$$

由上述分析可知，从实测变形资料中分离水压分量 $\delta_\mathrm{H}$，有限元模拟变形为 $\delta'_\mathrm{H}$，若假定坝体或坝基的弹性模量为 $E_0$，则可得到真实的弹性模量，即

$$E = \frac{E_0 \delta'_\mathrm{H}}{\delta_\mathrm{H}} \tag{5.3.17}$$

在水压作用下，引起坝体的位移可以分为如图 5.3.3 所示的三部分：库水压力引起的位移 $\delta_1$、地基转动引起的位移 $\delta_2$，以及坝基面剪切引起的位移 $\delta_3$。在反演弹性模量时，需要从实测水压分量和有限元模拟水压分量中分别扣除相应附加位移，才能得到真实可靠的结果。实测水压分量需考虑地基转动和坝基面剪切引起的附加位移，予以扣除；有限元模拟的水压分量需扣除坝基面剪切引起的位移。由此，可得

$$E_\mathrm{c} = E_{\mathrm{c}0} \frac{\delta'_\mathrm{H} - \delta'_2 - \delta'_3}{\delta_\mathrm{H} - \delta_2} \tag{5.3.18}$$

地基转动引起的位移 $\delta_2$ 难以直接观测，一般通过坝踵和坝趾处的铅直位移近似求得。假定从坝踵至坝趾的铅直位移呈线性分布，即可根据实测的坝踵和坝趾位移近似估算出 $\delta_2$，其中转角 $\beta$ 较小，存在近似关系 $\beta \approx \tan\beta$，则

$$\delta_2 = \beta h_\mathrm{d} = \frac{h_\mathrm{d}}{B} (\xi_\mathrm{u} - \xi_\mathrm{d}) \tag{5.3.19}$$

$\delta'_2$ 采用有限元计算得到的坝踵和坝址位移（$\xi_{\mathrm{u}0}$，$\xi_{\mathrm{d}0}$）；$\delta'_3$ 用真实弹性模量有限元计算值。

在实际工程中，高拱坝坝体和坝基材料按照不同部位应力要求常设置不同分区，因此

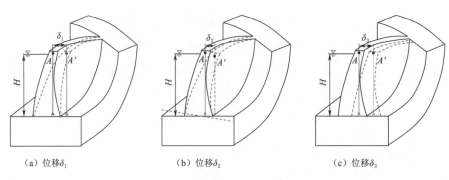

（a）位移$\delta_1$　　　　　　　　（b）位移$\delta_2$　　　　　　　　（c）位移$\delta_3$

图 5.3.3　库水引起的坝顶垂线位移分量图

在对高拱坝材料力学参数进行反演时，可按照设定的材料参数分区反演。假定某高拱坝坝体设有 A、B、C 3 个分区，A 区设计弹性模量为 $E_{A0}$，B 区设计弹性模量为 $E_{B0}$，C 区设计弹性模量为 $E_{C0}$，则根据式（5.3.18）反演各区域内综合弹性模量可表示为

$$
\begin{cases}
E_A = \dfrac{1}{N_A} \displaystyle\sum_{i=1}^{N_A} E_{A0}\ \dfrac{\delta'_{Hi} - \delta'_{2i} - \delta'_{3i}}{\delta_{Hi} - \delta_{2i}} \\[3mm]
E_B = \dfrac{1}{N_B} \displaystyle\sum_{i=1}^{N_B} E_{B0}\ \dfrac{\delta'_{Hi} - \delta'_{2i} - \delta'_{3i}}{\delta_{Hi} - \delta_{2i}} \\[3mm]
E_C = \dfrac{1}{N_C} \displaystyle\sum_{i=1}^{N_C} E_{C0}\ \dfrac{\delta'_{Hi} - \delta'_{2i} - \delta'_{3i}}{\delta_{Hi} - \delta_{2i}}
\end{cases}
\tag{5.3.20}
$$

式中　$N_A$、$N_B$、$N_C$——A、B、C 区域内的测点个数。

2. 高拱坝临界变形的正演准则

高拱坝变形大致分为图 5.3.4 所示 4 个阶段。

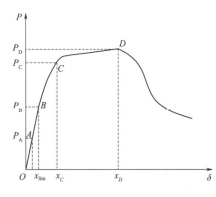

图 5.3.4　高拱坝变形及转异过程

（1）线弹性工作阶段（OA 段）：大坝任一点应力均未超过材料的比例极限强度，坝体呈弹性工作状态，也是健康服役阶段。

（2）准线弹性工作阶段（AB 段）：在该阶段，大坝出现局部开裂现象，应力重新调整，荷载持续增加至坝趾区压应力达到比例强度，该阶段变形基本呈线性。上述两阶段大坝均处于正常的弹性工作阶段。

（3）屈服阶段（BC 段）：荷载继续增大，裂缝区随之发展，下游区压应力增大，进入屈服状态，变形开始呈现非线性特征，大坝处于弹塑性工作状态，此时大坝可以认为出现病态，需制定相应的除险加固措施及时应对。

（4）破坏阶段（CD 段）：此时大坝开裂病害大范围扩展，应力急剧增大，屈服区不断扩展，变形呈现急剧变化状态，大坝已完全失去承载能力，直至完全破坏。

根据上述不同阶段的变形特征，可以拟定不同程度的变形控制值。为评定高拱坝当前状态变形的可靠程度，以大坝运行性态转异为控制条件，即图 5.3.4 中的 $B$ 点，该点为大坝从正常运行状态过渡至异常运行状态的分界点。当变形超过该点对应变形值 $\delta_m$ 时，认为大坝开始进入病态工作阶段。该临界状态需满足强度和稳定控制条件，即

$$\delta_m = F\left(\sigma_{et} \leqslant [\sigma]_e, \sigma_{st} \leqslant [\sigma]_s, K = \frac{R}{S} \geqslant [K]\right) \tag{5.3.21}$$

式中    $[\sigma]_e$、$[\sigma]_s$——容许的拉应力、压应力；

         $\sigma_{et}$、$\sigma_{st}$——实际的拉应力、压应力；

           $K$——实际稳定安全系数；

         $[K]$——容许稳定安全系数。

目前针对拱坝—地基系统极限状态的分析方法主要有超载法和强度折减法。本节主要采用增大水容重的方法进行超载分析，以特征点位移变化规律联合屈服准则来作为拱坝服役性能转异的判据。

根据概率可靠度理论，大坝功能函数 $Z$ 一般服从正态分布，将 $Z < 0$ 时的概率称为大坝失效概率 $P_f$，且失效概率大小取决于大坝当前的可靠度 $\beta$，如图 5.3.5 所示。这表明可靠度可将大坝运行状态划分为安全和风险两种状态：当计算可靠度 $\beta$ 小于拟定的目标可靠度 $\beta_t$ 时，大坝出现风险；当计算可靠度 $\beta$ 大于拟定的目标可靠度 $\beta_t$ 时，大坝安全运行。

类似地，大坝统计回归模型误差也服从于正态分布，如图 5.3.6 所示。当实测值与模型回归值较接近时，意味着测值分布在回归值附近，测值覆盖区间较小，可以认为该时刻大坝可靠度较高；当实测值与模型回归值相差较多时，意味着测值分布在回归值较远处，这时测值覆盖区间较大，大坝在该时刻可靠度较低。由此可见，测值覆盖区间大小可以间接衡量大坝运行的实时风险状态。假设存在大坝变形的监测序列 $\{x_i\}$，由实测值 $x_i$ 和模型回归值 $\hat{x}_i$ 构建正态分布下的测值分布概率函数 $\varphi(x_i)$，即

$$\varphi(x_i) = \int_{\hat{x}_i - |\hat{x}_i - x_i|}^{\hat{x}_i + |\hat{x}_i - x_i|} \frac{1}{\sqrt{2\pi}S} \exp\left[-\frac{(x_i - \hat{x}_i)^2}{2S^2}\right] dx_i \tag{5.3.22}$$

式中    $x_i$——测点实测值；

         $\hat{x}_i$——相应模型回归值；

         $S$——模型标准差。

令 $X_i = (x_i - \hat{x}_i)/S$，即可得到标准正态下的测值分布概率 $\Phi(X_i)$。

由此定义实时风险率 $P_f'$，表示为当前标准正态分布下测值分布概率和大坝风险率的相关函数，即

$$P_f' = F[\Phi(X_i), P_f] \tag{5.3.23}$$

以下结合图 5.3.5 和图 5.3.6 所示的两种正态分布，研究测值分布区间概率与大坝运行风险率间的联系与转换，为从实测资料的角度鉴别工程风险提供判据。

大坝功能函数的标准正态分布下的可靠区间与风险区间由大坝的目标可靠度 $\beta_t$ 划分，当计算的大坝可靠度小于目标可靠度时，对应大坝风险率超出容许风险率范围，大坝呈现病态。若以当前实测值分布概率作为衡量大坝当前运行状态的可靠概率，则当测值分布概

率较小时，大坝处于可靠状态，如图 5.3.7（a）所示；当测值分布概率较大时，大坝出现风险，如图 5.3.7（b）所示。当测值刚好分布在结构可靠区间的边缘，大坝处于临界状态，此时有

$$\Phi(X_i) = 1 - 2P_{rf} \tag{5.3.24}$$

式中　$P_{rf}$——大坝容许风险率。

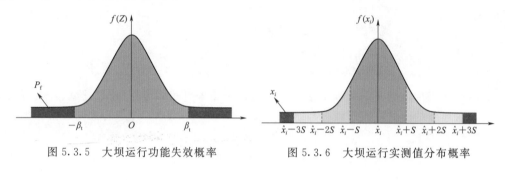

图 5.3.5　大坝运行功能失效概率　　　　　图 5.3.6　大坝运行实测值分布概率

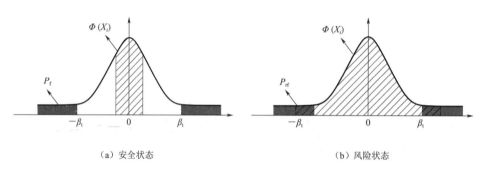

（a）安全状态　　　　　　　　　　　（b）风险状态

图 5.3.7　测值分布区间概率与风险率的关系

值得注意的是，测值分布概率与风险率对于大坝风险特性的描述并不统一。图 5.3.8 是实时风险率与可靠度风险率的转换，当 $\Phi'(\beta) = \Phi(X_i)$ 时，图 5.3.8（a）中结构可靠度小于目标可靠度，这时表征大坝处于风险状态；而图 5.3.8（b）中的测值分布在限定区间（$-X_i$，$X_i$）内，从安全监控角度来看，大坝处于安全状态。为了以测值分布概率描述风险特性，考虑当前结构风险率与容许风险率的比例关系，引入调整系数 $\xi$，即

$$\xi = \frac{P_{rf}}{P_f} \tag{5.3.25}$$

由于 $\Phi'(\beta) = 1 - 2P_f$，且 $\Phi'(\beta) = \Phi(X_i)$，则有

$$\xi = \frac{2P_{rf}}{1 - \Phi(X_i)} \tag{5.3.26}$$

将可靠度风险率转换为基于测值分布的实时风险率 $P'_f$，即

$$P'_f = \xi P_{rf} = \frac{2P_{rf}}{1 - \Phi(X_i)} P_{rf} \tag{5.3.27}$$

当 $X_i = \beta_t$，大坝处于临界状态时，此时存在 $P'_f = P_{rf}$；当 $X_i > \beta_t$ 时，$P'_f > P_{rf}$，表征大坝处于风险状态。由此可将目标可靠度 $\beta_t$ 作为测值安全与风险状态的临界指标，将测

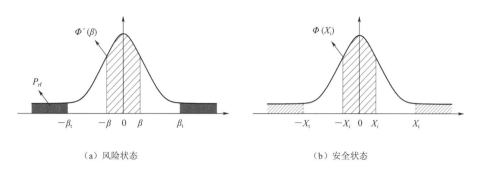

图 5.3.8　实时风险率与可靠度风险率的转换

值划分至可靠区间 $[-\beta_t, \beta_t]$ 以及风险区间 $(-\infty, \beta_t)$ 和 $(\beta_t, +\infty)$ 内；对应的容许风险率 $P_{rf}$ 作为测值转换的实时风险率预警指标。

## 5.3.2　高拱坝长期运行实时风险率动态预警

GB 50199 中对于工程的可靠度和失效概率有明确的规定，一般需根据工程级别和破坏类型进行确定。见表 5.3.1，GB 50199 按照失事后果将安全级别分为 3 种，由于高拱坝破坏后果很严重，故安全级别为一级。表 5.3.2 为 GB 50199 拟定的目标可靠度及失效概率标准，高拱坝服役过程中发生破坏一般是非突发性的，因此破坏类型为一类破坏，选定目标可靠度指标 $\beta_t = 3.7$，对应容许风险率 $P_{rf} = 1.0 \times 10^{-4}$。

表 5.3.1　　　　　　　　　　　工程结构安全等级划分标准

| 安全级别 | 一级 | 二级 | 三级 |
|---|---|---|---|
| 破坏后果 | 很严重 | 严重 | 不严重 |

表 5.3.2　　　　　　　规范中拟定的目标可靠度 $\beta_t$ 和容许风险率 $P_{rf}$

| 指标量度 | | $\beta_t$ | $P_{rf}$ | $\beta_t$ | $P_{rf}$ | $\beta_t$ | $P_{rf}$ |
|---|---|---|---|---|---|---|---|
| 安全级别 | | 一级 | | 二级 | | 三级 | |
| 破坏类型 | 一类破坏 | 3.7 | $1.0 \times 10^{-4}$ | 3.2 | $6.8 \times 10^{-4}$ | 2.7 | $3.4 \times 10^{-3}$ |
| | 二类破坏 | 4.2 | $1.3 \times 10^{-5}$ | 3.7 | $1.0 \times 10^{-4}$ | 3.2 | $6.8 \times 10^{-4}$ |

**1. 基于结构分析的实时风险率预警流程**

结合图 5.3.9 介绍基于结构分析的实时风险率预警流程如下：

（1）由有限元正反分析确定大坝服役性能发生转异时的临界变形 $x_{lim}$，并以历年实测变形的极小值 $x_{min}$ 作为基准，生成测值的可靠区间 $(x_{min}, x_{lim})$ 和风险区间 $(x_{lim}, +\infty)$。

（2）参考结构可靠度统一标准确定容许风险率指标 $P_{rf}$，结合临界变形 $x_{lim}$ 以及实测值 $x_i$ 计算各时刻的实时风险率 $P_f'$。

（3）由于历年的变形极大值与警戒值最为接近，故将历年的变形极大值作为典型测值，输出对应的历年实时风险率极值 $P_{fmax}'$。

（4）对比目前的实时风险率极值 $P_{fmax}'$ 与设定的容许风险率指标 $P_{rf}$，当存在 $P_{fmax}' > P_{rf}$ 表征工程出现风险。

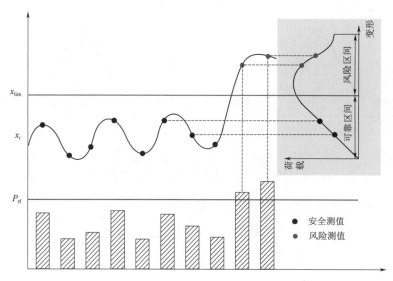

图 5.3.9　基于结构分析的实时风险率预警流程

**2. 基于统计回归的实时风险率预警流程**

如图 5.3.10 所示，由实测变形值建立统计回归模型得到模型拟合线，由此将测点实时运行状态分别以测值分布概率、实时风险率进行表征。在拟定风险率预警指标后，通过对比大坝测点各时刻的实时风险率，便可对大坝的实时风险状态进行评估和预警。实时风险率预警的具体流程如下：

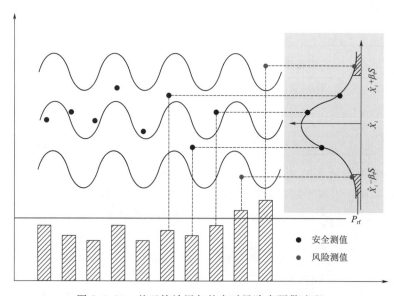

图 5.3.10　基于统计回归的实时风险率预警流程

（1）选取合适的水压、温度、时效分量，时效分量择优选取，建立大坝各测点变形的统计回归模型，并筛选出相关系数在 0.9 以上的测点作为风险率考核测点。

（2）参考结构可靠度统一标准确定目标可靠度指标 $\beta_t$，并确定对应的风险率指标 $P_{rf}$。

（3）利用统计模型回归残差，将测值投影到标准正态分布曲线上，可以直观定位安全测值和风险测值，安全测值分布在可靠区间 $[-\beta_t, \beta_t]$ 内，风险测值分布在风险区间 $(-\infty, \beta_t)$ 和 $(\beta_t, +\infty)$ 内，同时输出测值的区间分布概率 $\Phi(X_i)$。

（4）根据各测值的区间分布概率 $\Phi(X_i)$ 和设定的容许风险率指标 $P_{rf}$ 计算实时风险率 $P'_f$，输出其中的最大实时风险率 $P'_{fmax}$。

（5）对比目前实时风险率极值 $P'_{fmax}$ 与设定的容许风险率指标 $P_{rf}$，当实时风险率超出预警指标时，意味着大坝处于风险状态，需及时进行除险加固处理。

为了更高效、直观地评定大坝运行过程中的实时风险状态，在上述大坝基于统计回归的实时风险率量化模型的基础上，基于 Windows10 32 位操作系统和 QT5.12 开发环境，利用 C++语言开发了大坝实时风险率可视化预警平台，系统主线流程如图 5.3.11 所示。

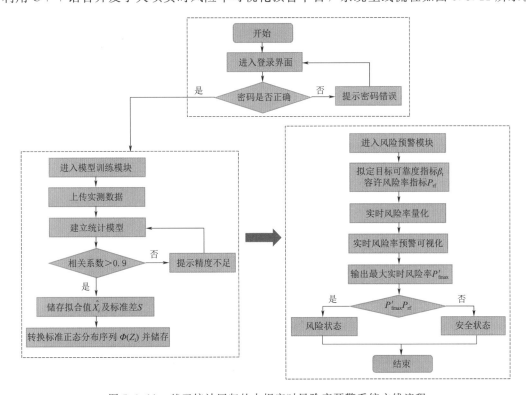

图 5.3.11　基于统计回归的大坝实时风险率预警系统主线流程

该系统主要由登录界面、模型训练界面和风险预警界面三部分组成。

（1）登录界面。如图 5.3.12 所示，用户可通过该界面输入自己的用户名和密码信息进行登录，首次使用的用户可通过注册器进行注册。数据库采用 QT 自带的 QSQLITE 数据库，用于保存用户的身份信息。

（2）模型训练界面。用户在登录后，进

图 5.3.12　登录界面

图 5.3.13　模型训练界面

入模型训练界面，如图 5.3.13 所示。用户需将测点实测变形数据以及上游水位数据上传至系统中，并选择合适的水压、温度和时效分量，温度因子选用谐波因子近似替代。点击"运行"，系统便按所选因子自动建立统计回归模型，当相关系数小于 0.9 时，系统提示"模型精度不足"，这时意味着所选测点数据建模效果较差，建议重新选择各因子或更换测点再次尝试。当建模成功时，系统自动保存模型拟合值以及标准差等相关信息。

（3）风险预警界面。在模型建立成功后，用户需点击系统左上方"预警"按钮，进入到风险预警界面，如图 5.3.14 所示。用户根据实际情况填入大坝的目标可靠度指标和容许风险率指标，点击"开始计算"，系统自动进行实时风险率计算，等待几分钟后，在界面右侧会根据计算结果生成测值分布曲线以及实时风险率可视化图形，在界面的下方会输出目前风险最大的日期、测值分布概率以及实时风险率，以便直观衡定当前测值的风险状态。

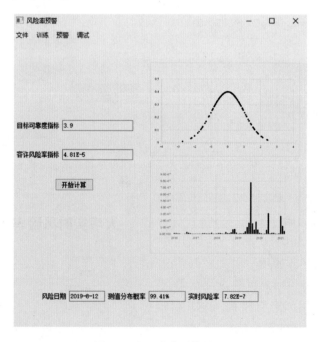

图 5.3.14　风险预警界面

### 5.3.3　工程实例

**1. 有限元结构分析计算结果**

采用有限元结构正反分析法确定大坝服役性能转异时的临界变形。根据工程设计和地质勘查资料,建立某高拱坝三维有限元模型。模型共划分 2190 个单元,24251 个结点,其中坝体单元共 498 个,结点 6090 个。模型计算范围考虑以拱坝中心线向左右岸方向各取 900m,坝顶原点向上下游方向各取 750m,建基面以下取 90m;对于左、右山体,上下游各延伸 2.5 倍坝高。建立的有限元模型如图 5.3.15 所示。

对该高拱坝坝体材料参数进行反演,使得有限元模型参数更接近真实的材料参数。该高拱坝坝体设有 A、B、C 3 个分区,如图 5.3.16 所示。根据设计资料,A 区混凝土抗压强度标准值为 40.0MPa,主要分布在 3#～22# 坝段的建基面附近区域及河床坝段 1168.00m 高程以上区域;B 区混凝土抗压强度标准值为 35.0MPa,主要分布在中低高程及两岸建基面附近区域;C 区混凝土抗压强度标准值为 30.0MPa,分布在两岸

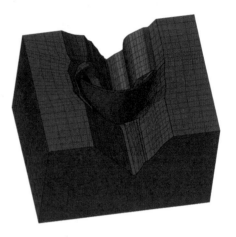

图 5.3.15　某高拱坝三维有限元模型

1168.00m 高程以上剩余区域。有限元模型中设置相应的分区如图 5.3.17 所示。坝基材料作简化处理,重点考虑图 5.3.18 所示的Ⅱ级岩体和Ⅲ₁级岩体。

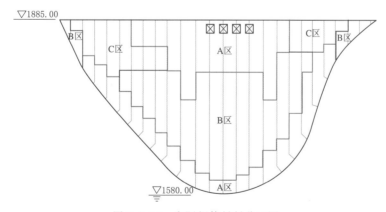

图 5.3.16　实际坝体材料分区图

实测资料表明,该高拱坝正常运行期间上游水位在 1190.00～1819.00m 范围内变动。本次反演选择短期内水位变化较快的时段,即 2020 年 7 月水位上升阶段,以水位 1223.00m、1234.00m、1243.00m 及 1815.00m 作为特征水位。综合考虑测点测值可靠性、建模精度等因素,选择各区域代表测点分别进行坝基、坝体弹性模量反演。以坝体 A 区测点为例,其中 PL13-1 测点反演迭代过程如图 5.3.19 所示。根据设计资料,取该区

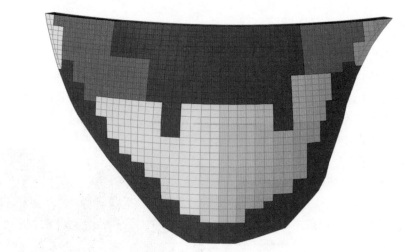

图 5.3.17  有限元坝体材料分区图

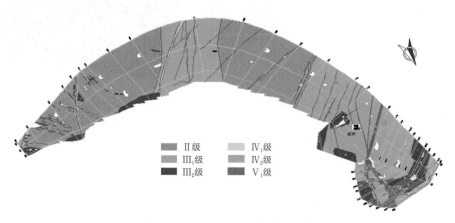

图 5.3.18  坝基岩体质量分级图

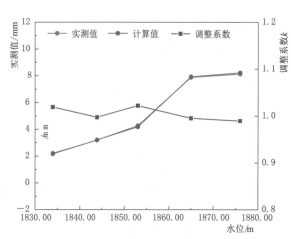

图 5.3.19  A 区 PL13-1 测点材料物理
参数反演迭代过程线

域初始弹性模量 30.7GPa，经迭代计算得到实测值增量和计算值增量平均之比为 0.92，将其作为该测点弹性模量的平均调整系数，调整弹性模量为 28.18GPa，再次进行迭代计算，得到平均调整系数 $k$ 趋近于 1.0，意味着实测值和计算值基本相等，随即停止反演过程，确定该测点弹性模量反演结果为 28.18GPa。

对 A 区其他测点采用上述相同方法进行反演，假定初始弹性模量为 30.7GPa，得到各测点实际弹性模量反演结果见表 5.3.3，确定 A 区的综合弹性模量为 32.09GPa。

表 5.3.3          A 区测点弹性模量反演结果

| 测点名称 | 初始弹性模量/GPa | 平均调整系数 $k$ | 实际弹性模量/GPa |
|---|---|---|---|
| PL9-1 | 30.7 | 1.05 | 35.31 |
| PL9-2 | 30.7 | 1.06 | 32.39 |
| PL11-1 | 30.7 | 0.96 | 29.54 |
| PL11-2 | 30.7 | 0.98 | 30.19 |
| PL13-1 | 30.7 | 0.92 | 28.18 |
| PL13-2 | 30.7 | 1.02 | 31.17 |
| PL16-1 | 30.7 | 1.10 | 34.08 |
| PL16-2 | 30.7 | 1.15 | 38.94 |

接着对坝体 B 区、C 区按照上述反演迭代过程计算综合弹性模量，最终得到坝基及坝体各区域弹性模量反演结果，见表 5.3.4。

表 5.3.4          某高拱坝分区弹性模量反演结果

| 部位 | 初始弹性模量/GPa | 反演弹性模量/GPa | 部位 | 初始弹性模量/GPa | 反演弹性模量/GPa |
|---|---|---|---|---|---|
| 坝体 A 区 | 30.7 | 32.09 | Ⅱ级岩体 | 27.0 | 29.92 |
| 坝体 B 区 | 30.5 | 32.6 | Ⅲ$_1$级岩体 | 12.0 | 12.24 |
| 坝体 C 区 | 28.0 | 29.99 | | | |

按照表 5.3.4 的反演结果更新有限元模型中的材料参数设定值，并采用水容重超载法进行正演分析，确定大坝服役性态发生转异时的临界变形。模型坝体和坝基均采用 Drucker-Prager 弹塑性本构模型，荷载主要考虑拱坝坝基自重、上游水压力以及淤沙压力。以正常蓄水位 1819.00m 为起始水位，设定超载系数从 1 至 6，以坝顶 1824.00m 高程测点、中部 1120.00m 高程测点以及靠近坝基 19.00m 高程测点为例，给出超载过程中径向位移的变化曲线，如图 5.3.20 所示。从图中曲线来看，测点径向位移在超载系数较小时呈线性变化，变化幅度较小，处于线弹性阶段；随着超载系数增大，变形幅度开始增加，呈现非线性的变化趋势，该分界点介于 2.0～2.5，此时大坝进入屈服阶段，出现局部开裂等病害现象；继续增大水容重，当超载达 5.5 倍时，位移发生了明显的突变，超载系数继续增大时计算不收敛，此时可认为大坝完全失去了承载能力。从特征点位移变化曲线来看，若以高拱坝进入屈服阶段作为服役性能转异的标志，对应超载系数介于 2.0～3.0。

图 5.3.21 给出了超载系数为 1.5～3.0 倍时的上游面屈服区，1.5 倍超载时，大坝处于弹性变形状态，无屈服区出现；2 倍超载时，坝基和坝体局部开裂，此时可认为大坝由

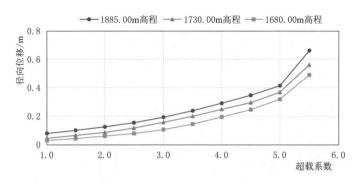

图 5.3.20 典型测点径向位移与水容重超载系数关系示意图

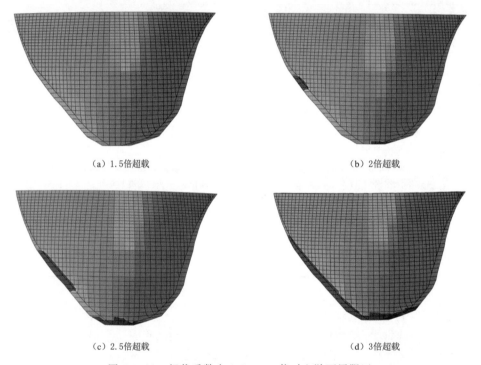

(a) 1.5倍超载 　　　　　　　　　(b) 2倍超载

(c) 2.5倍超载 　　　　　　　　　(d) 3倍超载

图 5.3.21 超载系数在 1.5～3.0 倍时上游面屈服区

完全弹性进入至弹塑性阶段，局部出现屈服，且屈服区开始发展；当超载 2.5～3 倍时，屈服区逐渐扩大至连通。综上分析，保险起见，以大坝出现屈服区作为服役性能转异的标志，则该高拱坝的超载安全系数取为 2.0，起裂安全系数 $K=2.0$ 一致。由此得到该高拱坝服役性能转异时水压引起的各测点临界变形，如图 5.3.22 所示，其中位于坝顶 PL11-1 测点径向变形最大，为 122.7mm。

根据多年监测资料分析，该高拱坝目前仍处于水化热散热期，有形成稳定温度场的趋势，但相对于封拱温度而言，仍处于小范围的温升状态。对于温度分量，以封拱温度为基准，将当前实测温度与封拱温度差值作为温度荷载，见表 5.3.5。如坝顶拱冠部位，变形控制测点 PL11-1，计算温度分量为 $-2.3$mm，结合有限元模拟的临界水压分量，将该

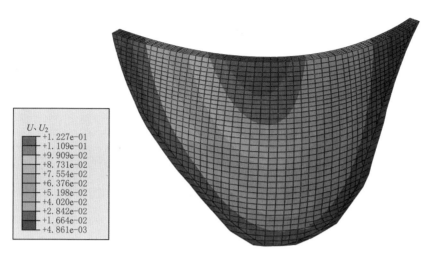

图 5.3.22 某高拱坝水压引起的临界变形空间分布云图（单位：m）

测点的临界变形表示为与时间相关的动态函数，即

$$x_{i\max} \leqslant x_{\lim} = \frac{120.06 - 4.98\theta}{\theta + 1} \tag{5.3.28}$$

表 5.3.5                                    实 测 温 度 荷 载

| 高程/m | 实测平均温度/℃ | 封拱温度/℃ | 高程/m | 实测平均温度/℃ | 封拱温度/℃ |
|---|---|---|---|---|---|
| 1824.00 | 17.2 | 15.0 | 1710.00 | 14.2 | 13.0 |
| 189.00 | 16.2 | 15.0 | 160.00 | 14.1 | 13.0 |
| 1220.00 | 14.4 | 14.0 | 120.00 | 13.3 | 13.0 |
| 1790.00 | 14.1 | 14.0 | 1600.00 | 13.3 | 13.0 |
| 1750.00 | 14.0 | 13.0 | 1519.00 | 13.2 | 13.0 |

2. 实时风险率转换及预警结果

在确定了各测点的临界变形后，将各时刻实测变形数据转换为实时风险率。由于对测值的监控预警中，历年实测变形极大值最接近警戒值，因此以历年实测变形极大值作为典型测值展开动态预警，以位于坝顶部位的Ⅰ区测点为例，给出 2016—2021 年的预警结果，如图 5.3.23 所示。从各测点变形历年极大值来看，坝顶部位测点历年的最大径向位移为 25～45mm，其中位于坝顶拱冠部位附近的 PL11-1、PL11-2、PL13-1 和 PL13-2 测点历年径向位移极值整体最大，但与结构分析的临界位移仍有较大差距，说明目前大坝处于安全运行状态；从转化的实时风险率来看，Ⅰ区各测点的实时风险率均小于容许风险率，说明该区域处于低风险安全运行状态。

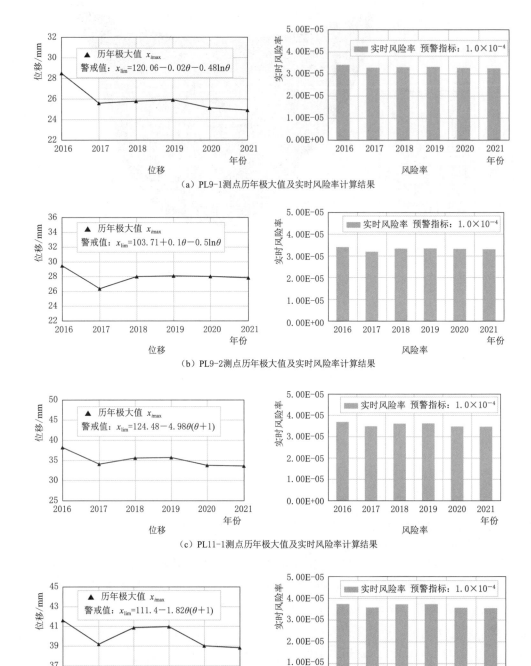

（a）PL9-1测点历年极大值及实时风险率计算结果

（b）PL9-2测点历年极大值及实时风险率计算结果

（c）PL11-1测点历年极大值及实时风险率计算结果

（d）PL11-2测点历年极大值及实时风险率计算结果

图 5.3.23（一）　Ⅰ区测点基于结构分析的实时风险率动态预警

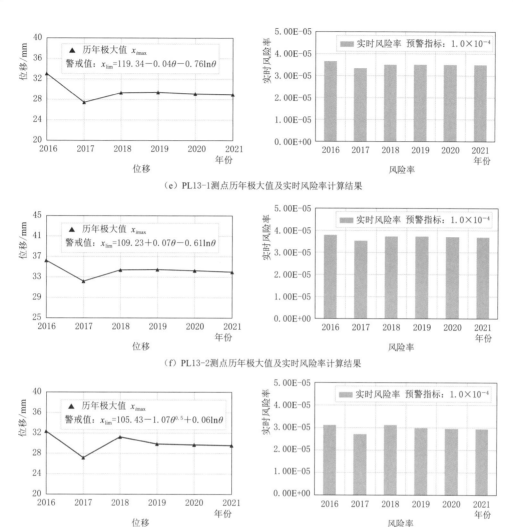

（e）PL13-1测点历年极大值及实时风险率计算结果

（f）PL13-2测点历年极大值及实时风险率计算结果

（g）PL16-1测点历年极大值及实时风险率计算结果

图 5.3.23（二）　Ⅰ区测点基于结构分析的实时风险率动态预警

为了进一步评定该高拱坝目前的风险状态，统计了各测点到出现过的最大径向位移及实时风险率 $P'_f$，结果见表 5.3.6。其中位于坝顶拱冠部位附近的 PL11-2 测点出现最大的实时风险率 $P'_f=3.82\times10^{-5}$，其次是 PL13-2 测点最大实时风险率 $P'_f=3.79\times10^{-5}$。但以上测点最大实时风险率均小于容许风险率 $P_{rf}=1.0\times10^{-4}$，表明该区域目前处于安全稳定运行状态，整体上存在较低风险，但坝顶拱冠薄弱部位相比之下风险率较大。

表 5.3.6　　　　　　　　基于结构分析的实时风险率计算结果

| 测点 | 测值最大值 | 临界变形值 | 实时风险率 $P'_f$ |
|------|-----------|-----------|------------------|
| PL9-1 | 28.5 | 120.34 | $3.40\times10^{-5}$ |
| PL9-2 | 29.48 | 103.35 | $3.41\times10^{-5}$ |

| 测点 | 测值最大值 | 临界变形值 | 实时风险率 $P'_f$ |
|---|---|---|---|
| PL11 - 1 | 38.27 | 123.11 | $3.8 \times 10^{-5}$ |
| PL11 - 2 | 41.61 | 111.38 | $3.82 \times 10^{-5}$ |
| PL13 - 1 | 33.03 | 118.28 | $3.4 \times 10^{-5}$ |
| PL13 - 2 | 36.22 | 108.39 | $3.79 \times 10^{-5}$ |
| PL16 - 1 | 32.34 | 104.93 | $3.11 \times 10^{-5}$ |

确定大坝目标可靠度 $\beta_t$ 后,将测值投影到标准正态分布曲线上,以目标可靠度 $\beta_t$ 作为测值分布的临界指标,将测值划分为可靠区间和风险区间;同时,通过目标可靠度 $\beta_t$ 拟定实时风险率预警指标,将测值转换为实时风险率实现动态预警。首先按照前文介绍内容预置时效分量并优化选取,建立统计回归模型,按照时效变形的聚类分区,结果见表 5.3.7~表 5.3.9。

**表 5.3.7** Ⅰ区测点变形统计模型建模结果

| 区域 | 测点 | 复相关系数 R | 标准差 S |
|---|---|---|---|
| Ⅰ区 | PL9 - 1 | 0.9916 | 0.894 |
| | PL9 - 2 | 0.9927 | 0.5440 |
| | PL11 - 1 | 0.9911 | 1.0500 |
| | PL11 - 2 | 0.9981 | 0.713 |
| | PL13 - 1 | 0.9917 | 0.8111 |
| | PL13 - 2 | 0.9924 | 0.829 |
| | PL16 - 1 | 0.9959 | 0.7927 |

**表 5.3.8** Ⅱ区测点变形统计模型建模结果

| 区域 | 测点 | 复相关系数 R | 标准差 S |
|---|---|---|---|
| Ⅱ区 | PL5 - 2 | 0.9966 | 0.5552 |
| | PL5 - 3 | 0.9923 | 0.4130 |
| | PL5 - 4 | 0.9346 | 0.4793 |
| | PL11 - 5 | 0.998 | 0.2547 |
| | PL13 - 5 | 0.9957 | 0.3553 |
| | PL16 - 4 | 0.9916 | 0.361 |
| | PL16 - 5 | 0.9926 | 0.1416 |
| | PL19 - 1 | 0.9905 | 0.91 |
| | PL19 - 2 | 0.9942 | 0.5119 |
| | PL19 - 3 | 0.9920 | 0.4419 |
| | PL19 - 4 | 0.9951 | 0.239 |
| | PL19 - 5 | 0.9232 | 0.1915 |

表 5.3.9 Ⅲ区测点变形统计模型建模结果

| 区域 | 测点 | 复相关系数 $R$ | 标准差 $S$ |
|---|---|---|---|
| Ⅲ区 | PL5 - 1 | 0.9957 | 0.1731 |
| | PL9 - 3 | 0.9993 | 0.2979 |
| | PL9 - 4 | 0.9994 | 0.134 |
| | PL9 - 5 | 0.9919 | 0.0116 |
| | PL11 - 3 | 0.9919 | 0.131 |
| | PL11 - 4 | 0.9971 | 0.5248 |
| | PL13 - 3 | 0.9926 | 0.5192 |
| | PL13 - 4 | 0.9982 | 0.4438 |
| | PL16 - 2 | 0.9922 | 0.5052 |
| | PL16 - 3 | 0.9975 | 0.5016 |

以整体建模精度较高的Ⅰ区测点为例，选择统计模型精度在 0.9 以上的测点作为风险考核测点，该区域内测点模型精度均在 0.9 以上，故全部选入。对该高拱坝运行稳定期进行实时风险率转换及动态预警，给出 2016—2021 年的预警结果，如图 5.3.24 所示。

图 5.3.24 中可见，该区域内测点测值均分布在可靠区间内，尚未出现异常测值；从实时风险率来看，也均小于风险率预警指标。这表明该区域目前处于安全运行状态，未出现明显的异常变形。值得注意的是，在进入 2019 年后，从整体上看，各测点的实时风险率明显高于 2019 年前，但仍与风险率预警指标有较大差距，可以认为是大坝处于可靠范围内的正常波动。为了进一步定量衡量大坝运行的风险状态，计算了各测点最大的实时风险率 $P_f'$，结果见表 5.3.10。结果表明，位于坝顶拱冠部附近的 PL11 - 2 测点出现最大的实时风险率 $P_f' = 2.37 \times 10^{-6}$，对应测值分布概率达到了 99.15%；其次是 PL13 - 2 测点，最大实时风险率 $P_f' = 1.66 \times 10^{-6}$，对应测值分布概率达到了 98.79%。同时 PL11 - 1 和 PL13 - 1 测点最大实时风险率也相对较大，但以上测点的最大实时风险率均小于风险率预警指标 $P_{rf} = 1.0 \times 10^{-4}$。综上所述，该区域测点测值目前处于可靠状态，存在较低风险，对于坝顶拱冠薄弱部位的变形性态和风险状况值得进一步关注。

表 5.3.10 Ⅰ区测点最大实时风险率计算结果

| 测点 | 测值分布概率 $\Phi(X_i)$ | 实时风险率 $P_f'$ | 测点 | 测值分布概率 $\Phi(X_i)$ | 实时风险率 $P_f'$ |
|---|---|---|---|---|---|
| PL9 - 1 | 96.10% | $1.27 \times 10^{-6}$ | PL13 - 1 | 98.53% | $1.36 \times 10^{-6}$ |
| PL9 - 2 | 91.51% | $2.36 \times 10^{-7}$ | PL13 - 2 | 98.79% | $1.66 \times 10^{-6}$ |
| PL11 - 1 | 98.8% | $1.53 \times 10^{-6}$ | PL16 - 1 | 93.97% | $3.30 \times 10^{-7}$ |
| PL11 - 2 | 99.15% | $2.37 \times 10^{-6}$ | | | |

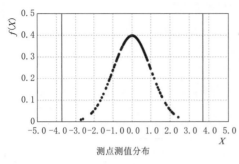
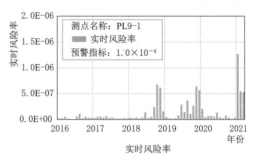

（a）PL9-1测点测值分布及实时风险率计算结果

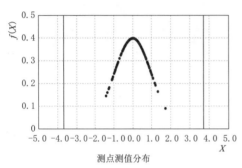

（b）PL9-2测点测值分布及实时风险率计算结果

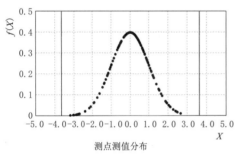
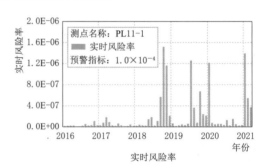

（c）PL11-1测点测值分布及实时风险率计算结果

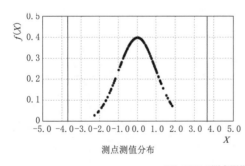
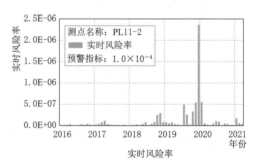

（d）PL11-2测点测值分布及实时风险率计算结果

图 5.3.24（一）　Ⅰ区测点基于统计回归的实时风险率动态预警

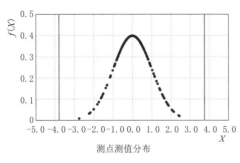

（e）PL13-1测点测值分布及实时风险率计算结果

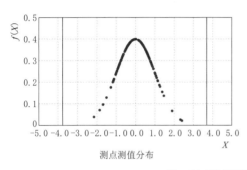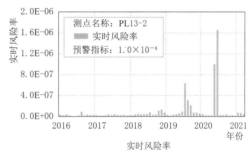

（f）PL13-2测点测值分布及实时风险率计算结果

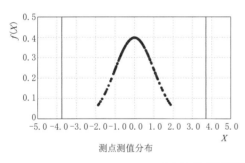

（g）PL16-1测点测值分布及实时风险率计算结果

图 5.3.24（二） Ⅰ区测点基于统计回归的实时风险率动态预警

以上基于结构分析和统计回归转换的实时风险率预警结果均表明该大坝处于安全低风险运行，且坝顶拱冠部位附近风险较大。为了进一步验证两种不同转换方式下实时风险率的敏感性，假设大坝即将出现滑动失稳破坏，以Ⅰ区拱冠部位测点 PL13-1 为例，假设该测点在外界荷载作用下于 2021 年 1 月起出现明显的加速变形（变形加速度 $a>0$），根据历年监测资料，初始变形速率取 $\nu_0=10\text{mm}/$月，变形以加速度 $a=10\text{mm}^2/$月增长，如图 5.3.25 所示。

从该测点变形过程线来看，测值明显发生异常，意味着工程存在较高风险。分别采用本节建立的两种实时风险率量化模型对该异常情况进行识别，转换的实时风险率如图 5.3.26 和图 5.3.27 所示。基于结构分析转换的实时风险率虽可以将测值安全状况以风险率形式进行表征，但该模型本质上依然是从变形极值角度进行预警，当变形测值急剧变

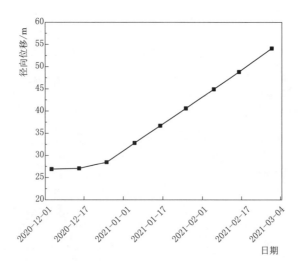

图 5.3.25　PL13-1 测点变形加速阶段示意图

化时,即使测值未超过警戒值,工程也处于高危状态。因此,该模型可以表示大坝运行历年风险的动态变化过程,但风险率预警指标并不敏感;而基于统计回归转换的实时风险率可表征各时刻的风险状态,在变形的加速阶段,实时风险率出现了一段时间的持续增加,逐渐向预警指标逼近,且增加幅度明显高于之前安全运行时刻,当实时风险率超过预警指标时,实时风险率已呈指数型增长,这时可以认为大坝已处于极度危险状态,甚至出现了严重的开裂等病害,急需除险加固处理,因此该种转换方法可以及时识别大坝早期的病变特征,预警指标更为敏感。综上所述,不论哪种风险率转换方式,均能够识别风险动态演变过程。当实时风险率在预警指标范围内急剧增加时,便需要提高警惕,密切观察大坝的发展趋势,以便及时除险加固,保障大坝安全运行。

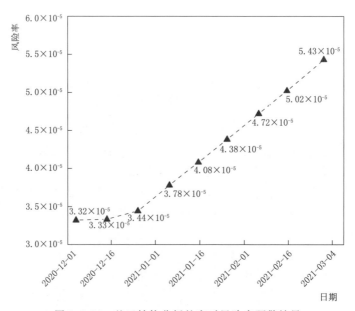

图 5.3.26　基于结构分析的实时风险率预警结果

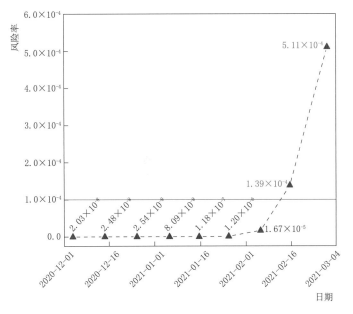

图 5.3.27　基于统计回归的实时风险率预警结果

# 5.4　小结

本章针对高寒复杂地质条件下高拱坝结构性态劣化问题，开展高拱坝健康诊断—预报—预警方法的研究，主要包括：

（1）构建混凝土坝状态转异面板数据分析模型以确定最不利工况，在此基础上确定健康状态变化阈值，由此提出了对混凝土坝健康状态诊断方法；基于 D－S 证据理论，分析主要影响因素对高拱坝服役过程性态变化的作用效应，利用分配函数和服役状态综合诊断信度函数，建立了大坝服役状态判别方法；基于考虑裂缝和渗流影响下高拱坝服役过程性能劣化分析模型，构建了高拱坝服役过程性能劣化定量分析方法；运用混凝土坝服役过程性态面板数据模型，提出了混凝土坝服役过程性态转异时刻及转异位置识别方法。

（2）考虑严寒地区独特的气候特征，构建了采用实测边界温度模拟热变形的混凝土坝变形预测模型；引入 TSVR 机器学习算法，提出了一种高拱坝变形预测建模方法，可有效地挖掘大坝变形及其解释变量间复杂的非线性信息。同时，结合所建模型深入剖析了严寒地区某混凝土坝溢流坝段坝顶异常水平变形行为的成因，分析结果表明，由于坝顶中墩混凝土厚度较薄，变形受环境温度变化影响显著，异常变形行为系结构型式特点导致。

（3）将实测变形资料融入概率可靠度理论，以历史变形极小值作为基准，利用当前变形与临界变形间的接近程度转换为大坝运行的实时风险率，提出了以结构分析法为基础的高拱坝风险率动态预警方法；以测值分布概率转换为大坝运行的实时风险率，提出了以统计回归为基础的高拱坝风险率动态预警方法；实现了高寒地区高拱坝变形监测资料实时转换工程运行风险率和动态监控警情。以某高拱坝为例对运行风险状态和各测点最大实时风险率进行了分析。结果表明，坝顶拱冠部附近的 PL11-2 测点实时风险率最大，PL13-2 测点、PL11-1 测点和 PL13-1 测点最大实时风险率也相对较大，但以上测点的最大实时风险率均不超过风险率预警指标 $P_{rf}=1.0 \times 10^{-4}$，区域测点测值处于可靠状态，风险较低。

# 第6章

# 基于性态演化及安全调控技术的高拱坝安全管控系统

　　高寒气候、复杂地质条件地区高拱坝面临更为复杂、严苛的运行环境，对于工程建设和运行管理各阶段的安全管控，均涉及各种工程环境及大坝工作性态信息，数据量大、种类繁多。为有效整合各类工程数据，从而系统、直观地表征工程结构运行性态，高效地实现工程全生命周期安全保障，本章开展高拱坝安全管控系统构建方法研究。通过提出高拱坝安全管控技术路线，总结高拱坝安全监测布置方式，研究高拱坝全生命周期智慧化监测技术，最终建立高拱坝可视化安全管控系统，为高寒复杂地质条件下高拱坝全生命周期安全保障提供有效的技术支持。

# 6.1 高拱坝安全管控技术路线

在大坝全生命周期内，大坝的修建、运行和管理始终存在各类风险，因此一方面需要通过安全监测与监控，实时了解大坝状态，另一方面可以通过各种仿真分析、数值计算工具，对大坝状态进行深入、细致的超前分析与展示，并将原型大坝的信息采集、监控、管理与仿真分析模型的模拟计算分析结合起来，相互校验，互为补充。基于这种思路，可以建立一个原型真实大坝及周围环境的数字化仿真模型，通过计算机仿真计算完成大坝全生命周期各阶段（设计、施工、运行）的过程模拟、性态分析、安全评价、状态演示、反馈预报等。

在水利水电工程发展早期，以大坝原型监测为基础，通过对监测资料进行整理分析，结合物理模型，对大坝基本行为进行诊断分析、评价和预测。而后在发展混凝土高拱坝全生命周期工作性态跟踪预报模型与方法的基础上，提出了混凝土高拱坝灾变破坏警戒值分级拟定准则，完善了基于监测资料分析和结构数值计算的警戒值拟定方法，提出了基于可靠性的警戒值拟定方式，创建了灾变破坏确定与不确定联合预警策略和安全保障控制荷载反馈方法，为防范混凝土高拱坝灾害性重大事故发生，提出了"准确预报—及时预警—实施调控"的多措并举方案，依托实际工程，包括拉西瓦、龙羊峡、锦屏一级、大岗山、二滩、白鹤滩、溪洛渡、乌东德等国内兴建的高拱坝，通过广泛查阅以往的工程设计与计算报告、施工期监测简报、监测资料分析报告、安全鉴定报告等，并搜集相关论文及书籍资料，对高拱坝安全监测设计关键技术进行总结与归纳。随着测量理论、技术和仪器的发展，以及自动化、计算机等技术的应用，大坝原型监测逐步实现了主要水工建筑物的自动化监测和信息管理方案，并与专家知识系统结合，发展成为大坝安全监测与综合评价专家系统，在世界各主要国家得到不同程度的应用。

高拱坝安全监测设计关键技术研究与应用，总结了高拱坝建造和运行主要特点、高拱坝安全监测设计、高拱坝安全监测设计案例总结、安全监测成果分析和评价技术、全生命周期大坝智慧化监测技术研究等5个方面的内容。高拱坝安全监测设计研究包括监测项目和监测断面布置、监测控制网和环境量监测、变形监测方法、渗流监测方法、应力应变和温度监测方法。高拱坝安全监测设计案例总结涵盖了上述监测设计研究的各个方面，并专门研究了特殊结构的安全监测方案，包括两岸抗力体、库盘变形、地震及强震、诱导缝及周边缝以及断层监测。安全监测成果分析和评价技术包括以拉西瓦拱坝为研究对象的拱坝实测资料参数反演计算方法总结、拉西瓦拱坝监测成果时空分布分析、国内典型高拱坝安全监测成果分析、高拱坝评价技术。高拱坝安全监测设计关键技术研究与应用技术路线图如图 6.1.1 所示。

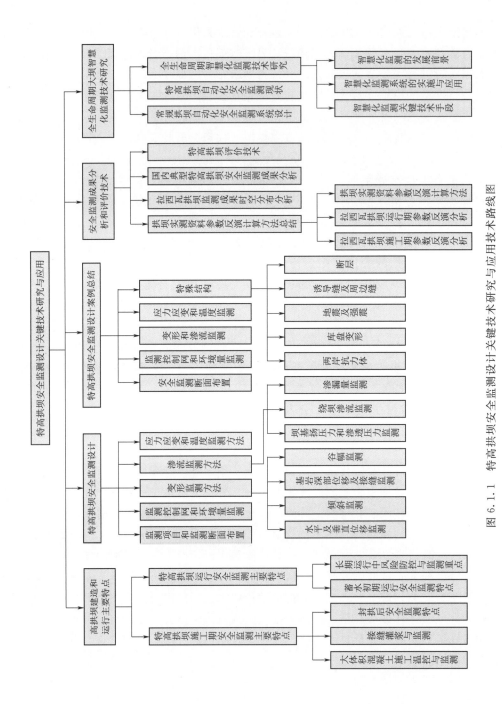

图 6.1.1 特高拱坝安全监测设计关键技术研究与应用技术路线图

# 6.2 高拱坝安全监测布置方式

拱坝是高次超静定结构，节约用材、体型优美且安全储备高。但工程失事的后果极其严重，且缺乏可供借鉴的运行经验，故需借助布设的安全监测设施，全面了解拱坝的运行状态，确保高坝大库的长治久安。为充分了解拱坝安全运行性态，对高拱坝布置安全监测系统，借鉴国内外安全监测布置案例，总结高拱坝安全监测要点。

## 6.2.1 高拱坝安全监测一般布置方法

自1998年建成240m高的二滩拱坝以来，我国已相继建成多座高拱坝，包括小湾拱坝、拉西瓦拱坝、锦屏一级拱坝等。目前国内的几座高拱坝正处于服役期，研究重点已逐步从设计、施工转移至安全监控方向。由于工程失事的后果极其严重，可供借鉴的运行经验也相对较少，需布设安全监测设施以全面了解拱坝的运行状态，确保高坝的稳定运行。

拱坝坝体重点监测部位应结合计算成果、拱坝体型等因素，以坝段为梁向监测断面，以高程为拱向监测基面，构成空间的拱梁监测体系。梁向监测断面应设在监控安全的重要坝段，其数量与工程等别、地质条件、坝高和坝顶弧线长度有关，可类比工程经验拟定。其中，拱冠梁坝段是坝体最具代表性的部位，该部位的各项指标很多是控制性极值出现处；左右岸1/4拱坝段一般可同时兼顾坝体、坝肩变形，可作为梁向监测断面的典型坝段。拱向监测基面应与拱向推力、廊道布置等因素结合考虑，一般应设在最大平面变形高程（通常为坝顶以下某一高程范围）、拱推力最大高程和基础廊道，高坝还应在中间高程设置。

对于高拱坝而言，坝肩部位的相关监测也至关重要，坝肩应重点关注近坝拱座部位和地质缺陷处理部位，坝肩监测深度原则上可取坝体高度的1/4~1/2或1~3倍拱端基础宽度。

## 6.2.2 国内外安全监测布置案例

### 1. 拉西瓦水电站

拉西瓦水电站主坝为对数螺旋线型变厚双曲薄拱坝，左、右基本对称布置，最大坝高250m，建基面高程2210.00m，坝顶高程2460.00m，坝顶中心线弧长466.63m；坝顶厚度10m，拱冠底部最大厚度49m，厚高比0.19；两岸拱座采用半径向布置。坝基近上游坝踵处设有水泥灌浆和基础垂直排水孔幕各一道，并向左右岸坝肩延伸。河床帷幕深度最大孔深为100m。横向排水幕与防渗帷幕平行，距防渗帷幕15m。右岸排水幕平行地下厂房轴线布置，并与地下厂房排水幕相接。

坝身泄洪建筑物由3个表孔、两个泄洪深孔、一个底孔和一个临时底孔组成。表孔孔口尺寸为13m×9m，堰顶高程2443.00m；两个泄洪深孔孔口尺寸均为5.5m×6m，进口底坎高程2371.80m；底孔和临时底孔孔口尺寸均为4m×6m，进口底坎高程2320.00m。

为全面监控大坝及基础的安全状况，及时了解建筑物的运行情况，对建筑物安全做出合理评价，拉西瓦拱坝做了全面的自动化监测设计，包括变形监测、渗流监测、拱坝及基础内部监测、强震与库区地震监测、坝身泄水孔监测、绕坝渗漏监测以及环境量监测。变形监测包括坝体平面变形监测、坝体垂直位移监测及坝体倾斜监测等；渗流监测包括拱坝基础渗透压力、扬压力、渗流量等；拱坝及基础内部监测包括混凝土的应力应变、温度、钢筋应力、坝基温度、拱坝基础压力及推力等；强震与库区地震监测包括坝体结构强震观测、坝肩岩体强震观测、进水塔强震观测、场区自由反应观测以及坝址区微震遥测；坝身泄水孔监测包括坝身底孔及临时底孔、左深孔及右深孔、左表孔、中表孔及右表孔的监测；绕坝渗漏监测包括左岸 10 孔 3 纵 3 横的观测断面，右岸 20 孔 4 纵 4 横的观测断面；环境量监测包括水位、气象以及水温的监测。

　　监测断面主要选择在建筑物结构或地质条件最复杂、对于建筑物安全起着重要作用的敏感部位。拉西瓦拱坝及其基础共选择了 7 个重点监测部位：拱冠梁（11#坝段）、1/3 拱处（7#及 16#坝段）、1/4 拱处（4#及 19#坝段）、两岸坝肩（1#及 22#坝段）、拱坝基础（拱坝建基面）。

　　垂线监测系统是拱坝安全监测的重点项目。拉西瓦拱坝最大坝高 250m，顶拱中曲线弧长 475.4m，共采用 7 组垂线进行监测。7 组垂线分别布置在左、右岸拱端（22#坝段、1#坝段）以及 4#、7#、11#、16#、19# 坝段。拉西瓦拱坝共设置 2220.00m、2250.00m、2295.00m、2350.00m、2405.00m 高程 5 层廊道，垂线测站设在各层廊道内的垂线室内。

　　各条垂线均采用正、倒垂线结合的方法，上部为正垂线，下部为倒垂线。正垂线最高挂点均在坝顶，在每层廊道设置测站，1#、2#、6#、7#倒垂线孔深为 40m；3#、5#倒垂线孔深为 80m。拱冠梁部位 4#倒垂线共设置 3 条，锚固深度分别为 40m、60m 和 90m。拱坝共设置正垂线 29 条，倒垂线 9 条。垂线布置如图 6.2.1 所示。

　　坝体垂直位移监测主要采用静力水准法和精密水准法，静力水准法监测易于实现自动化，测量精度高；精密水准法采用一等精密水准测量，测值可靠。两种方法相互校核。

　　坝内精密水准和静力水准测线共设置 3 条测线，两种监测方法的各个测点相连，便于相互校核。其中 2250.00m、2295.00m 高程廊道内静力水准和精密水准同时布置，2405.00m 高程和坝顶 2460.00m 高程廊道内只布置精密水准。精密水准和静力水准，在坝体内原则上每个坝段布置一测点，两岸灌浆洞内间隔 30m 布置一测点。左右两岸分别设置双金属管标作为工作基点，在 2250.00m 高程，双管标与倒垂线相结合布置在 PL1-2250 和 PL7-2250 垂线室内。2295.00m 和 2405.00m 高程双管标布置在左右岸灌浆洞里端墙位置。坝顶利用布置的综合测点及水准网，可测出坝体的绝对沉降。

　　2250.00m 高程共布设 32 个水准测点，其中基岩水准测点 19 个，坝体测点 14 个。观测以 LS01 和 LS02 两个点作为基准点附合路线，水准测量观测路线为：LS01—LR01—LR10—LR 9 —LR 8 —LR 7 —LR 6 —LR 5 —LR 4 —LR 3 —LR 2 —LR 11 —LR 12 —LR 13 —LR 14—LD15—LD28—LD16—LD17—LD18—LD30—LD19—LD20—LD21—LD32—LD22—LR23—LR24—LR25—LR26—LR27—LS02，返测反之。

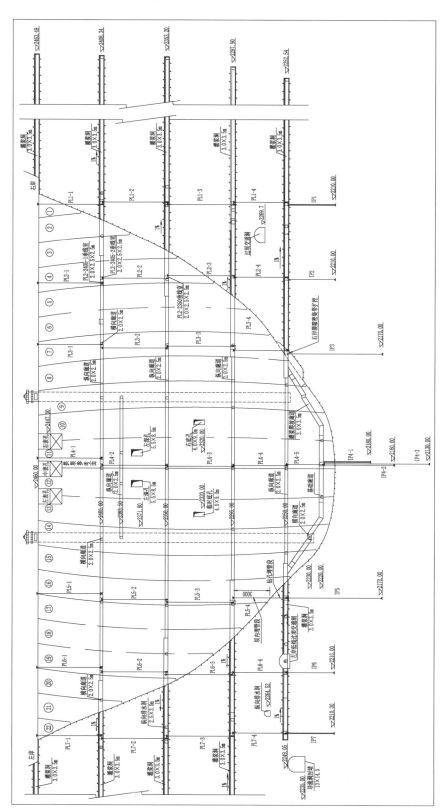

图 6.2.1 垂线系统布置图

2295.00m 高程共布设 29 个水准测点，其中基岩水准测点 16 个，坝体测点 13 个。2405.00m 高程共布设 28 个水准测点，其中基岩水准测点 8 个，坝体测点 20 个。2460.00m 高程共布设 33 个水准测点，其中基岩水准测点 11 个，坝体测点 22 个。

2. 龙羊峡水电站

龙羊峡水电站是黄河上游干流上的第一个梯级电站，其水库具有多年调节性能。枢纽由主坝、两岸重力墩、两岸重力副坝、混凝土重力拱坝、泄水建筑物、引水建筑物和水电站厂房等组成。挡水前缘总长度 1226m，其中主坝 396m，最大坝高 178m，坝顶高程 2610.00m。

龙羊峡水电站沉陷观测水准网是为研究大坝、坝基垂直位移而设立的，它将坝址下游区地形水准网和研究水库诱发地震而布设的库区水准网联系在一起。坝址下游区地形观测水准网和库区水准网均为一等水准网。

坝址下游区地形水准网和库区水准网共设置了龙羊峡主点、虎丘山主点、小山水沟主点共 3 个永久水准基点。其中龙羊峡主点位于大坝左岸库区斜上方，高程 2040.11m，距大坝坝头直线距离 1.32km，为一组埋深 20m 的双金属管标，是龙羊峡水电站所有精密水准路线的起测基点。该点高程系新大沽高程系，与国家 1956 年黄海高程系的差数为 1.500m；虎丘山主点位于大坝右下方 2635.00m 高程处，距右副坝端头 400 余米，埋设一组深 20m 的双金属管标及一组（3 个）岩层基本水准点标志；小山水沟主点位于大坝左岸进厂公路处，高程 2507.00m，距大坝直线距离 1km，埋设 1 组深 20m 的双金属管标。上述 3 个永久水准基点位于不同地理部位，建立在不同基础岩层上，通过精密水准测量来精确测定它们之间的变化量，进而分析研究大坝沉陷基准值，这是龙羊峡水电站沉陷水准网布设的特点。

根据设计要求，实施的坝址下游区地形水准网和库区水准网共有 4 条水准一等水准线路，分别为坝址区水准线路（共 27 点）、龙多线（32 点，坝址下游左岸）、龙曲线（8 点，库区左岸）和虎峡线（19 点，坝址下游右岸）。

龙羊峡大坝垂线共布置 39 条，其中大坝及拱端坝肩部位 28 条，两岸岩体 11 条。坝体共设 5 组垂线，其中左、右重力墩垂线最高挂点在 1999 年以前为 2530.00m 高程（基岩内），于 2000 年 8 月按设计要求升至 2600.00m 高程。拱冠（9#坝段 3#垂线）及左、右 1/4 拱（4#坝段 2#垂线、13#坝段 5#垂线）处垂线 2530.00m 以下在 1986 年下闸蓄水前已开始观测，其余测点除左 1/4 拱 2600.00m 高程在 1991 年 3 月开始观测外，其他各测点均在 1988 年 6 月 30 日开始观测。垂线布置如图 6.2.2 所示。

3. 英古里水电站

英古里水电站是位于英古里河的一座梯级电站，总装机容量为 1300MW，机组数为 5 台，单机容量为 260MW。英古里大坝位于格鲁吉亚英古里河上，是英古里水电站的一部分，坝系双曲拱坝，最大坝高 272m。

英古里水电站拱坝中布设了测量系统 2177 套，其中 46 套为正、倒垂线。大坝的主体有三条测线，用光学坐标仪测量了相对于垂线的位移。混凝土大坝中测量系统的布置由测量系统的类型、尺寸和目标地形指标决定，垂线安装在关键截面和最大挠度的截面上，在垂直剖面上成组布置，以 30~50m 的步幅穿过观测廊道。

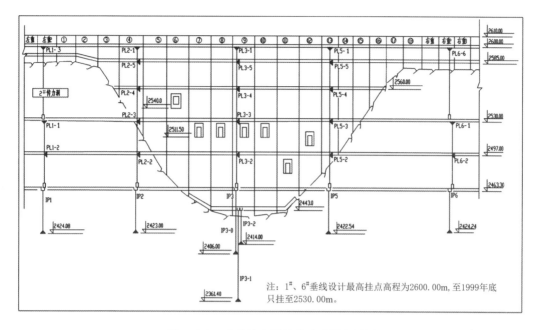

图 6.2.2 龙羊峡大坝及基础垂线布置图

## 6.2.3 高拱坝安全监测的要点

### 6.2.3.1 高拱坝变形监测

（1）坝体水平位移。拱坝水平位移一般采用正倒垂线组、表面变形监测点、GPS 测量系统等。其中表面变形监测点、GPS 测量系统还可同时监测水平和垂直位移。坝基坝肩水平位移一般采用正倒垂线组、引张线及铟钢丝（杆）位移计等。拱坝挠度的监测一般没有直接的监测方法，通常利用同一坝段不同高程的正垂线系统不同测点的变形测值，通过合理的数学算法予以累加计算至某一测点处。

（2）垂直位移。拱坝垂直位移一般采用几何水准法、液体静力水准系统、双金属标等。

1）几何水准法。拱坝水准点的布置宜分高程设置，一般情况下，应在每个坝段的坝顶和坝基廊道各设置一个水准点。超过 200m 的高坝或采用分期蓄水的拱坝，应根据坝体浇筑或分期蓄水的实际情况，在典型高程的坝内廊道布置水准点，监测施工期坝体自重和蓄水期坝体在水压力作用下的垂直位移，且能尽早捕捉坝体的真实垂直位移全过程。施工期采用几何水准法观测为主。

2）液体静力水准系统。为便于自动化观测，在坝体布设液体静力水准系统，液体静力水准系统一般布置在坝内廊道和坝顶，一般与几何水准点对应布设。

3）双金属标。拱坝双金属标一般布置在基础廊道和两岸坝肩抗力体灌浆洞、排水洞和监测洞内，其主要目的是为液体静力水准系统、几何水准点等提供垂直位移的校核或工作基点。

（3）岩体深部变形。岩体深部变形监测主要关注坝踵区可能发生的开裂情况、坝趾区的压缩变形情况以及坝基开挖后的岩体卸荷变形破坏情况。拱坝坝基和坝肩深部变形监测可采用多点位移计、基岩变位计、滑动测微计、铟钢丝（杆）位移计、引张线和倒垂线等。仪器的布置主要采用钻孔或利用已有勘探、灌浆洞、排水洞或监测洞等布置相应仪器，监测坝基坝肩岩土体的深部变形。

（4）坝体接缝监测。拱坝接缝一般包括建基面与坝体之间、横缝等。

拱坝横缝监测在施工期指导接缝灌浆的时机、压力和监测灌浆效果，在运行期监测横缝的开合度变化。横缝开合度监测应对施工期和永久监测统筹考虑，永临结合布置。平面上，河床和低高程坝段，宜间隔 1～2 个坝段横缝布置；在岸坡和高高程坝段，宜间隔 2～4 个坝段横缝布置。高程上，低高程坝段宜在每个横缝灌浆区至少布置一支测缝计，在高高程坝段可间隔 1～2 个横缝灌区布置一支测缝计。

拱坝建基面与坝体之间接缝监测一般分为缝的开合度和错动监测。缝的开合度监测一般布置于坝踵、坝中和坝趾，采用竖向布置单向埋入式测缝计。为监测坝段相对于建基面的相对滑动情况，一般在坝基适当布置多向测缝计。

### 6.2.3.2　高拱坝渗流监测

高拱坝渗流渗压监测包括：坝基扬压力、坝体渗透压力、绕坝渗流、渗流量和水质分析等。

（1）坝基扬压力。通过扬压力的分布和变化情况，可以判断坝基和帷幕是否拉裂、帷幕灌浆和排水的效果、坝体稳定性等重大问题。拱坝基础扬压力一般布置纵向监测断面和横向监测断面。高拱坝纵向监测断面宜布置在防渗帷幕后第一道排水幕线前，每一坝段布置一个测点，地质条件复杂地段（浅层软弱带、强卸荷带等）适当增加测点数量。横向监测断面选择一般与重点监测坝段结合，不宜少于 3 个，且在地质条件复杂地段（浅层软弱带、强卸荷带等）适当增加监测断面。横向监测断面扬压力监测点宜在坝踵、上游防渗帷幕后、上游排水幕线上、下游排水幕线上、下游防渗帷幕前、坝趾等特征点部位。

（2）坝体渗透压力。坝体渗透压力监测主要目的是监测混凝土的防渗性能和施工质量。随着常态混凝土质量和施工水平的提高，中低高度的常态混凝土拱坝可不再布置坝体渗透压力监测，但坝高超过 200m 的常态混凝土拱坝，原则上应布置坝体渗透压力监测。重点宜选择低高程和坝体排水管上游侧。

（3）绕坝渗流。基于拱坝的受力特点，应特别加强近坝部位的坝肩抗力体内和地质条件薄弱带的绕坝渗流和渗透压力监测。一般在左、右岸各高程的基础灌浆平洞内布设多个测压管，这些测压管主要针对地质缺陷部位布设。

（4）渗流量。拱坝及坝基渗流量监测布置应结合枢纽地质条件、渗排措施和渗漏水的流向进行统筹规划，原则上应区分坝体和坝基、坝肩、河床及两岸拱座等不同部位不同高程的渗漏水量，且每个渗控区域的排水面的渗流量监测点均应闭合，以便渗漏水量有异常变化时可进行针对性的分区分析。另外要特别加强坝肩地质条件薄弱地带（如卸荷岩体、软弱岩体等）的灌浆洞、排水洞的渗漏水量监测。

（5）水质分析。水质分析的主要目的是分析渗流水中所含的微粒及悬浊物物质成分，了解和判断渗透水来源及其发展情况，以及确定是否需要采取工程措施。

### 6.2.3.3 高拱坝应力应变和温度监测

拱坝应力应变和温度监测是拱坝的重点监测项目，尤其是坝高大于 200m 的拱坝。

（1）应力应变。拱坝坝体应力监测布置应结合应力计算成果、拱坝体型等因素。通常情况下，以坝段为梁向监测断面，以高程为拱向监测基面，构成应力应变的拱梁空间监测体系。一般可在拱冠、1/4 拱弧处选择布置梁向监测断面 1～3 个，坝顶弧线长度超过 500m 的拱坝宜适当增加梁向监测断面，在不同高程上布置拱向监测基面 3～5 个。在薄拱坝监测断面上，靠上下游坝面附近应各布置 1 个测点；在厚拱坝或重力拱坝的监测断面上，应布置 2～3 个测点。

在拱坝受力特点比较明确的部位，可布置沿受力方向的单向应变计；其余部位由于拱坝受力特性复杂，均应在拱梁体系节点处布置空间应变计组，且在每支应变计组旁约 1.5m 位置应对应布置无应力计。

（2）温度。坝体温度一般采用温度计进行监测，测点基本按网格布置。在高程上可按 1/5～1/20 坝高间距布置，但间距一般不宜小于 10m 和大于 40m，同时宜结合现场浇筑分层和横缝灌浆分区综合考虑，在平面内 10～20m 间距布置，在温度梯度较大的部位（如孔口、坝面附近等部位），测点适当加密，以能绘制坝体温度场为原则。对于温控措施要求严格的某些高拱坝来说，由于降温过程的温差控制已要求小于 0.5℃/d，目前常规的差阻式应变计、测缝计等能兼测温度的仪器因测温精度受限，测值已不满足指导施工期温控的要求，宜专门布置温度计。

坝基温度监测原则上宜和坝体温度监测坝段结合，采用钻孔布置，测点布置宜上密下疏，孔深应根据温度计算成果确定，一般可选择 10～30m 范围不等间距布置。

外界温度对坝体影响深度是温度场计算的重要边界条件之一，应对其进行监测。外界温度对坝体影响深度监测一般在坝体上下游表面 10m 范围内布置 2～3 支温度计，第一支温度计可在距上游 5～10cm 的坝体混凝土内沿布置，其余测点布置外密内疏。

## 6.3 高拱坝全生命周期智慧化监测技术

拱坝作为高次超静定的空间壳体结构，具有自适应能力强、超载安全系数大的显著特点，在水利工程中起着不可替代的作用。20 世纪以来，我国拱坝建设飞速发展，先后建成了二滩、小湾、溪洛渡、锦屏一级等多座坝高超过 200m 甚至 300m 的特高拱坝。这些高拱坝在防洪抗旱、发电、供水及改善生态环境等方面发挥了积极重要的作用。一般来说，拱坝越高，设计难度越大。大型混凝土拱坝的施工规模庞大，施工条件复杂，建设周期长，施工过程不确定性因素多，再加上高拱坝总体应力水平较高，特别是压应力的安全储备较小，一旦坝体发生局部开裂，拱坝的调整余地较小，造成危险的可能性远高于低拱坝。高拱坝坝高库大，一旦出现事故，后果非常严重，不仅会造成经济上的巨大损失，同时还会影响下游居民的生命与财产安全。

随着高拱坝建设的发展，大坝全生命周期（施工期、蓄水期、运行期、老化期）的安全问题愈加突出。传统的监测技术与方法已难以满足高拱坝的监测需求，尤其面对智慧化监测的目标，需不断融入新物联网、自动测控和云计算技术，实现对结构全生命周期的信息实时、在线、个性化采集、管理与分析，并实施对大坝性能进行控制的综合系统。智慧化监测是在对传统混凝土大坝实现数字化的基础上，采用通信与控制技术对大坝全生命周期实现所有信息的实时感知、自动分析与性能控制。研究全生命周期的高拱坝安全监控理论方法与监测技术，不仅是大坝安全监测的发展需求，也是智慧化社会发展的重要趋势。

### 6.3.1　拱坝自动化安全监测系统设计

#### 6.3.1.1　系统总体设计

拱坝安全监测自动化系统一般采用分布式系统。

主网络连接各子系统，并接入监测管理中心站。子网络的主要作用是控制数据采集装置前端（MCU）对监测传感器进行数据采集、存储、电源管理及监测数据上传和接收监测中心的控制指令。

系统整体分为一般监测测站、子系统监测管理站和监测管理中心站 3 个层次。

（1）一般监测测站。现场传感器通过信号电缆将模拟信号传送至现场采集单元模块，采集单元模块安装在数据采集机箱内，整体构成 MCU。一个或多个 MCU 集中放置在指定的专用成品标准工业保护机柜内，构成一个一般监测测站。

监测站尽量布置在所测监测仪器的附近，应选择交通、照明、通风较好且无干扰的位置，并应具备一定的工作空间和稳定可靠的电源。当监测站设置在露天或可能受到水淋的地方，必须加装适当的防护措施。

（2）子系统监测管理站。一个子系统下面布设有较多的一般监测测站，为便于管理，指定其中某一个监测测站为该子系统的监测管理站。一般监测测站与子系统监测管理站之间用供电电源和 RS-485 信号进行连接。

各监控子网有各自的监测硬件、软件和通信网络，分区域管理，各自独立，相互之间组成局域网可进行通信，并可与上一级监测中心的监控主机之间进行相互通信，并实现系统集成。

子系统监测管理站可布置在坝顶、两岸坝头建造专用的监测房或廊道垂线室内。

（3）监测管理中心站。各个子系统的监测管理站通过局域网进行相连，构成自动化系统的主网络。为了便于各个子系统的管理及整个自动化系统的操作及数据处理，在交通方便、通风防潮、防电磁干扰的地方设立监测管理中心站，用于整个系统的管理、操作、数据处理。监测管理中心站可设置在监测现场，也可设置在远离现场的地区。

监测管理中心站应配备满足工程安全监测所必需的计算机及相应的外部设备，通常应配置服务器、工作站、打印设备、存储设备、电源设备［如不间断电源（UPS）、隔离稳压电源］等。此外还应配备满足工程安全监测所必需的安全管理软件。

拉西瓦水电站工程监测管理中心站布设在地下厂房副安装间预留的房间内，同时为了方便在后方进行数据处理与管理，将数据处理服务器及部分输出设备放置在后方生活营区内，两者通过专用光纤进行通信和数据传输。

#### 6.3.1.2　网络通信

现场网络通信包括监测站之间和监测站与监测管理站之间的数据通信。根据工程实际需求，在保证通信质量的前提下选择经济、维护方便的通信方式，并做好线缆的防护接地。

通信方式可采用双绞线、光纤、无线连接等方式，也可采用多种方式结合的方式通信。国内自动化监测系统大多采用 RS-485 构建现场通信。RS-485 是串行数据接口标准，只对接口的电气特性作出规定，而不涉及接插件、电缆或协议。

拉西瓦水电站自动化子网络采用总线型分布式 RS-485 网络，网络连接采用光缆，局部测站内采用双绞线；主网络采用全数字光缆连接总线式局域网，网络协议采用 TCP/IP 协议。

### 6.3.1.3　电源供电方式

系统供电电源应根据系统功率需求和技术指标规定进行配置，应实施统一管理，宜采用专线供电，并设置供电线路安全防护及接地设施。

供电电源常采用交流 UPS，配备蓄电池。

### 6.3.1.4　防雷和接地方式

拱坝监测自动化监测系统通常处于高电磁干扰、高雷电感应的环境，因此系统应接地。单独接地时，接地电阻不应大于 $10\Omega$；有条件的接入工程的接地网。监测中心、子网络管理站可直接利用工程的接地设施；机房内设备的工作地、保护地采用联合接地方式与电站接地网可靠连接；拱坝及地下洞室测站设备的引入电缆应采用屏蔽电缆，其屏蔽层应可靠接地；边坡等户外测站，应设置接地装置，装置的接地电阻应小于 $10\Omega$，监测中心站接地电阻应小于 $4\Omega$。

自动化系统除对所有暴露在野外的信号电缆、电源电缆、通信电缆等加装钢管保护外，对数据采集单元在供电系统的防雷、一次传感器及通信接口的防雷及中心计算机房的防雷等方面做全面的考虑，加装相应的避雷器并进行可靠的防雷接地，在边坡等没有接地网的地方，应根据系统防雷需要制作相应的接地网，从而保证系统在雷击和电源波动等情况下能正常工作。

### 6.3.1.5　数据采集系统

数据采集系统由监测仪器、数据采集装置、通信装置、监测计算机及外部设备、数据采集软件、信号采集软件、信号及控制线路、通信及电源线路等组成。

根据工程的规模和特点，监测自动化系统可由一个或多个基本采集系统构成。采集系统的数据采集装置分散设置在靠近监测仪器的监测站，其采集计算机设置在监测管理站。

拉西瓦水电站数据采集系统分为数据采集系统和安全监测信息管理系统。安全监测信息管理系统可对监测资料成果实现计算整编、报表图形输出，对监测信息管理系统的相关功能要求应较为成熟、先进，满足不同阶段对监测的要求，同时考虑和后期的流域管理系统实现资源共享。安全监测信息管理系统可实现在 72h 内完成超大数据量（100GB）的导出、整编处理。

### 6.3.1.6　系统安全性和数据流要求

为保护数据库以及数据的网络传输安全，以防止非法入侵和使用，应从软件、网络和数据流方面，对数据的存取控制、修改和传输的技术手段进行安全性防护。

应用软件安全性主要依赖于硬件系统、操作系统、数据库以及网络通信系统的安全机制。在软件的设计方法上，应采用面向对象的方法，使数据和相关的操作局限在一个对象中，从而简化实现的复杂性。为保证关键计算机（采集计算机、数据服务器计算机等）安全可靠地运行，C/S（客户端/服务器）应用要有运行环境的安全设计，通过对系统设置，既能保证其应用的顺利运行，同时也能使这些关键计算机减少病毒和黑客的攻击。B/S（浏览器/服务器）应用要求可在不降低浏览器安全级别的情况下，顺畅地浏览系统相关信息。

此外，随着现代计算机技术、电子技术以及通信技术的不断发展和应用，拱坝安全监测系统也在不断地进步，要求也越来越高。互联网技术的成熟以及物联网概念的出现及发展，在拱坝安全监测系统中不断可以采用 C/S 模式，还可以使用互联网广泛使用的 Web 技术，在 B/S 模式下提供简洁的图文并茂的动态监测。

当局域网和广域网连接的时候，网络安全性是网络建设首先需要解决的问题，应采用系统控制权限、网络控制权限、网络端口访问限制等实现物理安全性管理与网络安全性管理。

对于系统的数据流，应严格按照下位机写入上位机；对于指令流，应严格按照上位机控制下位机。对于软件方面，系统的各工作界面应设置严格的访问操作权限，设置完善的登录日志。在硬件方面，广域网和局域网之间应配置安全防护和隔离设备。

### 6.3.1.7　系统功能

1. 监测功能

系统应具备多种数据采集方式和测量控制方式。

（1）数据采集方式：选点测量、巡回测量、定时测量，并可在测量控制单元上进行人工测读。

（2）测量控制方式：采用应答式和自报式两种方式采集各类传感器数据，并能够对每支传感器设置警戒值，系统能够进行自动报警。

1）应答式：由采集机或联网计算机发出命令，测控单元接收命令、完成规定测量，测量完毕将数据暂存，并根据命令要求将测量的数据传输至计算机中。

2）自报式：由各台测控单元自动按设定的时间和方式进行时间采集，并将所测数据暂存，同时传送至采集机。

2. 显示功能

显示建筑物及系统的总体布置图、各监测子系统组成、过程曲线、监测数据分布图、监测控制点布置图、报警状态显示窗口等。

3. 存储功能

系统应具备数据自动存储和数据自动备份功能。在外部电源突然中断时，保证内存数据和参数不丢失。

4. 操作功能

从监测管理站或监测管理中心站的计算机上可实现监视操作、输入/输出、显示打印、报告现有测值状态、调用历史数据、评估系统运行状态。

5. 通信功能

系统应具备数据通信功能，包括数据采集装置与监测管理站的计算机或监测管理中心站计算机之间的双向数据通信，以及监测管理站和监测管理中心站内部及其同系统外部的网络计算机之间的双向数据通信。

6．安全防护功能

系统应具有网络安全防护功能，确保网络安全运行。

7．自检功能

系统具有自检能力，对现场设备进行自动检查，能在计算机上显示系统运行状态和故障信息，以便及时进行维护。

8．配备工程安全监测管理系统软件

该软件应有在线监测、离线分析、数据库管理、安全管理等功能。

9．具有方便可操作的人工输入数据功能和与便携式检测仪表或便携式计算机通信的接口

能够使用便携式检测仪表或便携式计算机采集检测数据，进行人工补测、比测，防止资料中断。

### 6.3.1.8 系统工作方式

（1）中央控制方式。由监测中心站采集机或主站管理计算机，命令所有数据采集单元同时巡测或指定单台、单点进行选测，测量完毕将数据列表显示，并根据需要存入采集数据库。

（2）自动控制方式。由各台测控单元自动按设定时间进行巡测、存储，并将所测数据送至监测中心站的采集机备份保存。

（3）远程控制方式。由经过允许协议的远程计算机，通过网络对现场中心站进行全过程操作或对现场测控单元进行连接控制、检测和管理。

（4）人工测量方式。每台测控单元对每支接入自动化系统的传感器均具备人工测量的功能。

### 6.3.1.9 接入自动化系统的监测仪器

自动化监测具有精度高、速度快等优点，是拱坝安全监测的发展趋势。用于工程安全监测的仪器设备多数均为信号非标准输出的专用设备，如电阻式、电感式、电容式、振弦式等传感器，以及真空激光准直装置等。传感器的激励方式和信号的输出形式具有多样性。

拱坝安全监测系统主要由对渗压、渗流、应力应变、温度等参数的监测组成。采用传感器监测的人工监测设施可接入自动化系统。

（1）环境量监测可进行自动化监测的项目有：用压力传感器监测的上下游水位、库水温、简易气象站、坝后气温计等。

（2）拱坝位移监测可接入自动化系统的仪器主要有：测量水平位移的引张线、激光准直、垂线坐标仪、多点变位计、固定测斜仪；测量垂直位移的静力水准仪、岩石变位计、双金属标仪、滑动测微计；测量倾斜的梁式倾斜仪；测量接缝的测缝计、缝隙计、裂缝计、伸缩仪。

（3）渗流监测可接入自动化系统的仪器主要有：量水堰仪和渗压计。

渗流量的监测国内常采用电容式量水堰仪（国外的产品主要是超声波渗流量测仪）；振弦式的微压传感器。

在渗压监测方面，大体上有4种类型的渗压计［振弦式、电感式、电阻式、压阻式和

测压管（内置渗压计改造）〕可接入自动化。其中关于电阻式渗压计常见的有差动电阻式渗压计和贴片渗压计两种。

（4）应力应变监测可接入自动化系统的仪器主要有：应变计、无应力计、钢筋计、锚杆应力计、锚索测力计、温度计等，常见仪器类型以差阻式、振弦式为主。

（5）坝顶 GPS 或 GNSS 系统自动化改造后组成子系统，纳入自动化系统。

（6）振动监测和强震监测自成系统，各作为一个子系统纳入自动化系统。

各种不同的传感器，要求数据采集单元具有不同的类型，常见的有差阻式、振弦式、电容式、电位器。

## 6.3.2　拱坝智慧化监测技术手段

在水利工程不断发展的过程中，安全监测一直是其关注的重点内容。为保证水利工程的安全，安全监测技术也在不断发展，其过程展大致可分为以下 4 个阶段：

（1）人工观测阶段。此阶段受技术与工具的限制，主要靠人工进行大坝安全监测的数据采集与分析，该阶段工作量小、效率低。

（2）自动化阶段。随着信息技术、传感器技术的发展，位移计、应变计等的普遍使用，使得大坝实现自动化数据采集与管理。

（3）数字化阶段。随着计算机技术的不断进步和大型计算分析软件的问世，融合互联网，主要通过信息采集技术实现信息采集及结合数值仿真模拟技术指导设计与施工，大坝安全监测逐步实现了数字化。

（4）智慧化阶段。主要是在物联网、自动测控、云计算技术和智能计算基础上，通过监控系统平台实现对结构全生命周期的信息实时在线、个性化管理与分析，安全评价与预警预报。

智慧化监测的关键技术包括感知（数据采集）、记忆（存储与管理）、推理（分析与计算）、决策（评价与预警），其成果最终体现为由一套全面的安全监控管理系统平台实现大坝的智慧化监测。

### 6.3.2.1　数据采集与管理

监测信息是了解、掌握、预警预报大坝安全的基础信息。因此对监测信息采集与管理方式的研究非常重要。通常大坝监测涉及多种仪器设备，且各自仪器设备在数据采集、保存、调用等管理方式上有所不同。对多种仪器设备采集的信息进行统一有效的管理，可在一定程度上提高监测信息分析处理的时效性和精准性，这对于大坝安全监控与预警预报非常重要。

目前，监测数据采集与管分析系统应用较多的包括：南瑞集团公司开发的 DSIMS4.0 大坝安全信息管理系统、北京木联能工程科技有限公司（以下简称木联能公司）的 LNMS4.1 大坝安全监测自动化信息管理系统、IDam 大坝安全监测信息管理软件等。软件结构通常采用 C/S 和 B/S 模式，数据库管理系统通常为 SQL Server 2008、SQLServer2017。其主要功能有：对所有纳入本系统的资源元素的管理，包括新建、修改、删除；控制测量模块；采集自动化观测数据；录入观测数据；自由制作观测数据的各类图形和报表；观测数据的分析建模；观测数据报警；工程文档资料管理；系统维护及日常工程安全管理的内容；定义和执行各种任务等。

### 6.3.2.2 数据分析与计算

拱坝安全监测数据分析与计算的目的主要是及时发现大坝安全隐患、安全评价以及预警预报。其研究内容主要包括常规的过程线分析、特征值统计等内容，以及大坝安全监控模型。监控模型是依据大坝变形实测资料，应用统计数学、工程力学、信息科学等方法建立安全监控模型对影响大坝变形的各因素（特别是时效分量）进行物理解释，定量分析评价和馈控水工程的安全状况，揭露大坝的异常服役性态，是保障工程安全的重要手段。

1. 常规模型

常规模型包括统计模型、确定性模型和混合模型，其研究问题主要涉及以下 3 个方面：探寻如何建立影响因子对效应量作用的数学关系；研究如何消除众多影响因子之间存在的多重共线性，从而有效分离水压、温度、时效等分量；如何提高监控模型的精度和稳健性。

统计模型是以统计学为基础，建立影响因子与效应量之间的数学关系，应用最多的是多元线性回归模型和逐步回归模型。国外学者 Purer 等、Luc 等提出了多种统计模型。国内学者杨杰等也提出了多种监控模型，并对影响因子的多重共线性进行了深入研究。此外，部分学者对统计模型中变量集的选取进行了优化，从而优化了模型结构，提高了模型精度，如人工免疫算法、遗传算法、混合蛙跳算法。统计模型中的效应量是用解析函数与外荷载联系起来的，其参数没有物理意义，而有限元分析可有效地对真实物理参数进行估计，以此建立的监控模型更具物理意义，由此产生了确定性模型和混合模型。

确定性模型是采用有限元计算水压、温度等荷载作用下的效应量，然后与实测值进行优化拟合，以求得结构计算参数，从而建立确定性模型。

2. 新兴模型

新兴模型是近三十年来融合时间序列分析、灰色系统理论、混沌理论等理论方法建立的单一或组合模型。

时间序列分析是一种处理随时间先后顺序排列而又相互关联的数据量化分析方法，可以通过分析序列的历史变化过程，寻找事物的变化特征、趋势和发展规律。时间序列是以自回归模型（auto regressive model，AR）或自回归移动平均模型（auto regressive moving average model，ARMA）为基础，进行监测数据的建模分析。

随后，灰色系统理论和混沌理论被引入其中，灰色系统理论可针对观测数据的样本数不足建立相应监控模型，而混沌理论是指确定性系统中出现的一种形似无规则的、类似随机的现象，提出了混沌时间序列方法和灰色回归—时序模型，俞艳玲还对灰色模型进行了改进，它们均在一定条件下表现出了不错预测效果。

除此之外，还有结合主成分分析、模糊数学等理论方法而建立的大坝安全监控模型，如王少伟提出的空间融合监控模型，它可以以混凝土坝多测点监测数据为研究对象，利用主成分分析提取能反映大坝整体变形性态的综合效应量；王铁生则将模糊理论与神经网络相结合，建立了基于模糊聚类算法的模糊神经网络的大坝安全监控模型，该模型精度也优于常规模型。

### 3. 智能模型

智能模型是以 BP 神经网络、SVM、极限学习机（extreme learning machine，ELM）等智能算法建立的监控模型。相比常规模型和新兴模型，智能模型以监测数据为训练集，通过自学习、自组织、自适应的方式调整模型参数，具有非常强的学习能力和非线性映射能力，一定程度上提高了大坝监控模型的智能化水平。

由于 BP 神经网络兼容性很强，众多学者结合了多种其他理论和方法对其进行了多方面改进，如神经网络结合主成分分析的相关模型，神经网络结合云模型的相关模型，神经网络结合优化算法的相关模型及其他神经网络相关模型等。

SVM 在解决小样本、非线性及高维模式识别中表现出许多特有的优势。

极限学习机是一种简单、有效的单隐层前馈神经网络 SLFNs 学习算法，也适用于大坝位移预测。

### 6.3.2.3　预警方法

预警预报是大坝安全监测最重要的目的之一。高拱坝工体积大、库容大、投资大、失事后果严重。因此，对其预警预报尤为重要，而通常的预警方法均需设定预警指标，以该指标判断是否预警与预警级别。大坝在建设期、蓄水期、运行期所面对的环境不同，自身结构和材料特性也稍有不同，因此拟定预警指标相当复杂，是国内外坝工安全监控研究的主要难题之一。目前关于大坝预警预报的研究主要分为数理统计法、结构分析法和工程经验法。

（1）数理统计法包括置信区间估计法和典型小概率法，该类方法相对简单易行，在工程中应用较多。但数理统计方法仅从监测数据着手，没有基于大坝性态变化的原因和机理，没有联系大坝的重要性（等级与级别），物理概念不够明确。魏超在对丰满大坝结构力学特性及位移观测资料进行研究的基础上，采用典型小概率法和混合分析法拟定了典型坝段水平位移的监控指标。各种智能算法模型在各自适用条件下均具有较高的精度与适用性，为安全监控指标的拟定开辟了新的思路和方法。

（2）结构分析法是基于有限单元法建立数学模型，模拟大坝和坝基的受力情况，并与实际监测资料结合进行坝体、坝基材料参数反演，拟定在各种荷载工况下坝体与坝基的变形、应力等预警指标。该方法物理概念明确，可模拟未曾遭遇过的不利荷载工况，有效解决了大坝监测时间短、测值序列不长等问题，是目前拟定大坝安全预警指标的有效方法。但结构分析法需要确定大坝材料真实物理力学参数，且计算较为烦琐，实际应用难度较大。顾冲时、郑东健等根据原型观测资料反馈拟定大坝安全监控指标，并在深入分析混凝土坝渐进破坏机理基础上，提出了一级、二级、三级变形监控指标的概念及其划分标准，并成功应用于丹江口、龙羊峡、佛子岭等大坝的安全监控。李民等根据荷载的可能不利组合计算出相应的坝体变形上、下限值，进而提出坝体变形的监控指标。魏德荣研究了拟定安全监控指标的基本原则，以及针对施工阶段、首次蓄水阶段和运行阶段的大坝安全监控指标拟定方法。李步娟等对重力坝在运行期间的变形极限监控指标的表达公式、计算方法等进行了深入探讨。

（3）工程经验法是通过专家对某工程的了解以及相关数据的分析，依据自己多年的工程经验，抑或者在结合上述两种方法的基础上，人为确定的预警指标。该方法通常对专家的知识以及经验要求较高，同时需对相应工程有着充分的了解。

### 6.3.3　智慧化监测系统的实施与应用

1. 二滩水电站

二滩水电站监测系统1999年投入运行，2009年进行了改造，同年完工验收进入试运行，2012年竣工验收。系统采用南瑞集团公司开发的DSIMS4.0软件。软件主要功能有系统管理、数据管理与处理、图形功能、监测数据报表制作、离线分析和模型管理、监测报警功能、远程监测软件、Web信息发布系统、大坝安全信息报送、自动时钟校正系统等。

二滩大坝监测信息管理系统共配置了1台服务器和4台客户机，并与大坝强震观测系统、水垫塘泄洪振动观测系统等设备组成局域网。同时通过生产现场至后方办公区域的已有光纤通信网络，实现了自动化系统的远程管理和监测信息自动报送。其他配套设施包括UPS电源、打印机、投影仪等相关设备。

2. 拉西瓦水电站

拉西瓦水电站监测自动化系统最早于2009年11月首次投入使用，2015年2月完工验收进入试运行，2018年2月竣工验收。系统由南京南瑞集团公司和木联能公司共同实施，数据采集及信息管理系统主要由两家组成，数据库的集成由木联能公司实施，后期考虑到拉西瓦水电站监测自动化系统接入测点较多，为保证数据的安全性，由南瑞实施了数据库备份集成系统。

南瑞公司提供的为DSIMS4.0大坝安全信息管理系统，数据库版本为MS SQLServer 2012版数据库。

木联能公司提供的为LNMS4.1大坝安全监测自动化信息管理系统，C/S结构，数据库版本为SQL Server2008，功能主要包括数据采集、管理、图形报表、系统管理等。

3. 小湾水电站

小湾水电站枢纽工程安全监测自动化系统工程于2008年12月投入使用。系统采用南瑞公司DAMS-IV型智能分布式工程安全监测系统，软件为南瑞公司的DSIMS 4.0大坝安全信息管理网络系统。通过小湾水电站大坝安全监测自动化系统，可实现对小湾水电站变形、应力应变、温度、接缝、渗流等项目的自动化采集和监测数据的计算存储与分析处理，并具备巡测、选测、掉电保护、数据通信、安全防护、多级用户管理、自诊断、人工输入数据、24h不间断数据采集和报警，以及对监测系统和网络的管理等功能。整个系统具有分层、开放、可伸缩、可扩展、功能齐全、界面简洁美观、升级维护方便、高度自动化等特点。

监测数据采集信息管理软件与自动化数据采集单元配套，具有数据在线采集、电测成果计算、测点数据的报表、图形输出、采集馈控、远程召测、信息报送等主要功能。各部分有独立的用户界面，既可以和安全监测信息管理及综合分析系统协同工作，又可单独运行。

4. 锦屏一级水电站

锦屏一级水电站大坝监测自动化系统工程2012年9月30前完成大坝1730.00m高程

以下（蓄水前）监测项目，2013 年 5 月 30 完成大坝所有监测项目（蓄水期间）。2015 年 10 月底完工验收，2017 年 2 月竣工验收。数据采集信息管理系统采用南京南瑞集团公司的 DSIMS4.0 大坝安全监测管理系统软件，采用 C/S 结构，数据库平台包括数据采集、成果计算整编、报表图形输出、采集馈控、数据采集信息管理系统设置信息查询、文档管理、系统维护、系统自检和诊断等功能。

施工期的安全监测信息管理系统采用 C/S 和 B/S 模式，数据库管理系统为 SQL Server 2008。系统包含 5 个子系统及一个网站：系统管理子系统、监测数据管理子系统、监测资料分析子系统、图表报告制作子系统、工程信息管理子系统和安全监测信息网站。

运行期的雅砻江大坝安全信息管理系统，主要由 IDam 大坝安全监测信息管理软件、安全监测信息网、iDamEx 大坝安全监测信息管理（外网）、数据交换平台和大坝中心报送软件等几个部分组成。系统采用 C/S 加 B/S 的混合结构模式，数据库管理系统为 SQL Server 2008。主要有电站测点管理、公式编辑、布置图管理、数据处理、任务管理、巡视检查管理、模型分析和资料整编等功能。

5. 大岗山水电站

大岗山水电站工程安全监测自动化系统于 2017 年 1 月投入使用。数据采集及信息管理分析系统为南瑞的 DSIMS4.0 大坝安全监测管理系统软件，使用 SQL Server 数据库，包括数据采集、成果计算整编、报表图形输出、采集馈控、数据采集信息管理系统设置信息查询、文档管理、远程采集、系统维护、系统自检和诊断等功能。可定制过程图、布置图、分布图、相关图等，可定制包括监测结果的年、季、月、旬、周、日等各种周期报表。

6. 溪洛渡水电站

溪洛渡水电站安全监测自动化系统施工分阶段投入，大坝于 2018 年 12 月投入运行，2019 年 12 月完成，2021 年 12 月竣工验收。溪洛渡水电站安全监测数据采集及信息管理系统是基于长江水利委员会长江科学院的 CK‐DSM 大坝安全监测数据管理及分析云服务系统构建，系统采用 B/S 模式，数据库管理系统为 SQL Server 2017，系统主要涵盖数据采集、仪器管理、数据管理、数据整编、资料分析、巡视检查、工程管理和系统管理等功能模块，配套移动终端 App 和微信小程序。溪洛渡水电站安全监测自动化系统实现了软硬件一体化，支持定时采集、触发采集、策略采集等模式；系统还实现了与大坝强震监测系统、水情监测系统、GNSS 系统的有效集成；同时支持向大坝中心报送数据。

## 6.4　高拱坝可视化安全管控系统

随着现代科技的不断进步，大坝安全监测自动化的水平也获得了显著的进展，实现了高拱坝可视化安全监测，包括安全监测数据采集的可视化和安全资料管理分析的可视化。

### 6.4.1　安全管控系统功能

考虑到自动化监测技术的发展，迫切需要集数据采集、处理以及拱坝变形行为表征为一体的三维可视化分析系统。基于 Windows 平台，利用 C＋＋及 Python 程序设计语言、

OPENGL 绘图引擎、ZBrush 建模软件和数据库技术，研发了拱坝变形行为表征可视化分析系统，其基本架构如图 6.4.1 所示。通过构建大坝工程三维可视化模型，将其作为系统三维场景信息平台，用于展示所有工程场景信息。通过将三维场景信息平台与信息管理与显示模块、场信息模块及安全监控与预警模块进行连接，实现大坝工程监测信息、结构性态分析结果及安全监控与预警结果在三维场景信息平台中的可视化显示。

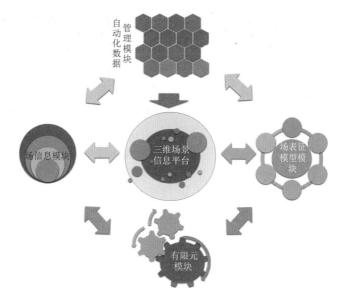

图 6.4.1　拱坝变形行为表征可视化分析系统基本架构

该系统以三维场景信息平台作为核心，用于展示场景信息，通过将三维场景信息平台与自动化数据管理模块、场信息模块及场表征模型模块进行有机融合，可直接在三维场景信息平台之中显示测点有效信息、变形场构建结果，由此实现对拱坝测点信息的查询、有效信息的提取、变形监测场的构建及变形行为的表征及成果展示，为快速可视化分析拱坝变形行为提供技术基础。

### 6.4.1.1　模型构建与渲染

三维场景信息平台能直观展示由拱坝坝体、坝基、库盘及周围山体环境等组成的工程场景。此外，该平台作为数字沙盘，能够容纳测点位置信息、测点监测信息、场信息、模型信息等信息，方便用户直接在三维场景信息平台中查询工程运行情况。为构建能够显示实际工程情况的三维场景信息平台，需要建立具有足够真实度的模型，通过渲染模型进一步模拟实际的工程场景。

收集与整理工程资料以图纸所建立的模型为基本模型，这种模型结构简单、面数少且具备较强的可操作性，能够用于实时渲染。但该模型也存在缺乏细节、精度低的缺陷，使系统展示出的工程场景与实际情况相差较大。因此，需通过增加基本模型的网格数及细节建立更加符合实际的高精度模型。但对于水工建筑物这类庞大的工程建筑而言，高精度模型面数可达数百、甚至上千万个，难以用于实时渲染。为解决该问题，引入次时代建模技术，即在建立高精度模型之后，烘焙出高精度模型的贴图，并将这些贴图映射在基本模型上，从而渲染出与高精度模型细节一样丰富、能被用来进行实时渲染且真实感较强的次时代模型。如图 6.4.2 所示为某拱坝右岸边坡模型，其中：图 6.4.2（a）为某拱坝右岸边坡基本模型，图 6.4.2（b）为某拱坝右岸边坡高精度模型，图 6.4.2（c）为某拱坝右岸边坡次时代模型。由图 6.4.2 可以看出次时代模型的细节与高精度模型的几乎一致，具有比基本模型更加丰富的细节。

 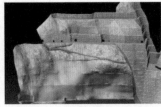 

（a）基本模型　　　　　　　　（b）高精度模型　　　　　　　　（c）次时代模型

图 6.4.2　某拱坝右岸边坡模型

在构建三维次时代模型后，运用渲染技术，对环境、灯光、材质及渲染参数进行设置，将模型二维投影成数字图像，构建三维场景信息平台。图 6.4.3 为分析系统三维场景信息平台的构建流程。

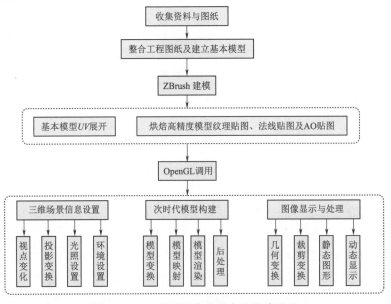

图 6.4.3　三维场景信息平台的构建流程

在依据资料及图纸构建基本工程模型后，运用目前常用于建立次时代模型的商用建模软件——ZBrush，根据图 6.4.4 所示流程建立次时代模型。

图 6.4.4 中，深蓝色框中步骤均在 ZBrush 软件中进行，其中 $U$、$V$ 指的是纹理贴图坐标，它定义了贴图上每个点的位置信息，通过将基本模型 $U$、$V$ 展开，可将贴图上的点与三维模型相互联系，从而确定各贴图的位置。

在建立高精度模型后，可烘焙出几种常用贴图：纹理贴图、法线贴图及 AO 贴图。其

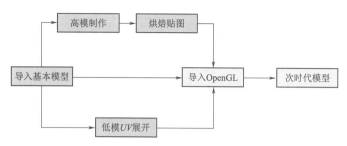

图 6.4.4 次时代模型建模流程

中，纹理贴图主要用来记录模型表面颜色，表现了物体的外貌；法线贴图是在原物体凹凸表面的每个点上均作法线，通过 RGB 颜色通道实现对法线方向的标记，由此利用贴图描述像素的法线，在视觉效果方面，若在特定位置上应用光源，能够使细节程度较低的表面生成高细节程度的精确光照方向和反射效果；AO 贴图也称环境光遮蔽贴图，可以用来表现物体和物体相交或靠近的时候遮挡周围漫反射光线的效果，解决或改善了漏光和阴影不实等问题，并能够综合改善模型细节尤其是暗部阴影，进一步增强模型的层次感与真实感。图 6.4.5 为某拱坝高精度模型以及由高精度烘焙出的模型纹理贴图、法线贴图和 AO 贴图。

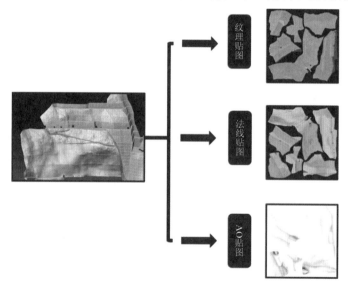

图 6.4.5 某拱坝高精度模型及其贴图

OpenGL 是一种用于创建实时三维图像的编程接口，通过导入工程基本模型与高精度模型的贴图，即可渲染出次时代模型。图 6.4.6 为分析系统中的三维拱坝坝体以及坝内廊道模型；图 6.4.7 为进水口及地下洞室模型；图 6.4.8 为左右岸岸坡开挖工程模型；图 6.4.9 为上游水库及工程地貌全景模型。

在建立次时代模型之后，为输出具有色彩感和层次感的高质量画面，需对模型进行实时渲染。实时渲染是指图形数据的实时计算和输出，分析系统的实时渲染依靠 OpenGL 的可编程渲染管线实现，可编程管线能最大限度地简化渲染管线的逻辑，以提高渲染效率，并能使开发者通过实现特定的算法和逻辑来渲染出固定管线难以渲染的效果，Open-

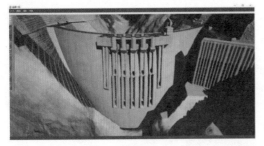

（a）坝体

（b）坝内廊道

图 6.4.6　拱坝坝体以及坝内廊道模型

（a）进水口

（b）地下洞室

图 6.4.7　进水口及地下洞室模型

（a）左岸岸坡

（b）右岸岸坡

图 6.4.8　左右岸岸坡开挖工程模型

（a）上游水库

（b）工程地貌

图 6.4.9　上游水库及工程地貌全景模型

GL 可编程渲染管线流程如图 6.4.10 所示,其中灰色框表示管线中可编程阶段。基于可编程渲染管线,除可以实现多种渲染效果外,还可模拟不同天气、不同季节、不同时间下的工程场景,实时显示拱坝工程水库泄洪情况,以反映实际的工程场景。

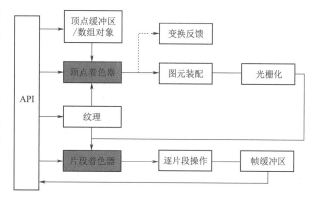

显示器通过读取存储在帧缓冲中的渲染数据,即几何数据(顶点坐标、纹理坐标等)和纹理经过一

图 6.4.10　OpenGL 可编程渲染管线流程图

系列渲染管道得到的屏幕上所有像素点,并不断刷新显示就可以实现相应的渲染效果。OpenGL 允许同时存在多个帧缓冲,通过不断创建帧缓冲,可以实现不同的渲染效果,帧缓冲中包括颜色缓冲区、深度缓冲区、模板缓冲区等三类缓冲区,其中颜色缓冲用于存储每个片元的颜色值,每个颜色包括 RGBA 4 个色彩通道;深度缓冲用于存储每个片元的深度值,是指从片元处到观察点的距离;模板缓冲存储每个片元的模板值,供模板测试使用,允许用户基于一些条件丢弃指定片段。帧缓冲技术流程如图 6.4.11 所示。

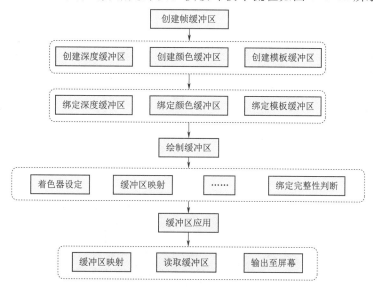

图 6.4.11　帧缓冲技术流程图

PBR 渲染技术是一种基于物理的渲染技术,其目的在于运用一种更符合物理学规律的方式来模拟光线,直接以物理参数为依据编写表面材质,让模型材质在任何光照条件下都能看上去更加真实。逐个片段地控制每个表面上特定的点对于光线的响应效果,通过在纹素级别设置或调整 PBR 渲染管线中常用的贴图,以实际材料的表面物理性质来设置模型材质数据,运用的贴图包括法线贴图、金属贴图、粗糙度贴图、AO 贴图及纹理贴图等。图 6.4.12 为某拱坝 PBR 渲染后的模型,由图 6.4.12(a)可看出,采用 PBR 渲染技

术后,坝体表面混凝土材质更加符合实际情况;图 6.4.12(b)展示了该坝泄洪闸门开启后,坝体一些部位因附着水渍,呈现出的反光效果。

(a)PBR渲染后的坝体表面模型　　　　　　　(b)某拱坝PBR渲染后的泄洪时模型

图 6.4.12　某拱坝 PBR 渲染后的模型

HDR 渲染又称高动态光照渲染,是依据不同曝光时间的低动态范围图像,采用每个曝光时间相对应最佳细节的低动态范围图像合成最终高动态范围图像的技术。高动态范围图像可以提供更多的动态范围和图像细节,从而表现出真实环境中的视觉效果。HDR 渲染包括两个步骤:一是曝光控制,即将高动态范围的图像映射到屏幕能够显示的(0,1)的范围内;二是对于特别亮的部分可以显现出光晕的效果。HDR 渲染效果如图 6.4.13所示。

(a)HDR渲染的傍晚时的拱坝　　　　　　(b)HDR渲染的拱坝泄洪时的工程场景

(c)HDR渲染的拱坝上游水库

图 6.4.13　分析系统模型 HDR 渲染高动态图像

使用帧缓冲技术还可实现更多的渲染效果,图 6.4.14 为背景虚化后的某拱坝工程场景画面,可以看出,观测点处的场景图像最为清晰,以观测点为中心,其周围的工程场景逐渐模糊,由此可进一步突显观测点处的细节信息。

图 6.4.14　模型背景虚化效果

#### 6.4.1.2　数据采集与信息提取

数据的自动化采集、有效信息提取以及测点数据展示，由分析系统自动化数据管理模块负责。图 6.4.15 为自动化数据管理模块工作流程。

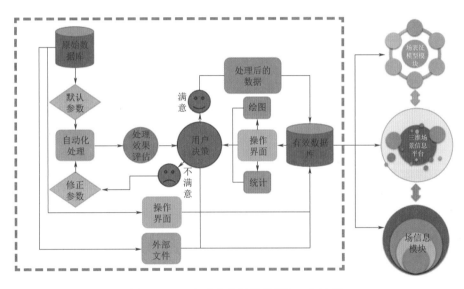

图 6.4.15　自动化数据管理模块工作流程

由图 6.4.15 可知，该模块具备三维场景信息平台、场信息模块及场表征模型模块的接口，可将储存在有效数据库中的有效信息直接提供给其他模块，用于变形监测场的构建和拱坝变形行为表征。其中，测点有效信息还能够根据测点位置显示在三维场景信息平台上。分析系统数据自动化采集方法如下：

自动化数据管理模块包括原始数据库与有效数据库两个数据库，其中原始数据库用于储存系统自动化采集的数据，有效数据库用于储存从原始数据库提取出的有效数据。该模块采用微软公司开发的一款关系型数据库，即 SQL Server 数据库来建立原始数据库与有效数据库。图 6.4.16 为 SQL Server 数据库的整体系统结构。

关系型数据库是指采用关系模型来组织数据的数据库，关系型数据库中的关系模型相比网状、层次等其他模型更便于理解，其通用的 SQL 语言有利于用户对其进行操作，降低了数据冗余和数据不一致的概率。通过采用关系型数据库，能方便用户实时采集并处理

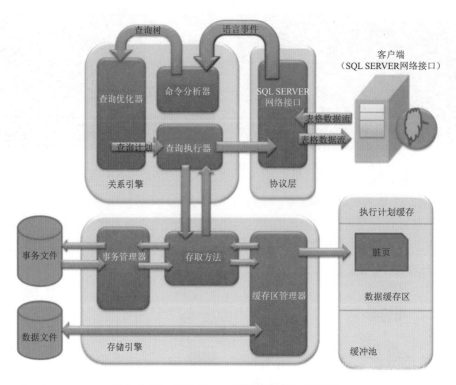

图 6.4.16　SQL Server 数据库整体系统结构

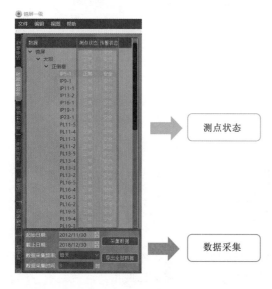

图 6.4.17　原始数据库窗口

测点最新数据。选择如图 6.4.17 所示的原始数据库窗口，用户可查看测点状态并选择测点进行数据处理。经设置数据采集的起止日期、数据采集频率及数据采集时间，可自动将采集数据导入原始数据库，用户也可自行导出采集数据并进行处理与分析。

通过如图 6.4.18 所示的窗口进行测点选取后，可在如图 6.4.18 所示的测点有效信息提取窗口进行有效信息提取。系统会直接对测点数据的缺失率及缺失数据离散程度进行判断，当窗口显示测点数据满足有效信息提取的前提条件时，方可进行有效信息提取。

图 6.4.19（a）为分析系统数据连续点识别窗口，经对高斯模糊半径与二值化阈值进行设置，能够高效识别出数据连续点；图 6.4.19（b）为主趋势线识别窗口，通过不断调整参数即可识别出数据主趋势线。在此基础上，依次进行局部连续性数据识别、异常值剔除以及缺失值插补即可提取全部的有效信

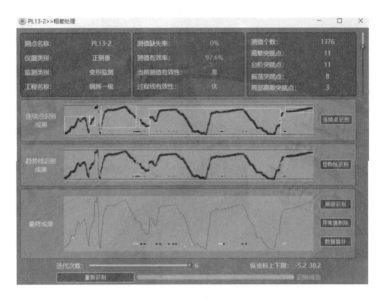

图 6.4.18 测点有效信息提取窗口

息。这些有效信息不仅可以提供给场信息模块用以构建拱坝变形监测场，还可供场表征模型模块表征拱坝整体变形行为。当个别测点数据自动处理效果评分较低时，需要对其进行参数定制，直到获得满意的处理效果。

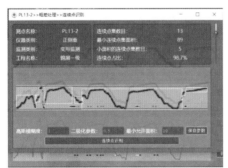

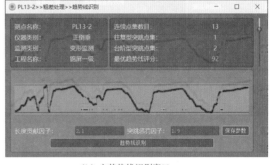

（a）连续点识别窗口　　　　　　　　　　（b）主趋势线识别窗口

图 6.4.19 分析系统数据连续点和主趋势线识别窗口

通过如图 6.4.20 所示有效数据库窗口，用户可直接查看测点测值数、有效率、插补率和有效性等测点信息，并对数据进行更新。

### 6.4.1.3 绘制变形监测场

分析系统中变形监测场的构建、信息存储及显示主要由场信息模块负责，场信息模块通过控制器，将来自自动化数据管理模块有效数据库中的数据作为输入文件，导入有限元分析模块，用于有限元计算，得到的输出文件能够自动导入场信息数据库，用于构建变形监测场。通过为场信息模块加入三维场景信息平台的接口，将构建的变形监测场直接显示在分析系统三维场景信息平台中，图 6.4.21 为场信息模块工作流程。

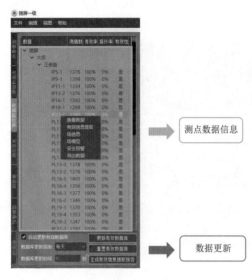

图 6.4.20　分析系统有效数据库窗口

其中，变形监测场的构建是场信息模块的主要工作任务。

为构建有效的变形监测场，首先需要构建可以进行有限元数值模拟与蒙特卡洛随机有限元数值模拟的有限元模块，从而求解变形场基础变形曲面并确定空间差异变量，图 6.4.22 为有限元分析模块进行数值模拟时的工作流程。

场信息模块生成的 Input 文件会以输入文件形式导入有限元分析模块进行求解，生成 Output 文件的同时还会生成结果文件并保存在结果数据库中，通过后处理软件打开结果文件，可以方便用户对数值模拟结果进行查看。有限元分析模块的求解器由 Python 编写，其求解器的源代码是完全开放的，便于开发、维护和学习。

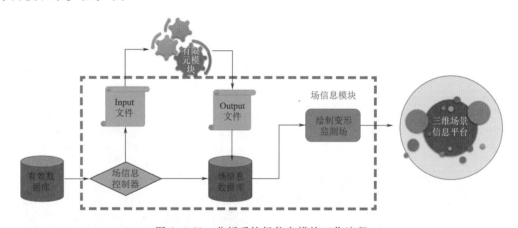

图 6.4.21　分析系统场信息模块工作流程

　　图 6.4.23 为有限元数值模拟结果文件显示界面，该界面允许用户自行加载模型，并对计算结果进行选择，通过选择所要展示的计算结果，可以对有限元计算模型和变形场云图的显示情况进行设置。

　　图 6.4.24 展示了有限元模块计算出的径向变形场云图，用户可直接观察到拱坝径向基础变形情况。

　　图 6.4.25 为分析系统场信息窗口，在选择不同的监测量后，可构建出不同的物理场。此外，系统还可依据用户设置的场信息、更新频率及时间对场信息进行更新或重置。

　　图 6.4.26 为变形监测场构建窗口，通过设置所要计算的拱坝变形方向，对拱坝材料物理力学参数进行反演及有限元数值模拟，由此构建拱坝变形场基础变形曲面。

如图 6.4.27 所示的场复杂度有效性分析窗口能够对所构建的变形场进行有效性分析，在判别所构建场的拐点信息的完整性后，以蒙特卡洛有限元数值模拟得到的若干变形场平均信息压缩率和信息压缩率标准差作为评判标准，判断所构建场信息复杂度是否满足有效性要求，在此基础上，引入交叉检验法，判别所构建的变形监测场的有效性，判别结果将显示在窗口下方。

#### 6.4.1.4 构建场表征模型

变形行为可视化表征主要由分析系统中的场表征模型模块实现，为将有限元计算结果直接应用于场表征模型的构建，需要在场表征模型模块中添加有限元分析模块接口。通过将有效数据库中有效监测信息导入场表征模型模块，生成的处理文件会被进一步导入有限元分析模块进行计算，计算结果最终会存储在场表征模型数据库中，根据数据库中数据就能够构建三种场表征模型，图 6.4.28 为场表征模型模块基本构架及表征流程，3 种场表征模型分析结果及场表征模型数据库中的数据可直接展示在三维场景信息平台上。

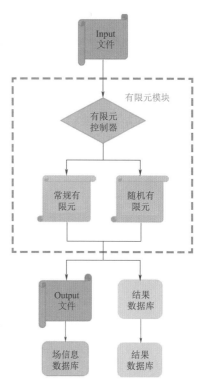

图 6.4.22 有限元分析模块进行数值模拟时的工作流程

图 6.4.23 有限元数值模拟结果文件显示界面

### 6.4.2 安全管控系统效果展示

#### 6.4.2.1 三维模型效果展示

在建立相应的工程次时代模型并对其进行实时渲染后，增设场景模型、原始数据库、有效数据库、场信息、场表征模型、时间轴窗口，从而构建出完整的三维场景信息平台。现以某拱坝工程为例，展示分析系统的三维场景信息平台，该工程所建模型包括：拱坝、

图 6.4.24    有限元模块计算出的径向变形场云图

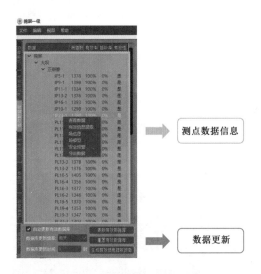

图 6.4.25    分析系统场信息窗口

上下游水体、开挖支护、近坝库岸、进水口、垫座贴脚、廊道、地下洞室、厂房、公路、近坝山体、闸门、植被、流域山体及水体等。图 6.4.29 为分析系统场景模型窗口，通过该窗口可进行模型设置、闸门设置及渲染设置。

在进行模型设置时，用户可自行勾选所要显示的工程建筑模型，并对建筑物透明度进行设置，以便深入观察建筑物内部情况，图 6.4.30 为某拱坝模型坝体透明度被设置为 90% 时坝体内部廊道的显示情况。

经设定闸门开度及尺寸，还可在三维场景信息平台显示出不同泄洪情况下的工程场景。图 6.4.31 (a) 为仅开启深孔 3$^{\#}$ 与 4$^{\#}$ 闸门时的泄洪场景；6.4.31 (b) 为同时开启深孔 3$^{\#}$、4$^{\#}$ 与表孔 2$^{\#}$、3$^{\#}$ 闸门时的泄洪场景；图 6.4.31 (c) 为随着时间推移，水面雾气增加后的泄洪场景。

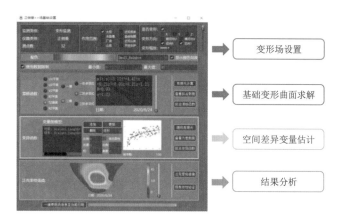

图 6.4.26 分析系统变形监测场构建窗口

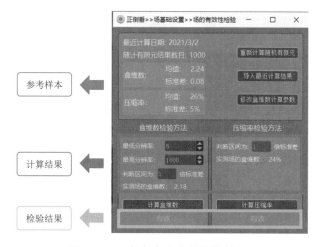

图 6.4.27 场复杂度有效性分析窗口

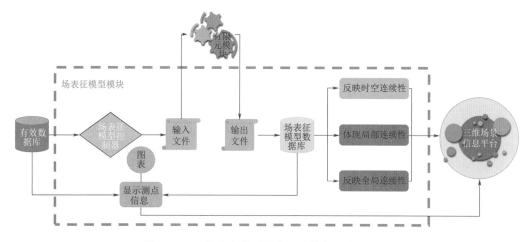

图 6.4.28 场表征模型模块基本构架及表征流程

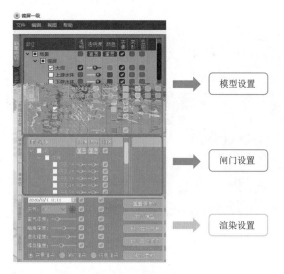

图 6.4.29 分析系统场景模型窗口

模型设置

闸门设置

渲染设置

图 6.4.30 坝体内部廊道显示情况

在选择渲染效果后，即可实现背景虚化、场景暗角、添加噪点、阴影、眩光、大气环境、泛光、水面倒影、水面波纹、眼部适应、HDR 及 PBR 等渲染效果。此外，该系统还可载入模型、实时天气、实时闸门开启情况以及各种渲染参数，以便根据当前工程所处的时刻、天气、季节、运行工况及环境，实时刷新并显示工程在不同时刻、不同天气、不同季节下实际的三维工程场景。为适应不同的设备配置，可在渲染效果界面选择简约渲染或真实渲染，当只需要查看数据时，可以选择纯色渲染模式。

#### 6.4.2.2 测点信息情况展示

在测点信息窗口中，勾选所要显示的测点类别及测点信息，即可在三维场景信息平台中依据测点所在位置显示测点信息。图 6.4.32 为某拱坝正倒垂测点信息设置及测点名称在三维场景信息平台中的显示情况，图 6.5.33 为测点的径向变形测值在三维场景信息平台中的显示情况。

（a）仅开启深孔3#与4#闸门

（b）同时开启深孔3#、4#与表孔2#、3#闸门

（c）水面雾气增加后

图 6.4.31　工程泄洪场景

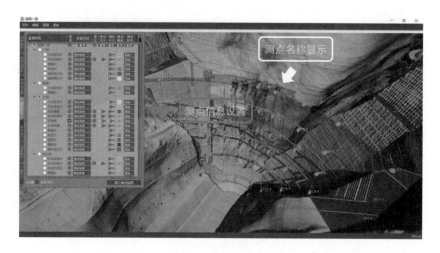

图 6.4.32 正倒垂测点信息设置及测点名称显示

图 6.4.33 正倒垂测点径向变形测值显示

此外，系统还能动态显示测点变位情况，用户可针对变位大小、测点大小、测点颜色及测点形状自主进行设定，对于正倒垂测点而言，其变位还反映了拱坝测点变形的变化情况。图 6.4.34 为某拱坝正倒垂测点径向变形随时间的变化情况，通过拖动时间轴窗口中的滑块，可以动态显示拱坝施工期和运行期径向变形的变化情况。

对测点的预警等级进行设定，即可在三维场景信息平台中显示测点的预警信息，图 6.4.35 为正倒垂测点的预警等级显示情况。

单独选择测点进行信息查看时，可在如图 6.4.36 所示的有效数据显示窗口中查看测点名称、仪器类别、监测类别以及数据变化过程线等信息，此外，还允许用户自行设置过程线线宽或图例以便分析数据变化趋势。

### 6.4.2.3 变形监测场效果展示

所构建的变形监测场可直接显示在三维场景信息平台上，图 6.4.37 为所构建的变形

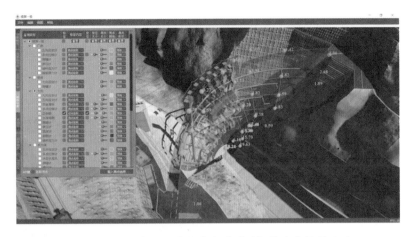

图 6.4.34　正倒垂测点径向变形随时间的变化情况显示

图 6.4.35　正倒垂测点预警等级显示

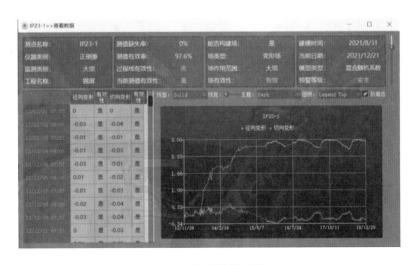

图 6.4.36　有效数据显示窗口

监测场，其中：图 6.4.37（a）为径向变形监测场显示情况；图 6.4.37（b）为切向变形监测场显示情况。通过对云图配色、颜色深度、作用域及形变大小进行设置，用户可直观地查看场信息。

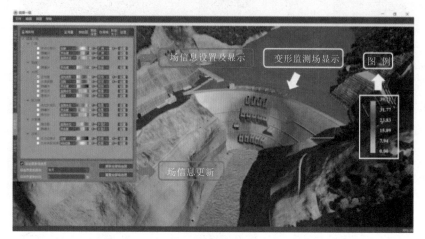

（a）径向变形监测场

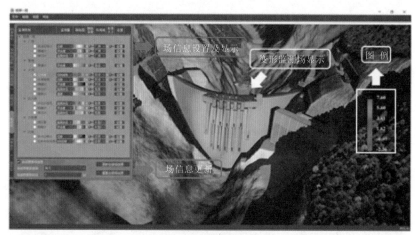

（b）切向变形监测场

图 6.4.37 所构建的变形监测场的显示

#### 6.4.2.4 场表征模型效果展示

场表征模型构建界面如图 6.4.38 所示，用户在更新数据后可自主选择所要建立的场表征模型类型，并利用有限元数值分析方法插补原始缺失数据。除可以选择场表征模型类型之外，分析系统还允许用户自行选择场表征模型因子，并对模型检验结果及模型结构风险控制效果等信息及时进行显示。

反映时空连续性的拱坝变形行为的场表征模型、体现局部连续性的拱坝变形行为的场表征模型、反映全局连续性的拱坝变形行为的场表征模型的构建窗口如图 6.4.39 所示。

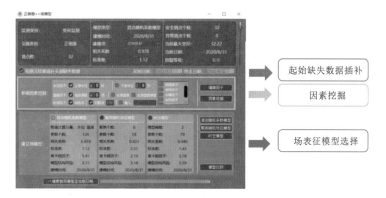

起始缺失数据插补

因素挖掘

场表征模型选择

图 6.4.38 分析系统场表征模型构建界面

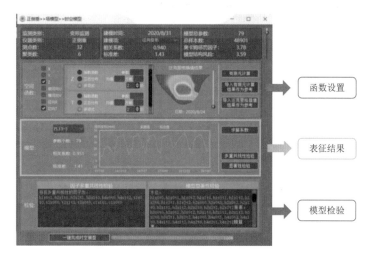

函数设置

表征结果

模型检验

（a）反映时空连续性的拱坝变形行为的场表征模型

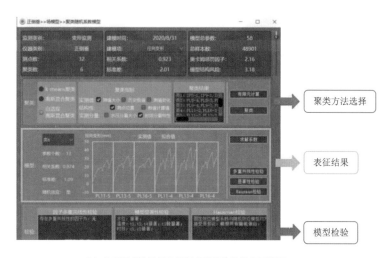

聚类方法选择

表征结果

模型检验

（b）体现局部连续性的拱坝变形行为的场表征模型

图 6.4.39（一） 三种场表征模型构建窗口

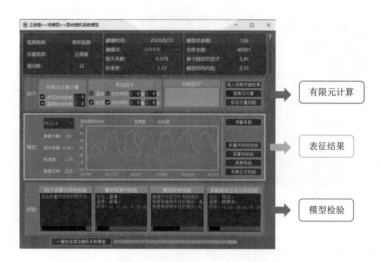

（c）反映全局连续性的拱坝变形行为的场表征模型

图 6.4.39（二）　三种场表征模型构建窗口

对于反映时空连续性的拱坝变形行为的场表征模型，可根据函数计算结果确定模型表达式，并对各测点变形行为进行表征，表征结果会以图表的形式展示在窗口中；对于体现局部连续性的拱坝变形行为的场表征模型，在确定聚类方法后，可依据聚类准则对测点进行分类，并对所选类别的测点建立场表征模型，窗口的表征结果一栏会相应地显示该类测点变形行为表征结果；对于反映全局连续性的拱坝变形行为的场表征模型，通过设置参数进行有限元计算，结合有限元数值分析结果和变形监测资料建立模型，测点变形行为表征结果会同步显示在分析结果窗口中。

为检验各模型构建的正确性、有效性和可信性，对 3 种模型进行模型检验，如图 6.4.40 所示为模型检验内容。

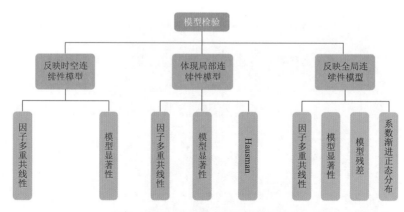

图 6.4.40　3 种模型的模型检验内容

在分析系统中场表征模型构建窗口中，可以直接查看模型检验及优选结果，据此可以选择出模型结构风险更小、泛化能力更强的场表征模型。

## 6.5 小结

本章基于性态演变和安全调控技术，开展了高拱坝安全管控系统的研究，主要包括：

（1）通过总结高拱坝建造和运行主要特点、高拱坝安全监测设计及工程案例、安全监测成果分析和评价技术、全生命周期大坝智慧化监测技术等方面的内容，提出了大坝安全管控系统技术路线。

（2）根据高拱坝安全监测一般布置方法以及国内外著名高拱坝安全监测布置案例，总结了高拱坝安全监测的要点：变形监测、渗流监测、应力应变及温度监测。

（3）在总结高拱坝智慧化监测技术手段的基础上，提出了高拱坝自动化安全监测系统设计方案，结合二滩水电站、拉西瓦水电站、小湾水电站等高拱坝智慧化监测系统建设情况，介绍了高拱坝智慧化监测技术的应用现状。

（4）以高拱坝全生命周期多要素信息为基础，基于可视化平台技术，提出了基于性态演化及安全调控技术的大坝安全管控系统构建方法。

# 参 考 文 献

谷艳昌，王士军，庞琼．2017．基于风险管理的混凝土坝变形预警指标拟定研究［J］．水利学报，48
　（4）：480-487．

顾冲时，吴中如．大坝与坝基安全监控：理论和方法及其应用［M］．南京：河海大学出版社，2006．

顾冲时，李波，虞鸿．2010．碾压混凝土坝力学参数的反分析［J］．技术科学，40（6）：651-656．

顾冲时，苏怀智，王少伟．2016．高混凝土坝长期变形特性计算模型及监控方法研究进展［J］．水力发
　电学报，35（5）：1-14．

胡江，马福恒，李子阳．2017．渗漏溶蚀混凝土坝力学性能的空间变异性研究综述［J］．水利水电科技
　进展，37（4）：87-94．

黄耀英，黄光明，吴中如．2007．基于变形监测资料的混凝土坝时变参数优化反演［J］．岩石力学与工
　程学报，（S1）：2941-2945．

刘毅，高阳秋晔，张国新．2017．锦屏一级特高拱坝工作性态仿真与反演分析［J］．水利水电技术，48
　（1）：46-51．

卢正超，张进平，黎利兵．2006．丰满混凝土重力坝的冻胀变形分析［J］．中国水利水电科学研究院学
　报，（1）：53-57，61．

漆祖芳，姜清辉，周创兵．2013．基于v-SVR和MVPSO算法的边坡位移反分析方法及其应用［J］．
　岩石力学与工程学报，32（6）：1185-1196．

沈振中，马明，涂晓霞．2007．基于非连续变形分析的重力坝变形预警指标［C］．重大水利水电科技前
　沿院士论坛暨中国水利博士论坛．

王丹净，王晓琴．2016．基于主成分监控法的混凝土坝变形预警机制研究［J］．黑龙江大学自然科学学
　报，33（1）：135-140．

王少伟，顾冲时，包腾飞．2019．基于MSC. Marc的高混凝土坝非线性时效变形量化的程序实现［J］．
　技术科学，49（4）：433-444．

魏博文，徐镇凯，徐宝松．2012．碾压混凝土坝层面影响带黏弹塑性流变模型［J］．水利学报，43（9）：
　1097-1102．

吴中如．水工建筑物安全监控理论及其应用［M］．北京：高等教育出版社，2003．

熊芳金．2015．区间分析方法在大坝安全预警中的应用研究［D］．南昌：南昌工程学院．

虞鸿，李波，将裕丰．2009．基于威布尔分布的大坝变形监控指标研究［J］．水力发电，35（6）：
　90-93．

张国新，陈培培，周秋景．2014．特高拱坝真实温度荷载及对大坝工作性态的影响［J］．水利学报，45
　（2）：127-134．

赵迪，张宗亮，陈建生．2012．粒子群算法和ADINA在土石坝参数反演中的联合应用［J］．水利水电
　科技进展，32（3）：43-47．

赵二峰，顾冲时．2021．混凝土坝长效服役性态健康诊断研究述评［J］．水力发电学报，40（5）：
　22-34．

赵二峰，李波，朱延涛．2021．基于PPA-POT的RCCD变形监测控制值拟定方法［J］．人民黄河，43
　（3）：135-139．

周兰庭，柳志坤．2021．大坝变形实测数据的多重分形特征解析方法［J］．水利水电科技进展，（10）：
　1-7．

BARLA G, ANTOLINI F, BARLA M, et al. 2010. Monitoring of the beauregard landslide (Aosta Valley, Italy) using advanced and conventional techniques [J]. Engineering Geology, 116 (3 – 4): 218 – 235.

CAMPOS A, LÓPEZ CM, BLANCO A, et al. 2016. Structural diagnosis of a concrete dam with cracking and high nonrecoverable displacements [J]. Journal of Performance of Constructed Facilities, 30 (5): 04016021.

CHEN B, FU X, GUO X, et al. 2019. Zoning elastic modulus inversion for high arch dams based on the psogsa – svm method [J]. Advances in Civil Engineering.

CHEN B, HE M, HUANG Z, et al. 2019. Long – tern field test and numerical simulation of foamed polyurethane insulation on concrete dam in severely cold region [J]. Construction and Building Materials, 212: 618 – 634.

CHEN S, GU C, LIN C, et al. 2018. Safety monitoring model of a super – high concrete dam by using rbf neural network coupled with kernel principal component analysis [J]. Mathematical Problems in Engineering.

CHEN S, GU C, LIN C, et al. 2020. Multi – kernel optimized relevance vector machine for probabilistic prediction of concrete dam displacement [J]. Engineering with Computers, 37 (3): 1943 – 1959.

CHEN X, GU C, CHEN H. 2013. Early warning of dam seepage with cooperation between principal component analysis and least squares wavelet support vector machine [J]. Fresenius Environmental Bulletin, 22 (2a): 500 – 507.

CHENG L, FEI T. 2016. Application of blind source separation algorithms and ambient vibration testing to the health monitoring of concrete dams [J]. Mathematical Problems in Engineering, 1 – 15.

DAI B, GU H, ZHU Y, et al. 2020. On the use of an improved artificial fish swarm algorithm – back-propagation neural network for predicting dam deformation behavior [J]. Complexity.

FENG J, WEI H, PAN J, et al. 2011. Comparative study procedure for the safety evaluation of high arch dams [J]. Computers and Geotechnics, 38 (3): 306 – 317.

FERNÁNDEZ – MUÑIZ Z, PALLERO JLG, FERNÁNDEZ – MARTÍNEZ JL. 2020. Anomaly shape inversion via model reduction and PSO [J]. Computers and Geosciences, 140: 104492.

GU H, WU Z, HUANG X, et al. 2015. Zoning modulus inversion method for concrete dams based on chaos genetic optimization algorithm [J]. Mathematical Problems in Engineering.

HE J P, SHI Y Q. 2011. Study on TMTD statistical model of arch dam deformation monitoring [J]. Procedia Engineering, 15: 2139 – 2144.

HU J, WU S. 2018. Statistical modeling for deformation analysis of concrete arch dams with influential horizontal cracks [J]. Structural Health Monitoring, 18 (2): 546 – 562.

JAFARI – ASL J, BEN S M, OHADI S, et al. 2021. Efficient method using Whale Optimization Algorithm for reliability – based design optimization of labyrinth spillway [J]. Applied Soft Computing, 101: 107036.

KANG F, LI J, ZHAO S, et al. 2019. Structural health monitoring of concrete dams usinglong – term air temperature for thermal effect simulation [J]. Engineering Structures, 180 (December 2018): 642 – 653.

KAO C Y, LOH C H. 2013. Monitoring of long – term static deformation data of Fei – Tsui arch dam using artificial neural network – based approaches [J]. Structural Control Health Monitoring, 20 (3): 282 – 303.

LEI P, CHANG X, Xiao F, et al. 2011. Study on early warning index of spatial deformation for high concrete dam [J]. SCIENCE CHINA Technological Sciences, 54 (6): 1607 – 1614.

LI H, WANG G, WEI B, et al. 2019. Dynamic inversion method for the material parameters of a high arch dam and its foundation [J]. Applied Mathematical Modelling, 71: 60 – 76.

LIN C, LI T, CHEN S, et al. 2020. Structural identification in long – term deformation characteristic of dam foundation using meta – heuristic optimization techniques [J]. Advances in Engineering Software, 148 (June): 102870.

LIU C, GU C, CHEN B. 2017. Zoned elasticity modulus inversion analysis method of a high arch dam based on unconstrained Lagrange support vector regression (support vector regression arch dam) [J]. Engineering with Computers, 33 (3): 443 – 456.

LIU W, PAN J, REN Y, et al. 2020. Coupling prediction model for long – term displacements of arch dams based on long short – term memory network [J]. Structural Control and Health Monitoring, 27 (7): 1 – 15.

LIU X, KANG F, MA C, et al. 2021. Concrete arch dam behavior prediction using kernel – extreme learning machines considering thermal effect [J]. Journal of Civil Structural Health Monitoring, 11 (2): 283 – 299.

LIU X, WU Z, YANG Y, et al. 2012. Information fusion diagnosis and early – warning method for monitoring the long – term service safety of high dams [J]. Journal of Zhejiang University SCIENCE A, 13 (9): 687 – 699.

LOH C H, CHEN C H, HSU T Y. 2011. Application of advanced statistical methods for extracting long – term trends in static monitoring data from an arch dam [J]. Structural Health Monitoring, 10 (6): 587 – 601.

MATA J, CASTRO A T D, COSTA J S D. 2014. Constructing statistical models for arch dam deformation [J]. Structural Control & Health Monitoring, 21 (3): 423 – 437.

MILILLO P, PERISSIN D, SALZER J T, et al. 2016. Monitoring dam structural health from space: Insights from novel InSAR techniques and multi – parametric modeling applied to the Pertusillo dam Basilicata, Italy [J]. International Journal of Applied Earth Observation and Geoinformation, 52: 221 – 229.

PAN J, XU Y, JIN F, et al. 2014. A unified approach for long – term behavior and seismic response of AAR – affected concrete dams [J]. Soil Dynamics and Earthquake Engineering, 63: 193 – 202.

PENOT I, DAUMAS B, FABRE J P. 2005. Monitoring behaviour [J]. Int Water Power Dam Construct, 57 (12): 24 – 27.

PRAKASH G, SADHU A, NARASIMHAN S, et al. 2018. Initial service life data towards structural health monitoring of a concrete arch dam [J]. Structural Control and Health Monitoring, 25 (1): 1 – 19.

QIN X, GU C, CHEN B, et al. 2017. Multi – block combined diagnosis indexes based on dam block comprehensive displacement of concrete dams [J]. Optik – International Journal for Light Electron Optics, 129: 172 – 182.

SONG W, GUAN T, REN B, et al. 2020. Real – time construction simulation coupling a concrete temperature field interval prediction model with optimized hybrid – kernel RVM for arch dams [J]. Energies, 13 (17).

SU H, FU Z, WEN Z. 2019. SFPSO algorithm – based multi – scale progressive inversion identification for structural damage in concrete cut – off wall of embankment dam [J]. Applied Soft Computing Journal, 84: 105679.

SU H, HU J, WU Z. 2012. A study of safety evaluation and early – warning method for dam global behavior [J]. Structural Health Monitoring, 11 (3): 269 – 279.

SU H, WEN Z, YAN X, et al. 2018. Early - warning model of deformation safety for roller compacted concrete arch dam considering time - varying characteristics [J]. Composite Structures, 203 (May): 373 – 381.

SWEILAM NH. 2000. Conjugate gradient techniques for the optimal control evolution dam problem [J]. Journal of Difference Equations and Applications, 6 (4): 443 – 460.

TATIN M, BRIFFAUT M, DUFOUR F, et al. 2018. Statistical modelling of thermal displacements for concrete dams: Influence of water temperature profile and dam thickness profile [J]. Engineering Structures, 165 (May 2017): 63 – 75.

WANG S, XU C, GU C, et al. 2020. Displacement monitoring model of concrete dams using the shape feature clustering - based temperature principal component factor [J]. Structural Control and Health Monitoring, 27 (10): 1 – 21.

WANG S, XU C, GU C, et al. 2021. Hydraulic - seasonal - time - based state space model for displacement monitoring of high concrete dams [J]. Transactions of the Institute of Measurement, 43 (15): 3347 – 3359.

WANG S, XU Y, GU C, et al. 2019. Hysteretic effect considered monitoring model for interpreting abnormal deformation behavior of arch dams: A case study [J]. Structural Control and Health Monitoring, 26 (10): 1 – 20.

WANG S, XU Y, GU C, et al. 2019. Two spatial association - considered mathematical models for diagnosing the long - term balanced relationship and short - term fluctuation of the deformation behaviour of high concrete arch dams [J]. Structural Health Monitoring, 19 (5): 1421 – 1439.

WEI B, CHEN L, LI H, et al. 2020. Optimized prediction model for concrete dam displacement based on signal residual amendment [J]. Applied Mathematical Modelling, 78: 20 – 36.

WU S, CAO W, ZHENG J. 2016. Analysis of working behavior of Jinping - Ⅰ Arch Dam during initial impoundment [J]. Water Science and Engineering, 9 (3): 240 – 248.

WU Z, MEI G. 2014. Study on early - warning system and method for tailings dam failure [J]. Metal Mine, (12): 198 – 202.

YANG G, GU H, CHEN X, et al. 2021. Hybrid hydraulic - seasonal - time model for predicting the deformation behaviour of high concrete dams during the operational period [J]. Structural Control Health Monitoring, 28 (3): e2685.

ZHENG D, CHENG L, BAO T, et al. 2013. Integrated parameter inversion analysis method of a CFRD based on multi - output support vector machines and the clonal selection algorithm [J]. Computers and Geotechnics, 47: 68 – 77.

ZHU Y, NIU X, WANG J, et al. 2020. Inverse analysis of the partitioning deformation modulus of high - arch dams based on quantum genetic algorithm [J]. Advances in Civil Engineering.